面向新工科的电工电子信息基础课程系列教材

教育部高等学校电工电子基础课程教学指导分委员会推荐教材

新一代信息通信技术
新兴领域
"十四五"高等教育系列教材

新形态教材

新工科

下一代互联网技术
IPv6

吕高锋　唐　竹　蔡志平　杨翔瑞　林　旭　**编著**

清华大学出版社
北　京

内 容 简 介

《下一代互联网技术 IPv6》以传统 TCP/IP 互联网技术为基础,以 IPv4 向 IPv6 的过渡为切入点,以云网融合为技术总线,以智能网络为探索前沿构建知识体系。在专业广度上,包括协议规范、路由转发、管理控制、网络安全和融合发展等,全面覆盖网络转发、控制、管理和安全平面等技术;在专业深度上,包括高性能网络转发、可编程网络处理和智能在网计算等,由浅入深、循序渐进,全面把握网络技术发展脉络和发展方向;在知识体系上,包括软硬件协同微体系架构、网络操作系统和应用优化等,与其他学科专业知识相互交叉,全面融合各学科知识;在知识呈现上,包括概念表述、问题剖析、机制描述和实验比较等,引导学习和启发思考,全面贯通教学到科研流程。

本书既可作为高等学校"计算机网络"课程的教材,也可供相关领域的工程技术人员参考。

图书在版编目(CIP)数据

下一代互联网技术 IPv6/吕高锋等编著. -- 北京:清华大学出版社,2025.8.
(面向新工科的电工电子信息基础课程系列教材). -- ISBN 978-7-302-70066-1
Ⅰ. TN915.04
中国国家版本馆 CIP 数据核字第 2025XH2696 号

责任编辑:文 怡 李 晔
封面设计:王昭红
责任校对:王勤勤
责任印制:沈 露

出版发行:清华大学出版社
       网   址:https://www.tup.com.cn,https://www.wqxuetang.com
       地   址:北京清华大学学研大厦 A 座   邮   编:100084
       社 总 机:010-83470000   邮   购:010-62786544
       投稿与读者服务:010-62776969,c-service@tup.tsinghua.edu.cn
       质量反馈:010-62772015,zhiliang@tup.tsinghua.edu.cn
       课件下载:https://www.tup.com.cn,010-83470236
印 装 者:三河市铭诚印务有限公司
经   销:全国新华书店
开   本:185mm×260mm   印   张:22.25   字   数:585 千字
版   次:2025 年 8 月第 1 版   印   次:2025 年 8 月第 1 次印刷
印   数:1~1500
定   价:79.00 元

产品编号:106636-01

序

习近平总书记强调,"要乘势而上,把握新兴领域发展特点规律,推动新质生产力同新质战斗力高效融合、双向拉动。"以新一代信息技术为主要标志的高新技术的迅猛发展,尤其在军事斗争领域的广泛应用,深刻改变着战斗力要素的内涵和战斗力生成模式。

为适应信息化条件下联合作战的发展趋势,以新一代信息技术领域前沿发展为牵引,本系列教材汇聚军地知名高校、相关企业单位的专家和学者,团队成员包括两院院士、全国优秀教师、国家级一流课程负责人,以及来自北斗导航、天基预警等国之重器的一线建设者和工程师,精心打造了"基础前沿贯通、知识结构合理、表现形式灵活、配套资源丰富"的新一代信息通信技术新兴领域"十四五"高等教育系列教材。

总的来说,本系列教材有以下三个明显特色:

(1)注重基础内容与前沿技术的融会贯通。教材体系按照"基础—应用—前沿"来构建,基础部分即"场—路—信号—信息"课程教材,应用部分涵盖卫星通信、通信网络安全、光通信等,前沿部分包括5G通信、IPv6、区块链、物联网等。教材团队在信息与通信工程、电子科学与技术、软件工程等相关领域学科优势明显,确保了教学内容经典性、完备性和先进性的统一,为高水平教材建设奠定了坚实的基础。

(2)强调工程实践。课程知识是否管用,是否跟得上产业的发展,一定要靠工程实践来检验。姚富强院士主编的教材《通信抗干扰工程与实践》,系统总结了他几十年来在通信抗干扰方面的装备研发、工程经验和技术前瞻。国防科技大学北斗团队编著的《新一代全球卫星导航系统原理与技术》,着眼我国新一代北斗全球系统建设,将卫星导航的经典理论与工程实践、前沿技术相结合,突出北斗系统的技术特色和发展方向。

(3)广泛使用数字化教学手段。本系列教材依托教育部电子科学课程群虚拟教研室,打通院校、企业和部队之间的协作交流渠道,构建了新一代信息通信领域核心课程的知识图谱,建设了一系列"云端支撑,扫码交互"的新形态教材和数字教材,提供了丰富的动图动画、MOOC、工程案例、虚拟仿真实验等数字化教学资源。

序

　　教材是立德树人的基本载体，也是教育教学的基本工具。我们衷心希望以本系列教材建设为契机，全面牵引和带动信息通信领域核心课程和高水平教学团队建设，为加快新质战斗力生成提供有力支撑。

国防科技大学校长

中国科学院院士

新一代信息通信技术新兴领域

"十四五"高等教育系列教材主编

2025 年 1 月

2014 年 4 月 27 日,在中央网络安全和信息化领导小组第一次会议上,习近平总书记指出:"建设网络强国的战略部署要与'两个一百年'奋斗目标同步推进,向着网络基础设施基本普及、自主创新能力显著增强、信息经济全面发展、网络安全保障有利的目标不断前进。"习近平总书记站在历史和全局的高度,审时度势提出建设网络强国的战略目标,使我国成为全球 IPv6 技术和产业创新的重要推动力量。为贯彻落实党中央、国务院关于建设网络强国的战略部署,尽快推进基于互联网协议第六版的下一代互联网部署,促进互联网演化升级和健康创新发展,中共中央办公厅、国务院办公厅印发了《推进互联网协议第六版(IPv6)规模部署行动计划》,加快推进 IPv6 规模部署,构建高效广普、全覆盖智能化的下一代互联网。到 2023 年年末,我国基本建成先进的 IPv6 网络技术、产业生态、基础设施、关键应用和安全体系,IPv6 网络活跃用户数达 7 亿,移动网络 IPv6 流量占比达到 50%,城域网络 IPv6 流量占比达到 15%,国内主要内容分发网络、数据中心、云服务平台、域名解析系统正在进行 IPv6 改造。IPv6 成为下一代互联网核心技术,与经济、社会各行业、各部门全面深度绑定融合和应用部署,助力经济社会发展,在未来国际竞争新形势下立于不败之地。

"计算机网络"作为计算机科学与技术专业和网络空间安全专业核心课程,涉及计算机体系结构、操作系统和软件工程等知识,是一门综合性很强的专业课程,在研究生培养体系中发挥着重要作用。然而,目前"计算机网络"课程教授的内容主要是传统 TCP/IP 互联网技术,围绕 IPv4 网络编址与路由、TCP/IP 传输与控制、网络安全等方面展开,教材内容中协议规范陈旧,与网络应用脱节,难以指导网络应用部署;技术机制落后,与网络设备研制脱节,难以支撑网络设备实现;设计理念守成,与网络管理运维脱节,难以满足新型网络部署需求。2008 年以来,网络技术取得了巨大进展,园区网、数据中心网、骨干网和空天地网络在软件定义网络技术赋能下实现了技术跃迁,特别是在云计算技术的推动下,网络功能虚拟化、云网融合和算力网络等应用模式层出不穷,迫切要求从网络概念、协议规范、技术机制、应用场景等层面进行全面梳理,更新"计算机网络"课程教材内容,明晰下一代互联网技术的发展方向。

本书以传统 TCP/IP 互联网技术为基础,以 IPv4 向 IPv6 过渡为切入点,以云网融合为技术总线,以智能网络为前沿探索方向,来构建知识体系组织教授内容。在专业广度上,包括协议规范、路由转发、管理控制、网络安全和融合发展等,全面覆盖网络转发、控制、管理和安全平面等技术;在专业深度上,包括高性能网络转发、可编程网络处理和智能在网计算等,由浅入深、循序渐进,全面把握网络技术发展脉络和发展方向;在知识体系上,包括软硬件协同微体系架构、网络操作系统和应用优化等,与其他学科专业知识相互交叉,全面融合学科知识体系;在知识呈现上,包括概念表述、问题剖析、机制描述和实验比较等,引导学习和启发思考,全面贯通教学到科研流程。让教师和学生一起感受学习到实践再到学习的历程。

本书共分 5 部分:第一部分为网络协议规范,包括第 1 章 IPv6 协议、第 2 章基于 IPv6 的 SRv6;第二部分为网络路由转发,包括第 3 章 IPv6 路由协议、第 4 章网络路由计算与重路由、第 5 章可编程网络转发技术;第三部分为网络传输控制,包括第 6 章网络传输机制、第 7 章网

前言

络服务质量保障、第 8 章大规模 IPv6 网络管理；第四部分为网络安全防护，包括第 9 章网络空间探测、第 10 章网络空间防御；第五部分为网络融合发展，包括第 11 章云网融合、第 12 章空天地一体化网络。本书在编写过程中得到了许多教师和学生的支持，在此表示感谢。

教材的编写既是知识的梳理过程，又是知识的学习过程。作为人类创造的最为复杂的系统之一，互联网"横看成岭侧成峰，远近高低各不同"。由于编者知识和阅历有限，书中难免出现偏颇，敬请大家批评指正。

编　者

湖南长沙 2025 年 5 月

目录

第一部分 网络协议规范

目录

第二部分　网络路由转发

第三部分 网络传输控制

目录

第五部分 网络融合发展

目录

第一部分

网络协议规范

第 1 章

IPv6协议

IPv6(Internet Protocol version 6)是新一代的互联网协议,是 Internet 协议的第六个版本,IPv4 协议的升级。IPv6 采用 128 位地址空间,相对于 IPv4 的 32 位地址空间,提供了更多的地址资源,为万物互联提供技术基础。IPv6 的推出主要是为了解决 IPv4 地址不足、互联网安全性、自动配置和移动性等方面的问题。目前,IPv6 的部署和应用面临一系列挑战,但它可以提供更好的可扩展性、安全性和移动性支持,是下一代互联网的关键技术。

在下一代互联网协议设计和应用中,正面临以下挑战。

- IPv4 地址耗尽:IPv4 地址空间有限,已经面临地址耗尽的问题。IPv6 的主要特点之一是提供了更大的地址空间,以满足未来互联网万物互联的需求。
- 自动配置:IPv6 致力于提供更简化的地址配置机制,使网络设备能够自动获得 IPv6 地址和相关配置信息,减少了网络管理员的配置工作量。
- 安全性:IPv6 的一个主要需求是增强网络安全性。IPv6 引入了 IPSec(Internet Protocol Security)作为标准的一部分,提供端到端的数据传输安全性保障。
- 移动性支持:IPv6 具有更好的移动性支持,可以获得固定的全球唯一地址,允许移动设备在不同的网络中保持连接。
- 兼容性与过渡:由于 IPv6 与 IPv4 不兼容,因此存在着从 IPv4 向 IPv6 过渡的问题。需求分析需要考虑如何实现平滑的过渡,以确保现有的 IPv4 网络与 IPv6 网络可以互相通信。
- 网络设备和应用程序的兼容性:IPv6 部署的前提是网络设备和应用程序能够支持 IPv6 协议,需要进行设备升级或软件更新。
- 迁移成本:将现有的 IPv4 网络迁移到 IPv6 网络涉及多方面的成本,如设备更换、网络重构和人员培训等。

1.1 IPv6 地址

IPv6 在应用部署方面面临着一系列挑战,包括网络设备和应用程序的兼容性、网络管理员的培训和网络运维、应用迁移成本等。与 IPv4 相比,IPv6 具有相当大的技术优势,如更大的地址空间、更好的安全性、更好的移动性支持和更简化的头部结构等。与 IPv4 相比,IPv6 在路由和转发效率、网络层安全性和自动配置等方面具有明显的改进。

1.1.1 地址模型

IPv6 网络采用分层架构模型,主要包括网络接口接入层、互联网控制层和上层会话协议等。其中,网络接口接入层负责处理物理连接和数据链路层协议,旨在实现数据帧的收发;互联网控制层负责处理 IP 数据包的路由和转发,旨在实现节点互联;上层会话协议包括传输层协议(如 TCP 和 UDP)和应用层协议(如 HTTP 和 DNS)等,旨在实现应用数据交互。

所有类型的 IPv6 地址都分配给网络接口，而不是网络节点。IPv6 单播地址指的是单个网络接口。由于每个接口必定属于一个节点，因此该节点的任何接口的单播地址均可以用作该节点的标识符。所有接口都要求至少有一个链路本地单播地址，一个接口也可以有多个任意类型（单播、任播和组播）或范围内的 IPv6 地址。

但此种地址分配模式也存在例外，如果向互联网控制层交互时需要将多个物理接口视为一个接口，则可以将一个单播地址或一组单播地址分配给多个物理接口。这对于多个物理接口上的负载分担比较有用。目前，IPv6 延续了 IPv4 模型，子网前缀与一条链路相关联，多个子网前缀也可以分配给同一个链路。

1. 地址表示

1）地址的表示

IPv6 地址可以用文本字符串表示，主要有 3 种典型表示格式。

第一种格式是 x:x:x:x:x:x:x:x，其中，x 是 16 位地址（十六进制值）。

第二种格式是采用特殊语法以压缩零位，来避免长的 0 字符串，使用"::"表示一组或多组 16 位 0 字符串。"::"在一个地址中只能出现一次，"::"也可用于压缩地址中的前导零或尾零。

IPv6 地址格式以及地址压缩格式如图 1-1 所示。

```
For example, the following addresses

    2001:DB8:0:0:8:800:200C:417A    a unicast address
    FF01:0:0:0:0:0:0:101            a multicast address
    0:0:0:0:0:0:0:1                 the loopback address
    0:0:0:0:0:0:0:0                 the unspecified address

may be represented as

    2001:DB8::8:800:200C:417A       a unicast address
    FF01::101                       a multicast address
    ::1                             the loopback address
    ::                              the unspecified address
```

图 1-1　IPv6 地址格式以及地址压缩格式

第三种格式是在处理 IPv4 和 IPv6 节点的混合环境时，采用"x:x:x:x:x:x:d.d.d.d"形式，其中，"x"是地址的 6 个高 16 位部分（十六进制值），"d"是地址的 4 个低 8 位的标准 IPv4 表示（十进制值），也可以表示为压缩格式。

2）地址前缀的表示

IPv6 地址前缀的文本表示与 IPv4 地址前缀表示类似，即在无类域间路由（Classless Inter-Domain Routing，CIDR）符号中的书写方式。IPv6 地址前缀的格式表示为"IPv6 地址/前缀长度"，前缀长度是一个十进制值，指定地址中最左边的连续位中有多少位为 IPv6 地址前缀。

2. 地址类型

IPv6 地址类型由地址的高位来表示，部分格式如图 1-2 所示。

```
The type of an IPv6 address is identified by the high-order bits of
the address, as follows:

    Address type        Binary prefix          IPv6 notation
    ------------        -------------          -------------
    Unspecified         00...0  (128 bits)     ::/128
    Loopback            00...1  (128 bits)     ::1/128
    Multicast           11111111               FF00::/8
    Link-Local unicast  1111111010             FE80::/10
    Global Unicast      (everything else)
```

图 1-2　IPv6 地址类型的部分格式

1）单播地址

IPv6 单播地址可以使用任意比特长度的前缀进行聚合，类似于无类域间路由下的 IPv4 地址。IPv6 中有几种类型的单播地址，特别是全局单播和链路本地单播、站点本地单播（已弃用）。还有一些特殊用途的全局单播子类型，例如，内嵌 IPv4 地址的 IPv6 地址。

IPv6 节点可能并不关注 IPv6 地址的内部结构，节点可能认为单播地址（包括其自己的地址）没有内部结构，即 128 位均为节点地址。较复杂的主机（但仍然相当简单）可能知道它所连接的链路的子网前缀，其中不同的地址可能具有不同的 n 值，前 n 位表示子网前缀，后 $128-n$ 位表示接口标识。对于所有单播地址，除了以二进制值 000 开头的地址外，接口标识的长度都必须是 64 位，且必须以修改后的 EUI-64 格式构建。

除了以二进制 000 开头的地址外，所有全局单播地址都有一个 64 位接口标识 ID 字段（即 $n+m=64$）。以二进制 000 开始的全局单播地址对接口标识 ID 字段的大小或结构没有这样的限制，是带有嵌入式 IPv4 地址的 IPv6 地址。

另外，链路本地地址用于单条链路，用于自动地址配置、邻居发现或没有路由器的情况。通常具有如图 1-3 所示的格式。

```
Link-Local addresses are for use on a single link.  Link-Local
addresses have the following format:

|    10    |
|   bits   |             54 bits             |            64 bits            |
+----------+---------------------------------+-------------------------------+
|1111111010|                0                |         interface ID          |
+----------+---------------------------------+-------------------------------+
```

图 1-3　链路本地地址格式

2）任播地址

IPv6 任播地址是分配给一个以上接口（通常属于不同的节点）的地址，主要用于根据路由协议的距离度量将发送到任播地址的分组路由转发到具有该地址的"最近"接口。

任播地址与单播地址位于同一地址范围内，有相同的格式，因此，任播地址在语法上无法与单播地址区分开来。当一个单播地址被分配给多个接口，从而将它变成一个任播地址时，该地址被分配到的节点时必须被明确地配置为一个任播地址。

任播地址的主要用途是识别属于互联网服务机构的一组路由器。这样的地址可以被用作 IPv6 路由前缀，以使得分组经由特定的运营商或运营商序列转发。

3）组播地址

IPv6 组播地址是一组接口的标识符（通常在不同的节点上）。一个接口可以属于任意数量的组播组。组播地址格式如图 1-4 所示。

```
|    8    |  4 |  4 |                     112 bits                      |
+---------+----+----+---------------------------------------------------+
|11111111|flgs|scop|                    group ID                       |
+---------+----+----+---------------------------------------------------+

binary 11111111 at the start of the address identifies the address
as being a multicast address.

                                   +-+-+-+-+
flgs is a set of 4 flags:          |0|R|P|T|
                                   +-+-+-+-+

The high-order flag is reserved, and must be initialized to 0.
```

图 1-4　组播地址格式

4）其他

（1）未指定的地址。地址 0:0:0:0:0:0:0:0 为未指定的地址，它不能分配给任何节点。未指定的地址不得用作 IPv6 数据包的目标地址或在 IPv6 路由头中使用。

（2）环回地址。单播地址 0:0:0:0:0:0:0:1 称为环回地址，可以被节点用来向节点自己发送 IPv6 分组。不得将其分配给任何物理接口。环回地址不得用作在节点本身之外发送的 IPv6 数据包中的源地址。

（3）接口标识符。IPv6 单播地址中的接口标识符用于标识链路上的接口，它们在子网前缀中必须是唯一的。一个节点上的多个接口可以使用相同的接口标识符，只要它们连接到不同的子网。接口标识符的唯一性独立于 IPv6 地址的唯一性。

（4）嵌入了 IPv4 地址的 IPv6 地址。规范定义了两种类型的 IPv6 地址，它们在地址的低 32 位中携带 IPv4 地址。它们是"IPv4 兼容的 IPv6 地址"和"IPv4 映射的 IPv6 地址"。前者已被舍弃，后者的地址格式如图 1-5 所示。

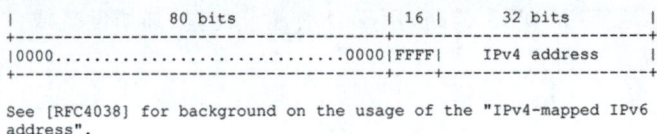

```
|                    80 bits                   | 16 |     32 bits       |
+----------------------------------------------+----+-------------------+
|0000..........................................0000|FFFF|   IPv4 address  |
+----------------------------------------------+----+-------------------+

See [RFC4038] for background on the usage of the "IPv4-mapped IPv6
address".
```

图 1-5　IPv4 映射的 IPv6 地址格式

1.1.2　单播地址

1. IPv6 单播地址类型

IPv6 地址架构(RFC4291)定义了 3 种主要地址类型：单播、任播和组播。这里的核心是单播地址，其中有两种主要的单播地址类型。

- 全局唯一地址：这是最常用的单播地址。如果机构的地址空间分配是通过单个上游网络运营商部署的单个前缀实现的，则使用全局变量不会引起较大影响。然而，当部署了来自多个运营商分配的 IPv6 地址范围内的网络地址时，多宿主站点就会面临管理挑战。在该场景下，网络管理员需要全面了解这些地址空间在多宿主站点基础设施中的使用方式。

- 唯一本地地址(ULA)：ULA 取代了 IPv6 地址架构中最初设想的站点本地地址。它们提供了所使用前缀的全局唯一性，这在网络聚合或路由通告的情况是有用的。在网络实际部署使用中，需要注意的是，ULA 类似于分配给 IPv4 网络的私有地址空间，应该限制使用范围。

地址规划设计和注意事项：IPv6 提供了更大的地址空间，允许网络管理员创建具有逻辑性且实用的编址计划。分配的前缀的子网划分可以依据以下条件：

- 沿用现有系统规范（如将现有子网号或 VLANID 转换为 IPv6 子网 ID）。
- 根据具体需求重新设计。
- 允许基于地理区域、机构组成或服务类型的聚合。

2. IPv6 单播地址格式

IPv6 全局单播地址格式定义了 IPv6 地址分配结构，包括顶级聚合器(Top Level Aggregator, TLA)和下一层聚合器(Next Level Aggregator, NLA)。在规范 RFC2374 中具体定义了 IPv6 地址分配结构，包括 TLA 和 NLA 定义。然而，最初的 TLA/NLA 方案已经被区域互联网注册机构(Regional Internet Registry, RIR)，定义的协调分配策略所取代。取代 TLA/NLA 结构的部分原因是技术上的，主要考虑 TLA/NLA 在 IPv6 初始部署阶段并不是技术上的最佳选择。此外，IPv6 地址的分配与策略以及 IP 地址空间和路由表大小的管理有关，这些都是 RIR 为 IPv4 管理的。随着 IPv6 部署的进行，RIR 的策略很可能会发生变化。

IETF 向 RIR 提供了技术输入（例如，RFC3177），RIR 在定义其地址分配策略时已将其考虑在内。RFC2374 是格式化前缀 001（2000::/3）的 IPv6 地址定义，该文档正式使其具有历史意义。尽管目前只有 2000::/3 被 IANA 授权，但是实际应用中不应该假设 2000::/3 是特殊的。在未来，IANA 可能会被要求为全球单播目的地址授权目前未分配的 IPv6 地址空间部分。RFC2374 中的子网本地聚合器字段仍然有效，但在 RFC2373 中使用了不同的名称，其新名称为"子网 ID"。

IPv6 全球单播地址的通用格式如图 1-6 所示。

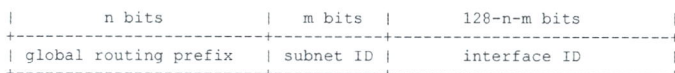

```
|         n bits          |  m bits  |         128-n-m bits        |
+-------------------------+----------+-----------------------------+
| global routing prefix   | subnet ID|         interface ID        |
+-------------------------+----------+-----------------------------+
```

图 1-6　IPv6 全球单播地址的通用格式

其中全局路由前缀是分配给站点（子网/链路集群）的（通常是分层结构的）值，子网 ID 是站点内子网的标识符，其中，全局路由前缀被设计成 RIR 和 ISP 分层结构，子网字段由站点管理员设计成分层结构。RFC2373 还要求所有的单播地址（除了那些以二进制值 000 开头的）都有 64 位的接口 ID，并以修改后的 EUI-64 格式构造。全局单播地址格式如图 1-7 所示。

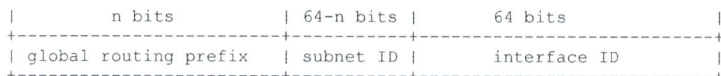

```
|         n bits          | 64-n bits |         64 bits           |
+-------------------------+-----------+---------------------------+
| global routing prefix   | subnet ID |        interface ID       |
+-------------------------+-----------+---------------------------+
```

图 1-7　全局单播地址格式

- 子网前缀长度：IPv6 地址结构指定所有使用全局唯一地址和唯一本地地址的子网必须具有 64 位的子网前缀长度。这是其与 IPv4 的主要区别，并且对于 IPv6 的许多功能至关重要。使用 64 位以外的子网前缀长度将影响邻居发现（ND）、安全邻居发现（SEND）、隐私扩展、协议无关组播-稀疏模式（PIM-SM）、站点多宿主（SHIM6）等协议。目前处于开发或提议阶段的许多其他 IPv6 功能也依赖 64 位子网前缀。
- 接口标识符（IID）分配：要形成完整的 IPv6 地址，接口必须与前缀和接口标识符（IID）相关联。为网络设备或接口分配 IPv6 地址的方法有多种，其中 EUI-64 是一种常用方法。一旦分配了有效的 64 位子网前缀，EUI-64 分配过程就会以无状态方式分配剩余的 64 位 IID。另一种方法涉及使用基于 RFC4941 的隐私扩展，该扩展为使用 IPv6 地址的实体提供隐私。虽然使用 RFC4941 中定义的 IID 的 IPv6 地址没有具体限制，但在使用隐私地址时需要考虑一些影响。

1.1.3　组播地址

IPv6 组播目标是设计满足新的一系列网络通信需求，比如：

- 资源利用。IPv6 组播允许多个主机共享同一个组播地址，从而有效减少网络流量和资源的使用，尤其是在多对多通信场景下。
- 应用支持。IPv6 组播为许多应用场景提供了直接的支持，如视频直播、语音会议、实时数据传输等，使得这些应用能够更加高效和可靠地运行。
- 减少拥塞。通过将数据同时传输到多个目的地，组播减少了网络拥塞，提高了网络的整体性能和稳定性。

- 广播替代。组播是 IPv6 中广播的替代方案,能够更灵活、高效地传递信息,不会对整个网络造成过多的负担。图 1-8 表示了不同网络通信模型的范围。

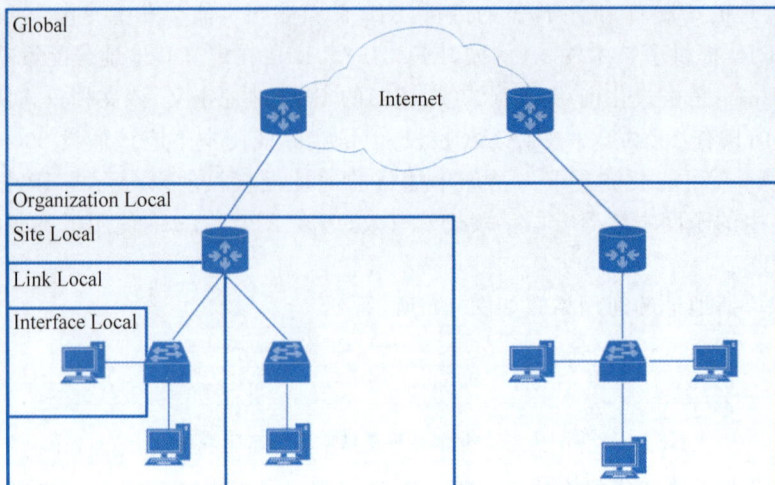

图 1-8　不同网络通信模型的范围

1. IPv6 组播地址结构

组播地址结构如图 1-9 所示。

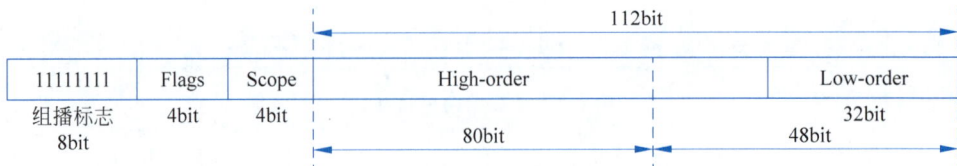

图 1-9　组播地址结构

地址开头的(8 位)二进制 11111111,将该地址标识为组播地址。

地址标识 Flags 分为 4 位:|0|R|P|T|。其中第一位是保留位,设置为 0。T 位为 0 表示这是一个永久分配的(众所周知)组播地址,由互联网分配数字管理局(IANA)进行分配;T 位为 1 表示这是一个非永久分配的("临时"或"动态"分配)组播地址。R 是 Reserved(保留位)。P 是 Prefix(前缀)。

Scope 是一个 4 位组播作用域值,用于限制组播组作用域。具体功能为:0 表示保留;1 表示接口—本地作用域,仅覆盖节点上的单个接口,仅用于组播的环回传输;2 表示链路—本地作用域,与相应的单播作用域跨越相同的拓扑区域;3 表示保留;4 表示管理—本地作用域,必须通过管理方式配置的最小作用域,即不能从物理连接或其他与组播无关的配置自动派生;5 表示站点—本地作用域,用于跨越单个站点;6 和 7 未分配;8 表示组织本地作用域,旨在跨越属于单个组织的多个站点;9~D 未分配;E 表示全局作用域;F 表示保留。标记为"未分配"的作用域可供管理员定义额外的多播区域。

GroupID 标识给定范围内的永久或临时多播组。组播组 ID 字段结构的附加定义在 RFC3306 中提供。

"永久分配"的组播地址的含义是这个地址是长期有效的,并且与组播组的作用域值无直接关系。组播组的作用域值定义了它在网络中的范围,而永久分配的组播地址主要表示这个地址的分配是静态的,不会更改。例如,如果为"NTP 服务器组"分配了一个永久组播地址,组 ID 为 101(十六进制),那么 ff01:01:0:0:0:0:0:101 表示与发送方在同一接口(即同一节点)

上的所有 NTP 服务器。

非永久分配的多播地址仅在给定范围内有意义。例如,一个站点的非永久性本地组播地址 ff15:0:0:0:0:0:0:0:101 标识的组播组与另一个站点使用相同地址的组播组没有任何关系,与使用相同组 ID 但作用域不同的非永久性组没有关系,与使用相同组 ID 的永久性组也没有关系。

2. IPv6 组播地址分配

1) 永久 IPv6 组播地址

如在 RFC2375 中定义的,永久组播地址由 IANA 分配。在专家审查的基础上,这些地址将与组 ID 一起分配,范围为 0x00000001～0x3FFFFFFF。IANA 分配的组播地址必须将 T 位设置为 0,P 位设置为 0。

2) 动态 IPv6 组播地址

动态 IPv6 组播地址既可以由分配服务器分配,也可以由终端主机分配。无论分配机制如何,所有动态分配的 IPv6 组播地址必须将 T 位设置为 1,这将区分动态分配的组播地址和永久分配的组播地址。根据 RFC2375 中的定义,IPv6 组播地址的较低部分(48 位)将映射到链路层地址。应该注意的是,GroupID 的高位应与 T 位的值相同。

例如,永久 IPv6 组播地址 FF02::9 对应的以太网组播地址为 33-3300-00-00-09。动态分配的 IPv6 组播地址 FF32::8000:9 将映射到以太网组播地址 33-33-80-00-00-09。

3) IPv6 预定义组播地址

组 ID 是为显式作用域值定义的,不能作为他用,T 位设置为 0。例如,FF0X:0:0:0:0:0:0:0,其中 X 为 0,1～F 表示所有值,共 16 个预定义组播地址。

所有节点地址(All Nodes Address):FF0X:0:0:0:0:0:0:1。标识了范围 X 内所有 IPv6 节点的组,其范围具体参考组播地址格式中 Scope 取值定义。

所有路由器地址(All Routers Address):FF0X:0:0:0:0:0:0:2。标识了范围 X 内所有 IPv6 路由器的组,其范围具体参考组播地址格式中 Scope 取值定义。

请求节点地址(Solicited-Node Address):FF02:0:0:0:0:1:FFXX:XXXX。请求节点地址作为节点的单播地址和任意播地址的函数来计算。请求节点地址是通过取地址(单播或任意播)的低 24 位并对这些位添加前缀 FF02:0:0:0:0:1:FF00::/104 形成的,从而在该范围内生成组播地址。其取值为 FF02:0:0:0:0:1:FF00:0000～FF02:0:0:0:0:1:FFFF:FFFF。如 IPv6 地址 4037::01:800:200E:8C6C 对应的请求节点(Solicited-Node)组播地址为 FF02::1:FF0E:8C6C。

当多个 IPv6 地址只在高位(前缀部分)有所不同时,它们仍会映射到相同的 Solicited-Node 地址。这是因为在组播组成员资格管理方面,只关注地址的低 64 位,从而减少了节点必须加入的组播组的数量。

节点需要计算(在适当的接口上)并已为接口(手动或自动)配置所有单播和任意播地址连接关联的请求节点(Solicited-Node)组播地址。这确保了节点能够接收到与其地址相关的必要信息。

总体来说,Solicited-Node 地址的使用简化了 IPv6 网络中节点的组播组成员资格管理,提高了效率并减少了网络地址资源的浪费。

3. IPv6 组播更新

1) 地址架构更新

组播地址的第 17～20 位,在 RFC3956 和 RFC3306 中定义为保留位。本书将这些位定义为通用标志位,以便它们应用于任何组播地址。这些位称为"FF2"(标志字段 2),而 RFC4291 和 RFC3956 中的"Flags"位重命名为"FF1"(标志字段 1)。在本书中,标志位表示为 FF1 和 FF2。

通过将第 17～20 位定义为所有 IPv6 组播地址的标志,可以以统一和通用的方式处理地址,并允许未来为不同的目的定义这些标志位,而不管组播地址的具体类型如何。作为记录,这种设计选择最初由 ADDR-FORMAT 中的规范提出,该规范将标志位含义与其中一个保留位相关联。此外,ADDR-FORMAT 还考虑了在 FF1 中使用最后剩下的标志,但这种方法被放弃了,因为现阶段尚不清楚该标志是否有其他使用场景。

2) 标志位:新处理规则

某些实现和规范文档不会将标志位视为单独的位,而是倾向于将其组合值当作以整数(4 位)表示。这种做法将对剩余的标志位分配确定含义造成障碍。为了避免这种混淆,明确地将一个标志位含义与其余标志相关联,要求必须将标志位视为单独的位。

4. 组播应用

1) 流媒体分发

IPv6 组播可用于在网络上有效地传输音频和视频流。通过使用组播,可以将单个数据流同时发送到多个接收者,而不是为每个接收者分别创建单独的连接,从而减少网络流量,并提高效率。

2) 软件更新

在某些大规模系统中,需要将软件更新传递给多个设备。通过使用 IPv6 组播,能够更为有效地将更新传递给所有目标设备,而不必为每个设备单独发送数据。

3) 在线游戏

对于在线游戏,服务器可能需要向所有玩家发送实时更新,例如,位置信息、状态变化等。IPv6 组播可用于将这些更新数据有效地传递给所有玩家,而不是通过单播方式向每个玩家发送相同的信息,这还会造成不同玩家获取状态信息的时间的不一致。

4) 网络管理

IPv6 组播可用于网络管理任务,如路由器通过组播发送路由信息、配置更新等。这样可以减少网络流量和提高网络效率。

5) 多播 VPN

IPv6 组播可以用于虚拟私有网络(VPN)中,以便在 VPN 成员之间共享特定的数据流,同时保持数据的安全性和隐私。

1.2 IPv6 报文格式

1.2.1 面临的主要挑战

1. 安全问题

防火墙和其他网络安全中间设备(Middlebox)通常依赖特定的协议和数据包格式进行数据检查和报文过滤。IPv6 引入了新的扩展标头,如 AH(Authentication Header)和 ESP(Encapsulating Security Payload)。确保这些扩展标头的正确处理对于网络的安全性至关重要。这可能涉及新的安全策略和过滤规则,需要网络安全中间设备进行适应和更新。身份验证和隐私功能为 IPv6 指定了支持身份验证、数据完整性以及(可选的)数据保密性的扩展。

2. 功能支持问题

不同类型的扩展标头具有不同的长度,这可能导致数据包长度的变化。网络设备需要能够计算数据包的大小,以适应扩展标头的变化,并确保在转发时不会出现截断等问题。IPv6将网络 IP 地址大小从 32 位增加到 128 位,以支持更多级别的地址层次结构、更多的可编址节点以及更简单的自动配置地址。为降低数据包处理的成本以及限制 IPv6 头部的带宽成本,一些 IPv4 头部字段被删除或变为可选项。此外,通过在组播地址中增加"范围"字段来改善组播路由的可扩展性,并定义了一种新的地址类型,即"任播地址"。扩展选项可能以不同的顺序出现在 IPv6 数据包中,并且有一些扩展选项之间存在顺序依赖性。正确处理这些选项可能需要根据规范确保它们以正确的顺序出现,以及能够正确识别和执行相关的处理。许多广泛使用的防火墙和其他中间设备无法识别或处理自 RFC2460 发布以来所有标准化的扩展标头,从而导致端到端连接出现阻断。

3. 性能问题

由于 IPv6 扩展了多个选项,并且其数据包头部比较大,因此造成了中间设备对 IPv6 扩展选项的处理可能缓慢且低效,并可能影响节点以线速处理数据包的能力,同时对网络中间设备提出了更多的功能要求。早期的硬件设备可能没有为 IPv6 进行优化,这可能导致 IPv6 场景下的性能相对较差。IPv6 路由表查找可能因为地址长度的增加而变得更为复杂,尤其是对于大规模的网络,需要设计高效的路由查找算法等予以解决。

这些挑战反映了 IPv6 设计的主要目标:提高网络的规模和效率,同时增加安全性,并更好地提高服务质量。

1.2.2　报文格式与数据结构

1. IPv6 头部格式

IPv6 头部格式如图 1-10 所示。

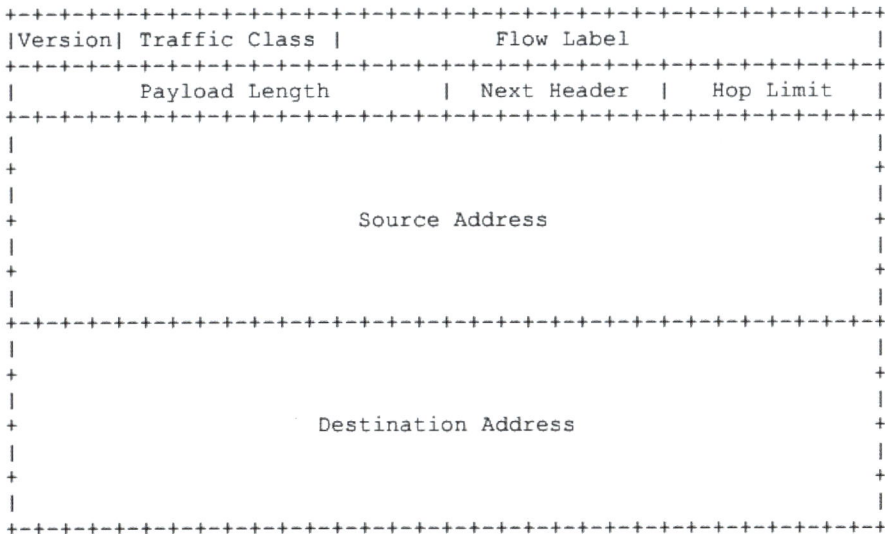

```
+-+-+-+-+-+-+-+-+-+-+-+-+-+-+-+-+-+-+-+-+-+-+-+-+-+-+-+-+-+-+-+-+
|Version| Traffic Class |                Flow Label             |
+-+-+-+-+-+-+-+-+-+-+-+-+-+-+-+-+-+-+-+-+-+-+-+-+-+-+-+-+-+-+-+-+
|         Payload Length        |  Next Header  |   Hop Limit   |
+-+-+-+-+-+-+-+-+-+-+-+-+-+-+-+-+-+-+-+-+-+-+-+-+-+-+-+-+-+-+-+-+
|                                                               |
+                                                               +
|                                                               |
+                                                               +
|                         Source Address                        |
+                                                               +
|                                                               |
+                                                               +
|                                                               |
+-+-+-+-+-+-+-+-+-+-+-+-+-+-+-+-+-+-+-+-+-+-+-+-+-+-+-+-+-+-+-+-+
|                                                               |
+                                                               +
|                                                               |
+                                                               +
|                       Destination Address                     |
+                                                               +
|                                                               |
+                                                               +
|                                                               |
+-+-+-+-+-+-+-+-+-+-+-+-+-+-+-+-+-+-+-+-+-+-+-+-+-+-+-+-+-+-+-+-+
```

图 1-10　IPv6 头部格式

版本(Version):4 位互联网协议版本号。

流量类别(Traffic Class):8 位流量类别字段,通常表示流量优先级。

流标签(Flow Lable):20 位流标签。

有效载荷长度(Payload Length)：16 位无符号整数，IPv6 有效载荷即数据包剩余部分的长度，包括任何扩展头部。

下一个头部(Next Header)：表明 IPv6 报文头部的下一个报文扩展头的协议类型。

跳数限制(Hop Limit)：每跳过一个节点减少 1，用于限制数据包的传播距离。

源地址(Source Address)：128 位，数据包发送节点的地址。

目的地址(Destination Address)：128 位，数据包预定接收节点的地址（如果存在路由头部，则可能不是最终接收者）。

2. IPv6 报文头扩展

在 IPv6 报文中，可选的互联网层信息以单独的头部形式存在于 IPv6 头部和上层头部之间。这类扩展头部数量有限，每个扩展都有唯一的下一个头部值标识。扩展头部使用 IANAIP 协议编号，与 IPv4 和 IPv6 的下一个头部值一致。处理数据包中下一个头部值序列时，第一个非扩展头部的下一个头部选项(字段)option 值表示相应的上层头部。如果没有上层头部，则会使用表示特殊的"无下一个头部"的选项值。在目的节点，正常的解封装复用处理逻辑是基于下一个头部选项字段来确定如何处理 IPv6 头部之后的数据。如果存在扩展头部，则下一个头部字段将表示下一个扩展头部或上层头部的类型；如果没有扩展头部，则直接指示上层头部的类型。必须严格按照它们在数据包中出现的顺序处理每个扩展头部。

扩展报文头如图 1-11 所示，IPv6 数据包可以携带零个、一个或多个扩展头部，每个扩展头部都由前一个头部的下一个头部(Next Header)字段标识。一个标准的 IPv6 数据包结构包括 IPv6 头部和随后的 TCP/UDP 头部以及有效载荷(Payload)数据。如果一个 IPv6 数据包包括路由(Routing)头部，那么它将在 IPv6 头部和 TCP 头部之间出现。对于包含分片(Fragment)头部的 IPv6 数据包，分片头部将位于路由头部之后，TCP 头部之前。扩展头部(除了逐跳选项头部外)在数据包的传递过程中不会被任何节点处理、插入或删除，除非数据包到达目的地址字段(包括路由扩展头)中指定的节点或节点集。逐跳选项头部不会被插入或删除，但可以由任何节点在数据包传递路径中检查或处理。当逐跳选项头部存在时，它必须紧跟在 IPv6 头部之后，其存在由 IPv6 头部的下一个头部字段的特殊值 0 表示。

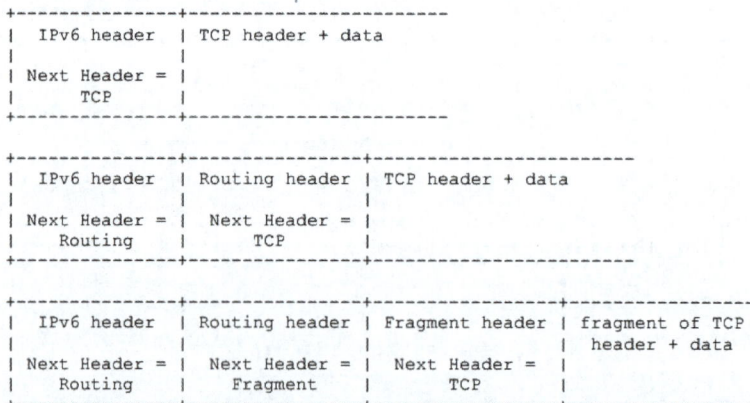

```
+----------------+--------------------------+
|  IPv6 header   | TCP header + data        |
|                |                          |
| Next Header =  |                          |
|      TCP       |                          |
+----------------+--------------------------+


+----------------+------------------+------------------------+
|  IPv6 header   | Routing header   | TCP header + data      |
|                |                  |                        |
| Next Header =  |  Next Header =   |                        |
|    Routing     |      TCP         |                        |
+----------------+------------------+------------------------+


+----------------+------------------+------------------+---------------------+
|  IPv6 header   | Routing header   | Fragment header  | fragment of TCP     |
|                |                  |                  |    header + data    |
| Next Header =  |  Next Header =   |  Next Header =   |                     |
|    Routing     |    Fragment      |      TCP         |                     |
+----------------+------------------+------------------+---------------------+
```

图 1-11　扩展报文头

在目的节点，正常的解复用处理是基于下一个头部(Next Header)字段来确定如何处理 IPv6 头部之后的数据。如果存在扩展头部，则下一个头部字段将指示下一个扩展头部或上层头部的类型；如果没有扩展头部，则直接指示上层头部类型。必须严格按照它们在数据包中出现的顺序处理每个扩展头部。IPv6 的每个扩展头部长度是 8 字节的倍数，以便在多个连续头部中保持 8 字节对齐,这对于后续头部的字段边界非常重要。完整实现 IPv6 包括以下扩展头部的支持:逐跳选项、分片、目的地选项、路由、认证以及封装安全载荷。

3. 扩展报文头

指定的两种扩展头部——逐跳(Hop)选项头部和目的地(Destination)选项头部——包含多个选项,这些选项按照类型-长度-值(TLV)的格式进行编码,如图 1-12 所示。

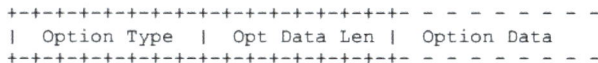

```
+-+-+-+-+-+-+-+-+-+-+-+-+-+-+-+-+- - - - - - - - -
| Option Type | Opt Data Len | Option Data
+-+-+-+-+-+-+-+-+-+-+-+-+-+-+-+-+- - - - - - - - -
```

图 1-12　扩展报文头选项

选项类型是 8 位的标识符,用于识别扩展报文头的类型。

选项数据长度是一个 8 位的无符号整数,表示该选项的选项数据字段的长度。

选项数据字段是变长的,包含了特定于选项类型的数据。

头部中的选项序列必须严格按照它们在头部出现的顺序进行处理;网络节点(路由器、交换机和中间设备)不得跳过任何先前的选项来处理特定类型的选项。选项类型标识符内部编码的高 2 位指定了如果 IPv6 节点不识别该选项类型时必须执行的动作:

- 00——跳过此选项并继续处理头部;
- 01——丢弃数据包;
- 10——丢弃数据包,并发送 ICMP 协议不可达(Code 为 2)的消息到数据包的源地址,指出未识别的选项类型,无论目的地址是否为多播地址;
- 11——丢弃数据包,只有当数据包的目的地址不是多播地址时,才发送 ICMP 协议不可达(Code 为 2)的消息到数据包的源地址,指出未识别的选项类型。

选项类型的第 3 位指定该选项的选项数据在到达数据包的最终目的地的路由转发过程中是否可以更改。在数据包中,对于那些在转发过程中其数据可能会变化的选项,其整个选项数据字段在计算或验证数据包的认证值时必须被视为零值字节。其中,0 代表选项数据在转发过程中不变,1 代表选项数据可能会变化。上面描述的 3 个高位应当作为选项类型的一部分,而不是独立于选项类型。也就是说,特定选项由完整的 8 位选项类型,而不仅是选项类型的低 5 位标识。逐跳选项扩展头部和目的地选项扩展头部使用相同的选项类型编号空间。然而,特定选项的规定可能限制其仅能用于这两种头部中的一种。单个选项可能有特定的对齐要求,以确保选项数据字段中的多字节值能够自然对齐。选项的对齐要求使用 $xn+y$ 的符号表示,意味着选项类型必须出现在头部开始的 x 字节的整数倍位置上,加上 y 字节。

1) 逐跳选项头部

逐跳选项头部用于携带可选信息,该信息可能会被数据包转发路径上的每一个节点检查和处理。逐跳选项头部在 IPv6 头部中通过下一个头部值为 0 来识别,并具有特定的格式,如图 1-13 所示。

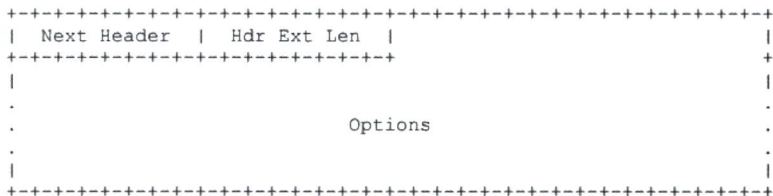

```
+-+-+-+-+-+-+-+-+-+-+-+-+-+-+-+-+-+-+-+-+-+-+-+-+-+-+-+-+-+-+-+-+
| Next Header | Hdr Ext Len |                                 |
+-+-+-+-+-+-+-+-+-+-+-+-+-+-+-+-+                                 +
.                                                                .
.                                                                .
.                          Options                               .
.                                                                .
.                                                                .
+-+-+-+-+-+-+-+-+-+-+-+-+-+-+-+-+-+-+-+-+-+-+-+-+-+-+-+-+-+-+-+-+
```

图 1-13　逐跳选项头部格式

下一个头部(Next Header)：8 位类型,用于识别紧随逐跳选项头部之后的头部类型。使用与 IPv4 协议字段相同的值。

头部扩展长度(Hdr Ext Len)：8 位无符号整数长度。逐跳选项头部的长度,以 8 字节单位计算,不包括最初的 8 字节。

选项(Options)：变长字段,长度使得完整的逐跳选项头部为 8 字节的整数倍,包含一个或多个按照 TLV 描述的编码选项。

2) 路由头部

路由扩展头部由 IPv6 源(路由)使用,用于列出一个或多个网络中间转发节点,数据包在转发到目的地址的过程中需要"访问"这些节点。这个功能与 IPv4 的松耦合源路由和记录路由选项非常相似。路由扩展头部通过前一个头部中的下一个头部值 43 来识别,并具有特定的格式,如图 1-14 所示。

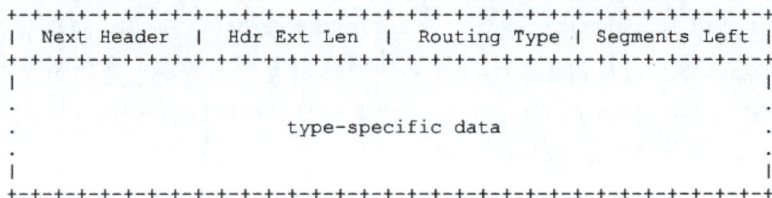

```
+-+-+-+-+-+-+-+-+-+-+-+-+-+-+-+-+-+-+-+-+-+-+-+-+-+-+-+-+-+-+-+-+
| Next Header  | Hdr Ext Len  | Routing Type | Segments Left |
+-+-+-+-+-+-+-+-+-+-+-+-+-+-+-+-+-+-+-+-+-+-+-+-+-+-+-+-+-+-+-+-+
|                                                               |
.                                                               .
.                      type-specific data                       .
.                                                               .
|                                                               |
+-+-+-+-+-+-+-+-+-+-+-+-+-+-+-+-+-+-+-+-+-+-+-+-+-+-+-+-+-+-+-+-+
```

图 1-14　路由扩展头部格式

下一个头部(Next Header)：8 位类型,用于识别紧随路由头部后面的头部类型。使用的值与 IPv4 协议字段相同。

头部扩展长度(Hdr Ext Len)：8 位无符号整数,指示扩展头部的长度,不包括第一个 8 字节,这个长度以 8 字节为单位。

路由类型(Routing Type)：特定路由头部变体的 8 位标识符。

剩余段数(Segments Left)：8 位无符号整数。指示剩余的路由段数,也就是在到达最终目的地之前还需访问的明确列出的中间节点数量,主要用于分段路由协议 SRv6(Segment Routing v6),表示剩余分段(Segment)数量。

类型特定数据(Type-specific Data)：变长字段,其格式由路由类型确定,其长度使得完整的路由头部长度为 8 字节的整数倍。

如果在处理收到的数据包时,节点遇到一个具有无法识别的路由类型值的路由头部,那么该节点所执行行为主要取决于"剩余段数"字段的值,具体如下：

如果"剩余段数"为零,则节点必须忽略路由头部,并继续处理数据包中的下一个头部,其类型由路由头部中的下一个头部字段标识。

如果"剩余段数"非零,则节点必须丢弃数据包,并发送 ICMP 无代码(Code 为 0)的消息到数据包的源地址,指出无法识别的路由类型。

如果在处理收到的数据包的路由头部之后,中间节点确定数据包将被转发到链路 MTU 小于数据包大小的链路上,则节点必须丢弃数据包,并发送数据包过大消息 ICMP 到数据包的源地址。

IPv6 路由头部的分配指南可以参考 RFC5871。

3) 分片头部

IPv6 源使用分片头部来将比路径 MTU 大的数据包发送到其目的地(注意：与 IPv4 不同,在 IPv6 中,仅由源节点而不是沿着数据包传递路径的路由器执行分片)。分片头部由前一个头部中的下一个头部值 44 来识别,并具有特定的格式,如图 1-15 所示。

```
+-+-+-+-+-+-+-+-+-+-+-+-+-+-+-+-+-+-+-+-+-+-+-+-+-+-+-+-+-+-+-+-+
| Next Header   |   Reserved    |      Fragment Offset    |Res|M|
+-+-+-+-+-+-+-+-+-+-+-+-+-+-+-+-+-+-+-+-+-+-+-+-+-+-+-+-+-+-+-+-+
|                         Identification                       |
+-+-+-+-+-+-+-+-+-+-+-+-+-+-+-+-+-+-+-+-+-+-+-+-+-+-+-+-+-+-+-+-+
```

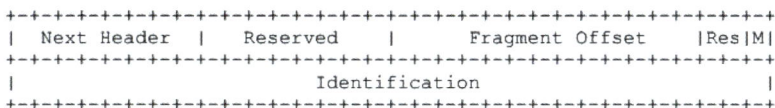

图 1-15　分片头部格式

下一个头部(Next Header)：8 位类型,用于识别原始数据包中可分片部分的初始头部类型。使用与 IPv4 协议字段相同的值。

保留(Reserved)：8 位保留字段。发送时初始化为零,接收时忽略。

分片偏移(Fragment Offset)：13 位无符号整数。此头部之后数据相对于原始数据包中可分片部分起始处的偏移量,以 8 字节单位计算。

保留(Res)：2 位保留字段。发送时初始化为零,接收时忽略。

M 标志：1 表示更多分片；0 表示最后一个分片。

标识(Identification)：32 位。

为了发送超过目的地路径 MTU 的超大数据包,源节点可以将数据包分割成多个分片,并将每个分片作为单独的数据包发送,以便在接收端重新组装。对于每个需要分片的数据包,源节点将生成一个标识值。这个标识值必须与最近使用相同源地址和目的地址发送的任何其他已分片数据包的标识值不同。如果存在路由头部,那么所关注的目的地址是最终目的地的地址。

初始的、超大的、未分片的数据包被称为"原始数据包",它被认为由 3 部分组成,如图 1-16 所示。

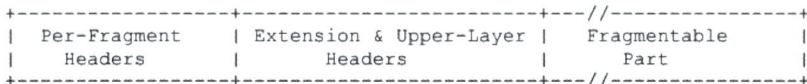

```
+------------------+----------------------+---//---------------+
| Per-Fragment     | Extension & Upper-Layer |   Fragmentable   |
|    Headers       |      Headers         |       Part         |
+------------------+----------------------+---//---------------+
```

图 1-16　原始数据包

每分片头部必须包括 IPv6 头部和必须由途中节点处理的任何扩展头部,即所有头部直到路由头部(如果存在),否则为逐跳选项头部(如果存在),或者是没有扩展头部。为此,封装安全载荷(ESP)不被视为扩展头部。上层头部是第一个不是 IPv6 扩展头部的上层头部。上层头部的例子包括 TCP、UDP、IPv4、IPv6、ICMPv6 以及 ESP。可分片部分包括上层头部之后或包含无下一头部值的任何头部(即初始 IPv6 头部或扩展头部)之后的数据包其余部分。

原始数据包的可分片部分被划分为多个分片。分片的长度必须选择得当,以确保结果的分片数据包适合目的地路径的 MTU。除了最后一个("最右边"的)分片以外,每个完整的分片长度是 8 字节的整数倍。

这些分片通过单独的"分片数据包"传输,原始数据包如图 1-17 所示,分片数据包如图 1-18 所示。

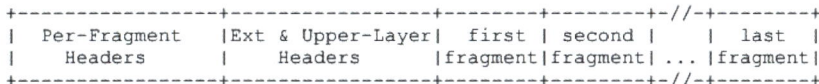

```
+------------------+---------------+--------+--------+-//-+--------+
| Per-Fragment     |Ext & Upper-Layer| first | second |   | last |
|    Headers       |    Headers    |fragment|fragment|...|fragment|
+------------------+---------------+--------+--------+-//-+--------+
```

图 1-17　原始数据包

第一个分片数据包由以下部分组成：

- 原始数据包的每个分片头部(Per-Fragment Headers),其中原始 IPv6 头部的有效载荷长度被修改为仅包含该分片数据包的长度(不包括 IPv6 头部本身的长度),并且每个分片头部的最后一个头部的下一个头部字段被修改为 44。

- 一个包含以下内容的分片头部。

```
+------------------+-----------+---------------+-----------+
| Per-Fragment     |Fragment   | Ext & Upper-Layer | first   |
| Headers          |Header     | Headers        | fragment |
+------------------+-----------+---------------+-----------+

+------------------+-----------+---------------------------+
| Per-Fragment     |Fragment|  second                      |
| Headers          |Header  |  fragment                    |
+------------------+-----------+---------------------------+

                         :

+------------------+-----------+-----------+
| Per-Fragment     |Fragment|  last        |
| Headers          |Header  |  fragment    |
+------------------+-----------+-----------+
```

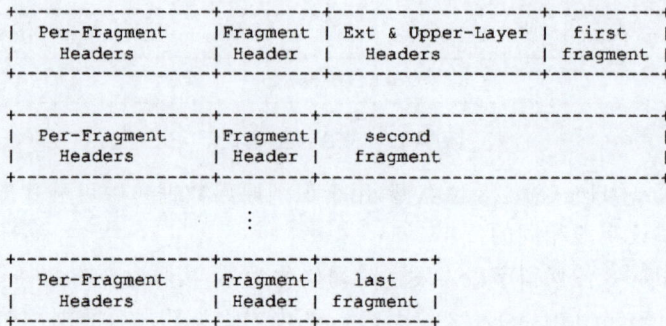

图 1-18　分片数据包

（1）标识原始数据包的每个分片头部之后的第一个头部的下一个头部值。

（2）分片相对于原始数据包的可分片部分起始处的偏移量的分片偏移,单位为 8 字节。第一个(“最左边”的)分片的偏移为 0。由于这是第一个分片,M 标志值为 1。

（3）标识域为原始数据包生成的标识值,包括扩展头部(如果有的话)和上层头部。这些头部必须在第一个分片中。

后续分片数据包由以下部分组成:

原始数据包的每个分片头部(Per-Fragment Headers),其中原始 IPv6 头部的有效载荷长度被修改为仅包含该分片数据包的长度(不包括 IPv6 头部本身的长度),并且每个分片头部的最后一个头部的下一个头部字段被修改为 44。

一个包含以下内容的分片头部:

（1）标识原始数据包每个分片头部之后第一个头部的下一个头部值。

（2）一个分片偏移。如果是最后一个片段(“最右边”的),则 M 标志值为 0,否则为 1。

（3）标识 ID 仍然为原数据包生成的标识值。在目的地,分片数据包被重组为原始的、未分片的形式,如 1-19 所示。

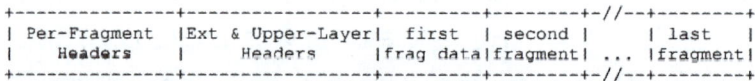

```
+----------------+----------------+---------+--------+--//--+--------+
| Per-Fragment   |Ext & Upper-Layer| first  | second |      | last   |
| Headers        |  Headers        |frag data|fragment| ... |fragment|
+----------------+----------------+---------+--------+--//--+--------+
```

图 1-19　重组的原始数据包

4）目的地选项头部

目的地选项头部用于携带只需被数据包目的地节点检查和处理的可选信息。目的地选项头部由前一个头部中的下一个头部(Next Header 域)值 60 表示,并具有如图 1-20 所示的格式。

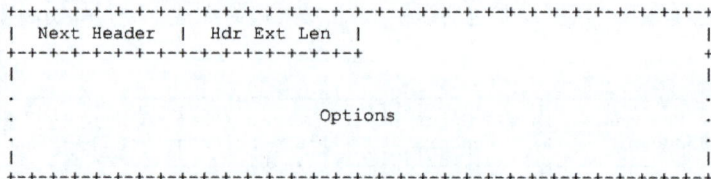

```
+-+-+-+-+-+-+-+-+-+-+-+-+-+-+-+-+-+-+-+-+-+-+-+-+-+-+-+-+-+-+-+-+
| Next Header   |  Hdr Ext Len  |                             |
+-+-+-+-+-+-+-+-+-+-+-+-+-+-+-+-+                             +
|                                                             |
.                                                             .
.                         Options                             .
.                                                             .
|                                                             |
+-+-+-+-+-+-+-+-+-+-+-+-+-+-+-+-+-+-+-+-+-+-+-+-+-+-+-+-+-+-+-+-+
```

图 1-20　目的地选项头部格式

下一个头部(Next Header):8 位类型,用于识别紧随目的地选项头部之后的头部类型。使用与 IPv4 协议字段相同的值。

头部扩展长度(Hdr Ext Len):8 位无符号整数。目的地选项头部的长度,以 8 字节单位计算,不包括最初的 8 字节。

选项(Options):变长字段,长度使得完整的目的地选项头部为 8 字节的整数倍。

4. 定义新的扩展头和选项

通常不推荐定义新的 IPv6 扩展头部,除非规范中已有的 IPv6 扩展头部不能作为 IPv6 扩展头部指定的新选项来使用。设计提出新的 IPv6 扩展头部的建议必须包括为什么现有的 IPv6 扩展头部不能用于所需新功能的必要技术说明。

定义要求逐跳行为的新扩展头部也是不推荐的,唯一具有逐跳行为的扩展头部是逐跳选项头部。不推荐定义新的逐跳选项,因为节点可能被配置为忽略逐跳选项头部,丢弃包含逐跳选项头部的数据包,或将包含逐跳选项头部的数据包分配到慢速处理路径。定义新的逐跳选项的设计者需要考虑这种网络处理行为的可能性。在制定任何新的逐跳选项标准之前,需要有非常明确的理由来证明其必要性。推荐使用目的地选项头部来携带只需由数据包目的地节点检查并处理的可选信息,因为它们提供了更好的处理和向后兼容性。

定义新的扩展头部时需要使用如图 1-21 所示的格式。

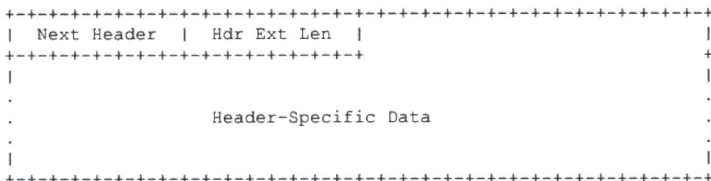

```
+-+-+-+-+-+-+-+-+-+-+-+-+-+-+-+-+-+-+-+-+-+-+-+-+-+-+-+-+-+-+-+-+
| Next Header   | Hdr Ext Len   |                               |
+-+-+-+-+-+-+-+-+-+-+-+-+-+-+-+-+                               +
|                                                               |
.                                                               .
.                   Header-Specific Data                        .
.                                                               .
|                                                               |
+-+-+-+-+-+-+-+-+-+-+-+-+-+-+-+-+-+-+-+-+-+-+-+-+-+-+-+-+-+-+-+-+
```

图 1-21　定义新的扩展头部格式

下一个头部(Next Header):8 位类型,用于表示紧随扩展头部之后的扩展头部类型。使用与 IPv4 协议字段相同的值。

头部扩展长度(Hdr Ext Len):8 位无符号整数。指定扩展头部的长度,以 8 字节单位计,不包括最初的 8 字节。

头部特定数据(Header-Specific Data):变长字段。包含特定于该扩展头部的字段。

1.2.3　网络控制与协议处理

1. IPv6 地址配置和路由获取

在 IPv6 网络中,主机需要配置自己的 IPv6 地址,并获取路由信息。IPv6 地址为 128 位,采用冒号和十六进制的表示法。主机可以通过自动配置或手动配置的方式来获取 IPv6 地址。自动配置方式包括无状态自动配置(SLAAC)和有状态自动配置(DHCPv6)。通过 SLAAC,主机可以根据接收到的路由通告报文来生成自己的 IPv6 地址。而通过 DHCPv6 方式,主机向 DHCPv6 服务器发送请求,以获取自己的 IPv6 地址和其他相关配置信息。

2. IPv6 地址的类型

IPv6 地址有多种类型,每种类型都有其特定的用途。例如,全球单播地址用于在整个 IPv6 网络中唯一标识一个接口,链路的本地地址仅在单个链路上有效,用于链路层的通信。唯一本地地址用于在一个特定的本地网络中标识一个接口,而多播地址则用于标识一组接口,这组接口可能分布在多个节点上。

3. IPv6 邻居发现

在 IPv6 网络中,主机使用邻居发现协议(NDP)来获取与其直接相连的邻居的 IPv6 地址与 MAC 地址的映射关系。邻居发现协议主要通过发送邻居请求消息和邻居广告消息来实现。主机首先发送邻居请求消息,以请求与其直接相连的邻居节点回应其 MAC 地址。当邻居节点收到此请求后,它会回应一个包含自己的 IPv6 地址和 MAC 地址的邻居通告消息。通过接收这些邻居通告消息,主机便能获取邻居节点的 IPv6 地址与 MAC 地址的映射关系。

4. IPv6 地址解析

在 IPv6 网络中,主机需要进行地址解析,以将目标 IPv6 地址解析为对应的 MAC 地址。主机首先检查目标 IPv6 地址是否为本地链路地址。如果是,那么主机会通过邻居发现协议来获取目标的 MAC 地址。如果目标 IPv6 地址不是本地链路地址,那么主机需要查找路由表,以确定下一跳邻居节点的 IPv6 地址,并通过邻居发现协议获取下一跳的 MAC 地址,然后主机将 IPv6 数据包发送到下一跳邻居节点的 MAC 地址。

5. IPv6 数据包的封装和发送

在 IPv6 网络中,主机需要将要发送的数据封装成 IPv6 数据包。IPv6 数据包包括 IPv6 头部和数据部分(要发送的数据),其中,IPv6 头部包含源 IPv6 地址、目标 IPv6 地址、流标签和负载长度等字段。主机会根据目标 IPv6 地址查找路由表,确定下一跳的 IPv6 地址,然后将数据包发送到下一跳。

6. IPv6 路由转发

在 IPv6 网络中,路由器负责数据包的转发。路由器会根据数据包的目标 IPv6 地址查找路由表,确定下一跳的 IPv6 地址,然后将数据包转发到下一跳。需要注意的是,路由器在转发数据包时并不会更新数据包 IPv6 头部中的源 IPv6 地址和目标 IPv6 地址。这两个地址在整个传输过程中都保持不变,以正确指示数据包的起始和终止位置。

7. IPv6 数据包在目标主机的处理

经过一系列的路由转发,数据包最终到达目标主机。目标主机会根据 IPv6 协议规范检查数据包的有效性并进行相应处理。如果目标主机是数据包的最终目的地,那么它会根据数据包的协议类型(如 TCP、UDP)及端口号(如 TCP 端口号)将数据包传递给相应的应用程序。如果目标主机不是最终目的地,那么它会继续进行路由转发,将数据包发送给下一跳。

8. IPv6 数据包的返回

在 IPv6 网络中,数据包的返回流程与正常的数据包转发处理流程类似。当目标主机接收到数据包后,它可以根据源 IPv6 地址和端口信息将数据包返回源主机。在数据包的返回流程中,源主机和目标主机的角色发生了反转,但整个流程与正常的数据包传输流程是一致的。

9. 数据包大小

IPv6 规定互联网上的每个链接必须有 1280 字节或更大的最小传输单元 MTU。对于不能一次性传送 1280 字节数据包的连接,必须在 IPv6 网络层以下提供特定于链接的分片和重组。建议配置可变 MTU 链接(如 PPP)至少为 1280 字节,以避免因封装引起的 IPv6 层分片。节点必须接收与直连链接 MTU 一样大的数据包,并能处理重组后最大为 1500 字节的分段数据包。推荐 IPv6 节点实现路径 MTU 发现,以利用大于 1280 字节的路径 MTU。在必要时,节点可以使用 IPv6 分片头部来将大数据包分段,并在目的地节点重组,但鼓励能够适应测量路径 MTU 的应用程序避免使用此方法。依赖 IPv6 分片的上层协议或应用程序在发送超过路径 MTU 的大数据包时,应确保目的地节点能重组原始大小的数据包。

1.3 过渡及地址映射

1.3.1 地址映射需求

互联网应用快速发展导致了 IPv4 地址资源的快速消耗。IPv4 地址采用 32 位表示,最多提供约 43 亿个唯一地址。然而,随着互联网设备的快速增长,特别是移动互联网的爆炸式增长,有限的 IPv4 地址已经无法满足互联网的应用需求。因此,寻求新的地址资源和扩展互联网地址空间成为了紧迫的任务。

为了解决 IPv4 地址枯竭问题,互联网工程任务组(IETF)制定了下一代互联网协议 IPv6。IPv6 采用 128 位地址,理论上可以提供 3.4×10^{38} 个唯一地址。IPv6 不仅解决了地址资源问题,还引入了诸多其他优势,如简化的报头结构、更好的路由性能和安全性等。然而,IPv4 和 IPv6 之间的不兼容意味着在过渡期内,IPv4 和 IPv6 设备需要某种机制实现互联互通。

1. 6to4 技术

在 IPv4 向 IPv6 过渡过程中,6to4 技术应运而生,其目标是在 IPv4 网络中实现 IPv6 网络设备的自动配置和通信,简化过渡期的网络配置复杂度,降低过渡成本。同时,6to4 技术具备良好的扩展性、安全性和稳定性,可满足不同场景下 IPv4 和 IPv6 网络的通信需求。在过渡初期,IPv4 网络已经大量部署,而 IPv6 网络只是散落在各地的"孤岛",自动隧道机制就是通过隧道技术,使 IPv6 报文在 IPv4 网络中传输,实现 IPv6 网络之间的孤岛互连。6to4 隧道技术的基本原理如图 1-22 所示。

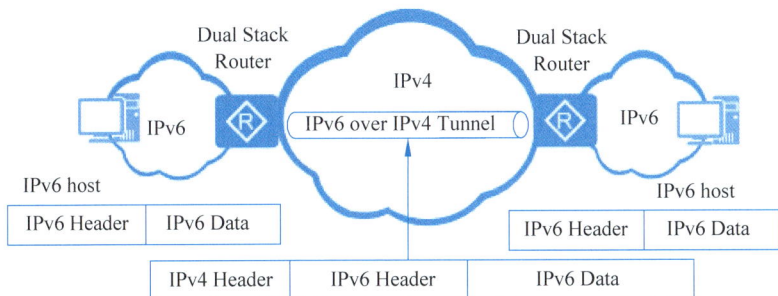

图 1-22 6to4 隧道技术的基本原理

2. 6rd(IPv6 Rapid Deployment)技术

由于 IPv4 地址的枯竭和 IPv6 的先进性,互联网从 IPv4 过渡为 IPv6 势在必行。由于 IPv6 与 IPv4 的不兼容性,所以需要对原有的 IPv4 网络设备进行替换。但是现有 IPv4 网络设备大量替换所需成本非常巨大,且现网运行的业务也会中断,完全替换是不可行的。所以,IPv4 向 IPv6 过渡是一个渐进的过程。与 6to4 不同,6rd 不使用固定的 2002::/16 前缀,而是允许运营商使用自己的 IPv6 地址块,还增加了部署的灵活性。

3. 6to4-PMT(6to4 Provider Managed Tunnels)技术

6to4 运营商管理隧道(6to4-PMT)技术用于管理在任播配置下运行的 6to4 隧道。6to4-PMT 框架为运营商提供了一种选择,在网络不可靠或中断 6to4 运行时,支持运营商改善 6to4 运行体验。6to4-PMT 通过利用现有的 6to4 中继和增加的 IPv6 前缀转换功能,提供了一个长期的运营商前缀和转发环境。此操作在 NAT444 基础设施中特别重要,因为在 NAT444 基础设施中,客户端可能被分配了非 RFC1918 地址,从而破坏了基于任播的 6to4 操作的返回路径。6to4-PMT 已经成功地在生产网络中使用,并以开放源代码的形式实现。

6to4-PMT 任播操作被广泛部署在现有操作系统和通过原始设备制造商(OEM)渠道销售的网关中。基于任播的 6to4 允许通过 IPv4 云隧道实现 IPv6 连接,而无须显式配置中继地址。由于整个系统在两个方向上都利用任播转发,因此流路径难以确定,往往在任一方向上遵循单独的路径,并且经常基于网络条件而改变。返回路径通常不受本地运营商的控制,这可能导致 IPv6 性能下降,也可能成为断点。6to4 面临许多挑战,比如有问题的任播 6to4 操作的一个特定关键用例与客户端在分配非 IPv4 地址时运营商级 NAT(CGN)功能下游的情况有关,这些地址不能在域间链路上路由。运营商正在积极部署 IPv6 网络并扩展传统 IPv4 接入环境,借此利用客户端设备硬件和软件中的已有 6to4 功能作为临时选项,以便在能够提供完整的本地 IPv6 地址之前访问 IPv6 网络。6to4-PMT 为运营商提供了利用 IPv6 前缀转换的条件,以便为最初源自这些 6to4 客户端的基于 IPv6 的流量实现确定性的流量传输和往返于互联网的不间断路径。

6to4-PMT 将 IPv6 地址前缀部分由原来的 6to4 生成的前缀转换成了为运营商分配的用于表示源端的前缀。通过允许现有 IPv6 路由和策略来控制流量,该转换将为 6to4 流量提供稳定的往返路径。6to4-PMT 主要在以无状态方式使用时,用于维护正常 6to4 操作中固有的许多元素。如果操作人员选择此选项,则可以在有状态转换模式下使用 6to4-PMT。

1.3.2 互联网过渡架构模型

1. 6to4 技术原理

1)站点

6to4 站点是指运行 IPv6 协议的网络站点,其内部设备使用 IPv6 地址进行通信。为了在 IPv4 网络中实现通信,6to4 站点需要通过 6to4 路由器进行 IPv6 数据包的封装和解封装。

2)路由器

6to4 路由器位于 6to4 站点的边界,负责对 IPv6 数据包进行封装和解封装,以便在 IPv4 网络中传输。6to4 路由器需要具备以下功能:

- 为 6to4 站点分配唯一的 IPv6 前缀;
- 将 IPv6 数据包封装在 IPv4 数据包中进行传输;
- 将收到的 IPv4 数据包中的 IPv6 数据包解封装,并进行路由转发。

3)关系路由器

6to4 关系路由器是具有 6to4 和原生 IPv6 地址的路由器,负责在 6to4 站点和原生 IPv6 站点之间进行路由转发。6to4 关系路由器需要具备以下功能:

- 在其原生 IPv6 接口上广播 2002::/16 路由;
- 在其 6to4 伪接口上广播 6to4 站点的 IPv6 前缀;
- 根据路由策略,选择合适的路径将 IPv6 数据包转发至目的站点。

4)原生 IPv6 站点

原生 IPv6 站点是指运行 IPv6 协议的网络站点,其内部设备使用 IPv6 地址进行通信。原生 IPv6 站点与 6to4 站点通过 6to4 关系路由器进行通信。

2. 6rd 技术原理

1)6rd 配置

6rd 是一种用于在 IPv4 基础设施上快速部署 IPv6 的机制,它依赖 IPv6 和 IPv4 地址之间的映射关系,并使用算法来分配地址。在 6rd 中,IPv6 地址通常将 IPv4 地址的一部分嵌入 IPv6 地址中来生成。IPv6 地址的前缀通常由运营商提供,而 IPv4 地址的部分则由用户的 IPv4 地址确定。这样,通过简单的算法,就可以将 IPv4 的地址映射到 IPv6 地址。一般地,6rd 地址格式为 IPv6_prefix:IPv4_address::/32,其中,IPv6_prefix 是由 ISP 分配的 IPv6 前缀,IPv4_address 是用户的 IPv4 地址。这种映射方式使得 IPv6 和 IPv4 地址在 6rd 网络中共存。

6rd 委托前缀是由 IPv6 的 SP 分配给 6rd 客户边缘(Customer Edge,CE)路由器的 IPv6

前缀。这个前缀用于构建 6rd 域内的 IPv6 地址。委托前缀的格式通常为 < ISP-Provided-Prefix >:< IPv4-Address >,其中,< ISP-Provided-Prefix > 是由 ISP 分配的 IPv6 前缀,而 < IPv4-Address > 是 6rd 客户边缘路由器的 IPv4 地址的一部分。这样的委托前缀允许在 6rd 域内为用户设备分配唯一的 IPv6 地址。如图 1-23 显示了带有 6rd 前缀和嵌入式 IPv4 地址的 IPv6 地址格式。

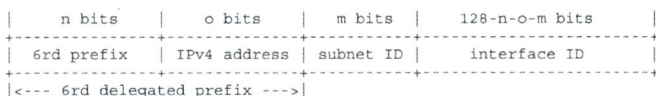

```
|   n bits    |   o bits    |  m bits   |   128-n-o-m bits    |
+-------------+-------------+-----------+---------------------+
| 6rd prefix  | IPv4 address| subnet ID |     interface ID    |
+-------------+-------------+-----------+---------------------+
|<--- 6rd delegated prefix --->|
```

图 1-23　带有 6rd 前缀和嵌入式 IPv4 地址的 IPv6 地址格式

- 边界中继(Border Relay,BR)BRIPv4 地址:在 6rd 的配置中被指定,允许与 6rd 客户边缘路由器建立隧道连接,以便在 IPv4 网络上传输 IPv6 流量。
- 客户边缘 CEIPv4 地址:该地址可以是 6rd 内的全局地址或专用地址。6rd CE 使用此地址创建 6rd 委托前缀,以及发送和接收 IPv4 封装的 IPv6 数据包。

2) 6rd 域(domain)

6rd 域由 6rd 客户边缘(CE)路由器和一个/多个 6rd 边界中继组成。在 6rd 域中,CE 路由器和 BR 之间的协作使得 IPv6 网络能够通过 IPv4 网络进行通信,实现 IPv6 的部署。

- 客户边缘路由器:这是用户网络中的路由器,负责连接用户设备到 6rd 域。CE 路由器负责将 IPv6 流量和 IPv4 流量进行相互转换,以便在 IPv4 和 IPv6 网络上传输。其与 6rd 边界中继建立连接,以进行 IPv6 和 IPv4 之间的转换。
- 边界中继路由器:这是 6rd 域中的路由器,位于 IPv6 网络和 IPv4 网络的边界处。其通过与 CE 路由器建立隧道连接,允许 IPv6 流量穿越 IPv4 网络。

3. 6to4-PMT 技术原理

6to4-PMT 模型的行为类似于客户 IPv6 主机或网关与 6to4-PMT 中继(在运营商域中)之间的标准 6to4 服务。通过解封装和转发 IPv4 报文中封装的 IPv6 流到 IPv6 网络,6to4-PMT 中继与 6rd 共享属性。模型提供了一个附加的功能,将源 6to4 前缀转换为在 6rd 中找不到的由运营商分配的前缀。

1) 传统 6to4 操作

6to4-PMT 中继旨在提供 6to4 前缀到由运营商分配前缀的无状态(或有状态)映射。

与失效的 6to4 路径和/或环境(6to4 操作可以正常工作)相比,这种操作模式被认为是有益的。

6to4-PMT 模型中的流量是由运营商的 IPv6 对等互联操作控制的,如图 1-24 所示。出方向的流量通过出方向的路由策略进行管理,入方向的流量通过 normal 方式受到运营商分配的前缀通告的影响。

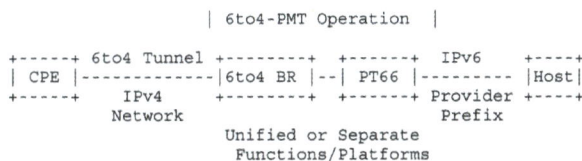

```
                    | 6to4-PMT Operation |

  +-----+  6to4 Tunnel +--------+  +-----+   IPv6    +-----+
  | CPE |--------------|6to4 BR |--| PT66|  Provider |Host |
  +-----+      IPv4    +--------+  +-----+   Prefix  +-----+
            Network         Unified or Separate
                          Functions/Platforms
```

图 1-24　6to4-PMT 功能模型

2) 域间路由功能

路由模型与本地 IPv6 流量和基于 IPv4 的传统流量一样可预测。图 1-25 提供了支持该中继环境所需的路由拓扑的视图。图 1-25 中引用的 PrefixA 为 2002::/16，PrefixB 为 2001：db8::/32。

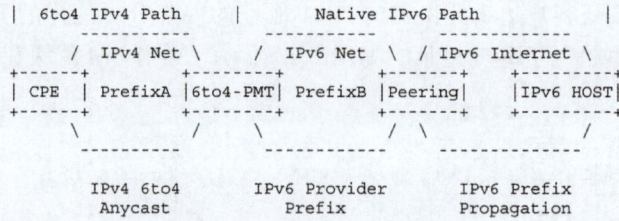

```
        | 6to4 IPv4 Path  |      Native IPv6 Path       |
          ----------       -----------     ---------------
        /  IPv4 Net  \   /  IPv6 Net  \  / IPv6 Internet \
  +------+ +---------+ +---------+ +-------+  +---------+
  | CPE  | PrefixA |6to4-PMT| PrefixB |Peering|  |IPv6 HOST|
  +------+ +---------+ +---------+ +-------+  +---------+
        \          /   \           /  \             /
          ----------      -----------    ---------------

        IPv4 6to4        IPv6 Provider      IPv6 Prefix
         Anycast            Prefix          Propagation
```

图 1-25　6to4-PMT 流程模型

根据协议规定，两个启用 6to4 的设备之间的通信将使用 IPv4 路径进行通信，除非本地主机仍然倾向于通过中继进行通信。6to4-PMT 与 6to4 中继功能一起部署，以帮助简化其部署。该模型还可以为管理员提供基于配置策略同时转发 6to4-PMT（已翻译）和正常 6to4 流（未翻译）的能力。

3）前缀翻译

IPv6 前缀转换是整个系统的关键部分。6to4-PMT 框架是两个概念的结合：6to4 和 IPv6 前缀转换。6to4-PMT 将根据所配置的特定规则提供前缀转换，该转换将 6to4 前缀映射到适当的运营商分配的前缀。在大多数情况下，::/32 前缀将在 6to4-PMT 中正常工作，它匹配分配给操作符的公共区域互联网注册表（RIR）的前缀。运营商可以使用他们所选择的任何前缀映射策略，但是越简单越好。可以使用简单的直接位映射，或者如果操作符希望实现更高的地址压缩，也可以使用更高级的转换形式。

图 1-26 显示了一个带有"0000"子网 id 的 6to4 前缀映射到一个由运营商分配的、全局唯一的前缀（2001:db8::/32）。使用这种简单的转换形式，每个运营商分配的前缀只支持一个子网标识 Subnet-ID。在描述部署的操作系统和网关时，最常见的默认情况是 Subnet-ID 为"0000"，其次是 Subnet-ID 为"0001"。Subnet-ID 的使用可以参考 RFC4291。注意，在正常的 6to4 操作中，端点（网络）可以访问 65 536（16 位）个子网标识 ID。

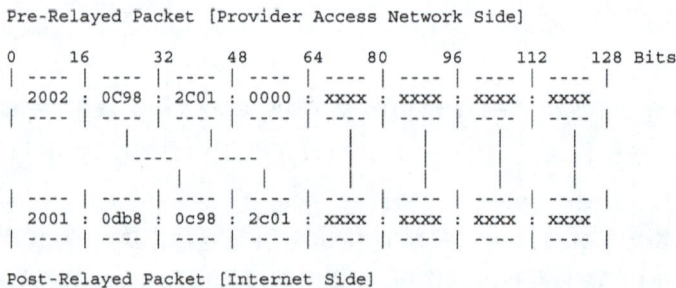

```
        Pre-Relayed Packet [Provider Access Network Side]

  0    16    32    48    64    80    96   112   128 Bits
  | ---- | ---- | ---- | ---- | ---- | ---- | ---- | ---- |
  2002 : 0C98 : 2C01 : 0000 : XXXX : XXXX : XXXX : XXXX
  | ---- | ---- | ---- | ---- | ---- | ---- | ---- | ---- |

              ---- | ----
                |     |
              ---- | ----
                |     |
  | ---- | ---- | ---- | ---- | ---- | ---- | ---- | ---- |
  2001 : 0db8 : 0c98 : 2c01 : XXXX : XXXX : XXXX : XXXX
  | ---- | ---- | ---- | ---- | ---- | ---- | ---- | ---- |

        Post-Relayed Packet [Internet Side]
```

图 1-26　6to4-PMT 前缀映射

整个系统最好使用确定性的前缀转换映射，这样就可以进行无状态操作。这允许运营商在网络中放置 N 个中继器，而不需要管理转换状态。确定性转换还允许客户使用转换后的（运营商前缀）地址使用内部服务。

1.3.3　报文格式

1. 6to4 报文格式

6to4 报文格式如图 1-27 所示。在 6to4 报文格式中，IPv4 头部和 IPv6 头部的格式与普通 IPv4 头部和 IPv6 头部的报文格式相同，仅修改了协议类型域。

```
 0                   1                   2                   3
 0 1 2 3 4 5 6 7 8 9 0 1 2 3 4 5 6 7 8 9 0 1 2 3 4 5 6 7 8 9 0 1
+-+-+-+-+-+-+-+-+-+-+-+-+-+-+-+-+-+-+-+-+-+-+-+-+-+-+-+-+-+-+-+-+
|Version|  IHL  |Type of Service|          Total Length         |
+-+-+-+-+-+-+-+-+-+-+-+-+-+-+-+-+-+-+-+-+-+-+-+-+-+-+-+-+-+-+-+-+
|         Identification        |Flags|      Fragment Offset    |
+-+-+-+-+-+-+-+-+-+-+-+-+-+-+-+-+-+-+-+-+-+-+-+-+-+-+-+-+-+-+-+-+
| Time to Live | Protocol 41    |        Header Checksum         |
+-+-+-+-+-+-+-+-+-+-+-+-+-+-+-+-+-+-+-+-+-+-+-+-+-+-+-+-+-+-+-+-+
|                        Source Address                          |
+-+-+-+-+-+-+-+-+-+-+-+-+-+-+-+-+-+-+-+-+-+-+-+-+-+-+-+-+-+-+-+-+
|                     Destination Address                        |
+-+-+-+-+-+-+-+-+-+-+-+-+-+-+-+-+-+-+-+-+-+-+-+-+-+-+-+-+-+-+-+-+
|                    Options                     |    Padding     |
+-+-+-+-+-+-+-+-+-+-+-+-+-+-+-+-+-+-+-+-+-+-+-+-+-+-+-+-+-+-+-+-+
|                 IPv6 header and payload ...                    /
+-+-+-+-+-+-+-+-+-+-+-+-+-+-+-+-+-+-+-+-+-+-+-+-+-+-+-+-+-+-+-+-+
```

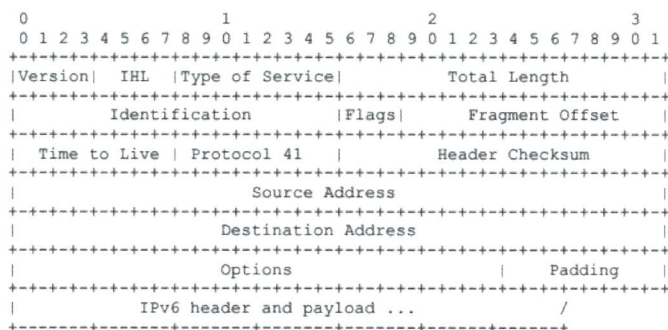

图 1-27　6to4 报文格式

2. 6rd 报文格式

6rd 技术同样将 IPv6 数据包封装在 IPv4 数据包中，IPv4 头部的协议字段设置为 41。与 6to4 技术不同的是，6rd 技术使用运营商分配的 IPv6 前缀，具有更好的可扩展性和可控性。

3. 6to4-PMT 报文格式

6to4-PMT 技术在 6to4 技术的基础上，增加了 IPv6 前缀翻译功能。在封装 IPv6 数据包时，将源 IPv6 地址的前缀部分替换为运营商分配的前缀，实现对隧道的可控管理。

1.3.4　技术特点

运营商努力推动 IPv6 尽快部署，以确保 IPv4 向 IPv6 过渡过程中所有互联网应用和内容的不间断连接。这些组织的 IPv6 准备工作经常面临着与部署 IPv6 相关的成本挑战和时间问题。许多 IPv4 向 IPv6 过渡的新技术需要替换组织的客户设备（CPE），以支持 IPv6 快速部署（6rd）、双栈精简版本地双栈技术。

运营商面临着许多与更换家庭接入设备相关的挑战。由于大规模设备刷新程序的性质，操作人员发起的设备更换将需要时间，或者可能需要消费者更换自己的设备，再加上存在普遍不知道 IPv6 是什么的困境，这些都增加了运营商面临的挑战。

还需要注意的是，6to4 存在于当前网络的许多设备中，这些设备目前还不支持本地 IPv6。

运营商可能仍然有动力提供与客户 IPv6 网络的连接，并希望减轻仅在互联网其他地方部署 IPv6 带来的潜在问题。6to4-PMT 允许运营商利用现有的 6to4 部署基础，以缓解此类挑战，同时保持运营商对 IPv6 互联网的访问控制。它的目的是更好地处理一些问题，如在 6rd 或本机 IPv6 还不可行时使用。6to4-PMT 的关键目标之一就是逆转 6to4 在 CGN 环境中的负面影响。

6to4-PMT 操作还可以与默认参数一起使用，这些默认参数通常足以让它在 6to4-PMT 环境中运行。一旦本地 IPv6 地址对终端可用，就不再需要 6to4-PMT 操作了，并且将根据终端主机中正确的地址选择行为停止使用。因此，6to4-PMT 可以帮助运营商消除 6to4 对 CGN 环境的影响，处理 6to4 通常默认开启的事实，并允许从仅 IPv4 地址的设备访问仅有 IPv6 地址的端点。此外，它还缓解了通过外部中继器控制返回流的其他网络的配置错误带来的许多挑战。由于 6to4-PMT 的简单特性，因此它可以以一种成本效益和简单的方式实现，从而使运营商能够集中精力部署本地 IPv6。

1.4 新型编址与路由

关于寻址和路由的新型互联网架构方案都必须考虑新架构所基于的命名空间,尤其是在将位置定位器和身份标识符语义分离到不同命名空间时。经过40多年的技术迭代发展,互联网设备硬件和软件在处理IP地址方面已经非常高效。引入一个语法完全不同的命名空间会增加部署成本、降低效率并降低数据包处理速度,这主要是由开发新的硬件和软件(通常效率较低)所引入的不确定性造成的。

由于位置定位器/身份标识符分离模式基于两个不同的命名空间,因此必须在两者之间建立映射关系,以保证端到端的通信。这意味着需要一种新的网络机制来提供这些映射。该映射系统基础设施还必须避免任何形式的技术锁定。也就是说,它必须是开放的,并为未来的发展做好准备。

上述要求可以概括如下:可增量部署、核心网络传输和中间盒穿透,受影响的中间盒数量有限、不具破坏性的命名空间,以及无锁定的映射系统解决方案。

1.4.1 身份标识与位置标识

20世纪90年代中期,研究人员就开始探索基于将终端系统的身份与其在互联网拓扑结构中的位置相分离的路由转发架构。随着互联网可扩展性要求的日益紧迫,才设计出包括LISP在内的网络架构方案。LISP属于映射-封装类解决方案,因为它依赖3个简单的原则:地址角色分离、封装和映射。

1. 解耦地址空间

LISP将传统互联网IP地址的语义分为两类:路由位置(RLOC)和终端身份标识(EID),从而实现了IP地址语义的分离。RLOC从ISP的位置空间分配给边界路由器,EID从身份EID空间按块分配给末梢stub网络。末梢stub网络也称为边缘网络,只承载内部流量,例如企业或校园网络。借用IP地址空间可使LISP实现可部署性增加和不破坏命名空间的目标,仅对IP地址语义进行了轻微的、非破坏性的更改,而且可以与任何基于IP的设备互操作。此外,由于LISP是基于IP技术的,因此这一前提有助于实现核心网络传输和中间盒穿透的目标。

IP地址语义的解耦机制虽然简单,却是LISP解决互联网地址空间扩展能力问题的核心。使用LISP时,BGP路由基础架构只通告学习指向RLOC的路由。在当今的互联网中,EID(即末梢stub网络的IP前缀)也会被通告学习,这些前缀在很大程度上造成了路由表的膨胀。通过封装可实现核心与边缘网络分离。在LISP架构下,互联网核心路由器不需要知道EID地址。LISP采用隧道方式在边缘网络之间转发数据包。它通过将原始数据包封装在UDP报文中,其中包括一个LISP专用报头。内部(原始)IP报头使用EID地址,而外部IP报头则使用RLOC空间的地址。UDP报头将目的端口设置为公开的4341值,以唯一标识LISP封装的数据包。LISP特定报头包含与流量工程和RLOC的可达性有关的标志和其他信息。

数据包源站点的边界路由器[入口隧道路由器(Ingress Tunnel Router,ITR)]执行隧道封装,数据包目的站点的边界路由器(出口隧道路由器或ETR)执行隧道解封装。源站点和目的地站点内部使用原始(未封装)数据包的EID地址进行路由转发。该架构只需要隧道边界路由器(一般称为xTR)支持LISP。在本区域内部,路由选择和转发与传统机制一致,只是IP地址来自EID空间。同样,在核心互联网中,路由选择和转发也与传统机制一致,不同之处在于

LISP 封装的数据包使用的是 RLOC 空间的 IP 地址。通过这种方式,LISP 实现机制有效减少了受影响设备的数量,因为只需修改有限数量的设备(与构成互联网的设备总数相比)。此外,无须进行硬件升级,因为简单的软件升级就能实现 LISP 功能。

在核心互联网中转发,LISP 封装的数据包与其他 UDP 数据包一样,从而实现了核心网络转发和中间盒穿透的目标。事实上,UDP 数据包在核心网中转发并穿透中间盒。这一点非常重要,因为出于安全考虑,中间盒通常会拒绝处理具有未知特征(如协议号、IP 选项或寻址语法)的数据包。

2. 将身份标识映射到位置定位器

由于使用了隧道技术,为了实现端到端通信,有必要将终端身份标识(EID)与路由位置(RLOC)进行绑定,即需要知道通过哪个路由位置可以到达终端身份标识,需要由映射系统通告这种绑定或映射。当前的路由基础架构是由 BGP 向所有路由器分发路由信息,而 LISP 网络架构中的映射系统与互联网 DNS 类似。LISP 的隧道路由器采用按需方式,向映射系统查询特定的 EID,系统会返回所有相关映射。

LISP 为映射系统定义了通用前端接口,主要由两类服务器组成。

- 映射服务器向映射系统通告映射关系。出口隧道路由器 ETR 通过向映射服务器发送映射注册信息,在映射系统中注册其映射。注册成功后,映射服务器会回复一条映射-通知(map-notify)消息以确认操作。
- 入口隧道路由器 ITR 通过映射请求 map-request 消息查询映射解析器,以检索 EID 与 RLOC 的映射关系。根据映射解析器是否以代理模式工作,映射解析器或目的地 ETR 最终会回复包含所请求映射的映射回复信息。

映射系统前端允许将数据平面(即数据包的封装和转发)与控制平面(即映射注册和分发)分开。这一特性使映射系统基础架构具有开放性,从而支持映射系统升级或替换,或使不同映射系统的多个实例并行工作。比如,第一个映射系统建立在 BGP 基础之上,但已被 DNS 启发的解决方案无缝取代。

为了更好地说明地址(位置)与角色(身份)分离、隧道封装和映射原则如何在 LISP 中协同工作,图 1-28 演示了终端系统 A 向终端系统 C 发送数据包的过程。当数据包被转发到其中一个入口隧道路由器 ITR,如 ITR2 时,ITR2 在其 LISP 数据库中维护本地映射(即本地域中 EID 的映射),因此,ITR2 为封装选择了一个源 RLOC。为了获得用作终端系统 C 目标地址的位置 RLOC,ITR2 向映射解析系统发送一条映射请求信息。假设后者工作在代理模式下,则会返回包含所请求映射的映射回复(位置 RLOC)。然后,ITR2 会封装原始数据包并通过核心互联网转发。同时,ITR2 将端系统 C 的映射存储在其 LISP 缓存中,以加快后续数据包的封装和转发。最后,当封装的数据包到达 C 的某个 ETR(例如 ETR1),数据包就会被解封装并最终转发到 C。

1.4.2 基于 Loc/ID 分离的路由架构

1. 基于主机的 Loc/ID 分离架构

标识符/定位器网络协议(ILNP)在主机中实现了 Loc/ID 分离和映射。它可以将 IPv4 和 IPv6 作为底层网络架构。ILNP 中的 EID 可以为 32 位或 64 位。在 ILNPv6 中,EID 和 RLOC 通过将 IPv6 地址分割成两个独立字段,直接嵌入 128 位 IPv6 地址中,高位(如高 64 比特)作为 RLOC,低阶位(如低 64 比特)作为 EID。然而,在 ILNPv4 中这种嵌入方法不可行,因为 IPv4 地址本身是 32 位的。因此,RLOC 在 IPv4 报头中使用,而 EID 则封装在额外的报头中。

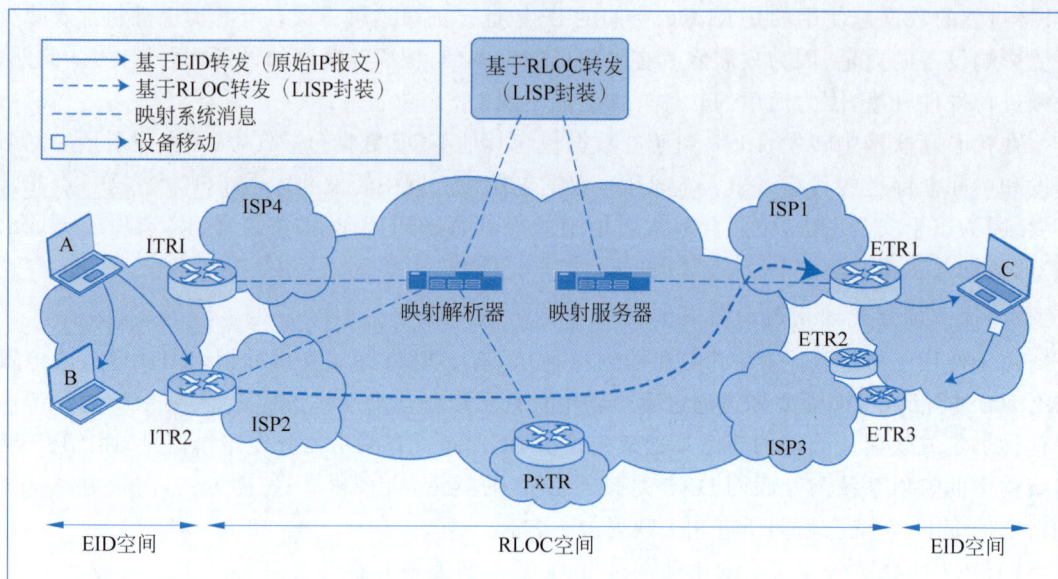

图 1-28 终端系统 A 向终端系统 C 发送数据包的过程

ILNP 架构默认节点已升级网络堆栈,应用程序只使用 DNS 名称来指定其他设备。为了与它们通信,节点首先会通过 DNS 查询设备的 EID,然后再查询 RLOC 映射。

互联网路由分层架构(HAIR)也在主机中实现了 Loc/ID 分离。它使用三层分级地址。源节点查询映射系统,并为数据包加载完整的 RLOC 信息,这可以看作一种源路由。在分层 IP 中,主机查询映射信息并将其插入数据包,中间节点只是重新排列报头信息的顺序。

主机身份标识协议(HIP)也实现了 Loc/ID 分离,主要引入主机标识符标签(HIT)作为节点的位置无关标识符,以代替网络层 IPv6 地址,在传输层作为唯一的会话标识符使用。这使得多宿主和移动成为可能,并允许更改 IPv6 地址,而不会对传输层产生任何影响。映射服务将 HIT 映射到 IP 地址。HIP 的主要重点是安全连接的建立,而不是路由的可扩展性。

HIP 架构源于在 IP 架构内探索并提供了一种能够更好地支持安全性和移动性的方法。同时,从一开始,研究人员认为 HIP 可能会有更好的用途,也就是说,它可能会提供一种手段,通过为不同网络之间的互联提供新的名字空间来弥补 NAT 造成的损失。从架构上看,HIP 有望实现这些设计目标,甚至走得更远。

HIP 架构经过精心设计,既能满足当前已知要求,又能为未来的优化提供足够的灵活性。多年来,HIP 目标已从作为安全和移动工具的名字空间,扩展到支持移动性以涵盖多宿主,再扩展到以与原始 IP 相同的方式提供互联性的通用子层,即目前 HIP 的目标是提供网络协议栈的最底层,如与位置无关的标识,以及端到端的连接。此外,HIP 将主机到主机的信令和数据流量分离到不同的平面,既可以作为互联级信令协议,也可以作为高层信令的通用载体,因此,它适用于控制与数据分离的架构。

HIP 的设计目标是补充新的、安全的名字空间,以及新的中间子层。从设计理念出发,HIP 通过精心设计,以实现与该理念有部分冲突的两个目标。首先,HIP 的设计目标是以未修改的方式来利用当前基于 IP 的互联网路由基础设施(IPv4 和 IPv6 路由器、交换机和网关等)。同时,它的设计还支持当前的应用网络 API,并具有足够的语义兼容性。因此,HIP 向后兼容,可与现有协议栈并行部署,且无须更改路由基础设施或典型的用户级应用。其次,以对现有系统最小的修改来实现所需的新功能(或更新功能)。在实践中,与现有内核级 TCP/IP

集成的 HIP 实现通常只需要修改内核中的几百行代码,其余全部在用户空间运行,即使是用户级组件,代码改动也相当小。

1)基本概念

在架构方面,目前互联网将功能划分为 IP 层和 TCP/UDP 层,从安全性、移动性和多宿主等角度来看,该层次式架构并不理想。从功能角度看,IP 的上层部分(从 IPSec 开始,包括 IPSec)显然比 IP 的下层部分(即路由和转发部分)与传输层的关系更紧密。目前 IP 层和传输层之间的功能划分使得一些网络功能(包括移动性和多宿主支持)实现变得十分复杂且困难。在更根本的层面上,问题源于两个不同层(即 IP 层和传输层)之间功能划分的合理性。网络架构专家 John Day 认为,IP 层和传输层是一个整体,应被视为由多个子层组成的单层。

HIP 架构探索通过重新定义 TCP/IP 核心的部分功能来部分解决传统互联网架构的分层问题。同时,试图以增强的形式恢复 4 个经典的网络层寻址不变性,或将 IP 地址视为标识符的原始特征。

- 非突变性:发送的源身份和目的地身份就是接收到的身份。
- 位置独立性:在"关联"过程中,身份不会改变。
- 可逆性:返回头总是可以通过反转源和目的地身份来形成。
- 全知性:每台主机都知道对等主机可以使用哪些身份向其发送数据包。

在传统互联网中,除了可逆性之外,被迫放弃了其他所有寻址不变性;保留可逆性的唯一原因是,如果没有可逆性,传统互联网将停止工作。

在域名系统(DNS)方面,从功能的角度来看,DNS 名称是 IP 地址的指代。由于当前大多数应用程序都基于套接字应用程序接口(Socket API)的某些变体,因此应用程序本身(直接或在库中)将 DNS 名称解析为相应的 IP 地址(和其他信息),并在套接字应用程序接口中使用 IP 地址来识别目标主机(和应用程序)。

HIP 引入的主机身份(HI)名字空间,填补了 IP 和 DNS 名字空间之间的重要空白。通过在现有 IP 网络基础上创建新的网络间设施,HIP 架构恢复了身份名字空间内的不变性,同时将路由系统从最低限度地保留原有 IP 寻址语义的任务中解耦,即 HIP 允许底层通信层(即 IPv4 和 IPv6)放弃除第三个网络层寻址不变性之外的所有不变性。此外,在 HIP 架构中引入基于主机身份的全局集散点服务,甚至可以放弃第三个不变性。

因此,如果所有互联网主机普遍使用 HIP,IP 地址就可以变得非常灵活,即可以根据需要随时更改地址,同时尽量不中断现有或新的通信关联;地址可以完全由位置决定;在将流量发送回发起方时,无须使用反向地址;主机应用程序也无须知道其他主机需要使用什么地址才能到达它。

2)协议机制

HIP 架构的核心在于以特定方式实现主机身份标识符/位置定位符的解耦。在传统互联网中,每台主机都有 IP 地址,该地址有两个不同的用途:作为位置定位器,描述主机在网络图中的当前拓扑位置;作为主机身份标识符,描述主机的身份,即上层协议标识。由于互联网主机的移动性和多宿主要求,因此不能将同一个 IP 地址同时用于这两种用途。

解决上述问题的办法是将身份信息和位置信息解耦。HIP 通过引入新的名字空间,即主机身份(HI)名字空间,将 IP 地址的定位器和标识符角色分离。在 HIP 中,主机身份是公私密钥对中的公开加密密钥。拥有相应私钥的主机可以证明公钥的所有权,即其身份,这种将终端身份和路由位置分离的做法使处理移动性和多宿主变得比目前互联网更简单、更安全。

HIP 子层在当前网络协议栈中的位置如图 1-29 所示,在 HIP 子层以上,无须知道主机的定位器,只需要使用主机标识 HI[或其 128 位表示形式,即主机身份标签(HIT);或 32 位本地表示形式,即本地范围标识符(LSI)]。HIP 子层主要维护身份和定位器之间的映射关系,当主机移动改变位置时,HIP 用于将信息传送给所有对等主机,其他主机上从终端身份到路由位置的动态映射会被修改,以包含新的位置定位器信息。上层(如应用程序)不需要感知这一变化;该架构可有效地进行网络功能划分,并提供向后兼容性。

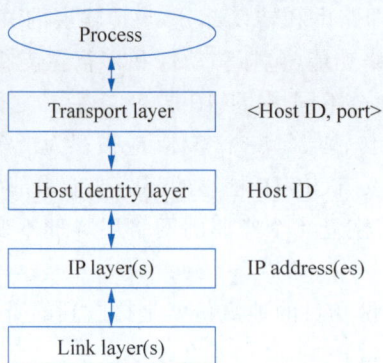

图 1-29　HIP 子层在当前网络协议栈中的位置

在两个 HIP 主机之间连接初始化时,主机之间会进行多次握手,即基础交换。在信息交换的过程中,主机使用公开密钥加密技术相互签别,交换 Diffie-Hellman 值,并根据这些值计算共享会话密钥。此外,Diffie-Hellman 密钥还用于为其他加密操作(如信息完整性和保密性)生成密钥材料。在基础交换过程中,主机还会协商使用何种加密协议来保护信令和数据报文。目前,默认选项是在主机之间建立 IPSec 封装安全有效负载(ESP)安全关联(SA)。ESP密钥从生成的 Diffie-Hellman 密钥中获取,所有进一步的用户数据流量都是在 ESP SA 的保护下发送的。不过,HIP 架构并不局限于只支持 ESP。通过适当的信令扩展,几乎可以使用任何独立的数据保护协议来保护用户数据,如用于实时多媒体的 SRTP,甚至是面向数据的复制和转发协议,如 S/MIME 等。

在所有这些协议中,RLOC 信息都是在终端土机中添加的。这样做的好处是,主机可以等到 EID 与 RLOC 的映射可用时(例如,等到映射系统返回 EID 与 RLOC 的映射时)再发送数据包。该过程类似于在发送流量的第一个数据包之前将域名解析为 IP 地址。因此,当主机查询映射信息时,DNS 本身或 DNS 技术可重新用于映射系统。

2. 基于网络中间节点的 Loc/ID 分离架构

Loc/ID 分离协议(LISP)无须进行主机更新即可实现 Loc/ID 分离。LISP 为 LISP 域内的节点使用一个特殊网关来执行映射查找,并使数据包具有全局路由性。传统 DNS 将普通IP 地址作为 LISP-EID 返回,这些地址只能在 LISP 域内路由,而不能在全球互联网中路由。相同 LISP 域中的两个节点可相互通信,就像在当前的互联网中一样。

两个不同 LISP 域中的节点之间的通信如图 1-30 所示。LISP 域通过入口和出口隧道路由器(ITR、ETR)(网关)与互联网连接。xTR(ITR 或 ETR)拥有全局路由地址 RLOC,该地址作为 LISP 域内托管的 EID 的 RLOC。主机在开始发送数据包之前,首先要使用 DNS 解析目标主机的主机名(步骤 1)。当主机向本地未知的 EID 发送数据包时,数据包会被默认转发到 ITR(步骤 2)。ITR 从其缓存中检索 EID 到 RLOC 的映射。如果缓存缺失,那么 ITR 会通过发送映射请求从映射系统中查询 RLOC(步骤 3)。如果映射 RLOC 可用,那么 ITR 将数据包封装到相应的 RLOC(步骤 4)。这被称为"映射-封装"操作。然后,数据包可发送到目的地

LISP 域的入口隧道路由器 ETR，在那里进行解封装，并最终根据 EID 转发到目的地节点（步骤 5）。

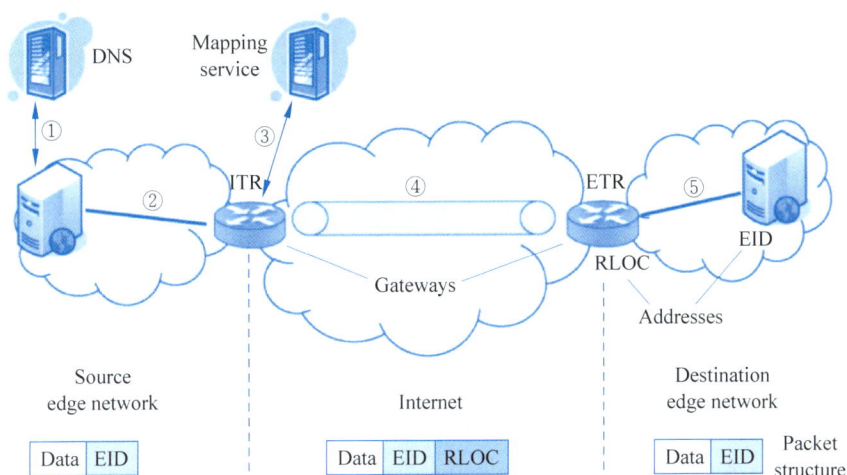

图 1-30　两个不同 LISP 域中的节点之间的通信

　　将底层路由架构与映射系统的具体实现相解耦是可持续发展的，尤其是因为在 Loc/ID 分离部署的初期可能会存在多个不同的映射系统。在 LISP 中，ETR 是映射的唯一权威来源。也就是说，LISP 的任何映射系统都必须与 ETR 交互以提供映射关系。LISP-MS 为映射系统提出了一个 LISP 专用接口，以便它们能以标准化的方式与 ITR 和 ETR 交互。LISP-MS 为 ITR 提供了一个映射解析器（MR）接口，为 ETR 提供了一个映射服务器（MS）接口。ITR 向 MR 发送映射请求，MR 将请求发送到映射系统。ETR 在 MS 上注册其负责托管的 EID 前缀。MS 接收映射请求并将其转发给 ETR。ETR 直接向 ITR 或 MR 发送映射回复 RLOC。在后一种情况下，MR 可以缓存映射，并用缓存中的映射回复来响应映射请求。

　　LISP 目前正在 IETF 中作为实验标准进行标准化，并已在试点网络中部署。其他大多数 Loc/ID 分离建议也使用不同节点将 RLOC 添加到 EID 地址数据包中，如 GLI-Split、节点身份架构、RANGI、IVIP 和 IRON 等。

第 2 章

基于IPv6的SRv6

全球信息化进程使得互联网应用得到了迅速而蓬勃的发展,随着网络规模的扩大以及云时代的到来,网络业务种类越来越多,不同业务对网络的要求不尽相同,传统 IP/MPLS 网络遇到许多挑战:

- IP 承载网的孤岛问题。MPLS 统一了承载网,但是 IP 骨干网、城域网、移动承载网之间是独立的 MPLS 域,是相互分离的,需要使用跨域 VPN 等复杂的技术来互联,从而导致端到端业务部署非常复杂。而且在 L2VPN、L3VPN 多种业务并存的情况下,设备中可能同时存在 LDP、RSVP、IGP、BGP 等协议,管理复杂,不适合大规模网络运维。
- IPv4 与 MPLS 的可编程空间有限。当前很多新业务都需要在转发平面加入更多的转发信息,但 IETF 已经发表声明,停止为 IPv4 制定更新的标准,另外,MPLS 只有 20 比特的标签空间,且标签字段固定、长度固定,缺乏可扩展性,很难满足未来业务的网络编程需求。
- 应用与承载网隔离。目前应用与承载网的解耦,导致网络自身的优化困难,难以提升网络的价值。当前运营商普遍面临被管道化的挑战,无法从增值应用中获得相应的收益;而应用信息的缺失,也使得运营商只能采用粗放的方式进行网络调度和优化,造成了资源的浪费。MPLS 也曾试图更靠近主机和应用,但因为其本身网络边界多、管理复杂度大等,均以失败告终。
- 传统网络数据平面和控制平面紧密耦合,相互绑定销售,在演进上相互依赖,业务上线周期长,难以应对当前新兴业务快速发展的局面。

为了破解上述困局,出现了很多新的网络技术。软件定义网络(Software-Defined Networking, SDN)就是其中的佼佼者。SDN 是一种新的网络体系架构,由美国斯坦福大学 Nick McKeown 教授团队提出,通过借鉴计算机领域通用硬件、软件定义和开源理念来解决传统网络架构中网络设备硬件、操作系统和网络应用紧密耦合、相互依赖的问题。SDN 主要有三大特征:网络开放可编程、逻辑上的集中控制、控制平面与转发平面分离。具有这三大特征的网络都可以称为 SDN。

分段路由(Segment Routing, SR)技术就是在 SDN 思想的影响下产生的,其核心思想是将报文转发路径切割为不同的分段,并在路径起始点向报文中插入分段信息,中间节点只需要按照报文里携带的分段信息转发即可。分段路由的设计理念在现实生活中屡见不鲜,假设你从上海出发去巴黎旅游,需要在维也纳转机。那么你的出行路线分为两段:上海→西安、西安→乌鲁木齐,你只需要在上海买好上海途经西安到乌鲁木齐的票,按照计划根据机票,经过两段,飞到乌鲁木齐即可。

分段路由具有简单、高效、易扩展的特点,其优势体现在以下几方面。

- 具备网络路径可编程能力:分段路由具备源路由优势,仅在源节点对报文进行标签操作即可任意控制业务路径,且中间节点不需要维护路径信息,设备控制平面的压力较小。

- 简化设备控制平面,减少路由协议数量,简化运维成本;标签转发表简单,标签占用少,设备资源占用率低。
- 更好地向 SDN 网络平滑演进:面向 SDN 架构设计的协议,融合了设备自主转发和集中编程控制的优势,能够更好地实现应用驱动网络。同时,支持传统网络和 SDN 网络,兼容现有设备,保障现有网络平滑演进到 SDN 网络。

2.1　SRv6 协议概述

分段路由技术的关键在于两点:对路径进行分段(Segment);在起始节点对路径进行排序组合,形成段列表(Segment List),确定转发路径。在分段路由技术中,将代表不同功能的分段进行组合,可以实现对路径的编程,满足不同路径服务质量的需求。

分段路由技术支持 MPLS 和 IPv6 两种转发平面,对应两种主流的技术方案:基于 MPLS 转发平面的分段路由称为 SR-MPLS(Segment Routing MPLS)[RFC8660]和基于 IPv6 转发平面的分段路由称为 SRv6[RFC8754、RFC8986]。

2.1.1　分段路由协议组成

分段路由协议(Segment Routing Protocol)基于源路由思想,即一个节点引导一个数据包通过一个被称为"段"的有序指令列表。"段"可以表示任何基于拓扑或服务的指令。对于 SR 节点,一个段可以代表一个局部语义,或者 SR 域内的全局语义。SR 提供了一种机制,允许将流限制在特定的拓扑路径上,同时只在 SR 域的入口节点维护每个流的状态。

SR 可以直接应用到 MPLS 架构中,而不需要改变转发平面。段被编码为 MPLS 标签,一个有序的段列表被编码为一个标签堆栈,要处理的段位于堆栈的顶部。当一个段完成时,相关的标签从堆栈中弹出。SR 也可以应用到 IPv6 架构中,采用一种新型的路由报头。在路由头中,段被编码为 IPv6 地址,段的有序列表被编码为 IPv6 地址的有序列表,活动段由报文的目的地址表示,下一个活动段由新路由头中的指针指示。

段路由架构支持 3 种类型的控制平面:分布式、集中式或混合式。

- 在分布式场景下,由 IS-IS(Intermediate System-to-Intermediate System,中间系统到中间系统)协议、OSPF(Open Shortest Path First,开放式最短路径优先)协议或 BGP (Border Gateway Protocol,边界网关协议)来分配报文段并发出信号。节点单独计算 SR 策略,并决定采用何种策略引导数据包转发。
- 在集中式场景中,段由 SR 控制器分配和实例化。SR 控制器计算源路由策略,并决定哪个节点需要在哪个源路由策略上引导哪些数据包。SR 架构不限制控制器如何对网络进行编程,可选的南向协议是网络配置(NETCONF)协议、PCEP(Path Computation Element Communication Protocol)和 BGP。SR 架构不限制 SR 控制器的数量,多个 SR 控制器可以编写相同的 SR 域。SR 架构允许这些 SR 控制器发现哪些 SID(段标识符,下文用 SID 表示)在哪个节点上实例化,以及哪些本地(SRLB)和全局(SRGB)标签集在哪个节点上可用。
- 混合式场景是分布式控制平面与集中式控制器的结合。例如,当目的地不在 IGP 域中时,SR 控制器可以代表 IGP 节点计算 SR 策略。分布式控制平面与 SR 控制器交互的协议可以采用 PCEP 和 BGP 等。

主机可能是 SR 域的一部分。集中式控制器可以通过将这些策略推送到主机或响应来自主机的请求来通知主机策略。

1. 链路状态 IGP 段

在 SR 域内,具有 SR 能力的 IGP 节点会为它所连接的前缀和邻接发布段。这些段称为 "IGP 段"或"IGP SID"。它们在段路由和用例中扮演关键角色,因为它们支持在 SR 域中表达任何路径。这种路径可以表示为单个 IGP 段,也可以表示为多个 IGP 段的列表。

IGP 段的发布需要在链路状态 IGP 协议中进行扩展。这些扩展定义在 ISIS-SR-EXT、OSPF-SR-EXT 和 OSPFv3-SR-EXT 中。

1)IGP 前缀段(Prefix-SID)

IGP 前缀段是指与 IGP 前缀相连的 IGP 段。IGP 前缀段在 SR 域中是全局的。IGP 前缀段的上下文包括前缀、拓扑和算法。只要元组<前缀、拓扑、算法>是唯一的,就可以将多个段分配给同一个前缀。对于 SRv6 而言,该类型的段可对应 SRv6 定位符。

2)IGP 节点段(Node-SID)

一个 IGP 节点段不能与同一个路由域中的多个路由器拥有的前缀相关联。对于 SRv6 而言,该类型的段可对应 SRv6 END SID。

3)IGP 任播段(Anycast-SID)

在存在多条等价路径并执行最短转发的情况下,任播段将指导报文向距离最近的任播集合节点转发。

IGP 任播段绝对不能引用特定的节点。在一个任播组中,SR 域中的所有路由器必须使用相同 SID 值发布相同的前缀。

4)IGP 邻接段(Adj-SID)

邻接段由本地节点(在 IGP 中发布邻接关系的节点)和远端节点(邻接关系的另一端)组成。本地节点必须是 IGP 节点;远端节点可以是相邻的 IGP 邻居,也可以是非相邻的 IGP 邻居。

数据包注入 SR 域中的任何一段列表{SN,SNL},其中,SN 是节点 N 的节点 SID,SNL 是一个通过链路 L 将节点 N 与其邻居相连的邻接段。这个数据包将沿着最短路径转发到节点 N,然后不考虑任何 IP 最短路径情况,通过节点 N 转发至链路 L。如果 IGP 邻接段识别出一组邻接关系,则节点 N 可以在邻接关系集中的各个成员之间分担负载流量。

局部邻接段通常需要一个节点段来指导报文转发到节点 N,然后执行特定的链路转发。与局部邻接段相比,使用全局邻接段可以在以额外状态为代价表示路径时减少段列表的大小(例如,该区域内的所有路由器将在它们的转发表中插入全局邻接段)。

IGP 邻接段将报文从一个节点交换到一个已定义的接口或一组接口。这是理论上证明任何路径都可以表示为段列表的关键。

对于 SRv6 而言,该类型的段可对应于 SRv6 END. X/END. DX4/END. DX6 SID。

2. BGP 段

BGP 段可以通过 BGP 进行分配和分发。

1)BGP 前缀段(BGP Prefix-SID)

BGP 前缀段是连接到 BGP 前缀的 BGP 段。BGP 前缀段在 SR 域中是全局的(除非明确通告)。BGP 前缀段的功能与 IGP 前缀段功能类似。在无 IGP 运行的超大规模 Spine-Leaf 拓扑中,连通性仅通过 BGP 学习,此时可以使用 BGP 前缀段确定分段路由前缀。

2)BGP 对等段(BGP Peering-SID)

当出口节点使用 BGP 出口对等工程(EPE)功能时,该节点可以通告与其连接对等节点相对应的段。这些段被称为 BGP 对等段,由此支持以源路由方式表达域间路径。

自治系统(AS)的入口边界路由器可以设定一个段列表,以引导流沿着 AS 内的选定路径流向 AS 选定的出口边界路由器,并经过特定的对等体。应用于入口节点的 BGP 对等工程策略至少涉及两个段:所选出口节点的节点段和所选出口对等节点或点对点接口的 BGP 对等段。

SR 定义了 3 种类型的 BGP 对等段:PeerNode SID、PeerAdj SID 和 PeerSet SID。

PeerNode SID:一个 BGP Peer 节点段/SID 是一个本地段,表示与段相关的已连接的对等体。通常一个对等体通过多个物理链路可达,即通过多个邻接可达。

PeerAdj SID:一个 BGP PeerAdj 段/SID 是一个本地段,表示到达对等体的一个邻接。

PeerSet SID:一个 BGP PeerSet 段/SID 是一个本地段,表示一组邻接。

对等集可以是来自相同 AS 或其子集的所有连接的对等体的集合。一组邻接也可以跨越 AS。组是由网络运维人员设置的策略。

3. 绑定段(Binding-SID,BSID)

为了提供更大的可扩展性、网络不透明度和服务独立性,段路由协议设计了绑定段(BSID)。BSID 绑定到一个 SR 策略,其实例化可能涉及一个 SID 列表。接收到等于 BSID 的活动段的任何报文都被引导到绑定的 SR 策略。

使用 BSID 允许策略的实例化(SID 列表)只存储在需要的一个或多个节点上。在支持该策略的节点的流量方向上,只需要绑定的 BSID。如果该策略发生了更改,则意味着只需要更新绑定该策略的节点,而该策略的用户不受影响。

2.1.2　网络可编程性

段标识(Segment Identifier,SID)在 SRv6 中扮演着关键角色,通过使用 SID,可以在不同网络场景(如数据中心、广域网)中简化网络架构,同时提高路由灵活性和支持复杂网络需求。通过段标识所代表的可编程动作,可以实现网络自动化和智能路由决策,从而优化网络性能。

1. 段标识的结构

1) SRv6 SID

SID 是 SRv6 网络中的基本单元,代表一个特定的网络功能或目的地。它是一种标识符,用于指示数据包在网络中的路径或特定的处理动作。

在 SRv6 中,SID 不仅表示网络中的一个节点,还可以代表在该节点上执行的特定操作,如转发、封装或解封装等。

2) SID 格式

SRv6 SID 采用标准的 128 位 IPv6 地址格式。这意味着它可以无缝集成到现有的 IPv6 网络架构中。

SID 通常包含 3 个部分:一个是网络前缀,用于路由到相应的节点;一个是特定于 SRv6 的指令,用于在到达该节点时执行;最后一个是参数,用于携带执行动作所需的参数。

3) SR 域中的 SID 分配

SR 域是指实施了 SRv6 策略的网络区域。在这个域内,路由器和其他网络设备能理解并处理 SID。

SID 的分配通常由网络管理员或自动化网络管理系统进行。它需要在整个 SR 域中保持一致,以确保网络中的每个设备都能理解和处理 SID。分配策略可以基于网络拓扑、流量工程需求或特定的服务质量要求。

4）SID 的可达性

SID 的可达性是通过标准的 IPv6 路由协议来实现的。这意味着任何能够处理 IPv6 数据包的设备理论上都能路由到相应的 SID。网络中的每个节点都需要有关于如何到达每个 SID 的信息,这通常是通过动态路由协议或静态路由配置实现的。

当数据包到达一个节点并且该节点识别出自己是 SID 列表中的下一个目的地时,它会根据 SID 指定的操作来处理该数据包。这可能包括转发到下一个目的地(或者是数据包的最终目的地)、执行某种特定的网络功能。

2. 典型的段标识行为

表 2-1 给出了一组可以与 SID 关联的典型的段标识行为。在具体使用过程中,任何行为都可以附加到本地 SID,例如,节点 N 可以将 SID 绑定到可以对数据包应用任何复杂处理的本地虚拟机(VM)或容器,前提是为该处理定义了对应的行为代码。

表 2-1　典型的段标识行为

段　标　识	段标识行为说明
End	代表自身的段标识(前缀段的 SRv6 实例化)
End. X	执行转发到 L3 交叉连接的段标识(邻接段的 SRv6 实例化)
End. T	执行特定 IPv6 表查找,获得端点并转发
End. DX6	执行解封装和转发到 IPv6 交叉连接的段标识,如 IPv6-L3VPN(相当于 Per-CE VPN 标签)
End. DX4	执行解封装和转发到 IPv4 交叉连接的段标识,如 IPv4 L3VPN(相当于 Per-CE VPN 标签)
End. DT6	执行解封装和特定 IPv6 表查找转发操作的段标识,如 IPv6 L3VPN(相当于 Per-VRF VPN 标签)
End. DT4	执行解封装和特定 IPv4 表查找转发操作的段标识,如 IPv4 L3VPN(相当于 Per-VRF VPN 标签)
End. DT46	执行解封装和特定 IP 表查找转发操作的段标识,如 IP L3VPN(相当于 Per-VRF VPN 标签)
End. DX2	执行解封装和转发到 L2 交叉连接的段标识,例如 L2VPN 用例
End. DX2V	执行解封装和 VLAN L2 表查找转发操作的段标识,如 EVPN 灵活交叉连接用例
End. DT2U	执行解封装和单播 MAC L2 表查找转发操作的段标识,如 EVPN 桥接单播用例
End. DT2M	执行解封装和 L2 表查找并洪泛操作的段标识,如带有以太网段标识符(ESI)过滤的 EVPN 桥接广播、未知单播和多播用例
End. B6. Encaps	通过封装操作绑定到 SRv6 策略的段标识(绑定段的 SRv6 实例化)
End. B6. Encaps. Red	通过封装绑定到 SRv6 策略的段标识,但具有简化的 SRH(绑定段的 SRv6 实例化)
End. BM	绑定到 SR-MPLS 策略的段标识(SR-MPLS 绑定段的 SRv6 实例化)

3. 可编程行为定义

1）End：EndPoint

当节点 N 收到一个 IPv6 目的地址(DA)为 S 且 S 为本地 End SID 的数据包时,节点 N 会执行以下操作:

```
S01. When an SRH is processed {
S02.     If (Segments Left == 0) {
S03.         Stop processing the SRH, and proceed to process the next
             header in the packet, whose type is identified by
             the Next Header field in the routing header.
```

```
S04.      }
S05.      If ( IPv6 Hop Limit < = 1) {
S06.          Send an ICMP Time Exceeded message to the Source Address
              with Code 0 (Hop limit exceeded in transit),
              interrupt packet processing, and discard the packet.
S07.      }
S08.      max_LE = (Hdr Ext Len / 2) − 1
S09.      If ((Last Entry > max_LE) or (Segments Left > Last Entry + 1)) {
S10.          Send an ICMP Parameter Problem to the Source Address
              with Code 0 (Erroneous header field encountered)
              and Pointer set to the Segments Left field,
              interrupt packet processing, and discard the packet.
S11.      }
S12.      Decrement IPv6 Hop Limit by 1
S13.      Decrement Segments Left by 1
S14.      Update IPv6 DA with Segment List[Segments Left]
S15.      Submit the packet to the egress IPv6 FIB lookup for
          transmission to the new destination
S16. }
```

End 行为作用于与报文相关联的 FIB 表(即由 VRF 或 L3 relay ID 标识)。因此,S15 行的 FIB 查找是在与入接口相同的 FIB 表中进行的。

当处理匹配本地实例化为 End SID 的 FIB 表项的报文的上层报头时,节点 N 会做如下处理:

```
S01. If (Upper − Layer header type is allowed by local configuration) {
S02.     Proceed to process the Upper − Layer header
S03.     } Else {
S04.     Send an ICMP Parameter Problem to the Source Address
         with Code 4 (SR Upper − layer Header Error)
         and Pointer set to the offset of the Upper − Layer header,
         interrupt packet processing, and discard the packet.
S05 }
```

2)End. X:L3 交叉连接

这是 Adj-SID 的 SRv6 实例化,主要用于流量工程策略。当节点 N 收到目的地址为 S 的报文时,S 为 END. X SID,S15 行被替换如下:

```
S15.Submit the packet to the IPv6 module for transmission to the new destination via a member of J
```

3)End. T:特定 IPv6 表查询

用于核心中的多表操作。End. T 行为实例与 IPv6 FIB 表 T 相关联。当节点 N 收到以 S 为目的地的数据包且 S 是本地 End. T SID 时,End 处理中的 S15 行被替换如下:

```
S15.1. Set the packet's associated FIB table to T
S15.2. Submit the packet to the egress IPv6 FIB lookup for transmission to the new destination
```

4)End. DX6:解封装和 IPv6 交叉连接

当节点 N 收到以 S 为目的地的数据包且 S 是本地 End. DX6 SID 时,会执行以下操作:

```
S01. When an SRH is processed {
S02.     If (Segments Left != 0) {
S03.         Send an ICMP Parameter Problem to the Source Address
             with Code 0 (Erroneous header field encountered)
             and Pointer set to the Segments Left field,
             interrupt packet processing, and discard the packet.
S04.     }
S05.     Proceed to process the next header in the packet
S06. }
```

在处理与本地实例化为 End. DX6 SID 的 FIB 条目相匹配的数据包上层报头时,节点 N 会执行以下操作:

```
S01. If (Upper－Layer header type == 41(IPv6) ) {
S02.     Remove the outer IPv6 header with all its extension headers
S03.     Forward the exposed IPv6 packet to the L3 adjacency J
S04. } Else {
S05.     Process as per Section 4.1.1
S06. }
```

5) End. DX4:解封装和 IPv4 交叉连接

与 End. DX4 类似,当节点 N 收到以 S 为目的地的数据包且 S 是本地 End. DX4 SID 时, 节点 N 会执行与 End. DX6 相同的动作。在处理与本地实例化为 End. DX4 SID 的 FIB 条目 相匹配的数据包上层报头时,节点 N 会执行以下操作:

```
S01. If (Upper－Layer header type == 4(IPv4) ) {
S02.     Remove the outer IPv6 header with all its extension headers
S03.     Forward the exposed IPv4 packet to the L3 adjacency J
S04. } Else {
S05.     Process as per Section 4.1.1
S06. }
```

6) End. DT6:解封装和特定 IPv6 表查询

当节点 N 收到以 S 为目的地的数据包且 S 是本地 End. DT6 SID 时,会执行以下操作:

```
S01. When an SRH is processed {
S02.     If (Segments Left != 0) {
S03.         Send an ICMP Parameter Problem to the Source Address
             with Code 0 (Erroneous header field encountered)
             and Pointer set to the Segments Left field,
             interrupt packet processing, and discard the packet.
S04.     }
S05.     Proceed to process the next header in the packet
S06. }
```

当处理与本地实例化为 End. DT6 SID 的 FIB 条目相匹配的数据包上层报头时,节点 N 会执行以下操作:

```
S01. If (Upper－Layer header type == 41(IPv6) ) {
S02.     Remove the outer IPv6 header with all its extension headers
S03.     Set the packet's associated FIB table to T
```

```
S04.     Submit the packet to the egress IPv6 FIB lookup for
         transmission to the new destination
S05. } Else {
S06.     Process as per Section 4.1.1
S07. }
```

7）End. DT4：解封装和特定 IPv4 表查询

与 End. DT6 类似。

8）End. DT46：解封装和特定 IP 表查询

当节点 N 收到以 S 为目的地的数据包且 S 是本地 End. DT46 SID 时,会执行以下操作：

```
S01. When an SRH is processed {
S02. If (Segments Left != 0) {
S03. Send an ICMP Parameter Problem to the Source Address
with Code 0 (Erroneous header field encountered)
and Pointer set to the Segments Left field,
interrupt packet processing, and discard the packet.
S04. }
S05. Proceed to process the next header in the packet
S06. }
```

当处理与本地实例化为 End. DT46 SID 的 FIB 条目相匹配的数据包上层报头时,节点 N 会执行以下操作：

```
S01. If (Upper - Layer header type == 4(IPv4) ) {
S02.     Remove the outer IPv6 header with all its extension headers
S03.     Set the packet's associated FIB table to T4
S04.     Submit the packet to the egress IPv4 FIB lookup for transmission to the new destination
S05. } Else if (Upper - Layer header type == 41(IPv6) ) {
S06.     Remove the outer IPv6 header with all its extension headers
S07.     Set the packet's associated FIB table to T6
S08.     Submit the packet to the egress IPv6 FIB lookup for transmission to the new destination
S09. } Else {
S10.     Process as per Section 4.1.1
S11. }
```

2.2　SRv6 转发处理流程

分段路由（Segment Routing,SR）使用一种全新的路由头类型并应用于 IPv6 数据平面,分析 SRH 及通过具有 SR 能力的节点使用 SRH 的场景,定义了 SRH 中的各字段的编码。

2.2.1　分段路由扩展头

1. 格式定义

RFC8200 定义了 IPv6 协议的路由扩展头,分段路由扩展头（SRH）增加了一个新的路由类型(4),其报文格式定义如图 2-1 所示。

各字段的含义说明如下：

- Next Header——1 字节,表示紧跟在选项之后的报文头类型；
- Hdr Ext Len——1 字节,分段路由头的长度,该值以 8 字节为单位,不包括扩展头前 8 字节；

```
 0                   1                   2                   3
 0 1 2 3 4 5 6 7 8 9 0 1 2 3 4 5 6 7 8 9 0 1 2 3 4 5 6 7 8 9 0 1
+-+-+-+-+-+-+-+-+-+-+-+-+-+-+-+-+-+-+-+-+-+-+-+-+-+-+-+-+-+-+-+-+
| Next Header   |  Hdr Ext Len  | Routing Type  | Segments Left |
+-+-+-+-+-+-+-+-+-+-+-+-+-+-+-+-+-+-+-+-+-+-+-+-+-+-+-+-+-+-+-+-+
|  Last Entry   |     Flags     |              Tag              |
+-+-+-+-+-+-+-+-+-+-+-+-+-+-+-+-+-+-+-+-+-+-+-+-+-+-+-+-+-+-+-+-+
|                                                               |
|            Segment List[0] (128-bit IPv6 address)             |
|                                                               |
|                                                               |
+-+-+-+-+-+-+-+-+-+-+-+-+-+-+-+-+-+-+-+-+-+-+-+-+-+-+-+-+-+-+-+-+
|                                                               |
                               ...
|                                                               |
+-+-+-+-+-+-+-+-+-+-+-+-+-+-+-+-+-+-+-+-+-+-+-+-+-+-+-+-+-+-+-+-+
|                                                               |
|            Segment List[n] (128-bit IPv6 address)             |
|                                                               |
|                                                               |
+-+-+-+-+-+-+-+-+-+-+-+-+-+-+-+-+-+-+-+-+-+-+-+-+-+-+-+-+-+-+-+-+
//                                                             //
//            Optional Type Length Value objects (variable)    //
//                                                             //
+-+-+-+-+-+-+-+-+-+-+-+-+-+-+-+-+-+-+-+-+-+-+-+-+-+-+-+-+-+-+-+-+
```

图 2-1　分段路由扩展头格式定义

- Routing Type——1 字节,取值为 4;
- Segments Left——1 字节,剩余的段数目,即到达最终目标之前仍要访问的中间节点数;
- Last Entry——1 字节,包含段列表中最后一个元素的索引(以 0 为基础);
- Flags——1 字节,标志位,目前均未使用;
- Tag——2 字节,标记一个报文作为一个类或一组报文的一部分,例如,报文共享一组属性。
- Segment List[0:n]——n 个 128 位 IPv6 地址,表示段列表中的 n 个段。段列表从 SR 策略的最后一段开始编码。也就是说,段列表的第一个元素(Segment List[0])包含 SR 策略的最后一段,第二个元素包含 SR 策略的倒数第二段,以此类推。
- TLV——下面介绍其具体内容。

在转发过程中,SRH 中的 Next Header、Header Ext Len 和 Routing Type 字段值不可变,而 Segment Left 等字段值是可变的。

2. SRH TLV

目前协议规范中定义的 TLV 仅包括 HMAC TLV 和 PAD TLV。因此,TLV 和 HMAC 支持对于任何实现都是可选的;但是,添加或解析 TLV 的实现必须支持 PAD TLV。

当 Hdr Ext Len>(Last Entry+1)×2 时,TLV 存在。

在段端点处理 TLV 时,TLV 应完全包含在 Hdr Ext Len 确定的 SRH 中。检测到 TLV 超出 SRH Hdr Ext Len 的边界会导致发送 ICMP 参数问题警告报文,目的地为源地址,指向 SRH 的 Hdr Ext Len 字段,同时数据包将被丢弃。

具体实现可能根据本地配置对 TLV 的数量和/或长度进行限制:

- Pad1 选项的连续个数为 1。如果需要多于一个字节的填充,则应使用 PadN。
- PadN 的长度不超过 5。
- 需要处理的非 Pad TLV 的最大数量。
- 要处理的所有 TLV 的最大长度。

当超过这些配置的限制时,具体实现可能会停止处理 SRH 中的其他 TLV。

TLV 类型的最高位(0 位)指定该类型的 TLV 数据在到达报文最终目的地的途中是否会改变：0 表示 TLV 数据不会在途中改变,1 表示可能会改变。

2.2.2 SR 节点角色

分段路由网络可能涉及不同类型的节点：构造目的地址包含段标识的 IPv6 报文的 SR 源节点(source node)、转发报文到远程段的 SR 传输节点(transit node)以及处理 IPv6 报头目的地址中的本地段的 SR 尾节点(endpoint node)。

1. SR 源节点

SR 源节点是在 IPv6 报头的目的地址中放入 SRv6 SID 的任何节点。离开 SR 源节点的数据包可能包含 SRH,也可能不包含。

2. SR 传输节点

SR 传输节点是转发 IPv6 报文的任何节点,该报文的目的地址不是本地配置的一个段或本地接口。传输节点不需要能够处理一个段或 SRH。

3. SR 尾节点

SR 尾节点是接收 IPv6 报文的任何节点,该报文的目的地址在本地配置为一个段或本地接口。

2.2.3 报文处理

1. SR 源节点报文处理过程

源节点将数据报文引入 SR 策略,如果 SR 策略的结果是一个包含单个段的段列表,并且不需要添加信息到 SRH flag 字段或添加 TLV,那么报文的目的地址字段被设置为单个段列表表项,即可忽略 SRH。

SRH 创建流程如下：

(1) 按照前述报文格式规定设置 Next Header 和 Hdr Ext Len 字段;

(2) Routing Type 字段设置为 4;

(3) 报文目的地址设置为第一个段的值;

(4) SRH 中段列表的第一个元素是最终的段,第二个元素是倒数第二段,以此类推;

(5) Segments Left 字段设置为 $n-1$,其中 n 为 SR 策略中元素的个数;

(6) Last Entry 字段设置为 $n-1$,其中 n 是 SR 策略中的元素数量;

(7) TLV(包括 HMAC)可以根据其规范进行设置。

最后,数据包向目的地址(第一段)进行转发。

当源节点不要求在 SRH 中保留整个 SID 列表时,可以使用简化的 SRH。简化的 SRH 不包含相关 SR 策略的第一个段(第一个段是已经在 IPv6 报头的目的地址字段中),并且 Last Entry 字段被设置为 $n-2$,其中 n 是 Segment List 中段的数量。

2. SR 传输节点报文处理过程

目前的协议规范规定：唯一允许检查路由扩展头(即 SRH)的节点是与数据包的目的地址字段匹配的节点。其他传输节点不能检查后续的路由头,必须根据自身的 IPv6 路由表将报文转发给目的节点。

当一个 SID 位于 IPv6 报文头的目的地址字段时,它将作为 IPv6 地址通过 IPv6 网络进行路由。

3. SR 尾节点报文处理过程

SR 尾节点将为其本地 SID 创建 FIB 条目。当一个支持 SRv6 的节点收到一个 IPv6 数据包时，它将对数据包的目的地址执行最长前缀匹配查找。此查找的返回结果可以为以下任何一种情况：

- 一个表示本地实例化的 SRv6 SID 的 FIB 表项；
- 一个表示本地接口，而不是本地实例化为 SRv6 SID 的 FIB 表项；
- 表示非本地路由的 FIB 表项；
- 不匹配。

1) FIB 表项是一个本地实例化的 SRv6 SID

如果 FIB 表项表示本地实例化的 SRv6 SID，则按照 IPv6 协议规范中定义的处理 IPv6 报头的下一个报头链。

处理这个 SID 会修改 Segment Left，如果配置为处理 TLV，那么它可能会修改在转发过程中改变的 TLV 的数据部分。因此，Segment Left 是可变的，在转发过程中 TLV 也是可变的。SRH 的其余部分（Flags、Tag、Segment List 等）在处理该 SID 时是不可变的。

- SRH 处理流程如下：

```
S01.  When an SRH is processed {
S02.    If Segments Left is equal to zero {
S03.      Proceed to process the next header in the packet,
            whose type is identified by the Next Header field in
            the routing header.
S04.    }
S05.    Else {
S06.      If local configuration requires TLV processing {
S07.        Perform TLV processing (see TLV Processing)
S08.      }
S09.      max_last_entry = ( Hdr Ext Len / 2 ) - 1
S10.      If  ((Last Entry > max_last_entry) or
S11.          (Segments Left is greater than (Last Entry + 1)) {
S12.        Send an ICMP Parameter Problem, Code 0, message to
            the Source Address, pointing to the Segments Left
            field, and discard the packet.
S13.      }
S14.      Else {
S15.        Decrement Segments Left by 1.
S16.        Copy Segment List[Segments Left] from the SRH to the
            destination address of the IPv6 header.
S17.        If the IPv6 Hop Limit is less than or equal to 1 {
S18.          Send an ICMP Time Exceeded -- Hop Limit Exceeded in
              Transit message to the Source Address and discard
              the packet.
S19.        }
S20.        Else {
S21.          Decrement the Hop Limit by 1
S22.          Resubmit the packet to the IPv6 module for transmission
              to the new destination.
S23.        }
S24.      }
S25.    }
S26. }
```

- TLV 处理流程如下:

本地配置决定当活动段是本地 SID 时 TLV 如何被处理,下面提供了两个可能与 SID 关联的本地配置示例。

```
示例1:
For any packet received from interface I2
  Skip TLV processing

示例2:
For any packet received from interface I1
  If first TLV is HMAC {
    Process the HMAC TLV
  }
  Else {
    Discard the packet
  }
```

- 上层头处理。

当报文的上层头与本地实例化为 SRv6 SID 的 FIB 表项匹配时,处理流程如下:

```
IF (Upper - layer Header is IPv4 or IPv6) and
    local configuration permits {
  Perform IPv6 decapsulation
  Resubmit the decapsulated packet to the IPv4 or IPv6 module
}
ELSE {
  Send an ICMP parameter problem message to the Source Address and
  discard the packet.   Error code (4) "SR Upper - layer
  Header Error", pointer set to the offset of the upper - layer
  header.
}
```

当其他段节点处理 SID 发生错误时,规范定义了唯一的错误代码通告 SR 源节点。

2)FIB 表项是本地接口

如果 FIB 表项代表一个本地接口,而不是本地实例化的 SRv6 SID,则按如下原则处理 SRH:

- 如果 Segment Left 为 0,则节点必须忽略路由头,继续处理报文中的下一个头,其类型由路由头中的 Next Header 字段确定。
- 如果 Segment Left 不为 0,则节点必须丢弃该数据包,并向该数据包的源地址发送一个"ICMP 参数问题"(Code 为 0)的消息,指向无法识别的路由类型。

3)FIB 表项不是本地接口或匹配

按标准的 IPv6 报文转发流程处理。

2.3 SRv6 流量工程

段路由(SR)允许节点沿任何路径引导数据流。头端(headend)是用于源路由的段列表被写入分组中的节点,它成为特定分段路由路径的起始节点,它将数据流引导到 SR 策略中。采用源路由的好处是消除了中间每跳的状态维护开销。SR 策略是代表源路由策略的段(即指令)的有序列表,引入 SR 策略的数据报文头中写入了与该 SR 策略相关联的有序段列表。

2.3.1 SR-TE 概述

1. 策略模型

SR 策略由(头端 headend、颜色 color、尾端 endpoint)三元组标识。在给定的头端节点上，SR Policy 由(颜色 color，端点 endpoint)二元组标识。

SR 策略的候选路径(Candidate Path)代表将流量从头端节点传送到尾端节点的特定方式。每条候选路径有一个偏好值(Preference)，路径的偏好值越高则越会被优先选择。

SR 策略具有至少一条候选路径，其中具有最高偏好值的有效候选路径是活动候选路径。

SR 策略的段列表是其活动路径的段列表。每条候选路径可以具有一个或者多个段列表，每个段列表具有关联的负载均衡权重(weight)。引导至此路径的流量可以根据权重比例，在所有的有效段列表之间进行负载均衡。SR 策略模型如图 2-2 所示。

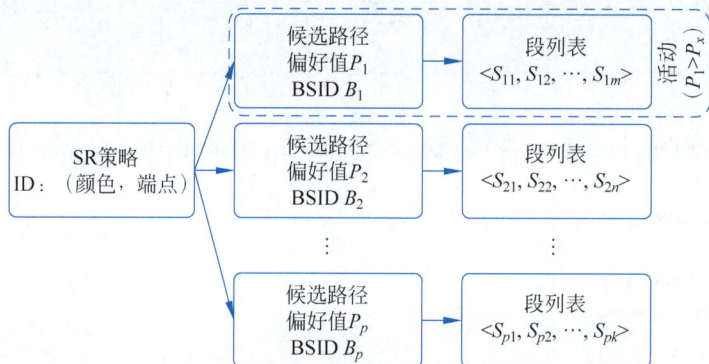

图 2-2　SR 策略模型

2. 候选路径

候选路径分为显式候选路径、动态候选路径和组合候选路径。显式候选路径是由网络管理员或者控制器计算出源路由路径，并向头端节点显式地告知要使用的路径；头端节点只需要简单地接收并使用段列表即可。动态候选路径则由网络管理员或者应用简单地表达意图(即一种优化目标或约束)，头端节点或控制器将意图动态转换为段列表，并按需更新段列表以动态响应任意的网络变化，以保证始终满足意图。组合候选路径是一组 SR 策略的集合。组合候选路径允许依据 SR 策略进行组合构造，每个策略都有明确的候选路径和/或具有潜在不同优化目标和约束的动态候选路径，用于在其组成的 SR 策略上对数据流进行负载平衡的引导。

每条候选路径可以通过不同的方式学到，例如，本地配置、NETCONF 协议、PCEP 或者 BGP。SR 策略的活动路径根据候选路径的有效性和偏好值来选择，候选路径的来源不影响选择过程。

若 SR 策略的候选路径不具有有效的段列表，则此候选路径变为无效；当 SR 策略所有的候选路径都无效时，此 SR 策略变为无效，默认情况下将删除 SR 策略的转发表条目，流量回退到默认转发路径(通常是 IGP 最短路径)。

2.3.2 分段路由策略

1. 分段路由策略的标识

SR 策略必须通过元组< Headend，Color，Endpoint >(<头端节点，颜色，尾端节点>)标识。

在特定头端节点的上下文中,SR 策略必须由<Color,Endpoint >元组标识。

头端节点是策略实例化的节点,头端节点以 IPv4 或 IPv6 地址表示,并且必须解析为 SR 域中唯一的节点。尾端节点表示策略的目的地,尾端节点同样以 IPv4 或 IPv6 地址表示,并且解析为域中的唯一节点。在特定情况下,端点可以是未指定的地址(IPv4 为 0.0.0.0,IPv6 为::),策略的目的地由段列表中的最后一个段表示。颜色是将 SR 策略与意图或目标(例如,低延迟)相关联的无符号非零 32 位整数值。端点和颜色用于自动控制 SR 策略上的服务或传输路由。可以给 SR 策略分配可打印的字符来作为名称,用作用户友好的属性,以便进行调试和故障排除。当命名方案确保唯一性时,此类符号名称可以标识 SR 策略。SR 策略名称也可以与 SR 策略的候选路径信息一起通过配置报文发出。

2. 候选路径的协议来源

头端节点可以通过各种方式被告知 SR 策略< Color,Endpoint >的候选路径,包括路由配置、PCEP、PCEP-SR-POLICY-CP 或 BGP-SR-POLICY。候选路径的协议来源字段长度为 1 字节,它帮助识别提供候选路径的协议/机制,并指示其相对于其他协议/机制的偏好。头端节点向每个 SR 策略信息的源节点分配不同的 Protocol-Origin 值。Protocol-Origin 用作具有相同优先级的候选路径之间的评价依据。表 2-2 规定了 Protocol-Origin 的推荐默认值。

表 2-2　Protocol-Origin 的推荐默认值

Protocol-Origin	描　　述
10	PCEP
20	BGP SR 策略
30	通过配置获取

注意,上述顺序是为了满足具有明确顺序的需要,具体实现可能允许修改分配给头端节点协议的默认值,就像路由管理距离一样。

3. 候选路径的发起者

头端节点通过报文的 Originator 字段识别通知候选路径的节点。发起者以元组<自主系统号(ASN),节点地址>的形式表示,长度为 160 比特,具体含义如下:

- 自治系统编号(ASN)为 4 字节的值。如果使用 2 字节 ASN,则必须使用低 16 位,高位必须设置为 0。
- 节点地址为 128 位的值。IPv4 地址必须使用低 32 位,高位必须设置为 0。

当通过配置进行调度时,ASN 和节点地址可以设置为头端节点或调度控制器/节点的 ASN 值和地址。ASN 和节点地址的默认值为 0。当采用 PCEP 时,它是 PCE 的 IPv4 或 IPv6 地址,并且当 ASN 不可用或不可知时,预计默认设置为 0。当采用 BGP SR 策略扩展协议时,ASN 和节点地址由头端节点上的 BGP 提供。

4. 转发平面中 SR 策略的实例化

通常,在转发平面中仅实例化有效的 SR 策略。除了快速重新路由会使用备用候选路径外,只有主候选路径可以被用于转发引导到该策略的流量。如果一组段列表与策略的主路径相关联,则根据每个段列表的相对权重采用逐流和加权 ECMP(W-ECMP)的方式进行引导。与给定段列表相关联的流的比例值以 w/Sw 进行计算,其中,w 是段列表的权重,Sw 是 SR 策略的候选路径中段列表权重的总和。

当组合候选路径是主路径时,被引导到每个组成 SR 策略中的流的比例值等于每个子 SR 策略的相对权重。引导到子 SR 策略中流的负载均衡基于子 SR 策略中的主候选路径的各段列表权重。

5. 分段路由策略的优先级

在拓扑改变时,可以重新计算或重新验证许多策略,并针对每个策略执行优先级配置。网络管理员可以设置该字段以指示应当重新计算策略的顺序。该优先级由 0~255 的整数表示,其中,最低值表示最高优先级。优先级的默认值为 128。SR 策略可以包括从相同或不同源接收的多个候选路径。

当 SR 策略具有多个候选路径时,这些路径具有不同的非默认优先级值,并且当 SR 策略本身没有配置优先级值时,SR 策略作为一个整体将采用这些信号优先级值中的最低值(即最高优先级)。

2.3.3 段路由数据库

SR 策略用于计算节点(例如,头端节点或控制器)维护分段路由数据库(SR-DB)。SR-DB 是一个概念数据库,用于说明有助于 SR 策略计算和验证的各种信息及其来源。SR 头端节点利用 SR-DB 来验证显式候选路径并计算动态候选路径。

SR-DB 中的信息可以包括:

- IGP 信息(拓扑、基于 IS-IS 和 OSPF 的 IGP 度量);
- 段路由信息(如段路由全局块、段路由本地块、前缀段、邻接段、BGP 对等段、SRv6 SID);
- TE 链路属性(如 TE 指标、SRLG、属性标志、扩展管理组);
- 扩展 TE 链路属性(如延迟、丢失);
- AS 间拓扑信息。

可以通过 IGP、BGP-LS 或 NETCONF 协议来获知相连网络拓扑,也可以通过 BGP-LS 或 NETCONF 协议来学习远端网络拓扑。在某些情况下,SR-DB 可能仅包含相邻的网络拓扑,而在其他情况下,SR-DB 可能包含多个域的拓扑,即支持多域。

SR-DB 还可以包含在网络中实例化的 SR 策略,这些策略可通过 BGP-LS[BGP-LS-TE-POLICY]或 PCEP(以及[PCEP-SR-POLICY-CP]和[PCEP-BSID-LABEL])进行传递。基于这些策略信息,可构建端到端的转发策略。

2.3.4 候选路径的有效性

1. 显式候选路径

显式候选路径与段列表或段列表集合相关联。显式候选路径由网络管理员直接提供或通过控制器提供。选择和计算段列表的操作一般不由 SR 策略头端节点执行,头端节点仅确认其有效性。显式候选路径可能由仅包含隐式空标签的单个显式段列表组成,以表示弹出并转发(Pop-and-forward)行为。弹出绑定段(BSID)并根据内部标签或 FIB 表查找转发流量数据包。这种显式候选路径可作为后备路径或保底路径使用其 BSID 写入 SR 策略。当以下任一条件为真时,必须声明显式候选路径的段列表无效:

- 段列表为空;
- 段列表权重为 0;
- 段列表包括 SR-MPLS 和 SRv6 段类型的混合;
- 头端节点无法将第一个 SID 的路径解析到一个或多个出接口和下一跳;
- 头端无法将类型 C~K 的任何非第一个 SID 解析为 MPLS 标签或 SRv6 SID;
- 对于显式请求验证的任何 SID,头端节点验证失败。

当控制器通过所使用的控制协议明确请求头端节点执行 SID 验证操作时，才执行 SID 验证。SID 验证可以提供本地配置选项，以启用基于全局或每个策略、每个候选路径的验证。SID 的"验证失败"是指以下情况之一：

- 头端无法在其 SR-DB 中找到 SID；
- 头端检测到提供的 SID 值与 SR-DB 的 SID 值（类型 C～K）不匹配；
- 头端无法将类型 C～K 的任何非第一 SID 解析为 MPLS 标签或 SRv6SID。

在多域部署中，预计头端节点可能无法验证远程域中 SID 的可达性。类型 A 或 B 必须用于无法验证可达性的 SID。注意，无论其类型如何，第一个 SID 必须始终具备可达性。

此外，当满足以下两个条件时，段列表可宣布为无效：

- 段列表的最后一个分段不是指定为相应 SR 策略尾端节点通告的前缀段（包括 BGP 对等节点段）；
- 段列表的最后一个分段不是邻居节点上存在的任何链路的邻接段（包括 BGP 对等邻接段），这些链路在指定为相应 SR 策略的尾端节点终止。

只要显式候选路径没有有效的段列表，则该路径无效。另外，当其子段列表（有效或无效）使用不同 SR 数据平面的段类型时，显式候选路径可被声明为无效。

2. 动态候选路径

动态候选路径被指定为优化目标和一组约束。策略的头端节点利用其 SR-DB 计算分段列表，以解决指定的 SR-MPLS 或 SRv6 数据平面的优化问题。

每当问题的输入发生变化（例如，拓扑变化）时，头端节点都会重新计算最终的段列表。当无法进行本地计算（如策略的尾端节点位于头端节点已知的拓扑之外）或不需要时，头端节点可能依赖外部实体。例如，路径计算请求可以发送到支持分段路由扩展的 PCE 执行。如果未找到优化目标和约束的解决方案，则必须声明动态候选路径无效。

3. 组合候选路径

组合候选路径被指定为子 SR 策略的集合。当组合候选路径至少有一个有效的子 SR 策略时，该路径是有效的。

2.3.5 绑定段

绑定段（Binding SID，BSID）是段路由的基础，它提供了可扩展性、网络不透明性和服务独立性。

1. 候选路径的绑定段

每个候选路径都可以用绑定段来定义，同一 SR 策略的候选路径应具有相同的绑定段，不同 SR 策略的候选路径不能具有相同的绑定段。

2. SR 策略的绑定段

SR 策略的 BSID 是其主候选路径的 BSID。当主候选路径具有指定的 BSID 时，如果此值（MPLS 中的标签，SRv6 中的 IPv6 地址）可用，则 SR 策略将使用该 BSID。当 BSID 的值与任何其他用法无关时，BSID 可用，例如，其他 MPLS 转发条目使用的标签或其他上下文（例如，到另一个分段、另一个 SR 策略，或者它超出 SRv6 Locator 的范围）中使用的 SRv6 SID。

对于 SR-MPLS，除了 MPLS BSID 外，SRv6 BSID（例如 End.BM）还可以与 SR 策略相关联。对于 SRv6，多个 SRv6 BSID（例如，具有不同的行为，如 End.B6.Encaps 和 End.B6.Encaps.Red）可以与 SR 策略相关联。

3. 转发平面

有效的 SR 策略会导致在转发平面中安装 BSID 条目,其操作是将匹配此条目的数据包引导到 SR 策略的选定路径上。

如果启用了仅限指定 BSID 的限制性行为,并且活动路径的 BSID 不可用(可选不在 SRLB 中),则 SR 策略不会在转发平面中安装由 BSID 索引的任何条目。

4. 绑定段的非 SR 使用

具体实现可以选择将绑定段与任何类型的接口(如光电路的第 3 层终端)或隧道(如 IP 隧道、GRE 隧道、IP/UDP 隧道、MPLS RSVP-TE 隧道等)相关联。这允许将其他未启用 SR 的接口和隧道用作 SR 策略段列表中的分段,而无须在分段上形成路由协议邻接。

2.4 SRv6 组播(BIERv6)

2.4.1 BIERv6 介绍

IETF 针对转发多播数据包定义了新的体系结构,该结构通过"多播域"提供多播数据包的最佳转发。然而,它不需要使用协议来显式地构建多播分布树,也不需要中间节点来维护每个流的状态。这种架构被称为"位索引显式复制"(Bit Index Explicit Replication,BIER)。支持 BIER 的路由器称为"位转发路由器"(Bit-Forwarding Router,BFR)。BIER 控制平面协议在"BIER 域"内运行,允许该域内的 BFR 交换相互转发数据包所需的信息。

多播数据包通过"比特转发入口路由器"(BFIR)进入 BIER 域,并通过一个或多个"比特转发出口路由器"(BFER)离开 BIER 域。从同一 BIER 域中的另一个 BFR 接收多播数据包并将该数据包转发到同一 BIER 域中的另一个 BFR 的路由器将被称为该数据包的中转 BFR。单个 BFR 可以是某些多播流量的 BFIR,同时也是某些多播流量的 BFER 和中转 BFR。事实上,对于给定的分组,BFR 可以是该分组的 BFIR、中转 BFR、BFER 之一。

BIER 域可以包含一个或多个子域。每个 BIER 域必须包含至少一个子域,即"默认子域"(也称为"子域 0")。如果一个 BIER 域包含多个子域,则必须明确区分域中每个 BFR 以了解其所属的子域集。每个子域由[0,255]区间上的子域 id 标识。

对于给定 BFR 所属的每个子域,如果 BFR 能够充当 BFIR 或 BFER,则必须为其提供在子域内唯一的 BFR-ID。BFR-ID 是一个小的非结构化正整数。例如,如果一个特定的 BIER 子域包含 1374 个 BFR,则可以为每个 BFR 分配一个[1,1374]区间上的 BFR-ID。如果一个给定的 BFR 属于一个以上的子域,那么它可以对于每个子域具有不同的 BFR-ID。

当来自域外的多播分组到达 BFIR 时,BFIR 确定该分组将被发送到的一组 BFER,同时还确定数据包将被发送到的子域。一旦特定数据包被分配给特定子域,它就保持该分配状态,直到数据包离开该子域。也就是说,当数据包在 BIER 域中传输时,数据包所分配到的子域不得更改。

一旦 BFIR 确定了给定分组的子域和 BFER 集,BFIR 就会在分组外部封装一个"BIER 报头"。BIER 报头包含一个位串,其中每一位代表一个 BFR-ID。为了通知特定的 BFER 接收特定的分组,BFIR 根据子域中的 BFR-ID 设置与该 BFER 相对应的比特位。将使用术语"位串"(Bit String)来指代 BIER 报头中的位串字段。将使用术语"有效载荷"来指代已封装的数据包。因此,"BIER 封装"的数据包由"BIER 报头"和"有效载荷"两部分组成。

将使用术语"位串长度"(Bit String Length)来表示位串中的位数。给定分组可以被转发到的 BFER 的数量仅受 BIER 报头中的位串长度的限制。不同的部署可以使用不同的位串长度。在某些部署中,给定子域中的 BFER 可能比位串中的位数更多。为了适应这种情况,BIER 封装包括位串和"集合标识符"(Set Identifier,SI)。位串和集合标识符一起决定了给定分组将被传送到的一组 BFER:

- 位串中最低有效位(最右边)是第 1 位,最高有效位(最左边)是第 BitStringLength 位;
- 如果 BIER 封装数据包的位串 SI 值为 n,位串第 k 位置 1,则该数据包必须传送到其 BFR-ID(在数据包已分配到的子域中)为 $n \times BitStringLength + k$ 的 BFER。

例如,假设 BIER 封装使用的位字符串长度为 256 位。按照惯例,最低有效位(最右边)是第 1 位,最高有效位(最左边)是第 256 位。假设给定的分组已经被分配给子域 0,并且需要被传送到 3 个 BFER,其中这些 BFER 具有子域 0 中分别为 13、126 和 235 的 BFR-ID。BFIR 将创建一个 BIER 封装,其中 SI 设置为 0,位串的第 13 位、第 126 位和第 235 位置 1,所有其他位将被清除。如果分组也需要被发送到 BFR-ID 是 257 的 BFER,那么 BFIR 必须创建数据包的第二个副本,BIER 封装将指定 SI 为 1,以及包含第 1 位置 1 且所有其他位清零的位串。

分配给定子域的 BFR-ID 通常是有利的,这样就可以在单个位串中表示尽可能多的 BFER。

假设一个 BFR(称之为 BFR-A)收到一个数据包,其 BIER 封装指定 SI 为 0,位串的第 13 位、第 26 位和第 235 位置 1。假设 BFR-A 有两个 BFR 邻居 BFR-B 和 BFR-C,这样到 BFER 13 和 BFER 26 的最佳路径是通过 BFR-B,但是到 BFER 235 的最佳路径是通过 BFR-C。然后 BFR-A 将复制该数据包,将一个副本发送到 BFR-B,一个副本发送到 BFR-C。此时,BFR-A 将清除它发送到 BFR-B 的分组副本的位串中的第 235 位,并将清除它发送到 BFR-C 的分组副本位串中的第 13 位和第 26 位。因此,BFR-B 将仅向 BFER 13 和 BFER 26 转发分组,而 BFR-C 将仅向 BFER 235 转发分组。这也确保了每个 BFER 只接收一份数据包。

通过这种转发过程,多播数据分组可以遵循从 BFIR 到每个 BFER 的最佳路径。此外,由于给定分组的 BFER 集合被显式编码到 BIER 报头中,因此该分组不会被发送到任何不需要接收它的 BFER。这允许多播流量的最佳转发,这种最佳转发是在不需要 BFR 维护每个流的状态或运行多播树构建协议的情况下实现的。

BIER 不要求每个中转 BFR 查找 BIER 报头中标识的每个 BFER 的最佳路径;单个分组在转发路径中所需的查找次数受限于相邻 BFR 的数量;查找次数可以比 BFER 的总数量小得多。

1. BFR 标识符和 BFR 前缀

每个 BFR 必须为其所属的每个子域分配一个"BFR 前缀"(BFR-Prefix)。BFR 的 BFR 前缀必须是 BFR 的 IP 地址(IPv4 或 IPv6)。建议 BFR 前缀是 BFR 的一个环回地址。

如果一个 BFR 属于一个以上的子域,则它可以在每个子域中具有不同的 BFR 前缀。给定子域中使用的所有 BFR 前缀必须属于同一地址族(IPv4 或 IPv6)。给定子域中给定 BFR 的 BFR 前缀必须在该子域中可路由。特定的 BFR 前缀在给定子域中是否可路由取决于与该子域相关联的底层路由逻辑。

BFR-ID 是一个在[1,65 535]区间上的数字。在给定的子域内,可能需要用作 BFIR 或 BFER 的每个 BFR 必须具有单个唯一的 BFR-ID。在给定子域中不需要充当 BFIR 或 BFER 的 BFR 在该子域中不需要具有 BFR-ID。

取值为 0 的 BFR-ID 不是合法的 BFR-ID。建议从编号空间中"密集"地分配每个子域的 BFR-ID,因为这将导致更有效的编码。也就是说,如果有 256 个或更少的 BFER,那么建议分配区间[1,256]上的所有 BFR-ID。如果 BFER 多于 256 个但少于 512 个,那么建议分配区间[1,512]上的所有 BFR-ID,并尽可能减少编码空洞(或编码碎片)。

在某些部署中,可能无法(在给定的子域中)支持全部 65 535 个 BFR-ID。例如,如果给定子域中的 BFR 仅支持 16 个 SI,并且它们仅支持 256 或更小的位串长度,则在该子域中只能支持 $16 \times 256 = 4096$ 个 BFR-ID。

2. 在位串中对 BFR 标识符编码

为了在 BIER 数据包中对 BFR-ID 编码,必须将 BFR-ID 转换为 SI 和位串。这种转换取决于称为 BitStringLength 的参数,转换过程如下:

- 如果 BFR id 是 N,那么 SI 是$(N-1)$/BitStringLength 的整数部分,并且该位串的第 N 位置 1。
- 如果几个不同的 BFR 标识都解析为同一个 SI,那么所有这些 BFR 标识都可以用单个位串来表示。使用逐位逻辑"或"运算来组合所有这些 BFR-ID 的位串。

在给定的 BIER 域内(或者甚至在给定的 BIER 子域内),可以使用不同的 BitStringLength 值。每个 BFR 都必须了解以下信息:

- 当它(作为 BFIR)对一组特定的数据包实施 BIER 封装时使用的 BitStringLength 和子域;
- 当它(作为 BFR 或 BFER)从特定子域接收数据包时将处理的 BitStringLength。

BIER 封装的规范也可能允许使用其他位长度。如果 BFR 能够使用给定的 BitStringLength 值作为强制 BitStringLength,则它也必须能够使用该值作为可选 BitStringLength 之一。它应该能够被提供每个合法的较小的位字符串长度值,作为其强制位字符串长度和可选位字符串长度。

为了支持从一个 BitStringLength 到另一个 BitStringLength 的转换,每个 BFR 都必须能够同时使用两个不同的 BitStringLength 配置。

BFR 必须支持区间[0,15]上的 SI 值,并且可以支持区间[0,255]上的 SI 值("支持给定范围内的值"意味着给定范围内的任何值都是合法的,并且将被正确解释)。注意,对于给定的位长度,可以表示的 BFR-ID 的总数是位长度和支持的 SI 的数量的乘积。例如,如果部署(在给定的子域中)使用 64 的位字符串长度并支持 256 个 SI,则该子域只能支持 16 384 个 BFR-ID。即使支持 256 个 SI 的部署也无法支持 65 535 个 BFR-ID,除非它使用的位串长度至少为 256。

当 BFIR 确定分配给给定子域的多播数据分组需要被转发到特定的一组 BFER 时,BFIR 将该组 BFER 划分为不同的子集,其中每个子集的 BFER 可以解析为相同的 SI。每个 SI 子集可以由单个位串来表示。BFIR 为每个 SI 子集创建一个数据包副本,然后将 BIER 头封装应用于每个数据包。该封装为每个分组指定单个 SI,并包含表示相应 SI 子集中所有 BFR-ID 的位串。当然,为了正确解释位串,还需要能够从封装信息中推断出子域 ID。

例如,假设一个 BFIR 确定一个给定的分组需要被转发到 3 个 BFER,这 3 个 BFER 的 BFR-ID 是 27、235 和 497。BFIR 将必须转发数据包的两份副本。与 SI=0 相关联的一个副本将具有设置了位 27 和位 235 的位串。与 SI=1 相关联的另一副本将具有设置了位 241 的位串。

为了最小化给定多播分组必须制作的副本数量,建议从编号空间"密集地"分配给定子域中使用的 BFR-ID。这将最大限度地减少该子域中必须使用的 SI 数量。然而,根据特定部署的细节,其他分配方法可能更有利。例如,假设在某个部署中,每个多播流都计划用于"东部区域"或"西部区域",但不是同时指向两个区域。在这样的部署中,分配 BFR-ID 使得所有"西部区域"的 BFR-ID 落入相同的 SI 子集并且使得所有"东部区域"的 BFR-ID 落入相同的 SI 子集,将是有利的。

当 BFR 收到 BIER 数据包时,它将从封装中推断 SI。然后,可以从 SI 和位串中推断出分组需要转发到的 BFER 集合。

2.4.2 BIERv6 分层架构

BIER 架构由 3 层组成:路由底层、BIER 层和多播流覆盖层。

1. 路由底层

"路由底层"在 BFR 对之间建立"邻接",并确定从给定 BFR 到给定 BFR 集的一条或多条"最佳路径"。每个这样的路径都是一系列 BFR <BFR(k),BFR($k+1$),…,BFR($k+n$)>,使得 BFR($k+j$)与 BFR($k+j+1$)"相邻"(对于 $0 \leqslant j < n$)。

对于给定的 BFR,例如 BFR-A,对于 BIER 域中 BFR 地址的每个 IP 地址,路由底层将把该 IP 地址映射到一个或多个"等价"邻接集。如果一个 BIER 数据分组必须由 BFR-A 转发到给定的 BFER,比如 BFER-B,则该分组将遵循由路由底层确定的从 BFR-A 到 BFER-B 的路径。

在典型部署中,路由底层将是基于默认拓扑和内部网关协议(IGP)的单播路由。在这种情况下,底层邻接仅是 OSPF 邻接。从 BFR-A 传输到 BFER-B 的 BIER 数据包将遵循 OSPF 为从 BFR-A 到 BFER-B 的单播流量选择的路径。

如果希望从 BFR-A 到 BFER-B 的多播流量走不同于单播流量的路径,可以使用不同的底层路由协议。例如,如果使用多拓扑 OSPF,那么一个 OSPF 拓扑用于单播流量,另一个用于组播流量。或者,可以部署创建某种多播树的路由底层。然后,BIER 可以用于沿着特定于多播的树转发多播数据包,而单播数据包则遵循"普通"OSPF 最佳路径(在这种情况下,许多多播流可能沿着单个树传播,特定分组携带的位串将标识树中需要接收该分组的那些节点)。BIER 甚至可能使用多个路由底层,只要人们可以从数据包的 BIER 封装中推断出哪个底层正用于该数据包。

如果在单个 BIER 域中使用了多个底层路由协议,则每个 BIER 子域必须与单个底层路由协议相关联(尽管多个子域可能与同一个底层路由协议相关联)。必须提供属于多个子域的 BFR,以知道每个子域使用哪个底层路由协议。默认情况下,每个子域使用单播 IGP 的默认拓扑作为底层路由协议。

当外部 BGP(EBGP)用作 IGP 时,默认情况下,底层邻接是 BGP 邻接。

2. BIER 层

BIER 层由用于跨 BIER 域从其 BFIR 向其 BFER 传输多播数据包的协议和过程组成,具体包括以下部分:

(1) 给定 BFR 用于向同一 BIER 域中的所有其他 BFR 通告的协议和程序。

- 其 BFR 前缀;
- 它在每个子域中的 BFR-ID;
- 可使用的字符串长度集合;
- (可选)与每个子域关联的底层路由协议信息。

(2) BFIR 在多播数据包中添加 BIER 报头的过程。

(3) 转发 BIER 封装的数据包和在传输过程中修改 BIER 报头的过程。

(4) BFER 用来解封 BIER 数据包并正确分发它的过程。

3. 多播流覆盖层

"多播流覆盖"由一组协议和过程组成,这些协议和过程实现以下功能:

（1）当 BFIR 从 BIER 域外部接收到多播数据包时，BFIR 必须确定该数据包的 BFER 集。该信息由多播流覆盖提供。

（2）当 BFER 从 BIER 域内部接收到 BIER 封装的数据包时，BFER 必须确定如何进一步转发该数据包。该信息由多播流覆盖提供。

例如，假设 BFIR 和 BFER 是提供多播虚拟专用网络（Multicast Virtual Private Network，MVPN）服务的 PE 路由器。MVPN 协议使得入口 PE 能够确定给定多播流（或流集合）的出口 PE 集合；它还使出口 PE 能够确定来自主干网的多播数据包应该发送到的"虚拟路由转发表"（Virtual Routing and Forwarding table，VRF）。MVPN 协议也有几个组件，这些组件取决于用于通过网络传送多播数据的隧道类型。由于 BIER 实际上是一种新型的"隧道技术"，因此需要对 MVPN 协议进行一些扩展，以便将多播流覆盖层与 BIER 层正确对接。

2.4.3　BIER 路由转发

1. 通告 BFR-ID 和 BFR 前缀

每个 BFER 被分配（通过配置）一个 BFR-ID，每个 BFER 必须向域中的所有其他 BFR 通告这些分配。类似地，每个 BFR 被分配一个 BFR 前缀，并且必须将该分配通告给该域中的所有其他 BFR。最后，每个 BFR 都被配置为对每个子域使用一组特定的位字符串长度，并且必须将这些信息通告给域中的所有其他 BFR。

如果 BIER 域也是链路状态路由 IGP 域（即 OSPF 或 IS-IS 域），则 BFR 前缀的通告，包括<子域标识、BFR 标识>和位字符串长度可以使用 IGP 的通告功能来完成。例如，如果 BIER 域也是 OSPF 域，则这些通告可以使用 OSPF"Opaque Link State Advertisement"（Opaque LSA）机制来完成。

如果在特定部署中，BIER 域不是 OSPF 或 IS-IS 域，则必须使用适合该部署的程序来公布此信息。例如，如果 BGP 是 BIER 域中使用的唯一路由算法，则可以使用［BGP_BIER_EXTENSIONS］的过程。

这些通告使每个 BFR 能够与具有给定 BFR 前缀的<子域 id，BFR-ID>进行关联。正如将在后面看到的那样，对这种关联的了解是转发过程的重要部分。

由于每个 BFR 都需要有一个唯一的 BFR-ID，两个不同的 BFR 不会通告拥有相同的<子域 id，BFR-ID>，除非出现配置错误。

如果 BFR-A 确定 BFR-B 和 BFR-C 为同一个子域通告了同一个 BFR-ID，那么 BFR-A 必须记录一个错误。假设重复的 BFR-ID 是 N。当 BFR-A 用作 BFIR 时，即使它已经确定该分组需要由 BFR-B 和/或 BFR-C 接收，它也不能在已经分配给给定子域的任何分组的 BIER 封装中将 BFR-ID 值编码为 N。这将意味着 BFR-B 和 BFR-C 根本无法在给定子域中接收多播流量，直到错误配置被修复。

假设 BFR-A 已经配置了特定子域的 BFR-ID N，但是它还没有通告其对该子域的 BFR-ID N 的所有权。假设它已经从不同的 BFR（比如 BFR-B）接收到通告，并且正式对同一子域的 BFR-ID N 的所有权。在这种情况下，BFR-A 应该记录一个错误，并且只要来自 BFR-B 的通告仍然存在，就不能通告它自己对该子域的 BFR-ID N 的所有权。该过程可以防止新 BFR 的意外错误配置影响现有的 BFR。

如果 BFR 通告其在特定的子域中的 BFR-ID 为 0，那么接收该通告的其他 BFR 必须将该通告解释为 BFR 在该子域中没有 BFR-ID。

2. 转发过程概述

协议规定了在 BIER 域内转发 BIER 封装数据包的规则。这些规则并非用于指定实施策略;为了符合该规范,实现过程只需产生与这些规则相同的结果。要转发 BIER 封装的数据包,需要执行以下步骤:

(1) 确定数据包的子域。

(2) 确定数据包的位长度和位串。

(3) 确定数据包的 SI。

(4) 根据子域、SI 和位串,确定数据包的目的 BFER 集合。

(5) 根据与子域相关联的底层路由协议提供的信息,确定每个目的 BFER 的下一跳邻接。

(6) 分组的位串可能会有一个或多位对应于未使用的 BFR-ID。也有可能分组的位串将具有对应于不可达的 BFER 的一个或多位,即没有下一跳邻接。

(7) 对目标 BFER 集合进行分区,使得单个分区中的所有 BFER 具有相同的下一跳。将每个分区都与下一跳相关联。

(8) 对于每个分区:

- 复制一份数据包;
- 清除数据包位串中标识不在分区中的 BFER 的对应比特;
- 将分组传输到相关联的下一跳(如果下一跳是空的下一跳,则丢弃该数据包)。

如果 BFR 收到 BIER 封装的数据包,其<子域,SI,位串>三元组标识 BFR 本身,则 BFR 也是该数据包的 BFER。作为一个 BFER,它必须将有效载荷传递给多播流覆盖层。如果位串为其他 BFR 设置了位,则数据包还需要在 BIER 域内进一步转发。如果 BF(E)R 继续在 BIER 域内转发数据包的一个或多个副本,那么代表自己 BFR-ID 的对应比特位必须在所有副本中清零。

当 BFER 上的 BIER 层要将分组传递到多播流覆盖层时,它当然会通过移除 BIER 报头来解封装分组。同时,向多播流覆盖层提供从 BIER 封装中获得的上下文信息。如果 BIER 封装包含"生存时间"(TTL)值,那么在默认情况下,有效负载不会继承该值。如果 BIER 封装包含流量分类(Traffic Class)字段、服务类型(Type of Service)字段、区分服务(Differentiated Services)字段或任何此类字段,那么在默认情况下,该字段的值不会传递给多播流覆盖层。

当 BFER 上的 BIER 向多播流覆盖层传递数据包时,覆盖层将确定如何进一步分发数据包。如果数据包需要转发到另一个 BIER 域,那么 BFR 将在一个 BIER 域中充当 BFER,在另一个 BIER 域中充当 BFIR。

BIER 封装的数据包不能直接从一个 BIER 域传递到另一个 BIER 域;在 BIER 域之间的边界处,数据包必须解封装并传递到多播流覆盖层。

注意,当 BFR 在 BIER 域内传输数据包的多个副本时,只有一个副本将被指定给任何给定的 BFER。因此,任何 BIER 封装的数据包都不可能多次发送到某一个 BFER。

3. BFR 邻居

给定 BFR 的"BFR 邻居"(BFR-NBR),如 BFR-A,是指那些根据底层路由协议与 BFR-A 相邻的 BFR。每个 BFR-NBR 都有一个 BFR 前缀。

假设 BIER 封装的数据包到达 BFR-A。从数据包的封装中,BFR-A 学习到数据包的子域和数据包目的 BFER 的 BFR-ID(在该子域中)。然后,BFR-A 可以找到每个目的 BFER 的 BFR 前缀。给定特定目的地 BFER(比如 BFER-D)的 BFR 前缀,BFR-A 从底层路由协议(与分组的子域相关联)获知该 BFR 的 IP 地址,该 IP 地址是从 BFR-A 到 BFER-D 的路径上的下一跳,假定为 BFR-B。然后,BFR-A 必须确定 BFR-B 的 BFR 前缀,即从 BFR-A 到 BFER-D 路径上 BFR-A 的 BFR-NBR 的前缀。

注意,如果路由底层提供了从 BFR-A 到 BFER-D 的多条等价路径,则 BFR-A 可能有多个针对 BFER-D 的 BFR-NBR。

4. 比特索引路由表(BIRT)

比特索引路由表(Bit Index Routing Table,BIRT)是将 BFER 的 BFR-ID 映射到该 BFER 的 BFR 前缀以及映射到该 BFER 的路径上 BFR NBR 的表。例如,考虑如图 2-3 所示的拓扑结构。在此图中,以 SI:$xyzw$ 形式表示了每个 BFR 的 BFR-ID。

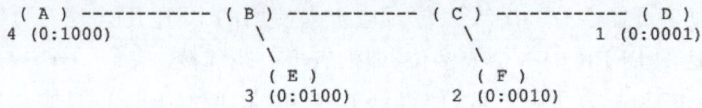

```
( A ) ------------- ( B ) ------------ ( C ) ------------ ( D )
4 (0:1000)                \                \              1 (0:0001)
                           \                \
                         ( E )            ( F )
                        3 (0:0100)       2 (0:0010)
```

图 2-3　BIRT 拓扑

该拓扑将在 BFR-B 处产生图 2-4 所示的 BIRT。第一列将 BFR-ID 显示为一个数字,并且(在括号中)显示为对应于一个 BitStringLength 的 SI：BitString 格式(实际最小 BitStringLength 是 64,但在示例中使用 4 作为位串长度)。

5. 比特索引转发表(BIFT)

比特索引转发表(Bit Index Forwarding Table,BIFT)是从 BIRT 导出的。假设 BIRT 中的几行具有相同的 SI 和相同的 BFR-NBR。通过对这些行的位串进行逻辑"或"运算,就获得了对应于 SI 和 BFR-NBR 组合的位掩码。将该位掩码称为<SI,BFR-NBR >组合的"转发位掩码"(Forwarding Bit Mask,F-BM)。

例如,在图 2-5 中,可以看到两行具有相同的 SI(0)和相同的 BFR-NBR(C)。< SI＝0,BFR-NBR-C>对应的位掩码是 0011(0001 与 0010 进行"或"运算)。

BFR-id (SI:BitString)	BFR-Prefix of Dest BFER	BFR-NBR
4 (0:1000)	A	A
1 (0:0001)	D	C
3 (0:0100)	E	E
2 (0:0010)	F	C

图 2-4　BFR B 的 BIRT

BFR-id (SI:BitString)	F-BM	BFR-NBR
1 (0:0001)	0011	C
2 (0:0010)	0011	C
3 (0:0100)	0100	E
4 (0:1000)	1000	A

图 2-5　BIFT

BIFT 用于从 BFER 的 BFR-ID 映射到相应的 F-BM 和 BFR-NBR。注意,BFR-ID 1 和 BFR-ID 2 具有相同的 SI 和相同的 BFR-NBR,因此它们有同样的 F-BM。该 BIFT 被编程到数据平面用于转发数据包。

6. BIER 转发过程

以下是 BFR 转发 BIER 封装数据包的过程:

(1) 确定数据包的 SI、BitStringLength 和子域。

(2) 如果位串完全由零组成,则丢弃数据包,且转发过程完成;否则,继续执行步骤(3)。

(3) 找到数据包位串中置 1 的最低有效位(即最右边的位)的位置(称为 k)(注意,位从 1 开始编号,从最低有效位开始)。

(4) 如果第 k 位标识了 BFR 本身,则复制数据包,并将副本发送到多播流覆盖层。然后清除原始数据包中的第 k 位,并转到步骤(2);否则,执行步骤(5)。

（5）将值 k 与 SI、子域和 BitStringLength 一起用作 BIFT 的"索引"。

（6）从 BIFT 提取 F-BM 和 BFR-NBR。

（7）复制数据包。通过与 F-BM 进行逻辑"与"运算来更新副本的位串。然后将副本转发给 BFR-NBR。如果 BFR-NBR 为空,则该副本将被丢弃。注意,当一个分组被转发到一个特定的 BFR-NBR 时,它的位串只标识那些要通过该 BFR-NBR 到达的 BFER。

（8）通过与 F-BM 的取反进行"与"运算来更新原始数据包的位串,即 Packet-> BitString &= ~F-BM,这将清除位串中刚刚用于执行转发的比特。然后,转到步骤(2)。

该过程使得分组只被转发到特定的 BFR-NBR 一次。BIFT 中查找的数量与数据包必须转发到的 BFR-NBR 的数量相同;没有必要对每个目的 BFER 进行单独查找。

当数据包被发送到特定的 BFR-NBR 时,位串并不是 BIER 报头中唯一需要修改的部分。如果 BIER 报头中有 TTL 字段,则需要将其递减。

此外,当使用[MPLS_BIER_ENCAPS]方法进行封装时,BIFT-ID 字段很可能需要根据数据包要发送到的 BFR-NBR 的控制信息进行修改。已收到 BIER 包的 BIFT-ID 字段隐式标识了 SI、子域和位串长度。如果数据包被发送到特定的 BFR-NBR,则 BIFT-ID 字段必须更改为该 BFR-NBR 所通告的,具有相同 SI、子域和位串长度的 BFR-ID。

当向特定的 BFR-NBR 发送数据包时,如果 BFR-NBR 是通过多个并行接口连接的,那么可以考虑应用某种形式的负载均衡。在某些情况下,底层路由协议可以向给定的 BFER 提供多条等价路径(通过不同的 BFR-NBR),即"等价多路径"(ECMP)。

如果发往 BFR-NBR 的单播流量是通过某种"旁路隧道"发送的,那么发往 BFR-NBR 的 BIER 封装组播流量也应该通过该隧道发送。这允许任何现有的"快速重路由"方案被应用于多播流量以及单播流量。

图 2-3 中的拓扑结构给出了两个 BIER 转发示例。在这些示例中,所有数据包都已分配给默认子域,所有数据包的 SI＝0,并且 BitStringLength 为 4。图 2-6 仅显示了 SI＝0 的 BIFT 条目。为了简洁,将 BIFT 的第一列 BFR-ID 显示为一个整数。

```
     BFR-A BIFT              BFR-B BIFT              BFR-C BIFT
  --------------------    --------------------    --------------------
  | Id | F-BM | NBR |     | Id | F-BM | NBR |     | Id | F-BM | NBR |
  ====================    ====================    ====================
  | 1  | 0111 |  B  |     | 1  | 0011 |  C  |     | 1  | 0001 |  D  |
  --------------------    --------------------    --------------------
  | 2  | 0111 |  B  |     | 2  | 0011 |  C  |     | 2  | 0010 |  F  |
  --------------------    --------------------    --------------------
  | 3  | 0111 |  B  |     | 3  | 0100 |  E  |     | 3  | 1100 |  B  |
  --------------------    --------------------    --------------------
  | 4  | 1000 |  A  |     | 4  | 1000 |  A  |     | 4  | 1100 |  B  |
  --------------------    --------------------    --------------------
```

图 2-6 转发示例中使用的 BIFT

第二部分

网络路由转发

第 **3** 章

IPv6路由协议

3.1 IS-IS 路由协议

IS-IS(Intermediate System to Intermediate System)最初是由 Digital Equipment Corporation (DEC)和 Radian Corporation 共同开发的,作为 DECnet Phase V 网络协议套件的一部分。DECnet 是一种用于构建大型企业网络的协议套件,旨在支持分布式计算环境。IS-IS 协议最初用于 DECnet 网络,后来随着互联网的发展和广泛应用,被广泛用于大型企业和互联网服务提供商的网络中。它成为了一种内部网关协议(Internal Gateway Protocol,IGP),用于在自治系统(Autonomous System,AS)内部的路由选择和转发。

3.1.1 IS-IS 架构

IS-IS 架构包括 IS-IS 路由器、IS-IS 数据库、链路状态和链路状态数据库。IS-IS 路由器通过交换链路状态数据包来获取网络的拓扑结构,并使用链路状态数据库中的信息计算出最佳的路由路径。这种基于链路状态的路由算法和分布式的链路状态数据库使得 IS-IS 协议具有可扩展性、快速收敛和灵活的策略控制等特点。

1. IS-IS 路由器

IS-IS 路由器是网络中运行 IS-IS 协议的设备。它可以是路由器、三层交换机或者其他支持 IS-IS 协议的设备。IS-IS 路由器通过交换链路状态数据包(Link State PDU,LSP)来获取网络的拓扑结构信息,并使用这些信息计算出最佳的路由路径。IS-IS 路由器之间通过直接链路建立邻居关系,并通过链路状态数据库(Link State Database)来维护网络的拓扑信息。

2. IS-IS 数据库

IS-IS 数据库是每个 IS-IS 路由器都维护的一个存储路由信息的数据库。它包含了网络中的拓扑信息、链路状态和路由表等。IS-IS 数据库由多个链路状态数据库组成,每个链路状态数据库对应一个区域(Area)。每个 IS-IS 路由器都会维护自己所属区域的链路状态数据库,并与其他区域的 IS-IS 路由器交换链路状态信息,从而构建整个网络的拓扑图。

3. 链路状态

链路状态是指 IS-IS 路由器在网络中感知到的链路的状态信息,包括链路的状态、带宽、延迟、可靠性等。IS-IS 路由器会将链路状态信息封装为链路状态报文 PDU 并交换给邻居路由器,以便邻居路由器了解网络的拓扑结构。

4. 链路状态数据库

链路状态数据库是 IS-IS 路由器存储链路状态信息的地方。每个 IS-IS 路由器都会维护自己所属区域的链路状态数据库,其中包含了本区域内的链路状态信息。IS-IS 路由器通过交换链路状态信息与其他区域的 IS-IS 路由器建立全局的链路状态数据库,以便计算出最佳的路由路径。

IS-IS 路由器使用链路状态数据库中的信息来计算出最佳的路由路径。它使用基于链路状态的路由算法,如 Dijkstra 算法,来计算从源节点到目的节点的最短路径。路由计算结果会存储在 IS-IS 路由器的路由表中,用于转发数据包。

IS-IS 架构具有下列特征:

(1)支持路由器之间的动态路由。IS-IS 协议允许路由器之间动态地交换路由信息,以便实现自动路由选择和网络故障恢复。它能够动态适应网络拓扑的变化,并在需要时更新路由表。

(2)可扩展性。IS-IS 协议设计用于大型网络,具有良好的可扩展性。它使用层次结构的设计,可以将网络划分为多个区域(Area),每个区域内部使用 IS-IS 协议进行路由,而区域之间使用区域边界路由器(Area Border Router)进行路由转发。

(3)快速收敛。IS-IS 协议使用了快速收敛的机制,以便在网络故障或拓扑变化时能够迅速调整路由。它使用了基于链路状态的路由算法,通过交换链路状态报文 LSP 来更新路由信息,从而实现快速的网络收敛。

(4)支持多种网络层协议。IS-IS 协议可以在不同的网络层协议(如 IPv4 和 IPv6)上运行,以支持不同版本的 IP 协议。它可以适应不同的网络环境,并提供一致的路由功能。

(5)安全性。IS-IS 协议支持对路由信息进行认证和加密,以确保路由信息的安全性和完整性。它可以使用密钥和认证算法来验证和保护路由信息的传输。

(6)灵活的策略控制。IS-IS 协议提供了灵活的策略控制功能,可以根据网络管理员的需求进行路由策略的配置和控制。它支持路由策略的过滤、重定向和优先级控制,以实现更精细的路由控制和管理。

3.1.2 控制机制

1. 邻居关系建立

IS-IS 协议使用 Hello 消息来建立和维护邻居关系,也称为 IIH(IS-to-IS Hello PDU)消息。当两个 IS-IS 路由器在相邻链路上收到对方的 Hello 消息时,它们将建立邻居关系。Hello 消息包含了路由器的标识和链路状态信息,用于验证邻居的可达性和链路的状态。通过建立邻居关系,路由器可以交换路由信息并了解相邻路由器的存在。

1)广播网络

采用的是可靠的邻接建立过程,如果在接收的 IIH 报文中看到了自己接口的 MAC 地址,说明邻居已经收到并确认了自己发送的 IIH 报文,那么邻居的状态将变为 UP。

2)点到点网络

两次握手没有可靠性保证。只要收到邻接发送的 IIH 报文,并通过检测,更新邻居的状态为 UP。如图 3-1 所示,3 次握手可保证邻接建立的可靠性。新增一种点到点邻居状态 TLV。

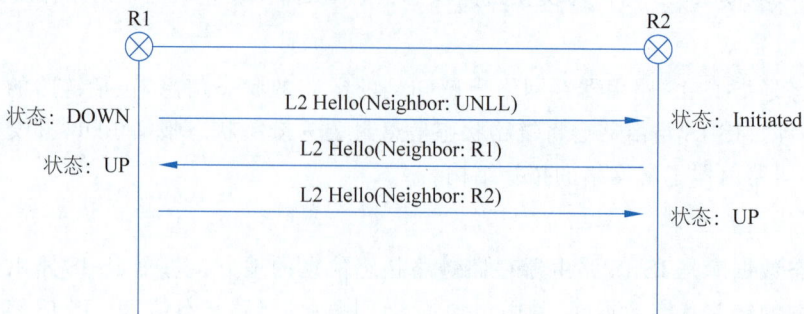

图 3-1　3 次握手

如图 3-2 所示,两次握手机制存在明显的缺陷。当路由器间存在两条及以上的链路时,如果某条链路上到达对端的单向状态为 DOWN,而另一条链路同方向的状态为 UP,则路由器之间能建立起邻接关系。

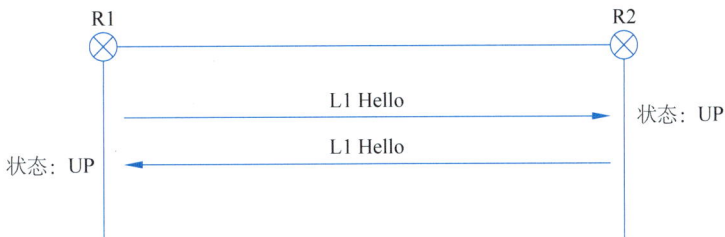

图 3-2 两次握手

3)邻接关系建立条件
- 只有同一层次的相邻路由器才有可能成为邻居。
- 对于 Level-1 路由器来说,区域号必须一致。
- 链路两端 IS-IS 接口的网络类型必须一致。
- 链路两端 IS-IS 接口的地址必须处于同一网段

2. 路由信息交换

IS-IS 协议使用 LSP 来交换路由信息。每个 IS-IS 路由器维护一个链路状态数据库,其中包含了网络拓扑信息和路由信息。IS-IS 路由器通过交换 LSP 来更新链路状态数据库,并将更新的信息分发给其他路由器。LSP 包含了路由器的标识、邻居信息、链路状态和其他相关信息。

3. SPF 计算

SPF(Shortest Path First)计算是 IS-IS 协议的核心机制之一,如图 3-3 所示。当链路状态数据库发生变化时,IS-IS 路由器使用 SPF 算法计算出最短路径树,并确定到达目的地的最佳路径。SPF 计算考虑了链路的开销(通常是链路带宽)来选择最佳路径。SPF 算法通过逐步迭代的方式计算最短路径树,从而确定每个目的地的最佳路径。

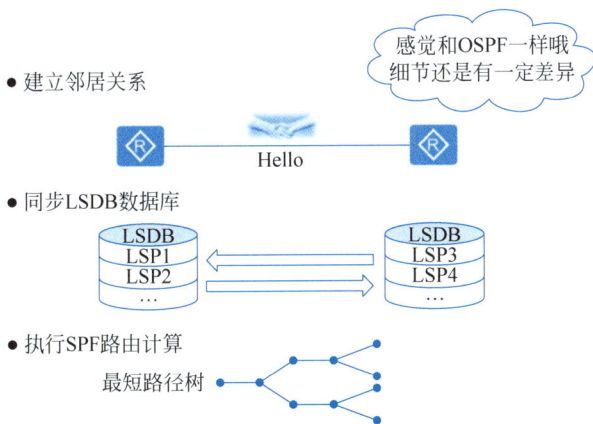

图 3-3 IS-IS 处理流程

4. 路由选择、聚合、控制

IS-IS 协议使用 SPF 计算来选择最佳路径,并将其作为路由表中的条目。IS-IS 支持等价路径的负载均衡,可以在多个等价路径之间进行流量分担。当存在多个等价路径时,IS-IS 路由器可以根据配置或算法来决定如何分配流量。这种负载均衡的能力可以提高网络的性能和资源利用率。

IS-IS 支持路由聚合(Route Aggregation),可以将多个具体路由聚合成更具概括性的路由,从而减少路由表的大小和复杂性。路由聚合可以减少路由器之间交换的路由信息数量,降低网络的控制平面开销。聚合的路由可以代表一组具有相同目的地前缀的子网,从而简化路由表的管理。

IS-IS 协议支持路由策略控制,可以通过配置路由策略来影响路由选择的决策。路由策略控制允许网络管理员根据需要对路由进行优先级设置、过滤和筛选等操作。管理员可以配置路由策略来实现流量工程、安全性要求、服务质量(QoS)和其他策略目标。这种灵活的策略控制能力使得 IS-IS 协议适用于各种复杂网络环境。

5. 控制报文类型

IS-IS 协议使用不同类型的报文来实现邻居发现、链路状态同步和路由信息传播。常见的报文有邻居发现报文(IS-to-IS Hello PDU,IIH)、链路状态报文(Link State PDU,LSP)、完全序列号报文(Complete Sequence Number PDU,CSNP)和部分序列号报文(Partial Sequence Number PDU,PSNP)。

1) IIH 报文

IIH 报文的作用是邻居发现,协商参数并建立邻居关系,后期充当保活报文。IS-IS 建立邻居关系和 OSPF 一样,通过 IIH 报文的交互来完成。但是会根据场景分为 3 种类型的 IIH 报文。目前 IS-IS 只支持点对点网络和广播网络两种类型。IIH 报文需要通过填充字段用于在邻居两端协商发送报文的大小,如图 3-4 所示。

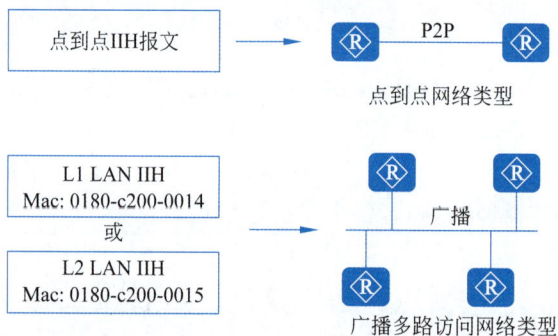

图 3-4　不同网络类型下的 IIH 报文

2) LSP 报文

LSP 分为 Level-1 LSP、Level-2 LSP,用于交换链路状态信息,描述路由器的接口及所连网络的信息,包括接口所连网络的子网、类型、开销等信息,触发即时更新或周期性更新。

3) CSNP 报文

CSNP 分为 Level-1 CSNP、Level-2 CSNP,包括 LSDB 中所有 LSP 的摘要信息,从而可以在相邻路由器间保持 LSDB 的同步。在广播网络上,CSNP 由 DIS 定期发送(默认发送周期为 10s);在点到点链路上,CSNP 只在第一次建立邻接关系时发送。

4) PSNP 报文

PSNP 分为 Level-1 PSNP、Level-2 PSNP,只列举最近收到的一个或多个 LSP 的序号,它能够一次对多个 LSP 进行确认,当发现 LSDB 不同步时,也用 PSNP 来请求邻居发送新的 LSP。

3.1.3 报文格式

1. 通用报文格式

IS-IS 协议报文可以分为两个部分：报文头和变长字段。其中报文头部又可以细分为通用头部和专用头部。对于所有的 IS-IS 报文来说,通用报文头部都是相同的,但是专用报文头部根据不同的 IS-IS 报文种类而不同。

IS-IS 报文格式如图 3-5 所示。

通用报文头部（Common Header）
专用报文头部（Specific Header）
变长字段（Variable Length Fields）

图 3-5　IS-IS 报文格式

IS-IS 通用报文头格式如图 3-6 所示。

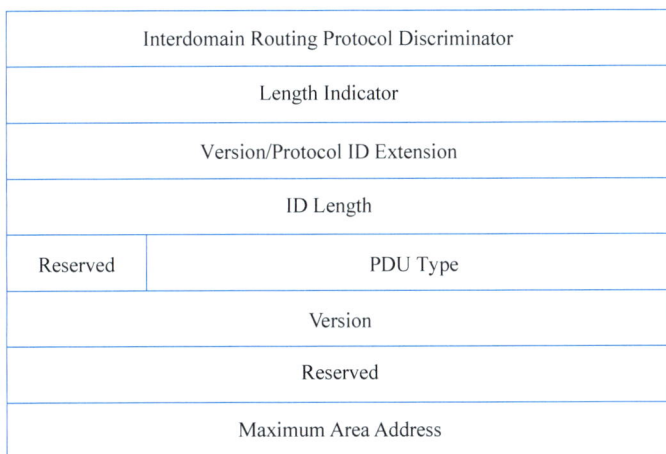

Interdomain Routing Protocol Discriminator
Length Indicator
Version/Protocol ID Extension
ID Length

Reserved	PDU Type

Version
Reserved
Maximum Area Address

图 3-6　IS-IS 通用报文头格式

其中,各个字段含义如下。

- Interdomain Routing Protocol Discriminator：域内路由协议鉴别符,占用 1 字节,IS-IS 协议固定为 0x83。
- Length Indicator：IS-IS 报文头部长度（单位为字节）,包括通用报文和专用报文头部,不包括 TLV 字段,占用 1 字节。
- Version/Protocol ID Extension：版本/协议标识扩展,固定为 0x1,占用 1 字节。
- ID Length：NSAP 地址中,System ID 区域的长度,长度为 1 字节。注意,当该字段值为 0 时,表示 System ID 长度为 6,值为 255 时,表示 System ID 长度为 0。
- Reserved：保留字段,恒为 0。
- PDU Type：IS-IS PUD 报文类型（一共 9 种）。
- Version：IS-IS 版本,恒为 0x1（IS-IS 通用报文头部包含两个 Version 字段）。
- Maximum Area Address：同时支持的最大区域个数,占用 1 字节。该字段值默认值为 0,且此时的 0 表示支持的最大区域个数为 3。

2. Hello 报文专用报文头格式

广播链路 Hello 报文专用报文头格式如图 3-7 所示。

Reserved/Circuit Type
Source ID
Holding Time
PDU Length
R	Priority
LAN ID

图 3-7 广播链路 Hello 报文专用报文头格式

点对点链路 Hello 专用报文头格式如图 3-8 所示。

Reserved/Circuit Type
Source ID
Holding Time
PDU Length
Local Circuit ID

图 3-8 点对点链路 Hello 专用报文头格式

相比之下,两者的区别在于优先级(Priority)字段和 LAN ID/Local Circuit ID 字段。其中,各个字段含义如下。

- Reserved/Circuit Type:路由器级别,0x01 表示 L1 级别,0x02 表示 L2 级别,0x03 表示 L1/L2 级别(注:此字段与链路上 IS-IS 级别也有关系,必须当路由器级别和接口级别均为 L1/L2,此时此字段才为 L1/L2)。
- Source ID:发送报文的 IS-IS 路由器 SID,占 6 字节。
- Holding Time:保持计时器,单位为秒,占 2 字节,默认为 Hello-Interval 的 3 倍。本字段的含义是告诉邻居本端失效的时间。这里 IS-IS 协议与 OSPF 不同,IS-IS 允许建立邻居的相邻路由器之间 Hello-Interval 和 Holding Time 不一致。可以在路由器 IS-IS 视图下修改本字段时间,但是有一定的限制。
- PDU Length:本字段表示整个 IS-IS 报文的长度,包括头部、Hello 报文以及后面的 TLV 字段的长度,占 2 字节。
- Priority:表示优先级,占 1 字节,但是该字段值使用了 7 比特,因此该字段取值范围是 0~127。该字段主要用于 DIS 的选举,且该字段越大越优先。当该字段值相等时,则比较 MAC 地址,越大越优先。
- R:预留字段,用 0 填充。
- LAN ID:用于描述链路上的伪节点 DIS。
- Local Circuit ID:表示本地链路 ID。

3. LSP 报文专用报文头格式

LSP 报文专用报文头格式如图 3-9 所示。

| P | ATT | OL | IS Type |

图 3-9　LSP 报文专用报文头格式

其中，各个字段含义如下。
- PDU Length：PDU 的总长度，单位为字节。
- Remaining Lifetime：LSP 生存时间，单位为秒。
- LSP ID：LSP ID，由 System id、伪节点标识符和分片标识符 3 部分组成，唯一标识一条 LSP 报文。
- Sequence Number：LSP 的序列号。
- Checksum：LSP 的校验和。
- P(Partition Repair)：仅与 L2-LSP 有关，表示路由器是否支持修复区域分割。
- ATT(Attachment)：一般由 L1/L2 路由器产生，用于控制 L1 区域对 L2 区域的路由学习情况。
- OL(LSDB Overload)：过载标志位。
- IS Type：生成的 LSP 的路由器的级别，用来指明是 L1 的路由器还是 L2 的路由器。

4. CSNP 报文专用报文头格式

CSNP 报文专用报文头格式如图 3-10 所示。
其中，各个字段含义如下。
- PDU Length：PDU 的总长度。
- Source ID：发出报文的路由器的 System ID。
- Start LSP ID：报文中第一个 LSP 的 ID 值。
- End LSP ID：报文中最后一个 LDP 的 ID 值。
- Variable Length Fields：变长。

5. PSNP 报文专用报文头格式

PSNP 报文专用报文头格式如图 3-11 所示。

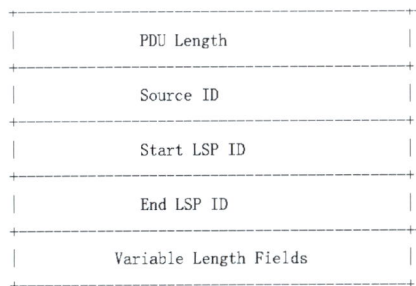

图 3-10　CSNP 报文专用报文头格式　　图 3-11　PSNP 报文专用报文头格式

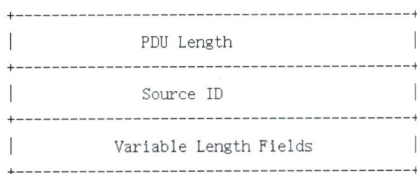

其中,各个字段含义同 CSNP 报文。

3.2 面向 IPv6 的 IS-IS 协议扩展

3.2.1 IS-IS 的 IPv6 扩展

IETF 规范 RFC5308(Routing IPv6 with IS-IS)通过扩展 IS-IS 路由协议,使得该协议可以承载执行 IPv6 路由所需的信息,从而实现通过 IS-IS 路由协议交换 IPv6 路由信息,支持 IPv6、IPv4 和 OSI 共 3 种协议机制。

为了支持 IPv6 路由,规范定义了两个新的 TLV["IPv6 可达性"(IPv6 Reachability)TLV、"IPv6 接口地址"(IPv6 Interface Address)TLV]以及一个新的 IPv6 协议标识符 NLPID 来扩展 IS-IS 协议。此外,仿照 RFC5305(IS-IS Extensions for Traffic Engineering)中对 RFC1195(Use of OSI IS-IS for routing in TCP/IP and dual environments)所做的更改,RFC5308 对 RFC5305 做出相同更改来处理新的前缀信息。

然而,上述规范中未明确说明 IPv4/IPv6 扩展可达性 TLV 的路由首选项。当前缀通告出现在 L2 LSP 中时,UP/DOWN 位如何应用于路由首选项的定义也存在不一致。因此,规范 RFC7775(IS-IS Route Preference for Extended IP and IPv6 Reachability)定义了 TLV135 的显式路由首选规则,修改了 TLV236 的路由首选规则,并澄清了当 UP/DOWN 位出现在 L2 LSP 的 TLV 中时的用法。RFC7775 是对 RFC5302(Domain-Wide Prefix Distribution with Two-Level IS-IS)和 RFC5305 的澄清;也是对 RFC5308 中定义的路由首选项规则的修正,以与 IPv4 的规则一致。同时,RFC7775 还明确指出,相同的规则适用于多拓扑(MT)等效 TLV235 和 TLV237。

3.2.2 报文格式

1. "IPv6 可达性"TLV

"IPv6 可达性"TLV 的 TLV 类型值为 236(0xEC),它通过前缀、度量、标记等来描述可达的 IPv6 前缀信息。

RFC1195 中面向 IPv4 定义了两个可达性 TLV["IP 内部可达性信息"(IP Internal Reachability Information)和"IP 外部可达性信息"(IP External Reachability Information)],而规范[RFC5308]使用一个"X"bit 来区分"内部"和"外部"。

"IPv6 可达性"TLV 通过指定路由前缀、度量信息、指示前缀是否从更高级别向下通告的标志位、指示前缀是否从另一个路由协议分发的标志位等字段来描述网络可达性,并且支持子 TLV 以允许以后的扩展。该数据结构如图 3-12 所示。

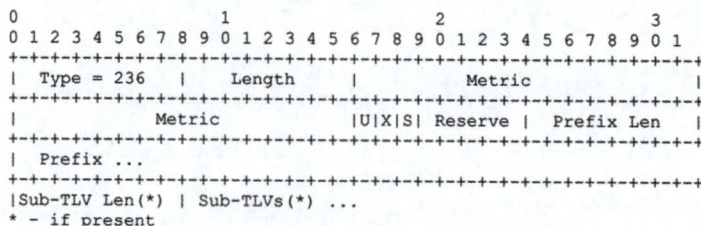

```
0                   1                   2                   3
0 1 2 3 4 5 6 7 8 9 0 1 2 3 4 5 6 7 8 9 0 1 2 3 4 5 6 7 8 9 0 1
+-+-+-+-+-+-+-+-+-+-+-+-+-+-+-+-+-+-+-+-+-+-+-+-+-+-+-+-+-+-+-+-+
| Type = 236  |   Length    |           Metric                |
+-+-+-+-+-+-+-+-+-+-+-+-+-+-+-+-+-+-+-+-+-+-+-+-+-+-+-+-+-+-+-+-+
|         Metric            |U|X|S| Reserve | Prefix Len       |
+-+-+-+-+-+-+-+-+-+-+-+-+-+-+-+-+-+-+-+-+-+-+-+-+-+-+-+-+-+-+-+-+
| Prefix ...
+-+-+-+-+-+-+-+-+-+-+-+-+-+-+-+-+-+-+-+-+-+-+-+-+-+-+-+-+-+-+-+-+
|Sub-TLV Len(*) | Sub-TLVs(*) ...
* - if present
```

图 3-12 "IPv6 可达性"TLV 格式

各字段含义如下。

- Type：8bit，TLV 类型，此时值为 236(0xEC)。
- Length：8bit，TLV 的 Value 部分长度。
- Metric：32bit，度量值。
- U：1bit，UP/DOWN 位，标识这个前缀是否是从较高级别通告下来的，用于防止环路。
- X：1bit，External Original 位，标识这个前缀是否是从其他路由协议中引入的。
- S：1bit，Sub-TLV Present 位，子 TLV 标识位（可选）。
- Reserve：5bit，保留位。
- Prefix Len：8bit，前缀长度。
- Prefix：IPv6 地址前缀。
- Sub-TLV Len：8bit，子 TLV 长度。若 S 位置 1，则存在。
- Sub-TLVs：子 TLV。若 S 位置 1，则存在。

上述"IPv6 可达性"TLV 可以在 LSP 中出现任意次数（包括 0 次），但不能使用此 TLV 通告链路本地前缀。

如 RFC5305 中所述：当前缀首次注入 IS-IS 时，UP/DOWN 标志位应设置为 0。如果前缀从较高级别通告到较低级别（如 level-2 到 level-1），该位应设置为 1，表示前缀已向下传播。将 UP/DOWN 位设置为 1 的前缀只能在层次结构中向下通告，即向较低级别通告。

如果前缀是从另一个路由协议分发到 IS-IS，则 External Original 位应设置为 1。当将前缀从 IS-IS 分发到其他协议时，此信息很有用。

如果 Sub-TLV 位设置为 0，则不存在 Sub-TLV 字段；否则，该位为 1，前缀后面的 1 字节将包含结构的 Sub-TLV 部分的长度。

前缀在数据结构中"打包"，即只存在所需数量的对应字节长度，该数字可以从前缀长度字段计算：前缀所占字节长度＝((前缀长度＋7)/8)的取整。

如 RFC5305 所述，若使用大于 MAX_V6_PATH_METRIC(0xFE000000)的度量来通告前缀，则在正常的最短路径优先(Shortest Path First，SPF)计算期间不得考虑该前缀。这将允许为构建普通 IPv6 路由表以外的目的发布前缀。

2. "IPv6 接口地址"TLV

"IPv6 接口地址"TLV 是 TLV 类型 232(0xE8)，与 TLV132 相似，相当于 RFC1195 中面向 IPv4 的"IP 接口地址"（IP Interface Address）TLV，把原来的内容为 0～63 的 4 字节的 IPv4 地址改为内容为 0～15 的 16 字节 IPv6 接口地址。该数据结构如图 3-13 所示。

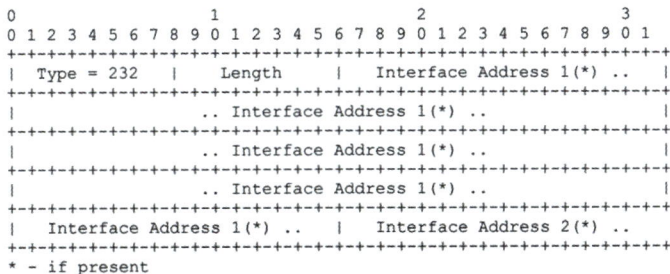

```
0                   1                   2                   3
0 1 2 3 4 5 6 7 8 9 0 1 2 3 4 5 6 7 8 9 0 1 2 3 4 5 6 7 8 9 0 1
+-+-+-+-+-+-+-+-+-+-+-+-+-+-+-+-+-+-+-+-+-+-+-+-+-+-+-+-+-+-+-+-+
| Type = 232    |     Length    |   Interface Address 1(*) ..   |
+-+-+-+-+-+-+-+-+-+-+-+-+-+-+-+-+-+-+-+-+-+-+-+-+-+-+-+-+-+-+-+-+
|              .. Interface Address 1(*) ..                     |
+-+-+-+-+-+-+-+-+-+-+-+-+-+-+-+-+-+-+-+-+-+-+-+-+-+-+-+-+-+-+-+-+
|              .. Interface Address 1(*) ..                     |
+-+-+-+-+-+-+-+-+-+-+-+-+-+-+-+-+-+-+-+-+-+-+-+-+-+-+-+-+-+-+-+-+
|              .. Interface Address 1(*) ..                     |
+-+-+-+-+-+-+-+-+-+-+-+-+-+-+-+-+-+-+-+-+-+-+-+-+-+-+-+-+-+-+-+-+
|   Interface Address 1(*) ..   |   Interface Address 2(*) ..   |
+-+-+-+-+-+-+-+-+-+-+-+-+-+-+-+-+-+-+-+-+-+-+-+-+-+-+-+-+-+-+-+-+
* - if present
```

图 3-13 "IPv6 接口地址"TLV 格式

- Type：8bit，TLV 类型，此时值为 232(0xE8)。
- Length：8bit，TLV 的 Value 部分长度。

- Interface Address：128bit，IPv6 地址。

RFC5308 进一步限制了该 TLV 的语义，具体取决于它的通告位置。在不同的 PDU 中，这个字段的内容是不同的，在 Hello PDU 中，"接口地址 TLV"只能包含发送 hello 包的接口的 Link-local IPv6 地址；对于 LSP，"接口地址 TLV"只能包含中间系统（Intermediate System，IS）的 non-link-local IPv6 地址。

3. IPv6 NLPID

IPv6 网络层协议 ID（Network Layer Protocol ID，NLPID）的值为 142(0x8E)。为了支持 IPv6 路由的处理和计算，IS-IS 在 129 号 TLV 中新增了一个 NLPID。与 RFC1195 和 IPv4 一样，如果 IS 支持使用 IS-IS 的 IPv6 路由，那么在向外发布 IPv6 时它必须携带 NLPID 值。

3.2.3　可达性 TLV 扩展

1. TLV135 和 TLV235 支持的路由类型

下面分析使用 TLV135、TLV235 时 IPv4 支持的路由类型。

（1）L1 区域内路由：在 L1 LSP 的 TLV135 或 TLV235 中通告这些路由。UP/DOWN 位设置为 0。这些 IP 前缀直接连接到通告路由器。如果包含前缀属性标记子 TLV，则 X 标志和 R 标志都设置为 0。

（2）L1 外部路由：在 L1 LSP 的 TLV135 或 TLV235 中通告。UP/DOWN 位设置为 0。这些 IP 前缀来自其他协议，通常不直接连接到通告路由器。如果包含前缀属性标记子 TLV，则 X 标志设置为 1，R 标志设置为 0。

（3）L2 区域内路由：在 L2 LSP 的 TLV135 或 TLV235 中通告这些路由。UP/DOWN 位设置为 0。这些 IP 前缀直接连接到通告路由器。如果包含前缀属性标记子 TLV，则 X 标志和 R 标志都设置为 0。

（4）L1-> L2 区域间路由：在 L2LSP 的 TLV135 或 TLV235 中通告这些路由。UP/DOWN 位设置为 0。这些 IP 前缀通过 L1 路由学习，并在 L1 最短路径优先（SPF）计算期间从 TLV135 或 TLV235 中的 L1 LSP 中通告的前缀导出。如果包含前缀属性标记子 TLV，则 R 标志设置为 1。

（5）L2-> L2 区域间路由：在 L2 LSP 的 TLV135 或 TLV235 中通告这些路由。UP/DOWN 位设置为 1，但会被忽略，并将其视为设置为 0。这些 IP 前缀是从通常在另一个区域运行的另一个 IS-IS 实例中学习的。如果包含前缀属性标记子 TLV，则 X 标志设置为 1，R 标志设置为 0。

（6）L2 外部路由：在 L2 LSP 的 TLV135 或 TLV235 中通告这些路由。UP/DOWN 位设置为 0。这些 IP 前缀来自其他协议，通常不直接连接到通告路由器。如果包含前缀属性标记子 TLV，则 X 标志设置为 1，R 标志设置为 0。

（7）L2-> L1 区域间路由：在 L1 LSP 的 TLV135 或 TLV235 中通告这些路由。UP/DOWN 位设置为 1。这些 IP 前缀通过 L2 路由学习，并在 L2 SPF 计算期间从 TLV135 或 TLV235 中通告的前缀导出。如果包含前缀属性标记子 TLV，则 R 标志设置为 1。

（8）L1-> L1 区域间路由：在 L1 LSP 的 TLV135 或 TLV235 中通告这些路由。UP/DOWN 位设置为 1。这些 IP 前缀是从通常在另一个区域运行的另一个 IS-IS 实例中学习的。如果包含前缀属性标记子 TLV，则 X 标志设置为 1，R 标志设置为 0。

TLV135 或 TLV235 中通告的 IPv4 路由优选遵循以下顺序（同一级别不分先后）：

（1）L1 区域内路由；L1 外部路由。

（2）L2 区域内路由；L2 外部路由；L1->L2 区域间路由；L2->L2 区域间路由。

（3）L2->L1 区域间路由；L1->L1 区域间路由。

2. TLV236 和 TLV237 支持的路由类型

下面分析使用 TLV 236、TLV 237 时 IPv6 支持的路由类型。

（1）L1 区域内路由：在 L1 LSP 的 TLV236 或 TLV237 中通告这些路由。UP/DOWN 位设置为 0。外部标志位设置为 0。这些 IPv6 前缀直接连接到通告路由器。如果包含前缀属性标记子 TLV，则 R 标志设置为 0。

（2）L1 外部路由：在 L1 LSP 的 TLV236 或 TLV237 中通告。UP/DOWN 位设置为 0。外部标志位设置为 1。这些 IPv6 前缀来自其他协议，通常不直接连接到通告路由器。如果包含前缀属性标记子 TLV，则 R 标志设置为 0。

（3）L2 区域内路由：在 L2 LSP 的 TLV236 或 TLV237 中通告这些路由。UP/DOWN 位设置为 0。外部标志位设置为 0。这些 IPv6 前缀直接连接到通告路由器。如果包含前缀属性标记子 TLV，则 R 标志设置为 0。

（4）L1->L2 区域间路由：在 L2 LSP 的 TLV236 或 TLV237 中通告这些路由。UP/DOWN 位设置为 0。外部标志位设置为 0。这些 IPv6 前缀通过 L1 路由学习，并在 L1 最短路径优先（SPF）计算期间从 TLV236 或 TLV237 中的 L1 LSP 中通告的前缀导出。如果包含前缀属性标记子 TLV，则 R 标志设置为 1。

（5）L2 外部路由：在 L2 LSP 的 TLV236 或 TLV237 中通告。UP/DOWN 位设置为 0。外部标志位设置为 1。这些 IPv6 前缀来自其他协议，通常不直接连接到通告路由器。如果包含前缀属性标记子 TLV，则 R 标志设置为 0。

（6）L1->L2 外部路由：在 L2 LSP 的 TLV236 或 TLV237 中通告这些路由。UP/DOWN 位设置为 0。外部标志位设置为 1。这些 IPv6 前缀通过 L1 路由学习，并在 L1 最短路径优先（SPF）计算期间从 TLV236 或 TLV237 中的 L1 LSP 中通告的 L1 外部路由导出。如果包含前缀属性标记子 TLV，则 R 标志设置为 1。

（7）L2->L2 区域间路由：在 L2 LSP 的 TLV236 或 TLV237 中通告这些路由。UP/DOWN 位设置为 1，但会被忽略，并将其视为设置为 0。外部标志位设置为 1。这些 IP 前缀是从通常在另一个区域运行的另一个 IS-IS 实例中学习的。如果包含前缀属性标记子 TLV，则 R 标志设置为 0。

（8）L2->L1 区域间路由：这些路由在 L1 LSP、TLV236 或 TLV237 中通告。UP/DOWN 位设置为 1。外部标志位设置为 0。这些 IPv6 前缀通过 L2 路由学习，并在 L2 SPF 计算期间从 TLV236 或 TLV237 中通告的前缀派生而来。如果包含前缀属性标记子 TLV，则 R 标志设置为 1。

（9）L2->L1 外部路由：在 L1 LSP 的 TLV236 或 TLV237 中通告这些路由。UP/DOWN 位设置为 1。外部标志位设置为 1。这些 IPv6 前缀通过 L2 路由学习，并在 L2 SPF 计算期间从 TLV236 或 TLV237 中通告的前缀派生而来。如果包含前缀属性标记子 TLV，则 R 标志设置为 1。

（10）L1->L1 区域间路由：在 L1 LSP 的 TLV236 或 TLV237 中通告这些路由。UP/DOWN 位设置为 1。外部标志位设置为 1。这些 IP 前缀是从通常在另一个区域运行的另一个 IS-IS 实例中学习的。如果包含前缀属性标记子 TLV，则 R 标志设置为 0。

TLV236 或 TLV237 中通告的 IPv6 路由优选遵循以下顺序（同一级别不分先后）：

（1）L1 区域内路由；L1 外部路由。

（2）L2 区域内路由；L2 外部路由；L1-> L2 区域间路由；L1-> L2 外部路由；L2-> L2 区域间路由。

（3）L2-> L1 区域间路由；L2-> L1 外部路由；L1-> L1 区域间路由。

3.3 BGP 域间路由协议

边界网关协议（Border Gateway Protocol，BGP）是一种用来在路由选择域之间交换网络层可达性信息（Network Layer Reachability Information，NLRI）的路由选择协议。由于不同的管理机构分别控制着各自的路由选择域，因此，路由选择域经常被称为自治系统（Autonomous System，AS）。现在的 Internet 是由多个自治系统相互连接构成的大网络，BGP 作为事实上的 Internet 外部路由协议标准，被广泛应用于 ISP（Internet Service Provider）之间。早期发布的 3 个版本分别是 BGP-1、BGP-2 和 BGP-3，主要用于交换 AS 之间的可达路由信息，构建 AS 域间的传播路径，防止路由环路的产生，并在 AS 级别应用一些路由策略。当前使用的版本是 BGP-4。

3.3.1 BGP 概念与原理

1. BGP 基本概念

1）自治系统

在互联网中，AS 是指在一个或多个实体管辖下的所有 IP 网络和路由器构成的网络，它们对互联网执行共同的路由策略。每个 AS 可以支持多种内部网关路由协议。一个 AS 内的所有网络都被分配同一个 AS 号，属于一个行政单位管辖。AS 号分为 2B 和 4B，其中 2B AS 号的范围为 1～65 535。随着时间推进，可分配的 2B AS 号已经濒临枯竭，需要将 AS 号的范围扩展为 4B，取值范围扩展为 1～4 294 967 295。4B AS 号还可以用 $X.Y$ 的形式表示，其中，X 的取值范围为 1～65 535，Y 的取值范围为 0～65 535。

2）EBGP 和 IBGP（External BGP /Internal BGP）

内部网关协议（IGP）被设计用来在单一的路由选择域内提供可达性信息，并不适合提供域间路由选择功能，因此 BGP 作为优秀的域间路由协议得以产生并发展。

当今的网络通常使用以下类型的 IGP：

- 距离矢量协议，如 RIP（Routing Information Protocol）。
- 链路状态协议，如 OSPF（Open Shortest Path First，OSPF）协议和 IS-IS（Intermediate System to Intermediate System，IS-IS）协议。

虽然这些协议是为实现不同目的设计的，并且具有不同的行为特征，但是它们共同的目标是解决在一个路由选择域内的路径最优化问题。IGP 并不适合提供域间路由选择功能。例如，一种域间路由选择协议应该能够提供广泛的策略控制，因为不同的域通常需要不同的路由选择策略和管理策略。从一开始，BGP 就被设计成一种域间路由选择协议，其设计目标就是策略控制能力和可扩展性。所以，BGP 也不适合替代 IGP，因为它们适用的场景不同。

如图 3-14 所示，BGP 有两种运行方式；当 BGP 运行于同一 AS 内部时，称为内部边界网关协议（Internal BGP，IBGP）；当 BGP 运行于不同 AS 之间时，称为外部边界网关协议（External BGP，EBGP）。

2. BGP 与 IGP 交互

BGP 与 IGP 在设备中使用不同的路由表，为了实现不同 AS 间的相互通信，BGP 需要与

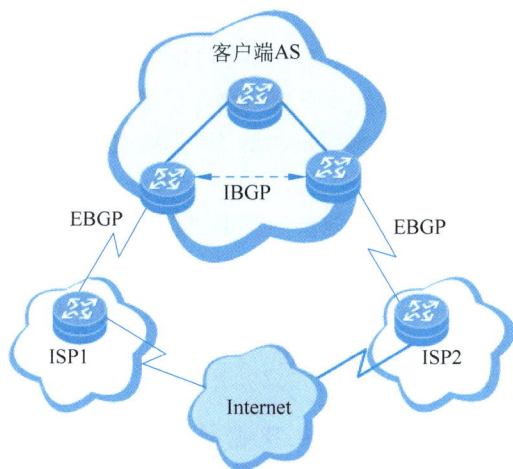

图 3-14　BGP 的运行方式

IGP 进行交互,即相互引入 BGP 路由表和 IGP 路由表。

BGP 引入 IGP 路由:BGP 协议本身不发现路由,因此需要将其他路由引入 BGP 路由表,实现 AS 间的路由互通。当一个 AS 需要将路由发布给其他 AS 时,AS 边界路由器会在 BGP 路由表中引入 IGP 的路由。为了更好地规划网络,BGP 在引入 IGP 的路由时,可以使用路由策略进行路由过滤和路由属性设置,也可以设置 MED 值指导 EBGP 对等体判断流量进入 AS 时的选路。当一个 AS 需要引入其他 AS 的路由时,AS 边界路由器会在 IGP 路由表中引入 BGP 的路由。为了避免大量 BGP 路由对 AS 内设备造成影响,当 IGP 引入 BGP 路由时,可以使用路由策略,进行路由过滤和路由属性设置。

BGP 引入路由时支持 Import 和 Network 两种方式:

- Import 方式是按协议类型,将 RIP 路由、OSPF 路由、IS-IS 路由等协议的路由引入 BGP 路由表中。为了保证引入的 IGP 路由的有效性,Import 方式还可以引入静态路由和直连路由。
- Network 方式是逐条将 IP 路由表中已经存在的路由引入 BGP 路由表中,该方式比 Import 方式更精确。

3. BGP 工作原理

BGP 是一种路径矢量协议,它使用 TCP 作为传输协议,使用 179 端口进行通信。以下从 4 个方面简要介绍 BGP 协议的基本工作原理。

1) BGP 报文交互中的角色

- Speaker:发送 BGP 消息的路由器称为 BGP 发言者(Speaker),它接收或产生新的路由信息,并发布给其他 BGP Speaker。
- Peer:相互交换消息的 BGP Speaker 之间互称对等体(Peer),若干相关的对等体可以构成对等体组(Peer Group)。

2) BGP 报文概述

BGP 的运行是通过报文驱动的,有 Open、Update、Notification、Keepalive 和 Route-refresh 五种报文类型。

- Open 报文:它是 TCP 连接建立后发送的第一个报文,用于建立 BGP 对等体之间的连接关系。对等体在接收到 Open 报文并协商成功后,将发送 Keepalive 报文确认并保持连接的有效性。确认后,对等体间可以进行 Update、Notification、Keepalive 和

Route-refresh 报文的交换。

- Update 报文：用于在对等体之间交换路由信息。Update 报文可以发布多条属性相同的可达路由信息，也可以撤销多条不可达路由信息。
- Notification 报文：当 BGP 检测到错误状态时，就向对等体发出 Notification 报文，之后 BGP 连接会立即中断。
- Keepalive 报文：BGP 会周期性地向对等体发出 Keepalive 报文，用来保持连接的有效性。
- Route-refresh 报文：Route-refresh 报文用来请求对等体重新发送所有的可达路由信息。

3）BGP 处理过程

因为 BGP 的传输层协议是 TCP，所以在 BGP 对等体建立之前，对等体之间首先需要建立 TCP 连接。BGP 对等体间会通过 Open 报文协商相关参数，建立起 BGP 对等体关系。建立连接后，BGP 对等体之间交换整个 BGP 路由表。BGP 会发送 Keepalive 报文来维持对等体间的 BGP 连接，BGP 协议不会定期更新路由表，但当 BGP 路由发生变化时，会通过 Update 报文增量地更新路由表。当 BGP 检测到网络中的错误状态时（如收到错误报文时），BGP 会发送 Notification 报文进行报错，BGP 连接会随即中断。图 3-15 为 BGP 邻接建立过程图。

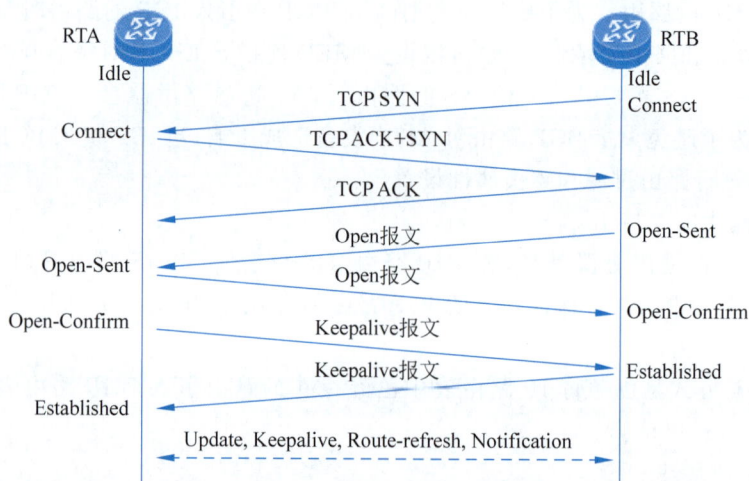

图 3-15　BGP 邻接建立过程图

BGP 对路由的处理过程如图 3-16 所示。BGP 路由来源包括从其他协议引入和从邻居学习两个部分，为了减少路由规模，可以对优选的 BGP 路由进行聚合。在引入路由、从邻居接收或发送路由的过程中，可以通过路由策略实现对路由的过滤，也可以修改路由的属性。

（1）路由引入：BGP 自身不能发现路由，所以需要引入其他协议的路由（如 IGP 或者静态路由等）注入 BGP 路由表中，从而将这些路由在 AS 之内和 AS 之间传播。

（2）路由选择：当到达同一目的地存在多条路由时，BGP 采取路由选择策略进行路由选择，例如，优选没有迭代到平滑下线处于延迟删除状态的 SRv6 TE-Policy 路由、在与 RPKI（Resource Public Key Infrastructure）服务器进行连接的情景中，应用起源 AS 验证结果后的 BGP 路由优先级顺序为 Valid > Not Found > Invalid、优选没有误码的路由等。

（3）路由聚合：在大规模的网络中，BGP 路由表十分庞大，使用路由聚合（Routes Aggregation）可以大大减小路由表的规模。路由聚合实际上是将多条路由合并的过程。这样 BGP 在向对等体通告路由时，可以只通告聚合后的路由，而不是通告所有的具体路由。

```
┌─────────────────┐        ┌─────────────────┐
│   路由引入       │        │  从邻居接收路由   │
│ （Direct、      │        │  (BGP路由)       │
│ Static、IGP）   │        │                  │
└────────┬────────┘        └────────┬────────┘
         │                          │
         ▼                          ▼
┌─────────────────┐        ┌─────────────────┐
│    引入策略      │        │    入口策略      │
└────────┬────────┘        └────────┬────────┘
         │                          │
         ▼                          ▼
┌───────────────────────────────────────────┐
│          路由聚合（手动、自动）              │
└───────────────────┬───────────────────────┘
                    │
                    ▼
┌─────────────────────────┐      ┌──────────────┐
│ 根据BGP选路规则对路由进行选择 │─────▶│  优选路由下发  │
└───────────┬─────────────┘      │  IP路由表     │
            │                    └──────────────┘
            ▼
┌─────────────────────────┐
│  通过出口策略对路由进行过滤   │
└───────────┬─────────────┘
            │
            ▼
┌─────────────────────────┐
│ 将通过策略的路由发送给BGP邻居 │
└─────────────────────────┘
```

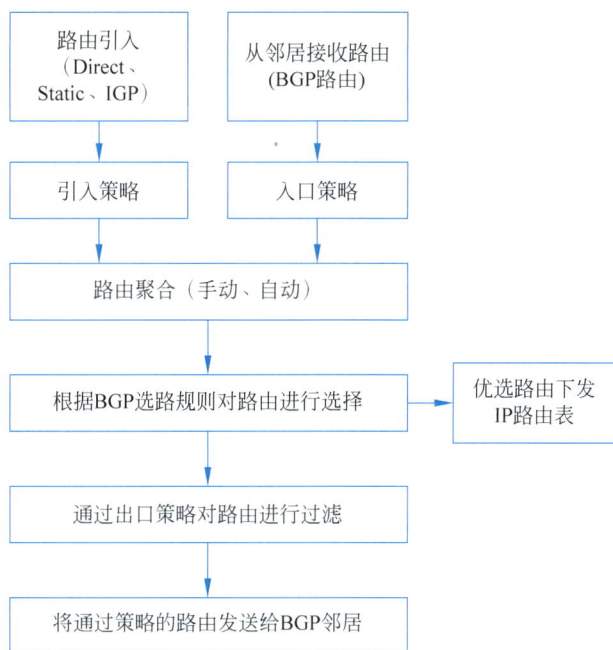

图 3-16　BGP 对路由的处理过程

（4）BGP 路由聚合支持两种方式，IPv4 支持自动聚合和手动聚合两种方式，而 IPv6 仅支持手动聚合。

- 自动聚合：对 BGP 引入的路由进行聚合。配置自动聚合后，对参加聚合的具体路由进行抑制。配置自动聚合后，BGP 将按照自然网段聚合路由（如 10.1.1.1/32 和 10.2.1.1/32 将聚合为 A 类地址 10.0.0.0/8），并只向对等体发送聚合后的路由。
- 手动聚合：对 BGP 本地路由进行聚合。手动聚合可以控制聚合路由的属性，以及决定是否发布具体路由。

（5）BGP 发布路由：BGP 发布路由时采用如下策略。

- 存在多条有效路由时，BGP Speaker 只将最优路由发布给对等体；
- BGP Speaker 从 EBGP 获得的路由会向它所有 BGP 对等体发布（包括 EBGP 对等体和 IBGP 对等体）；
- BGP Speaker 从 IBGP 获得的路由不向它的 IBGP 对等体发布；
- BGP Speaker 从 IBGP 获得的路由是否通告给它的 EBGP 对等体要依据 IGP 和 BGP 同步的情况确定；
- 连接一旦建立，BGP Speaker 将把自己可发布的 BGP 最优路由发布给新对等体。

4）BGP 协议有限状态机

BGP 协议的有限状态机共有 6 种状态，分别是 Idle、Connect、Active、Open-Sent、Open-Confirm 和 Established。在 BGP 对等体建立的过程中，通常可见的 3 个状态是 Idle、Active、Established。

（1）Idle 状态是 BGP 初始状态。在 Idle 状态下，BGP 拒绝邻居发送的连接请求。只有在收到本设备的 Start 事件后，BGP 才开始尝试和其他 BGP 对等体进行 TCP 连接，并转至 Connect 状态。

- Start 事件是由一个操作者配置一个 BGP 过程、重置一个已经存在的过程或者路由器软件重置 BGP 过程引起的。

- 任何状态中收到 Notification 报文或 TCP 拆除链路通知等 Error 事件后,BGP 都会转至 Idle 状态。

(2) 在 Connect 状态下,BGP 启动连接重定定时器(Connect Retry,默认为 32s),等待 TCP 完成连接。

- 若 TCP 连接成功,则 BGP 向对等体发送 Open 报文,并转至 Open-Sent 状态。
- 若 TCP 连接失败,则 BGP 转至 Active 状态。
- 若连接重定定时器超时,BGP 仍没有收到 BGP 对等体的响应,则 BGP 继续尝试和其他 BGP 对等体进行 TCP 连接,停留在 Connect 状态。
- 若发生其他事件(由系统或者操作人员启动的),则退回 Idle 状态。

(3) 在 Active 状态下,BGP 总是在试图建立 TCP 连接。

- 若 TCP 连接成功,那么 BGP 向对等体发送 Open 报文,关闭连接重定定时器,并转至 Open-Sent 状态。
- 若 TCP 连接失败,那么 BGP 停留在 Active 状态。
- 若连接重定定时器超时,BGP 仍没有收到 BGP 对等体的响应,那么 BGP 转至 Connect 状态。

(4) 在 Open-Sent 状态下,BGP 等待对等体的 Open 报文,并对收到的 Open 报文中的 AS 号、版本号、认证码等进行检查。

- 若收到的 Open 报文正确,那么 BGP 发送 Keepalive 报文,并转至 Open-Confirm 状态。
- 若发现收到的 Open 报文有错误,那么 BGP 发送 Notification 报文给对等体,并转至 Idle 状态。
- 在 Open-Confirm 状态下,BGP 等待 Keepalive 或 Notification 报文。若收到 Keepalive 报文,则转至 Established 状态;如果收到 Notification 报文,则转至 Idle 状态。

(5) 在 Established 状态下,BGP 可以和对等体交换 Update、Keepalive、Route-refresh 和 Notification 报文。

- 若收到正确的 Update 或 Keepalive 报文,则 BGP 认为对端处于正常运行状态,将保持 BGP 连接。
- 若收到错误的 Update 或 Keepalive 报文,则 BGP 发送 Notification 报文通知对端,并转至 Idle 状态。
- Route-refresh 报文不会改变 BGP 状态。若收到 Notification 报文,则 BGP 转至 Idle 状态。
- 若收到 TCP 拆链通知,则 BGP 断开连接,转至 Idle 状态。

BGP 对等体双方的状态必须都为 Established,BGP 邻居关系才能成立,双方通过 Update 报文交换路由信息,具体过程如图 3-17 所示。

3.3.2　BGP 消息格式

BGP 消息通过 TCP 进行可靠传输,端口号为 179,只有在完全收到后才进行消息的处理,最大的消息长度为 4096B,所有的实现必须支持这个最大值的限制,最小的消息为没有数据部分的 BGP 报头 19B。BGP 报文由 BGP 报文头和具体的报文内容两部分组成,其运行为消息驱动的,有 OPEN、UPDATE、NOTIFICATION、KEEPLIVE、REFRESH 共 5 种报文格式。

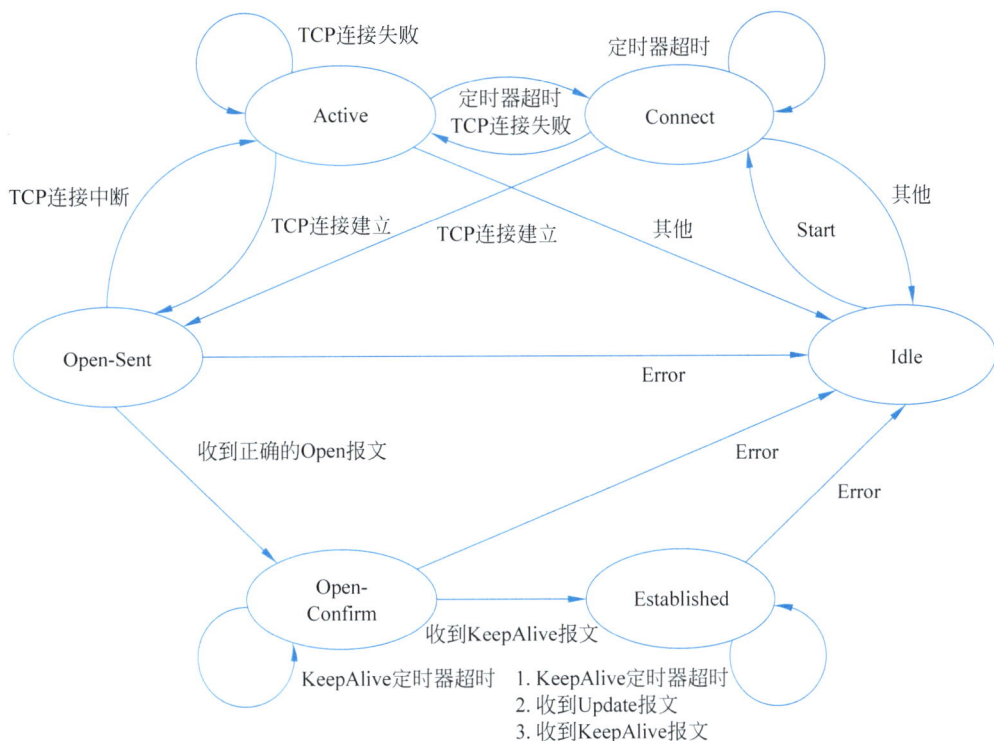

图 3-17　BGP 状态机

1. BGP 消息头部格式

BGP 的每个消息都有一个固定大小的头。头部后面是否有数据取决于消息的类型,其头部格式如图 3-18 所示。

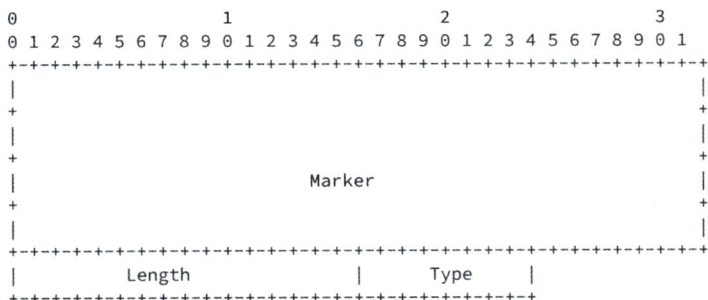

图 3-18　BGP 消息头部格式

其中,各字段的含义如下。

- Marker:16B,为了兼容性必须设置。
- Length:2B,表示消息的总长度(包括消息头部)。因此,其允许在 TCP 流中一个消息定位下一个消息的标记字段。长度字段的值为 19~4096,具体每种报文格式的 Length 取决于具体的报文规定约束。
- Type:1B 无符号整数,表示类型信息。

2. OPEN 消息格式

在 BGP 建立 TCP 连接后,彼此之间发送的第一个消息为 OPEN 消息,如果该消息可以接收则返回 KEEPALIVE 消息。OPEN 消息的最小长度为 29B,除了固定的 BGP 报文头之外,OPEN 消息的格式如图 3-19 所示。

```
0                   1                   2                   3
0 1 2 3 4 5 6 7 8 9 0 1 2 3 4 5 6 7 8 9 0 1 2 3 4 5 6 7 8 9 0 1
+-+-+-+-+-+-+-+-+
|    Version    |
+-+-+-+-+-+-+-+-+-+-+-+-+-+-+-+-+
|    My Autonomous System       |
+-+-+-+-+-+-+-+-+-+-+-+-+-+-+-+-+
|         Hold Time             |
+-+-+-+-+-+-+-+-+-+-+-+-+-+-+-+-+-+-+-+-+-+-+-+-+-+-+-+-+-+-+-+-+
|                     BGP Identifier                            |
+-+-+-+-+-+-+-+-+-+-+-+-+-+-+-+-+-+-+-+-+-+-+-+-+-+-+-+-+-+-+-+-+
| Opt Parm Len  |
+-+-+-+-+-+-+-+-+-+-+-+-+-+-+-+-+-+-+-+-+-+-+-+-+-+-+-+-+-+-+-+-+
|                                                               |
|             Optional Parameters (variable)                    |
|                                                               |
+-+-+-+-+-+-+-+-+-+-+-+-+-+-+-+-+-+-+-+-+-+-+-+-+-+-+-+-+-+-+-+-+
```

图 3-19　OPEN 消息的格式

其中,各字段的含义如下。

- Version:1B,表示协议的版本号。
- My Autonomous System:2B,发送者的 AS 域号。
- Hold Time:2B,发送者自己设定的 hold time 值(单位:秒);用于协商 BGP 对等体之间保持建立连接关系,发送 KEEPLIVE 或 UPDATE 等消息的时间间隔。默认为 180s。
- BGP Identifier:4B,发送者的 router id。
- Opt Parm Len:1B,表示是可选参数的长度,为 0 表示没有可选参数。
- Optional Parameters:可变长度。为 BGP 的可选参数列表,每个可选参数列表为 TLV(type length value)格式的单元。其中,Param. Type 占 1B,为可选参数的类型;Param. Length 占 1B,为 Param Value 包含可选参数的列表,每个参数被编码为 TLV 三元组。

3. UPDATE 消息格式

UPDATE 消息用于在 BGP 对等体之间传递路由信息,可以使用 UPDATE 消息中的信息构建描述各种 AS 关系图。通过规则,路由可以检测到路由环路和其他的异常情况并删除。UPDATE 消息用于通告可共享通用路径属性的可行路径到对等体,或撤销多个失效路由,其可以从服务中同时广播一条可行路由,撤出多条不可行路由。除了固定的 BGP 报文头外,UPDATE 消息的格式如图 3-20 所示。

```
+-----------------------------------------------------------+
| Withdrawn Routes Length (2 octets)                        |
+-----------------------------------------------------------+
| Withdrawn Routes (variable)                               |
+-----------------------------------------------------------+
| Total Path Attribute Length (2 octets)                    |
+-----------------------------------------------------------+
| Path Attributes (variable)                                |
+-----------------------------------------------------------+
| Network Layer Reachability Information (variable)         |
+-----------------------------------------------------------+
```

图 3-20　UPDATE 消息的格式

其中,各字段的含义如下。

- Widthdrawn Routes Length:2B,表示 Widthdrawn Routes 部分的长度。
- Widthdrawn Routes:变长,包含要撤销的路由列表,列表中每个单元包含 1 字节 Length 域和可变长的 Prefix 区域。
- Total Path Attribute Length:2B,表示 Path Attribute 的长度。
- Path Attributes:变长,包含要更新的路由属性列表,每个属性单元为 TLV 格式。

UPDATE 消息的最小长度为 32B,其最多可以公告一组路径属性,但是可包含多个目的地。给定 UPDATE 消息中的所有路径属性适用于其 NLRI 字段中所携带的所有目的地。

4. KEEPALIVE 消息格式

BGP 不适用于任何基于 TCP 的保活机制,而是一定要在保活定时器过期前与对等体交换 KEEPALIVE 消息,才能确定是否通信可达。其消息之间最大的合理时间将是保持时间间隔的 1/3。KEEPALIVE 消息仅包含 19B 的报文头。

5. NOTIFICATION 消息格式

如果 BGP 报文头中的 Type 为 3,则该报文为 NOTIFICATION 消息,当检测到错误条件时,发送 NOTIFICATION 消息,发送完 NOTIFICATION 消息后 BGP 立即关闭。除固定大小的 BGP 头外,其格式如图 3-21 所示。

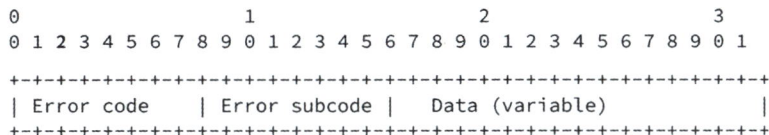

```
 0                   1                   2                   3
 0 1 2 3 4 5 6 7 8 9 0 1 2 3 4 5 6 7 8 9 0 1 2 3 4 5 6 7 8 9 0 1
+-+-+-+-+-+-+-+-+-+-+-+-+-+-+-+-+-+-+-+-+-+-+-+-+-+-+-+-+-+-+-+-+
| Error code    | Error subcode |   Data (variable)           |
+-+-+-+-+-+-+-+-+-+-+-+-+-+-+-+-+-+-+-+-+-+-+-+-+-+-+-+-+-+-+-+-+
```

图 3-21　NOTIFICATION 消息格式

其中,各字段的含义如下。

- Error code:1B,定义错误码的类型,非特定错误用 0 表示。
- Error subcode:1B,指定错误细节编号,非特定错误细节编号用 0 表示。
- Data:可变长度,指定错误数据内容。

6. REFRESH 消息格式

若 BGP 报文头中的报文类型为 5,则该报文为 REFRESH 消息。BGP 在建立邻居关系成功后才会发此报文,用来要求对等体重新发送指定地址族的路由信息,从而进行路由的更新。REFRESH 消息格式将一个 AFI-SAFI 组编码为如图 3-22 所示的三元组。

```
0      7     15     23     31
+------+------+-----+------+
|  AFI       | Res.| SAFI |
+------+------+-----+------+
```

图 3-22　REFRESH 消息格式

其中,各字段的含义如下。

- AFI:2B,表示地址族编号。
- Res.:1B,所有位应该全为 0,在接收消息时此位被忽略。
- SAFI:1B,表示子地址族编号。

3.3.3　BGP 路由优选规则

与 IGP 相比,BGP 最大的优势在于路径的选择策略非常丰富,通过调整 BGP 的路由属性来决定选路。在使用这些路由属性的时候应该考虑顺序和规则,尤其是当一台路由器有多条路径可到达目标的时候,BGP 需要根据下面的选路规则来优先选出一条最佳路径。BGP 选路的 14 条规则如下:

(1) 优选下一跳可达。下一跳可达是 BGP 选路规则中的第一条规则,如果 BGP 路由的下一跳 IP 地址不可达,那么该 BGP 路由将不会参与选路。

(2) 优选协议首选值(Pref_Val)数值最高的路由。协议首选值(Pref_Val)是设备的特有属性,在选路规则中位列第一位,因此最优先比较,该属性仅针对本路由器有意义,不会传递给任何 BGP 邻居。协议首选值越大越优先,默认首选值为 0,不同厂商有自己的实现方式。

(3) 优选本地优先级(Local_Pref)数值最高的路由。本地优先级属性在整个 AS 内传递,不会传递到 AS 之外,默认值越大优先级越高,一般用作 AS 内路由器选择一个最优出口去往外部。如果路由没有设置本地优先级,那么 BGP 选路时将该路由按默认的本地优先级 100 来处理(BGP 优先级的默认值可以修改)。该属性只可以传递给 IBGP 邻居,但可以根据 EBGP 和 IBGP 邻居接收的路由修改本地优先级值然后加载到 BGP 路由表,修改之后该路由的本地优先级值同样只能继续传递给 IBGP 邻居。

(4) 优选本地生成的路由。该规则是指在当前路由器产生的 BGP 路由中,本地产生的路由要优于从 BGP 邻居学到的路由,本地产生的路由分为本地生成的聚合路由和 IP 路由注入的路由。其中聚合路由要优于不聚合的路由,聚合可分为手动聚合和自动聚合,前者要优于后者;通过 network 命令通告引入 BGP 的路由要优于通过 import 方式引入 BGP 的路由;最后是从邻居学到的路由(即优先顺序依次为:手动聚合路由>自动聚合路由> network 命令通告的路由> import-route 命令引入的路由>从对等体学习的路由)。BGP 中的路由有以上几种产生方式,如果同一个目标前缀的路由同时通过以上方式进入 BGP,那么将根据上述优先顺序进行裁决。

(5) 优选 AS 路径(AS_PATH)最短的路由。AS_PATH 属性是记录达到目标网络的 AS 路径列表,与距离矢量协议中的 hop 概念类似,AS-PATH 长度短的路由优先。

(6) 依次优选 Origin 类型为 IGP、EGP、incomplete 的路由。Origin 为 BGP 的起源属性,指 BGP 路由的起源,BGP 路由都会携带一个 Origin 属性。如果该路由是通过 network 的方式产生的,那么 Origin 类型为 IGP(标识为 i);如果是通过 EGP 协议学习到的路由,那么 Origin 类型为 EGP(标识为 e);如果路由信息是从其他渠道学习到的,如将外部路由引入进 BGP 的路由,那么 Origin 类型为 incomplete(标识为"?"),优先级顺序为 i>e>?。该规则比较的是路由的注入方式(network 或 import)。

(7) 优选 MED(Multi Exit Discriminator)值最低的路由。该规则默认比较来自相同邻居的路由 MED 值,数值越小的路由越优先。如果是来自不同邻居 AS 的路由,MED 属性默认不参与比较。

(8) 依次优选 EBGP 路由、IBGP 路由。如果路由分别通过 EBGP 和 IBGP 同时学习,在其他规则都一样的情况下优先选择 EBGP 对等体。原因为 EBGP 连接外部 AS,而 IBGP 连接内部的 AS,路由器认为通过 EBGP 学到的路由必然是来自外部的 AS,因此直接选择 EBGP 对等体到达外部比穿越整个 AS 再到达外部要更加优先。

(9) 优选到 BGP 下一跳 IGP 度量值(Metric)最小的路由。BGP 的路由下一跳地址是通过 IGP 协议学到的,根据路由表可以计算到下一跳的度量值,值越小的越优先。

(10) 在上述规则一致的情况下,可以使用命令配置负载均衡。

(11) 优选最先学习到的路由。如果从多个 EBGP 邻居收到同样的 BGP 路由,最优选最先收到的,对 IBGP 无效同样对联邦 EBGP 也无效。

(12) 优选 Cluster_List 最短的路由:Cluster_List 为路由反射器中的属性,是由路由反射器添加的,将 Cluster_ID 添加到 Cluster_List 中,用于记录被反射的 BGP 路由在 AS 内经过的 Cluster 路径,类似 AS_PATH 属性,Cluster_List 越短的路由越优先;如果参与比较的路由没有 Cluster_List,则越过该规则直接比较后面的规则,如果某条路由没有 Cluster_List,而其他路由有 Cluster_List,则没有 Cluster_List 属性的路由优先。

(13) 优选 Router_ID 最小的设备发布的路由。Router_ID 最小的邻居通告的路由最优先。如果路由携带 Originator_ID 属性,则选路过程中将比较 Originator_ID 的大小,不再比较 Router_ID,其中 Originator_ID 最小的路由最优;如果参与比较的路由 Originator_ID 一样,也不再比较 Router_ID,则直接越过该规则。

(14) 优选从具有最小 IP Address 的对等体学来的路由,即比较邻居的 IP 地址,最小的最优先。

3.3.4 BGP 错误处理

当检测到这里描述的任何条件时,一条指定错误码、错误子码、数据段的 NOTIFICATION 消息应该被发送,且关闭 BGP 连接(除非明确声明不会发送 NOTIFICATION 消息,BGP 连接不要关闭)。如果没有错误子代码指定,则必须使用零。

BGP 连接已关闭具体包括 TCP 连接已关闭,相关的 Adj-RIB-In 已被清除,该 BGP 连接的全部资源已被释放,与远程对等体相关联的 Loc-RIB 条目被标记为无效。本地系统将重新计算被标记为无效路由的目的地的最佳路由。无效路由被从系统中删除之前,它宣告给对等体,撤销标记为无效的路由,或在无效的路由将从系统中删除前生成新的最佳路由。

除非明确指定,否则指示错误的消息发送的 NOTIFICATION 的数据字段为空。

1. BGP 错误处理汇总

下面分析处理 BGP 消息时检测到错误时要采取的操作。BGP 中的错误码和错误子码如表 3-1 所示。

表 3-1　BGP 中的错误码和错误子码

错　误　码	错　误　子　码
1:消息头错误	1 连接未同步 2 错误的消息长度 3 错误消息类型
2:OPEN 消息错误	1 不支持版本号 2 错误的对等 AS 3 错误的 BGP 标识符 4 不支持的可选参数 5 认证失败 6 不可接受的保持时间 7 不支持的能力
3:UPDATE 消息错误	1 不支持版本号 2 错误的对等 AS 3 错误的 BGP 标识符 4 不支持的可选参数 5 认证失败 6 不可接受的保持时间 7 不支持的能力
4:保持定时器超时	0 没有特别意义的错误子码定义
5:有限状态机错误	0 没有特别的错误子码定义
6:终止	1 前缀超过最大值 2 管理关闭 3 删除邻居 4 管理重置 5 连接失败 6 其他配置改变 7 连接冲突 8 资源短缺 9 BFD 断开连接

2. 消息头错误处理

处理消息头时检测到的所有错误,必须通过发送带有消息头错误代码的 NOTIFICATION 消息来通告。消息头的 Marker 字段的期望值全部为 1。若消息头的 Marker 字段不如预期的那样,那么发生同步错误,并且错误子代码必须设置为连接不同步。

如果下面至少有一个为真,那么错误子代码必须设置为消息长度错误。数据字段必须包含错误的长度字段:

- 如果消息头的长度字段小于 19 或大于 4096;
- 如果 OPEN 消息的长度字段小于最小值 OPEN 消息的长度;
- 如果 UPDATE 消息的 Length 字段小于 UPDATE 消息的最小长度;
- 如果 KEEPALIVE 消息的 Length 字段不等于 19;
- 如果 NOTIFICATION 消息的 Length 字段小于 NOTIFICATION 消息的最小长度。

若消息头的类型字段无法识别,则错误子代码必须设置为消息类型错误。数据字段必须包含错误的类型字段

3. OPEN 消息错误处理

处理 OPEN 消息时检测到的所有错误,必须通过发送带有 OPEN 错误代码的 NOTIFICATION 消息指示 OPEN 消息错误。错误子代码详细阐述了具体错误内容的性质。

- 若接收到的 OPEN 消息的 version 字段中版本号不受支持,则必须将 NOTIFICATION 消息错误子代码设置为"不支持的版本号"。NOTIFICATION 消息的 DATA 字段是无符号的 2 字节整数,如果是较大值,则表示本地支持的版本小于从远端 BGP 对等体接收到的 OPEN 消息标识的版本号;如果是较小值,本地支持的版本号大于远端 BGP 对等体的版本号,那么 DATA 字段的值表示本地支持的最小版本号。
- 若 OPEN 消息的 AS 字段不可接受,那么错误子代码必须设置为 Bad Peer AS。判定可接受的 AS 号超出了协议范围。
- 若 OPEN 消息的保持时间字段是不可接受的,那么错误子码必须设置为不可接受的保持时间。一种实现是必须拒绝一秒或两秒的保持时间值。另一种实现可能是拒绝任何建议的保持时间。还有一种实现可能是接受协商的保持时间。
- 若 OPEN 消息的 BGP 标识符字段使用不正确的语法,错误子码必须设置为 Bad BGP Identifier。语法正确性意味着 BGP 标识符字段表示一个有效的单播 IP 主机地址。
- 若 OPEN 消息中的可选参数之一不识别,则错误子代码必须设置为不支持可选参数。
- 若 OPEN 消息中的可选参数之一被识别,但是格式错误,那么错误代码必须设置为 0。

4. NOTIFICATION 消息错误处理

若一个对等体发送一个 NOTIFICATION 消息,并且该消息的接收者检测到该消息中有错误,则接收方不能使用 NOTIFICATION 消息将此错误报告回对等体。任何这样的错误(如无法识别的错误代码或错误子代码)都应该被注意,在本地记录,并提醒对等体的管理机构注意。

5. 保持定时器超时错误处理

若系统在 OPEN 消息保持时间字段指定的周期内没有收到连续的 KEEPALIVE、UPDATE 和/或 NOTIFICATION 消息,然后发送错误代码为"保持定时器超时"的 NOTIFICATION 消息,并关闭 BGP 连接。

6. 有限状态机错误处理

BGP 有限状态机检测到的任何错误时,将通过发送错误代码设置为"有限状态机错误"的 NOTIFICATION 消息来通告。

7. 终止

BGP speaker 可以选择在任何给定时间,发送设置错误代码为 Cease 的 NOTIFICATION 消息关闭 BGP 连接。然而,如果存在致命错误时,不允许发送错误代码为 Cease 的 NOTIFICATION 消息。

BGP speaker 可以通过配置限制从邻居接受地址前缀数量的上限。当达到上限时,speaker 在本地配置的控制下,丢弃来自邻居的新地址前缀(同时维护 BGP 与邻居的连接),或终止其与邻居的 BGP 连接。如果 BGP speaker 决定终止其与邻居的 BGP 连接(因为从邻居接收的地址前缀的数量超过本地配置的上限),那么 speaker 必须向邻居发送一个错误代码为 Cease 的 NOTIFICATION 消息。speaker 也可以本地记录相关日志。

3.4 面向 SRv6 的 BGP 协议扩展

SRv6 是指在 IPv6 数据平面实例化的分段路由。BGP 用于从出接口 PE(Provider Edge)节点向入接口 PE 节点通告特定服务前缀的可达性。

基于 SRv6 的 BGP 业务是指以 BGP 作为控制平面,SRv6 作为数据平面执行 Layer3 和 Layer2 封装的数据转发业务。本节主要分析面向 SRv6、基于 BGP 的 Ethernet VPN(EVPN),同时介绍了一个新的 BGP-LS 协议标识,以及新的 BGP-LS 节点和链接描述符 TLV,以促进广播中的 BGP-LS Link NLRI 来表示 BGP 对等拓扑。此外,还介绍了在同一 BGP-LS Link NLRI 中发布的 BGP 对等段(即 Peer-Node SID 和 Peer-Set SID)的 BGP-LS 属性 TLV。

3.4.1 基于 BGP 的 EVPN 控制协议

本节主要介绍构建 EVPN(Ethernet VPN)Overlay 路由层的可扩展方法,具体的路由类型及其含义如表 3-2 所示。

表 3-2 路由类型及其含义

类型(Type)	含 义
1	以太网自动发现路由[Ethernet Auto-Discovery (A-D) route]
2	MAC/IP 广播路由(MAC/IP Advertisement route)
3	兼容性多播以太网标记路由(Inclusive Multicast Ethernet Tag route)
4	以太网段路由(Ethernet Segment route)
5	IP 前缀路由(IP Prefix route)
6	选择性多播以太网标记路由(Selective Multicast Ethernet Tag route)
7	多播成员身份报告同步路由(Multicast Membership Report Synch route)
8	组播成员离开同步路由(Multicast Leave Synch route)

为了支持基于 SRv6 的 EVPN 覆盖,一个或多个 SRv6 服务 SID 使用路由类型 1、2、3 和 5。每个路由类型的 SRv6 服务 SID 在 BGP Prefix-SID 属性中的 SRv6 L3/L2 Service TLV 中发布。设计该 TLV 有两个目的:第一,表示 BGP 出口设备支持 SRv6 Overlay,接收此路由的 BGP 入口 PE 必须执行 IPv6 封装,并在需要时插入 SRH;第二,表示封装中使用的 Service SID 的值。

SRv6 Service SID 可在出口 PE 的 AS 内路由,提供入接口 PE 和出接口 PE 之间的可达性,同时也对 SRv6 端点行为进行编码。

当 SRv6 服务的转向基于最短路径转发(如 Best effort 或 IGP Flex 算法)时,入口 PE 将 IPv4 或 IPv6 用户数据包封装在外部 IPv6 报头中(使用[RFC8986]中指定的 H. Encaps 或 H. Encaps. Red 风格),其中目标地址是与相关 BGP 路由更新关联的 SRv6 Service SID。因此,在考虑对接收前缀执行 BGP 最佳路径计算之前,入口 PE 必须对 SRv6 Service SID 执行可解析性检测。如果可以通过多个转发表访问 SRv6 SID,则将使用本地策略来确定要使用哪个表。若入口 PE 存在一个局部策略,允许备用重路由机制到达入口 PE,则 SRv6 Service SID 可解析性检测的结果可以被忽略。

对于路由器自身而言,出口 PE 将 BGP 的下一跳设置为它的一个 IPv6 地址。该地址可以 SRv6 Locator 覆盖,同时 SRv6 Service SID 也从中分配。BGP 下一跳用于基于现有的 BGP 处理流程跟踪出口 PE 的可达性。

当在入口 PE 接收到的 BGP 路由用 Color Extended Community 字段着色,并且当存在有效的 SRv6 策略可用时,将按照中分段路由策略协议规范所述执行服务流程的指导。当入口 PE 确定,Service SID 与 SR 策略段列表中的最后一个 SRv6 SID(出口 PE 的)属于同一个 SRv6 Locator 时,它将在引导服务流程时排除最后一个 SRv6 SID。例如,与 SID 列表< S1,S2,S3 >关联的 SRv6 策略的有效段列表为< S1,S2,S3-Service-SID >。

1. 以太网自动发现路由(Ethernet Auto-Discovery (A-D) route)

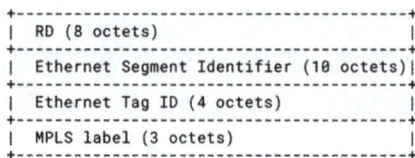

```
+------------------------------------------+
| RD (8 octets)                            |
+------------------------------------------+
| Ethernet Segment Identifier (18 octets)  |
+------------------------------------------+
| Ethernet Tag ID (4 octets)               |
+------------------------------------------+
| MPLS label (3 octets)                    |
+------------------------------------------+
```

图 3-23　EVPN 路由类型 1 的编码

以太网自动发现路由为 1 号路由类型,可用于实现水平分割过滤、快速收敛和混叠。EVPN 路由类型 1 也用于 EVPN-VPWS 和 EVPN-flexible cross-connect,主要用于通告点对点的 Service ID。其编码如图 3-23 所示。

1) Ethernet A-D per ES Route

当 ESI 过滤方法与编码的转置方案被一起使用时,ESI 标签扩展社区的 24 位 ESI 标签字段携带 SRv6 SID 的全部或部分参数;否则,它在高 20 位中设置为 Implicit NULL(即 0x000030)。在任何一种情况下,该值都被设置为 24 位。当使用换位方案时,换位长度应小于或等于 24,并小于或等于 AL。

在 BGP Prefix-SID 属性中的 SRv6 L2 Service TLV 中包含的 Service SID 与 A-D 路由一起发布。SRv6 端点行为应使用 End. DT2M。当使用 ESI 过滤方法时,Service SID 用于发出 Arg. FE2 SID 参数以匹配 END. DT2M 行为。

2) Ethernet A-D per EVI Route

面向 SRv6 的 per-EVI(EVPN Instance)路由的编码类似于 RFC7432 和 RFC8214 中描述的内容,但有以下变化。

MPLS Label:使用编码转换方案时,24 位标签字段携带 SRv6 SID 的功能部分,否则设置为 20 位(即 0x000030)。在任何情况下,该值都被设置为 24 位。当使用换位方案时,换位长度应小于或等于 24,并小于或等于 FL。

在 BGP Prefix-SID 属性中的 SRv6 L2 Service TLV 中包含的 Service SID 与 A-D 路由一起发布。SRv6 SID 的端点行为是 End. DX2、End. DX2V 或 End. DT2U 之一。

2. MAC/IP 通告路由(MAC/IP Advertisement route)

EVPN 路由类型 2 用于通过 MP-BGP 协议向给定的 EVPN 实例中的所有其他 PE,通告单播流量 MAC 和 IP 地址的可达性。图 3-24 展示了 EVPN 路由类型 2 的报文格式。

```
+------------------------------------------------+
| RD (8 octets)                                  |
+------------------------------------------------+
| Ethernet Segment Identifier (10 octets)|
+------------------------------------------------+
| Ethernet Tag ID (4 octets)                     |
+------------------------------------------------+
| MAC Address Length (1 octet)                   |
+------------------------------------------------+
| MAC Address (6 octets)                         |
+------------------------------------------------+
| IP Address Length (1 octet)                    |
+------------------------------------------------+
| IP Address (0, 4, or 16 octets)                |
+------------------------------------------------+
| MPLS Label1 (3 octets)                         |
+------------------------------------------------+
| MPLS Label2 (0 or 3 octets)                    |
+------------------------------------------------+
```

图 3-24　EVPN 路由类型 2 的报文格式

MPLS Label1：与 SRv6 L2 Service TLV 相关联。当使用编码转换方案时,此 24 位字段携带 SRv6 SID 的功能部分的全部或部分;否则,高 20 位将隐式设置为 NULL(即 0x000030)。当使用换位方案时,换位长度应小于或等于 24,并小于或等于 FL。

MPLS Label2：与 SRv6 L3 Service TLV 相关联。当使用编码转换方案时,此 24 位字段携带 SRv6 SID 的功能部分的全部或部分;否则,高 20 位将隐式设置为 NULL(即 0x000030)。当使用换位方案时,换位长度应小于或等于 24,并小于或等于 FL。

包含在 SRv6 L2 Service TLV 中和 SRv6 L3 Service TLV(可选)中的 Service SID 与 MAC/IP 通告路由一起发布。下面介绍不同路由类型 2 通告。

1) MAC/IP Advertisement Route with MAC Only

Service SID 包含于 BGP Prefix-SID 属性中的 SRv6 L2 Service TLV 中,它们将与路由一起发布。该 SRv6 SID 的端点行为是 End.DX2 或 End.DT2U 中的一种。

2) MAC/IP Advertisement Route with MAC+IP

L2 Service SID 包含在 BGP Prefix-SID 属性中的 SRv6 L2 Service TLV 中,将与路由一起发布。同时,包含在 BGP Prefix-SID 属性中的 SRv6 L3 Service TLV 中的 L3 Service SID 也会随路由一起发布。对于 L2 Service SID,SRv6 端点行为是 End.DX2 或 End.DT2U 中的一种,对于 L3 Service SID,SRv6 端点行为是 End.DT46、End.DT4、End.DT6、End.DX4 或 End.DX6 中的一种。

3. 兼容性多播以太网标记路由(Inclusive Multicast Ethernet Tag route)

EVPN 路由类型 3 用于通过 MP-BGP 向给定 EVPN 实例中的所有其他 PE 发布组播流量可达性信息。EVPN 路由类型 3 的报文格式如图 3-25 所示。

P-PMSI(组播服务接口)隧道属性用于识别发送广播、未知单播或组播(BUM)流量的供应商隧道(P-tunnel)。PMSI 隧道属性的格式的编码如图 3-26 所示。

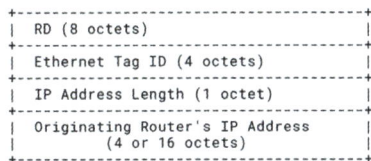

```
+----------------------------------------+
| RD (8 octets)                          |
+----------------------------------------+
| Ethernet Tag ID (4 octets)             |
+----------------------------------------+
| IP Address Length (1 octet)            |
+----------------------------------------+
| Originating Router's IP Address        |
|       (4 or 16 octets)                 |
+----------------------------------------+
```

图 3-25　EVPN 路由类型 3 的报文格式

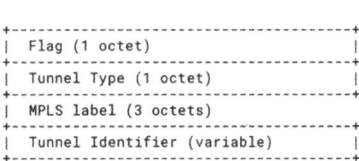

```
+----------------------------------------+
| Flag (1 octet)                         |
+----------------------------------------+
| Tunnel Type (1 octet)                  |
+----------------------------------------+
| MPLS label (3 octets)                  |
+----------------------------------------+
| Tunnel Identifier (variable)           |
+----------------------------------------+
```

图 3-26　PMSI 隧道属性在 SRv6 实现上的编码

其中,各字段的含义如下。

• Flag：此字段的值为 0。

• MPLS label：当使用入口复制时,该 24 位字段携带 SRv6 SID 功能部分的全部或部分,并使用编码的转换方案;否则,按 RFC6514 中的定义设置。当使用换位方案时,换位长度应小于或等于 24,且应小于或等于 FL。

• Tunnel Identifier：该字段是出口 PE 的 IP 地址。

包含在 BGP Prefix-SID 属性中 SRv6 L2 Service TLV 中的 Service SID 将与路由一起发布。

4. 以太网段路由（Ethernet Segment route）

EVPN 路由类型 4 的编码如图 3-27 所示。

BGP Prefix-SID 属性中的 SRv6 Service TLV 不会随此路由一起发布。

5. IP 前缀路由（IP Prefix route）

EVPN 路由类型 5 用于通过 MP-BGP 协议向给定的 EVPN 实例中的所有其他 PE 通告 IP 地址的可达性。该 IP 地址可以包括一个主机 IP 前缀或任何特定的子网。EVPN 路由类型 5 的编码如图 3-28 所示。

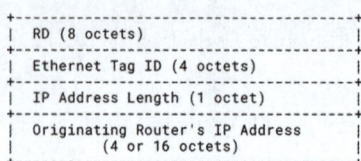

```
+-------------------------------------+
| RD (8 octets)                       |
+-------------------------------------+
| Ethernet Segment Identifier (10 octets)|
+-------------------------------------+
| Ethernet Tag ID (4 octets)          |
+-------------------------------------+
| IP Prefix Length (1 octet)          |
+-------------------------------------+
| IP Prefix (4 or 16 octets)          |
+-------------------------------------+
| GW IP Address (4 or 16 octets)      |
+-------------------------------------+
| MPLS Label (3 octets)               |
+-------------------------------------+
```

```
+------------------------------------------+
| RD (8 octets)                            |
+------------------------------------------+
| Ethernet Tag ID (4 octets)               |
+------------------------------------------+
| IP Address Length (1 octet)              |
+------------------------------------------+
| Originating Router's IP Address          |
|           (4 or 16 octets)               |
+------------------------------------------+
```

图 3-27 EVPN 路由类型 4 的编码　　图 3-28 EVPN 路由类型 5 的编码

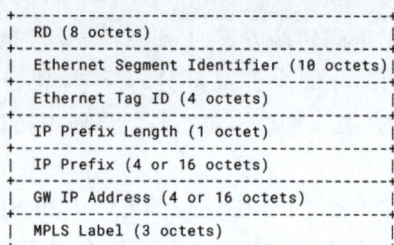

MPLS Label：当使用编码转换方案时，此 24 位字段携带 SRv6 SID 的功能部分的全部或部分；否则，高 20 位将隐式设置为 NULL（即 0x000030）。当使用换位方案时，换位长度应小于或等于 24，并小于或等于 FL。

SRv6 Service SID 被编码为 SRv6 L3 Service TLV 的一部分。SRv6 的端点行为是 End.DT4、End.DT6、End.DT46、End.DX4 或 End.DX6 中的一种。

6. EVPN 多播路由（类型 6、类型 7 和类型 8）

这些路由不需要 SRv6 服务 TLV 的通告，与 EVPN 路由类型 4 类似，BGP 下一跳等于出口 PE 的 IPv6 地址。

3.4.2　BGP 对等段 BGP-LS 属性

首先介绍与以下 BGP 对等段 SID 对应的 BGP-LS 属性。

- 对等节点段标识符（PeerNode SID）。
- 对邻接段标识符（PeerAdj SID）。
- 对等集段标识符（PeerSet SID）。

以下新的 BGP-LS 链路属性 TLV 被定义为使用 BGP-LS Link NLRI，用于通告 BGP 对等的 SID。表 3-3 展示了 BGP-LS TLV 类型与其描述。

表 3-3　BGP-LS TLV 类型与其描述

TLV 类型	描　　述
1101	对等节点段标识符（PeerNode SID）
1102	对邻接段标识符（PeerAdj SID）
1103	对等集段标识符（PeerSet SID）

对等节点段标识符、对邻接段标识符和对等集段标识符 SID 的格式如图 3-29 所示。

- 类型（Type）：1101、1102、1103，已在表 3-3 中列出。
- 长度（Length）：根据编码是 SID 索引还是标签，有效取值是 7 或 8。
- 标志（Flags）：一个具有如图 3-30 所定义的 1 字节标志。

```
 0                   1                   2                   3
 0 1 2 3 4 5 6 7 8 9 0 1 2 3 4 5 6 7 8 9 0 1 2 3 4 5 6 7 8 9 0 1
+-+-+-+-+-+-+-+-+-+-+-+-+-+-+-+-+-+-+-+-+-+-+-+-+-+-+-+-+-+-+-+-+
|            Type             |            Length              |
+-+-+-+-+-+-+-+-+-+-+-+-+-+-+-+-+-+-+-+-+-+-+-+-+-+-+-+-+-+-+-+-+
| Flags       |   Weight      |           Reserved             |
+-+-+-+-+-+-+-+-+-+-+-+-+-+-+-+-+-+-+-+-+-+-+-+-+-+-+-+-+-+-+-+-+
|                    SID/Label/Index (variable)                |
+-+-+-+-+-+-+-+-+-+-+-+-+-+-+-+-+-+-+-+-+-+-+-+-+-+-+-+-+-+-+-+-+
```

```
 0 1 2 3 4 5 6 7
+-+-+-+-+-+-+-+-+
|V|L|B|P| Rsvd  |
+-+-+-+-+-+-+-+-+
```

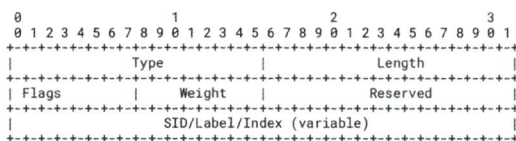

图 3-29　BGP 对等段 SID TLV 格式　　　　　　图 3-30　对等 SID TLV 标志格式

① V：值标志。如果置 1，则 SID 携带一个标签值。默认情况下，该标志置 1。

② L：本地标志。如果置 1，则 SID 所携带的值/索引具有局部显著性。默认情况下，该标志置 1。

③ B：备份标志。如果置 1，SID 引用适合使用快速重路由（FRR）进行保护的路径。备份转发路径的计算及其与 BGP 对等 SID 转发条目的关联是特定于具体实现的。RFC9087 讨论了为 BGP 对等段识别备份路径的一些方法。

④ P：持久标志。如果置 1，SID 被持续分配，即 SID 值在路由器重新启动和会话/接口保护期间保持一致。

⑤ Rsvd：保留为将来使用，发送时置为 0，接收时忽略。

• 权重（Weight）：8 字节。该值表示用于负载均衡的 SID 的权重。

• SID/Label/Index。根据 TLV 长度和 V-标志和 L-标志设置，它包含：

① 一个 3 字节的本地标签，其中最右边的 20 位用于编码标签值。在这种情况下，将设置 V-标志和 L-标志。

② 一个 4 字节路由器索引，定义段路由全局块（SRGB）的偏移量。

PeerNodeSID、PeerAdj SID 和 PeerSet SID Sub-TLV 的值在路由器重新启动后也是不变的。

1. PeerNode SID 发布

PeerNode SID TLV 包含与 BGP 对等节点关联的 SID，该节点由特定的 BGP-LS Link NLRI 描述。

（1）本地节点描述符包括：

• 启用 BGP-EPE 的出口 PE 的本地 BGP 路由器 ID（TLV 516）；

• 本地 ASN（TLV 512）。

（2）远程节点描述符包括：

• 对等 BGP 路由器 ID（TLV 516）（即在 BGP 会话中使用的对等 BGP ID）；

• 对等体 ASN（TLV 512）。

（3）链路描述符包括使用 RFC7752 中定义的 TLV 编码的 BGP 会话所使用的地址：

• IPv4 接口地址（TLV 259）包含 BGP 会话 IPv4 本地地址；

• IPv4 邻居地址（TLV 260）包含 BGP 会话 IPv4 对等地址；

• IPv6 接口地址（TLV 261）包含 BGP 会话 IPv6 本地地址；

• IPv6 邻居地址（TLV 262）包含 BGP 会话 IPv6 对等地址。

（4）链路属性 TLV 包括图 3-29 中定义的对等段 SID TLV。

2. PeerAdj SID 发布

PeerAdj SID TLV 包括一个与到 BGP 对等体的底层链路关联的 SID，该 SID 由特定的 BGP-LS Link NLRI 描述。

（1）本地节点描述符包括：

• 启用 BGP-EPE 的 Egress PE 的本地 BGP 路由器 ID（TLV 516）；

- 本地 ASN(TLV 512)。

(2) 远程节点描述符包括：

- 对等 BGP 路由器 ID(TLV 516)（即在 BGP 会话中使用的对等 BGP ID)；
- 对等体 ASN(TLV 512)。

(3) 链路描述符必须包括以下 TLV,见 RFC7752 中的定义：

链路本地/远程标识符(TLV 258)包含 4 字节链路本地标识符,后跟 4 字节链路远程标识符。当链路远程标识符未知时,默认使用值 0。

(4) 附加的链路描述符 TLV,也包括在 RFC7752 中的定义 TLV,用于描述与 BGP 路由器之间链路的对应地址：

- IPv4 接口地址(Sub-TLV 259)包含用来建立 BGP 会话的本地接口的地址。
- IPv6 接口地址(Sub-TLV 261)包含用来建立 BGP 会话的本地接口的地址。
- IPv4 邻居地址(Sub-TLV 260)包含 BGP 会话所使用的对等接口的 IPv4 地址。
- IPv6 邻居地址(Sub-TLV 262)包含 BGP 会话所使用的对等接口的 IPv6 地址。

3. PeerSet SID 发布

PeerSet SID TLV 包括一个在 BGP 对等体之间共享的 SID,或由特定的 BGP-LS Link NLRI 描述的底层链路。

3.5 路由操作系统

FRR(Free Range Routing)是一款全功能、高性能的开源软件 IP 路由套件,实现了所有标准路由协议及其扩展,如 BGP、RIP、OSPF、IS-IS 等。它主要用 C 语言编写,能够轻松处理完整的互联网路由表,并适用于多种硬件。FRR 基于 GPLv2 许可协议分发,以类似于 Linux 内核的方式开发。作为 Quagga 项目的延续,FRR 旨在进一步改进 Quagga 的基础,以创建最佳的路由协议堆栈。FRR 的架构包括多个守护进程,每个主要协议都在自己的守护进程中实现,并与中间人守护进程 Zebra 通信,后者负责协调路由决策和与数据平面的通信。

3.5.1 FRR 概述

FRR 是一个功能齐全、高性能、开源的软件 IP 路由套件。它提供了广泛的功能和协议支持,使其成为网络路由方面的强大工具。

FRR 实现了包括 BGP、RIP、OSPF、IS-IS 等标准路由协议,以及它们的许多扩展。无论是基本的路由协议还是复杂的扩展功能,FRR 都能满足需求。用户可以根据需要选择和配置适合自己网络环境的路由协议。

作为一个主要用 C 编写的高性能套件,FRR 能够轻松处理完整的互联网路由表,适用于从廉价单板计算机(SBC)到商业级路由器的各种硬件。它的性能优势使得它成为许多公司、大学、研究实验室和政府机构在生产环境中的首选。

FRR 是以 GPLv2 许可协议开源分发的,其开发模型类似于 Linux 内核。这意味着任何人都可以参与其中,贡献新功能、修复错误、改进工具和文档等。FRR 是 Quagga 路由套件的一个分支项目,它在 Quagga 的基础上进行了扩展和改进。

作为 IP 路由套件,FRR 在网络堆栈中扮演着重要的角色。它与其他路由器交换路由信息,做出路由和策略决策,并将这些决策传播给其他层。在实际应用中,FRR 能够将路由决策安装到操作系统内核中,使得内核网络堆栈能够根据这些决策进行转发。

除了支持动态路由功能,FRR 还提供了全面的 L3 配置选项,包括静态路由、地址管理、路由器通告等。此外,它还具备一些轻量级的 L2 功能,但其具体支持取决于不同的系统。

这使得 FRR 适用于各种部署场景,从小型家庭网络中的静态路由到运行完整互联网路由表的互联网路由器。

FRR 可在包括 Linux 和 BSD 在内的所有现代 UNIX 操作系统上运行。尽管不同平台上的功能支持可能有所差异,但它在各个平台上都能提供强大的路由功能。

3.5.2 进程架构

FRR 提供了一组不同功能的守护进程,其内部架构采用模块化和多线程设计,以实现各种路由协议和功能,并保证网络的可靠性和性能。它的设计模式和线程管理使得它能够灵活适应不同的网络环境和需求。FRR 守护进程中使用的基本模式是事件循环。一些守护进程使用内核线程。在这些守护进程中,每个内核线程运行自己的事件循环。事件循环是线程安全的,并允许其所属线程以外的线程进行事件调度。

1. 事件架构

核心事件系统在 lib/event.c 和 lib/lib/vent.h 中实现。主结构是 struct event_loop,以后称之为线程管理器。线程管理器(Threadmaster)是一个全局状态对象或上下文,它包含所有当前等待执行的任务以及已经执行的任务的统计信息。事件系统是通过向该数据结构添加任务,然后调用一个函数来检索下一个要执行的任务来驱动的。在初始化时,守护进程通常会创建一个线程管理器,添加一组初始任务,然后运行一个循环来获取每个任务并执行。

要使用事件系统,在创建线程管理器之后,程序会添加一组初始任务。当这些任务执行时,它们会添加更多的任务,这些任务将在未来的某个时间点执行。这个任务序列驱动着程序的生命周期。当没有更多的任务可用时,程序结束。通常在启动时添加的第一个任务是 VTYSH 的 I/O 任务以及通信双方或 IPC 所需的任何网络套接字。

为了获取下一个任务,程序调用 event_fetch() 函数,该函数在内部根据基本优先级逻辑计算下一个要执行的任务。

事件(类型 EVENT_EVENT)以最高优先级执行,其次是过期计时器和最后的 I/O 任务(类型 EVENT_READ 和 EVENT_WRITE)。在调度任务时,需要提供一个函数和一个参数。然后任务通过 event_fetch() 返回,随后基于 event_call() 执行。

该基础架构的简化版本如图 3-31 所示。一系列“任务”(tash)表示当前就绪的任务队列。这里没有显示其他类型的各种队列。

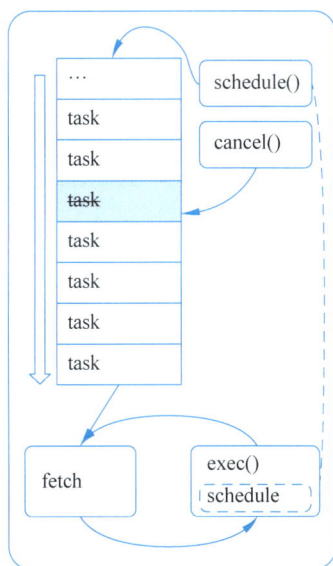

图 3-31　使用单个线程管理程序的生命周期

2. 内核线程架构

为了提高性能和稳定性,FRR 已引入内核线程。很自然,内核线程体系结构一直被认为与事件驱动体系结构是正交的,两者在设计选择方面确实有很大的重叠。由于事件模型被紧密地集成到 FRR 中,因此对如何引入 pthread、它们扮演什么角色以及它们如何与事件模型互操作等方面的工作需要进行仔细的考虑。

每个内核线程都表现为 FRR 中的轻量级进程,共享相同的进程内存空间。另外,事件系统被设计成在单个进程中运行,并驱动一组任务的串行执行。考虑到这一点,自然的选择是在每个内核线程中实现事件系统,这允许利用事件驱动的执行模型和当前存在的任务和上下文原语。通过这种方式,FRR 执行模型不仅获得了同时执行任务的能力,还保留了现有的并发模型。

图 3-32 展示了具有多个 pthread 的体系结构,每个 pthread 运行它们自己的基于线程管理器的事件循环。每个圆角矩形表示事件体系结构中运行相同事件循环的单个 pthread。注意,从右边的 exec()框到中间线程中的 schedule()框的箭头,说明在一个 pthread 中运行的代码将一个任务调度到了另一个 pthread 的线程管理器上。每个线程管理器都有一个全局锁来同步这些操作。

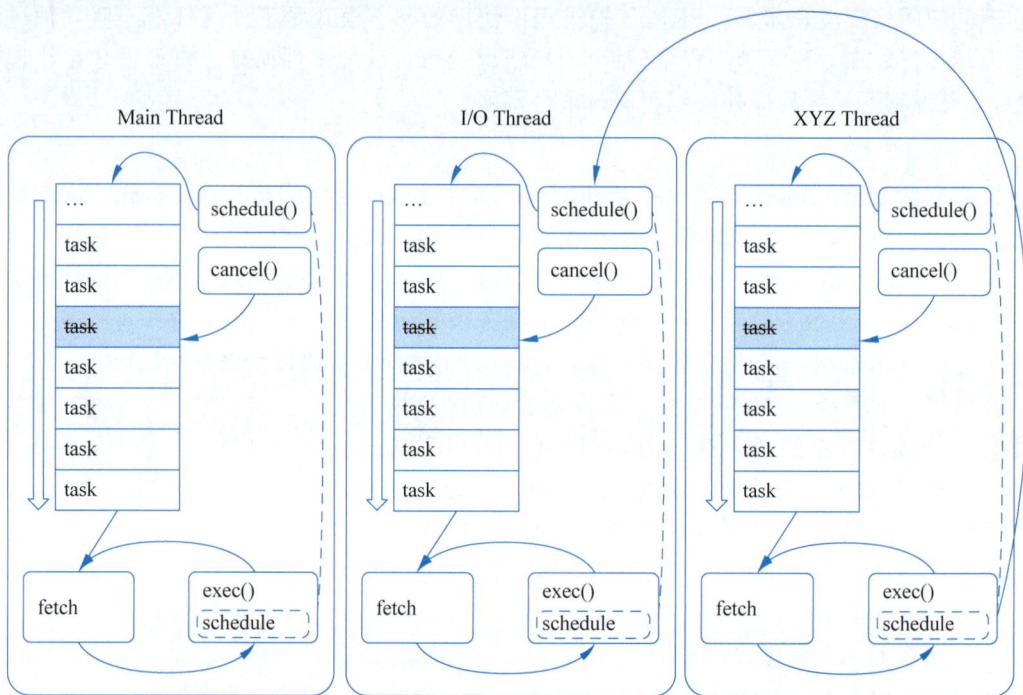

图 3-32 使用多个线程的程序生命周期,每个线程运行自己的线程管理器

3. 内核线程包装器

pthread 和事件系统集成的基础是在 lib/frr_pthread.[ch]中实现的两个系统的轻量级包装器(wrapper)。头文件提供了一个核心数据结构 struct frr_pthread,它封装了来自 POSIX 线程和 event.c、event.h 的结构。具体而言,此数据结构具有指向在 pthread 中运行的线程管理器的指针。它还具有名为 start()和 stop()的函数,这些函数的签名类似于 pthread_create()的 POSIX 参数。

调用 frr_pthread_new()函数会创建并注册一个新的 frr_pthread。返回的结构体包含一个预初始化的线程管理器,它的 start()和 stop()函数初始化为默认值,并使用给定的线程管理器运行一个基本事件循环。

调用 frr_pthread_run()函数会使用 start()函数启动线程。从这里开始,该模型与常规事件模型相同。要在特定的 pthread 上调度任务,只需像往常一样使用 event.c 文件中的常规函数,并提供从 frr_pthread 指向的线程管理器。作为实现包装台的一部分,event.c 中的函数是线程安全的。因此,在属于调用线程和任何其他 pthread 的线程管理器上调度事件是安全的。这是线程间通信的基础,可以归结为稍微复杂一点的消息传递方法,其中的消息是事件驱动模型中使用的常规任务事件。唯一的区别是线程取消,它需要调用 event_cancel_async() 而不是 event_cancel() 来取消 threadmaster 上调度的任务,该任务不属于同一个 pthread 的情况。若一个 pthread 想要保证另一个 pthread 上的任务在继续之前被取消,则需要避免线程间的竞态条件问题。

3.5.3　模块组成

1. Zebra 协议

1) 协议概述

Zebra 协议通常称为 ZAPI,是一个关键的网络协议,用于实现协议守护程序和 Zebra 守护程序之间的通信。这一协议在网络管理中发挥着重要作用,特别是在路由信息的交换和处理方面。

该协议允许不同的网络协议守护程序与 Zebra 守护程序进行有效的通信。通过这种方式,它们能够共享和更新关于网络接口状态、路由表、下一跳验证等关键信息。这种通信机制确保了网络的高效和稳定运行,同时也使得路由决策能够根据网络状况的实时变化而动态调整。

Zebra 协议支持多种路由协议,如 RIP、OSPF 等,通过与 Zebra 守护程序的交互,它们能够在路由表中添加、删除或修改路由。这种灵活性使得 Zebra 协议在复杂的网络环境中尤为重要,能够适应多变的网络需求和配置。除了基本的路由信息交换,Zebra 协议还提供了一系列高级功能,如数据平面批处理,这进一步优化了信息处理和传输的效率。此外,它的设计允许多个协议守护进程同时与 Zebra 守护程序通信,从而增加了网络管理的灵活性和扩展性。

2) 功能与特点

Zebra 协议提供了一系列强大的功能和特点,使其在网络管理和路由决策中发挥关键作用。首先,其核心功能之一是支持多种路由信息的交换和处理。这包括对接口状态、路由状态以及下一跳的有效验证。通过这些功能,Zebra 协议能够实时更新网络状态,确保路由决策反映当前的网络环境。

Zebra 协议支持数据平面批处理。这一特性优化了信息处理的效率,降低了网络延迟,确保在高负载情况下网络的稳定性。数据平面批处理是网络性能优化的关键,特别是在数据中心和大型企业网络中。

此外,Zebra 协议的另一特点是其灵活性和可扩展性。它允许多个协议守护进程与 Zebra 守护程序进行通信,这为网络管理员提供了更多的控制和定制选项。这种多守护进程通信机制使得 Zebra 协议能够适应不同的网络需求和配置,增强了网络应对复杂场景的能力。

Zebra 协议还具有高度的兼容性,能够与多种现有的网络协议和平台无缝集成。这种兼容性确保了 Zebra 协议能够在各种网络环境中有效运行,不论是传统的网络架构还是最新的云基础设施。

总的来说,Zebra 协议凭借其强大的功能和灵活性,在网络管理和路由优化中发挥着不可或缺的作用。它不仅提高了网络的性能和效率,还大大增强了网络管理员在面对日益复杂网络挑战时的能力。

3）协议头字段定义

如图 3-33 所示,协议头是信息传输的关键部分,确保数据准确无误地在协议守护进程和 Zebra 守护进程间传递。首先,协议头包含诸如消息类型和操作码的字段(Command),这些字段定义了消息的基本属性和目的。消息类型可能指明是路由信息、接口状态更新,或其他网络相关的数据。操作码则进一步指示了应如何处理消息。其次,长度字段(Length)在协议头中占据重要位置,它标明了整个消息的大小。这对于接收方正确解析和处理信息至关重要,确保了消息的完整性和一致性。接着,诸如标志字段(Marker)这类元素提供了额外的信息,指示消息的特性或特定处理方式。例如,它们可能标识消息是正常操作的一部分,还是应对特殊情况的响应。此外,会话标识符和版本号等字段(Version)也很重要。会话标识符用于区分不同的通信会话,版本号则确保通信双方使用兼容的协议版本。最后,协议头可能还包括一些为特定网络环境或配置定制的额外字段,这些字段增加了协议的灵活性和适应性。理解这些协议头字段的定义和用途对于有效实施和维护基于 Zebra 协议的网络系统至关重要。每个字段都被精心设计以满足网络通信的特定需求,确保数据在不同网络设备和程序间高效、准确地传输。

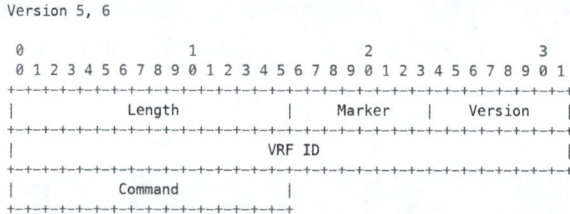

```
Version 5, 6

 0                   1                   2                   3
 0 1 2 3 4 5 6 7 8 9 0 1 2 3 4 5 6 7 8 9 0 1 2 3 4 5 6 7 8 9 0 1
+-+-+-+-+-+-+-+-+-+-+-+-+-+-+-+-+-+-+-+-+-+-+-+-+-+-+-+-+-+-+-+-+
|           Length              |    Marker     |   Version     |
+-+-+-+-+-+-+-+-+-+-+-+-+-+-+-+-+-+-+-+-+-+-+-+-+-+-+-+-+-+-+-+-+
|                            VRF ID                             |
+-+-+-+-+-+-+-+-+-+-+-+-+-+-+-+-+-+-+-+-+-+-+-+-+-+-+-+-+-+-+-+-+
|          Command              |
+-+-+-+-+-+-+-+-+-+-+-+-+-+-+-+-+
```

图 3-33　协议头字段

4）版本历史及变化

Zebra 协议最初的设计目标是提供一种高效的路由信息交换机制。早期版本主要集中在基本的路由管理功能上,如简单路由信息的传递和接口监控。随着版本的更新,Zebra 协议提供了更多的路由协议支持,如 RIP、OSPF 等,并在路由选择和传输效率方面做了优化。为适应不断变化的网络环境,Zebra 协议引入了对新网络架构的支持,并提高了对先进路由技术的兼容性。在后续版本中,Zebra 协议加强了安全性措施和网络稳定性,以应对日益复杂的网络威胁和挑战。开发者社区和用户的反馈在 Zebra 协议的迭代过程中也扮演了重要角色,帮助识别和解决实际应用中的问题。Zebra 协议逐步实现了与其他网络协议和技术的整合,提高了网络管理的灵活性和效率。后续 Zebra 协议可能会继续发展,以适应新兴的网络技术和挑战,如云计算和物联网的集成。

2. FPM 模块

FPM(Forwarding Plane Manager)是一个用于 Zebra 的模块。与 FPM 交换的消息的封装报头由 FRR 树中的文件 fpm/fpm.h 定义。路由本身以 Netlink 或 protobuf 格式编码,其中,Netlink 是默认格式。Netlink 是对消息编码以与 Linux 中的内核空间通信的标准格式,也是它所使用的套接字类型的名称。FPM Netlink 的使用与 Linux Netlink 的不同之处在于:

- Linux Netlink 套接字以多播方式使用数据报,FPM 用作流,并且是单播的。
- FPM Netlink 消息可能比普通 Linux Netlink 套接字消息包含更多或更少的信息(如 RTM_NEWROUTE 可能会添加额外的路由属性来表示 VxLAN 封装)。

Protobuf 是众多新的序列化格式之一，其中消息架构以专用语言表示。用于对 wire 格式进行编码/解码的代码是从架构生成的。Protobuf 消息可以轻松扩展，同时保持与旧代码的兼容性。Protobuf 与 Netlink 相比具有以下优势：

- 序列化/反序列化的代码是自动生成的。这降低了出现问题的可能性，允许快速集成第三方程序，并且易于添加字段。
- 消息格式不依赖操作系统（Linux），可以独立发展。

目前 Zebra 中有两个 FPM 模块：FPM 和 dplane_fpm_nl。

（1）FPM。

第一个使用 Zebra 路由处理函数中的钩子构建的 FPM 实现。它使用自己的 netlink/protobuf 编码函数将 ZebraRoute 数据结构转换为格式化的二进制数据。

（2）dplane_fpm_nl。

使用 Zebra 的数据平面框架作为插件构建的较新的 FPM 实现。它仅支持 Netlink，并共享 Zebra 的 Netlink 功能，以将路由事件快照转换为格式化的二进制数据。

在协议规范方面，FPM 使用 TCP 连接与外部应用程序通信。它作为 TCP 客户端运行，并使用 CLI 配置的地址/端口连接到 FPM 服务器（默认为 2620 端口）。

FPM 使用标头对所有数据进行帧处理，以帮助外部读者计算必须读取多少字节才能读取完整消息（这有助于模拟数据报，就像在原始 Linux Netlink 内核使用中一样）。

dplane_fpm_nl 能够从底层 FPM 读取路由 Netlink 消息，该消息可以告诉 Zebra 路由是否已卸载/失败或捕获。最终开发人员必须将数据发送到已创建的同一套接字，以侦听来自 Zebra 的 FPM 消息。发送的数据必须具有 Version 设置为 1、MessageType 设置为 1 的 Frame Header 和相应的消息长度。消息数据必须包含一条 RTM_NEWROUTE Netlink 消息，该消息发送与路由关联的前缀和下一跃点。最后，rtm_flags 必须包含 RTM_F_OFFLOAD、RTM_F_TRAP 和/或 RTM_F_OFFLOAD_FAILED，以表示 ASIC 中的路由操作。

3. PCEPlib 库

1）PCEPlib 概述

PCEPlib 是一个为路径计算元素（PCE）和路径计算客户端（PCC）设计的路径计算元素协议（PCEP）实现库。它在网络计算中扮演着重要角色，主要用于优化和简化网络路径的计算过程。通过提供高效且可扩展的解决方案，PCEPlib 支持网络管理员和工程师更好地管理和优化网络资源。PCEPlib 的设计目的是增强网络路径计算的效率和准确性，同时提供灵活的网络管理功能，可适用于各种复杂和动态变化的网络环境。

2）PCEP 及其扩展

PCEP 是一种用于通信路径计算元素和路径计算客户端之间的网络协议。PCEPlib 支持多种 PCEP 的扩展，如 RFC8281、RFC8231 和 RFC8232 等。这些扩展提高了 PCEPlib 的灵活性和功能，使其能够适应不同的网络需求和环境，更有效地处理复杂的路径计算和网络优化任务。通过这些扩展，PCEPlib 可以实现诸如状态报告、请求取消、路径计算反馈等高级功能，为用户提供更全面的网络管理工具。这些功能的集成，使 PCEPlib 成为网络路径计算和优化的强大工具，可适用于多种复杂的网络场景。

3）PCEPlib 的架构

PCEPlib 采用了模块化的架构设计，以增强其灵活性和可扩展性，主要包括 pcep_messages、pcep_pcc 和 pcep_session_logic 模块。pcep_messages 模块负责处理 PCEP 消息的编码和解码，涉及创建和解析消息对象及其 TLV 结构；pcep_pcc 模块管理路径计算客户端的功能，提供了 PCEPlib 的公共 PCC API 以及示例 PCC 二进制文件,这些 API 封装了其他 PCEPlib 库的功能提供 PCC 功能的接口,简化了与其他 PCEPlib 模块的交互过程;pcep_session_logic 模块则控制 PCEP 会话的逻辑流程,包括消息接收、会话对象管理、定时器设置和计数器管理。其他模块,如 pcep_socket_comm 和 pcep_timers 分别负责套接字通信和定时器处理,pcep_utils 则提供了内部工具。

总的来说,每个模块在 PCEPlib 中都承担着特定的职责。pcep_messages 模块是整个库的核心,负责所有与 PCEP 消息相关的操作。pcep_pcc 模块则提供了一套机制,用于管理和控制 PCC 的行为和状态。pcep_session_logic 模块的职责是维护 PCEP 会话的稳定性和效率,确保消息的正确传输和处理。这些模块相互协作,共同提升了 PCEPlib 的可靠性和其他性能。PCEPlib 的架构如图 3-34 所示。

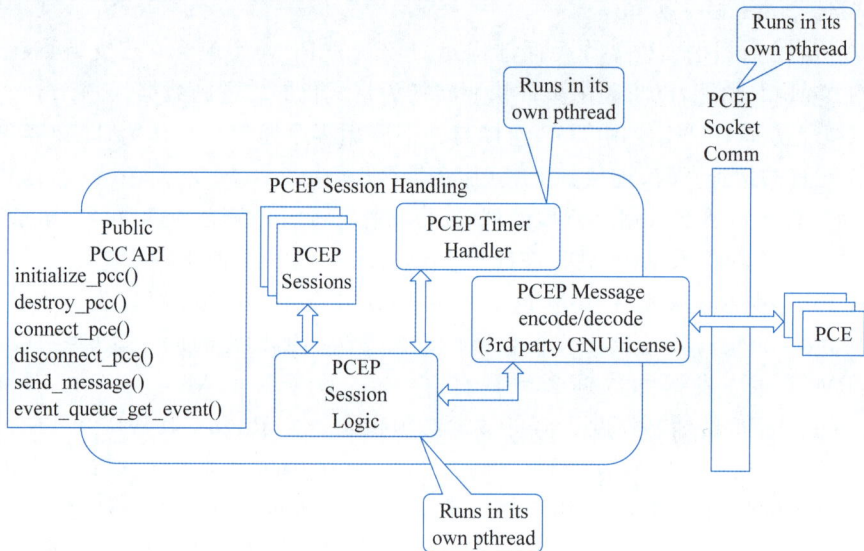

图 3-34　PCEPlib 架构图

4)API 和配置

PCEPlib 提供了一套详细的 API,使用户能够轻松地集成和使用这个库。这些 API 涵盖了从基本配置到高级功能的各个方面,包括 PCC 初始化、配置参数设定、与 PCE 的连接与断开管理。API 还涉及 PCEP 消息、对象和 TLV 的创建,管理及在会话中的应用,事件队列的管理以及 PCEP 事件和消息的处理。通过这些 API,PCEPlib 可以适应不同网络环境和需求,提高在实际应用中的灵活性和效率。

5)应用

PCEPlib 的多场景应用能力是其核心优势之一,具体体现在其对复杂路径计算的处理能力,特别是在数据中心或广域网络等特定场景中。它通过优化路径选择,有效减少延迟并提高数据传输效率。在网络拥塞管理方面,PCEPlib 利用高级路径计算能力识别并规避高流量区域,减少数据包的延迟和丢失。此外,PCEPlib 能够动态调整路径和优化网络流量分布,从而提高网络的整体效率和稳定性。这些能力的综合应用使得 PCEPlib 在不同网络环境中能够提供高效和灵活的网络管理解决方案。

FRR 的模块化架构使得用户可以根据需求选择和配置所需的路由协议,从而满足不同网络环境的需求。它提供了丰富的功能,如路由过滤、路由重分发、路由聚合、路由策略、路由跟踪和路由监控等,为网络管理员和运维人员提供了灵活性和可定制性。作为开源软件,FRR

得到了广泛的开发者社区支持和贡献。开放的代码和社区合作使得 FRR 能够持续改进和发展，不断适应新的网络需求和技术发展。

综上所述，FRR 是一个强大、可靠且灵活的 IP 路由套件，适用于各种网络设备和系统。它在提供高性能、多协议支持和丰富功能方面表现出色，为构建可靠和高效的网络架构提供了可靠的解决方案。

第 4 章

网络路由计算与重路由

IPv6 路由计算存在的问题主要包括地址空间庞大带来的复杂性、与 IPv4 的兼容性问题、网络设备支持不足、路由协议和算法的挑战以及安全性问题。

除常规路由功能以外,故障快速检测、快速恢复也是 IPv6 网络需要考虑的重要问题,具体包括故障快速检测的准确性、备份路径的选择与优化、流量切换的协调与一致性、网络恢复过程中的稳定性以及重路由技术与其他技术的兼容性等问题。

4.1 网络拓扑数学模型

网络拓扑数学模型定义:给定一个 n 个节点的无向图 $G(V,E)$,V 为所有节点的集合,E 为所有边的集合,边的权为 $w(e)(e \in E)$。在这里,每个节点对应一台路由交换设备,每条边对应一条链路,边的权重对应链路度量(metric)。

网络最短路径路由计算问题可归结为,在图 $G=(V,E)$ 中,找到节点 v_0 到其余各节点的边权重之和的最小值。

如图 4-1(a)所示,无向图 $G=(V,E)$ 中的节点集合 $V=\{v_0,v_1,v_2,v_3,v_4,v_5,v_6,v_7\}$,$E=\{(v_0,v_1),(v_0,v_2),(v_0,v_3),(v_0,v_4),(v_0,v_6),(v_0,v_7),(v_1,v_2),(v_1,v_3),(v_1,v_7),(v_2,v_3),(v_2,v_4),(v_3,v_4),(v_3,v_5),(v_4,v_5),(v_4,v_6),(v_5,v_7),(v_6,v_7)\}$,经过 Dijkstra 算法形成的最短路径树如图 4-1(b)所示,而 v_0 基于这棵树到达其他所有节点的边权重之和均是最小的。例如,v_0 到 v_1 的路径度量为 1,v_0 到 v_3 的路径度量为边 (v_0,v_2) 与边 (v_2,v_3) 的度量之和,即 3。

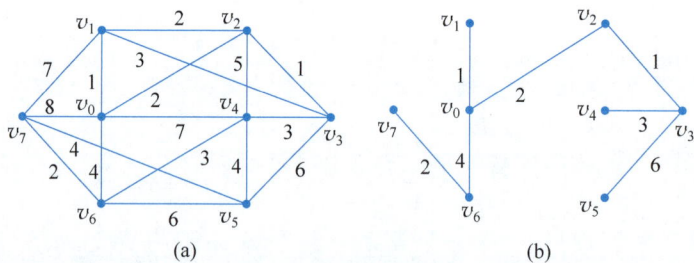

图 4-1　网络拓扑及最短路径算法数学模型示意图

4.2 地面网络路由算法

4.2.1 Dijkstra 算法

Dijkstra 算法是由荷兰计算机科学家 Dijkstra 于 1959 年提出的。它是从一个顶点到其余各顶点的最短路径算法,解决的是有权图中的最短路径问题。Dijkstra 算法主要特点是从起始点开始,采用贪心算法的策略,每次遍历到始点距离最近且未访问过的顶点的邻接节点,直到扩展到终点为止。

以链路状态路由算法计算最短路径为例,在同步以后,每个路由器的链路状态数据库如表 4-1 所示。

表 4-1　链路状态数据库

路　由　器	〈邻居,代价〉	路　由　器	〈邻居,代价〉
A	〈B,6〉,〈C,3〉,〈D,2〉	C	〈A,3〉,〈B,2〉,〈D,5〉
B	〈A,6〉,〈C,2〉	D	〈A,2〉,〈C,5〉

在 SPF 计算中,每个路由器维护了两个列表:

(1) 一个在通往目的地的最短路径上的节点列表,这个表也成为路径类列表(PATH 列表)。

(2) 可能在也可能不在到达目的地的最短路径上的下一跳列表,这个表称为 TENTative 或 TENT 列表。

算法如下:

(1) 把自己列入 PATH 列表(即每台路由器以自己为根节点),并且距离为 0,下一跳也是自己。

(2) 从 PATH 列表中取出刚放入的节点,这个节点称为路径节点,查找路径节点的邻居列表,把列表中的每一个邻居加入 TENT 列表,下一跳都设置为 TENT 节点自己,除非该邻居已经在 TENT 或 PATH 列表并且代价较小。把加入 TENT 列表的节点称为 TENT 节点。把到达 TENT 节点的代价设为从根节点的代价加上从 PATH 节点到 TENT 节点之和。如果加入的节点在 TENT 列表中已经存在,但是代价较大,那么用当前的节点取代代价较大的节点。

(3) 在 TENT 列表中找到代价最小的邻居,把邻居加入 PATH 列表中,重复第(2)步。如果 TENT 列表为空,则停止。

实例:计算路由器 A 的路由表项。

(1) 把自己加入 PATH 列表中,距离为 0,下一跳是自己。路由器 A 的数据库如表 4-2 所示。

表 4-2　计算过程 1

PATH	TENT
〈A,0,0〉	〈empty〉

(2) 将邻居 B、C 和 D 加入 TENT 列表中,下一跳为自己。路由器 A 的数据库如表 4-3 所示。

表 4-3　计算过程 2

PATH	TENT
〈A,0,0〉	〈B,6,B〉
	〈C,3,C〉
	〈D,2,D〉

(3) D 的代价小于 C 的 3 和 B 的 6,将〈D,2,D〉移到 PATH 列表中。路由器 A 的数据库如表 4-4 所示。

表 4-4　计算过程 3

PATH	TENT
{A,0,0}	{B,6,B}
{D,2,D}	{C,3,C}

（4）检查 D 的邻居。路由 D 到 C 的链路代价是 5，A-D-C 的代价为 2+5=7，大于 A-C-C 的代价 3，所以将{C,3,C}加入 PATH 列表中，路由器 A 的数据库如表 4-5 所示。

表 4-5　计算过程 4

PATH	TENT
{A,0,0}	{B,6,B}
{D,2,D}	
{C,3,C}	

（5）检查 C 的邻居。路由 C 到 B 的链路代价是 2，A-C-B 的代价为 3+2=5，小于 A-B-B 的代价 6，所以在 TENT 列表中删除{B,6,B}，添加{B,5,C}，路由器 A 的数据库如表 4-6 所示。

表 4-6　计算过程 5

PATH	TENT
{A,0,0}	~~{B,6,B}~~
{D,2,D}	
{C,3,C}	{B,5,C}

（6）将{B,5,C}加入 PATH 列表，这时 A 的所有列表已经在 PATH 列表中了，TENT 列表为 NULL，停止计算，路由器 A 的数据库如表 4-7 所示。

表 4-7　计算过程 6

PATH	TENT
{A,0,0}	
{D,2,D}	
{C,3,C}	
{B,5,C}	

（7）这时 A 的 PATH 列表就成了它的路由表项，如表 4-8 所示。

表 4-8　最终路由表项

节　　点	代　　价	下　一　跳
A	0	Self
B	5	C
C	3	Connected
D	2	Connected

4.2.2　Bellman Ford 算法

Bellman Ford 算法也是一种计算最短路径的算法，它与 Dijkstra 算法的区别在于：一个节点是否可以多次入队，即一个节点是否会被多次更新。

Bellman Ford 算法是由 Richard Bellman 和 Lester Ford 提出的，用于求解单源最短路径问题的一种算法。Bellman Ford 算法的原理是对图进行 $V-1$ 次收敛操作，其中，V 是顶点的数量,以得到所有可能的最短路径。它的优点在于可以处理边的权值为负数的情况,且实现相对简单。然而,其缺点是时间复杂度较高,达到 $O(VE)$,其中,E 是边的数量,这限制了它在某些应用中的使用。尽管其时间复杂度较高,但在 GPU 并行化方面的研究显示,通过特定的优化算法,可以在不同类型的 GPU 设备上实现性能的提升,从而满足业界对高性能计算的需求。

此外,Bellman Ford 算法与 Dijkstra 算法类似,都基于收敛操作。但 Bellman Ford 算法对所有边进行收敛操作,而 Dijkstra 算法则贪心地选择未处理的具有最小权值的节点进行收敛。这种策略使得 Bellman Ford 算法在处理包含负权边的图时更为合适。

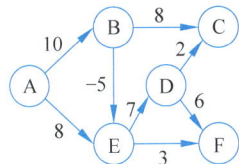

图 4-2　示例拓扑图

对于如图 4-2 所示的网络拓扑,利用 Bellman Ford 算法对其计算最短路径。根据图 4-2,一共有 8 条边,Bellman Ford 的原理,是对这 8 条边都进行收敛操作,而且每一条边都进行 $V-1$ 次收敛操作,现假设每次收敛操作的顺序都是:D→C、D→F、B→C、E→D、E→F、B→E、A→E、A→B。

1. 第一轮收敛

结合前面对每一轮收敛操作的结果,可以知道在这一轮收敛操作中,D→C、D→F、B→C、E→D、E→F、B→E 都是没有结果的,只有对 A→E、A→B 才会有结果,所以第一轮收敛操作的结果如图 4-3 所示。

2. 第二轮收敛操作

在第二轮收敛操作中,D→C、D→F 收敛操作会失败,B→C、E→D、E→F 收敛操作会成功,并且由于 E 多了一种新的选择 A→B→E,即从 A 到达 E,并且发现新的路径长度更短,所以会更新 A 到 E 之间的路径长度,原来的 A→E 这条边的收敛操作,由于路径长度大于现在更新的长度,所以会收敛失败。最终第二轮收敛操作的结果如图 4-4 所示。

源点	终点	最短路径	路径长度
A	B	A→B	10
	C		∞
	D		∞
	E	A→E	8
	F		∞

图 4-3　第一轮收敛结果

源点	终点	最短路径	路径长度
A	B	A→B	10
	C	A→B→C	18
	D	A→E→D	15
	E	A→B→E	5
	F	A→E→F	11

图 4-4　第二轮收敛结果

3. 第三轮收敛操作

由于前面一轮的收敛操作,顶点 D 已经有最短路径,所以在这一轮收敛操作中,对 D→C、D→F 进行收敛操作可以成功。由于 D→C 的收敛操作成功,因此最终会更新 A→C 之间的最短路径为 A→B→E→D→C,路径长度为 17,对 D→F 进行收敛操作时,得到的结果是 21,大于原来的路径长度,所以会收敛失败。另外,会更新的路径还有 A→D(最短路径为 A→B→E→D)、A→F(最短路径为 A→B→E→F)。B→C 之间的收敛操作会失败。最终这一轮收敛操作完成后的结果如图 4-5 所示。

4. 第四轮收敛操作

在这一收敛操作中,可发现有更短的路径,AC 的最短路径为 A→B→E→D→C,路径长度为 14。其他边的收敛操作都会失败,所以最终这一轮收敛操作的结果如图 4-6 所示。

源点	终点	最短路径	路径长度
A	B	A→B	10
	C	A→E→D→C	17
	D	A→B→E→D	12
	E	A→B→E	5
	F	A→B→E→F	8

图 4-5　第三轮收敛结果

源点	终点	最短路径	路径长度
A	B	A→B	10
	C	A→B→E→D→C	14
	D	A→B→E→D	12
	E	A→B→E	5
	F	A→B→E→F	8

图 4-6　第四轮收敛结果

5. 第五轮收敛操作

在这一轮收敛操作中,所有顶点的最短路径没有变化。

所以经过上面的分析,在进行 4 轮操作之后,就已经可以计算出 A 到其他所有顶点之间的最短路径。

4.2.3 Floyd 算法

计算最短路径分成两种情况:一种是一次计算所有点对的最短路径,例如 Floyd 算法;另一种是单源最短路径,也就是计算某一个节点到其他所有节点的最短距离,Dijkstra 算法采用的就是这种方式。

从出发地到目的地的过程中,并不是一下子就到达目的地,而是要经过很多的中转站来一步一步地到达目的地。Floyd 算法的要点是以每个点为"中转站",刷新所有"入度"和"出度"的距离。算法将遍历每一个顶点→遍历点的每一个入度→遍历每一个点的出度,若以这个点为"中转站"距离更短,则刷新距离(比如以 B 点为中转站,若 A→B+B→D<A→D,则刷新 A 到 D 的距离)。

4.3 卫星网络路由算法

卫星网络路由技术主要研究卫星与卫星之间、卫星与地面之间通过激光、微波等链路所构建的卫星网络的路由技术,主要包括空间段路由、星地边界路由和上下行链路接入路由 3 部分。其中,空间段路由主要负责卫星与卫星之间的路由和数据转发,星地边界路由主要负责地面网络的各个自治域和卫星网络之间的路由转发,而上下行链路接入路由则可以根据单颗卫星的覆盖时长适时进行星间切换以选择更优的路由。

由于卫星网络路由算法会受到中轨、低轨卫星网络拓扑动态性、周期性和可预测性以及空间特定传输环境等特性的影响,因此该类算法的研究面临着有趣的挑战。目前,RIP 和 OSPF 算法是地面网络中比较常用的路由算法,但它们主要针对拓扑较为固定的地面有线网络,不能很好地适应拓扑不断变化的卫星网络。对于地面自组织网络路由算法而言,其中的移动模型通常未考虑节点移动的可预测性,所以其路由算法中也未能提供对可预测节点移动的支持。因此,卫星网络路由算法是构建卫星网络,实现高速、可靠通信所需要解决的关键问题。

根据路由算法对拓扑动态性是否进行屏蔽,主要将卫星网络空间段路由算法分为 3 类:静态路由算法、动态路由算法以及动静结合路由算法。静态路由算法主要通过时间和空间划分的方法屏蔽卫星网络的拓扑动态性,即将动态的网络拓扑转化为静态的网络拓扑以简化路由计算;而动态路由算法则不屏蔽卫星网络的拓扑变化,它采用节点自身的信息获取和处理能力,不断了解卫星网络全局的节点、链路状态信息或者按需地获取必要的节点、链路状态信息,从而计算路由。动静结合路由算法则结合了网络拓扑动态性和可预测性的特点,在动态路由计算的过程中加入静态可预测的信息以降低动态路由计算的开销,从而提升网络的路由性能。

4.3.1 基本路由算法

1. 静态路由算法

根据路由算法屏蔽卫星网络拓扑动态性的方式,静态路由算法可分为虚拟拓扑路由、虚拟节点路由和地理路由算法 3 类。

1）虚拟拓扑路由

在该算法中,卫星网络的系统周期被分为多个时间片,每个时间片内卫星网络的拓扑结构被认为是固定的,从而将动态变化的中轨、低轨卫星网络拓扑结构表示为一系列周期性重复出现的静态拓扑结构,即转化为多个静态虚拟拓扑下的路由计算问题,此时可采用 Dijkstra 算法等最短路径算法计算路由。离线计算的路由可全部存放于卫星,或间隔一定时间上传到卫星上,在拓扑变化的时刻切换为对应拓扑的路由表,从而降低卫星网络拓扑动态性对路由造成的影响。典型的虚拟拓扑路由算法包括 DT-DVTR 算法、快照路由算法和有限状态机路由算法等。

2）虚拟节点路由

该算法根据卫星对地面的覆盖情况将地球表面划分为多个固定的地面区域,卫星采用异步切换方式,在各个特定的时间段内覆盖特定的地面区域,使得每个区域由一系列的卫星接力覆盖,各个接力卫星之间的数据和路由信息也将被完全传递,因此可视为由一个虚拟的卫星节点进行持续覆盖。该方法的星地网络拓扑保持不变,适合采用地面传统的路由协议,但是在实现上,虚拟节点如何与物理覆盖区域进行一一对应,以及虚拟节点之间的状态和数据信息传递如何保证通信的连续性等都是需要解决的问题。典型的虚拟节点路由算法包括 LZDR 算法、DRA 算法和 MLSR 算法等。

3）地理路由

地理路由算法通常将地表面划分成相同大小的区域,并为每个区域分配固定的逻辑地址,每个分组也携带该逻辑地址作为源/目标地址。卫星节点根据分组携带的逻辑地址判断用户所在的区域,从而使用基于地理位置的路由将分组转发到覆盖用户所在区域的卫星,最终转发给用户。实际的区域划分可根据应用场景的不同而不同,并且还可以采取分层结构进行区域划分。典型的卫星网络地理路由算法有 DGRA 算法、SIPR 算法等。

2. 动态路由算法

除了地面网络常用的分布式动态路由算法,如距离矢量类路由算法 RIP 和链路状态类路由算法 OSPF 以外,现有的动态路由算法按照其优化网络性能的方式可分为按需路由、多路径自适应路由、链路信息动态交互路由、基于历史信息和预测的路由、基于代理的路由和多播路由等。

1）按需路由

该类算法主要以降低卫星拓扑频繁更新引起的通信开销为设计目标,在必须传输数据前尽量推迟路由更新,没有数据传输时则不进行路由更新。不同的按需路由算法具有不同的路由更新机制,例如,Darting 路由算法使用后继更新机制和前继更新机制,分别负责更新数据分组将到达的下一跳卫星节点的拓扑视图和更新当前卫星节点的前继卫星节点的拓扑视图。而在 LAOR(Location-Assisted On-demand Routing)算法中,每对独立的源、目的节点都独立地调用路径发现进程。但在路径发现进程启动之前,该算法会形成一个最小路由请求区域,以便将路由选择开销保持在最低限度。

2）多路径自适应路由

对于全球覆盖的卫星网络,其网络拓扑通常呈现为 Mesh 网络或曼哈顿网络的结构,因此源、目的节点对之间通常存在多条路由路径,因而有许多的动态路由算法都采用了自适应多路径路由的方法。例如,为了解决由于高纬度地区轨间链路传播延时更短、流量趋于集中在高纬度区域卫星的问题,ALR(Alternate Link Routing)算法提出了最优与次优路径结合路由的方法。该方法采用了 ALR-S 与 ALR-A 两种调度策略,其中,ALR-S 规定每个分组在源卫星节点使用次优路径作为下一跳,而在中间卫星节点使用最优路径作为下一跳;而 ALR-A 规定对任意分组在任意卫星节点交替使用最优和次优路径的下一跳。结果显示,与单路径最短延时路由相比,ALR 减少了近50％的流量高峰。类似的自适应多路径路由算法还有将流量等分到两条路径的 CEMR(Compact Explicit Multi-path Routing)路由算法、分布式多路径多代理路由算法 MASMR(distributed Multipath Routing strategy combined with Multi-Agent System)以及基于遗传算法与线性规划相结合的网络流量负载均衡方法等。

3）链路信息动态交互路由

相对于仅使用本地信息的路由算法而言,采用全局或相邻链路信息交互的方式可以更好地实现全网的性能最优化。ELB(Explicit Load Balancing)路由算法则采取了链路信息动态交互的方式。在该算法中,邻近的卫星显式地交换队列使用状况以表示其目前的传输拥塞状况,即将发生拥塞的卫星主动要求其邻近卫星减小数据转发速率,而邻近卫星也寻找拥塞程度较低的路径作为备份路径进行传输。虽然 ELB 算法能够在低负载的情况下有效降低丢包率,但当网络较为拥塞时,该算法会产生大量的反馈信号,反而导致了网络性能的进一步恶化。

4）基于历史信息和预测的路由

在卫星网络中,链路的利用率也可以将历史信息作为当前路由选择的依据。例如,PAR(Priority based Adaptive Routing)算法则根据链路利用率的历史信息和当前缓冲队列的大小,选择最小跳数路径,并计算二维 Mesh 网络中横(dirx)、纵(diry)两个方向不同路由的优先级度量(u),并选择具有 u 值较小的方向作为初始方向。

此外,网络中的拥塞信息也可以作为预测信息来更新网络的路由决定。例如,CPQA(Congestion-Prediction-based QoS-Aware routing)算法标定所覆盖的地面网络中会产生拥塞的区域作为拥塞区域,当卫星即将经过该区域时,该卫星通知相邻的卫星根据流量等级修改流量的转发路径,将低 QoS 需求的流量绕过该卫星,从而降低了流量拥塞发生的概率。类似的基于预测的路由算法还包括具有流量预测的分布式路由算法(Distributed Route Algorithm with Traffic Prediction,TPDRA)算法等。

5）基于代理的路由

近些年,基于代理(Agent)的思想也被引入卫星网络路由协议中,该类协议主要通过代理来收集网络的延时和拥塞信息,从而计算最优的路由路径。例如,基于代理的负载平衡路由算法 ALBR 使用两种类型的代理(静态代理和移动代理)来收集信息。其中,静态代理负责周期性地评估链路代价和计算路由表,而移动代理随机选择最远目的节点执行路径发现过程。实验结果显示,ALBR 比 ELB 能够实现更好的流量平衡性能,并保证网络在高负载情形下具有更高的吞吐量和更低的丢包率。类似的基于代理的路由算法还有基于代理的分布式流量预测路由(Agent-based distributed Routing Algorithm with Traffic Prediction,TPARA)算法、分布式多路径多代理路由算法 MASMR 等。

6）多播路由

当前的多播路由算法主要分为两类:基于核心树(Core-Based Tree,CBT)的多播路由算法和基于源树(Source-Based Tree，SBT)或共享树(Shared Tree，ST)的多播路由算法。其中基于核心树的多播路由算法主要针对多播成员较多的情况，它选择一个或多个节点作为核心节点，所有需要发送数据的节点首先将数据发送给该核心节点，然后由核心节点以多播的方式发送给其他多播成员。而基于源树的多播路由算法主要针对多播成员较少的情况，它为每个需要发送数据的节点都构建一棵以该节点为根的多播树，该树中流量只从根流向所有叶节点和中间节点。在现有的卫星网络多播路由算法中，基于核心簇组合的共享树(Core-cluster Combination-based Shared Tree，CCST)算法、加权 CCST(w-CCST)算法以及基于直线 Steiner 树的多播路由算法为基于核心树的多播路由算法，而多播路由算法(Multicast Routing Algorithm，MRA)则属于基于源树的多播路由算法。

3. 动静结合路由算法

目前，已有学者提出了动静结合的路由算法，它们是上述静态或动态路由算法中的一种或多种的结合。例如，带有地理位置信息的改进型 OSPF 算法 S-OSPF，它以地面通用的 OSPF 算法作为主体算法，同时结合了地理路由的思想进行改进。该算法将地面划分为不同的区域，并给每个区域分配固定的逻辑地址，同时扩展链路状态通告 LSA 以包含卫星所覆盖区域的地理位置信息，这样整个网络的 IP 数据包均可根据其源、目的卫星的位置进行路由。

另外，可预测链路状态路由(Predictable Link-State Routing，PLSR)算法将动态的链路状态路由算法和卫星网络快照路由算法结合起来，在卫星节点上预置各个快照的链路状态数据库，当目前的快照时间结束时，算法切换快照链路状态数据库以计算下一快照的路由表。同时，链路状态算法可以感知拓扑的变化，因而算法还对可预测拓扑变化和不可预测拓扑变化分别设计了处理方法。除此之外，基于快照路由优化的路由算法中的大多数采用的也是动静结合的思想。

动静结合路由算法有效地结合了动态路由算法应对网络拓扑变化的感知能力和静态路由算法中拓扑可预测的优势，可以更好地提升网络的理论路由性能，但相对于单纯的动态/静态路由算法，动静结合路由算法也增加了路由算法的复杂性和网络开销。就目前情况来看，快照路由算法充分利用卫星运动的可预测性来缓解网络拓扑动态性对路由性能的影响，是卫星网络领域最有效的路由方法，但同时该算法也面临着路由环路、更新效率和快照分布性能等问题，是目前急需解决的关键技术之一。

4.3.2 快照路由模型

在快照路由算法中，基础的网络拓扑采用有向图 $G_i = (V_i, E_i)$ 表示，其中节点集合 V_i 表示网络节点(包括卫星节点和地面站节点)，边集合 E_i 包含所有的上下行链路和星间链路。二元组 (t_i, G_i) 表示卫星网络在时间间隔 $[t_i, t_{i+1}]$ 的拓扑，即为一个快照。当时间为 t_{i+1} 时，网络拓扑变化为 G_{i+1}，因此所有卫星的路由表在 t_{i+1} 时刻同时切换为快照 (t_{i+1}, G_{i+1}) 对应的路由表。相对于动态路由算法，该算法具有简单性和稳定性的优势，降低了网络的收敛时间和开销。

通常，快照路由算法将预先计算好的各个快照的路由表统一上传到卫星节点中，但由于不同卫星节点上存储的路由表都应该以该节点为最短路径树的根节点，如果上传计算完成的路由表，则需要给不同的卫星节点上传不同的路由表，这样会增加快照更新和计算的复杂性；并且，将所有路由表同时上传到各个卫星，也会导致大量星地链路带宽和星上存储空间的浪费。

如图 4-7 所示，星上快照路由表分为两部分：卫星与地面站路由表和地面终端路由表。卫星与地面站路由表是基于地面网络操作控制中心(Network Operation & Control Center，

NOCC)预先上传的邻接矩阵,在卫星节点中提前计算生成的。而地面终端路由表则是在地面终端接入卫星时或所覆盖终端需要与远程终端建立连接时,在卫星节点中临时创建的。

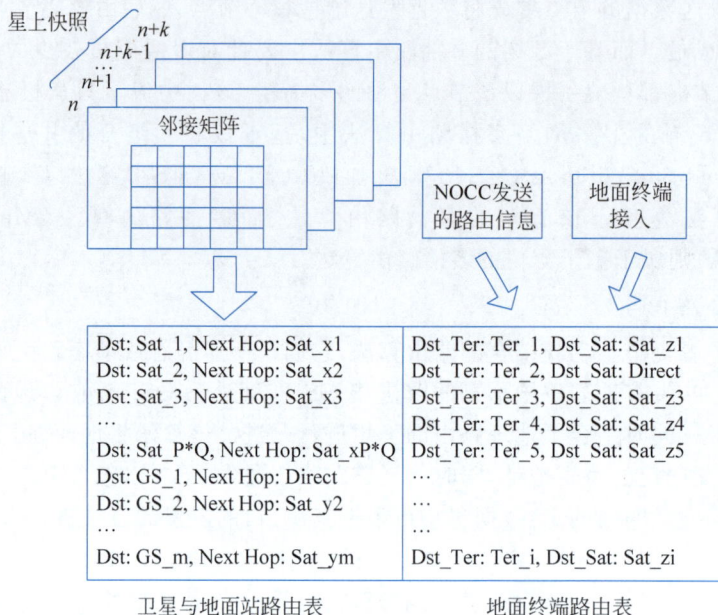

图 4-7　卫星节点中的快照路由表模型

1. 卫星与地面站路由表

由于卫星网络拓扑变化的可预测性,各个卫星可根据星上预存的邻接矩阵(Adjacent Matrix,AM)来计算路由表中的可预测部分。通过星上统一存储邻接矩阵,各个卫星之间本该不同的路由更新操作变得一致,同时还可以采用并行处理来节省更新延时。当感知到不可预测拓扑变化后,NOCC 仅仅将对邻接矩阵的统一修改(即邻接矩阵中发生变化的特定单元,类似于链路状态通知)上传到所有受影响的卫星,以降低路由更新操作的传输开销。通告邻接矩阵变化的消息格式如图 4-8 所示。

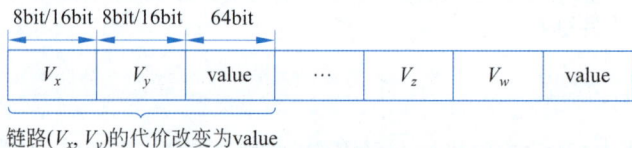

链路(V_x, V_y)的代价改变为value

图 4-8　通告邻接矩阵变化的消息格式

邻接矩阵中每个单元的值表示节点间链路的连通关系和/或链路代价,这取决于采用何种路由算法,如最小延时路由(LDR)算法、最小跳数路由(LHR)算法。虽然与最小延时路由相比,最小跳数路由不仅可以避免前者中较多的路径切换,还可以获得与前者类似的延时性能。但随着网络拓扑的不断变化,星间链路延时也在不断变化,由此导致较多的最短路径其实是不断变化的,所以最小延时路由能比最小跳数路由在更细粒度上反映网络拓扑的变化。因此,我们采用最小延时路由(LDR)方法来实现快照路由算法。

例如,在铱星系统中,AM[Sat1][Sat2]＝0.013455 表示卫星 Sat1 和 Sat2 之间存在星间链路,并且星间链路的延时代价为 13.455ms;而 AM[Sat1][Sat2]＝0 则表示卫星 Sat1 和 Sat2 之间不存在星间链路。

2. 地面终端路由表

由于地面终端的数目非常多,因此地面终端的路由表项采用按需构建的方法,并于切换发生之前或会话结束之前临时性地存储于卫星上。当卫星-终端切换发生或会话结束后,该路由表项即被更新或删除。每个表项包含目的终端 ID 和当前覆盖该目的终端的目的卫星 ID。在通过卫星互连的地面网络中,卫星即是地面网络的入口和出口路由器,终端间的数据分组将根据覆盖目的终端的卫星 ID 进行路由,而这部分路由信息则是存储在卫星与地面站路由表中的。

3. 快照划分的方法

由于快照切换会导致短时间的传输中断和路由不稳定,因而快照切换的次数越少越好。但如果快照持续时间过长,那么每个快照就无法有效地体现网络拓扑变化。因此,合适的快照划分对卫星网络路由与传输的性能具有重要影响。目前,卫星网络快照划分主要有两种方法。

- 链路通断快照划分:根据星间链路的连通性变化划分拓扑快照,即每当有一条链路连通或断开则作为一个快照。在低轨卫星网络中,星间链路连通性变化通常是由卫星之间视线不可达或超过相对角速度的上限值而触发的。
- 等时间间隔快照划分:采用等时间间隔来划分快照更加简单和易于管理。实际的铱星系统就采用了这种方法,并设定单个快照持续时间为 2.5min。

由于链路通断快照划分方法遵循了星间链路通断变化的本质属性,因此该方法的星上转发器利用率很高,但由此导致的不均匀的快照分布可能会产生持续时间较短的快照碎片,反而会降低路由的简单性和稳定性。而对于等时间间隔划分方法,所获得的等长时间快照能有效增加路由算法的简单性和稳定性,但该方法删除了部分无法持续整个快照的星间链路,降低了星上转发器的利用率,同时也影响了路由和传输性能。

4.3.3 快照路由优化

目前,已有学者基于快照路由算法对卫星网络性能进行了优化,其优化的目标各不相同,如最小延时、最小链路切换和重路由、最小开销、业务流服务质量、负载均衡及多目标联合优化等。以下对各种优化方法进行概述。

1. 最小延时

使路径延时最小化一直是卫星网络路由算法的主要优化目标之一。例如,卫星分组路由协议(Satellite Grouping and Routing Protocol,SGRP)针对 LEO/MEO 双层星座的路由延时进行了优化。在该算法中,MEO 卫星将其所覆盖的 LEO 卫星编为一组,实时收集它们的链路延时信息来计算最短延时路由表,从而可以快速响应网络拥塞和卫星失效。此时的快照划分类似于基于链路通断的划分方式:当至少有一颗 LEO 卫星离开该 MEO 卫星的覆盖范围时,即切换为下一个快照。

离散时间流量与拓扑自适应路由算法(Discrete-Time Traffic and Topology Adaptive Routing,DT-TTAR)以虚拟拓扑和虚拟节点的思想为基础屏蔽 LEO 卫星网络的拓扑变化,然后根据星间链路传播延时和排队延时来制定下一跳的转发方向。其中,传播延时主要由各个快照中的星间链路距离所决定,而传播延时主要由自适应的链路代价,如分组到达速率、流量跨越快照的数目和源、目的节点间的位置来决定。实验结果表明,DT-TTAR 具有较好的端到端延时,尤其是在高负载的情况延时优化效果更加明显。但该算法也存在一些问题,如当卫星节点切换覆盖区域时,会造成大量的路由变化,因而需要更加精细的路由优化来应对卫星覆盖区域变化对流量传输造成的影响。

2. 最小链路切换和重路由

随着卫星的不断运动,星间链路的长度和连通关系在不断变化,使得相邻快照之间卫星网络的路由路径也是不断变化的。如果卫星间的数据会话跨越多个快照,那么其路由路径就有可能出现链路切换或重路由的情况,从而导致延时抖动(Delay Jitter),影响卫星网络路由的性能。针对该问题提出了切换感知拓扑分片(Handover Aware Topology-Slice,HATS)路由算法(也称为切换感知快照路由算法)进行优化。该算法根据各星间链路可继续保持连通的快照数目构建加权的快照邻接矩阵,其中可持续时间越长的星间链路的权值越小,然后根据该邻接矩阵计算最短路径路由。由此产生的最短路径路由将尽可能地选择可持续时间更长的路径,从而减少了拓扑切换(如星间链路连通性变化)导致的重路由次数,进而减少了前后路由路径间的延时抖动。

3. 最小开销

由于卫星网络的链路带宽资源有限,因此如何减小路由的传输开销同样是值得优化的问题。简洁显式多路径路由(Compact Explicit Multi-path Routing,CEMR)算法以虚拟拓扑的方法划分基本的网络时间间隔(快照),在每个时间间隔内以路径传播延时和排队延时作为度量标准,计算各个时间间隔的多路径路由表,并据此度量选定传输路径,最后以源路由的方法确保分组会沿着选定的路径进行转发。CEMR算法的特殊之处在于该算法采用了基于索引的编码机制来减少源路由算法中位于各个分组头部的星间链路序列号的存储空间,从而减少了算法的传输开销。但是,由于快照切换后网络中的多路径选择可能发生改变,分组头部所存储路径可能与当前合理的路径选择存在不一致性,因此算法还提出了路径ID验证算法对跨越快照切换传输的分组进行验证,以避免路由环路的产生。

4. 业务流服务质量

随着互联网业务的增加,不同业务流对网络服务质量提出了不同的需求,卫星网络作为互联网未来重要的接入和核心网络,如何提高其网络服务质量也成为研究热点。基于流量分类(Traffic Class Dependent,TCD)的路由算法同样以虚拟拓扑思想为基础,将卫星网络的拓扑变化以10s为时间间隔划分为多个快照,在每个快照结束时,根据当前快照中所收集的链路排队延时和可预测的下一快照的链路传播延时计算链路代价,从而为A、B和C三类不同优先级的流量计算路由表。并且,在缓冲队列中,算法仍然按照A、B、C这一优先级递减的顺序进行分组转发,以满足不同流量对服务质量的需求。另外,算法还对链路代价计算增加了指数平滑操作,以避免短期流量变化所造成的负载振荡问题。

优先级负载均衡路由(Prioritized Load Balancing Routing,PLBR)算法也采用了虚拟拓扑的方法来屏蔽卫星网络拓扑的动态变化,同时也将流量区分为高优先级的实时流量和低优先级的尽力而为流量。该算法的应用场景为多层卫星网络,如转型通信体系结构(Transformational Communications Architecture,TCA)等。算法通过以高层GEO卫星发布网络连接矩阵的方式实现网络静态快照路由的更新,同时,也通过各个节点在域内的星间链路广播链路的剩余带宽信息,以及在域间交换汇聚的域内剩余带宽信息来实现动态链路状态信息的更新,从而为不同优先级的流量计算路由表。该算法还给两种流量设立不同的队列和丢包策略,并特别将实时流量根据目的地和优先级汇聚为标签交换路径(Label Switch Path,LSP)。当某一种流量超过它的额定信息速率(Committed Information Rate,CIR)时,各个节点便会按一定的概率对该流量进行丢包,以保证各种等级的流量获得预定比例的带宽资源。

5. 负载均衡

基于遗传算法与线性规划相结合的网络流量负载均衡方法,其中遗传算法负责优化全网的负载分配,而线性规划算法负责优化源、目的节点间局部的多路径负载分配。该方法采用快照序列的方法来屏蔽卫星网络拓扑的时变特性,并将负载均衡问题转化成两类问题:

(1) 每个时间间隔 Δt 起始处的流量分配问题,此时卫星的位置发生改变从而引起拓扑结构的变化。

(2) 每个时间间隔 Δt 内的流量分配问题,在此期间卫星的位置可认为是固定的,因而网络拓扑结构也是固定的。仿真结果表明,该方法能够使网络流量在星间链路上均匀分布,从而提高了网络的平均吞吐量。

6. 多目标联合优化

随着卫星网络路由研究的进一步深入,单个目标的优化已不能全面地提升网络的性能,因此多目标联合优化的方法逐渐应用于卫星网络路由优化之中。由于多目标组合优化问题是 NPC 问题,针对多层卫星网络(Multi-Layered Satellite Network,MLSN)提出了 3 种面向多目标组合优化的启发式路由算法:蚁群算法、禁止查找算法和遗传算法。其考虑的组合优化目标包括端到端延时、剩余带宽和丢包率。类似于 SGRP 算法,该算法采用的也是虚拟拓扑分组策略,但该算法通过提前切换 LEO 卫星到 MEO 卫星间的接入链路,合并相邻快照,大大减少了快照数目,延长了平均快照持续时间和最小快照持续时间,增强了卫星网络路由的稳定性。仿真结果表明,上述启发式算法可以获得较好的多目标优化性能,特别是在网络负载较高的时候。

在卫星网络拓扑快照的基础上,将链路剩余带宽和传输延时的综合函数作为链路初始权重,在为当前节点选择路径时考虑其余节点对将来传输的可能需求,动态调整网络的链路权重,延时选用关键度高的链路,从而优化卫星网络的链路利用。实验结果表明,算法在请求拒绝数、网络吞吐量、平均跳数以及平均传输延时等方面具有较好的性能提升。

带宽延时卫星路由(Bandwidth-Delay Satellite Routing,BDSR)算法同时对延时和带宽进行了优化。该算法采用 $\text{COST}=\dfrac{\text{delay}(m,n)^A}{\text{bandwidth}(m,n)^B}$ 函数作为链路代价函数,寻求最小化路径延时和最大化路径可用带宽的路由路径分配。实验结果表明,随着运行时间的增加,网络的端到端延时不断减少,平均最小链路带宽不断增加,系统性能则不断增强。

4.4 快速重路由

交互式多媒体服务的应用(如 IP 语音(VoIP)业务)对流量损失非常敏感,当网络中的链路或路由器发生故障时。路由器的收敛时间一般在数百毫秒的数量级;应用流量可能对大于几十毫秒的丢失敏感。

最小化流量损失需要一种机制,使故障附近的路由器能够快速调用修复路径,这种机制受任何后续重新收敛的影响最小。快速重路由机制允许其本地链路已经失败的路由器将流量转发到预先计算的替代路径上,直到该路由器基于改变的网络拓扑安装新的主下一跳。假设使用链路状态路由协议 OSPF 或 IS-IS(针对 IPv4 或 IPv6)来计算网络路由。该机制还假设主路径和替代路径都在相同的路由区域中。

当本地链路发生故障时,路由器当前必须通过 IGP 向其邻居发出事件信号,为所有受影响的前缀重新计算新的主下一跳,然后才把这些新的主下一跳安装到转发平面中。在安装新的主下一跳之前，指向受影响前缀的流量将被丢弃。这个过程可能需要数百毫秒。

4.4.1 无环路备份下一跳(LFA)

IP快速重路由(IPFRR)的目标是在当前选择的主下一跳失败的情况下，通过使用预先计算的备用下一跳，将失效反应时间减少到几十毫秒，以便在检测到失效时可以快速使用备用下一跳。与没有IPFRR的网络相比，具有此功能的网络会经历更少的流量损失和更少的数据包微环路。

在有些情况下，由于IPFRR覆盖范围不同，因此仍然有可能丢失流量，但在最糟糕的情况下，具有IPFRR的网络在流量收敛方面与没有IPFRR的网络相当。

为了阐明IP快速重路由的行为，考虑图4-9中的简单拓扑。当路由器S计算到路由器D的最短路径时，路由器S决定使用到路由器E的链路作为其主下一跳。如果没有IP快速重路由，那么该链路是路由器S计算的到达目的地的唯一下一跳。如果使用IP快速重路由，那么S还会寻找备用下一跳。在本例中，S将确定它可以通过使用到路由器N_1的链路发送目的地为D的流量，因此S将安装到N_1的链路作为其备用下一跳。稍后，路由器S和路由器E之间的链路可能会出现故障。当该链路出现故障时，S和E将首先检测到它。在检测到故障时，S将停止通过故障链路向E发送目的地为D的流量，并且将流量发送到S预先计算的备用下一跳，即到N_1的链路，直到运行新的SPF计算完成并安装其结果。

与主下一跳一样，该机制将为每个目的地计算备用下一跳。计算备用下一跳的过程不会改变通过标准SPF计算的主下一跳。

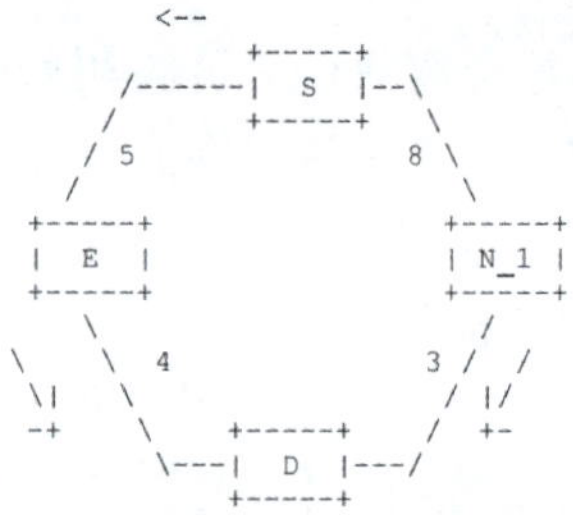

图4-9 基本拓扑

如果在图4-9的例子中，从N_1到D的链路成本从3增加到30，那么N_1将不是无环替代，因为从N_1经由S到D的路径的成本是17，而从N_1直接到D的成本是30。在真实的网络中，可能经常面临这种情况。合适的无环备用下一跳的存在取决于拓扑和计算备用故障的性质。

使用Distance_opt(X,Y)(缩写为D_opt(X,Y))表示从X到Y的最短距离。S用于表示计算路由器。N_i是S的邻居；当只讨论一个邻居时，N用作缩写。D是考虑中的目的地。

不等式1：当且仅当Distance_opt(N,D)<Distance_opt(N,S)+Distance_opt(S,D)时，邻居N可以提供无环替代(LFA)，这就是无环路标准的不等式。

不等式2：无环备用路径的子集是下游路径，必须满足适用于更复杂故障情况的更严格条件，即下游路径准则不等式：

$$\text{Distance_opt}(N,D) < \text{Distance_opt}(S,D)$$

1. 故障场景

备用下一跳可以防止单个链路故障、单个节点故障、共享风险链路组中的一个或多个链路故障，或者这些情况的组合。无论何时发生的故障范围若超过备用系统的预期保护范围，都有可能造成瞬时流量环路。需要注意的是，这种环路只会持续到下一次完整的SPF计算完成之前。当备用节点仅提供链路保护时，节点出现故障的示例如下所示。

如果仅提供链路保护，但节点出现故障，那么使用备用节点的流量可能会经历微环路。这个问题如图4-10所示。如果链路(S→E)出现故障，则通过N的链路保护备用链路将正常工作。然而，如果路由器E发生故障，那么S和N都将检测到故障并切换到它们的备用路由器。在本例中，这将导致S将流量重定向到N，N将流量重定向到S，从而导致转发环路。之所以会出现这种情况,是因为第二个同时发生的相关故障(连接到同一主邻居的另一条链路)违反了网络中所有其他路由器都基于最短路径转发的关键假设。如果没有其他保护机制来处理节点故障,那么当仅使用链路保护 LFA 时,节点故障仍然是一个问题。

通过仅选择下游路径作为备用路径,可以防止当发生比计划更大范围的故障时引起的经由备用路径的流量微环路。使用下游路径可以避免因使用备用路由器而导致的微环路,因为通往目的地的路径中的每个后续路由器都必须比其前任更接近目的地(根据故障前的拓扑结构)。尽管下行路径的使用确保了经由备用路径的微环路不会发生,但是这种限制会严重限制备用路径的覆盖范围。在图 4-10 中,S 能够使用 N 作为下游替代,但是 N 不能使用 S;因此,N 将没有替代,并将丢弃流量,从而避免了微环路。

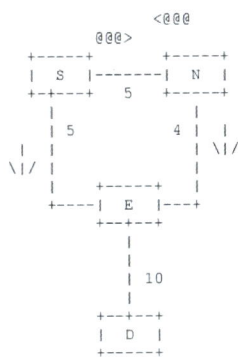

图 4-10 导致节点环路故障的链路保护替代

如前所述,使用节点保护 LFA 或下游路径可以在节点出现故障时防止出现微环路。有些拓扑可能存在节点保护 LFA、下游路径等保护措施,或者两者都存在,或者都不存在。节点可以选择节点保护 LFA 或下游路径,而不会在邻居节点生理故障的情况下导致微环路。虽然链路和节点保护 LFA 可保证针对链路或节点故障提供保护,但下游路径仅提供针对链路故障的保护,并且根据下游节点所能提供的保护能力,确定提供或不提供针对节点故障的保护,但它不会导致微环路。例如,在图 4-10 中,如果 S 使用 N 作为下行路径,那么尽管不会出现环路,但流量不会在节点 E 发生故障时受到保护,因为 N 没有可行的修复路径,并且会丢弃该分组。然而,如果 N 具有经由某个其他路径的链路和节点保护 LFA 或下游路径,则修复可能成功。

由于链路和节点保护 LFA 的功能大于保护链路的下游路径方法,因此路由器应该选择链路和节点保护 LFA,而不是保护链路的下游路径。如果有任何目的地的链路和节点保护 LFA 不可用,则根据定义,从计算路由器的任何邻居到所有这些目的地的路径必须通过受保护的节点(否则将有一个针对该目的地的节点保护 LFA)。因此,如果存在以受保护节点为目的地的下游路径,则该下游路径可以用于链路和节点保护 LFA 不能发挥作用的那些目的地;下游路径的存在可以通过对条件 Distance_opt(N,E)< Distance_opt(S,E) 的单次检查来确定。

能否找到一种可以防止其他相关故障(其中节点故障是一个特定实例)的替代方案呢?一般情况下,这些由共享风险链接组(SRLG)处理,其中网络中的任何链路都可以属于 SRLG。通用 SRLG 可能会增加寻找无环替代的计算复杂性。

然而,SRLG 的一个子类可用于表示连接到同一路由器的链路的相关故障,例如,同一物理接口上有多个逻辑子接口(如以太网接口上的 VLAN),多个接口因通道化而使用同一物理端口,或者多个接口因位于同一线卡上而共享相关故障。

SRLG 的这一子类别将被称为本地 SRLG,本地 SRLG 的所有成员链路的一端都连接到同一台路由器。因此,路由器 S 可以选择不使用与主下一跳相同的本地 SRLG 链路的无环备用路由。属于 E 的本地 SRLG 的故障可以通过节点保护来防止,即挑选无环节点保护替代。

在提供 SRLG 保护的情况下,替代是在特定 OSPF 或 IS-IS 区域的上下文中提供的,其拓扑在 SPF 计算中用于计算无环节点保护替代。如果一个 SRLG 包含多个区域中的链路,那么受影响的流量所经过的每个区域都需要单独的保护 SRLG 的备用方案。

2. 备用下一跳计算

除了通过最短路径树(SPT)计算获得的一组主下一跳(这是标准链路状态路由功能的一

部分)之外,支持 IP 快速重新路由的路由器还会计算一组在发生本地故障时使用的备用下一跳。计算这些备用下一跳以提供所需类型的保护(即链路保护和/或节点保护),并保证当预期的故障发生时,通过它们转发流量不会导致环路。这样的下一跳被称为无环备用或 LFA。

一般来说,为了能够计算到特定目的地 D 的 LFA 集,路由器需要知道以下基本信息:

- 从计算路由器到目的地的最短路径距离(Distance_opt(S,D));
- 从路由器的 IGP 邻居到目的地的最短路径距离(Distance_opt(N,D));
- 从路由器的 IGP 邻居到自身的最短路径距离(Distance_opt(N,S));
- Distance_opt(S,D)通常可从链路状态路由协议执行的常规 SPF 计算中获得。

Distance_opt(N,D)和 Distance_opt(N,S)可以通过从每个 IGP 邻居的角度执行额外的 SPF 计算来获得(即将邻居的顶点视为 SPT 的根,以下称为 SPT(N),而不是计算路由器的顶点,称为 SPT(S))。

该规范定义了一种 SRLG 保护形式,仅限于那些包含与计算路由器直接相连的链路的 SRLG。只有那组 SRLG 可能导致本地故障;计算路由器仅计算备用路由器来处理本地故障。有关本地链路 SRLG 成员身份的信息是手动配置的。可以使用 RFC4205 或 RFC4203 动态获取有关远程链路 SRLG 成员资格的信息。定义 SRLG_Local(S)为包含与计算路由器 S 存在直接链路连接的 SRLG 集。在计算过程中,仅关注 SRLG_Local(S),但计算路由器必须正确处理由本地链路 SRLG 中成员关系变化触发的 SRLG_Local(S)变化。

为了在给定目的地提供 SRLG 保护所需的所有可用 LFA 中进行选择,计算路由器需要跟踪通过特定 IGP 邻居的路径所涉及的 SRLG_Local(S)子集。为此,网络拓扑中的每个节点 D 都与 SRLG_Set(N,D)相关联,该集是流量通过 N 转发到 D 时会发生交叉的 SRLG 集合。为了计算该集合,路由器将每个 IGP 邻居的 SRLG_Set(N,N)初始化为空。在 SPT(N)计算期间,当新的顶点 V 被添加到 SPT 时,其 SRLG_Set(N,V)被设置为与其父节点相关联的 SRLG 集合和与从 V 的父节点到节点 V 的链接相关联的 SRLG_Local(S)中的 SRLG 集合的并集。与候选备选下一跳相关联的 SRLG 集合和经由该候选下一跳到达的邻居的 SRLG_Set(N,D)的并集,将用于确定 SRLG 保护。

1) 基本无环路条件

遵循此规范的实现所使用的备用下一跳必须至少符合上文不等式 1 中所述的无环路条件。这种情况保证了在链路出现故障后将流量转发到 LFA 时,不会导致环路。

当确定链路保护和/或节点保护备选下一跳时,可以进一步应用后续的条件。

2) 节点保护备用下一跳

对于备用下一跳 N 来说,为了防止目的地 D 的主邻居 E 的节点故障,N 必须相对于 E 和 D 都是无环的。换句话说,N 到 D 的路径必须不经过 E。如果不等式 3 为真,则是这种情况,其中 N 是提供无环备用的邻居。

不等式 3:节点保护无环替换准则,如下所示

$$\text{Distance\_opt}(N,D) < \text{Distance\_opt}(N,E) + \text{Distance\_opt}(E,D)$$

如果 Distance_opt(N,D)=Distance_opt(N,E)+Distance_opt(E,D),则 N 可能具有等价路径。其中一条路径可以针对 E 的节点故障提供保护。然而,同样可能的是,N 的路径之一经过 E,并且计算路由器没有办法影响 N 使用它的决定。因此,应该假设如果不满足不等式 3,那么备用下一跳不提供节点保护。

3) 广播和非广播多路访问(NBMA)链路

在广播链路的情况下,验证下一跳的链路保护属性比验证点对点链路更复杂。这是因为

广播链路被表示为伪节点,并通过零成本链路连接到其他节点。

由于连接到广播网段的接口故障可能意味着整个网段的连接丢失,因此保护广播链路所需的条件是苛刻的,还要求备用节点相对于伪节点是无环路的。

考虑图 4-11 中的例子。

在图 4-11 中,N 提供了一个无环路的备用链路保护。如果主下一跳使用广播链路,则备用下一跳相对于该链路的伪节点应该是无环的,以提供链路保护。这个要求在下述不等式 4(广播链路的无环路链路保护标准)中有描述:

$$D\_opt(N,D) < D\_opt(N,PN) + D\_opt(PN,D)$$

```
+-----+         15
|  S  |--------
+-----+
   | 5
   | 0
/----\ 0 5       +-----+
| PN |-----------|  N  |
\----/           +-----+
   | 0               |
   | 5               | 8
   |                 |
+-----+    5     +-----+
|  E  |----------|  D  |
+-----+         +-----+
```

图 4-11　链路保护的无环替代方案

因为来自伪节点的最短路径经过 E,所以如果来自邻居 N 的无环替换是节点保护的,则该替换也将是链路保护的,除非路由器 S 只能通过相同的伪节点到达替换邻居 N。由于这是保护节点的 LFA 不保护链路的唯一情况,因此意味着对于点对点接口,保护节点的 LFA 总是保护链路。因为 S 可以引导流量远离最短路径以使用备用 N,流量可能会通过与 S 将流量发送到主 E 时相同的广播链路。因此,来自 N 的受节点保护的 LFA 不会自动为广播或 NBMA 链路提供链路保护。

为了获得链路保护,来自所选备用下一跳的路径一定不能穿过受保护的链路,并且从 S 到达该备用下一跳所使用的链路不是受保护的链路。后者只能发生在非点对点链路上。因此,如果主下一跳通过广播或 NBMA 接口,则有必要在备用选择期间考虑链路保护。为了澄清这一点,请考虑图 4-11 中的拓扑结构。为了使 N 提供链路保护,第一,需要 N 到 D 的最短路径不穿过伪节点 PN。第二,由 S 选择的备用下一跳不穿越 PN 是必要的。在这个例子中,S 到 N 的最短路径是通过伪节点。因此,为了获得链路保护,S 必须找到避开伪节点 PN 的到 N 的下一跳(在本例中是从 S 到 N 的点对点链路)。

对于 SRLG 保护来说,同样需要考虑从 S 到所选备用下一跳的链路以及从所选备用下一跳开始的路径。S 到所选邻居 N 的最短路径可能无法作为提供 SRLG 保护的备用下一跳,即使从 N 到 D 的路径可以提供 SRLG 保护。

4)ECMP 和候补

对于等价多路径(ECMP),一个前缀可能有多个用于转发流量的主下一跳。当特定的主下一跳失败时,应使用备用下一跳来保护流量。这些备用下一跳本身也可以是主下一跳,但不是必需的。其他主下一跳不能保证针对相关故障场景提供保护。

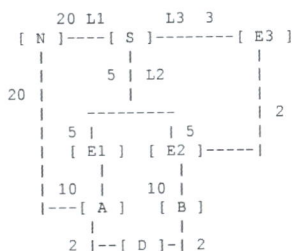

```
    20 L1      L3  3
[ N ]----[ S ]--------[ E3 ]
   |        5 | L2         |
20 |        --------      |
   |        |      |      | 2
   |      5 |    5 |      |
   |     [ E1 ]  [ E2 ]----
   |       | 10    | 10
   |---[ A ]    [ B ]
       2 |--[ D ]-| 2
```

图 4-12　主下一跳提供有限
保护的 ECMP

在图 4-12 中,S 有 3 个到达 D 的主下一跳,即 L2 到 E1、L2 到 E2 以及 L3 到 E3。从 L2 到 E1 的主下一跳可以获得从 L3 到 E3 的链路和节点保护,这是其他主下一跳之一;L2 到 E1 无法从 L2 到 E2 的另一个主下一跳获得链路保护。类似地,L2 到 E2 的主下一跳只能获得从 L2 到 E1 的节点保护,并且只能获得从 L3 到 E3 的链路保护。到 E3 的第三个主下一跳 L3 可以获得从 L2 到 E1 和从 L2 到 E2 的链路和节点保护。L2 到 E2 的主下一跳和 L2 到 E1 的主下一跳都有可能通过使用 L1 获得提供链路和节点保护的备用下一跳。

应该分别为每个主下一跳确定备用下一跳。与非 ECMP 情况下的备用选择一样,这些备用下一跳应最大限度地覆盖故障情况。

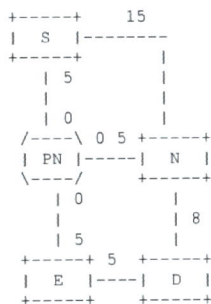

5）LFA 类型和权衡

LFA 可以提供不同类型的保护,选择哪种类型取决于网络拓扑和网络中使用的其他技术。

（1）主下一跳:当有等价的主下一跳时,使用其中一个作为备用下一跳可以保证不会导致微环路,但是由于流量通过较少的路径发送,所以主路径上可能会出现拥塞。所有主下一跳都是下游路径。

（2）下游路径:与 LFA 不同,下游路径保证不会导致涉及图 4-12 中的 3 的微环路,无论检测到的实际故障是什么。然而,网络中这种替代的预期覆盖范围预计会很差。所有下游路径都是 LFA。

（3）LFA:LFA 可以很好地覆盖网络,这取决于拓扑结构。但是,如果发生未受保护的故障（如当 LFA 仅受链路保护时,某个节点出现故障）,则可能会出现微环路。

不同类型的保护包括 LP(链路保护)、NP(节点保护)和 SP(SRLG 保护)。

- LP、NP 和 SP:如果存在这样的备用服务器,那么它可以针对所有故障提供保护。
- 仅 LP 和 NP:许多网络可能通过另一种方法处理 SRLG 故障,或者可能关注更常见的节点和链路故障。
- 仅 LP:网络可以通过高可用性技术处理节点故障,并主要关注保护更常见的链路故障情况。
- 仅 NP:只存在于非点对点接口上。如果链路保护在不同的层中处理,那么 NP 替代可能是可接受的。

6）简化

当仅需要链路保护时,通过为连接到路由器的每个下一跳仅考虑和计算一个链路保护 LFA,可以简化 LFA 的计算和使用。所有使用该下一跳作为主跳的前缀将使用为该下一跳计算的 LFA。

即使是具有多个主下一跳的前缀,每个主下一跳也会受到主下一跳的关联 LFA 的单独保护。这个关联 LFA 可能是也可能不是前缀的另一个主要下一跳。

这种简化可能会降低网络的覆盖范围。除了限制对多宿主前缀的保护之外,当可以为使用下一跳的一些前缀找到 LFA 时,对每个下一跳的计算也可能找不到该前缀。

例如,考虑图 4-12,其中 S 有 3 个到达 D 的 ECMP 下一跳:E1、E2 和 E3。对于前缀 D,E3 可以为下一跳 E1 和 E2 提供链路保护;E1 和 E2 可以为下一跳 E3 提供链路保护。然而,如果使用这种简化来分别计算 E1、E2 和 E3 的 LFA,则 E1 没有保护 LFA 的链路,而 E3 和 E2 可以互相保护。

3. 备份下一跳的使用

1）使用备份下一跳

如果有备用下一跳可用,那么路由器会在主下一跳出现故障时将流量重定向到备用下一跳。当通过本地接口故障或其他故障检测机制检测到下一跳故障时,路由器应该:

（1）删除与故障相关联的主下一跳。

（2）如果没有安装为失败的下一跳计算的无环备用路由（例如,备用路由也是主下一跳）,则安装该备用路由。

请注意,如果路由器通过 SRLG 分析认为,其他下一跳可能受到了相同故障的影响,则可能会删除这些下一跳,即使在检测到故障时这些下一跳不可见。

备用下一跳必须仅用于根据最短路径路由转发的流量类型。

2）停止使用备份下一跳

在主下一跳不可用后,路由器必须限制备用下一跳的使用时间。这确保了路由器将开始使用新的主下一跳。它可确保消除所有可能的瞬态条件,并且网络根据部署的路由协议收敛。

有一些技术可以处理网络融合过程中可能出现的微环路,但应遵循给出的终止使用备用路由器的规则。

图 4-13 给出了说明该问题的示例。如果从 S 到 E 的链路出现故障,那么 S 将使用 N1 作为备用链路,S 将计算 N2 作为到达 D 的新主链路下一跳。如果 S 在能够计算并安装新的主链路后立即开始使用 N2,那么 N2 很可能尚未安装新的主链路下一跳。这将导致流量环路并被丢弃,直到 N2 安装了新拓扑。这种情况可以通过延迟其安装并将流量留在备用下一跳来避免。

这是一个新主节点在故障前不是无环备用节点的情况示例,因此可能一直通过 S 转发流量。当通过先前上游节点的路径比通过无环备用节点的路径短时,就会发生这种情况。在这些情况下,给出足够的时间来确保新的主邻居和新的主路径上的其他节点已经切换到新的路由是有用的。

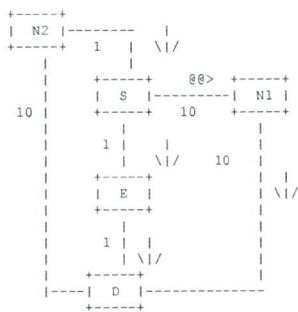

图 4-13 需要继续使用备用下一跳的示例

如果新选择的主节点在故障之前是无环路的,那么立即切换到新的主节点是安全的;新的主节点不依赖于故障,因此其路径不会改变。

假设有一个备用设备提供适当的保护,并且假设单一故障成立,则推迟安装新的主设备是安全的;这不会产生转发环路,因为已知备用路径到目的地的路径不经过 S 或故障元素,因此不会受到故障的影响。

即使根据新的网络拓扑获得了新的路由信息,实施过程也应继续使用备用下一跳来转发数据包。如果出现以下情况,那么应该终止分组转发的备用下一跳的使用:

- 如果新的主节点下一跳在拓扑更改之前是无环路的;
- 如果所配置的抑制(表示网络融合过渡长度的最坏情况界限)已经到期;
- 如果收到网络中不相关拓扑变化的通知。

4.4.2 远端无环路备份下一跳(RLFA)

RFC5714 描述了 IP 快速重路由(IPFRR)的框架,并提供了各种建议的 IPFRR 解决方案的摘要。RFC5286 描述了一种使用无环路备份下一跳(LFA)的基本机制,该机制在许多拓扑中提供了良好的修复覆盖范围,尤其是在那些高度网状的拓扑中。然而,某些拓扑结构(尤其是基于环的拓扑结构)无法单独通过 LFA 得到很好的保护。这是因为没有本地修复点(PLR)的邻居通过不穿越故障的路径到达目的地的成本低于通过故障到达目的地的成本。

该方法扩展了 RFC5286 中描述的 LFA 方法,通过将需要 IPFRR 的数据包隧道传输到既可从 PLR 到达又可到达目的地的节点,从而涵盖了许多此类情况。

1. 方案概述

LFA IPFRR 在某些网络中的可达性问题可由如图 4-14 所示的网络片段来说明。

图 4-14 简单的环状拓扑

如果所有链路开销相等,则通过链路 S-E 的流量不能完全受到 LFA 的保护。目的地 C 来自 S 的等价多路径(ECMP),因此当 S-E 出现故障时,去往 C 的流量可以得到保护,但是去往 D 和 E 的流量不能使用 LFA 得到保护。

下面描述基本修复机制的扩展,其中隧道用于提供额外的逻辑链路,这些链路可用作无环备用链路,而在原始拓扑中不存在无环备用链路。在图 4-14 中,S 可以不经过 S-E 链路而到达 A,B 和 C。这些形成了 S 相对于 S-E 的扩展 P 空间。可以不经过 S-E 而到达 E 的路由器将在 E 相对于链路 S-E 的 Q 空间中;B 有通过 B-A-S-E 和 B-C-D-E 到 E 的等价路径,因此 S 处的路由器可能选择经由链路 S-E 向 E 发送分组。因此,相对于链路 S-E,B 不在 E 的 Q 空间中。S 的扩展 P 空间和 E 的 Q 空间中的单个节点都是 C;因此,节点 C 被选为修复隧道的端点。因此,如果在 S 和 C 之间提供隧道,如图 4-15 所示,那么 C(现在是 S 的直接邻居)将成为 D 和 E 的 LFA。

```
S---E
/ \   \
A   \   D
\   \  /
B---C
```

图 4-15 隧道的添加

这种隧道的提供不会破坏无故障流量分配,因为它仅用于修复流量,而不能用于正常流量。注意,专门用于验证修复可行性的运行、管理和维护(OAM)流量可能会在故障发生前通过隧道。

这种技术的使用不限于环状拓扑结构,而是一种通用机制,可用于增强 LFA 提供的保护。远程 LFA 适用于网络中的增量部署,包括已经部署 LFA 的网络。修复路径的计算需要可接受的 CPU 资源,并且专门发生在修复节点上。在 MPLS 网络中,在修复隧道端点学习标签绑定所需的目标 LDP 是一种众所周知且广泛部署的技术。

这里考虑了修复路径被限制在单个区域或二级路由域的情况。在所有其他情况下,所选择的 PQ 节点应该被视为修复节点的隧道邻接。

2. 修复路径

与 LFA FRR 一样,当路由器检测到相邻链路故障时,它会使用一条或多条修复路径来替代故障链路。修复路径是预计到以后的故障而预先计算的,因此当检测到故障时,它们可以被迅速激活。

隧道修复路径将流量隧道传输到网络中的某个中转点,从该中转点可知,在没有比预期更严重故障的情况下,流量将使用正常转发而不环回地行进到其目的地。这相当于提供一个虚拟的无环备用链路来补充物理的无环备用链路称为"过程 LFA"。最简单的形式是,当本地 LFA 邻居无法完全保护链路时,保护路由器会寻求远程 LFA 中转点的帮助。网络可管理性方面的考虑可能导致更频繁地使用远程 LFA 的修复策略。

更严重故障的例子有节点故障、共享风险链路组故障(SRLG)、多条链路或广播或 NBMA 链路的独立并发故障等。

1)隧道作为修复路径

考虑任意受保护的链路 S-E。在 FRR LFA,如果从 S 的邻居 N 到目的地的路径不会导致分组在链路 S-E 上出现环路(即 N 是无环备选),则 S 可以将分组发送到 N,并且使用故障前转发信息将分组转发到目的地。如果没有这样的 LFA 邻居,那么 S 也许可以创建一个虚拟的 LFA,即通过使用隧道将分组传送到网络中不是 S 的直接邻居的点,分组将从该点被传送到目的地,而不会送回到 S。这样的隧道被称为修复隧道。这个隧道的尾端(修复隧道端点)是一个"PQ 节点",修复机制是一个"远程 LFA"。该隧道不得穿越东南向链路。

注意,修复隧道终止于 S 和 E 之间的某个中间路由器,而不是 E 本身。这显然是事实,因为如果有可能建造一条从 S 到 E 的隧道,那么传统的 LFA 就足以进行修复。

2)隧道要求

有许多 IP-in-IP 隧道机制可以用来满足这种设计的要求,如通用路由封装(GRE)。

在使用 LDP 的支持 MPLS 的网络中,可以使用简单的标签栈来提供所需的修复隧道。在这种情况下,外部标签是 S 的邻居对于修复隧道端点的标签,而内部标签是修复隧道端点对于分组目的地的标签。为了让 S 获得正确的内部标签,有必要建立到隧道端点的目标 LDP 会话。

MPLS/LDP 环境中的部署在数据平面中相对简单,因为从 S 到修复隧道端点(所选 PQ 节点)的 LDP 标签交换路径(LSP)是容易获得的,因此不需要任何新的协议扩展或设计改变。该 LSP 被自动建立为 LDP 行为的基本属性。封装和解封装的性能是高效的,因为封装只是一个标签的推送(类似于传统的 MPLS-TE FRR),并且解封装通常被配置为发生在修复隧道端点之前的倒数第二跳。在控制平面中,在修复节点和修复隧道端点之间需要目标 LDP (TLDP)会话,这将需要在隧道可以使用之前建立和处理标签。建立 TLDP 会话和获取标签的时间将限制新隧道投入服务的速度。在正常运行时,这不会成为问题,因为在管理良好的网络中,链路的受控引入和移除是相对罕见的,故障的发生率也很低。

当检测到故障时,必须立即将流量重定向到修复路径。因此,必须在预判到故障的情况下预先提供所使用的修复隧道。由于修复隧道端点的位置是动态确定的,因此需要自动建立隧道修复路径。多个隧道修复路径可以共享一个隧道端点。

3. 修复路径的构建

1)识别所需的隧道修复路径

并非所有链路都需要使用隧道修复路径进行保护。参考图 4-15 所示拓扑,如果 E 已经可以通过 LFA 来保护,则 S-E 不需要使用修复隧道来保护,因为通过 E 正常可到达的所有目的地必须由 LFA 来保护;这样的 LFA 经常被称为"链路 LFA"。只有不具有链路或每前缀 LFA 的链路才需要隧道修复路径(可以按前缀计算)。

应该注意,使用 E 的 Q 空间作为每个目的地的 Q 空间可能导致无法识别有效的远程 LFA。减少有效保护覆盖的程度取决于拓扑结构。

2)确定隧道终点

修复隧道端点应当是不经过 S-E 就可以从 S 到达的网络中的节点。此外,修复隧道端点应当是分组将正常流向其目的地而不会被吸引回故障链路 S-E 的节点。

需要注意的是,一旦从隧道中释放,数据包将正常地通过从释放点到目的地的最短路径转发。这可能导致数据包在受保护链路 S-E 的远端穿越路由器 E,但这显然不是必需的。

修复隧道端点所需的属性如下:

- 修复隧道点必须可从隧道源到达,而无须穿越故障链路;
- 当从隧道中释放出来时,数据包必须继续向其目的地前进,而不会被故障链路吸引回来。

如果满足这两个要求,通过修复隧道转发的数据包将到达目的地,并且不会在单个链路故障后形成环路。

4.4.3 拓扑无关的无环路备份下一跳(TI-LFA)

在直接连接的网络组件突然出现故障时,该机制利用网段路由(SR)来恢复端到端连接。术语拓扑无关(TI)描述了提供在所有网络拓扑中都有效的无环路备份路径的能力。与 LFA 和远程 LFA 相比,该方案可以在某些无法提供完整保护范围的拓扑中提供保护。

从 PLR 检测到本地链路故障的那一刻起,TI-LFA 路径被激活,并保持有效,直到内部网关协议(IGP)在 PLR 处完全实现收敛。

因此,它们不易受微环路的影响。微环路可能是由于这些路径穿过的不同节点之间的 IGP 收敛时间的变化造成的。这确保了稳定和可预测的路由环境,最大限度地减少了通常与异步网络行为相关的中断。

从 PLR 检测到本地链路故障的时刻开始应用 TI-LFA 路径,直到 PLR 的 IGP 收敛完成。

因此,PLR 处的早期(相对于其他节点)IGP 收敛和 TI-LFA 路径的连续"早期"释放可能会导致微环路,特别是如果这些路径是使用 4.4.1 节中描述的方法计算的。防止这种微环路的可能方法之一是局部收敛延迟。

在链路或节点故障的情况下,TI-LFA 程序是对任何微环路避免程序应用的补充:

- 链路或节点故障需要采取一些紧急措施来恢复通过故障资源的流量。TI-LFA 路径是预先计算和预先安装的,因此适合用于紧急恢复。
- 微环路避免程序中使用的路径通常不能预先计算。

对于网络中的每个目的地(由 IGP 指定),TI-LFA 为每个受保护的目的地预配置了一个备份转发条目,一旦检测到用于到达目的地的链路出现故障,该条目即可被激活。TI-LFA 在发生以下任何一种情况时提供保护:单链路故障、单节点故障或单 SRLG 故障。在链路故障模式下,假设链路出现故障,目标也会受到保护。在节点保护模式下,假设连接到主链路的邻居出现故障,目标将受到保护。在 SRLG 保护模式下,假设一组与主链路共享风险的一组已配置链路发生故障,目标将受到保护。

通过利用分段路由(SR),TI-LFA 不再需要与远程节点建立目标标签分发协议会话,从而充分利用远程无环备用路由(RLFA)的优势或定向无环路替代(DLFA)。内部网关协议(IGP)的链路状态数据库(LSDB)中包含所有必需的网段标识符(SID)。因此,不再需要优先选择 LFA,也不再需要最小化 RLFA 或 DLFA 修复节点的数量。

利用 SR 使得无须在网络内建立额外的状态来实施显式快速重路由(FRR)路径。这使节点不会处于维护补充状态,并使运营商不必通过额外的协议或协议会话来扩大保护覆盖范围。

TI-LFA 还带来了以下优势:在考虑特定故障时,能够提供遵循预期聚合后路径的备份路径,从而减少对影响备份路径选择的本地配置策略的需求(见 RFC7916)以无环路方式表达预期收敛后路径的最简单方法是将其编码为一个邻接段列表。但是,这可能会创建一个很长的段列表,一些硬件可能无法对其进行编程。TI-LFA 的挑战之一是通过组合邻接段和节点段来对预期的收敛后路径编码。每个实现都可以独立地开发自己的算法来优化有序段列表。

第 5 章

可编程网络转发技术

基于可编程智能网卡 SmartNIC 的网络层处理机制近年来成为了公有云数据中心网络的关键基础设施和研究热点,该方向相关产品和研究成果所关注的主要问题是如何在网卡平台支持高性能的网络报文路由转发处理,并针对多租户业务流量进行细粒度隔离与资源共享,相关研究主要采用 FPGA 可编程网卡实现高性能可编程数据报文处理。这些平台可以大致分为直接编程的工具和高层次综合工具。在直接对 FPGA 进行编程的方法中,程序员通过使用硬件描述语言(如 Verilog)或使用高级语言(如 P4 或 C),在 FPGA 上实现新的数据包处理逻辑,并通过高层次综合工具将其转换为硬件描述语言(HDL)形式。HDL 代码被送至 FPGA 综合工具以生成比特流,并被写入 FPGA。

FPGA 的直接编程有多种隔离机制。例如,VirtP4 和 MTPSA 将多个用 P4 语言编写的独立模块映射到 NetFPGA,并为不同租户分别实例化不同的 RMT 流水线实现隔离。两种方法都使用 P4-NetFPGA 工具链将 P4 代码转换为 Verilog 代码,需要将不同模块的 P4 程序组合成单一的 Verilog 程序,然后可以将其提供给综合工具。因此,更改模块需要重新烧录 FPGA 比特流,这会对其他报文处理逻辑的执行造成影响。另外,MTPSA 等方法需要在硬件端为每个租户实例化完整的 RMT 流水线,在逻辑与存储资源极为有限的 FPGA 可编程网卡上难以实际部署。

上述问题可以通过部分可重构(Partial Reconfiguration)来解决,即将 FPGA 上的计算单元(即查找表与 BRAM)划分为多个区域,每个区域分配给不同的 Verilog 模块,每个区域的 FPGA 比特流可以独立于其他区域进行综合。通过将每个数据包处理模块分配给单独的 PR 区域,可以在不影响其他模块功能的情况下对其中某一部分的功能逻辑进行更新。

FlowBlaze、SwitchBlade 或 hXDP 等系统在 RMT 或 eBPF 等之上提供了比 RMT 架构更高级的抽象,每次程序员更新程序时,编译器都会重新配置这种更高级别的抽象,而不是每次都合成新的 FPGA 比特流,避免增加逻辑部署的时间开销。然而,FlowBlaze、SwitchBlade 和 hXDP 不提供隔离支持。因此这些方法难以在多租户场景中对各租户虚拟网络功能进行功能与性能隔离。

基于多个并行 RMT 流水线的商用交换芯片 Tofino 目前不支持单个流水线内多段独立的网络处理逻辑/P4 程序,因此难以灵活支持多租户虚拟化等场景。当前 Tofino 编译器要求每个 RMT 流水线上仅有一个 P4 程序。每个流水线可以将多个 P4 程序合并为一个程序,然后送入 Tofino 编译器。但是,每次更新任何流水线中的单个租户功能模块时,这种方法都会中断所有租户的活动,这是因为尽管每个流水线内都支持一个独立的程序,更新这些程序中的任何一个都需要重置整个 Tofino 交换逻辑。该工作通过保留整个阶段来支持实现虚拟到物理地址映射的页表来虚拟化 Tofino 的片上状态内存,尽管它可以跨模块隔离有状态内存,但该设计不能推广到有状态内存之外的其他资源。

5.1 可编程数据平面

5.1.1 RMT 架构

目前,分布式网络应用层出不穷,驱动网络协议推陈出新,按需定制转发网络报文成为日益迫切的需求。传统交换架构仅可支持固化的协议解析与简单的转发等操作,并不具备可重构或可编程的特性,因此无法支持复杂多变的网络路由转发等业务功能。可编程网络数据平面技术则通过可重构的匹配转发模型与定制指令的专用网络处理引擎实现了在不替换物理设备与网络处理芯片的情况下支持新型网络协议及网络应用。其中,Bosshart 等提出的数据平面可编程流水线架构 RMT 具有较高的灵活性与极佳的处理性能,因此备受关注。RMT 在 OpenFlow 的基础上,通过协议无关的报文头解析器,支持超长指令字的动作执行引擎等功能模块实现了可编程性和处理性能的较好统一。该架构原生支持 P4 语言编程,并能够快速部署包括 VxLAN、RCP 等新型协议,负载均衡、防火墙等网络功能,以及简单的网内计算等服务。由于以上优势,RMT 架构得到了国内外主流云服务提供商的广泛关注,并逐步投入运营网络。例如,阿里云利用基于 RMT 架构的 Tofino 交换机部署了其新一代确定性网络 uFAB 架构,并实现了实时随流检测与微秒级的 TCP 拥塞响应,基于可编程数据平面的新一代网络转发设备极大地提升了网络灵活性与智能化水平。

目前,RMT 架构与用于在 RMT 架构下描述网络转发行为的 P4 语言仍然处在发展阶段,在有状态报文处理、复杂计算以及多租户隔离与资源共享等方面存在着明显不足。例如,Gebara 等指出,RMT 架构仅可利用有限的片上存储资源管理简单状态,目前难以支持有状态网络报文处理,这导致关联大量状态信息的网内计算难以部署。另外,现有 RMT 架构受限于仅可从报文头部字段提取的协议字段以及架构自定义的 metadata 字段用于匹配-动作,无法对节点内产生的事件进行响应。而随着更多网络服务(如负载均衡器、防火墙、网内遥测等)和网内计算应用(如键值存取、分布式机器学习等)被部署到云数据中心交换机与智能网卡侧,基于 RMT 架构的网络转发设备应当支持不同网络业务在单节点的逻辑隔离与资源共享,从而满足安全与性能等多方面要求。比如,从网内计算的角度来说,浮点数运算指令的缺失在一定程度上阻碍了需要该类指令的网内计算应用部署。目前,RMT 架构虽然得到了学术界与业界的广泛认可,但在满足当前和未来的很多应用场景方面仍有较多不足。在这种背景下,国内外研究人员近年来倾向于对 RMT 架构进行优化与重构,以期解决上述问题。

然而,与针对可编程网络分组处理 RMT 研究迅速增长形成对比的是,当前绝大多数研究难以对所提出方法的功能、性能以及安全性进行敏捷验证,这在很大程度上限制了数据平面可编程技术的快速发展。导致该问题的核心原因是当前研究人员缺少一种能够实现寄存器传输级(Register Transfer Level,RTL)仿真,且便于灵活重构的 RMT 架构实验平台。目前,基于软件的 P4 仿真工具(如 BMv2 等)仅能作为网络行为级仿真工具,无法在真实硬件上实现 RMT 数据平面寄存器传输级仿真。这种软硬件之间的鸿沟导致绝大多数软件仿真器无法用于支持数据平面可编程网络分组处理微体系结构的研究。支持 RMT 架构的唯一商用级交换芯片 Tofino 未向用户开放其内部微体系结构设计,仅允许用户通过 P4 语言对其数据平面行为进行描述,而不可观察或修改芯片内部硬件逻辑。FPGA 作为一种能够在寄存器传输级对真实微体系结构进行实际验证的平台,其虽然能够在性能、资源开销、逻辑可行性等方面进行更充分验证,但其学习门槛高,从头搭建验证系统难度较大,一般采用已具备 PHY 层与 MAC 层逻辑、PCIe/DMA 引擎以及基础转发模块的 FPGA 网络转发为平台进行敏捷系统验证。然而,作为一种复杂的可编程网络分组处理流水线,RMT 仅基于上述 FPGA 网络原型仍需要巨大工作量才能部署基础的 RMT 转发逻辑以开展各类验证实验。从目前情况来看,业界仍缺少一种包含 RMT 基础逻辑底座的 FPGA 开源设计与原型系统,以支撑研究人员开展相关研究。例如,目前业界可使用基于 NetFPGA 的 P4NetFPGA 与 P4FPGA 等项目,但是这些工作仅支持将 P4 语言描述的网络功能映射为 RTL 逻辑,并未将 RMT 的微体系结构作为具体的硬件逻辑部署在 FPGA 芯片上,因此难以支持 RMT 架构下微体系结构的创新与敏捷验证。在 FPGA 平台上为研究人员提供一种灵活可扩展的 RMT 数据平面底座对相关领域的研究至关重要。

5.1.2 可编程数据平面设计挑战

FastRMT 采用 Verilog 硬件描述语言实现,构建满足工业界与学术界可编程数据平面微体系结构创新实验需求的开源平台,具体来说,可满足完备功能、模块低耦合特性、灵活可扩展控制通路、跨平台敏捷移植以及高性能等多方面要求,支持研究人员面向可编程数据平面微体系结构进行创新研究与敏捷验证。总体来说,FastRMT 的体系结构设计应当重点解决以下 5 方面的挑战:

(1) 完备精细的硬件功能描述给平台线速处理带来的挑战。FastRMT 旨在为用户提供基于 RMT 架构的数据平面可编程底座,具备 RMT 架构的核心功能,具体包括协议无关解析与逆解析、通用关键字查表匹配、超长指令字动作指令执行以及其他用于实现报文交换、转发等基本功能。同时,为了能够支持用户在生产环境进行实验测试,系统必须具有 100GE 高速网络场景下针对典型报文大小的线速处理能力。但完备精细的可编程报文处理功能必然需要构建复杂的处理逻辑,这对实现线速运行目标形成了挑战。

(2) 功能强关联性给平台创新实践带来的挑战。允许用户便捷地对 FastRMT 平台进行按需调整和定制开发,进而支持可编程数据平面某些或全部功能的快速发展,是平台设计的关键所在。为实现这个目标,必然要求对 FastRMT 的各功能进行解耦,并进行模块化构建。然而,为了保证平台性能,各功能间往往联系密切、耦合程度较高。如何在不降低性能的前提下,对平台功能进行细粒度析构,实现松耦合、模块化设计,无疑是一个现实的挑战。

(3) 网卡、交换机与网关等多样化部署场景给控制通路设计带来的挑战。FastRMT 作为可编程数据平面底座,在支持用户实验中需要根据用户需求以网卡、交换机或多功能网关的形式进行部署,不同的部署场景对 FastRMT 面向控制平面所暴露的控制通路兼容性提出了极高的要求。具体来说,FastRMT 应当支持用户通过本地与远程两种方式对数据平面的逻辑表项以及各类控制寄存器进行敏捷读写操作,并且应当使得控制通路尽可能与具体系统解耦。另外,由于用户可能复用 FastRMT 控制通路对重构或新增模块进行表项与寄存器读写,因此控制通路应当具有良好的可扩展性。

(4) 多样安全威胁与有限资源条件给平台安全防护带来的挑战。良好的平台系统需由配套的安全体系进行防护,然而过于复杂的安全机制设计又会占用过多的资源,进而影响系统性能。基于这类情况,如何在保障平台性能的前提下,尽可能地对主流安全威胁进行识别、防御,构建简洁有效的安全防护机制,实现安全和性能的有效平衡,是亟待解决的问题之一。

(5) 差异化的 FPGA 开发环境给跨平台移植带来的挑战。面对当前架构差异明显的各类商用 FPGA 芯片与开发平台,FastRMT 需具有良好的可移植性和兼容性,才能满足广大使用者的需求。然而,为了保证 FastRMT 的性能和功能,系统实现工作必须充分考虑硬件平台的具体情况;但过多地与具体 FPGA 型号绑定又会导致 FastRMT 难以实现跨平台移植。

FastRMT 设计实现时,如何既充分立足底层硬件平台,同时又进行有效的抽象透明,实现系统与硬件的解耦,支持 FastRMT 跨平台部署,无疑是一个巨大的挑战。

5.1.3 FastRMT 模型

FastRMT 系统架构与数据流如图 5-1 所示。该架构采用可灵活扩展的多级流水线结构,包含安全预处理过滤器、协议无关解析单元、协议无关逆解析单元 3 个整体模块,而在流水线中的每个流水级中则包含关键字提取单元、动作指令匹配单元、动作执行引擎 3 个流水级子模块。当报文进入协议无关解析单元后,其头部以及有效载荷部分将会被放置于数据缓存中进行缓存,而报文的前 N 字节将被提取进入多级流水线中进行匹配动作操作。每个模块间数据流与控制流均采用通用流数据传输协议 AXI Stream 依次由各模块进行处理。

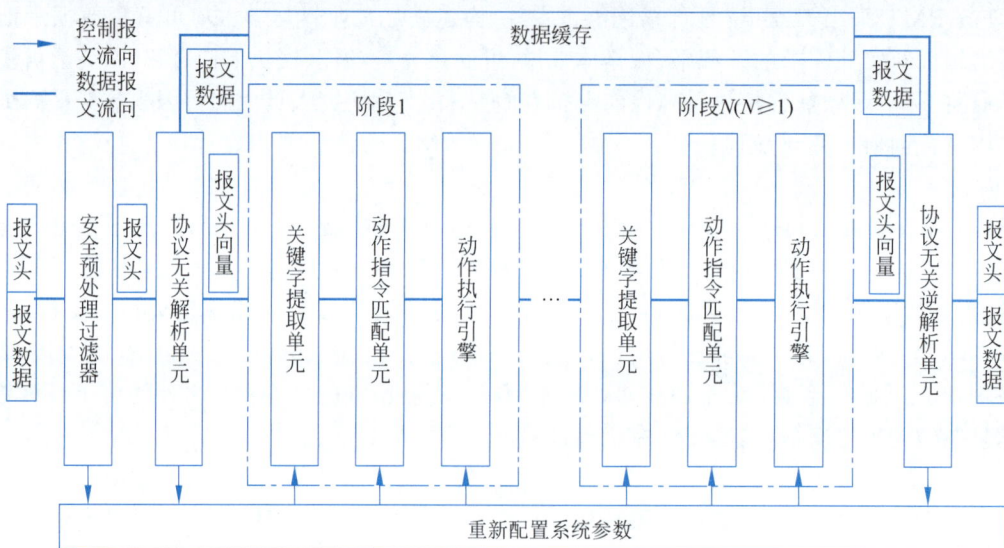

图 5-1　FastRMT 系统架构与数据流

有别于经典 RMT 架构,FastRMT 在流水线入口处增加了安全预处理过滤器,为研究人员提供灵活可控的流量安全管理与过滤,支持对非场景相关报文在进入流水线之前进行过滤。该功能模块位于整个流水线的入口端,主要实现 3 点功能:一是在用户针对不同数据报文进行独立测试时,对用户不关心或非法的数据报文进行过滤(如在进行 UDP 流量行为测试时,过滤所有 TCP 以及其他传输层协议的背景流量,保证测试结果的可信度)。作为支持可编程数据平面微体系结构创新的实验平台,FastRMT 在流水线前端部署过滤器的方式,使用户可以对进入流水线的报文进行自定义控制,并在实际组网等场景中发挥减小误差等关键作用。二是在用户通过带内控制报文对流水线功能进行重构时,安全预处理过滤器采用 cookie 机制对控制报文的合法性进行检查,避免来自第三方基于重放攻击等方式构造的恶意报文进入流水线,从而影响系统行为。三是数据记录及状态更新。安全预处理过滤器会记录合法报文数、整体处理字节数以及其他流水线状态数据,从而帮助研究人员通过寄存器读写等方式实时获取流水线整体状态数据。

协议无关解析单元是经典 RMT 架构中支持协议无关报文处理的核心功能模块之一。在 FastRMT 中,该模块主要功能是提取报文头内部的特定字段(即需要在流水线中进行匹配和修改操作的字段),与报文传输过程中的元数据(metadata)结合,构成报文头部矢量(Packet Header Vector,PHV)。为了实现高性能协议解析,与经典 RMT 架构中基于有限状态机

(Finite State Machine,FSM)的解析模式不同,FastRMT 采用 VLAN ID 或 VxLAN 标签(多租户场景)进行匹配,并在匹配到特定表项后进行静态并行解析,从而避免解析环路,使协议无关解析单元具备线速解析能力。具体来说,FastRMT 的协议无关解析单元的设计如图 5-2 所示。PHV 包含报文头部关键字段、元数据等信息。当报文进入协议无关解析单元时,报文中的流标识字段(如 VLAN ID、VNI 或五元组等)将被提取出来。随后,通过 ID 字段在解析动作表中查询得到解析动作指令,从而在报文的前 N 字节内提取后续所需的字段,并按照解析动作指令的要求将所提取到的字段放置在 PHV 中的指定位置。该过程完成后将送至后续流水级对 PHV 进行匹配动作操作。

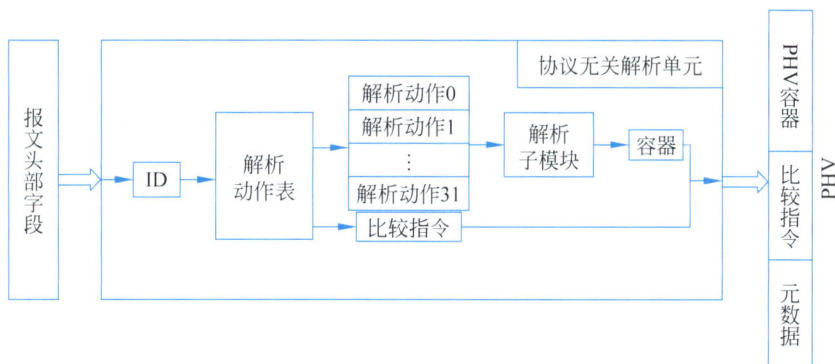

图 5-2 协议无关解析单元

由于 PHV 长度较长,直接由 T-CAM 等查表引擎进行匹配会造成较大的存储资源开销。因此,关键字提取单元从 PHV 中提取仅用于匹配的字段,构造更加精简的查表关键字。如图 5-3 所示,首先,关键字提取单元提取 PHV 中的 ID 字段,并根据 ID 字段匹配表中对应的提取指令。关键字提取单元使用提取指令对 PHV 的对应关键字进行提取,并写入关键字的特定位置。需要指明的是,FastRMT 中的查表关键字是定长字段,为了解决不同网络处理逻辑所需要关键字长短不一的问题,关键字提取单元在利用 PHV ID 获取关键字提取指令时会同步获取对应的掩码项,通过关键字和掩码项共同作用,指明后续查表所需要使用的具体字段,从而支持灵活变长的关键字匹配操作。

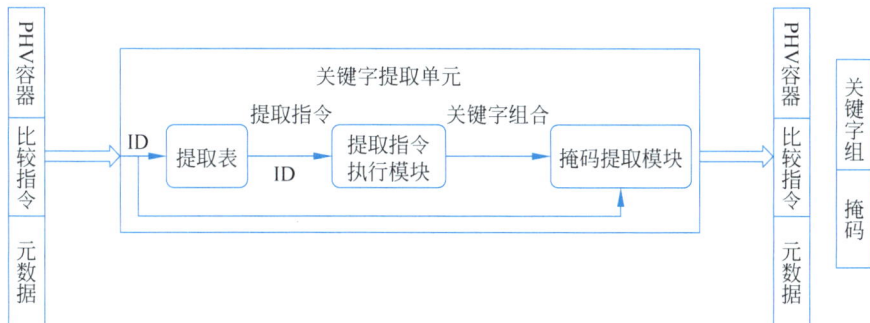

图 5-3 关键字提取单元

动作指令匹配单元的功能是通过带掩码的关键字匹配方式获取动作执行指令。如图 5-4 所示,在 FastRMT 中,动作指令匹配单元的输入为 PHV、关键字组、掩码项。首先,关键字组与掩码项会配合在 CAM 模块中进行匹配操作,若匹配命中,则将匹配获取的表项序号(即 index 值)送至动作指令表。然后,动作指令表通过以该表项序号为地址进行访存操作,可获取包含了多条子指令的超长指令字指令,用于对 PHV 字段进行操作。与经典 RMT 架构相同,FastRMT 采用超长指令字来作为动作执行指令。超长指令字可以携带多条子指令,从而支持 FastRMT 流水线实现多指令多数据并行处理,并提高单位时间逻辑处理效率。

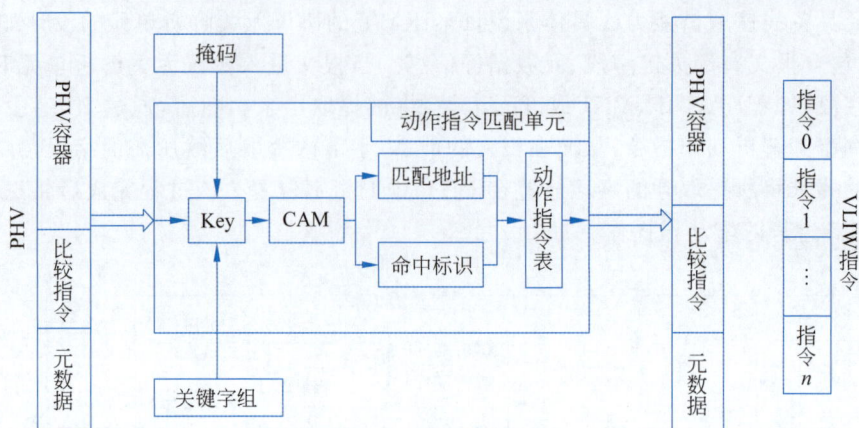

图 5-4　动作指令匹配单元

动作执行引擎采用动作指令匹配单元中获取的超长指令字对 PHV 字段进行修改。如图 5-5 所示,当流水线中上一级(即动作指令匹配单元)执行匹配操作完成后,将会把 PHV 与超长指令字指令同步输出到动作执行引擎中。该引擎中的算术逻辑单元(Arithmetic and Logic Unit,ALU)集合会将超长指令字的子指令分解到各 ALU 中,同时可编程交叉开关模块会读取超长指令字中的操作数提取规则,并以并发方式将各 ALU 所需要的操作数送至对应 ALU 用于进行计算操作。ALU 集合中的 ALU 会根据超长指令字中的操作类型,对操作数进行计算,并将计算结果写回 PHV 中。当所有子指令执行完成后,动作执行引擎会将 PHV 输出至下一流水级中进行匹配动作操作。动作执行引擎中的部分 ALU 附有内存模块,用于存储处理过程中的状态信息,通过加载/存储等操作,实现对带状态的业务进行处理,具体为有状态内存与相应的 ALU 模块通过硬连线互连,当指令作用时,有状态内存和相应 ALU 模块配合完成计算与状态更新或读取等操作。

协议无关逆解析单元执行与协议无关解析单元相反的操作,即对处理好的 PHV 进行逆解析,然后合并至原始报文中。首先,协议无关逆解析单元根据 PHV ID 信息,在逆解析表中进行匹配,获得对应的逆解析指令。逆解析指令对 PHV 中的报文头关键字段进行提取重组,然后写至报文体。需要注意的是,逆解析指令并不提取 PHV 中的元数据。元数据将随流水线流出,由具体实现的平台决定如何处理这些元数据。

作为可编程数据平面微体系结构实验平台,FastRMT 需要为用户提供一种支持按需扩展的数据平面匹配表项与规则配置接口,以及动作执行引擎,支持用户在控制平面通过包括 PCIe 或以太网等通路在内的方式对数据平面控制寄存器与各类表项进行灵活配置管理。因此,FastRMT 设计采用菊链(Daisy Chain)方式以带内控制报文对流水线各模块寄存器与表项进行远程或本地读写操作。具体来说,控制平面读写指令被封装在带有特定标识的报文负载中,支持单独读写、批量读写、安全认证等功能,并支持用户动态扩展读写指令类别与读写范围。FastRMT 流水线中的每个模块与模块内各类表资源采用二级编址方式统一编号,包含读写指令的控制报文按顺序逐个通过各功能模块,当读写指令的编号索引与所处的模块或表资源编号匹配时,该模块对读写指令进行译码和执行,并将结果写回 PHV。

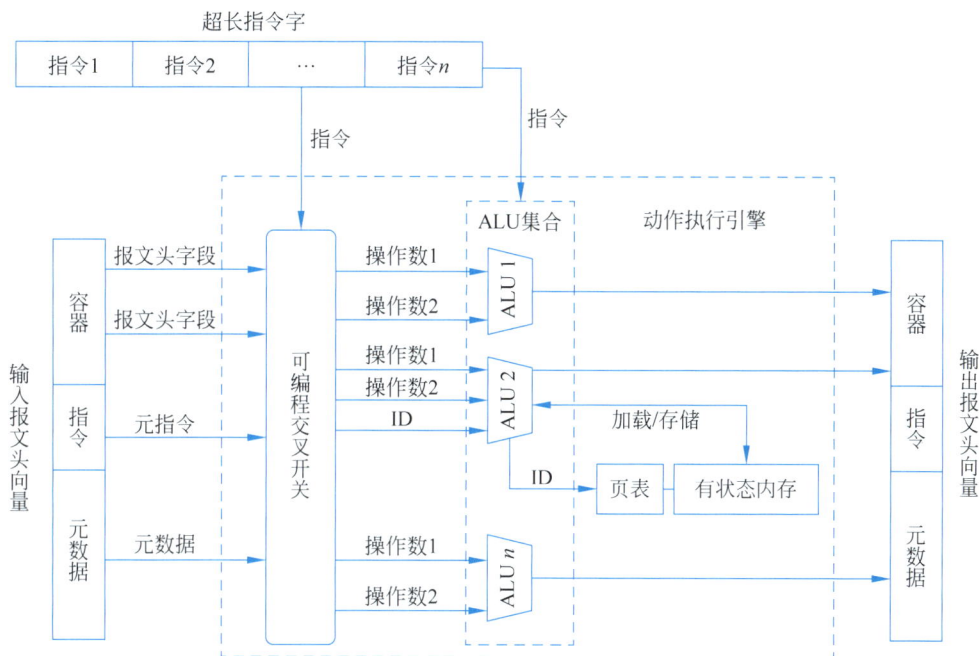

图 5-5　动作执行引擎

5.2　基于决策树的分类

5.2.1　报文分类问题

报文分类(Packet Classification)是一项重要的网络功能,支撑许多网络服务所需的基本技术,如服务质量(Quality of Service,QoS)、网络安全和负载均衡(Load Balancing)等。通过预定义的规则将报文分为不同的流,从而提供差异化的服务,称为报文分类。典型的规则为IPv4/IPv6 五元组规则列表,每条规则都由规则 ID、优先级(Priority)、匹配域(Match Field)和响应动作(Action)组成,其中匹配域是规则的核心,常见的匹配形式包括前缀匹配、范围匹配与精确匹配。例如,在 IPv4 五元组规则中的匹配域主要有源 IP 地址(SrcIP)和目的 IP 地址(DstIP)、源端口号(Sport)和目的端口号(Dport)以及协议类型(Protocol Type),其中,IP 地址属于前缀匹配,端口号属于范围匹配,协议类型属于精确匹配。随着软件定义网络技术的发展,多元组匹配成为数据平面分组转发处理的核心,比如,OpenFlow 流表将五元组规则扩展到 MAC 地址等更多字段。当有报文到达时,将报文关键字段与规则列表的每条规则进行匹配,得到匹配的优先级最高的规则,再执行该规则的响应动作。

报文分类方法总体可以分为硬件解决方案和软件算法两大类。硬件解决方案以三态内容可寻址存储器(Ternary Content Addressable Memory,TCAM)为代表,具有较高的分类性能,但其成本和功耗较高,难以扩展到大规模的规则集。相比之下,软件算法拥有更高的灵活性,可扩展性更好。目前主流的虚拟交换机 OVS(Open VSwitch)中使用的报文分类算法为优先级排序的元组空间搜索(Priority Sorted Tuple Space Search,PSTSS)算法。该算法根据规则中字段的前缀长度划分元组,按照优先级对元组进行排序,然后分别为每个元组建立一张哈希表,在对报文进行分类时依次查找每张哈希表。元组空间搜索算法及其改进具有线性内存开销、支持快速更新等优势,但是其分类速度由于哈希冲突和元组数量的增加面临性能瓶颈问题,尤其是随着规则列表规模的扩大和规则字段数量的增加,不同前缀长度数量增加,性能问题变得更加严重。另一种主流的报文分类算法——决策树算法,相比 PSTSS 算法具有分类速度更快、适用于多字段、便于硬件实现等优势,得到了广泛关注,在报文分类中具有巨大的应用潜力。

在基于决策树的解决方案中,对报文分类问题采取几何视图,并构建决策树。树的根节点覆盖了包含所有规则的整个搜索空间,然后根据关键比特将搜索空间划分为更小的子树空间,递归处理直到每个子空间包含的规则数量不大于一个预定义的阈值(称为 binth),这时将该子空间视作叶节点。当有报文到达时,从报文头提取关键字,并遍历决策树以在叶节点处找到匹配规则。研究人员提出了大量的决策树报文分类算法,例如 HyperCuts、HyperSplit 和 EffiCuts 等,这些算法的目标是以适度的内存消耗提供较高的报文分类速度,然而由于规则的复杂性,尤其是其规模的扩大和关键字段数量的增加,设计高效的决策树算法仍然非常具有挑战性,例如,当前大型数据中心的规则集数量达到了数十万级别,并且随着数据中心规模的扩大,规则数量也在进一步增加。已有的决策树算法在处理这些复杂的规则集时存在明显的不足,如构建的决策树中存在大量的规则复制现象,导致消耗了大量的内存空间。同时,这些算法的可扩展性较差,在规则集规模达到几十万级别时性能下降迅速,难以支持较大规模的规则集查找。此外,已有决策树算法的预处理速度也较慢,为较大规模规则集构建决策树花费的时间在分钟甚至小时级别,不利于数据结构的更新,这些因素严重限制了决策树算法的软硬件实现与应用。

决策树算法以软件的形式执行报文分类功能,具有高度的灵活性,易于开发、维护和更新,然而其分类速度与硬件报文分类解决方案的差距在一个数量级以上,因此研究人员开始在 FPGA 等可编程硬件平台上实现决策树,旨在兼顾软件灵活性和硬件高性能的优点,以满足高性能网络线速分类的需求。目前已经提出了一些决策树算法的硬件实现方案,包括在 FPGA 上实现 HyperCuts 算法或实现 HyperSplit 算法。这些方案在决策树的硬件实现方面进行了有益的探索,然而仍然存在以下问题:吞吐量已无法满足当前高速网络带宽需求,并且支持的规则集规模非常有限,可扩展性差。因此,提出一种内存高效、可扩展性好的决策树报文分类算法,并将其卸载到硬件上变得十分必要,这一研究具有重要的理论价值和实用价值。

已有的虚拟交换机存在分组处理速度较慢、消耗 CPU 资源较多的问题,难以满足高速网络带宽需要。决策树算法是一种主流的报文分类算法,能从软件层面对虚拟交换机查表转发性能进行优化提升,然而已有的决策树算法存在内存消耗大、可扩展性差和预处理时间较长等问题。此外,将决策树卸载到硬件上能进一步对虚拟交换机处理进行硬件加速,但已有的实现方案在吞吐量、可扩展性方面表现较差。

5.2.2　内存高效的决策树算法 MBitTree

针对已有决策树存在内存开销大、预处理时间较长的问题,提出了 MBitTree(Multi-Bit cutting based decision Tree)的决策树算法。MBitTree 通过自适应的规则集分区(Adaptive Ruleset Partition)和多比特切割技术(Multi-bit Cutting)构建高效的决策树,有效解决了规则复制问题,大幅降低了内存开销。

针对已有虚拟交换机 OVS(Open V-Switch)分组处理速度较慢的问题,MBitTree 采用了软硬件协同设计的优化方法,设计了软件定义的分组转发处理基本模型。软件定义的分组处理模型由软件处理算法和硬件处理模块两部分组成,设计快速可扩展的报文分类算法,然后将其卸载到硬件上,从软件和硬件两个维度分别对虚拟交换机分组转发进行加速。软件处理算法作为虚拟交换机 OVS 中元组空间搜索算法的升级,对 OVS 内核处理部分进行了加速。因为决策树报文分类算法相比元组空间搜索算法具有分类速度快、便于硬件实现等优点,因此采用了决策树算法来对 OVS 的分组处理功能进行优化提速。

分组处理模型的基本结构如图 5-6 所示,分为软件处理和硬件处理两个层次,利用 FPGA 的可编程性在软件算法与硬件实现之间建立连接。硬件分组处理模块作为快速转发路径,处理速度相比软件更快,并且无须占用昂贵的 CPU 资源。将决策树算法卸载到 FPGA 上作为硬件分组处理模块,在其中缓存部分规则,这部分规则对应的报文可直接通过

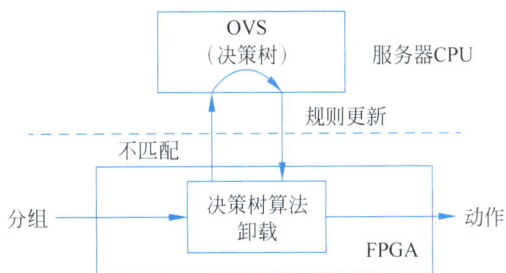

图 5-6　分组处理模型的基本结构

硬件模块进行处理,而无须送至软件处理,从而实现了硬件卸载网络流量和加速网络处理的目的。

对于决策树报文分类算法,规则集分区技术能够在对决策树报文分类算法吞吐量影响不大的情况下极大地降低算法的内存开销,而多比特切割技术是一种更为新颖灵活的节点切割技术,因此直接的想法是将这两者结合起来构建高效的决策树。在目前的规则集分区方案中,按字段大小进行分区能快速分离大规则和小规则,但需要定义一个关键的阈值参数,无法实现自适应分区;而基于神经网络模型进行分区在面对不同类型的规则集时通用性更强,但是需要大量的训练才能收敛到最优解,导致预处理时间较长,不利于数据结构的更新。因此,实现快速和自适应的规则集分区方案在降低算法内存开销的同时还可以进一步提升构建决策树的效率,缩短构建决策树的时间。MBitTree 使用了基于聚类算法的规则集分区方案,且使用的聚类算法时间复杂度低、收敛速度快,以此兼顾快速和自适应的规则集分区,而聚类算法所需的初始输入则在对规则集进行观察分析的基础上给出。

此外,多比特切割相比传统的等分切割和等密切割更为灵活,但其性能高度依赖于比特选择策略。目前虽然已经提出了多种比特选择策略,但这些方案存在两个主要问题:一是进行有效比特选择的效率较低,需要耗费较长的时间,使得预处理时间较长,二是这些方案没有很好地考虑到比特之间的相关性问题,造成了重复选择无效比特的问题,容易陷入局部最优解。因此,提出了一种更为快速的多比特切割技术,并且较好地解决了比特之间的相关性问题,有助于构建更优的决策树。MBitTree 提出了一种采用多比特切割技术为子集构建决策树的方法。该方法使用了一种高效的比特选择策略,能够快速选择有效的切割比特,并且较好地解决了比特之间的相关性问题,从而快速地构建高效的决策树。

MBitTree 处理框架由构建决策树和报文分类两阶段组成,如图 5-7 所示。在构建决策树阶段完成对规则集的处理,构建由多棵决策树组成的决策森林,在报文分类阶段,到达的报文遍历树,在叶节点处搜索匹配规则以得到最终的匹配结果。

MBitTree 构建决策树分两步:规则集分区和多比特切割。

(1) 规则集分区。规则集分区将各种类型的规则集作为处理对象,使用聚类算法进行处理得到多个类簇,每个类簇分别对应一个子集。首先根据对规则集的观察结果,选择一些合适的字段作为划分规则子集的基础,然后利用聚类算法实现快速自适应的规则集分区,从而得到多个子集,其中特定字段前缀长度相近的规则属于同一个子集。

典型聚类算法包括层次聚类与基于划分(Partition-based)的聚类等。基于划分的聚类算法 K-means 计算速度快,时间复杂度低,适用于大规模的数据集,并且对于分布相对集中的数据分类效果较好。K-means 算法中关键在于类的数量和初始中心点的选择。将规则集映射

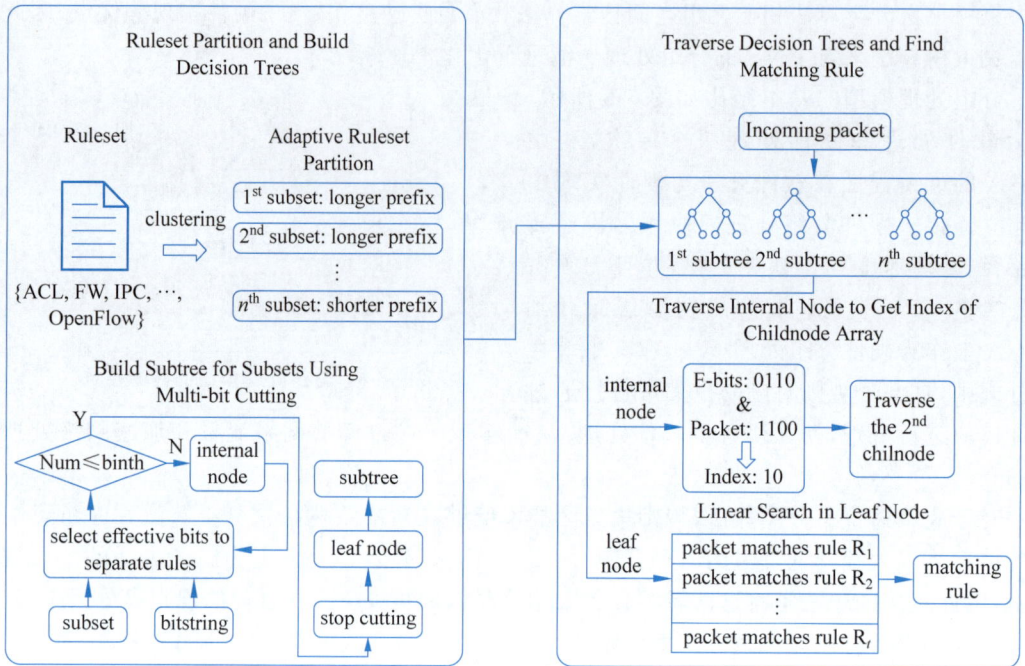

图 5-7　MBitTree 算法处理框架

到 IP 地址前缀的二维坐标系中后,基于其分布特征,以及 K-means 算法对中心点距离尽可能远的要求,设置类的数量 $k=4$,每个类的初始中心点分别为 $(0,0)$、$(0,24)$、$(24,0)$ 与 $(24,24)$,需要注意的是,类数量和初始中心点的选择会对聚类效果产生较大影响。实验证明,选择合理的类数量和初始中心点,只需 2 或 3 次迭代就可完成规则集的划分,部分规则集甚至只需 1 次计算即可完成。在选定 4 个初始中心点之后,计算每条规则映射到二维坐标系的点到 k 个中心点的距离,并将每条规则划分到距离最近的类,然后计算每个类的平均值,作为新的中心点,之后重复上述过程,直到满足收敛条件。在聚类过程中使用平方欧几里得距离作为衡量。聚类的目的在于将地址前缀长度更接近的规则放在一类里,这样属于同一类的规则拥有相差不大的前缀长度,从而提供更多可选比特用于之后构建决策树。

(2) 多比特切割。在上一阶段得到了多个规则子集。对于字段前缀长度较长的子集,将其所构成的搜索空间视为一个根节点,然后应用多比特切割方案来为规则子集构建决策树:选择部分比特来分离规则(称为有效比特),直到每个节点中所包含的规则数量少于阈值 binth。在比特选择过程中,使用了比特分离能力和通配符比率作为选择有效切割比特的标准。此外,使用了一种贪婪策略来解决比特之间的相关性问题,提高了多比特切割的效率。得益于精心选择有效比特,可构建一棵短树,同时很少出现规则重复。

在得到多个子集后,对于前缀长度较长的字段,由于有较多的有效比特可将规则分离,因此使用多比特切割技术来为这些子集构建决策树。而对于其中前缀较短的子集,由于候选的有效比特较少,因此使用其他算法(如 PSTSS)来辅助。因这部分子集中的规则数量很少,故对算法的性能影响也较小。典型比特选择技术存在两个主要问题:一是进行有效比特选择的效率较低,需要耗费较长的时间;二是这些方案没有很好地考虑到比特之间的相关性问题,造成了重复选择无效比特的问题,容易陷入局部最优解。针对上述问题,提出一种更为快速的比特切割技术,称为多比特切割(Multi-bit Cutting),并且使用贪婪策略较好地解决了比特之间的相关性问题。在完成规则集分区得到多个规则子集后,使用多比特切割技术为各个子集构建决策子树,最终形成由多棵子树组成的决策森林。使用多比特切割技术构建决策树的关键问题在于如何选择最佳的有效比特(Effective Bit)来分离规则。

对于维度为 d、长度为 l 的规则(如 IPv4 五元组中 $d=5$,$l=104\text{bit}$),为每个规则创建一个比特串(Bit String),比特串每一位的取值可能为 0、1 或 *,然后从比特串中选择有效比特将规则均匀分布到子节点中。对于前缀匹配和精确匹配字段,很容易创建比特串。而对于范围匹配字段,如端口号,将其扩展为前缀匹配字段,以避免规则爆炸问题。这里定义了两个参数来选择最佳的有效比特:比特可分离性和通配符比率。比特可分离性决定在该比特上的规则分布是否均匀,值越大说明越能均匀地将规则分离开;通配符比率决定规则的复制程度,越少的通配符比率意味着内存消耗越低,最后选取可分离性大、通配符比率小的那些比特。

$$S(i) = N_i^0 \cdot N_i^1 \tag{5-1}$$

比特可分离性的计算如下:对于一个规则数量为 N 的规则集,第 i 个比特的比特可分离能力的计算如式(5-1)所示。其中,$S(i)$ 是第 i 个比特的比特可分离能力,N_i^0 是对应第 i 个比特位置上取值为 0 的规则数量,N_i^1 是第 i 个比特取值为 1 的规则数量。注意,由于通配符的存在,N_i^0 与 N_i^1 之和小于或等于 N。因此比特可分离性也可用数学理论来解释,即当两数之和为定值(或不大于某值),则两数之积越大,两数之差越小。而当 N_i^0 与 N_i^1 的值更接近时,则该比特能更均匀地将规则分布到各个子节点中。

$$P(i) = N_i^* / N \tag{5-2}$$

除考虑分布均匀程度外,还需考虑规则复制程度,因为在将规则分派到子节点中时,通配符(*)被复制为 0 和 1。引入通配符比例来衡量规则复制程度。通配符比例的计算如式(5-2)所示,其中,$P(i)$ 是第 i 个比特的通配符比率,N_i^* 是指在第 i 个比特取值为"*"的规则数量,N 是规则集中的规则数量。选择通配符比率更少的比特能有效减少规则复制程度,减少算法的内存消耗。

综合考虑比特分离能力和通配符比率,选择这些比特分离能力最大且通配符比率小于阈值 P_{th} 的比特作为有效比特。

通过多比特切割构建了多棵决策树。为了对报文进行分类,MBitTree 需要搜索每棵树以找到匹配规则。为每棵树引入一个树优先级(Tree-priority)以避免不必要的查找,将其设置为树中所有规则的优先级的最大值。查找时,如果已匹配规则的优先级大于某棵树的优先级,则跳过这棵树,因为在该树中不存在比已匹配的优先级更高的规则。

通过多比特切割得到了由多棵决策树形成的决策森林,MBitTree 算法需要搜索每棵树以找到匹配规则。要搜索一棵树,首先查看它的根节点并检查节点的类型。如果是叶节点,则使用线性搜索来获取匹配规则;否则,使用存储在内部节点中的有效位信息遍历树,直到到达叶节点。

MBitTree 的节点数据结构如图 5-8 所示。用 1 字节来表示节点的类型:内部节点或叶节点。对于每个内部节点,用 1 字节表示有效比特的数量,8 字节用于有效比特信息,包括该比特所处的维度和位置。叶节点中使用 1 字节表示叶节点覆盖的规则数。同时,无论是内部节点还是叶节点都使用 4 字节来存储数组指针,内部节点中的指针指向了每个子节点,叶节点中的指针则指向节点包含的规则列表。

5.2.3　决策树算法的 FPGA 实现

要实现高性能、可扩展的报文分类体系架构,在设计时应充分结合 FPGA 的特点。具体来说,主要包括以下几方面:

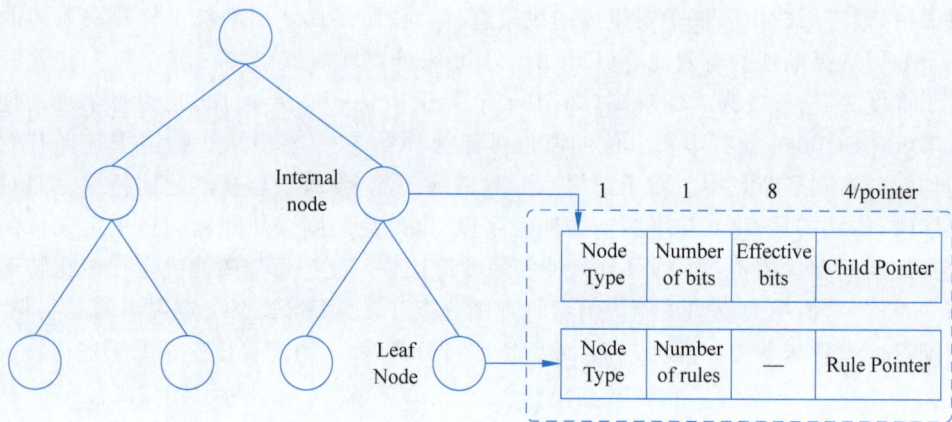

图 5-8　MBitTree 算法中树节点数据结构

（1）算法的并行性。要实现线速报文分类,实现的体系结构应该能充分利用 FPGA 上可用的并行性,以提高分类速度。

（2）逻辑复杂性。时钟频率是影响吞吐量的重要因素,为保持较高的时钟频率,体系结构中的处理逻辑应精简高效,以最大化系统性能。

（3）资源利用率。资源消耗应尽可能低,以容纳更大规模的规则集。

通过 MBitTree 算法构建决策树时内存开销较低,并且遍历决策树时采用了比特级的操作,适合硬件实现,因此可基于 MBitTree 算法实现高吞吐量的报文分类体系结构,设计时有以下考虑:

（1）高度并行化处理。MBitTree 通过规则集分区技术构建了决策森林(包括多棵子树),子树之间可以并行查找,叶节点内的规则也可并行匹配。通过多个层次上的并行处理,实现一种高度并行的体系结构。

（2）获得较高时钟频率。首先树的层次化结构便于流水线化处理,从而降低关键路径的延迟,具体来说,遍历树的一层对应流水线的一个阶段,如图 5-9 所示。其次,MBitTree 算法树遍历的操作相对简单,只需根据有效比特信息从报文头部中提取对应位,然后进行简单的运算,便于在硬件上实现,使得流水线阶段的处理逻辑精简,可实现较高的时钟频率。

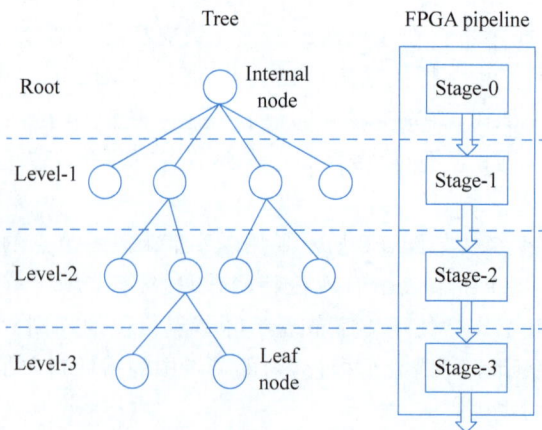

图 5-9　树到流水线的映射

（3）高内存效率。MBitTree 内存消耗较低,构建的决策树的节点数量较少,且几乎没有产生规则复制,在 FPGA 上实现时,对应的硬件资源消耗也较少,且 MBitTree 算法具有良好的可扩展性，可以扩展到更大规模的规则集。

综合以上考虑，在 FPGA 上实现 MBitTree 算法构建的决策树时，采用多条线性流水线并行的体系结构，以充分利用硬件大规模并行处理的优势，且每个流水线阶段的组合逻辑应精简高效以实现较高的系统时钟频率。为了使 MBitTree 算法与硬件更适配，对 MBitTree 算法进行了一些修改，包括重新设计节点数据结构以减少其内存宽度；设计一种新的寻址方式，即使用基于基地址的偏移寻址而不是每个子节点的指针。

考虑以上设计因素，采用多条流水线并行的体系结构。将 MBitTree 构建的决策森林（包括 n 棵子树）映射到由 n 条线性流水线组成的体系结构，每棵子树分别对应一条流水线，如图 5-10 所示。每条流水线由树流水线和规则匹配两部分组成，其中 Tree pipeline，即 stage-i 部分为树流水线，用于遍历树的内部节点；Rule matching 部分为规则匹配，用于将报文与叶节点中的规则进行匹配，然后进行优先级解析。

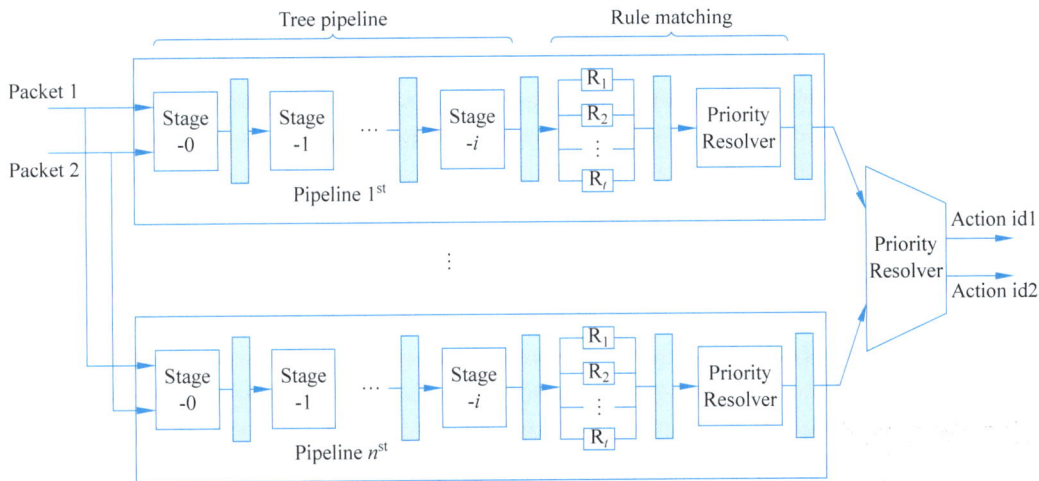

图 5-10　MBitTree 整体架构

每条流水线用于遍历决策树并匹配叶节点中包含的规则。树流水线阶段包括索引提取逻辑和存储子节点的 RAM 块，其中索引提取逻辑生成子节点数组的索引，然后使用该索引访问 RAM 来获得子节点信息，作为下一级流水线的输入。规则匹配阶段用于对叶节点内的规则进行匹配，为提高处理效率，规则之间采用并行匹配方式。

报文通过多条流水线同时进行处理，输出各自的查找结果，然后通过一个优先级解析器得到最终匹配的规则。需要注意的是，每条流水线内部的优先级解析器完成的是叶节点内部多条规则的优先级解析，而流水线之间的优先级解析器处理对象是各流水线的查找结果，优先级解析的目的是从多条匹配规则中得到优先级最高的规则。

多叉树流水线主要完成决策树的遍历，即根据本节点的分支信息找到对应的子节点，作为下一级流水线的输入，确保在报文查找过程中能够沿着正确方向遍历决策树。为获得较高的系统时钟频率，流水线的处理逻辑应精简高效，以降低流水线段内的逻辑延迟，同时应尽可能使用本地布线的方式以降低布线延迟。

树的遍历方式与树节点的数据结构密切相关，因此在介绍树流水线模块结构之前，首先介绍节点的数据结构。为了使树遍历更加高效，在硬件平台上实现决策树时重新设计了树节点的数据结构，使其更加适合硬件处理，包括修改了有效比特的表示方式以缩小节点的位宽，以及将原有的指针替换为基地址，与之相对应，子节点的寻址模式也从指针直接寻址变更为带基地址的偏移寻址。树节点的数据结构如图 5-11 所示。

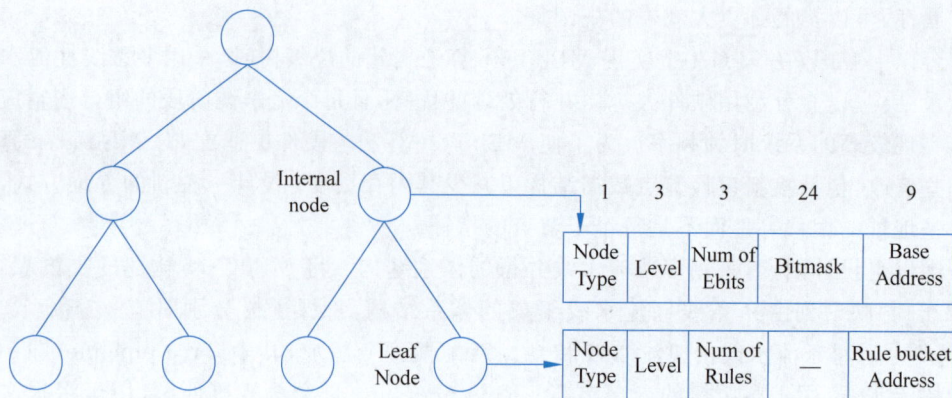

图 5-11　MBitTree 树节点的数据结构

在设计了树节点数据结构之后，接下来描述如何在硬件上实现树的遍历。使用了带有基地址的偏移寻址来替代软件算法中的指针直接寻址，遍历树的关键在于得到基地址和偏移量，而基地址在父节点的数据结构中直接给出，因此需要计算得到子节点的偏移量。

树流水线结构如图 5-12 所示。每级树流水线主要由一个存储子节点信息的 RAM 块和提取子节点数组索引的逻辑块组成。存储块中存储了本级树节点所对应的子节点，索引提取逻辑块则根据报文头部的字段值和内部节点中的有效比特信息生成子节点数组索引，最后与父节点给出的基地址相加作为 RAM 块的地址访问得到子节点。

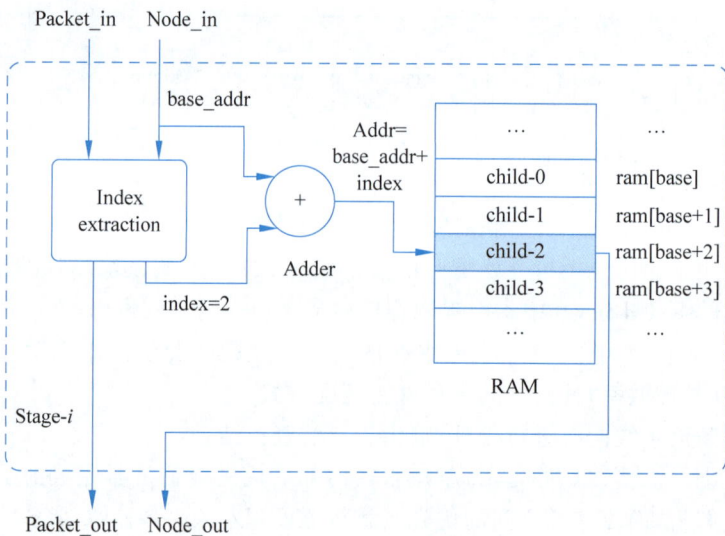

图 5-12　树流水线结构

树流水线的数据处理流程为：模块的输入为报文头部 Packet_in 与本级节点信息 Node_in（上一级流水线的查找结果），输出为报文头部 Packet_out 与子节点信息 Node_out，其中第一级流水线的输入为根节点。模块的处理流程如下：首先根据 bitmask 的取值从报文头部分别提取 3 个有效比特，如一个有效比特的 bitmask 取值为 00000010 时对应报文头部中的第 2 比特，然后将提取的 3 个有效比特串联成一个数，作为子节点数组的索引。子节点数组索引与父节点的基地址相加，其结果即为子节点所在内存地址，使用该地址访问存储块得到对应的子节点信息，然后输出至下一级流水线。

在树流水线中，主要的逻辑运算包括多路复用、简单加法、逻辑与、访问片上内存等，这些都属于相对简单的操作,处理速度较快,可实现较低的流水线段内逻辑延迟。此外,由于MBitTree 相比等密切割 HyperSplit 算法构建树的效率更高,因此生成的树中每一层节点数量较少。对于 10K 规则集,MBitTree 生成的节点数量为数百个,相比 HyperSplit 中上万的节点数量低一个数量级以上,因此可使用本地布线的方式缩短布线延迟。通过流水线段内较低的逻辑延迟和布线延迟,可使流水线达到较高的时钟频率。

基于 RAM 的规则匹配主要将达到的报文与叶节点中的规则进行匹配。在遍历树到达叶节点后,叶节点中包含的规则地址字段指向叶节点附加规则所在的 RAM 单元。为了降低流水线深度和节省硬件资源,利用 FPGA 中 BRAM 的超大字宽,在一个 RAM 单元中存储了多条规则,将报文与这些规则进行并行匹配以得到匹配结果。

流水线中的规则匹配部分需要将到达的报文与叶节点内的规则进行匹配以得到查找结果,因此设计规则匹配处理单元的关键在于如何快速完成规则匹配处理。不同于软件实现中的线性搜索,充分利用 FPGA 上丰富的并行性,将多条规则与报文进行并行匹配,同时对规则内部的多个匹配域也采取了并行处理的方式来提升处理效率。

规则匹配处理单元的结构如图 5-13 所示,包括了存储规则的 RAM 块、规则匹配逻辑和优先级解析。其中,RAM 存储了叶节点包含的规则,规则匹配逻辑用于将报文与叶节点内的规则进行匹配,优先级解析用于从匹配结果中获取优先级最高的规则。

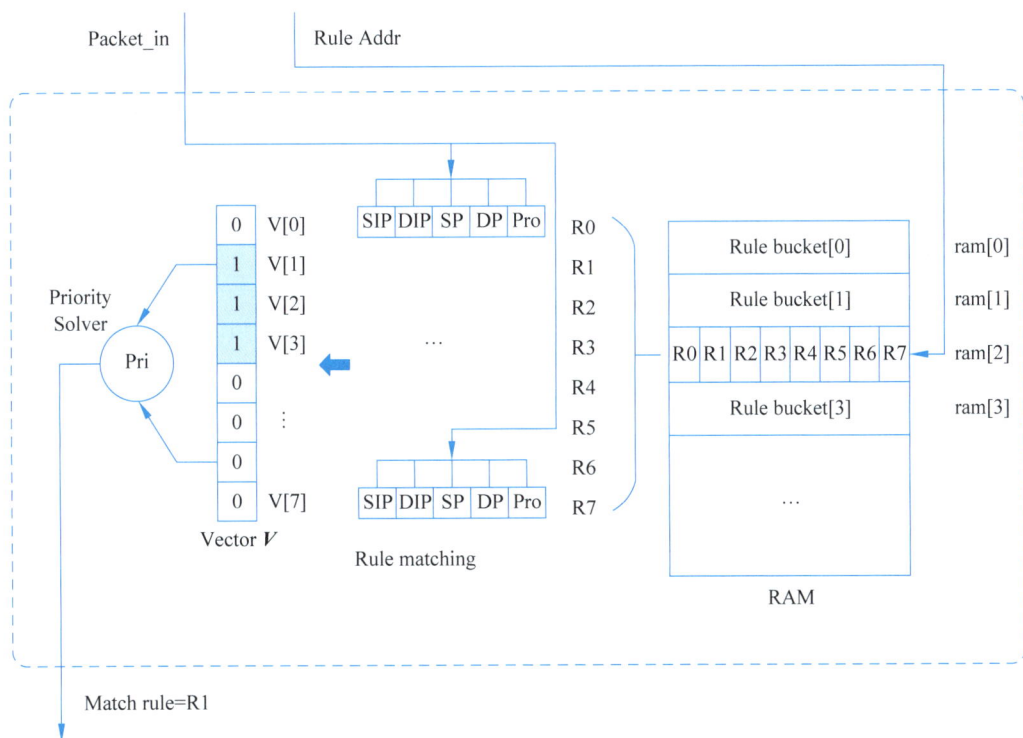

图 5-13 规则匹配处理单元的结构

规则匹配处理单元的数据流程为:输入为报文头部 packet_in 与规则地址 rule_addr,输出为匹配的规则。在一个 RAM 单元中最多存储 8 条规则,只需要一次片上存储访问就可以将所有这 8 条规则与报文同时进行匹配以得到处理结果。然后将匹配结果存入一个位宽为8bit 的矢量 V 中。如果有规则匹配报文,则将矢量 V 中对应位置的值设置为 1,否则设置为 0。例如,如果规则 R1、R2、R3 匹配该报文,则将 $V[1] \sim V[3]$ 的值设为 1,矢量 V 中其他比特的值设为 0。最后,矢量 V 经过优先级解析器进行处理,得到优先级最高的匹配规则。

为了使优先级解析器的逻辑尽可能简单,RAM 块中的规则按照优先级从高到低的顺序进行排列,执行优先级解析时只需要获取矢量中值为 1 的最高位的位置。如图 5-13 所示,当规则 R1、R2、R3 都与报文匹配时,它们按优先级降序排列,因此经过优先级解析后的输出为规则 R1,即报文与规则 R1 匹配。

对于 IPv4 五元组规则,设置每条规则的位宽为 171 位,包括了规则 ID、五元组匹配域、规则优先级和响应动作。规则内部各字段的匹配模式包括了 IP 地址字段的前缀匹配、端口字段的范围匹配和协议字段的精确匹配。当在硬件上实现规则匹配操作时,对于范围匹配和精确匹配,使用比较器即可完成该操作;而对于 IP 地址的前缀匹配,需要首先根据前缀长度将报文的 IP 地址字段信息进行移位操作,然后再与规则的相应匹配域进行比较。为进一步提升处理速度,规则内部各字段之间同样采用了并行处理的方式。因此,规则匹配中的并行性包括了规则之间的并行匹配,以及规则内部各字段的并行匹配。

5.2.4　性能分析

将 MBitTree 算法与当前 OVS 中使用的 PSTSS 算法和典型的决策树算法 PartitionSort、CutSplit 进行性能对比,并从以下 5 方面评估 MBitTree 的性能:内存访问次数、分类时间、内存开销、预处理时间和可扩展性。其中,内存访问次数表示算法分类一个报文所需的访问内存的次数,内存访问次数越少,算法的分类速度越快;分类速度表示算法对一个报文进行分类所需的时间,算法的分类时间越短则吞吐量越高;内存开销是指存储算法数据结构所需要的内存空间,较低的内存开销能够使算法存储和运行在速度更快的内存层次上;预处理时间表示了算法构建决策树所需要的时间,预处理时间越短,越有利于数据结构的更新;可扩展性则表示了算法在更大规模规则上的性能表现,良好的可扩展性意味着算法可以很好地适应不同规模的规则集。

1. 内存访问次数

MBitTree 以及 PSTSS、PartitionSort 和 CutSplit 算法的平均内存访问次数如图 5-14 所示,其中,横坐标为规则集类型,纵坐标为算法的内存访问次数。从图 5-14 中可以看出,在内存访问次数上,MBitTree 性能明显优于其他算法,并且这种优势随着规则集数量增加而相应增加。例如,对于 FW_1k 规则集和 FW_10k 规则集,MBitTree 需要平均 20 次和 23 次内存访问来对一个报文进行分类,而 CutSplit 则分别需要 31 次和 38 次内存访问来分类一个报文。总体来说,MBitTree 平均需要 16 次内存访问来对一个报文进行分类,而在 PSTSS、PartitionSort 和 CutSplit 中分别需要 64 次、38 次和 28 次内存访问。与 PSTSS、PartitionSort 和 CutSplit 相比,MBitTree 分别实现了 4 倍、2.4 倍和 1.7 倍的提升。

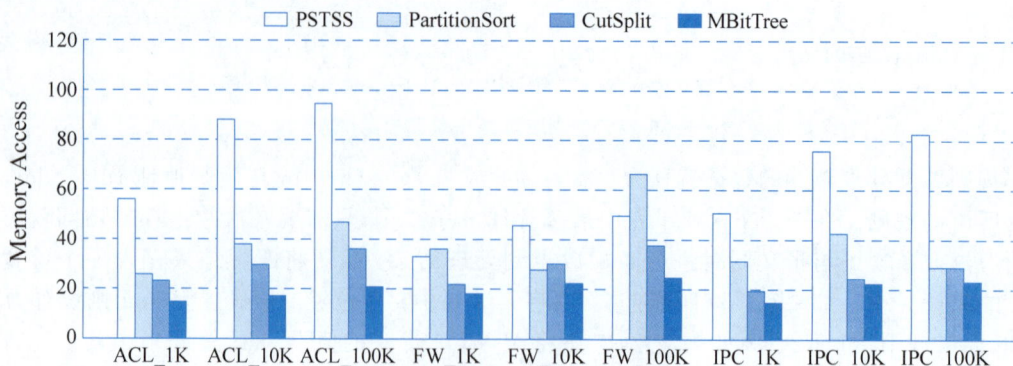

图 5-14　内存访问次数对比

2. 分类时间

MBitTree 以及 PSTSS、PartitionSort 和 CutSplit 算法的分类时间如图 5-15 所示,其中,横坐标为规则集类型,纵坐标为对每个报文进行分类所需时间,单位为 $\mu s/packet$,坐标数值使用了对数坐标。从图 5-15 中可以看出,MBitTree 在分类时间上明显优于其他算法,尤其与PSTSS 相比分类速度提升了一个数量级以上。较低的分类时间意味着 MBitTree 的处理速度更快,能适用于更大网络带宽的场景中。

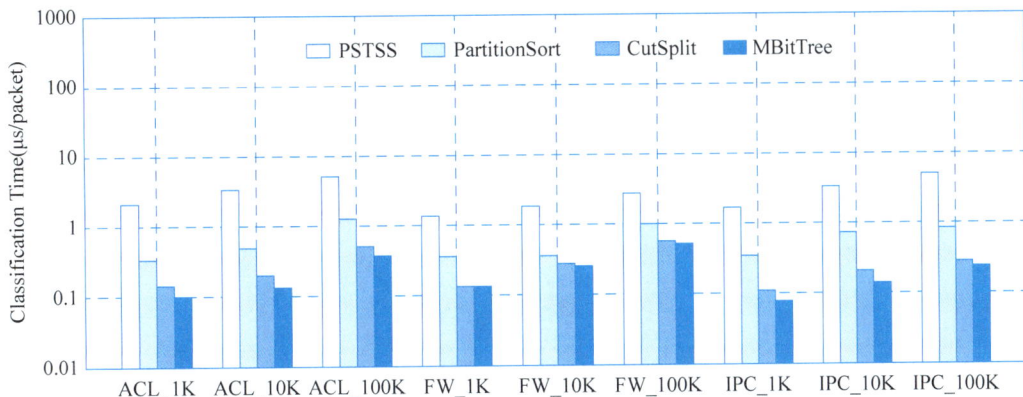

图 5-15　分类时间对比

总体来说,MBitTree 分别平均需要耗费 $0.208\mu s$、$0.311\mu s$ 和 $0.158\mu s$ 对 ACL、FW 和 IPC 规则集中的一个报文进行分类,而在 PSTSS 中则分别需要耗费 $3.593\mu s$、$2.029\mu s$ 和 $3.405\mu s$,在 PartitionSort 中分别需要耗费 $0.709\mu s$、$0.591\mu s$ 和 $0.645\mu s$,以及在 CutSplit 中分别需要耗费 $0.298\mu s$、$0.323\mu s$ 和 $0.202\mu s$ 来分类一个报文。与 PSTSS、PartitionSort 和 CutSplit 相比,MBitTree 在分类时间上分别实现了 13.3 倍、2.8 倍和 1.2 倍的提升。注意,与 PSTSS 相比,MBitTree 平均访问次数提升了 4 倍,而分类时间却提升了 13.3 倍,这是因为遍历树以及线性搜索规则(MBitTree)的时间要低于访问一个元组(PSTSS)所需时间,因此 MBitTree 在分类速度上的性能提升更为明显。

3. 内存开销

MBitTree 算法以及 PSTSS、PartitionSort 和 CutSplit 算法的内存开销如图 5-16 所示,其中,横坐标为规则集类型,纵坐标为内存开销,单位为平均每条规则占用的内存空间(Byte/Rule)。从图 5-16 中可以看出,对于大多数规则集,MBitTree 占用的内存空间比 PSTSS、PartitionSort 和 CutSplit 少。MBitTree 在所有规则集上平均消耗 13.2Byte/Rule,而在 PSTSS、PartitionSort 和 CutSplit 中则分别平均需要 48.0Byte/Rule、55.4Byte/Rule 和 90.3Byte/Rule。与 PSTSS、PartitionSort 和 CutSplit 相比,MBitTree 在内存开销上分别实现了 3.6 倍、4.2 倍和 6.8 倍的性能提升。MBitTree 的低内存开销意味着 MBitTree 构建的树中几乎没有规则重复。

4. 预处理时间

MBitTree 以及 PSTSS、PartitionSort 和 CutSplit 在 100K 规则集上的预处理时间如图 5-17 所示。从图 5-17 中可以看出,PSTSS 很明显是其中预处理时间最短的一个,而 PartitionSort 则是 3 类决策树算法中最快的一类。相比之下,MBitTree 比 PartitionSort 需要花费更多时间来构建决策树,这是因为它在比特选择过程中需要数次迭代来选择最佳有效比特。但是,MBitTree 仍然可以在一秒以内为所有类型的 100K 规则集构建决策树,CutSplit 需要数秒来构建决策树,而 EffiCuts 和 SmartSplit 等决策树算法则需要数分钟甚至数小时的时间来构建

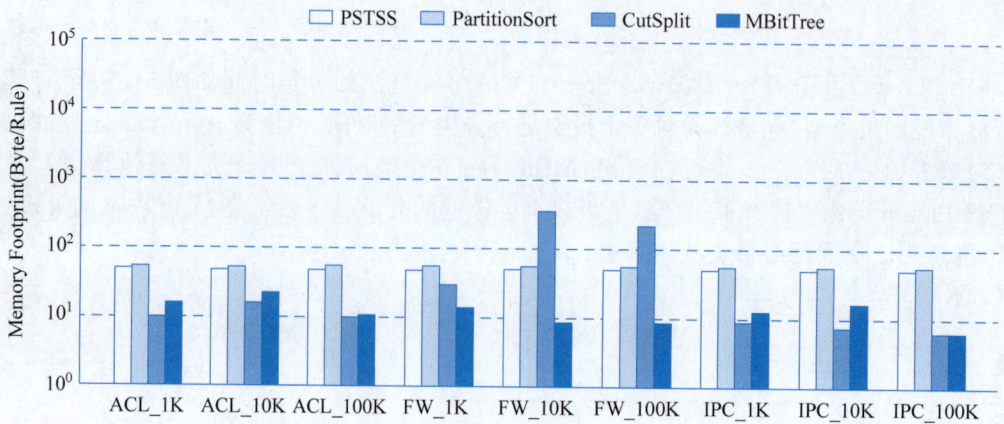

图 5-16　内存开销对比

决策树。与 CutSplit 相比，MBitTree 在 100K 规则集上的平均构建时间减少了一个数量级，实现了毫秒级的预处理速度。更短的预处理时间意味着 MBitTree 相比 CutSplit 更适用于在线更新。

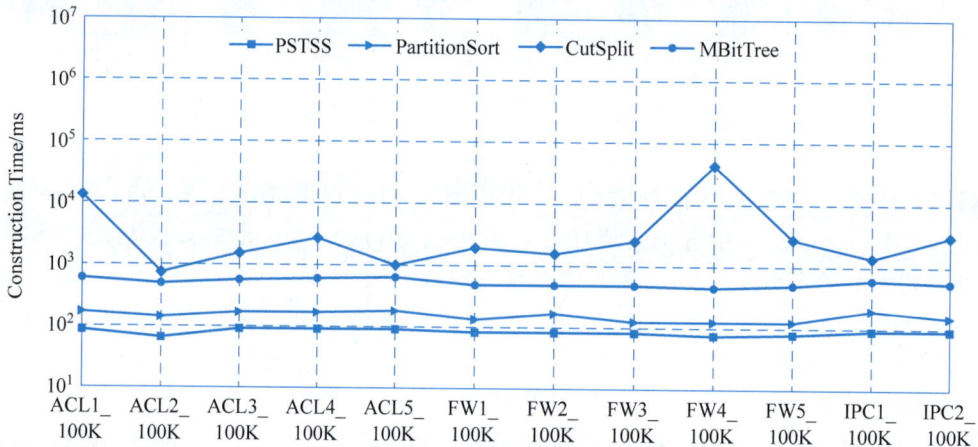

图 5-17　预处理时间对比

5. 可扩展性

图 5-18 显示了 MBitTree 从 1K 规则集到 1M 规则集的内存开销，其中横坐标与纵坐标均采用了对数坐标，横坐标表示规则数量，纵坐标表示内存开销，单位为 MB。从图 5-18 中可以发现，MBitTree 的内存开销和规则集的规模存在近乎线性的关系，这体现了 MBitTree 良好的可扩展性，可支持处理大规模的规则集。

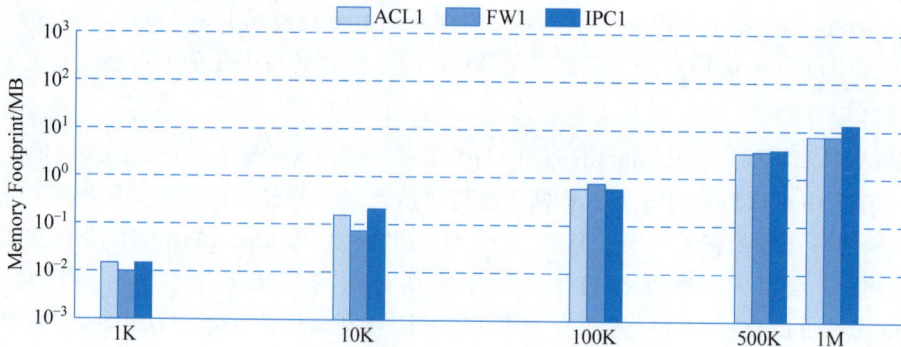

图 5-18　不同大小规则集下的内存开销

总体来说,MBitTree 仅消耗几兆字节来构建 500K 规则集的决策树,消耗约 10MB 来构建 1M 规则集的决策树。内存开销方面良好的可扩展性使得 MBitTree 适用于大型分类器。

5.3 可编程数据平面网内计算

5.3.1 网内计算

分布式机器学习模型的运行和服务提供离不开算力和网络支持。随着摩尔定律的趋势放缓,算力增长速度远低于 I/O 速度,近数据处理已经成为后摩尔时代必然的选择,简言之,就是尽可能减少数据搬移,让数据在传输路径上得到处理。

高速网络作为数据的传输路径,将多个计算设备连接在一起,形成一个互相通信和协作的系统。在 AI 应用中,高速网络是连接着算法、算力和数据的桥梁。它使得不同计算设备之间可以传输和共享数据,实现数据的集中存储和分布式处理。随着高速网络所承载的业务流量规模和类别持续增大,近年来,研究人员使网络也具备了分布式计算的能力,多台计算和网络设备可以协同工作,加速算法的训练和推理过程。高速网络的发展和创新不仅扩展了 AI 的规模和能力,也为 AI 应用的部署和交互提供了更多可能性。

数据平面可编程技术通过可重构的匹配转发模型与定制指令的专用网络处理器实现了在不替换物理设备与网络处理芯片的情况下支持新型网络协议与网络应用。RMT 架构与用于对 RMT 进行编程控制的 P4 语言由于灵活性与性能方面的优势成为网络设备和网络服务提供商的关注热点。RMT 在 OpenFlow 的基础上,通过协议无关的报文头解析器,支持超长指令字(Very Long Instruction Word,VLIW)的动作执行引擎等功能模块实现了可编程性和处理性能的较好统一。

但目前 RMT 架构与用于在 RMT 架构下描述网络转发行为的 P4 语言仍然处在发展阶段,在有状态报文处理、复杂计算(如 AI 推理)、多租户隔离与资源共享等方面存在着明显不足。例如,Gebara 等指出,RMT 架构仅可利用有限的片上内存管理简单状态,目前难以支持有状态网络报文处理,这将导致涉及大量状态信息的网内计算难以部署。

AI 分布式训练中每个节点独立进行前向传播和反向传播,然后聚合更新参数,以实现模型的同步更新,从而加速深度学习模型的训练过程,网内 AI 分布式训练是指将参数聚合过程放置在更靠近数据的位置,也就是网络中,能够有效降低分布式计算产生的大量通信开销,使得数据在网络传输过程中同步完成参数的聚合,并不引入显著的延迟与吞吐开销。

从网内 AI 分布式训练需求来看,随着训练参数量的激增,将一部分分布式应用的计算任务卸载到高速网络的网卡或交换机能够潜在提升分布式应用的性能表现,并发挥网络的关键作用。

从网内 AI 推理需求来看,当前面向 P4 语言的可编程网络除了使得网络协议更趋向于软件定义外,还使得网络能够借助高能效比的算力为分布式应用提供网内计算加速服务。然而,当前典型的可编程数据平面(Programmable Data Plane,PDP)架构如协议无关交换架构(Protocol Independent Switch Architecture,PISA)在进行矩阵运算等方面还表现得不够高效。该问题的关键原因在于:PISA 架构中基于超长指令字的多指令多数据(Multiple Instruction Multiple Data,MIMD)流模式不适合需要大量计算且所有计算单元执行相同操作的情况,与单指令多数据(Single Instruction Multiple Data,SIMD)流模式相比,成本高且速度慢。例如,采用 MIMD 进行 n 元素的矢量与 $n \times n$ 矩阵做矩阵矢量乘需要 n^2 条乘法指令,以及 $n \times (n-1)$ 条加法指令,且超长指令字中所需的 Crossbar 造成了大量不必要的硬件资源开销,与单阶段指令数的平方成正比。由于每个执行单元的指令流都是相同的,SIMD 模式将指令的获取时间均摊到每一个执行单元。而 MIMD 模式的设计主要是为了处理不同指令流,当指令流出现分支时,它不需要对线程进行阻塞。然而它需要更多指令存储以及译码单元,这就意味着消耗更多的硬件资源,同时,为了维持多个单独的指令序列,它对指令带宽的需求也非常高。一般使用 SIMD 与 MIMD 的混合模式才是最好的方案。用 MIMD 的模式处理控制流,用 SIMD 的模式处理大数据,在 CPU 上使用 SSE/MME/AVX 指令扩展集采用的就是 SIMD 与 MIMD 的混合模式,而在 GPU 上,当线程束与线程块以高粒度处理分支时也采用的是混合模式。

随着网络设备的日益增加,核心网的路由表日益膨胀,路由表条目迅速增加到无法有效处理的程度,从而导致网络性能下降、资源浪费、路由不稳定等问题,即"路由爆炸"。传统的基于查表的路由方法需要存储大量的路由表项,而采用机器学习推理替代路由查表将节省大量的存储空间,原因是部署机器学习模型所消耗的内存资源远远小于维护路由表所需要的。因此在可编程数据平面中探索以机器学习推理代替路由查表的方法。

5.3.2 网内计算推理模型 CAInNet

CAInNet 是一种软硬件融合架构,该架构基于 RISC 指令集,在支持所有 P4 可编程数据平面能力的基础上,融合了 SIMD 与 MIMD 两种计算模式,形成 ALU 与 AI 计算单元异构并行计算架构,使得交换机与网卡不仅能够支持协议无关网络分组处理,还能在数据传输过程中对承载 AI 推理与训练的分组数据实现网内计算加速。通过解决路由爆炸问题,验证了该模型在报文分类中推理的准确度以及性能,并为网内遥测、入侵检测以及新型协议处理提供一种更加灵活敏捷的高性能处理平台。

CAInNet 首先要满足 RMT 架构的开放、流水和可编程等核心特征,要求 CAInNet 拥有可编程协议无关解析、通用关键字查表以及通用动作指令执行等功能;同时,作为可编程数据平面,需具备与生产场景相适配的线速的网络报文转发能力,才能具备真正的科研价值及工业价值;在此基础上要能够支持网内计算中的机器学习推理。

CAInNet 采用通用的软硬件融合架构,在软件层面上,其包含 CAInNet Runtime 实时管理工具以及融合支持 P4 编程语言的编译器;在硬件层面上,其包含安全预处理过滤器、可编程解析器、关键字提取单元、自定义匹配查表引擎、指令执行引擎、AI 计算单元、参数配置模块、可编程逆解析器 8 个模块,融合了 SIMD 与 MIMD 两种计算模式,SIMD 在获取数据和执行指令的时候,做到了并行处理。对于那些在计算层面存在大量数据并行的计算中,使用 SIMD 是一个高效的办法,例如,实践中的矢量运算或者矩阵运算。在处理矢量计算的情况下,同一个矢量的不同维度之间的计算是相互独立的,可采用这种"数据并行"加速方案,融合 SIMD 与 MIMD 两种计算模式,矩阵矢量乘操作仅需一条指令。总体来说,CAInNet 不仅支持协议无关网络分组处理,还可承载神经网络推理,实现网内计算加速,且不引入额外的报文处理延迟。带内网络遥测负责收集网络数据上传控制平面进行训练,实时监测网络状态。

5.3.3 CAInNet 数据平面

1. CAInNet 流水线架构

CAInNet 需要支持如 DNN 中的推理计算,推理过程中大部分神经元是采用矩阵矢量乘法操作完成的,因此需要在该架构中集成矩阵矢量乘法以支持 AI 计算等操作。

感知机作为第一个人工神经网络,它的意义十分重大。但是它的缺点也特别明显,如网络过于简单，不能解决非线性问题等。为此，人们又提出了一种新型感知机——多层感知机（MLP）。MLP 是在单层神经网络基础上引入一个或多个隐藏层，使神经网络有多个网络层。隐藏层位于输入层和输出层之间，如图 5-19 所示。

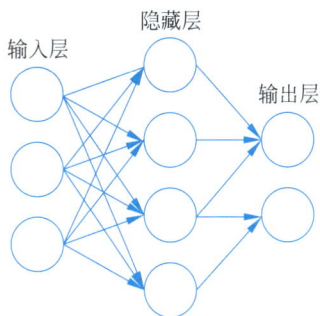

图 5-19　多层感知机示意图

MLP 便于硬件实现且作为通用的神经网络模型十分适合映射在 RMT 流水线结构中。受 SIMD 和 MLP 的启发，考虑到流水线架构对数据包的流式处理，在流水线各阶段之间单独放置 AI 计算单元将增加流水线的处理延迟，因此可将每个 AI 计算单元分散在各个流水线阶段内，能够隐藏矩阵矢量乘法带来的延迟，并可根据编程选择是否进行矩阵矢量运算。每个 AI 计算单元完成一层神经元的计算功能，在某一阶段得到推理结果后，后续流水线阶段可利用该结果进行相应的决策和处理。AI 计算单元与动作引擎内的 ALU 并行执行且互不影响，既保留了流水线流式处理的高性能，又增加了可选择的机器学习推理能力。

为了满足上述的设计需求，CAInNet 结构主要包括安全预处理过滤器、可编程解析器、关键字提取单元、自定义匹配查表引擎、指令执行引擎、AI 计算单元以及可编程逆解析器关键子模块。CAInNet 的报文处理流程如图 5-20 所示。

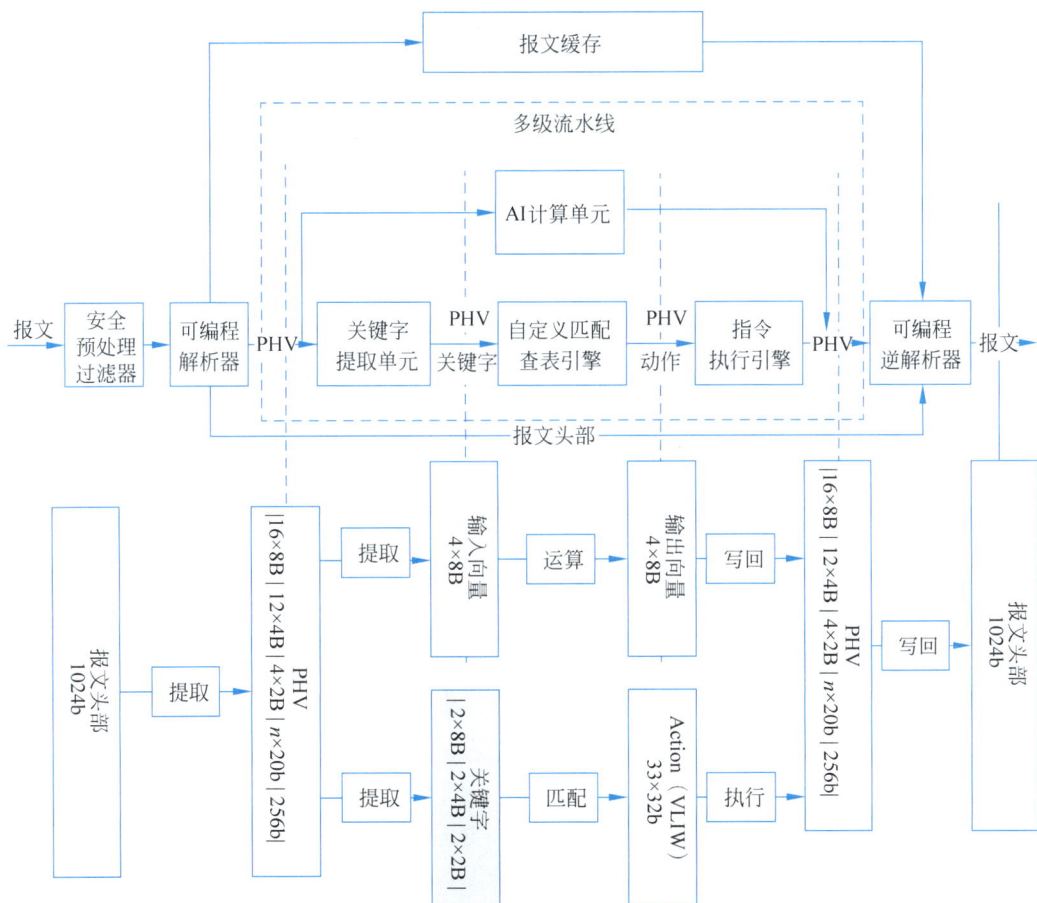

图 5-20　CAInNet 的报文处理流程

为了使 CAInNet 支持不同神经网络模型的 AI 推理加速，在该架构中添加了 AI 计算单元与参数配置模块，AI 计算单元分散在各个流水线阶段中，与 ALU 并行处理 PHV，参数配置模块负责接收控制报文中携带的矩阵参数并配置给相应阶段的 AI 计算单元。每一个 AI 计算单元完成 MLP 中一层神经元的操作(即矩阵矢量乘、增加偏置值以及激活函数),通过配置不同参数,整条流水线能够完成不同神经网络模型的推理过程,CAInNet 的总体架构如图 5-21 所示。

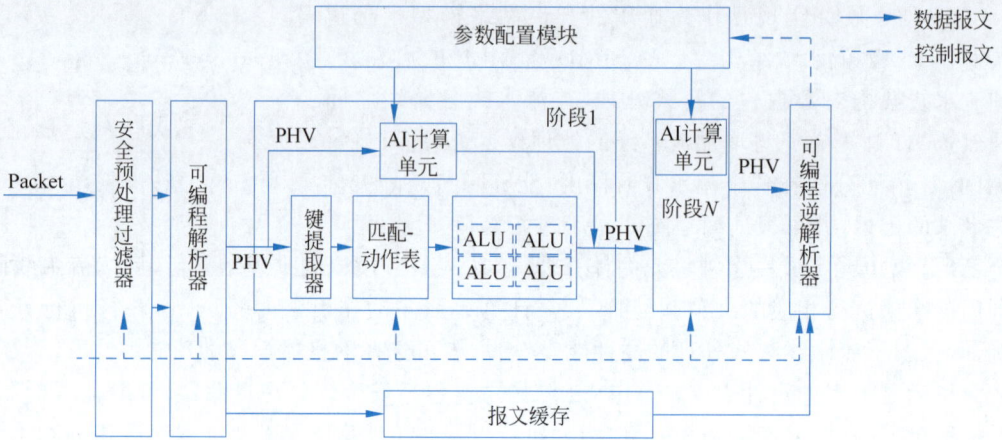

图 5-21 CAInNet 的总体架构

2. AI 计算单元

AI 计算单元(AICU)包含矩阵矢量乘、增加偏置值以及激活函数模块,如图 5-22 所示。AICU 对传入的 PHV 判断标志位(如 VLAN ID),若需要进行矩阵运算,则提取前 4 个 8B 容器的数据,构成 1×32 大小的矢量,每个矢量元素大小为 1B。对于数据长度达不到 32 的矢量,后面补 0,不影响矩阵矢量乘法结果。将该矢量发送给每级 32 个乘加器(MA),每个乘加器中放置 1×32 的权重列矢量,执行一次矢量点乘运算,用不到的全部置 0,不足 32 的也在后面补 0。即每个 AICU 实际执行 $M(1\times32)N(32\times32)$ 的矩阵矢量乘,通过置 0 可以实现不同大小的矩阵矢量乘,以此进行升维或降维操作。例如,要完成 $M(1\times16)N(16\times16)$ 的矩阵矢

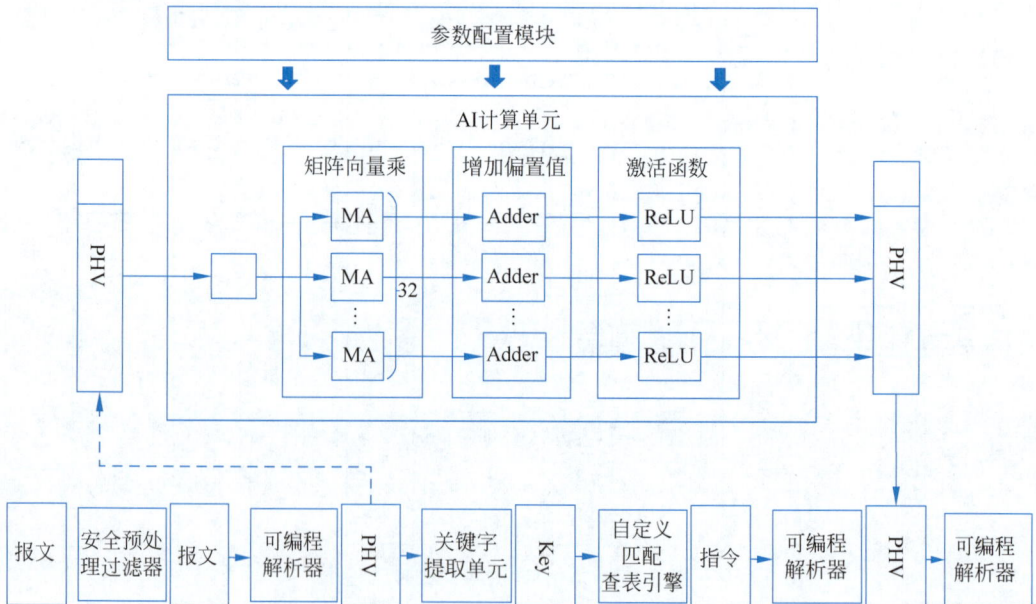

图 5-22 AI 计算单元

量乘法操作,可将输入矢量的后 16 个元素置 0,送入 32 个乘加器,其中后 16 个乘加器的权重参数全部置 0,因此得到的运算结果的前 16B 为实际结果。每个阶段输出一个 32 元素的矢量,与输入的 PHV 位置相对应写回。最后一个神经元得到 1B 的结果。逆解析器将结果写入元数据。若报文不需要进行神经网络推理,则前 4 个 8B 容器的值仍然参与 ALU 中的运算并写回 PHV。

矢量乘加器的设计如图 5-23 所示,每个乘加器都包含 6 个流水线阶段,其中,第一阶段完成矢量中每个元素的乘法,后续阶段由加法树完成 32 个乘积的加法操作。该方法采用空间换时间的方法利用乘加器的并行计算将矢量复制多份同时进行点乘运算,完成矩阵矢量乘法,且运算总延迟不超过 ALU 处理的延迟,两者互不影响,既能够选择性实现机器学习运算,又不降低原有流水线的性能。

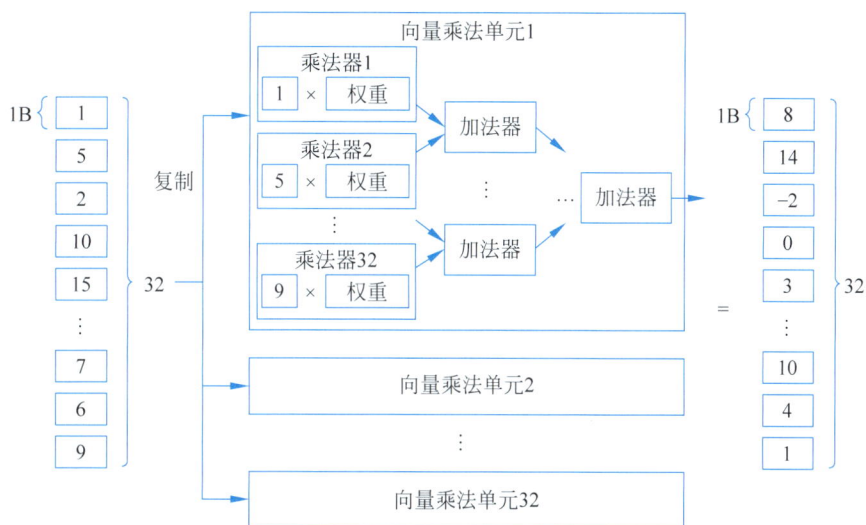

图 5-23　矢量乘加器的设计

3. 参数配置

参数配置模块负责接收控制报文中携带的所有神经元参数,包括矩阵参数以及偏置值,并将其分配给对应阶段中的 AI 计算单元,控制报文中的参数配置格式如图 5-24 所示。

图 5-24　参数配置格式

参数配置模块独立于每个阶段,负责配置所有阶段中 AICU 的权重参数。控制通路从逆解析器连接到配置模块。用控制报文中的 Module ID 指示配置模块。控制报文中高 32 个 32B 为矩阵参数,最低 1 个 32B 为偏置值参数,配置 N 个阶段需要 N 组参数。

4. 基于 VNI 的业务隔离

RMT 架构仅可将报文头部提取的字段以及架构自定义的元数据字段用于匹配动作,无法对节点内的突发事件进行响应。而随着更多网络服务(如负载均衡器、防火墙、网内遥测等)和网内计算应用(如键值存取、分布式机器学习等)被部署到云数据中心交换机与智能网卡侧,基于 RMT 架构的转发设备就应当支持不同网络业务在单节点的逻辑隔离与资源共享,从而满足安全与性能等多方面要求。

CAInNet 的可编程协议无关解析器主要根据用户配置的系统参数对不同协议的报文信息进行解析和提取,将报文头信息、元数据和比较指令等信息转换为报文头矢量(Packet Header Vector,PHV)。为了简化过程,在解析过程中将 PHV 统一成结构相同的格式,同时支持根据 VLAN ID 或 VNI 进行面向不同租户虚拟网络的隔离解析。对于任何报文,可编程解析器通过 VLAN ID 或 VNI 作为索引查询解析器内部基于 FPGA 的 BRAM 单元实现的协议解析表得到一个解析表项,用于并行提取 PHV 的填充字段。每条解析表项包含提取字段相较于报文头起始偏移、字段长度类型、字段放置于 PHV 中的索引(与字段长度类型共同可以确定一个字段在 PHV 的位置)。最低位为有效位,用于标识当前子指令是否有效。关键字提取模块用于从 PHV 中提取匹配关键字,并且同样支持根据 VLAN ID 或 VNI 进行面向不同租户虚拟网络的关键字提取。该模块包含一个基于 BRAM 单元的关键字提取规则查找表,查找表的表项索引为随 PHV 同步传输的 VLAN ID 或 VNI 字段。指令执行引擎模块内存储资源被分为若干区域,各区域根据用户 ID 信息生成不同的用户空间,并生成以用户 ID 为索引、区域起始地址和用户空间长度为表项的索引表,实现各用户之间资源隔离,以支持多租户场景,确保用户空间安全。

5.3.4 CAInNet 控制平面

设计了无状态的方法来修改流水线中的表项,即使用一组专门的报文(即控制报文)来修改表项。控制报文在软件端生成,主要包含需要修改的表号和修改的表项内容。在报文头字段中,用专门的字段来标识该报文针对的模块号,表项内容包含在有效负载字段中。控制报文被流水线接收后,它将被流水线中每个模块识别解析,并依次通过流水线的各模块。每个模块将检查该模块是否为控制报文的目标,从而判断该模块是读取有效负载并相应地修改表项,还是把控制报文传递给下一个模块。如果目标都不匹配,则在控制报文出流水线之前丢弃。

对流水线中的模块使用两层索引:除了可编程解析器、参数配置模块和可编程逆解析器(它们在流水线中只出现一次)之外,所有其他模块(关键字提取单元、自定义匹配查表引擎和指令执行引擎)都用 8b 的模块号(Module ID)来表示。较高的 5b 标记它所属的阶段,较低的 3b 区分它是关键字提取单元、自定义匹配查表引擎还是指令执行引擎。

通过控制通路,控制报文能够进入参数配置模块,由参数配置模块统一完成对 AI 计算单元中神经网络参数的重配置。控制报文配置 AI 参数的过程如图 5-25 所示。控制报文进入参数配置模块后,由参数配置表决定报文内容如何分配给各个阶段的 AI 计算单元。每个 AI 计算单元接收到神经网络参数后可快速且同步进行重配置,具备高敏捷可重构特性。

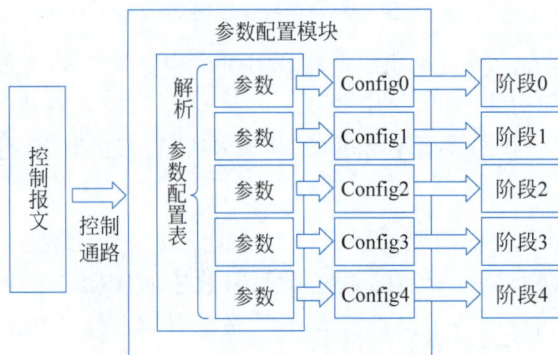

图 5-25 控制报文配置 AI 参数的过程

为了支持对流水线中各类表项的灵活与安全配置,CAInNet 借助 UDP 报文采用带内控制方式支持流水线中各类表项的重配置。为了对数据报文与控制报文进行区分,用于表项配置的 UDP 报文的目的端口号统一采用 0xf2f1,并采用 cookie 验证机制对控制通路进行安全访问控制,以防御控制报文重放攻击等恶意行为。

5.4 可编程数据平面键值存储

5.4.1 键值存储

键值存储在互联网服务(例如搜索、社交媒体和电子商务)中发挥着至关重要的作用,与仅搜索信息相比,用户逐渐倾向于通过互联网进行交互。这种转变反映在写密集型工作负载所占比例的增长上。最近对互联网服务商生产环境中键值存储的实地研究表明,写密集型工作负载普遍存在,例如,超过 35% 的 Twemcache 集群是写密集型的,超过 20% 的集群写入量超过读取量。此外,这些写密集型工作负载呈现出偏斜,Twitter 的 Twemcache 集群中,25% 的频繁访问记录(即热点)主导了写入工作负载。

在分布式键值存储中,客户端发出的查询将被传送到不同的服务器,这些服务器上存放着请求的内容。因此,在高度倾斜的工作负载下,少数服务器会收到频繁的查询请求并因此过载,导致部分查询遭受更长的排队延迟或被丢弃,进而导致负载不均衡。为了解决上述问题,先前的工作在 I/O 关键路径上部署可编程交换机,并将热点表项放置在交换机的内存中,以预处理整个机架中所有服务器的 I/O 查询。热点项目的读取请求可以直接在交换机上提供服务,并且具有优于 RTT 的延迟。在接收写入请求时,交换机会使缓存中相应的键值对失效,然后将其转发到服务器进行处理。然而,在写密集型工作负载下,这种优化方法并不能平衡负载。其他已有的基于交换机缓存的研究也存在类似问题。另有研究成果则是通过共同设计控制平面和数据平面来解决写密集型工作负载下的负载不均衡问题,采用了复杂的调度机制来保证可用性和一致性。然而,由于控制器的带宽有限,执行键值版本控制和快照存储,带来了严峻挑战。

为了解决写密集型工作负载下的负载不均衡问题,设计交换机内部的临时存储来缓存频繁写入热点记录的写入操作是非常有意义的,而且不需要涉及控制器。然而,处理写入操作比读取更加复杂,因为它面临着几个挑战。首先,设置交换机内部的临时存储来缓存客户端的频繁写入操作,而不是直接转发到服务器,会引发交换机和服务器存储之间的数据一致性问题。解决这个问题需要一个适当的同步机制。其次,作为为数十亿用户提供互联网服务的关键组件,键值存储必须确保 100% 的服务可用性,即使在交换机状态转换或故障的情况下也是如此。必须设计一种强大的可用性机制,以确保在这种极端情况下服务的连续性。

Magneto 是一种轻量级、快速、可用和可靠的键值存储架构。基于可编程硬件的能力和灵活性,Magneto 将交换机内部临时存储资源整合进来,用于暂存发送给服务器的写入查询。该存储器缓存频繁地针对热点条目进行写入操作,而不是直接将其转发到服务器,从而使负载保持平衡。具体而言,存储器将保留"热"写入查询,并使后续的写入查询覆盖先前相同键的写入查询,相当于在交换机中发生了写入后写入。至于"冷"写入查询,它们将被缓冲在存储器中,直到同步完成。一旦触发了同步,存储器将批量发送数据包到服务器。Magneto 通过在客户端实现备份和基于超时的重传机制,实现了键值存储的可用性。此外,它轻量级,与网络中的现有协议兼容,并且可以轻松集成到现有的键值存储中,针对的是包含每个机架数千个核心的现代机架规模存储集群。

5.4.2 Magneto 设计

Magneto 利用可编程硬件来平衡高度倾斜的写入负载,防止存储服务器过载。它专注于改善写密集型工作负载下存储服务器之间的负载不均衡,并实现以下设计目标:

- 在写密集型工作负载下平衡负载。在 ToR 交换机中引入了增量式 Stash 模块(即由可编程硬件实现),吸收针对一小部分热键值的频繁写入。
- 确保数据一致性。通过及时将 Stash 中的新数据与服务器进行同步,确保了交换机和服务器之间热数据的一致性。
- 实现随时可用的服务。设计了一个涉及客户端、交换机和服务器的三方协调机制,以确保即使在出现交换机故障或停电等极端情况下,Stash 中的数据丢失也不会导致服务不可用。

Magneto 的架构如图 5-26 所示。在客户端发出查询请求,必须通过 ToR 交换机才能到达存储服务器。Magneto 在 ToR 交换机中部署了 Stash 模块来缓冲频繁的写入操作,保护服务器免于过载,这类似于延迟写入。同时,它主动发起交换机和服务器之间的数据同步,以确保数据一致性;并要求客户端为每个写入查询分配一个序列号,然后备份数据,以便在遇到交换机故障时从备份中进行恢复。

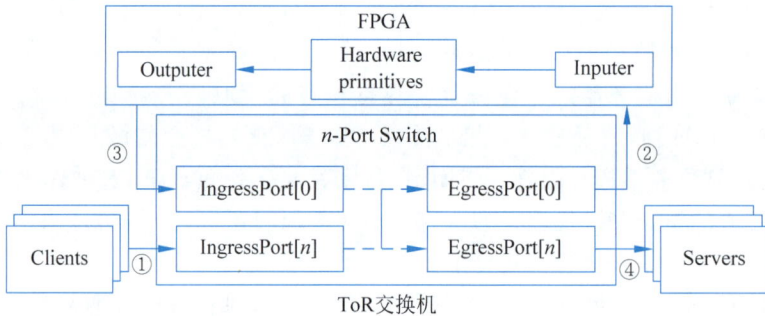

图 5-26 Magneto 架构

遵循之前工作的网络协议设计,该设计基于 TCP/UDP,并将操作码(OP)、序列号(Seq)、键和值作为有效负载。客户端根据需要使用 TCP 或 UDP。如表 5-1 所示,有 7 种类型的数据包,其中 OP=4,5 的数据包分别支持 Cache 和 Stash,其余的对应于键值存储的查询类型。客户端、交换机和服务器三方将通过使用 7 种类型的数据包进行交互,实现 Magneto 的所有机制,而不涉及带宽有限的控制器。

表 5-1 查询类型

OP	查 询 类 型	相 关 硬 件	含 义
0	READ	Cache,Stash	读查询
1	READ_REPLY	—	读回复
2	WRITE	Stash	写查询
3	DELETE	Cache,Stash	删除查询
4	HOT_INSERT	Cache	插入热表项
5	STASH_SYN	Stash	Stash 同步
6	WRITE_REPLY	Stash	写回复

1. Magneto 延迟写机制

首先需要说明在偏斜负载下存储服务器之间负载不平衡的本质。一些研究结果表明,在美国 Meta 公司的 Memcached 部署中,10％的表项占据 60％～90％的查询量。将这 10％的表项称为"热表项"。大多数查询流量涌向持有热表项的存储服务器,导致过载,并进一步导致性能降低和延迟加长。随着 Memcached 集群中读写比例的变化,写查询的比例明显增加。在交换机中设置缓存几乎不能防止在写密集负载下的负载不平衡,需要一个新模块来支持偏斜写入。

Magneto 提出了一种新颖的延迟写机制,在交换机中添加了 Stash 模块,用于吸收"热项目"的频繁写入,并减轻存储服务器的负载。图 5-27 顺序描述了其工作原理。假设客户端发出一个带有 K_1 键的写入查询。Magneto 将保存这个写入 Stash 中,并初始化计数器(即记录键 X 的写入计数)为 1,如图 5-27(a)所示。在第②步中,依次输入 4 个写入查询,其中,3 个键是红色的,一个是 K_2 键。因此,K_1 键的计数器被赋予值 4,而 K_2 键的值为 1。如前两步所示,Stash 缓存、写入并保存键值数据的最新版本。Stash 要求将最新数据推送到存储服务器,有两个原因:首先,随着具有不同键的写入不断放置到 Stash 中,预计其将会被填满并失去容纳新写入的能力;其次,Stash 不能取代服务器的作用,因此,当 Stash 的占用率超过预定阈值 k 时,会触发同步,Stash 将生成 SYN 数据包并发送到服务器。阈值 k 由图 5-27 中的虚线表示。

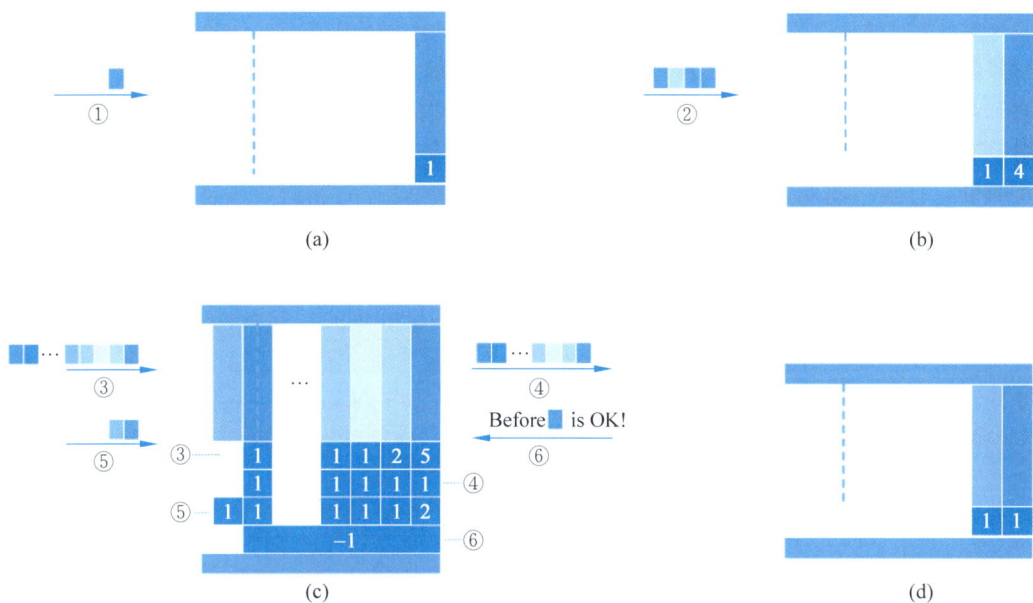

图 5-27 **Magneto 中的延迟写入。4 个子图依次描述了在接收到写入查询时 Stash 中的变化。不同的颜色代表不同的键,而 1～6 表示随时间的变化。虚线表示触发 Stash 同步的条件**

在第③步中,Stash 再接收到写入。对于之前不存在的键,它们将被缓存,并且计数器被初始化为 1;对于已经存在于 Stash 中的键,相应的值将被更新,并且计数器增加 1。在第③步之后,占用率超过了 k,并触发了同步。然后执行 3 个操作:首先,将 Stash 中的所有键值对批量打包到 SYN 数据包中,并发送到服务器。其次,将现有计数器重置为 1;最后,在收到来自服务器的 REPLY 数据包之前,暂停检查占用率,这意味着同步完成。在同步期间,Stash 仍然可以像第⑤步一样接收新的写入,并正常工作。在图 5-27(c)中,深橙色表示同步期间的新写入。然后,在第⑥步中,交换机从服务器接收到 REPLY 数据包,表示同步完成。对于 K_3 键和其前面的所有键值对,相应的计数器减少 1。如果某个键的计数值等于 0,则该键将从 Stash 中移除,就像 K_4 键一样。在上述 6 个步骤之后,只有 K_1 和 K_2 键仍然存在于 Stash 中,这意味着它们是热键值对或者刚刚新增的键值对。

注意,由于 Stash 在将写查询转发到服务器之前始终需要缓冲,因此当触发同步时,Stash 中的所有键值对都比其在服务器中的副本更新。为了保证数据一致性,系统在将数据发送到服务器之前将数据批量打包成 SYN 数据包,以减少同步所消耗的时间。同时,频繁更新的键值对可能具有较大的计数器值,但它们只需要同步一次。因此,将所有现有键值对的计数器值设置为 1 可以防止同步相同的键值对多次,从而避免在交换机和服务器之间浪费带宽。最后,当 Stash 的占用率超过 k 时触发同步。然而,仅有这个条件可能会导致多次触发同步,即使第一次同步尚未完成。此外,来自交换机的后续 REPLY 数据包可能会错误地将热表项的计数器值减少,导致它们从 Stash 中被移除并降低其效率。为了解决这个问题,指定在进行中的同步完成之前(即收到 REPLY 数据包之前)不应触发新的同步。

延迟写有两个原因:一是在交换机中进行写-写处理对结果没有影响;另一个原因是确保只有经常写入的键值对在 Stash 中保留了较长时间,这样可以优先为经常访问或更新的项目进行缓存。这确保了 Stash 有效地实现其吸收热表项频繁写入请求的目的,从而有效地平衡了存储服务器的负载,并提高了系统的整体性能。

2. Magneto 可用性机制

鉴于在延迟写设计原则下,交换机中的 Stash 保存着最新的记录,需要防范交换机故障导致的数据丢失。根据初步估计,每个交换机中缓冲的最新记录数量约为 10K。对 Twitter 集群的先前研究表明,键的平均大小为 32B,而值的平均大小为 128B,每个键值对总共为 160B。使用控制器备份新记录以便在交换机故障时进行服务恢复是一项挑战,因为交换机和控制器之间带宽有限。此外,由于记录不断更新,需要在非常短的时间窗口内存储 1.6MB,进一步加剧了这一挑战。Magneto 是一种新的解决方案,避免使用控制器备份数据,从根本上避免潜在的瓶颈,此外,它不应损害整个系统的 I/O 性能。

Magneto 设计了三方协作机制,以确保即使在交换机故障的情况下也能保持服务可用性,而无须涉及控制器,如图 5-28 所示。所涉及的三方是客户端、交换机和服务器,重点是客户端的设计。具体而言,要求客户端在发送写查询之前执行以下操作:

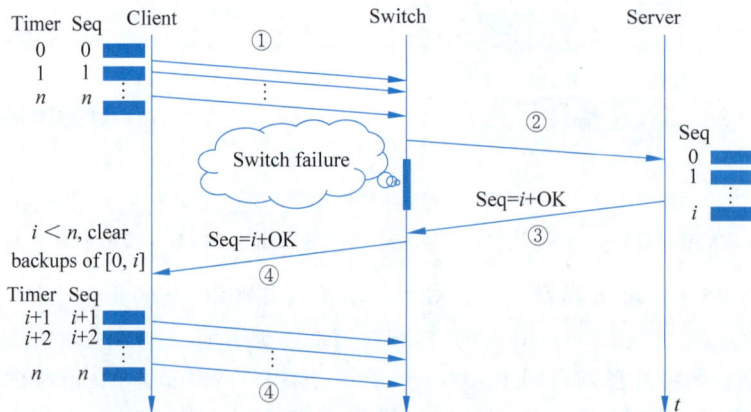

图 5-28 **Magneto** 中的可用性机制。同步需要一段时间。如果在同步期间发生交换机故障,导致 $[i+1, n]$ 数据丢失。在从服务器收到响应后,客户端清除了索引 $[0, i]$ 的数据备份。随后,在客户端发生以下事件:(1)计时器 $i+1$ 超时;(2)重新发送 $[i+1, n]$ 数据;(3)重置其余计时器

(1) 在本地备份键值数据;

(2) 向数据包添加增量序列号;

(3) 设置超时计时器。

之后,客户端等待来自服务器的写回复数据包。当写查询进入交换机时,它们将被缓存在 Stash 中,然后进行同步。在此期间,后续具有相同键的写入可能会到达并覆盖先前的写入,导致写后写情况的发生。正如前面表示的操作,后到达的写入具有更大的序列号,意味着具有某个序列号的写入不会出现在 SYN 数据包中。在接收到包含多个具有不连续序列号的 SYN 数据包后,服务器对其进行处理。在处理完成后,服务器将构造一个写回复数据包。在该数据包中,除了 TCP/UDP 字段外,还有两个字段:Seq 和 OK,此 Seq 等于服务器在此次同步期间处理的写入的最大序列号。类似于 Go-back-to-N,写回复数据包中的 Seq 字段表示已处理完所有序列号小于此 Seq 的写入。当接收到写回复数据包时,交换机会将所有在 Stash 中具有小于 Seq 序列号的记录的计数器值递减,并将其转发给客户端。在收到写回复消息后,客户端清除小于 Seq 的序列号的备份,并删除相应的计时器。

在无故障的场景中,客户端备份写入和设置超时计时器的额外开销可能看起来是不必要的。在交换机故障或停电情况下,存储在交换机内存中的数据将丢失,无法恢复。在 Magneto 中,如果客户端在计时器到期之前未收到来自服务器的写回复数据包,那么它将触发重传并重置超时计时器。

3. 本地序号与全局序号

在键值存储中,每个客户端在发送写操作之前添加的 Seq 值是基于其已发送的写操作数量递增的,因此,不同的客户端可能在不同的时间发送具有相同 Seq 的写操作,导致交换机接收到的写操作中存在重复和非顺序递增的 Seq 值。然而,上述 Stash 机制操作的前提假设后续的写操作具有较大的 Seq 值,因此,有必要将每个客户端添加的本地 Seq 转换为全局唯一且递增的 Seq。由于以下原因,客户端在发送写操作时无法获得全局唯一 Seq:首先,同时协调众多客户端以获得全局 Seq 是困难的;其次,客户端数量随时可能波动。因此,在交换机内部部署了 Seq 调度器来分配递增的全局 Seq 值,以替换写数据包中的本地 Seq,如图 5-29 所示,这确保了 Stash 机制的正常运行。观察图 5-29,注意到全局 Seq≥本地 Seq。然而,在可用性机制中,客户端基于本地 Seq 设置超时计时器。如果服务器处理后返回的写回复数据包保留了全局 Seq 并被传输回客户端,将会导致删除具有介于全局 Seq 和本地 Seq 之间序列号的计时器和数据备份,将破坏 Magneto 的可用性机制。此外,假设在图 5-29 中经过 Seq 调度器的处理后,具有 Seq=3 的来自 Client1 的写操作和具有 Seq=4 的来自 Client0 的写操作共享相同的键。如果 Stash 中发生写后写,导致 Seq=3 的数据被覆盖。在交换机与服务器之间同步后,将向 Client0 发送 Seq=4 的写回复数据包。这将导致 Client1 中 Seq=3 的计时器到期,触发重传并导致不正确的数据更新,也将破坏可用性。

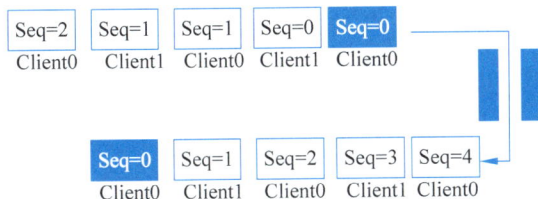

图 5-29　绿色部分充当序列分发器,为传入的数据包分配全局序列号

为解决上述两个问题,建立查找表,如图 5-30 所示。表中的每个条目对应一个客户端,由(IP:port)标识,其中添加或删除客户端对应于表中的条目的添加或删除。在每个条目中,除了客户端外,还有两列:一列记录此客户端获得的最大全局 Seq,另一列记录此全局 Seq 的本地 Seq。这个设置旨在建立客户端、最大 Seq 及其相应的本地 Seq 之间的映射。交换机在通

过 Seq 调度器时同时更新此表。对于第一个问题,当写回复数据包到达交换机时,交换机根据目标 IP 地址和端口查找表,检索出最大 Seq 和本地 Seq 之间的映射。然后,在将数据包转发给客户端之前,交换机将数据包中的 Seq 替换为从表中获取的本地 Seq。这种替换确保了不会清除具有全局 Seq 和本地 Seq 之间 Seq 值的计时器和数据备份。对于第二个问题,在将具有全局 Seq 替换为相应的本地 Seq 并根据表中的客户端信息修改目标 IP 地址和端口号后,除了将具有全局 Seq 替换为相应的本地 Seq 并广播写回复数据包以外,交换机还将根据表中的客户端信息修改目标 IP 地址和端口号,然后将这些数据包广播给所有最大 Seq 小于接收数据包中的 Seq 的客户端。

	Client	Max_seq	Local_seq
Client0	(192.0.2.1:8888)	4	2
Client1	(104.25.6.28:9999)	3	1
	…	…	…
ClientN	(203.0.13.10:9999)	415	24

图 5-30　记录每个客户端的全局序列号和本地序列号之间的映射关系

在这种情况下,即使来自 Client1 的 Seq＝3 的写入和来自 Client0 的 Seq＝4 的写入共享相同的键,并且在存储器中出现了 Seq＝3 的写入后写入的情况,导致 Seq＝3 的数据被覆盖,仍然可以向 Client1 发送 WRITE REPLY 消息,可以防止 Client1 中 Seq＝3 的计时器到期并触发重传。

第三部分

网络传输控制

第 **6** 章

网络传输机制

随着网络技术持续发展以及用户需求不断提高,为了更有效地支持未来的网络应用,新型网络架构——New IP(Network 2030 and the Future of IP)被提出,其能够为万物互联、万网互联构想中的应用对象实现安全传输、灵活寻址以及其他自定义功能。IETF 工作组认为,New IP 设想的远景可以借助已有技术实现,其中一个可行方案就是在现有 IP 层的基础上,采用 QUIC(Quick UDP Internet Connection)为 New IP 的数据传输提供其所需的安全、可信、可编程的传输特性。

QUIC 由 Google 提出,是一种支持应用数据安全快速交付的、基于 UDP 的传输协议,其在 2015 年提交 IETF 工作组开启规范化进程,经过近 6 年的研究和修改,QUIC 的标准于 2021 年 5 月底发布为 RFC。在规范化过程中,针对 QUIC 的研究重点大致可分为两个方向:一是针对不同 QUIC 开源实现的测试工具(如 Quic InteropRunner、qlog、qvis、QUIC-Tracker 等),用于 QUIC 协议的辅助开发和规范性验证;二是基于 QUIC 不同场景的典型应用,除支撑 HTTP/3 为用户提供更高效的 Web 服务外,还可以为新兴的 IPFS(Inter Planetary File System)提供 P2P 服务,以及为轻量级的应用协议 MQTT(Message Queuing Telemetry Transport)提供物联网服务。

QUIC 传输特性与性能测试通常以 TCP 作为参考。研究结果表明,QUIC 引入了许多优秀的特性,例如,在基于 QUIC 的连接上,可同时支持多流并发传输、低延时握手以及丢包恢复检测等多种特性。但是,在测试过程中也暴露出一个关键的短板,即在网络流量较大时,CPU 占用率是同等条件下 TCP 的 3.5 倍,而过高的 CPU 占用率将会导致性能瓶颈。基于 QUIC 将在 New IP 中全面部署的考虑,可以采用软硬件协同设计模式卸载,对 QUIC 进行多路径拓展,以提高其并发性和吞吐量,同时引入 Virtual I/O 技术提升网卡收发的效率,并将 QUIC 协议栈中的功能模块卸载到 DPU 上,通过 PCIe 接口进行交互,以降低 CPU 的工作负担。

6.1.1 QUIC 机制及实现

QUIC 作为与 TCP 并行的传输协议,在用户层实现 TCP 的大部分设计优点,如面向连接、可靠传输、拥塞控制等。IETF 在规范 QUIC 传输协议时,继承了 Google QUIC(以下称为 gQUIC,用于区分 IETF 的 iQUIC)的大部分特性,最主要的区别在于,iQUIC 将 gQUIC 的加密层(QUIC Crypto)替换为基于 TLS1.3 的新实现。TCP 与 gQUIC 和 iQUIC 的架构对比如图 6-1 所示。

QUIC 从 TCP、SCTP 和 HTTP/2 的设计中汲取经验,如表 6-1 所示。

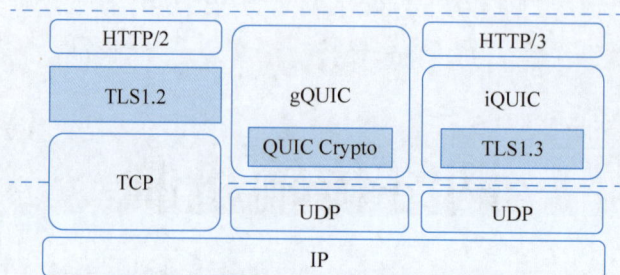

图 6-1　TCP 与 gQUIC、iQUIC 的架构对比

表 6-1　TCP 与 QUIC 的传输特性对比

协议	部署	连接延时	安全性保证	标识	序列号	流量控制	拥塞控制算法	应用级流	CPU 占用
TCP	内核空间	3 次握手	TLS1.2（可选的）	五元组	可重复的	连接级	固定的	单独的	1.0×
QUIC	用户空间	1 次或 0 次握手	TLS1.3	连接 ID	单调递增	连接级、流级	灵活可配置的	可复用的	3.5×

与传统的 TCP 相比，QUIC 协议有以下改进：

- 实现了 0-RTT(1-RTT) 的安全应用数据传输，缩短了 TCP"3 次握手"2-RTT 带来的连接建立延迟，如图 6-2 所示。

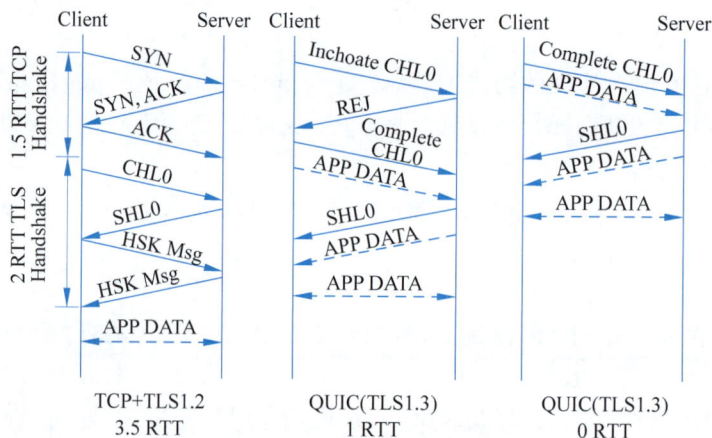

图 6-2　TCP 和 QUIC 的连接握手对比

- 用单调递增的报文号代替了 TCP 可重复的序列号，解决了 TCP 的重传歧义问题。
- QUIC 在 Stream-Level 和 Connection-Level 两个层次同时启用类似于 TCP 的流量控制功能，相比 TCP 单一移动窗口式的流量控制，其对流量的控制更加精细。
- QUIC 默认使用 TCP 的 Cubic 拥塞控制算法，同时也灵活地支持 Reno、RenoBytes、BBR 等拥塞控制算法。得益于 QUIC 部署在用户空间时的优势，其不需要操作系统和内核支持就能够切换使用不同的拥塞控制算法，甚至在单个应用程序不同的连接中所采用的算法也可以不一样。
- QUIC 采用了更加灵活的 CID(Connection ID) 代替 TCP 的五元组，用于标识一个连接会话，在网络环境发生改变（如由 Wi-Fi 切换到移动数据）时，不需要重新建立连接，且通过引入 CID 避免了因 NAT 重绑定而导致 IP 地址变化、断开连接的问题。
- 针对 TCP 在报文丢失或者损坏之后只能被动等待重传的问题，QUIC 的设计中支持 FEC(前向纠错) 功能，通过负载的冗余数据恢复丢失的数据包，在丢包率较高（如卫星网络)的场景中,其性能得到了有效验证。

- 在与应用程序交互时,扩展了多流抽象,这些流保证各自先进先出的有序性,但相互之间又不存在依赖关系,解决了由严格按序交付特性引发的队头阻塞问题。

研究人员为 QUIC 协议设计了以下 3 个特征机制。

1. 安全性

QUIC 使用 TLS 1.3 作为安全组件,为通信节点提供一种在不受信任的媒介上安全通信的方法,使得 QUIC 具备 0-RTT 的握手连接。同时,QUIC 数据传输需要保证报文的机密性和完整性,使用 TLS 握手的密钥对报文进行保护。但是,QUIC 的安全机制与 TLS 的安全数据传输机制还有以下两方面的差异:

- 功能结构的差异。传统的 TLS 在实现上分为内容层和记录层:内容层主要完成端点之间的握手、报警和参数协商等工作,记录层主要进行报文保护并与传输层交互。QUIC 替换 TLS 中的记录层,并在 QUIC 报文中直接传输内容层的握手和警告消息等,即 QUIC 依然依赖内容层进行身份验证和参数协商,但在内容层处理完成之后不再经过记录层,而是将内容层的数据以 QUIC STREAM 帧的形式携带。报文保护功能则由 QUIC 协议使用协商的密钥和参数来实现。
- 工作方式的差异。在报文保护结束之后,QUIC 添加了报头保护的工作,其针对短报文头第一字节最低有效 5 位(长报文头第一字节最低有效 4 位)和报文号字段,使用从报文保护密钥和加密的负载样本派生的密钥进行加密。派生的密钥是一个 5B 的掩码,与需要保护的报头字段进行异或(OR)操作。报头第一字节的最低有效位被第一个掩码字节的最低有效位所遮掩,报文号被剩余的字节所遮掩。通过报头保护的方法使得网络中间件无法或者需要极大的代价来理解和识别协议的类别,这样可以减少甚至是避免网络中间件实施干扰,同时也提高了通信的安全性,有助于终端在不解密报文负载的情况下检测出是否被伪造或者篡改。

2. 公平性

公平性是传输协议的一个基本属性,以确保竞争双方不会消耗超过其公平份额的瓶颈带宽资源。如果不能保证公平性,则可能会由于竞争链路带宽而导致整体性能下降。QUIC 与 TCP 在并行部署时,只要能够及时控制拥塞窗口或者调整缓冲区大小,瓶颈链路上的公平性就可以得到有效保证。

3. 兼容性

兼容性是传输协议全面部署的前提条件,对当前的网络环境缺乏兼容性或者多个 QUIC 版本之间无法兼容,将会严重阻碍传输协议的广泛应用。

6.1.2 传输特性分析

由于 gQUIC 发布的时间较早,因此早期的性能测试大多是基于 gQUIC 完成的。iQUIC 继承和发扬了 gQUIC 的特性,但其多个版本的开源实现在细节上还有很多值得商榷的地方,需要持续地进行规范性验证。对多种 iQUIC 在实现细节(如多流调度、实现复杂等级、ACK 频率等)上的差异进行总结归纳,总体上分为互操作性和功能验证两类,差异对比结果如表 6-2 所示,其中,"√|×"表示"支持|不支持"。此外,针对 QUIC 开发过程中的测试、调试工具的应用,按照工具出现的先后顺序进行总结归类,如表 6-2 所示。

表 6-2　开源 QUIC 实现的特性对比

协议原型	流复用调度	重 传 策 略	是否支持	复杂等级	ACK 频率	拥塞算法支持 New Reno｜Cubic｜BBRv1		
aioquic	按序(SEQ)	高优先级＋轮询	×	中等	每2~8个报文	√	×	×
lsquic	轮询(RR)	高优先级＋轮询	×	中等	每2~8个报文	×	√	√
Mvfst	按序(SEQ)	高优先级＋按序	×	中等	每10个报文	√	√	√
ngtcp2	按序(SEQ)	高优先级＋轮询	×	中等	每2~4个报文	√	×	×
picoquic	按序(SEQ)	高优先级＋轮询	√	简单	每2~6个报文	√	√	√
quic-go	轮询(RR)	高优先级＋轮询	×	简单	每2~9个报文	√	×	×
quiche	轮询(RR)	同TCP	×	中等	每1~38个报文	√	×	×
quicly	轮询(RR)	取决于应用的优先级	×	复杂	每2个报文	√	×	×
quinn	轮询(RR)	高优先级＋轮询	×	中等	每1~17个报文	√	×	×
gQUIC	轮询(RR)	同TCP	×	复杂	每2~10个报文	×	√	√

针对 gQUIC 协议在网页加载方面的性能进行系统性测试与分析,设计和实现了 QuicShell,用于精确和可重复地对 gQUIC 的网页加载性能进行测试。美国 Alexa 网站选择了 Top500 网站作为实验对象,测量使用 TCP 和 gQUIC 通过静态链路和蜂窝网络访问 100 多个网站的网页加载时间,根据实验结果分析了 gQUIC 的优势与劣势,总结如下:

- 在网络条件较差时,由于 gQUIC 没有队头阻塞问题,因此不容易受到丢包和拥塞的影响,性能优于 TCP。
- 当端到端延时较高时,gQUIC 通过减少数据包在两端往返的次数来降低建立连接的成本(0-RTT vs. 3-RTT),因此,能够有效降低初始数据包的延时。
- 在网络条件较好(高带宽、低链路)时,gQUIC 的表现明显比 TCP 差。对此,主要有两个原因:一是 gQUIC 协议仍处于迭代开发中,没有很好地进行优化,与成熟的 TCP 相比,本身就处于劣势;二是 gQUIC 强制要求进行数据加密,但数据加密在 TCP 中是可选项(即 TLS 协议),由加解密带来的额外计算开销会降低 gQUIC 的报文处理速度。

作为 gQUIC 的发布方,Google 也对 gQUIC 在互联网中的部署和应用进行了跟踪调查。总结了在 Google 前端服务器和客户端(Chrome 浏览器、手机 YouTube App、Google 搜索 App)中大规模部署使用 gQUIC 的经验,并与 TCP 进行了对比,结果表明:

- 在 Google 搜索服务中,gQUIC 为桌面计算机用户减少了 8.0%、为移动用户减少了 3.6% 的响应延时,主要原因是为来自桌面计算机的 88% 连接使用了 0-RTT 握手。
- 在 YouTube 视频服务中,gQUIC 降低了移动用户 15.3% 的缓存等待率,得益于 gQUIC 使用更多的信号用于网络拥塞及丢包检测,其对高丢包率有更好的容忍性。
- gQUIC 具有高 CPU 占用率的特性。当网络流量过大时,gQUIC 在服务器端的 CPU 占用率是同等条件下 TCP/TLS 的 3.5 倍。

Internet 是一个由开放标准定义的去中心化系统,互操作性测试长期以来一直是这些开放标准开发的基石,而且 IETF 也要求将互操作性测试作为开发过程的一部分,QUIC 协议的开发也在其列。

借鉴 TCP 黑盒测试的方法,提出并实现了一个 QUIC 测试套件(QUICTracker),通过构造 18 个特定的场景,使用 15 种不同的 QUIC 实现与公共服务器进行交互测试,验证各 QUIC 实现是否符合 IETF 规范的关键特性(握手、迁移、流、ACK 等)。QUICTracker 作为第一个公开的为 QUIC 协议设计的测试套件,在 QUIC 协议开发的过程中为研究人员提供了较大的帮

助,但是其短板也较为明显:

(1) 每个测试只能涉及 QUIC 协议的一个特性;

(2) 不支持在单个连接中组合多个场景,不适用于测试复杂网络条件下的性能;

(3) 大量测试需要手动操作,且持续时间较长,不利于协议特性的开发和更新;

(4) 不支持不同 QUIC 实现之间的互操作性测试。

虽然 QUIC 协议功能强大,但是在调试和分析时相当复杂。针对该问题,提出了一种结构化端点日志的 qlog 格式,用于辅助解决这种复杂性问题。考虑到互操作性手动检查日志结果的庞大工作量,进一步将 qlog 文件与 qvis 相结合,通过在 qvis 页面导入某次传输的 qlog 文件,就能够以可视化的形式呈现该次传输过程,既能减少手动工作量,也能让分析结果更加直观。研究人员使用 qlog 和 qvis 工具对 16 组 QUIC+HTTP/3 协议栈和 5 组 TCP+TLS+HTTP/2 协议栈的流复用及优先级、分包和分帧、拥塞控制、多路径 QUIC 等特性进行测试,在得到的可视化结果上进行对比分析。此外,qlog 和 qvis 也可以用来进行不同版本 QUIC 协议栈互操作性的功能测试。

6.1.3 QUIC 优化方法

考虑到 QUIC 协议将在未来网络中广泛部署,众多研究人员基于 QUIC 的各种应用场景,运用类比 TCP 加速的方法对 QUIC 协议进行优化。

多路径扩展在 TCP 上已有大量研究,其中,MPTCP(Multipath TCP)已经作为网络协议标准被 IETF 工作组收录,并且被 Linux 内核所支持。MPTCP 的优势在于能够汇聚存在于客户机和服务器之间的不同路径的带宽资源,以传输单个链接的数据。参考 MPTCP 的设计,基于 quic go 的基准实现提出多路径 QUIC(MultiPath QUIC,MPQUIC),并进行编码实现和测试。MPQUIC 主要针对并行发起的路径增加和修改以下 3 个功能模块:

* 路径管理器,用于控制子路径的创建和删除。在第一个路径上执行加密握手建立初始子流之后,可以对所有子流利用 0-RTT 建立路径,并通过在每个报文的公共报头中包含一个 PATHID 的方法来标识不同路径。

* 报文调度器,用于在子路径上调度报文。路径管理器建立多个子路径,报文调度器同时考虑子路径属性和需求,根据特定的报文调度算法将报文调度到相应的路径。

* 拥塞控制器。MPQUIC 借鉴在 MPTCP 上表现良好的 OLIA 算法,用于在共享的瓶颈链路上实现路径的公平性。

在仿真测试中,为 MPQUIC 开启两个子流(subflow)时,在访问多个网站时网页载入时间相对 quic go 降低了 15%~20%;在吞吐率方面,MPQUIC 明显优于单路径的 quic go,在传输 20MB 文件时较 MPTCP 也能达到 13%的加速效果,充分体现了 MPQUIC 并行网络传输的优势。

在 iQUIC 标准的基础上,提出了 PQUIC(Pluginizing QUIC),其为一种允许 QUIC 客户机和服务器动态交换协议插件的框架,是基于 QUIC 的最小实现 picoquic 的一个扩展。PQUIC 的设计理念是:在每个连接的基础上,通过动态加载插件来对协议的功能进行扩展,实现定制网络协议的目的。为保证加载插件的安全性,插件由外部验证者透明地审查,终端也可以拒绝未经认证的插件。

PQUIC 为复杂多变的网络环境提供了一个定制传输协议的参考方法,增强了网络传输协议的可编程性,有助于在不同的用户需求和网络条件下最大化地发挥传输协议的性能。但是,由于其用于安全验证的配套设施欠缺以及插件的开发难度较大,因此全面部署 PQUIC 还有一定的难度。

基于卫星网络条件下高延时和高丢包率的特征,提出了使用 BBR 的拥塞控制算法 CUBIC,并在真实的蜂窝网络下对支持 QUIC 的网站进行测量。实验结果表明,BBR 不会将丢包作为阻塞的标志,能够最大化地利用带宽,但是在网页加载时间方面,QUIC 比 TCP 耗费时间更长,主要原因是网页资源采取分布式存放,网站所在的服务器可能并不支持 QUIC,或者与客户端使用的 QUIC 版本不兼容,使用 QUIC 访问时会回滚到 TCP 重新连接,导致网页加载时间较长。

在可重构硬件上整体卸载或部分卸载 TCP 协议栈已经被充分分析,其中最典型的代表是 TOE(TCP Offload Engine),它对传统的 TCP/IP 协议栈的功能进行延伸,将网络数据流量的处理工作全部转到网卡的集成硬件中进行,主机 CPU 只承担 TCP/IP 控制信息的处理任务。

作为传输层协议的 QUIC 也可以进行类似于 TOE 的尝试,通过剖析 4 种不同的开源 QUIC 协议,分析 QUIC 协议运行时不同构建块的 CPU 开销,发现占据 CPU 开销最多的 3 个构建块分别为:

- 用户和内核空间之间的数据复制开销,占用了总 CPU 计算资源的近50%。
- QUIC 的加密算法(AEAD)占用了总 CPU 计算资源的20%。
- 乱序报文的处理占用了大量存储空间,且报文在重新编排时使用的算法也会占用部分 CPU 计算资源。

鉴于以上 3 点,提出了基于智能网卡的协议栈卸载硬件/软件协同设计方案,对打破 QUIC 性能瓶颈具有较大的参考意义。值得一提的是,该方案还在研究阶段,并没有进行相关仿真和实验,但是对 QUIC 协议栈各功能组件在运行过程中的资源占用情况的测试分析,能够为下一步的协议卸载研究提供有力的数据支持。

现有可编程网卡的可用资源非常有限,卸载整体或者部分协议栈比较困难,且通用性不强。因此,可以考虑将 QUIC 协议的某个通用功能进行卸载,以此减轻主机 CPU 的负担。目前用户空间的 QUIC 协议栈无法效仿 TCP 通过卸载协议栈来提升性能,但是可以设计一个接口来支持硬件卸载。

在 TCP 报文收发过程中,需要经历 3 个步骤:

(1)通过 DMA 控制器将数据从 NIC 存储器复制到内核空间。如果 NIC 没有提供 DMA 方式,则复制操作由 CPU 执行。

(2)将数据从内核空间复制到用户空间,此操作必须由 CPU 执行,数据将跨越内核与用户空间。

(3)应用从用户空间获取数据。

显然,在整个网络数据接收或发送过程中,数据至少经历了 2 次复制:CPU 处理 1 次,DMA 处理 1 次,最多需要保证 3 倍于数据大小的存储空间。另外,为保证报文传输可靠且有序,TCP 需要提供重传机制和乱序报文的缓存机制,在出错和超时的情况下重新传输。在接收到乱序报文时进行本地重新排序,进一步增加了处理器和内存的负担。网络速度越快,引发的数据传输量越多,相应地,复制操作所需的存储空间和 CPU 开销就越大,这使得存储空间和 CPU 性能日益成为约束系统性能的瓶颈。QUIC 协议栈的报文收发处理流程与 TCP 大致相同,但是在 QUIC 报文加解密占据大量 CPU 时钟周期的情况下,报文 I/O 处理面临的困境更甚于 TCP。为对 QUIC 报文 I/O 处理进行优化,提出了支持资源受限的物联网平台的开源实现 quant。quant 遵循 IETF 规范,专注于嵌入式场景下的高性能网络,它在设计上支持 Netmap 快速 I/O 框架,应用程序可以通过调用 Netmap API 访问用于存储报文的缓存空间,即当应用程序需要访问报文内容时,应用线程无须陷入内核态就可以直接访问。基于 Netmap 的 quant 开源实现能够支持网卡在物联网场景下达到线速率收发包,相对于 picoquic+ pistls(TLS 1.3)在客户端部署时,其占用的资源空间减少 36%～40%,且具有合理的性能和能源消耗,对 QUIC 的性能优化作用明显。

6.2 传输层协议卸载

6.2.1 软硬件协同

不断增长的网络流量负载与逐渐降低的 CPU 性能提升速率使得端系统的网络处理变得愈发困难。当前具有可编程硬件部件(网络处理器、FPGA 等)的网卡具有将 CPU 处理的较大业务全部或部分卸载到网卡端,从而在尽可能降低 CPU 功耗开销的基础上提升网络处理性能。基于该原因,传输层协议如 TCP、QUIC 等逐渐成为基于可编程网卡卸载的重点。2017 年 Google 公布了其数据中心内部用于替代 TCP/TLS 的 QUIC 协议,并领导 IETF 工作组对其进行了标准化处理。QUIC 的用户态、低延迟、安全性与多路径的特点使其与 TCP/TLS 相比具有明显优势。截至 2021 年 9 月,万维网大约 6% 的流量基于 QUIC 协议,并且仍然在以较稳定的方式增长,同时 Google 公司内部 Web 服务超过 85% 的流量均以 QUIC 协议提供服务。

然而,虽然 QUIC 已被证明能够提升面向连接的 Web 应用的性能,但其 CPU 计算开销比 TCP/TLS 高出 3.5 倍。出于这个原因,为了充分发挥其潜力,定义新的原语以在可编程 NIC 上卸载 QUIC 变得至关重要。Intel 已开展了 QUIC 卸载相关工作,但仅将注意力集中在 QUIC 协议的一个特定组件上,即加密模块。但要获得较好的加速效果,需要对 QUIC 协议各部分的性能开销进行全面测量,并针对性能开销热点进行卸载。

6.2.2 性能瓶颈分析

当前,在学术界与业界已经发展出符合 IETF 标准化版本 QUIC 的多种不同源码库,它们的主要区别之一是采用的编程语言不同,如 Java、C、Rust 等;另外是其所遵循的标准化版本,如 IETF QUIC v20、v23、v25、v27 等。为了量化 QUIC 协议中共性的性能瓶颈而非特定架构,必须首先选择基于相同编程语言的实现,从而尽可能避免由于编程语言不同带来的性能差异。综合对比分析目前 20 多种 QUIC 源码库,重点关注 Quant、Quicly、Picoquic 和 Facebook 的 Mvfst。其原因是:

(1) 它们都符合最新的 IETF QUIC 草案。

(2) 它们代码库均已开源;开源与否在评测中较为重要,因为开源代码将能够允许测量过程中在源码中添加计时器等机制从而帮助性能分析。

(3) 它们均基于 C/C++ 实现,与其他可用的实现相比,这是一种相对底层的语言,能够尽可能避免如 JVM 等引入的与协议无关的性能开销。同时能够尽可能避免由编程语言不同而对测量结果造成的影响。

(4) 由于 Quant 能够支持基于 netmap 的 I/O 机制,提供了一个很好的比较点,以了解在使用标准 Socket API 与内核零拷贝技术时对协议的实际性能影响。

测试环境与拓扑设置如图 6-3 所示。其包括两组双 Socket 服务器,分别运行 Ubuntu 18.10 (两台服务器在下面将用服务器 A 与服务器 B 指代),同时,两台服务器通过两组 10GE 链路背靠背互联(UDP GSO 卸载等机制均在网卡端被关闭)。分别将 4 种不同 QUIC 实现版本的服务器端与客户端安装在服务器 A 中,并保证每次启动进程时将它们与不同的空闲核绑定。为了保证客户端与服务器端间的流量经过服务器 B,分别将两个进程与不同网卡描述符绑定,同时通过 Linux 命名空间(Namespace)隔离机制将两个网络接口描述符分配在相互隔离的命名空间中。另外,在服务器 B 中安装流量仿真器 TLEM 套件并在 CPU 端桥接其所有的网络接口,从而在链路中引入不同类型的流量扰动(如数据包丢失、延迟、乱序等)。在该场景下,QUIC 客户端(或服务器端)产生流量经由背靠背 10GE 链路到达位于服务器 B 的流量仿真器,并通过另一条链路达到服务器端(客户端)。

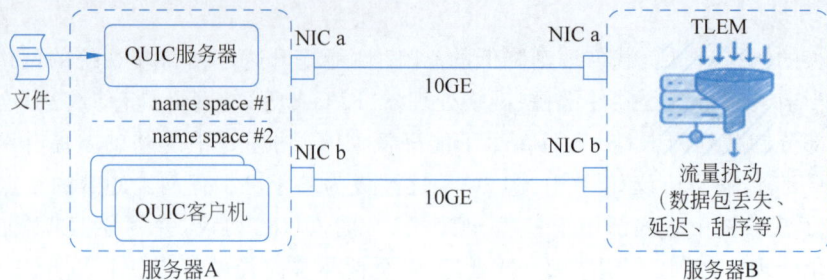

图 6-3　QUIC 测试环境与拓扑设置

为了对应用进行仿真,在测试过程中均使用客户端向服务器端请求大小为 50MB 的包含 ASCII 字符的文本文件,相同实验均至少重复 15 次。值得注意的是,在测试过程中结果均未出现显著区别。

对 4 种 QUIC 实现版本进行测量的结果与结论进行分析比较:

(1)若不采用内核零拷贝机制,则内核态与用户态之间数据复制在基于 QUIC 数据传输过程中占用约 50% 的 CPU 时间,而采用内核零拷贝机制(如 netmap 或 DPDK),可显著提升数据传输速率。

(2)在使用内核零拷贝机制进行优化的前提下,QUIC 协议采用的 AEAD 加解密操作成为主要的性能瓶颈,在单数据流的情况下即可占用接近 40% 的 CPU 时间。

(3)在存在报文乱序的场景下,报文乱序重排逻辑所使用的算法对性能影响较大,且本身占用的 CPU 时间比例较大。使用复杂度高的算法可能导致无法实时完成乱序报文重排从而触发报文丢弃处理。

6.2.3　传输层协议卸载模型

由于可编程网卡硬件资源受限,并且编程实现相比使用软件更为困难,因此采用部分卸载机制对 QUIC 协议进行卸载较为可行。根据对 QUIC 协议进行测量所得到结论,提出以下 3 点关键设计原则:

(1)基于可编程网卡进行 AEAD 操作卸载。QUIC 协议基于 AEAD(Authenticated Encryption with Associated Data)算法采用与 TLS 握手时双方协商的密钥对报文以及内层报文头进行加密。根据测量结果,QUIC 协议处理中最多约 40% 的 CPU 时间被加解密相关函数占用。更准确的分析结果显示,在加解密操作相关函数中,aead_enc() 与 aead_dec() 贡献了 75%~80% 的 CPU 占用率,这显示了对 AEAD 加解密操作卸载的必要性。另外,AEAD 加解密过程均为无状态计算,这使得在具有有限硬件资源的 FPGA 网卡进行卸载具有较高的可行性。

(2)将乱序报文重排逻辑下沉至网卡端。在存在一定程度报文乱序的场景下(多数数据中心与广域网场景均存在),一旦 AEAD 加解密逻辑被卸载至硬件,报文乱序重排操作将可能占用较多 CPU 时间,从而成为 QUIC 协议处理性能瓶颈。对该操作进行卸载将能够进一步降低 CPU 计算开销从而提升性能。虽然 QUIC 对用于排序的包含序列号字段的报文头部也进行了加密,但将 AEAD 操作进行卸载也为报文乱序重排提供了前提。

(3) 将控制平面及有状态处理保留在 CPU 端。控制平面相关处理,如 TLS 握手、QUIC 选项协商等需要较复杂的状态管理但占用 CPU 计算资源有限。将这些功能卸载到资源与编程性有限的可编程网卡上在状态管理与软硬件同步设计中会带来较大的挑战性,同时也难以得到较大的性能提升。因此,应当考虑尽量将其保留在 CPU 层面,从而简化卸载后的整体逻辑架构。

图 6-4 为根据上述设计原则提出的 NiQUIC 模型。在网卡端,FPGA 主要负责执行 AEAD 加解密操作,从而支持报文头部与报文体的双层加密传输,同时其也在接收端负责报文乱序重排操作。在主机端,CPU 负责实现所有控制平面与状态处理相关功能,如 QUIC 连接建立与终止、流复用、拥塞控制、密钥交换等。在软硬件同步方面,NiQUIC 采用 QUIC 连接表(Connection Table)对软硬件层面的操作进行同步,也就是由软件对 QUIC 连接表进行维护,同时利用低延迟软硬件接口对位于硬件的连接表进行单向同步,从而为硬件逻辑提供实时的加解密密钥,当前待接收序列号等实时流相关信息。

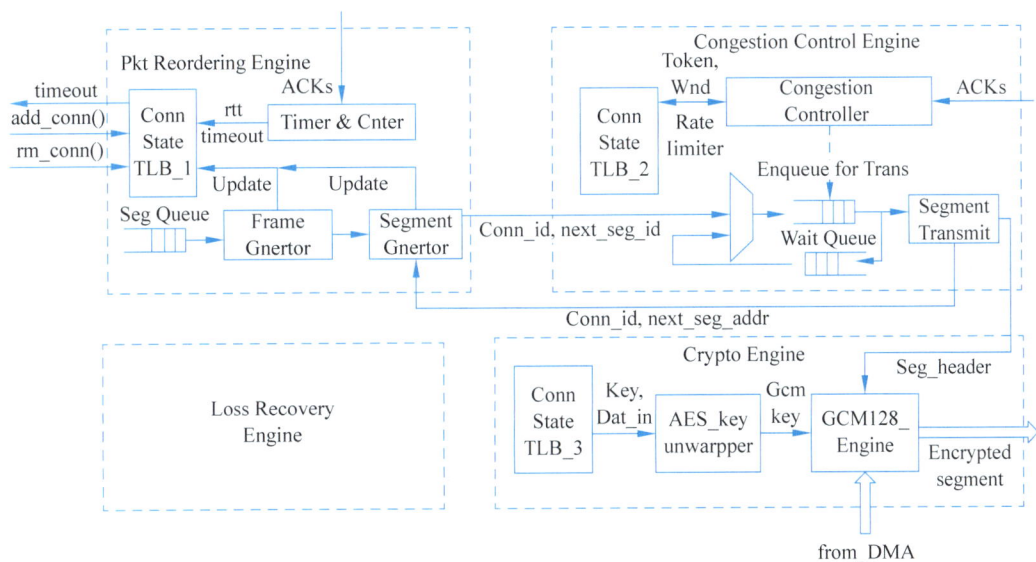

图 6-4　NiQUIC 网卡端模型

6.2.4　传输层协议卸载架构

对上述模型在可编程网卡层面进行框架设计,如图 6-5 所示。从数据传输的角度,第一阶段为连接建立阶段。当属于新连接的第一个数据报文到达端系统时,首先由 CPU 端同时处理 QUIC 版本协商以及 TLS 加密协议握手操作。在该阶段,硬件让所有数据报文直通进入协议栈而不会进行相关处理。第二阶段为数据传输阶段。连接建立后,主机将在连接表中添加一个新表项,并将该表项信息(如它的 connection ID 和用于标头和数据包保护相关的密钥/密码套件信息以及序列号等信息)写入网卡端的连接表。另外,因为考虑到写入连接表的成本和硬件中可用的有限存储资源,将所有 QUIC 连接均基于网卡进行卸载不太现实。例如,单个 HTTP GET 请求与响应构成的短连接的连接持续时间段、传输数据量有限,因此可由主机 CPU 直接提供和管理。在这种情况下,主机不会在网卡端的连接表中写入任何内容。因此,该表的存在同时也支持软件跟踪每个被加速的 QUIC 连接并决定特定 QUIC 连接是否需要加速。

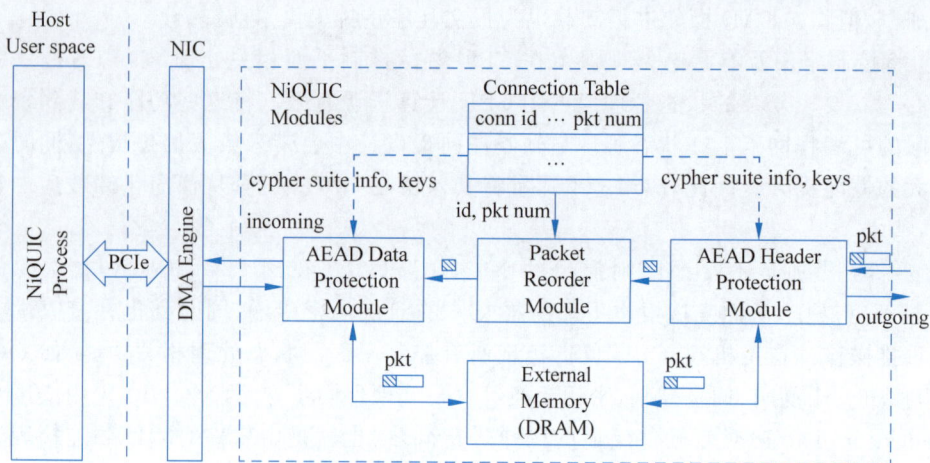

图 6-5　NiQUIC 网卡端模型框架

在网卡端,当数据包从链路到达时,网卡首先检查其 connection ID 是否存在于连接表中。如果没有,则将数据包直接发送到主机 CPU 进行处理;否则,将基于连接表项查找匹配的密钥并解密数据报文头部,从而获取报文序列号等信息。完成此操作后,网卡可访问数据包序列号并在报文乱序重组模块中使用它进行乱序重排操作。这很可能需要访问可用于存储乱序数据包的片外存储器,例如 DRAM。最后一步与 AEAD 数据保护模块有关,该模块负责进一步解密明文数据包。请注意,在相反的方向,即从主机 CPU 到网络方向,重新排序模块不会发挥作用而是直接被旁路通过。

挑战一:软硬件连接状态同步管理。在 NiQUIC 中,软硬件连接状态同步管理是通过同时在 CPU 与网卡端部署的连接表实现的。CPU 端连接表管理功能通过轻量级的控制接口对网卡端连接表项进行管理,从而实现针对特定 QUIC 流的卸载管理。通常可编程网卡提供的片上存储资源有限,因此在基于网卡对 QUIC 连接进行卸载时面临规模与可扩展性的挑战。为了在资源受限的情况下让服务器充分利用 NiQUIC 降低 CPU 开销,可以考虑两种思路:

(1)仅卸载长连接,让小流(Miceflow)完全由主机 CPU 处理;

(2)通过采用适当的哈希技术来降低表的存储空间占用。

挑战二:AEAD 数据加解密操作。加密和解密是通常被认为对 FPGA 等硬件友好的功能,因为它们是完全无状态的,并且只需要对输入数据进行一系列数学运算。然而,与对应工艺水平的 CPU 相比,它们可能会在数据包处理中引入大量延迟。这是因为硬件加速器通常以数百兆赫兹的时钟速度工作,比相同或接近工艺水平的商用 CPU(吉赫兹)慢很多。这反过来会影响网卡的整体吞吐量。为了缓解该问题,考虑并行化从而最大化性能的可能性,并让第一个可用的解码器/编码器处理传入的数据包,另外,研究内存要求和性能之间的权衡将是未来工作的问题。

挑战三:乱序报文重排操作。数据报文乱序重排引擎的典型 CPU 端实现采用展开树类型的数据结构。然而,这在硬件上效率不高。重新排序过程需要内存读取,以找到新到达的数据包应放置的位置,并且可能需要多次写入,以重新排序各种数据报文。虽然,内存读取可以很容易地在 CPU 中执行,但在重新排序时会出现问题:新的乱序数据报文可能会触发树上的多次写入以向上或向下移动节点。此外,如果两个连续的数据包命中同一个分支,则可能无法正确地以流水方式进行读写操作,从而对整体性能造成影响。NiQUIC 应当使用 TCAM,因为其可以在一个时钟周期内将匹配字段(即 QUIC 中解密后数据报文序列号)映射到一个特定值,即数据报文应存放的地址。通过这种方式,重新排序过程将通过构造得到保证:简单地请求读取 TCAM 中的后续数据报文序列号,通过它可以完美地按顺序检索数据报文地址。此外,还需要实施有效的超时机制,以避免数据报文在网卡端为等待丢失数据报文停留太长时间。另一个挑战可能与 TCAM 饱和有关:当发生严重的数据报文乱序时,表项可能饱和。受巨帧接收卸载机制的启发,一个潜在的解决方案是将 N 个相邻数据包合并为一个大包并仅关联一个数据包编号,这将降低 $(N-1)/N$ 的 TCAM 使用率。

在网卡端,QUIC 协议加速处理依赖于 CPU 端所管理的"QUIC 连接管理快表"(图中蓝色模块)实现软硬件间处理过程的同步。该表中以 connection ID 的哈希值作为索引,包含连接加密密钥、当前连接状态、当前接收报文序列号、超时时间等内容。一般情况下,CPU 端通过 add_conn() 与 rm_conn() 接口对表项内容进行增删。另外,网卡端逻辑也可通过超时计数器向 CPU 端主动触发超时机制,从而触发软件 QUIC 协议处理进程对连接管理快表进行表项修改。网卡端整体可划分为加解密引擎、报文乱序重排引擎、拥塞控制引擎与丢包恢复引擎等。

其中,加解密引擎与报文乱序重排引擎是 QUIC 协议卸载从而降低 CPU 开销的重点。由于加解密引擎需要同时对报文头部与报文体进行操作,因此该引擎在发送通道与接收通道同时与 PCIe/DMA 接口和 MAC 接口相连接,从而直接对报文整体进行加解密操作。在发送通道,未被加密处理的数据通过 PCIe/DMA 到达网卡端的加解密模块,首先根据 connection ID 查表得到其加密算法索引与对应密钥,并根据查询结果分别进行报文头部与报文体加密操作,最后修改连接快表中发送序列号等内容并通过流水线将加密后的报文送至 MAC 模块进行发送处理。若未查询到对应 connection ID,则将所接收报文丢弃,向 CPU 端返回异常从而回滚到纯软件 QUIC 处理。在接收通道中,当来自网络接口的数据由 MAC 处理并进入 NiQUIC 后,首先进入加解密引擎通过查表匹配到密钥并进行解密操作,完成该操作后会立刻在连接快表中修改对应连接状态与接收序列号等。完成解密操作后,NiQUIC 会提取报文头矢量并将其送至报文乱序重排引擎对头矢量进行重新排序。需要注意的是,报文体在此时会被写入支持随机访问的暂存模块(片上高速 BRAM,或者 DDR 与 HBM 等外部存储器件)等待乱序重排完成后被随机读取并通过 PCIe/DMA 发送给 CPU 端,而所用于排序的报文头矢量中包含报文体暂存地址索引,从而便于以随机访存方式对报文体进行提取。

6.3 表示层计算加速

6.3.1 研究动机

Google 数据中心 20%～30% 的 CPU 时间用于将内存数据表示转换为网络数据表示。在这两种表示之间进行转换的能力是能够将数据处理任务分布在多台机器上的关键,因此也是有效利用大规模数据中心的关键。Google 将在此转换上花费的 CPU 时间称为数据中心税,即大多数数据中心应用程序必须支付该项额外费用。

鉴于这种处理开销,数据中心的研究人员需要对内存中的表示和网络中的表示不同的原因,以及从一种表示形式转换到另一种表示形式时执行的操作等进行重新梳理。不同数据表示之间的主要区别在于它们的使用方式:应用程序代码直接访问和处理内存中的表示,而网络内表示仅在通信、存储或其他 I/O 操作期间使用。这种使用差异会影响其数据结构表示以及处理机制方面的最佳选择：内存表示通过最大化访问局部性、最小化不必要的处理和数据移动来优化处理时间，而网络内表示则通过最小化数据大小来优化网络利用率。此外，大多数应用程序对网络内表示施加了额外的安全要求，经常要求在通过网络传输时对数据进行加密。因此，将数据从内存中转换为网络中的表示（或反之亦然）涉及多个操作，包括序列化、压缩和加密。这些操作通常在不同的库中实现，甚至可能在软件堆栈的不同层中实现。

数据中心网络速率呈指数级增长，但 CPU 核心的处理速率与核心数量基本保持不变，数据中心软件已发展为使用各种卸载方式，包括 TPU、GPU 和 FPGA 在内的软硬件系统的结合。因此，近年来逐渐产生的数据中心应用程序可能会更频繁地通信，依赖更复杂的内存表示，并可跨越更多网络与计算设备。这些持续的趋势可能导致表示层中花费的 CPU 时间数增加，表示层作为数据表示转换的媒介层，可能会成为未来数据中心应用程序的瓶颈。

鉴于这些趋势，最近较多的研究工作都集中在减少这种开销上。目前现有工作中包括开发类似于内存布局的序列化格式的方法，以及卸载其他表示层部分的方法，（包括加密和压缩等操作）到网卡端。然而，采用新的序列化方式需要打破向后兼容性并极大地限制数据的处理方式，而采用新的硬件设计限制了应用程序可以使用的加密和压缩等通常需要使用的算法类型。因此，这些方法的可扩展性非常有限，这限制了其在实际系统中的应用。有两篇研讨会论文提出了更通用的方法，即通过使用 PCIe 的 scatter-gather 操作和基于 ASIC 的可编程网卡来降低序列化和反序列化的成本。这些方法不需要更改软件，因此可适配于更广泛的应用程序。但是，这些方法只能用于序列化固定长度的数据，因此不能用于序列化任何包含可变长度字段（如字符串、矢量或哈希图）的数据结构。虽然专注于固定大小的数据结构使得将操作卸载到具有固定功能 ASIC 或对 PCIe 的 scatter-gather 操作的基本支持的网卡变得可行，但它也限制了可以从这些方法中受益的云数据中心应用程序的规模。在实际应用中，可变长度字段的使用在数据中心应用程序中很常见，如大数据分析引擎和机器学习框架。此外，序列化和反序列化只是表示层的众多功能之一。2015 年 Google 研究表明，序列化和反序列化占表示层消耗的周期的 1/4～1/2。由此可见，目前已有的方法还不够通用，不能被绝大多数云数据中心的应用采用。即使能够在某些专用场景采用，也只能减少一部分表示层的开销，不具有较好的可扩展性。

可编程网卡现在广泛部署在数据中心，主要用于减少用于通信和网络处理的 CPU 开销，因此可以考虑能否借助 FPGA 将所有（或大部分）表示层操作与计算卸载到可编程网卡上。卸载表示层提高了通信效率，因此非常适合当前使用可编程网卡的方式。可以通过设计 Presenter 来回答这个问题，这是一个将表示层卸载到基于 FPGA 的可编程网卡的加速关键技术。硬件设计实现需要扩展现有的基于 FPGA 的可编程网卡，例如，Corundum 可以添加在网络和内存表示之间转换数据的功能，而在采用这种设计时软件接口力求将处理开销降至最低，并且保证软件接口的灵活性。借用术语应用程序数据单元（Application Data Unit，ADU）来指代应用程序数据的内存表示，并使用网络数据单元（Network Data Unit，NDU）来指代应用程序数据的网络表示。因此，需要解决的中心问题可以重申为：应用程序是否可以将在 ADU 和 NDU 之间移动的任务卸载到可编程网卡，从而避免数据中心 CPU 上的"数据中心税"？答案是肯定的，并通过给出 Presenter 的初始设计来证明该方案的可行性。

现有应用程序使用各种工具库将 ADU 转换为 NDU 并返回，包括用于序列化、压缩、加密等的库。将这些库的 Presenter 等效项称为 ADU 处理单元（APM）。从 ADU 转换为 NDU 时，应用程序借助多种库构成的功能链实现内存与网络数据表示的转换变得越来越普遍。例如，当使用 gRPC 时，应用程序使用 Protobuf 序列化库、HTTP/2 帧库和 TLS 库的组合。在

Presenter 中，APM 可以使用流水线方式。许多应用程序在数据处理过程中都会使用多种内存表示，例如，查询处理引擎对不同的表使用不同的内存表示。为了提供相同的功能，允许单个应用程序指定多个 APM 链，而 Presenter 应用程序接口旨在支持此用例。

6.3.2　表示层计算加速模型

在 Presenter 中，基于 FPGA 的可编程网卡进行表示层卸载。这是因为这些可编程网卡在数据中心网络中变得越来越普遍。此外，FPGA 通过并行处理数据流提供了良好的性能，并且芯片中可用的逻辑资源数量正在迅速增加。例如，2010 年的 Xilinx Virtex-7 上包含多达200 万个逻辑单元和大约 60Mb 规模的 BRAM，而在最先进的 Virtex Ultrascale＋上资源几乎是 Virtex-7 的 10 倍。最后，Xilinx 等 FPGA 供应商正在强化一些常见的功能块（DMA、DSPslice、MAC 等），从而为用户提供更多用于定制逻辑和用户自定义逻辑的资源。Presenter 的硬件设计是通过在 FPGA 可编程网卡的数据处理流水线中插入多个功能模块实现的。Presenter 的基本假设是，网络层的虚拟交换与虚拟网络功能的相关处理由 RMT 流水线完成，包括流量控制、拥塞控制和可靠传输在内的传输层功能通过第三方模块实现，如 TCP 卸载引擎（TCP offload Engine）与 QUIC 协议卸载引擎。该假设的合理性在于：由于学术界和工业界的努力，类似的卸载变得越来越普遍。此外，现代高端 FPGA（广泛用于基于 FPGA 的可编程网卡）通常在片外以及片上连接高带宽内存，如 HBM。这一新特性提高了 FPGA 处理消耗内存的传输层操作（如数据包重新排序和拥塞控制）的能力。

1. Presenter 总体架构

Presenter 硬件流水线整体设计如图 6-6 所示。在数据接收路径上，数据报文在由 PHY和 MAC 层处理后，被转发到可编程交换结构（RMT 流水线）进行网络层的虚拟交换与虚拟网络等处理，然后被发送到负责网络传输层处理的模块。此后，Presenter 的流水线开始对报文进行处理。首先，ADU 组装器（Assembler）负责剥离数据报头并生成 APM 可以处理的单字节缓冲区。然后，将该字节缓冲区分派给若干与上层软件应用绑定的 APM 进行表示层处理。最后，通过多队列 DMA 子系统将其发送到主机内存，交由软件端进一步计算与处理。TX 路径的处理过程与前面的步骤相反。注意，在 TX 路径中，在 ADU 被 APM 模块处理完成交由传输层处理前，需要经过报文分片器（Segmenter）为每个 ADU 依照最大传输单元（MTU）的限制进行数据分片并为每段数据增加自定义报文头，从而便于传输层和网络层模块处理。

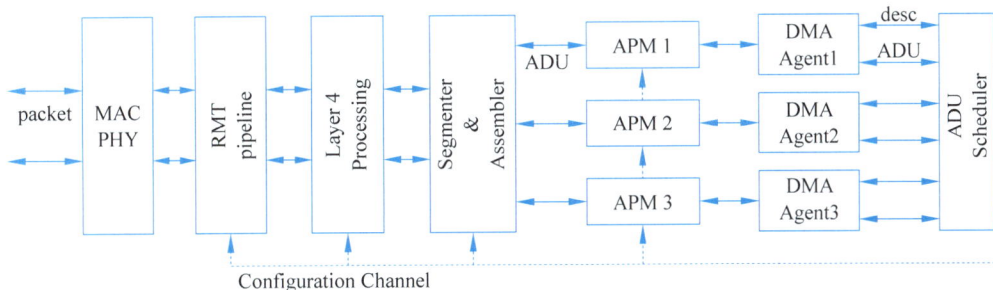

图 6-6　Presenter 硬件流水线整体设计

1）网络层和传输层处理

Presenter 在硬件端处理数据包的第一个阶段是 RMT 流水线，RMT 流水线除了对接收和发送报文进行虚拟交换层面的处理外，由于 RMT 流水线的可编程性，在 Presenter 中还负责对数据报文的头部字段进行解析和重构；在 TX 路径上，它添加和修改属于特定连接的报文头部字段(如源 UDP 端口号、序列号、协议选项字段等);而在 RX 路径上,它对数据报文头部与特定连接构建映射关系(如使用五元组)并依此附加对单个报文数据标记 ADUID,该 ID标识应当处理此数据包的 APM 的编号,实现 ADU 与特定 APM 的映射。

另外,Presenter 还包括一个默认的 ADUID(如 null),可用于绕过所有 APM。一旦它们被 RMT 流水线处理完成后,数据报文就会被转发到标准的传输层处理逻辑,并在完成后直接通过 DMA 送至内存由软件端进行处理。这种处理方式适用于网卡端无 APM 对特定 ADU进行表示层处理或 APM 处于重配置过程中需要回滚到软件处理的场景。

2) ADU 组装器与报文分片器

如图 6-7 所示,ADU 组装器(Assembler)与报文分片器(Segmenter)主要负责数据报文和ADU 之间的转换。在 RX 路径上,ADU 是通过从数据报文中提取有效载荷并通过拼装来生成的。然后,通过元数据中携带的 ADU ID 和数据长度字段对 ADU 进行格式化。组装器包含多个队列,每个队列对应一个特定的下游 APM 链(APM Chain)。生成的 ADU 被推入正确的 APM 准备队列,等待相应的 APM 读出。在 TX 路径上,表示层处理完成后,ADU 被推入与分片器相连的队列(可由异步 FIFO 实现)。然后由分片器以循环方式检索,并将其分段为一个或多个包含 ADU 作为有效载荷的数据报文(以满足 MTU 要求),然后进入传输层处理模块。为了生成正确的数据报文,在分片器中实现了一个查找表,该表可将应用程序 ID(在元数据中携带)映射到其报文头部字段。匹配完成后,头字段用于格式化数据报头。

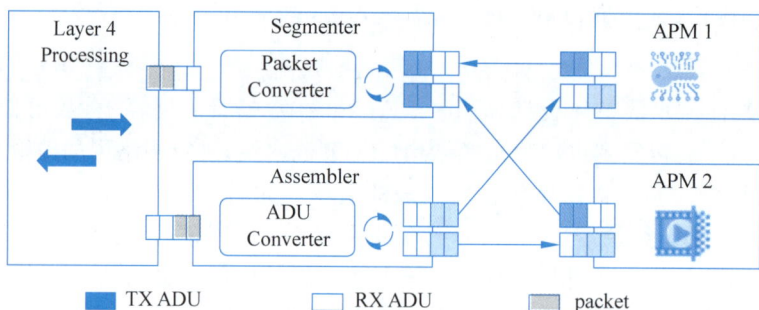

图 6-7　ADU 组装器与报文分片器工作流程

3) ADU 处理模块

ADU 处理模块(APM)是执行表示层功能(如压缩/解压、序列化/反序列化等)的核心功能模块。每个 APM 都是双向的,并作用于来自 TX 和 RX 路径的 ADU,如压缩/解压:APM在数据报文发送之前压缩 ADU,在数据报文接收之后解压 ADU。

虽然通常认为在云数据中心场景下,将特定的 APM 内部逻辑设计留给用户或第三方开发者是合理的,但为每个 APM 提供统一且灵活的封装和内部功能逻辑的接口,可能会减少用户的实现工作,并使用户开发的模块可重用而且更易于与其余模块兼容。Presenter 为 APM模块提供的通用接口包括:

(1)带内的异步 FIFO。异步 FIFO 通常用于跨越 FPGA 上的不同时钟域处理数据,从而便于对运行在不同时钟频率的功能模块进行整合。由于 Presenter 假定 APM 的内部功能模块由用户开发,因此难以保证 Presenter 硬件端逻辑与 APM 运行在同一时钟频率。因此,在Presenter 中,如果不能匹配全局时钟频率,则此类接口允许用户逻辑在不同时钟频率下工作。

(2)带外常用的外部存储器接口。它允许在处理访存密集型表示层计算(例如,NLP 系统的词矢量化过程)时使用标准接口的额外内存(如 DDR、HBM)。

(3)控制平面配置接口。这组接口可用于读取/写入特定 APM 的控制信息,例如,服务器端应用程序的密钥、特定连接表表项内容以及各类寄存器。APM 的外围封装同时还维护一个全局唯一的 APM ID,该机制一方面便于软件端应用与网络接收的数据报文对 APM 进行索引,另一方面可用于支持 APM 链式机制。

如前所述,来自一个应用程序的 ADU 在发送到网络或被主机接收之前通常会通过多个 APM 处理。如在视频上下文中,ADU(即视频块)需要经过编码模块,然后是加密模块。这个场景的关键是让数据以指定的顺序在多个 APM 间传输并进行处理。

Presenter 使用基于流水线的 APM 链式机制解决该问题。图 6-8 表示了基于流水线的 APM 链式机制如何适用于灵活可扩展的表示层链的处理场景。首先,需要将所有 APM ID 根据 APM 在链上的可能位置进行排序。每个模块都能将 ADU 向下传递到包含一对异步 FIFO 的下一级 APM,但不允许反向操作。类似于段路由,每个 ADU 的处理顺序通过验证模块 ID 是否按顺序,是则处理和转发,否则绕过 ID 匹配。

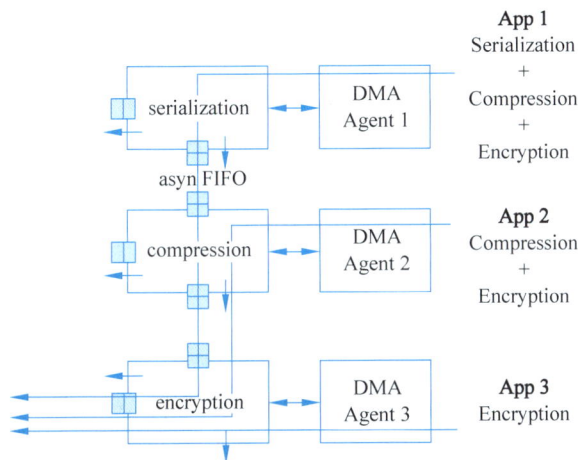

图 6-8　APM 链处理过程

4)DMA 子系统

如图 6-9 所示的多队列 DMA 子系统可以分为配置通道和数据通道。应用程序使用配置请求(Configuration Request,CQ)配置用于 ADU 发送和从 NIC 接收的通道,并在应用这些更改时在配置完成(Configuration Completion,CC)事件中接收确认。应用程序通过数据通道发送和接收 ADU:为了请求(或发送)ADU,应用程序发出请求者请求(Request Request,RQ),该请求指定网卡应将 ADU 写入(或读取)的内存缓冲区的地址。当传输完成时,应用程序会收到请求者完成(Request Completion,RC)事件的通知。

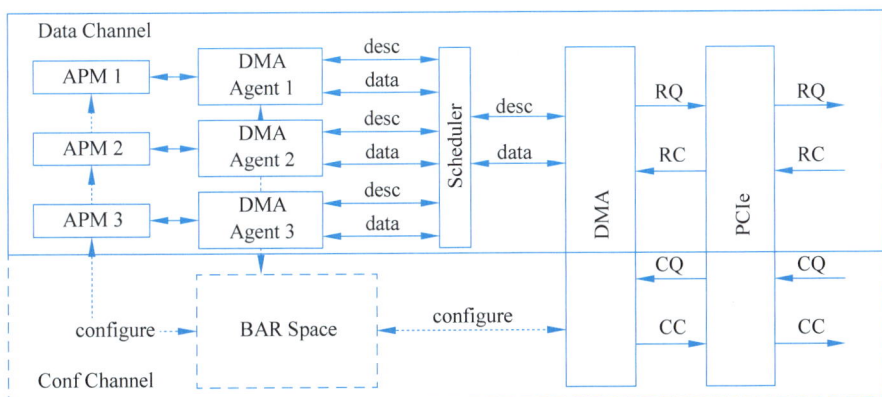

图 6-9　DMA 子系统高层次抽象

Presenter 会初始化多个 DMA 代理(DMA Agent),并将每个 APM 映射到 DMA 代理中的一个。每个 DMA 代理维护一对描述符队列(一个用于 ADU 读取,另一个用于 ADU 写入)。使用多个 DMA 代理能够避免队列头部阻塞并在可能的情况下更早地到达 APM 链的出口,从而尽可能降低不必要的处理延迟。

Presenter 的软件接口主要用于解决 4 个问题:

(1) 如何在多个应用程序之间共享网卡的加速资源;

(2) 应用程序如何为不同连接指定 APM 链;

(3) 应用程序如何在不同的连接上接收或发送数据;

(4) 应用程序如何绕过网卡提供的表示层功能从而回滚到传统的纯软件处理机制。

Presenter 的 API 的设计原则与现有的 RPC 库(如 gRPC)类似,每个连接(由 TCP/UDP 五元组表示)都与特定的 APM 链相关联,即通过连接接收到的所有数据都由相同的表示层处理。

2. 软硬件交互机制

1) 硬件加速资源共享

Presenter 使用 SR-IOV 在应用程序之间共享可编程网卡的加速资源,由于云数据中心多租户与多应用的场景,Presenter 允许多个应用程序将表示层功能卸载到同一个网卡。另外,为了更好地支持虚拟化,Presenter 启用 SR-IOV 从而支持可编程网卡向内核提供多个 PCIe 虚拟功能(类似于设备),从而允许内核将设备分配给应用程序。SR-IOV 传统上用于实现虚拟机之间的低开销设备共享,Arakis 之前曾建议将其用于跨进程的资源分区,受该思想启发设计 Presenter 资源共享机制。通过使用 SR-IOV,Presenter 为每个应用程序提供网卡控制寄存器的虚拟化副本,并允许每个应用程序直接向网卡发起 DMA 请求或从网卡发起 DMA 请求。类似于 DPDK 等内核旁路库,Presenter 在用户模式下实现大部分 I/O,从而避免 I/O 期间的多次内核复制。与其他库一样,这确实意味着需要修改使用 Presenter 的应用程序,例如,采用轮询 I/O 替换传统 I/O 机制等。

用户在启动应用程序时为 Presenter 应用程序分配一个虚拟功能(Virtual Function,VF),从而为应用程序提供指向一组虚拟化网卡控制寄存器的基地址寄存器(Base Address Registers,BAR)。Presenter 库访问这些控制寄存器以配置网卡,并启动 DMA 以从网卡发送或接收数据。启动后,应用程序可以通过调用 Presenter 库中的 open_connection 来打开一个新连接,指定连接的流标识符(可能带有通配符的五元组)和其应该匹配的 APM 链的首个 APM ID 用于处理此连接上的数据(即 ADU)。给定这些信息后,Presenter 库通过首先在网卡上创建一对连接队列(RX 和 TX 各一个)来启动连接,然后适当地配置网卡端的 RMT 流水线。为简单起见,Presenter 为每个连接提供两个队列。

2) 内核旁路机制

Presenter 采用与现有内核旁路技术相同的方法来发送或接收来自连接的数据:Presenter 库将一批应用程序分配的 I/O 缓冲区作为输入,并向该缓冲区初始化适当数量的 DMA 操作。然后,应用程序在访问(RX 通路)或重用(TX 通路)缓冲区之前轮询 DMA 操作是否完成。为简单起见,Presenter 要求应用程序确保每个缓冲区的大小足够大,以支持可以通过连接接收的最大规模的 ADU。类似于 gRPC 等库假设最大消息大小为 4MB,Presenter 假设所有 ADU 都具有已知的最大消息大小。虽然这种初始方法对于 C、C++ 或 Rust 等不支持内存垃圾收集机制(Garbage Collection)的语言已经足够了,但它对 Java 和 C♯ 等内存托管类型语言提出了挑战。这是因为在这些编程语言中,对象需要在使用前通过一些额外的机制被初始化。对于 Presenter 的初始实现,Presenter 的软件端通过将数据从 I/O 缓冲区复制到堆来解决这个问题,因此 Presenter 与这些语言一起使用时会增加开销。

最后,某些应用程序,如 netcat 或执行批量数据传输的应用程序,可能希望绕过特定连接的所有表示层功能。Presenter 通过提供一个空的 ADU ID 来实现这一点:用这个 ID 标记的数据包被直接发送到连接队列,而不被任何 APM 处理。

Presenter 软件端的初始设计有几个不足之处,包括:使用 SR-IOV 在每个网卡中能够支持的应用程序数量有限;由于每个连接使用两个队列,因此支持的应用连接数量有限;缺乏对阻塞 I/O 机制的支持和对标准调试工具(如 tcpdump)的支持也较为有限;等等。在未来的设计中,可通过采用内核旁路 I/O 处理机制中的部分想法来解决这些潜在缺陷。

6.4 聚合传输协议

在分布式机器学习中,网内聚合(In-Network Aggregation)是一种关键的技术,用于在各个计算节点之间同步参数信息,即将每个计算节点上的参数通过指定的操作进行归约,并确保归约结果被同步到所有参与计算的节点。随着训练和推理过程中数据传输量的增大,节点间的通信开销在训练过程中占比不断增加,成为训练加速的瓶颈,导致海量数据难以实时下载。为加速网内聚合通信,进而加速训练和推理,已有研究将网内聚合操作卸载到路由器上,基于 RDMA 在胖树拓扑中实现。但是,在天基智能计算等场景中,对于业务多样性、远程更新和资源受限等的要求更为严苛。随着应用需求的不断增加,天基智能计算需要支持多种业务场景,涵盖从实时数据处理到复杂的机器学习任务等,使得系统必须具备极高的可扩展性,并且能够快速适应新的功能和改进,降低维护成本;同时计算节点在设计和部署过程中必须保持轻量化,以便在空间受限的环境中使用。已有 INA 研究表明,在天基智能计算场景中直接部署时,难以扩展协议和适配拓扑,进而难以支撑业务扩展。

在分布式机器学习训练中,作为用于聚合的路由器,一方面要接收来自与其直接相连主机的数据,另一方面要与其他聚合路由器进行通信。MINAE 用于多任务聚合的聚合策略包括用于与直连任务处理器的聚合(本地聚合)和用于与其他路由器的聚合(全局聚合)。

6.4.1 聚合传输架构 MINAE

图 6-10 说明了 MINAE 的体系结构,数据包到达路由后在入口队列中等待,经由可编程流水线解析模块分离出由报文头部生成的元数据与实际负载。可编程流水线解析模块在利用流水线保持报文处理性能的情况下,提高了可编程性,实现了处理多种不同类型报文的能力。

在 MINAE 的体系结构中,聚合状态管理器接收报文头部生成的元数据,进行转发逻辑的处理,选择器接收实际负载,区分该报文是用于本地聚合(路由器自身不生成原始梯度数据,由任务处理器生成。路由器接收来自任务处理器携带的机器学习训练结果的报文(如梯度数据)聚合梯度数据后交付后续处理)还是全局聚合(来自其他路由器的报文),分别交付不同的模块进行聚合处理。等待聚合完成后,可编程报文生成模块结合来自聚合状态管理器的用于生成报文头部的元数据与聚合后得到的梯度数据,生成新的报文,在保证性能的同时提高可编程性。

1. 本地聚合

每个聚合路由器及其直接相连的任务处理器,采用基于独立参数服务器的聚合模式,称为本地聚合,通过在多任务并发的传输过程中提前聚合数据,可提高在大规模机器学习环境中训

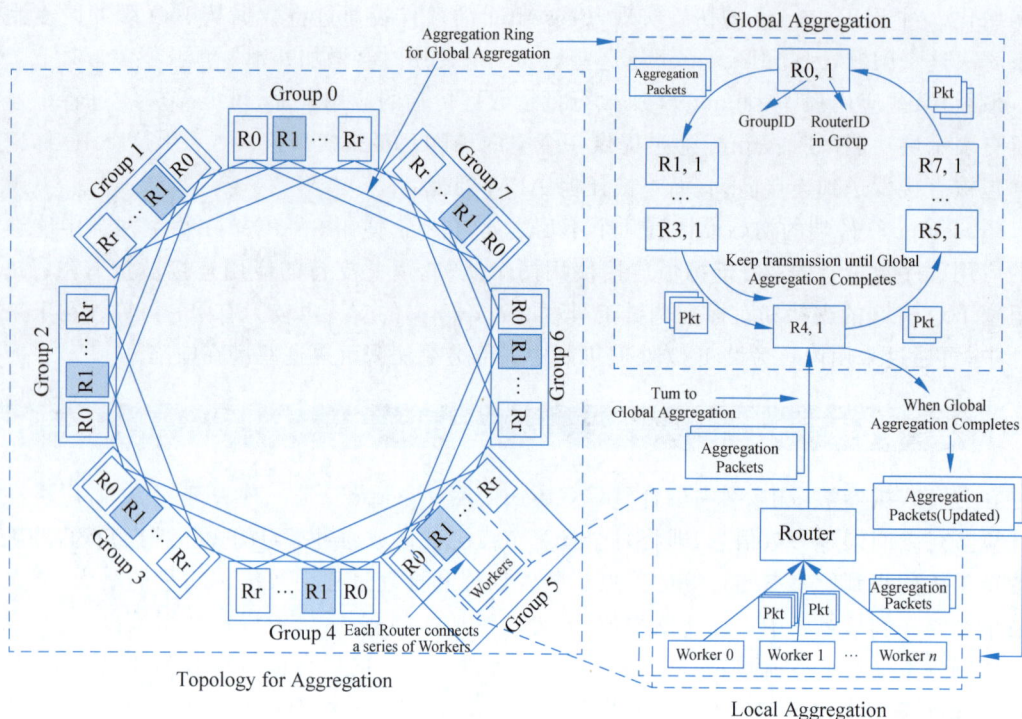

图 6-10　MINAE 体系结构

练模型的效率。在聚合过程中,核心组成部分包括一个聚合路由器(内部包含多个聚合器用于多任务聚合,并使用负载字段中每个任务唯一的 Job ID 进行区分)和多个直接相连的任务处理器。

在本地聚合中,聚合路由器负责管理和更新来自直连任务处理器的模型参数。在每一轮的训练过程中,聚合路由器依次接收来自每个任务处理器的负载,根据任务的 Job ID 字段,定位到为每个任务分配的专用聚合器(索引通过哈希查找方式确定,查找关键字为 Job ID),出现哈希地址冲突时,使用开放地址法(内存使用更为紧凑,避免链表的使用)为任务寻找新的聚合器,在聚合器中完成对任务 data 字段的聚合。接着,路由器使用预先设定的学习率(learning_rate)将全局梯度应用于更新 local_param,确保模型参数在整个系统中保持同步和一致性。在每个 Job ID 对应的聚合任务完成后,将对应聚合器中的聚合结果传递到全局聚合模块进行处理。

每个任务处理器独立地执行数据的计算和向聚合路由器的传递工作。在每一轮训练开始时,任务处理器首先根据路由器下发的待训练参数,计算其本地数据批次的梯度,并将计算得到的本地梯度发送给路由器。反复进行这个过程,直到达到预设的迭代次数(num_iterations)或收敛到预设的精度(precision)。

本地聚合通过独立参数服务器模式的实施,对梯度数据提前进行聚合,有效地解决了大规模数据集和复杂模型的训练问题,不仅提高了计算效率和资源利用率,还提升了系统的可扩展性和性能表现。

2. 全局聚合

在各任务处理器并行训练并与直连的聚合路由器进行本地聚合的同时,多任务对应的路由器间采用环状归约的聚合模式并行聚合梯度数据的方案,称为全局聚合,形成的一系列环状结构称为多任务聚合环。

如图 6-10 所示,具有不同 Job ID 的聚合路由器从逻辑上被分配到一个逻辑结构组中。

在每个批次中,任务处理器将多任务对应的不同任务的梯度数据发送到与之直接相连的路由器处,在各路由器处完成本地梯度聚合后,不同组间被分配到具有相同 Job ID 的路由器间实现基于环状归约方式的全局聚合,不同 Job ID 对应的环分别进行聚合,形成多个并行的聚合环。

当聚合路由器接收到上一聚合路由器发送的数据包时,在经由报文解析流水线后,根据负载字段的 Job ID 通过哈希查找的方式定位到专用的聚合器上进行聚合,同时使用开放地址法解决哈希地址冲突问题。最终在全局聚合完成后,本批次的训练任务全部完成,每个组的各路由器缓存中,均保存其对应多任务的最终完整训练结果。

6.4.2 任务部署

在如图 6-10 所示的场景中,每个组(一个逻辑结构,从逻辑上将一组聚合路由器划分为一个组)包含 r 个聚合路由器,如前所述,训练数据集被划分为 a 个任务(Job ID$=0,1,\cdots,a-1$)。将任务分配到多任务聚合环,每个环分配一个变量 occupation 综合表征该环上的资源占用情况、网络带宽使用等,每次分配一个新的任务时,选择 occupation 值最小的环进行分配,并且遵循以下原则:

- 每个组内的路由器数相同,均为 r;
- 每个路由器分配到的任务数为 j;
- 每个组内任意两个路由器不存在相同的 Job ID。

任务分配完成后,每个路由器在 SRAM 中生成一个查找表(LUT I)。为减小 SRAM 存储开销,每个路由器仅保存与其 Job ID 相同的路由器的信息。LUT I 反映了 IP 地址与 Job ID、Group ID 的对应关系(为简化设计,Router ID 与 Job ID 设置为相同)、在聚合环上发送到的下一节点以及下一节点的可用性(Next_Valid)。

同一个聚合环上的其他路由器按照相同的处理逻辑进行梯度数据的聚合,对不同 Job ID 的环进行并行处理,最终,每个路由器的缓存中均保存 g 倍(g 为组的数量,与每个环上路由器的数量相等)的梯度聚合数值。

1. 环上聚合处理

在如图 6-11 所示的场景中,多个任务对应的基于环状归约的聚合操作并行进行,形成了多任务聚合环。每个路由器在与其所有任务处理器完成本地聚合后,进行全局聚合。路由器首先查找内部保存的 LUT I,根据自己的 IP 地址查找表项,核对 Job ID 与 Group ID 无误后,获取下一聚合路由器(if Valid)的 Group ID,即 Next_Group ID。之后,再根据 Next_Group ID 按内容查找其对应的 IP 地址,根据得到的 IP 地址进行转发。

目的路由器接收到报文后,核对源 IP 地址对应 LUT 表项的 Ring ID,确认所接收的是聚合环的上一节点发送的携带梯度数据的报文,将梯度数据与缓存中原有的梯度数据进行求和运算,目的路由器确认收到上一节点的梯度报文后,返回一个 ACK 控制报文到源路由器。

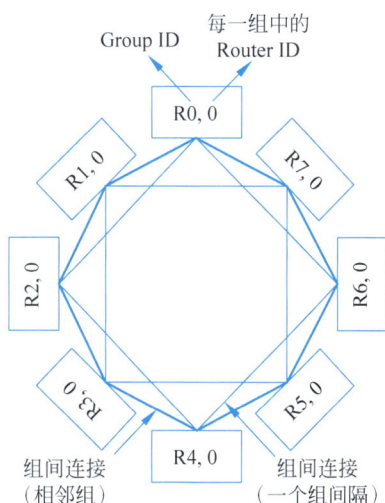

图 6-11 聚合环的故障处理

同一个聚合环上的其他路由器按照相同的处理逻辑进行梯度数据的聚合,本批次结束后,每个路由器的缓存中均保存 g 倍的梯度聚合数值。

2. 设备故障处理

设备故障主要分为两种情况：一是任务处理器节点的故障，二是路由器的故障。此外，为简化系统设计，发送端的某个数据包如果达到了预设的最大重传次数，也视为接收端故障。

对于任务处理器故障的处理是显然的，与其直连的路由器内设一个专门用于检查任务处理器故障的本地计时器(Local_Timer)，并预设一个本地错误计时阈值用于故障感知。在接收到第一个任务处理器发送的报文时，路由器启动本地计时器，到达本地错误计时阈值后，未收到梯度数据所对应的任务处理器视为故障，在进行本地基于参数服务器的聚合时，求和及取平均过程不再考虑出现故障的任务处理器。

对于路由器故障的处理更为复杂，由于其在系统层面参与基于环状归约的聚合模式，而在基于环的通信模式中，任何一个节点的故障都会导致整个聚合环无法工作，由此带来的结果是灾难性的。因此，在如图 6-10 所示拓扑的基础上，每个路由器增加一条与邻居路由器下一跳的直连通路，如图 6-11 所示，显然，与邻居路由器直连链路的优先级更高。每个路由器再设置一个检查聚合环上其他路由器故障的全局计时器(Global_Timer)，并预设一个全局错误计时阈值(远大于 Local Failure Time)用于故障感知，在向环上的下一路由器发送梯度数据报文时启动全局计时器，在全局错误计时阈值到达后，如果仍然没有接收到下一路由器返回的确认控制报文，则视为下一路由器故障，并向环上其他路由器广播，更新各自的 LUT I。

3. 缓存分配

当处理大规模聚合过程时，一个关键的挑战是如何有效地管理路由器缓冲区的空间，特别是在数据包传输高峰期间，某些路由器的缓冲区可能很快就会满载，从而引发数据丢失或延迟增加的问题。

为了应对路由器缓冲区空间不足的问题，设置一个专门的内存缓存区域，用于临时存储即将进行聚合处理的数据。这个缓存区域具有高速读写能力，能够快速响应和处理大量数据。数据首先被发送到该内存缓存区域，而不是长期保存在目标节点的路由器缓冲区中，即使路由器缓冲区的空间不足，也不会导致数据包丢失或延迟。

为了有效管理数据流量，引入了反压信号机制，基于内存缓存区域的状态和路由器的缓冲区使用情况，动态地调整上游路由器数据发送的速率。一旦检测到内存缓存区域接近容量极限或者路由器缓冲区即将满载，路由器就会向上游节点发送反压信号，这一控制报文具有比数据报文更高的优先级，用于告知上游节点减慢或暂停数据包的发送，直到路由器可以安全处理更多数据为止。

此外，路由器通过实时监控来持续评估内存缓存区域和路由器缓冲区的状态，根据监控结果调整反压信号的发送强度，确保数据传输的稳定性和效率，使得路由器能够在高负载时自动适应并优化数据处理流程。

第 7 章

网络服务质量保障

互联网的设计原则为简单的"尽力转发",最初主要用来支持文件传输和电子邮件,然后,互联网逐渐演变为极为复杂的信息基础设施,连接大规模用户,提供海量数据和多样化服务。互联网基于简单的包交换模型,按照"尽力转发"的原则转发数据包且不保证传送的可靠性。互联网上层传输协议 TCP 引入了可靠传送机制,但是并没有提供延时、抖动等控制方法,也无法实现带宽分配功能。

大量涌现的互联网多媒体业务(如 VoIP 和视频会议等)不仅对网络带宽有很大的需求,而且对链路延时、抖动等比较敏感。虽然 IPv4 报头中的服务类型(Type of Service,ToS)字段可以表示为特定流量提供优先处理机制,但并未得到广泛支持和部署,主要原因是会增加路由器数据包转发延时。由于当时几乎没有实时性业务,所以业界设备厂商没有压力去开发更好的解决方案。随着互联网应用的不断渗透,工业互联网、车联网等场景下实时性业务的需求越来越大,QoS(Quality of Service)功能开发和升级成为亟待解决的问题。

QoS 是网络带宽资源管理机制,用于优化和改善网络数据传输可靠性。主要通过为不同业务流量分配不同优先级的队列,QoS 采取不同的转发行为,确保网络资源被合理地分配和利用,以满足应用程序或服务的特定需求。QoS 可以为计算机网络中提供多种功能,如带宽管理、延迟控制、数据包优先级和流量调度等。通过设置合适的 QoS 策略和参数,网络管理员可以确保在网络高负载时关键应用程序或通信服务能够获得可靠的传输性能。典型的 QoS 技术包括流量分级、流量控制、优先级队列和拥塞避免等,以确保特定流量具有优先级,并保证它们能够按照设定的带宽等要求在网络上进行传输。

目前已经有多种 QoS 解决方案,但是 QoS 问题依然是热点,很多方法处于研究中。目前主要有两类 QoS 模型:IntServ(Integrated Service,综合服务)和 DiffServ(Differentiated Service,区分服务)。综合服务模型主要通过在设备上运行相关协议,如资源预留协议(Resource Reservation Protocol,RSVP)来保障关键业务的资源以及通信质量要求。该模型的优点是可以为特定的业务提供确定带宽、延时保障,但缺点是大规模数据流状态维护实现较为复杂,而且当无流量发送时,仍然会独占带宽,这影响了网络链路利用,且该方案要求端到端所有节点都支持并运行 RSVP 协议,不利于部署,所以该模型在现实网络中的实际部署并不多见。

7.1 区分服务与实时通信

为解决综合服务模型的协议实现复杂及带宽利用率低的问题,在网络中可部署 Diffserv 区分服务模型,来分级保证业务通信质量需求。DiffServ 区分服务的工作过程是:首先将网络中的流量根据业务类型分成多个类,然后为每个类定义逐跳的转发处理行为,使其拥有不同的转发优先级、丢包率、延时等。区分服务方案不需要记录每条数据流的状态,资源占用少,扩展性好,且可为不同业务流提供不同的服务质量保障,充分考虑了 IP 网络本身所具有的灵活性、可扩展性强等特点,将复杂的服务质量保证通过报文自身携带的 ToS 信息转换为逐跳行为(Per-Hop Behaviour,PHB),从而大幅减少了信令的工作量,该模型是目前应用最广泛的服务质量保障方法。

7.1.1 Diffserv 区分服务模型

RFC2474 定义了区分服务 DS(Differentiated Service)字段,由 IPv4 报头中的 ToS 字段或 IPv6 报头中的流量类别字段来承载。区分服务模型的基本原理如图 7-1 所示。DiffServ 路由器利用 DS 字段来表示数据包的转发服务质量保障需求,网络节点通过定义的 PHB 对转发流量进行分类,然后 DiffServ 路由器就可以根据 PHB 对每个数据包执行相应的差异化转发处理。

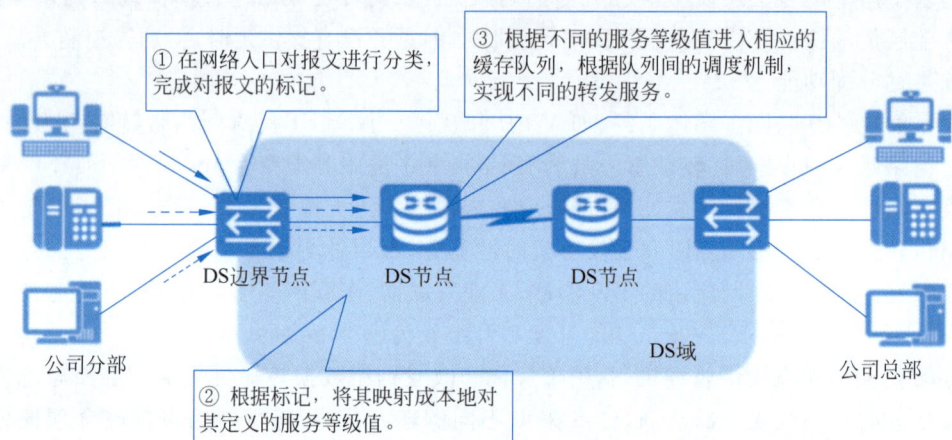

图 7-1 区分服务模型的基本原理

实现 DiffServ 功能的网络节点称为 DS 节点,采用相同的服务提供策略和实现相同 PHB 的相连 DS 节点构成 DS 域,负责连接其他 DS 域或者连接没有 DS 功能的域的网络节点称为 DS 边界节点。业务流分类和标记由边界路由器(DS 边界节点)来完成,边界路由器可以通过多种条件(如报文的源地址和目的地址、ToS 域中的优先级、协议类型等)灵活地对报文进行分类,然后为不同类型的报文设置不同的标记字段,而其他路由器只需要简单地识别报文中的标记,然后对其进行相应资源分配和流量转发处理。

DiffServ 模型综合考虑了互联网的灵活性、可扩展性等要求,将复杂的服务质量保证通过报文自身携带的信息转换为单跳行为,从而大幅减少了网络信令的开销,该模型是目前应用最广泛的服务模型。

1. 实时通信场景

对于 Diffserv,需要了解网络中不同的流量类型,并定义如何进行流量分类和标记,以实现差异化服务。这包括确定服务类别和相应的优先级,以确保网络节点能够适当地处理各种流量。对于每个服务类别,需要考虑如何分配资源和控制流量,以实现所需的服务质量要求。

在实时通信应用方面,主要关注延时、延时抖动和带宽需求,需要定义实时通信应用程序对这些性能指标的具体要求,以确认网络是否可提供足够的资源支持。同时,需要考虑网络丢包率的问题,明确最大可接受的丢包率,并设计相应的策略来最小化丢包对实时通信的影响。

综合考虑,系统需要支持不同的网络协议,以满足各种通信需求。在这个过程中,必须重视安全性,包括防范网络攻击和保护用户数据的措施。此外,考虑到未来的扩展性,需要确保系统可以适应不断增长的需求。

2. 多路复用场景

多路复用可减少在整体交互中用于通信的端口数量,这对区分服务带来了挑战。虽然单个网络节点可能有大量端口可用于通信,但此流量通常会穿越网络中的若干节点,这些节点受可用端口数量限制或其性能随着使用端口数量增加而降低。典型的例子是位于网络边缘的 NAT/FW 等设备,随着并发会话数量的增加,这些设备提供端口映射的负载也随之增加。

多路复用有助于减少建立双向通信所需的时间。由于任意两个通信用户可能位于不同的 NAT/FW 设备之后,因此有必要采用 STUN 和 TURN 等技术以交互方式建立连接,使流量在两个设备之间流动。这些协议任务需要时间,尤其是在涉及多个协议会话时。虽然可以并发执行不同会话的任务,但应用程序必须等待所有会话都打开,然后才能开始两个用户之间的通信。减少 STUN/ICE/TURN 任务的数量降低了这些协议丢失数据包的可能性;任何此类损失都会导致建立通信会话的延迟增加。此外,减少 STUN/ICE/TURN 任务的数量,也会降低 STUN 和 TURN 服务器的负载。

多路复用可以降低端点上的复杂性和由此产生的负载。STUN/TURN 的单个实例比并发的多个实例 STUN/TURN 任务更易于执行和管理,因为后者需要同步并处理更复杂的故障情况,这些故障情况必须通过附加代码进行清理。

7.1.2 区分服务逐跳行为

区分服务可用于各种服务的通用架构实现,已定义了 3 种基本转发行为以供使用。如:

- 弹性流量的默认转发(DF)。默认 PHB 始终由全零 DSCP 表示,并提供尽力而为的转发。
- 确保转发(AF)为弹性流量提供区分服务。AF 行为的实例由 3 种 PHB 组成,它们在丢弃优先级上略有差异,如 AF11、AF12 和 AF13;这样 3 种 AF PHB 称为 AF 类。有 4 个已定义的 AF 类,AF1x~AF4x,编号高的类比编号低的类能够获得更高优先级的转发处理。来自单个 AF 类(如 AF1x)的多个 PHB 处理不会触发单个网络五元组内的网络流量乱序,尽管这种报文乱序可能由于其他临时原因(如路由更改或 ECMP 重新平衡)而发生。
- 加速转发(EF)用于非弹性流量。为数据包提供快速转发处理,以满足对低延迟和高优先级的通信需求。

DSCP 标记不是端到端固定的。每个网络都可以决定使用哪些 PHB,以及哪些 DSCP 映射到每个 PHB。虽然每个 PHB 规范都包含推荐的 DSCP,并且 RFC4594 推荐了它们的端到端使用,但并不要求每个网络都支持任何 PHB(除了用于"尽力转发"的默认 PHB)或使用任何特定的 DSCP。在区分服务 Diffserv 模型中,网络的边缘或边界节点负责确保进入该网络的所有流量符合该网络的 DSCP 和 PHB 使用策略,并且此类节点可能会更改流量的 DSCP 标记以实现该结果。因此,DSCP 标记可以在任何网络边界进行,包括主机发送的流量遇到的第一跳网络节点。在网络中也可以进行重新标记,例如,流量整形时超额流量的 DSCP 的重置。

应用于数据包的网络节点流量调节功能由流量分类器确定。区分服务中网络边缘节点或边界节点根据特定的数据包头字段对流量进行分类,通常采用网络 IP 和传输层报文头的五元组(如对于封装在 UDP 中的 SCTP 或 RTP,基于标头的分类通常不超出外部 UDP 报文头)。因此,当多个 DSCP 用于相同网络五元组的流量时,在网络边界处重新标记可能会导致所有流量都使用单个 DSCP 转发,从而避免网络下游出现任何差异。区分服务网络中的节点通常仅基于 DSCP 对流量进行分类,但可以执行类似于边缘节点执行的更细粒度(五元组)的流量调节。因此,对于任意两个网络端点,无法保证在源端点设置的 DSCP 被保留并呈现在目标端点。相反,可能将 DSCP 设置为零(如在不信任或不使用 DSCP 字段的网络运营商的边界),或入口分类器认为适合该网络流量五元组的值。

此外,重新标记可避免转发行为中应用程序级别的差异,比如,使用 AF 类中的多个 PHB 来区分视频 RTP 流中不同类型的帧,则基于色盲模式的令牌桶重新标记可能仅基于流量和突发行为进行决策,从而消除原指定的丢弃优先级差别。

骨干网和其他运营商网络可能会使用少量的 DSCP 来区分管理流量聚合;使用大量 DSCP 的主机可能会发现它们的大部分预期差异已被此类网络聚合。当 DSCP 用于在较少数量的基于区分服务的流量子集或聚合中传输流量时,可能会获得更好的结果,这对于基于 MPLS 的网络特别重要,因为 MPLS 标签中的流量类别(TC)字段位宽有限,用于携带区分服务信息以及将该 TC 字段用于其他目的,如显式拥塞通知(ECN)等。

7.1.3 协议流程

1. 拥塞控制方法

互联网传输协议提供超出 IP 层能力的数据传输服务,如 TCP 通过拥塞控制提供可靠的有序数据传输,SCTP 还提供额外的传输特性,如保留消息边界,以及避免 TCP 可能发生的队头阻塞等。相比之下,UDP 是不可靠数据报传输协议,它仅仅在 IP 层之上提供基于端口的多应用复用和解复用。另外两个不可靠的数据报协议是 UDP-Lite(它是 UDP 的变体,在发生错误时可能会传送部分有效载荷)以及 DCCP(它为其不可靠的数据报服务提供序列拥塞控制模式)。

可靠交付的网络传输协议(如 TCP、SCTP)对网络流量乱序相当敏感。当可靠网络传输协议接收到下一个预期数据包序列号以外的数据包时,该协议通常会假设预期数据包已丢失并触发非确认通知(NACK),这通常会导致发送端重传数据包。此外,网络传输协议中的拥塞控制功能通常会在数据包丢失时推断出拥塞。这将导致对重要的网络数据包重排序产生额外的延时敏感性,因为这种重新排序可能被(错误地)解释为乱序数据包的丢失,从而触发拥塞控制响应。即使在使用 ECN 时,这种重新排序的敏感性仍然存在,因为 ECN 接收器需要将丢失的数据包视为潜在的拥塞迹象,因为严重拥塞可能导致支持 ECN 的网络节点丢弃数据包,以及 ECN 流量可能由不支持 ECN 的网络节点转发,因此丢弃数据包以指示拥塞。

通常,使用不同的 DSCP 标记数据包会导致在网络节点上应用不同的 PHB,由于每个 PHB 使用不同队列等转发资源,因此很可能会产生数据包乱序。当启用重排序的 PHB 在单个网络五元组中混合时,效果是在单个传输协议会话或关联范围内混合流量 QoS 类别。由于这些基于 QoS 的流量类别接受不同的网络 QoS 转发处理,分配不同的网络资源,因此可能会承受不同程度的拥塞。拥塞控制协议的结果是每个基于 QoS 的流量类别都需要一个单独的拥塞控制功能实例。当前网络传输协议仅支持整个连接或关联的拥塞控制功能的单个实例;将这种支持扩展到多个实例会显著增加网络传输协议的复杂性。不同 QoS 的流量可能使用不同的网络路径;这使基于连接或基于关联的协议中路径完整性检查变得复杂,因为这些路径可能会失效。

使用单个 PHB 或 AF 类的网络五元组范围内的流量乱序也可能由于其他原因(如路由更改或 ECMP 重调度)而产生,这些技术更倾向于对端点之间的 RTP 流使用公共(聚合)拥塞控制器,以减少任何共享链路处的瓶颈资源竞争的方式来减少数据包丢失和延迟。可以通过跨

RTP 流的单向延迟测量等相关技术来检测共享链路瓶颈。还可以假设单个网络五元组会话上的数据包被标记为禁止乱序的 DSCP,这将会在每个网络节点使用共享网络路径和共享转发资源。在这种情况下,此类数据包遇到的任何链路瓶颈都在它们之间共享,从而可以安全地使用公共(耦合)拥塞的链路。当涉及的数据包被标记为允许乱序的 DSCP 值时,这将成为非安全的假设,因为链路瓶颈可能不会在所有这些数据包之间共享。

UDP 和 UDP-Lite 对网络中的重新排序不敏感,因为它们不提供可靠的传送或拥塞控制。另外,当用于封装其他协议时(如 WebRTC 使用 UDP),能否乱序需要考虑封装协议的重新排序注意事项。

2. 实时交互流程

实时通信对网络数据包的乱序非常敏感。在可靠传输协议中,网络乱序可能会导致不必要的数据包重传或虚假的重传控制信号(如 NACK)。敏感程度取决于协议策略或流计时器,与通常对所有乱序做出反应的可靠传输协议相反。

接收端消抖缓冲区在重新排序对实时通信的影响方面具有重要作用:

(1) 消抖缓冲区中包含的次要数据包乱序通常不会影响接收到的 RTP 流的显示,因为乱序到达的数据包是从消抖缓冲区中按顺序检索以交付并显示。

(2) 超过消抖缓冲区容量的数据包乱序可能会导致用户可感知的延迟敏感通信质量问题(如毛刺、噪声等),交互式会话需要小的消抖缓冲区,以保持人们可接受的通信质量。至于无法按源流顺序提交的数据,交互式实时通信实现通常会丢弃晚到的数据,而重传只会适得其反,为此,交互式实时通信的实现通常不使用重传。

(3) 视频播放可容忍比交互式会话更大的延迟,因此视频播放可使用比交互式会话更大的消抖缓冲区。与交互式会话相比,较大的消抖缓冲区增加了视频回放对乱序的容忍度。消抖缓冲区大小对视频回放重排序的容量施加了上限,当消抖缓冲区明显大于(容纳)在往返延迟期间重传预期到达的数据包时,允许使用重传。

网络数据包乱序没有确定的上限,并且可以超过任何合理的消抖缓冲区的大小。在实践中,用于视频回放的消抖缓冲区的大小受外部因素的限制,如人们愿意等待重新开始的时间等。

3. 传输协议

相同网络五元组在单个 AF 类中使用 PHB 的数据包按预期可以利用网络节点上的相同转发资源(如使用相同的路由器队列),因此在 AF 类中使用多个丢弃优先级预计不会导致延迟变化。当单个 AF 类中的 PHB 混合在一个流中时,从该流中丢弃数据包的可能性是所涉及的 PHB 的丢弃可能性的总体混合。

通常不应该混合丢弃优先级。比如,在 TCP 连接中混合丢弃优先级没有价值,因为 TCP 保序提交行为规定任何丢弃都需要接收端等待丢弃的数据包被重新传输。任何由此产生的延迟取决于 RTT 而不是丢弃的数据包,单个 DSCP 应该用于 TCP 连接中的所有数据包。因此,当为穿透 NAT/FW 选择 TCP 时(如 TURN),应为该 TCP 连接上的所有流量使用单个 DSCP。另一个原因是 STUN/TURN 包封装发生在将结果包传递给 TCP 之前;TCP 重新分段可能会导致线路上出现不同的分组,从而破坏 DSCP 与其要应用的特定数据之间的任何关联。

SCTP 在许多方面与 TCP 不同,包括以不同于消息发送序列的顺序传递消息的能力,以及对不可靠流的支持。然而,SCTP 在整个关联中,而不是在每个流的基础上执行拥塞控制和重传。尽管跨 SCTP 流或许在不使用可靠有序交付的 SCTP 流内使用多个丢弃优先级时具有优势,但没有这样的实际操作经验。因此,对 SCTP 协议和实现的影响是未知且难以预测的,应为 SCTP 关联中的所有数据包使用单个且 DSCP,而与该关联中流的数量或性质无关。

4. RTCP

RTCP(RTP 控制协议,RTP Control Protocol)与 RTP(实时传输协议,Real-time Transport Protocol),一起使用来监控服务质量,并交互有关 RTP 会话参与者的信息,RTCP 数据包的发送方也发送 RTP 数据包(即发起 RTP 流),应该对两种类型的数据包使用相同的 DSCP 标记。如果 RTCP 发送方不发送任何 RTP 数据包,则使用 DSCP 标记它的 RTCP 数据包;如果它同时发送了带有类似于 RTP 流媒体数据包,也应使用该 DSCP。如果 RTCP 发送方使用或将使用多个仅在 RTP 丢弃优先级上不同的 DSCP,那么它应该使用 RTCP 丢弃可能性最小的 DSCP,以增加 RTCP 数据包传送的可能性。

如果 SDP(会话描述协议,Session Description Protocol)绑定扩展用于协商在单个 RTP 会话中发送多种类型的媒体,则接收方将为每种类型的媒体发送单独的 RTCP 报告,为每种媒体类型使用单独的 SSRC;每个 RTCP 报告都应标有与报告 SSRC 处理的媒体类型相对应的 DSCP。

该策略可能会导致 RTP 流和 RTCP 接收器报告与这些 RTP 流有关的不同 DSCP 标记。流量方向导致的网络 QoS 处理结果发生变化,因此对于获得与媒体路径相对应的代表性往返时间(RTT)估计是必要的,这可能与传输协议 RTT 不同。RTCP 接收器的报告可能相对较小,因此由此产生的 RTT 估计对于传输协议拥塞控制的影响有限(尽管这些 RTT 估计有其他重要用途)。为此,SSRC 发送的 RTCP 接收器报告收到与该 SSRC 发送的 RTP 流相同的网络 QoS 处理是很重要的。

7.2 时间敏感网络

时间敏感网络(Time-Sensitive Networking,TSN)是以标准以太网为网络基础、提供确定性数据传输的标准化技术,是对标准以太网的一种增强,旨在满足实时数据流的延迟和抖动的确定需求。TSN 的目标是在以太网上提供可靠的、确定的通信,以支持各种垂直应用领域,如工业自动化、车载通信或航空电子设备等。TSN 的核心是通过时间同步、流量调度和网络拓扑优化来实现确定性数据包转发。

7.2.1 行业应用需求特征

TSN 的时间特征优势被许多使用传统总线的行业所关注,这些行业正在考虑向 TSN 转移,如车载网络、工业制造控制网络等。在对 TSN 业务的调研中发现,大多数的客户应用场景中只存在较少完全符合 TSN 特征要求的流,不管从数量上还是流量上来看,10% 都不到,另外 80% 的流对实时性都有要求,但并不完全符合 TSN 流的特征要求,特别是周期性。剩下的"尽力转发"流数量不多,流量也不大。可能是想使用 TSN 技术的行业考虑更多的主要还是有实时性要求的业务,或是"尽力转发"业务仍较庞大,依然保留现网的运营模式。

1. 流特征

TSN 整个网络系统的运行主要基于所有数据 I/O 与转发节点都同步于一个时钟基准,并基于全局时钟进行统一的规划调度,为每一个流都指定进入网络的时间槽位置。核心技术就是全网时钟同步和统一规划调度。那么非周期性流是否可以当作 TSN 流使用呢?非固定长度分组是否也可以当作 TSN 流使用呢?答案是不确定的。首先,非周期性流的不确定性主要是看非周期性流产生的方式,如果是纯随机发生,也不存在产生的最小间隔,或者说可能的最小间隔非常小,那么这样的流确实很难进入 TSN 进行规划。其次,非固定长度分组可以在规划时统一成最大长度进行规划,但是会造成一些实时调度的空闲时隙。若存在调度能接受的最小时间间隔和随机长度所带来的不稳定抖动,则可以考虑按照其最小间隔方式规划该流,其最大抖动是该流的最小间隔长度加上系统抖动的最大值。若规划结果符合 TSN 流的预期,则可以部署实施;若无法规划或最优解无法满足流的延时与抖动要求,则无法完成此类型流的规划部署要求。

2. 协议特征

TSN 的行业场景中存在大部分的总线节点,其传输协议并不是标准的以太网和 IPv4 等网络标准协议,更多的是一些专有协议,且并不完全满足 IEEE 802.1Q 规范。这些节点通常又需要实时性,是满足业务实时需求的必要组成。如何让这些节点快速接入 TSN 中是行业转网的一大挑战。可行的方案有很多,无非是从双方入手;或者让这些节点全部按照标准协议来转换,或者 TSN 能支持协议无关的转发。二者总要有一方妥协才能组合到一起正常工作。

3. 延时与抖动

任何存在数据交互的行业应用对数据传输的要求都少不了低延时和低抖动。就 TSN 技术而言,Qch 标准解决的是延时确定化,而 Qbv 是提供实现延时最小化的可能。在传统的"尽力转发"网络中,分组进入链路完全随机,在网络空间尽力转发。而在 TSN 中,则要求所有的时间敏感流分组都按规划的时间槽进入,以避免出现碰撞。

7.2.2 TSN 组成原理

1. TSN 组成

1) 时间触发

时间触发机制是指在时间敏感网络(TSN)中,根据预定的时间触发规则来触发和调度网络中的数据传输,可以确保数据包在网络中按照严格的时间要求进行传输,以满足确定性和可靠性的需求。

2) 调度传输(Scheduled Transmission)

TSN 支持调度传输,也就是说,边缘节点可以协调传输其数据包,从而确保中间节点几乎不会发生缓存排队延迟,有助于确保数据传输的确定性,并最大限度地减少延迟。

3) 多优先级队列(Multiple Priority Queues)

TSN 允许不同优先级的数据流在网络中传输时具有不同的服务质量,每个数据端口有多个优先级队列,每个队列具有特定的优先级,数据包根据其流优先级被分配到相应的队列中,较高优先级的队列具有更高的传输优先级,可以更快地转发数据。

4) 时间同步(Time Synchronization)

TSN 运行的前提条件就是时间同步,只有所有节点全都同步到全局的时钟,才有可能为其进行业务流的规划,各流之间才不会碰撞。如高铁网络,各个站点之间如果不全部基于北京时间来进行列车调度,那么肯定无法完成整个高铁网络的正确运转,甚至带来严重后果。时间同步是基于时间信息做规划调度的前提和基础。

网络设备需要对时间有共同的标尺,以确保网络中的所有终端能够协调行动。每个音视频桥接 AVB 设备都配有时钟,IEEE 802.1AS 标准定义了同步 AVB 网络中所有设备时钟的协议,该协议是在 PTP 的基础上发展起来的,称为 gPTP。

5）流量整形（Traffic Shaping）

通过控制调节发包速率确保数据包按照预定的间隔时间进行发送传输，并适应网络的带宽限制。

6）通道绑定（Channel Banding）

TSN 支持通道绑定技术，允许将多个物理链路绑定在一起，以提高带宽和可靠性，使得TSN 能够处理大量数据，同时保持低延迟和抖动。

2．TSN 转发处理流程

TSN 对流的要求：一是确定且固定的周期性；二是分组长度尽量固定；三是有可接受的延时与抖动指标。TSN 只能保障时间敏感流的实时性和可靠性，其关键原因就是这些时间敏感流的业务特征是明确的、已知的。不具备周期性的流，调度程序无法为其做出无限期的门控规划。分组长度随机的流只能按最坏情况（最大 MTU）进行规划，造成该分组转发后的调度时隙资源的浪费，为其他更多流的规划带来限制和困难。延时和抖动本身就是时间敏感流自备的属性，同时也是进行规划调度时需要计算考虑的因素。只有这些流属性参数都明确，才能对其进行统一规划调度。流周期不确定，或是分组长度随机，都将无法为其提供 TSN 流服务，只能当作"尽力转发"流来处理。

TSN 流一定是先规划调度再上线运行。在全局时钟同步和时间敏感流的各项属性参数都明确的条件下，可以准备进行全网流量转发的规划调度，生成各节点各端口的门控列表，如图 7-2 所示。规划调度的输入参数非常多，求解过程也非常复杂。有无解或最优解生成取决于规划程序对系统各方面因素的考虑与算法的合理性。随着 TSN 流数量的增加、流周期的冲突增加和最小公倍数变大，规划调度的计算结果会呈指数性变化，可能甚至无法求解。

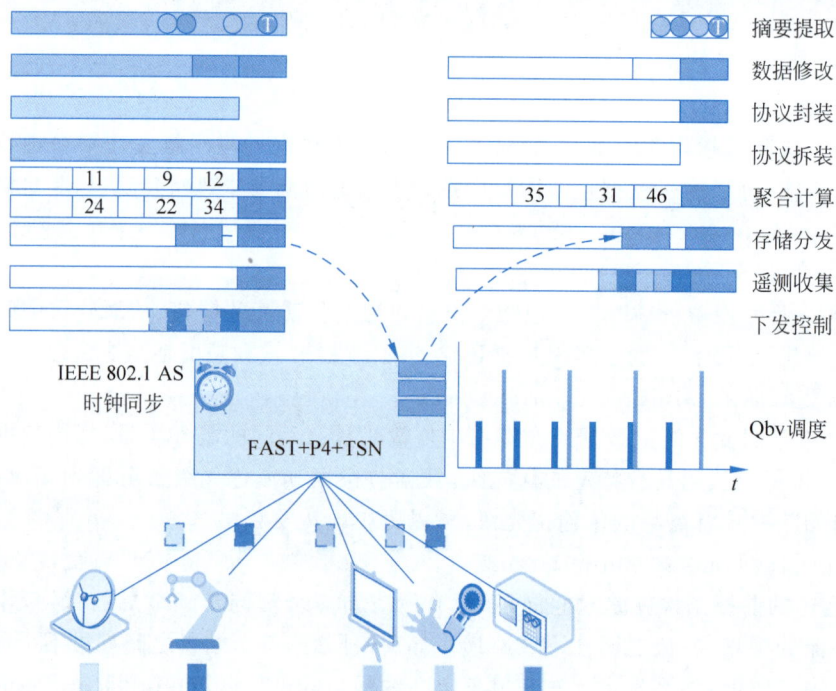

图 7-2　TSN 规划调度

1）路径选择

TSN 在 IEEE 802.1Qca 中引入了新的路径选择机制。与传统的以太网相比，它不需要使用生成树协议(Spanning Tree Protocols)或最短路径桥接(Shortest Path Bridging),可以通过任意算法计算得出路径,并且被限制为树状。因此,帧可以在任意路径上转发。这些显式的转发信息通过 IS-IS(Intermediate System to Intermediate System)协议进行分发并存储在网桥中。帧转发的显式树由帧根桥的 MAC 地址和帧头的 VLAN ID 决定。

2) 优先级

TSN 网桥每个出端口都配备了 8 个出队列,这些队列是先进先出(FIFO)队列,它们对应 IEEE 802.1Q 中定义的 8 个 VLAN 优先级。以太网帧头的 VLAN 标记决定了该帧等待输出队列,每个队列都配备了一个传输选择算法(TSA)。TSA 向传输选择机制发信号通知帧准备好传输,该机制选择下一个队列,帧从该队列中调度和发送。TSN 使用严格优先级进行传输选择,即从最高优先级队列中分派下一帧,该最高优先级队列准备好传输。

3) 流量整形

TSN 在 CBS 之外引入了新的流量整形器。IEEE 802.1Qbv 中引入了时间感知整形器(Time-Aware Shaper,TAS),它可以保护时间敏感流量时间敏感流(Time-Sensitive Traffic,TT)不受 AVB 流量或"尽力转发"流量的影响。此外,TT 流通过网络的传输可以被规划调度。每个出队列都有一个传输门或简单门,门或开或闭且帧只能在门打开的情况下从出口队列分派和发送。门的开闭是由门控制表(GCL)控制的,GCL 表项包含时间间隔 $[t,t+1]$ 和位矢量,位矢量表示在时间 $[t,t+1]$ 内各个门的开闭状态。因此,GCL 表项定义了一个时间片,该时间片专门用于具有与打开队列相对应的优先级的流量。GCL 定期执行,执行次数不定。GCL 的计算和适当的循环时间(GCL 的周期)表示为调度或 GCL 合成。

图 7-3 描述了基于 IEEE 802.1Q 的典型 TSN 网桥端口的体系结构,包括 TSA 的组件。如果帧的传输直到传输开始的时间片结束后才完成,则下一个时间片中的帧可能会被迫等待,直到传输完成。因此,TT 流的帧可能由于 BE 业务的帧而必须等待。在 TSN 中为了避免该问题,TSN 网桥仅在下一个门关闭之前能传输完成的情况下才开始传输帧。其中,保护带是具有最大大小的标准以太网帧的传输长度的时间间隔。时间片结束时的保护频带的持续时间可能不可用于传输,以符合关闭的门控。

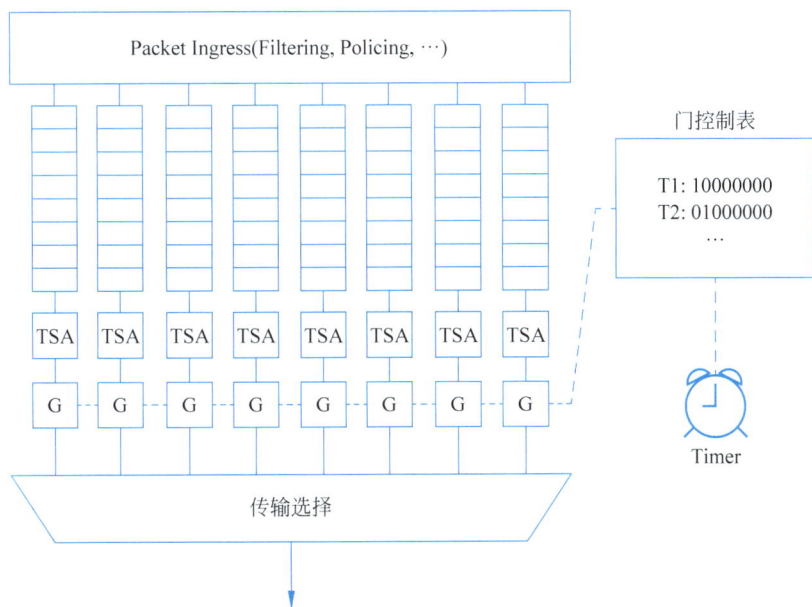

图 7-3　TAS 的出端口

图 7-4 描述了在相应的门关闭之前限制"尽力转发"流量传输的保护频带。如果使用帧抢占,那么不能被抢占的帧的最大大小为 123B。这是由于第一个片段和最后一个片段不能太小,即帧的 60B 和一个额外的 4B 的检查序列,直到帧第一个 60B 被传输,否则产生的第一个片段将太小。然而,最后的 63B 也不能被抢占,因为最后的片段会太小。因此,如果使用帧抢占,保护频带可以减少到传输长度为 123B。

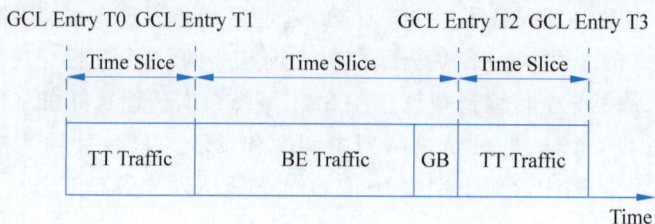

图 7-4 时间片、GCL 表项和保护带

7.2.3 软件定义 TSN

软件定义 TSN 融合了软件定义网络技术与时间敏感网络技术的集成网络系统。该网络既具备软件定义网络的组网灵活性、协议无关转发的高适应性、转发控制分离的高效性与可控性,同时又具有低延时、低抖动的时间敏感特性。通过软件流表与队列映射的灵活定义,极大地降低了全网流规划调度的难度,增强了 TSN 网络的适用范围和行业兼容性。

TSN 的时间敏感特性是业务属性的反映。TSN 技术标准起源于音视频传输,其核心特性要求是高实时和同步传输。因为这是属于现代互联网多媒体业务发展的必然需求,比如说赛事实况直播。随着现代工业互联网的发展和生产规模的扩大及协同要求,TSN 所提供的网络特性逐渐受到各行业的关注,特别是在 IT 与 OT 融合和 5G 技术的商用背景下,TSN 技术的重要性越发明显。

1. SD-TSN 网络架构

在 TSN 技术规范定义的时候,SDN 概念刚刚兴起。SDN 架构的出现,打破了对传统网络的管理与调度方式,其数控分离理念与流表定义的方式使得网络转发更具规划性与可控性。SDN 是网络架构及管理层面的突破,是为了让网络数据平面更专注、控制平面更灵活。而 TSN 的时间敏感特性应该是网络分组的一个专有属性,是对网络流特征的一种规范和定义,参考其规范要求实现传输可以满足时间敏感特性,与网络架构、拓扑组成以及分组转发方式等无关。其核心调度规划和门控输出其实也符合 SDN 思想,可以通过软件方式来灵活定义不同的门控数据以控制流的精确传输,如图 7-5 所示。

从网络架构与功能特性上分析,将 TSN 的流特性加入 SDN 网络中应该会是一个更好的网络解决方案——同时具备时间敏感特性和网络灵活定义,其应用范围与适应能力会得到更好的扩大和强化。

结合目前行业需求与 TSN 规范中存在的问题,网络的转发行为及方式需要自行灵活定义,并且可以为每个节点的不同队列定义不同的行为与方式。TSN 通过 VLAN 的优先级字段映射到不同的调度队列,属于类流调度。SDN 的流表匹配及队列映射也可以将不同流映射到不同调度队列,二者差异不大,无非是 SDN 的流表可以用更多元组字段表示,最终都是将流映射到某个指定队列。但 SDN 的流表可以在不同交换机上设置不同的映射队列,错开产生碰撞的队列和时间。在复杂的调度规划中,部分交换机的流量可能会比较大,队列的不同时间槽会排得比较满,导致某些流按同一优先级队列调度输出可能产生碰撞。那么在延时和抖动允

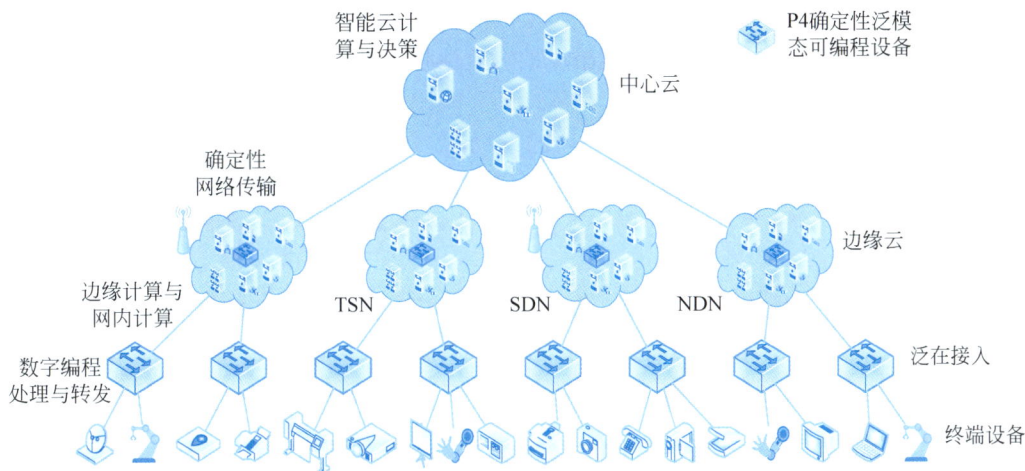

图 7-5　软件定义 TSN

许的条件下,可以在适当节点为其更换队列,并继续转发,以保证系统可以调度规划更多的流。SDN 的灵活定义在此显得格外重要,为全系统的流量调度规划带来更大、更多的可能性。

2. SD-TSN 组成

TSN 的时间敏感特性是业务属性的反映,业务数据的生产与消费通过 TSN 来连通。这从系统架构层对整个 TSN 提出了全实时的要求,主要包括业务数据的生产消费、数据在系统中的传递、接入 TSN 的网卡、中间的网络交换机等所有业务数据流经的每个环节。首先,端节点与交换机都需要支持全局时钟同步,端节点不仅是网卡还包括主机系统。即使主机系统不进行时钟同步,也需要实时感知网络的时钟刻度。其次,所有的业务流产生、传输都需要严格按照全网的规划调度进行。TSN 流的规划是从网卡接入开始的,业务数据的产生和传输到网卡的时间则交给应用自己控制。应用精准控制的前提是需要实时感知网络时钟刻度和系统提供实时服务。

1) 实时应用

TSN 的业务都是实时应用,实时应用需要运行在实时系统之上,而且应用可以对网络全局时钟实时感知。实时业务流需要通过全网规划调度后确定其准入网络的具体时间槽位置,流的调度起点从网卡开始,故业务需要将数据内容在其网卡调度时间槽之前送达网卡,以确保准时进入网络。业务流到网卡的时间主要由系统调度模型决定,非实时调度系统无法保障用户数据到达网卡时间的确定性。

2) 实时系统

实时系统为实时应用提供实时数据 I/O 服务,该服务不仅要求系统调度模型是实时的,同时还需要包含实时网络协议栈、实时网络驱动等。实时调度系统可以提供较小抖动和较低延时的分组 I/O 能力,不是完全时间确定的。实时系统还可以分为软实时系统和硬实时系统。通过对普通系统的实验测试,可以发现,延时排序为:硬实时系统<普通系统<软实时系统;抖动排序为:硬实时系统<软实时系统<普通系统。根据用户对业务流延时和抖动的允许差值可以选择软实时系统或硬实时系统。允许误差范围较大的甚至可以使用普通系统,若对延时与抖动要求极低,则可以考虑使用裸 CPU 运行实时应用或采用专用硬件实现业务功能。

3) TSN 网卡

TSN 网卡必须与其 TSN 中的时间主节点进行时钟同步,并向上层应用提供实时的网络时刻。网卡是实时流调度的起点,TSN 流必须在其规划调度的确定时间槽发送并进入网络。提前到达会引发其他流的抖动,占用交换机缓冲区时间较长,影响交换机吞吐率,滞后到达影响更大。TSN 的技术规范中有输入检查,判断数据输入的有效性与合法性,以确保整网的调度正常。

4) TSN 交换机

TSN 交换机是整个 TSN 网络的核心,各交换节点中必须有一台时钟主节点,其他节点向主节点进行时钟同步。交换机的输入检查、队列映射、门控列表和调度方式也是其核心内容。Qbv 是一种高灵活性的调度方式,适用于不同周期性流的灵活映射与实时控制。

5) 网络控制器

采用软件定义时间敏感网络的系统,其网络管理配置功能由 SDN 的控制器完成。为支持控制器对 TSN 交换机的门控等一系列参数的配置,需要扩展北向 RESTful API 接口、控制器支撑模块、南向协议支持规范等,以满足对 TSN 特性的功能配置。

7.3 确定性网络

DetNet 是 IP 层机制,并通过 MPLS 和 IEEE 802.1 时间敏感网络(TSN)等技术提供服务。DetNet 通过预留网络资源(如链路带宽和缓冲区空间)用于 DetNet 流和/或 DetNet 流类,通过复制数据包并在多条路径上转发来提供可靠和可用的服务。只要满足所有保证条件,未使用的保留资源就可用于非 DetNet 数据包。

确定性网络的目标有两个:

(1) 允许迁移当前使用专用现场总线技术[高清多媒体接口(HDMI)、控制器局域网(CAN 总线)、PROFIBUS 等]的具有关键定时和可靠性问题的应用程序。

(2) 在同一物理网络上支持这些新应用和现有分组网络应用。即确定性网络与统计复用的业务向后兼容(都能够传输),同时保留确定性流的特性。

7.3.1 确定性网络架构

多个领域的应用程序需要部分或全部功能支撑,主要包括:

(1) 所有主机和网络节点(路由器和/或网桥)的时间同步,精确到 $10ns \sim 10\mu s$,具体取决于应用需求。

(2) 支持以下确定性数据包流:

- 单播或多播。
- 保证网络端到端的最小延迟和最大延迟,有时也需要严格的抖动保证。
- 超出特定介质的传统丢包率,在以太网中为 $10^{-9} \sim 10^{-12}$ 或更好,在无线传感器网状网络中为 10^{-5} 数量级。
- 占用网络一半以上的可用带宽(也就是说,将大规模超额配置作为解决方案排除在外)。

(3) 网络数据平面以每跳通过调度、整形、限制或其他方式控制关键分组传输。

(4) 在数据平面和控制平面中,针对行为异常的主机、路由器或网桥的强大防御,无论网络压力如何,使其资源保证内的关键流不会受到其他流的影响。

(5) 用于在网桥和路由器中预留资源,以传送这些流的一种或多种方法。

在分组传输之前保留资源是网络应用行为的根本转变,这是无法避免的。第一,网络无法向任意高负载应用提供有限延迟和几乎零分组丢失。第二,对于无节流(尽管带宽有限)的流实现几乎零分组丢失意味着网桥和路由器必须将缓冲资源专用于特定流或流类别。需要将每个预留的要求转换为控制每个主机、网桥和路由器的队列、整形和调度功能的参数,并传递给主机、网桥和路由器。

1. 协议栈模型

1）代表性协议栈模型

确定性网络 DetNet 功能在协议栈中由两个相邻的子层实现：DetNet 服务子层和 DetNet 转发子层。其中，DetNet 服务子层为协议栈中的高层和应用程序提供 DetNet 服务，例如，服务保护；DetNet 转发子层在底层网络中支持 DetNet 服务，例如，通过为 DetNet 流量提供明确的路由和资源预留来实现。

2）确定性网络数据平面框架

图 7-6 给出了一个数据平面分层模型。可以看出，服务子层的功能包括：应用、包排序、重复消除、流复制、流量合并、分组编码、数据包解码，而转发子层的功能包括资源分配、显式路由。DetNet 数据平面可以提供或携带两种元数据：流 ID、序列号。DetNet 数据平面框架支持每个 DetNet 流的流 ID（用于标识流或聚合流）和/或序列号（用于 PREOF）。服务子层和转发子层都使用流 ID，但序列号仅由服务子层使用。这些元数据也可以用于 OAM 指示和检测 DetNet 数据平面操作。

元数据包含可以是隐式的，也可以是显式的。显式包含涉及一个专用的报头字段，用于表示在 DetNet 数据包中包含元数据。在隐式方法中，使用已存在的头字段的部分来对元数据进行编码和携带。通过使用 IP 选项或 IP 扩展头，可以显式地包含元数据，新的 IP 选项几乎不可能被标准化或部署在一个可操作的网络中。IPv6 扩展头在当前的 IPv6 开发工作中很受欢迎，特别是在 IPv6（SRv6）和 IPOAM 方面。设计新的 IPv6 扩展头或修改现有的扩展头是在 DetNet 数据平面方法中可用的方法。

DetNet 数据平面采用 DetNet 服务和 DetNet 转发双层架构，子层分离架构虽然有帮助，但不应被视为正式要求。例如，一些技术可能背离严格的子层分离架构，但仍能提供 DetNet 服务。在某些网络场景中，终端系统最初提供了 DetNet 流封装，其中包含 DetNet 节点所需的所有信息［例如，基于实时传输协议（RTP）的 DetNet 流，通过本机 UDP/IP 网络或伪线路（PW）进行传输］。在其他场景中，封装格式可能会有明显的差异。可以通过选择 DetNet 服务子层和 DetNet 转发子层的技术，来创建 DetNet 流量的数据平面解决方案，目前已有很多有效的组合选择。

图 7-7 展示了一个例子——DetNet over MPLS 网络片段及其包流。在图 7-7 中，数字被用于标识一个数据包的实例，其中，数据包 1 是原始的数据包，数据包 1.1 和 1.2 是数据包 1 的两个第一代副本，数据包 1.2.1 是数据包 1 的第二代副本，以此类推。这些数字并未出现在数据包中，并且不要与序列号、标签或数据包中出现的任何其他标识符相混淆，它们只是表示 DetNet 网络生成的原始数据包副本，以直观表示数据包通过网络片段的路径通道。

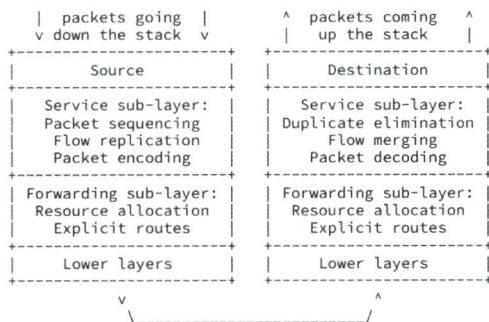

```
| packets going  |        ^  packets coming  ^
v down the stack v        |   up the stack    |
+----------------+        +-------------------+
|     Source     |        |    Destination    |
+----------------+        +-------------------+
|Service sub-layer:|      |Service sub-layer: |
|Packet sequencing |      |Duplicate elimination|
|Flow replication  |      |Flow merging       |
|Packet encoding   |      |Packet decoding    |
+----------------+        +-------------------+
|Forwarding sub-layer:|   |Forwarding sub-layer:|
|Resource allocation  |   |Resource allocation  |
|Explicit routes      |   |Explicit routes      |
+----------------+        +-------------------+
|  Lower layers  |        |   Lower layers    |
+----------------+        +-------------------+
        v                         ^
         _____/
```

```
      1        1.1        1.1      1.2.1      1.2.1      1.2.2
    CE1----EN1--------R1------R2-------R3-------EN2-----CE2
             \                1.2.1                 /
              \1.2  /------+                        |
               +----R4----------------------------+
                      1.2.2
```

图 7-6　DetNet 数据平面分层模型　　图 7-7　受 DetNet 保护的数据包流示例

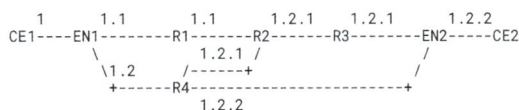

2. DetNet 系统

终端系统的分类如图 7-8 所示,终端系统可能包含也可能不包含 DetNet 特定功能,具有 DetNet 功能的终端系统可能与具有相同或不同的转发子层的 DetNet 域连接。

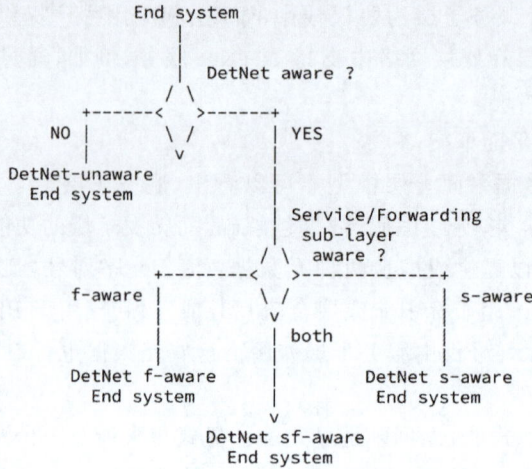

```
                         End system
                              |
                              |  DetNet aware ?
                            / \
                +------< \ / >------+
          NO    |         \ /        |  YES
                |          v         |
          DetNet-unaware              |
          End system                  |
                                      |  Service/Forwarding
                                      |     sub-layer
                                    / \    aware ?
                +--------< \ / >--------+
        f-aware  |         \ /          |  s-aware
                 |          v           |
                 |         | both       |
                 |          |           |
          DetNet f-aware     |       DetNet s-aware
          End system         |       End system
                             v
                       DetNet sf-aware
                       End system
```

图 7-8 终端系统的分类

提供代理服务的 DetNet 边缘(Edge)节点和提供 DetNet 服务子层的 DetNet 中继 (Relay)节点是 DetNet 感知的,而 DetNet 中转(Transit)节点只需要感知 DetNet 转发子层, 如图 7-9 所示。

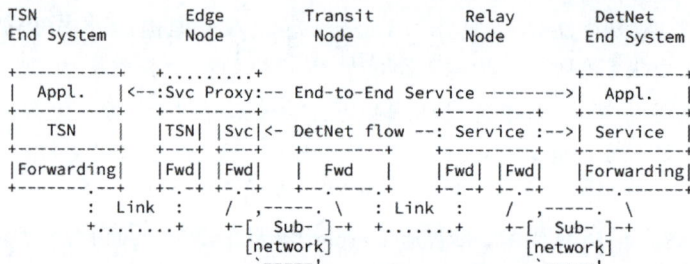

```
  TSN           Edge        Transit      Relay        DetNet
  End System    Node        Node         Node         End System

  +----------+  +........+                            +----------+
  |  Appl.   |<-:Svc Proxy:-- End-to-End Service ---->|  Appl.   |
  +----------+  +........+              +---------+   +----------+
  |   TSN    |  |TSN|Svc|<- DetNet flow --: Service :-->| Service |
  +-------+--+  +--+-+--.+   +--------+  +--.+-+--.+   +----------+
  |Forwarding|  |Fwd|Fwd|   |  Fwd   |  |Fwd|Fwd|   |Forwarding|
  +-------+--+  +-.-+-.-+   +--.-----+  +-.-+-.-+   +----------+
     : Link :      /  ,-----. \  : Link :     /  ,-----. \
  +........+    +-[  Sub- ]-+  +.......+    +-[  Sub- ]-+
                  [network]                   [network]
                  `-----'                     `-----'
```

图 7-9 DetNet 网络

通常,如果 DetNet 流通过两个为该流提供 DetNet 转发子层的 DetNet 中转(Transit)节点之间的一个或多个不感知 DetNet 的网络节点,则可能会中断或使 DetNet QoS 失效。网络管理员需要执行两个操作:

(1) 确保对不感知 DetNet 的网络节点进行配置,以最大限度地减少数据包丢失和延迟的机会;

(2) 在不感知 DetNet 的网络节点之后的 DetNet 中转节点中提供足够的额外缓冲空间, 以吸收引起的延迟变化。

3. DetNet 流量

1) 流量类型

不同的流类型对 DetNet 节点有不同的要求。

- App-flow(应用流)。

不感知 DetNet 的终端系统之间传输的有效载荷(数据),应用程序流不包含任何与 DetNet 相关的属性,也不对 DetNet 节点有任何特定要求。

- DetNet-f-flow(DetNet-f 流)。

DetNet 流的特定格式,只需要 DetNet 转发子层提供的资源分配功能。

• DetNet-s-flow(DetNet-s 流)。

DetNet 流的特定格式,只需要 DetNet 服务子层提供的服务保护功能。

• DetNet-sf-flow(DetNet-sf 流)。

DetNet 流的特定格式,在转发过程中,它需要 DetNet 服务子层和 DetNet 转发子层功能。

2) 源传输行为

出于资源分配的目的,DetNet 流量可以是同步的,也可以是异步的。在同步 DetNet 流中,至少 DetNet 节点(以及可能的终端系统)是紧耦合时间同步的,同步精度不超过 $1\mu s$。通过在不同的时间从不同的 DetNet 流或 DetNet 流类传输数据包,使用在 DetNet 节点之间同步的重复调度,在时域上不同的 DetNet 流之间共享诸如缓冲器和链路带宽之类的资源。同步 DetNet 技术在细粒度调度的复杂度和降低所需资源(尤其是空间)的效率之间取得平衡。

3) 不完整(部分部署)网络

若网络存在中间节点或子网不能完全提供 DetNet 服务,则使中间节点和/或控制器分配资源的问题变得十分复杂,因为必须在非 DetNet 中间节点的下游节点上分配额外的资源,以实现 DetNet 流量,另外,这种额外的干扰可能会增加延迟和/或抖动。

4. DetNet 流量工程

流量工程体系结构和信令(TEAS)定义了传输工程体系架构在分组和非分组网络中的通用性。从 TEAS 的角度来看,流量工程(TE)是指使运营商能够控制在其网络中如何处理特定流量转发的技术。DetNet 体系结构由 3 个平面组成:(用户)应用平面、控制器平面和网络平面。应用平面包括应用程序和服务;控制器平面对应 RFC7426 中控制和管理平面的集合;网络平面代表整个网络设备和协议,不论网络设备运行在哪个层级,它都包括数据平面和操作平面(如 OAM)等功能。

7.3.2 控制机制

1. DetNet QoS

1) 资源分配

为了消除链路竞争损失,DetNet 实现其 QoS 保证的方法,主要是减少甚至完全消除由于 DetNet 节点输出链路竞争而导致的数据包丢失。只有为网络中的每个节点提供足够的缓存空间,以确保没有数据包因缺乏缓存空间而被丢弃,才能实现上述目标。为了确保足够的缓存空间,源节点和路径上的每个 DetNet 节点都需要精心地计算调节控制其输出,以确保发送速率不超过任何 DetNet 流的数据速率,除非在补偿干扰流量的短暂瞬间。任何超预期提前发送的数据包都可能增加下一跳 DetNet 节点所需的缓冲数量,从而可能超过为特定 DetNet 流分配的资源,造成缓冲区竞争。其中,为 DetNet 流分配带宽和缓冲区,需要进行动态配置。DetNet 节点可能还需要动态分配和/或调度其他资源,否则可能会造成超额并触发拒绝预留的事件。

DetNet 流通常按期望顺序传送,并且到达的精确时间会影响处理过程。为了与已有应用程序兼容,希望能够模拟串行电缆的所有特性,例如,时钟传输、流隔离和固定延迟。虽然 DetNet 支持最小抖动(以最小和最大端到端延迟的形式),但在基于数据包的网络中存在实际限制。通常鼓励程序使用以下组合:

• 所有源和目标终端系统之间的次微秒级时间同步。

• 应用程序数据包中的执行时间字段。

2）服务保护

服务保护旨在减轻或消除由设备故障（包括随机媒体和/或内存故障）引起的数据包丢失。通过将数据包的多个副本分散到多个不相交的转发路径上，可以大幅减少这些类型的数据包丢失。DetNet 服务保护以最大乱序数量作为约束条件。零乱序可以作为有效的服务约束，反映出流的端系统不能容忍任何无序传送。DetNet 数据包排序功能（POF）可用于提供按顺序传输的功能。

在 DetNet 服务保护中，当检测到一条流故障时，服务保护机制依赖于从一条流切换到另一条流。类似地，数据包复制和消除支持 DetNet 流数据包沿多条不同路径发送，并进行逐包选择，如基于序列信息决定是否丢弃（其他副本）。网络中的 DetNet 中继（Relay）节点可以在网络的不同节点提供数据包复制和消除功能，以便能够容纳多个故障。数据包复制和消除不会对故障做出反应和纠正；它完全是被动的。因此，间歇性故障、错误创建的数据包过滤器或错误路由的数据的处理与典型路由和桥接协议处理设备故障一样。

DetNet 数据包编码也是使用多条路径提供服务保护，该方法将属于 DetNet 流的数据包编码为多个传输单元，并将多个数据包的信息组合到任意给定的传输单元中。该技术也被称为"网络编码"，可以作为 DetNet 服务保护的一种有效手段。

3）显示路由（固定了转发路径）

DetNet 服务质量保证包括最大乱序量的约束。使用显式路由有助于提供有序传输，因为与基于网络拓扑自适应路由相比，没有动态的路由更改，仅仅是在不同的显式路由之间进行有计划的调整。

2. 调度机制

DetNet 通过在 DetNet 流转发路径上的每个 DetNet 节点中预留带宽和缓冲资源来实现有上下限的传输延迟，然而，仅仅进行资源预留是不够的。专有和标准实时网络的实施者和用户发现，在多供应商网络中，需要为特定数据平面技术制定标准，以实现这些保证。根本原因是，DetNet 系统中的延迟变化导致下一跳 DetNet 系统需要额外的缓冲空间，从而增加了最坏情况下的单跳延迟。

IEEE 802.1WG 已经（或正在）制定了队列、整形和调度算法，使得每个 DetNet 节点和/或中央控制器能够计算这些值。这些算法包括：

- 基于信用的整形器（IEE 802.1Qav）；
- 由基于同步时间的旋转时间表管理的时间门控队列（IEEE 802.1Qbv）；
- 由同步时钟驱动的同步双（或三）缓冲器（并入 IEEE 802.1Q）；
- 具有更严格延迟要求的数据包在传输中抢占以太网数据包，然后恢复被抢占的数据包（IEEE 802.1Qbu 和 IEEE802.3br）。

3. 网络边界的流识别

DetNet 流数据包在多个网络技术域中转发可能需要较低层感知到较高层的特定流量。每当转发路径上的转发范式发生变化时（例如，两个 LSR 之间通过 L2 桥接域相互连接等），都需要进行"流量识别导出"。DetNet 考虑了 3 种代表性转发方法：IP 路由、MPLS 标签交换以及以太网桥接。具有相应流 ID 的数据包如图 7-10 所示，它还指示了每个流 ID 可以添加或删除的位置。

附加（特定领域）流 ID 可以是由领域特定功能创建的，或源于添加到应用程序流的流 ID，流 ID 在给定域内必须是唯一的。需要注意的是，添加到应用程序流的流 ID 仍然存在于数据

```
      add/remove        add/remove
      Eth Flow-ID       IP Flow-ID
         v                 v
     +---------------------------------------------------------+
     |       |      |      |                                   |
     | Eth   | MPLS | IP   |     Application data              |
     |       |      |      |                                   |
     +---------------------------------------------------------+
                  ^
             add/remove
             MPLS Flow-ID
```

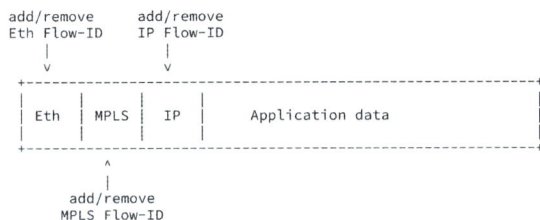

图 7-10　具有相应流 ID 的数据包

包中,但一些网络节点可能缺乏识别它的功能,这也是添加附加流 ID 的原因。

7.3.3　封装格式

任何 DetNet 服务类型都可以由其他 DetNet 服务传输。MPLS 节点可以通过不同子网络技术进行互连,其中可能包括点对点链路。每种子网络技术都可以为 DetNet 流提供适当的服务,例如,在某些情况下,在专用的点对点链路或 TDM 技术上,DetNet 节点只需要适当地对其输出流量进行队列调度处理;而在其他情况下,DetNet 节点只需要将 DetNet 流映射到底层(链路层)子网络技术所使用的流语义(即标识符)和机制。图 7-11 显示了几个子网络封装的示例,它们可用于通过不同的底层(链路层)子网络技术传输 DetNet MPLS 流。L2 表示可能用于点对点链路上的通用第 2 层封装,TSN 表示在 IEEE 802.1 TSN 上使用的封装,UDP/IP 表示在 DetNet IP PSN 上使用的封装。

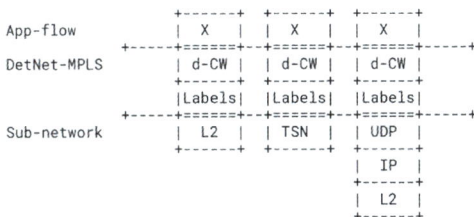

```
App-flow        +------+   +------+   +------+
                |  X   |   |  X   |   |  X   |
                +======+-  +======+-  +======+----
DetNet-MPLS     | d-CW |   | d-CW |   | d-CW |
                +------+   +------+   +------+
                |Labels|   |Labels|   |Labels|
                +======+-  +======+-  +======+----
Sub-network     |  L2  |   | TSN  |   | UDP  |
                +------+   +------+   +------+
                                     |  IP  |
                                     +------+
                                     |  L2  |
                                     +------+
```

图 7-11　子网络中的 DetNetMPLS 封装示例

确定性网络对于使用路由网络来支持此类特性有特定的要求,必须提出新的模型来在 IT 实施中集成这种确定性。所提出的模型应该由中央控制器协调实现完全的调度操作,并且可以支持具有(可能更少)能力更分散的操作。无论如何,该模型不应损害网络继续承载目前已经承载的各种流量,以及新的、更具确定性的流的能力。

与 DetNet 特性相关的安全方面旨在提供 DetNet 特定 QoS 方面安全考虑,其主要目标是以极低的数据包丢失率和有限的端到端传输延迟来转发的数据流。DetNet 可以使用 MPLS 和/或 IP(包括 IPv4 和 IPv6)技术来实现,并在数据平面和控制器平面继承这些技术的安全特性。与 DetNet 相关的安全考虑相对受限(如与开放互联网相比),因为 DetNet 仅在单个管理域内运行。主要考虑是确保对 DetNet 资源的请求和控制的安全性,维护通过 DetNet 传输的数据的机密性,并提供 DetNet QoS 的可用性。

为了确保对 DetNet 资源的请求和控制的安全性,可以对连接到 DetNet 域的每个设备使用身份验证和授权,尤其是网络控制器设备。对于 DetNet 网络的控制可以是集中式的或分布式的(在单个管理域内)。对于分布式控制协议,预计 DetNet 安全性将由使用的协议安全性质提供。无论哪种情况,其结果都是仅授权的实体可以对可配置参数进行管理操作。

第 8 章

大规模IPv6网络管理

在 IPv6 网络中,由于地址空间的扩大和配置复杂性的增加,故障排查和定位变得更加困难。此外,IPv6 网络的性能监控和优化需要考虑到更多的因素,如地址空间、路由策略、流量模式等。大规模 IPv6 网络管理与运维面临的问题涉及技术、运维、管理和流程等多个方面,如何解决这些问题,确保 IPv6 网络的稳定性和可靠性,是本章的主要研究内容。

8.1 传统网络管理

8.1.1 传统 OAM

1. IPv6 Ping

ping 命令是最常见的用于检测 IPv6 网络设备可访问性的调试工具,它使用 ICMPv6 报文信息来检测远程设备是否可用、与远程主机通信的往返延时(RTT)以及丢包情况等。

使用 ping 检测 IPv6 网络连接是否出现故障或检查网络质量,主要有以下几种场景:

- 检查本机协议栈。执行“ping -6 < IPv6 环回地址>”命令,可以检查本机 TCP/IP 协议栈是否正常。
- 在 IPv6 网络中检测目标 IPv6 主机是否可达。执行“ping -6 <主机地址>”命令,向对端发送 ICMPv6 Echo Request 报文,如果能够收到对端应答(Echo Reply),则可以判定对端路由可达。
- 当网络环境较差时,通过“ping -6 -c count -t timeout <主机地址>”命令可以检测本端到对端设备间的网络质量。通过分析显示结果中的丢包率和平均延时,可以评估网络质量。对于可靠性较差的网络,建议发包次数(-c)和超时时间(-t)取较大值,这样可以得到更加准确的检测信息。

注意,如果想 ping 接口的 IPv6 linklocal 地址,需要使用-I 命令或在地址后加％ethX 指定特定接口,同时加上接口的 link local 地址才能 ping 通,例如,ping6 -I eth0 fe80::220:8fff:fe1e:1b86 或 ping6 -I eth0 fe80::220:8fff:fe1e:1b86％eth0,这是因为每一个接口的 link local 地址具有相同的网络前缀 fe80::/64,如果不指定接口,那么协议栈无法确定应该从哪个接口转发报文。

2. IPv6 Traceroute

traceroute6(Windows 系统下是 tracert)命令利用 ICMPv6 协议定位本地计算机和目标计算机之间的所有路由器。TTL 值可以反映数据包经过的路由器或网关的数量,通过操纵独立 ICMPv6 echo request 报文的 TTL 值和观察该报文被抛弃的返回信息,traceroute6 命令能够遍历到数据包传输路径上的所有路由器。traceroute6 是一条运行速度较慢的命令,每经过一台路由器都要花去 10~15s。

traceroute6 等价于“traceroute -6”,该命令唯一需要的参数是目标主机的名称或 IP 地址。

探测数据包的总大小(IPv4 默认为 60B,IPv6 为 80B)是一个可选参数。在某些情况下,可以忽略指定的大小或将其增加到最小值。

该命令的执行过程如下:

(1) 将传递到目的 IP 地址的 ICMP Echo 消息的 TTL 值设置为 1,该消息经过第一个路由器时,其 TTL 值减去 1,此时新产生的 TTL 值为 0。

(2) 由于 TTL 值被设置为 0,因此路由器判断此时不应该尝试继续转发数据包,而是直接抛弃该数据包。由于数据包的生存周期(以 TTL 值标记)已经到期,因此这个路由器会发送一个 ICMP 时间超时(即 TTL 值过期)信息到客户端计算机。

(3) 此时,发出 traceroute 命令的客户端计算机将显示该路由器的名称,之后可以再发送一个 ICMP Echo 消息并把 TTL 值设置为 2。

(4) 第 1 个路由器仍然对这个 TTL 值减 1,然后将这个数据包转发到传输路径上的下一跳(如果可能)。当数据包抵达第 2 个路由器时,TTL 值会再被减去 1,成为 0 值。

(5) 第 2 个路由器会像第 1 个路由器一样,抛弃这个数据包,并像第 1 个路由器那样返回一个 ICMP 消息。

(6) 该过程会一直持续,traceroute 命令不停地递增 TTL 值,而传输路径上的路由器不断递减该值,直到数据包最终抵达预期的目的地。

(7) 当目的计算机接收到 ICMP Echo 消息时,会回传一个 ICMP Echo Reply 消息。

在现代网络环境下,由于防火墙的广泛应用,传统的 traceroute 方法并不总是适用,比如防火墙会过滤 ICMP Echo。为了解决这个问题,业界还实现了一些额外的跟踪方法,比如 UDP 模式和 TCP 模式。

- UDP 模式:探测主机发送目标端口大于 30000 的 UDP 报文,中间网关发回 ICMP TTL 超时报文,目标主机发回 ICMP 端口不可达报文。
- TCP 模式:探测主机发送 TCP[SYN]报文,目标端口为 Web 服务的 80 端口,中间网关发回 ICMP TTL 超时报文,目标主机发回 TCP[SYN ACK]报文。

8.1.2　SRv6 OAM

1. 概述

基于 IPv6 的段路由(SRv6)是在 IPv6 报文头中添加新的路由扩展报头,现有的 IPv6 OAM 机制可以在 SRv6 网络中使用。在 SRv6 中使用现有的 IPv6 ping 和 traceroute 机制,即通过 ping 一个 SRv6 段标识符(SID)来进行验证。

SID 是可到达的,并且可在目标节点上进行本地编程。段路由还包括到 SRv6 SID 的跟踪路由,用于逐跳故障定位以及到 SID 的路径跟踪。

SRv6 网络 OAM 机制的增强允许使用 IP 流信息导出(IPFIX)协议等从段节点进行可控和可预测的流采样。具体来说,它规定了 OAM 标记(O-flag)在 SRH 中作为用户数据包中的标志位,用于触发遥测数据收集和在线段节点导出。

在如图 8-1 所示的参考拓扑中有如下定义:

(1) 节点 j(j=1,2,…,7)具有 IPv6 环回 loopback 地址 2001:db8:L:j::/128。

(2) 节点 N1、N2、N4 和 N7 是支持 SRv6 的节点。

(3) 节点 N3、N5 和 N6 是不支持 SRv6 的 IPv6 节点。这种节点被称为"不支持 SRv6 的节点"。

(4) CE1 和 CE2 是任何具有数据平面转发功能(例如,IPv4、IPv6 和 L2)的客户边缘设备。

```
+-------------------------------| N100 |-------------------------------+
|                               |      |                               |
| ====== link1====== link3------ ----- link5====== link9------  ====== |
| ||N1| |------||N2||------| N3 |------||N4||------| N5 |---||N7|| |
| ||  | |------||  ||------|    |------ ||  ||------|    |---|| || |
| ====== link2====== link4------ ----- link6======link10------  ====== |
|   |            |             |         ------       |            |   |
| --+--+       --+--         -----      | N6 |       --+--+         |   |
| |CE1 |       |             link7 |    | link8     |CE2 |             |
| -----                  link7      | link8           -----             |
                        -----              -----
```

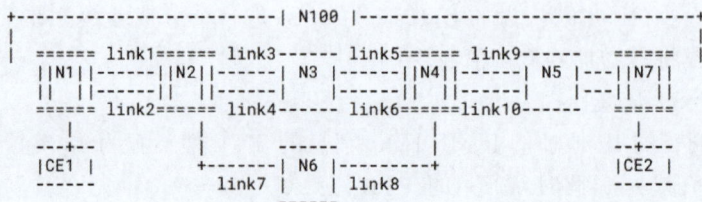

图 8-1   参考网络拓扑

（5）具有位置标识 2001:db8:K:/48 和功能 U 的节点 j 的 SID 由 2001:db8:K:j:U::: 表示。

（6）节点 N100 是控制器。

（7）节点 i 和 j 之间的第 n 条链路的 IPv6 地址表示为 2001:db8:i:j:in::。例如，在图 8-1 在节点 N3 的 Link6（节点 N3 和 N4 之间的第二条链路）的 IPv6 地址是 2001:db8:3:4:32::。类似地，在节点 N3 的 Link5（节点 N3 和 N4 之间的第一条链路）的 IPv6 地址是 2001:db8:3:4:31::。

（8）2001:db8:K:j:Xin:: 被显式地分配为结尾。节点 j 处的 X SID 通过节点 i 和 j 之间的第 n 条链路指向邻居节点 I。例如，2001:db8:K:2:X31:: 表示 N2 的 END.X，即从 N2 经由 Link3（节点 N2 和 N3 之间的第一条链路）到节点 N3。同样，2001:db8:K:4:X52:: 表示 N4 的 END.X，即在节点 N4 处经由链路 10 到达节点 N5（节点 N4 和 N5 之间的第二链路）。

（9）SID 列表表示为 < S1、S2、S3 >，其中 S1 是段路由路径上第一个要访问的节点 SID，S2 是第二个要访问的节点 SID，S3 是最后一个要访问的节点 SID。

（10）（原地址 SA、目的地址 DA）(S3、S2、S1；SL)（有效载荷）表示 IPv6 数据包，具有：

- IPv6 报头，源地址 SA、目的地址 DA，SRH 作为下一个报头。
- 具有 SID 列表的 SID List < S1,S2,S3 >，具有 SegmentsLeft＝SL。请注意 < > 和（）符号之间的区别：< S1,S2,S3 > 表示一个 SID 列表，其中，S1 是第一个 SID，S3 是最后一个要遍历的 SID。(S3、S2、S1；SL) 表示相同的 SID 列表，但是以 SRH 格式编码，其中 SRH 中最右边的 SID 是第一个 SID，SRH 中最左边的 SID 是最后一个 SID。当在高级使用中引用 SR 策略时，更简单的是使用符号 < S1,S2,S3 >。当提到详细的数据包行为的图示时，(S3、S2、S1；SL) 符号更方便。
- （有效负载）表示数据包的有效负载。

2. OAM 机制

1）SRH 中的 OAM 标志位

RFC8754 描述了段路由头（SRH）以及支持 SR 的节点如何使用它。SRH 包含一个 8 位标志字段，携带 O 标志位。SRH 中的 O-flag 用作用户数据包中的标志位，以触发网段节点的遥测数据收集和导出。

SR 域入口边缘节点封装穿越 SR 域的分组。SR 域入口边缘节点可以使用 SRH 中的 O-flag 来标记分组，以触发遥测数据收集并在段节点导出。基于本地配置，SR 域入口边缘节点可以实现分类和采样机制，以在 SRH 中用 O-flag 标记分组。

O-flag 的使用是可选的。如果一个节点不支持 O-flag，那么它在接收数据时会忽略它。如果一个节点支持 O-flag，那么它可以选择通过控制平面协议通告其潜力。在执行本地 SID 的常规处理之前，会进行 O-flag 处理。OAM 进程不得处理数据包的副本或响应任何上层报头（如 ICMP、UDP 等）有效载荷，以防止数据报的多次评估。

2）OAM 操作

IPv6 OAM 操作可以针对任何 SRv6 SID 执行,其行为允许对适用的 OAM 有效负载(如 ICMP、UDP)进行上层报头处理。

ping 一个 SRv6 SID 用于验证该 SID 是否可达,以及是否在目标节点进行了本地编程。SID 的 traceroute 用于逐跳故障定位以及 SID 的路径跟踪。虽然本节仅说明了基于 ICMPv6 的 ping 和基于 UDP 的跟踪路由到 SRv6 SID,但是这些过程同样适用于探测 SRv6 SID 的其他 OAM 机制[如双向转发检测(BFD)、无缝 BFD 以及简单双向主动测量协议(STAMP)的探测消息处理]。具体来说,只要本地配置对于 SRv6 SID 允许处理适用 OAM 有效负载的上层报头,现有的 IPv6 OAM 技术就可以用于探测指向(远程)SID。

IPv6 OAM 操作可以使用 IPv6 目的地址中的目标 SID 来执行,而不使用 SRH,或者使用 SRH,其中目标 SID 是最后一个段。通常,根据目标 SID 的行为定义,OAM 操作可能不会执行其所有的处理。比如 ping END.X SID(RFC8986)仅在目标节点验证 SID 是否在其本地编码,并且不验证到正确输出接口的切换。为了训练目标 SID 的行为,OAM 操作应该以类似于训练 SID 行为的数据分组的方式来构造探测报文,即根据 SID 行为的定义,将该 SID 作为在外部 IPv6 报头的 SRH 或 IPv6 DA 中的传输 SID。

3. 基于 OAM 标志位的混合 OAM

假设节点 N100 是一个集中式控制器,当分组穿过网络中的两点之间路径时,随流 OAM 在分组中记录操作和遥测信息。

图 8-1 没有假设用于导出数据元素或需要导出的数据元素的任何格式。图 8-1 假设 SR 域中所有节点的系统时钟是同步的。

考虑这样一个例子,用户想要通过配置在节点 N1 的低延迟 SR 策略 P,监控从 CE1 到 CE2 的 IPv4 VPN 999 流量。为了实现低延迟路径,SR 策略 P 指示数据包通过段 2001:db8:K:2:X31::(表示 Link3)和 2001:db8:K:4:X52::(表示 Link10)。与 VPN 999 相关联的节点 N7 处的 VPN SID 是 2001:db8:K:7:DT999::。2001:db8:K:7:DT999:: 是一个 USP SID。

节点 N1、N4 和 N7 能够处理 O-flag,但节点 N2 不能处理 O-flag。节点 N100 是能够处理和关联从节点 N1、N4 和 N7 发送的分组副本的集中控制器。在节点 N1、N4 和 N7 的帮助下,节点 N100 使用 O-f 标记实现混合 OAM 机制,如下所示:

- 数据包 P1 从 CE1 发送到节点 N1。数据包 P1 是:(IPv4 报头)(有效载荷)。
- 基于本地配置,为了混合 OAM 功能,节点 N1 还实现对通过 SR 策略 p 控制的流量进行采样。考虑分组 P1 被分类为要经由混合 OAM 监控的分组的情况。在 SR 策略 p 要求的封装过程中,节点 N1 设置 O-flag 标志。作为设置 O-flag 标志的一部分,节点 N1 还向本地 OAM 进程发送带有时间戳的 P1 数据包副本。该数据包是:

  P1:(2001:db8:L:1::,2001:db8:K:2:X31::)(2001:db8:K:7:DT999::,2001:db8:K:4:X52::,2001:db8:K:2:X31::; SL=2; O-flag=1; NH=IPv4)(IPv4 报头)(有效载荷)

  本地 OAM 过程向节点 N100 发送分组 P1 的完整或部分副本。OAM 流程包括记录的时间戳、附加的 OAM 信息(如输入和输出接口)以及任何适用的元数据。节点 N1 向下一个分段转发原始分组 2001:db8:K:2:X31::。

- 当节点 N2 收到设置了 O-flag 标志的数据包时,它会忽略该 O-flag 标志。这是因为节点 N2 无法处理 O-flag 标志,所以执行标准的 SRv6 SID 和 SRH 处理。具体来说,它执行结束操作。x 行为(RFC8986)由 2001:db8:K:2:X31::SID 指示,并通过 Link 3

向节点 N3 转发分组 P1。该数据包是：

P1：(2001：db8：L：1：:，2001：db8：K：4：X52：:)（2001：db8：K：7：DT999：:，2001：db8：K：4：X52：:，2001：db8：K：2：X31：:；SL＝1；O-flag＝1；NH＝IPv4)（IPv4 报头)（有效载荷）

- 当不支持 IPv6 的节点 N3 收到 P1 数据包时,它会执行标准的 IPv6 处理。具体来说,它根据 IPv6 报头中的 DA 2001：db8：K：4：X52：:来转发数据包 P1。

- 当节点 N4 接收到分组 P1 时,它处理 O-flag 标志。该数据包是：

P1：(2001：db8：L：1：:，2001：db8：K：4：X52：:)（2001：db8：K：7：DT999：:，2001：db8：K：4：X52：:，2001：db8：K：2：X31：:；SL＝1；O-flag＝1；NH＝IPv4)（IPv4 报头)（有效载荷）

作为处理 O-flag 的一部分,它向本地 OAM 进程发送带有时间戳的数据包副本。基于本地配置,本地 OAM 过程向节点 N100 发送分组 P1 的完整或部分副本。OAM 过程包含记录的时间戳、附加的 OAM 信息(如传入和传出接口等)以及任何适用的元数据。节点 N4 对原始分组 P1 执行标准的 SRv6 SID 和 SRH 处理。具体来说,它执行结束操作。X 行为由 2001：db8：K：4：X52：:SID 指示,并通过链路 10 转发数据包 P1 到节点 N5。该数据包是：

P1：(2001：db8：L：1：:，2001：db8：K：7：DT999：:)（2001：db8：K：7：DT999：:，2001：db8：K：4：X52：:，2001：db8：K：2：X31：:；SL＝0；o-flag＝1；NH＝IPv4)（IPv4 报头)（有效载荷）

- 当不支持 SRv6 的节点 N5 接收到分组 P1 时,它执行标准 IPv6 处理。具体来说,它根据 IPv6 报头中的 DA 2001：db8：K：7：DT999：:来转发数据包。

- 当节点 N7 接收到分组 P1 时,它处理 O-flag。该数据包是：

P1：(2001：db8：L：1：:，2001：db8：K：7：DT999：:)（2001：db8：K：7：DT999：:，2001：db8：K：4：X52：:，2001：db8：K：2：X31：:；SL＝0；O-flag＝1；NH＝IPv4)（IPv4 报头)（有效载荷）

作为处理 O-flag 的一部分,它向本地 OAM 进程发送带有时间戳的数据包副本。本地 OAM 过程向节点 N100 发送分组 P1 的完整或部分副本。OAM 过程包含记录的时间戳、附加的 OAM 信息(如输入和输出接口等),以及任何适用的元数据。节点 N7 对原始分组 P1 执行标准的 SRv6 SID 和 SRH 处理。具体来说,它执行由 2001：db8：K：7：DT999：:SID 指示的 VPN SID,并基于 N7 转发表的查找结果来转发数据包 P1 到 CE2。该数据包的内容包括：P1：(IPv4 报头)（有效载荷)。

- 节点 N100 处理和关联从节点 N1、N4 和 N7 发送的分组的副本,以找到逐段延迟,并提供与分组 P1 相关的其他混合 OAM 信息。对于逐段延迟计算,假设时钟为跨 SR 域同步。

- 对于任何其他采样的分组,该过程继续。

4. 监测 SRv6 路径

最近,网络运营商表现出对以集中方式执行网络 OAM 功能的兴趣。RFC8403 描述了这样一种集中式 OAM 机制。

在如图 8-1 所示的参考拓扑中,节点 N100 使用类似 OSPF 或 IS-IS 的 IGP 协议来获得 IGP 域内的拓扑视图。节点 N100 也可以使用 BGP-LS 来获得域间拓扑的完整视图。控制器利用拓扑的可见性来监控各个端点之间的路径。

节点 N100 通告结束 SID 2001:db8:K:100:1::。为了监控任意 SRv6 路径,控制器可以创建一个环回探针,该探针在节点 N100 上发起和终止。为了区分被监控路径中的故障和控制器与网络之间的连通性丢失,节点 N100 运行合适的机制来监控其与被监控网络的连通性。

以下示例说明了回送探测,其中节点 N100 需要验证段列表< 2001:db8:K:2:X31::,2001:db8:K:4:X52::>:

- 节点 N100 生成 OAM 分组(2001:db8:L:100::,2001:db8:K:2:X31::)(2001:db8:K:100:1::,2001:db8:K:4:X52::,2001:db8:K:2:X31::,SL=2)(OAM 有效载荷)。控制器向第一个段标识发送探测报文,即 2001:db8:K:2:X31::。
- 节点 N2 执行结束。X 行为由 2001:db8:K:2:X31::SID 指示,并且在链路 3 上将分组(2001:db8:L:100::,2001:db8:K:4:X52::)(2001:db8:K:100:1::,2001:db8:K:4:X52::,2001:db8:K:2:X31::,SL=1)(OAM 有效载荷)转发到节点 N3。
- 节点 N3 是不支持 SRv6 的节点,它执行标准 IPv6 处理。具体来说,它根据 IPv6 报头中的 DA 2001:db8:K:4:X52::转发数据包。
- 节点 N4 执行结束。X 行为由 2001:db8:K:4:X52::SID 指示,并在 link10 上将数据包(2001:db8:L:100::,2001:db8:K:100:1::)(2001:db8:K:100:1::,2001:db8:K:4:X52::,2001:db8:K:2:X31::,SL=0)(OAM 有效载荷)转发到节点 N5。
- 节点 N5 是不支持 SRv6 的节点,它执行标准 IPv6 处理。具体来说,它根据 IPv6 报头中的 DA 2001:db8:K:100:1::转发数据包。
- 节点 N100 执行标准的 SRv6 结束行为。它将报头解封装,并使用探测进行 OAM 处理。OAM 有效负载中的信息用于检测丢失的探测、往返延迟等。

OAM 有效负载类型或 OAM 探测中携带的信息由控制器的具体实现决定。

8.1.3　IOAM

1. 概述

在当前快速发展的网络技术背景下,作为新一代互联网协议的关键基石,IPv6 的 SRv6 架构凭借灵活性、强大的扩展性和高效性能逐渐成为行业焦点。本节通过深度挖掘并创造性地运用现有的 IPv6 OAM 机制,着重研究在 IPv6 SRv6 环境下操作、管理和维护(OAM)策略的实施与创新,旨在适应日渐复杂的网络运维要求。

面对大规模部署和应用的 SRv6 网络,实时监控网络状态和精准定位故障的能力显得至关重要。从理论层面系统阐述如何巧妙地将标准 IPv6 ping 及 traceroute 功能融入 SRv6 网络架构中,实现无间断的网络状态探测。

为进一步提升对 SRv6 网络流量特征的理解与控制力,提出了一项新举措,即在 SRH 中增设一个名为 O-flag 的特殊标志。设计此标志的初衷是为了建立一种触发机制,当数据包在网络中传输时,一旦 O-flag 被激活,就能在网络设备的段节点处实现有计划、可预期的流量采样。

OAM 机制在 IPv6 SRv6 网络中的应用,旨在确保网络的正常运行、故障检测与性能监测。现有 IPv6 OAM 工具在 SRv6 网络中有着很强的适应性与重要性。基于 IPv6 协议扩展的 SRH,为在网络中实施有效的 OAM 提供了基础框架。通过利用标准的 IPv6 ping 和 traceroute 操作,可以验证 SRv6 段标识符(SID)的可达性和正确配置情况。例如,ping SRv6 SID 可用来确认目标节点是否能够正确识别并处理该 SID。而对 SRv6 SID 执行 traceroute,则能实现逐跳故障定位以及路径追踪,这对于排查网络问题和维护网络稳定性至关重要。SID 的样本输出如图 8-2 所示。

```
> traceroute 2001:db8:K:4:X52:: via segment list 2001:db8:K:2:X31::

Tracing the route to SID 2001:db8:K:4:X52::
1  2001:db8:2:1:21:: 0.512 msec 0.425 msec 0.374 msec
   DA: 2001:db8:K:2:X31::,
   SRH:(2001:db8:K:4:X52::, 2001:db8:K:2:X31::; SL=1)
2  2001:db8:3:2:21:: 0.721 msec 0.810 msec 0.795 msec
   DA: 2001:db8:K:4:X52::,
   SRH:(2001:db8:K:4:X52::, 2001:db8:K:2:X31::; SL=0)
3  2001:db8:4:3:41:: 0.921 msec 0.816 msec 0.759 msec
   DA: 2001:db8:K:4:X52::,
   SRH:(2001:db8:K:4:X52::, 2001:db8:K:2:X31::; SL=0)
```

图 8-2　SID 的样本输出

为进一步增强 SRv6 网络的监控能力,定义并使用 SRH 中的 OAM 标志(O-flag)。这一标志位于 SRH 的标志字段中,作为一种触发器,设置后可在数据包经过网络中的段节点时,触发可控且可预测的流量采样过程。入口边缘节点依据本地策略设置 O-flag,使得数据包在穿越 SRv6 域时携带此标记,从而指示段节点收集遥测数据,并通过 IPFIX 等协议导出这些数据。

在实际操作中,支持 O-flag 功能的节点在解析本地 SID 阶段之前,会对带有 O-flag 标志的数据包执行附加的 OAM 操作流程。这一流程涵盖了按照集中管理平台预先设定的数据集模板捕获所需信息元素,并采用 IPFIX 和 PSAMP 标准定义的方式来输出选定的镜像数据包部分内容。此外,节点还会对流入的带 O-flag 标志的数据包进行速率限制,从而避免 OAM 过程过度占用资源,避免引发网络性能瓶颈或暴露于拒绝服务攻击的风险。

集中式 OAM 技术在 SRv6 场景下的运用,体现在集中监控系统能够构造出自发自收的环回探测器,以此全面检测任意 SRv6 路径的连通性和性能表现,实现在整个 SRv6 网络内任何节点间的深度路径探测与诊断。

SRv6 OAM 机制通过对传统 IPv6 OAM 方法与创新的 OAM 标志位技术的有效集成,极大地提升了 SRv6 网络运维的精细化程度和智能性。它不仅延续了基本的网络状态验证与故障定位能力,更开创性地引入了细致的流量采样分析功能,为构筑稳健高效的网络运维体系提供了核心支撑。因此,网络运营商能够更加有效地管理与优化其 SRv6 网络,保证网络服务的高质量和持续稳定运行。

在 IPv6 SRv6 网络中,OAM 机制的设计至关重要,它旨在提供一套全面且灵活的运维工具和策略,确保网络运行的稳定性、故障检测的准确性以及性能监控的有效性。在 SRv6 网络中,充分利用现有 IPv6 OAM 工具是设计的基础。通过 ping 和 traceroute 等基础操作,可以验证 SRv6 段标识符(SID)在网络中的可达性和正确配置状态。例如,ping SRv6 SID 可用来确认目标节点是否能够识别并正确处理该 SID;而对 SRv6 SID 进行 traceroute,则有助于实现逐跳故障定位及路径跟踪,这对于网络运维人员快速发现和修复问题起到了关键作用。包含 traceroute 请求的样本输出结果如图 8-3 所示。

```
> traceroute 2001:db8:L:5:: via segment list 2001:db8:K:2:X31::,
             2001:db8:K:4:X52::

Tracing the route to 2001:db8:L:5::
1  2001:db8:2:1:21:: 0.512 msec 0.425 msec 0.374 msec
   DA: 2001:db8:K:2:X31::,
   SRH:(2001:db8:L:5::, 2001:db8:K:4:X52::, 2001:db8:K:2:X31::, SL=2)
2  2001:db8:3:2:31:: 0.721 msec 0.810 msec 0.795 msec
   DA: 2001:db8:K:4:X52::,
   SRH:(2001:db8:L:5::, 2001:db8:K:4:X52::, 2001:db8:K:2:X31::, SL=1)
3  2001:db8:4:3::41:: 0.921 msec 0.816 msec 0.759 msec
   DA: 2001:db8:K:4:X52::,
   SRH:(2001:db8:L:5::, 2001:db8:K:4:X52::, 2001:db8:K:2:X31::, SL=1)
4  2001:db8:5:4::52:: 0.879 msec 0.916 msec 1.024 msec
   DA: 2001:db8:L:5::
```

图 8-3　包含 traceroute 请求的样本输出结果

为深化理解与精确控制 SRv6 网络流量特性,引入 SRH 中的 OAM 标志位 O-flag。数据包携带此标志时,会在各段节点触发可控、预测性流量采样。入口节点按预设策略设置 O-flag

并封装进用户数据包,启动段节点的数据收集和遥测导出。虽未明确遥测数据元素及格式,但建议遵循 IPFIX 等标准。支持 O-flag 的节点在处理本地 SID 前执行 OAM 处理,如基于预定义模板采集信息并采用 IPFIX 和 PSAMP 导出部分数据包内容,同时实施速率限制以防止性能下降或 DoS 攻击。

将集中式 OAM 技术扩展至 SRv6 环境是关键,借助集中监控系统构建环回探测器,实现在任意 SRv6 节点间进行路径连续性检查,可显著提升对网络拓扑和路径健康状态的把控力。该 SRv6 OAM 机制融合了传统 IPv6 OAM 工具的优势与新型 OAM 标志位应用,创建了一套针对 SRv6 网络的定制运维方案。它不仅能有效诊断修复网络问题,还能通过深度流量采样分析优化性能,助力全面提升 SRv6 网络的服务质量与运行效能。

2. IOAM 功能与部署策略

1) IOAM 介绍

IOAM 是 OAM 的一种特定实现方式,通常是指在网络设备内部直接对通过的数据包进行操作以收集信息的技术。在某些网络协议或架构中,如 IPv6 SRv6 网络中,可能会使用 IOAM 来实现在数据流传输过程中的实时遥测,即“随路”获取网络节点间的性能指标,例如延迟、丢包率等。同时,IOAM 可以内嵌于数据包头部(如 IPv6 扩展头),这样当数据包经过网络时,沿途节点会根据 IOAM 标志执行相关操作,收集并记录该数据包从源到目的地的整个路径上的网络状态信息。

2) IOAM 跟踪选项类型

- 增量跟踪选项(Incremental Trace Option)。

增量跟踪选项是一种逐跳添加 OAM 信息的方法,特别适用于硬件转发环境中,它允许每个参与转发的数据包路径上的节点在不改变现有 IP 头部结构的基础上,将自身的信息以一种链接的方式附加到数据包的特定扩展头部中。这种头部通常位于 IPv6 的 Hop-by-Hop Options 扩展头部或者特定协议[如 Segment Routing(SRv6)]的特定封装格式中。

当数据包经过一个支持 IOAM 功能的节点时,该节点会在预留的空间内加入其标识、时间戳等信息,从而构建出完整的路径记录。由于每增加一次信息都会使数据包增大,因此必须确保每次添加的数据不会超过数据包的最大传输单元(MTU),否则可能会导致分片或丢包。

IOAM 增量跟踪实现简单且易于硬件加速,因为不需要查询数组或其他复杂数据结构。逐跳更新实时反映了网络状态和性能指标。需要对网络设备进行精细配置以确保兼容性并限制 IOAM 数据字段的增长,防止因超出 MTU 而产生问题。

- 预分配跟踪选项(Pre-allocated Trace Option)。

预分配跟踪选项采用了一种预设空间的方式来存储沿途节点信息。在数据包发出之前,源节点会为预期路径上的所有可能节点预先分配足够大的固定大小缓冲区,并在其中填充各节点的索引和相关 OAM 数据。

每个节点都有一个固定的索引值,当数据包到达一个节点时,该节点将它的信息写入数据包内预定义的相应位置。这需要在网络初始化阶段就确定好最大可能的跳数和每个节点所需的信息大小。

可预测的数据包大小避免了因过多逐跳信息而导致的数据包过大的问题。适合软件实现和深度包检测(DPI)场景,因为提供了一个结构化的方式来访问和解析 IOAM 数据。对于未知或动态变化的路径长度,需要有足够的灵活性来适应可能的路径增长,这可能导致资源浪费或不足以覆盖所有情况。管理和配置相对复杂,需要提前规划并准确估算最大路径长度和节点数量。

增量跟踪选项与预分配跟踪选项各有优劣,网络设计者需根据实际应用环境、网络规模以及对实时性和资源效率的需求权衡选择合适的 IOAM 跟踪选项类型。这两种选项都是为了实现更高效、精确的网络运维管理,助力提升整体网络性能和服务质量。

3) IOAM 适用流量集

IOAM(In-situ Operations,Administration,and Maintenance)技术不仅适用于全局流量监控,还具有高度的灵活性和针对性,能够应用于特定的流量子集。这一特性使得网络运营商可以根据实际需求选择性地对不同类型的流量进行精细化管理和性能评估。

- 流量定向应用:在部署 IOAM 时,可以选择针对每个接口、基于访问控制列表(ACL)或依据特定流量规范来启用 IOAM 功能。例如,对于关键业务流、特定用户组的流量或者具有严格服务级别协议(SLA)的流量,可以启用 IOAM 以实现深度可见性和实时监控。这种灵活的配置能力有助于优化资源分配,确保高优先级或敏感流量的服务质量和性能指标得到满足。

- 网络分段与策略实施:IOAM 技术可用于识别并管理网络内的不同流量区域或服务链,如微服务架构中的各个服务单元之间的通信、虚拟化环境下的租户隔离以及多租户云平台中不同客户的流量。通过在这些特定流量集上启用 IOAM,可以精准地测量延迟、丢包率等关键性能指标,并根据需要调整路由策略、QoS 设置或安全策略。

- 实时故障检测与诊断:针对异常流量或潜在问题流量,IOAM 提供了强大的实时分析工具。例如,在发生网络故障或出现不正常行为时,可通过快速定位受影响的流量集并收集沿途节点的 OAM 信息,快速诊断问题根源,并采取相应的修复措施。

- 性能优化与容量规划:通过对特定流量集应用 IOAM,网络管理员可以获取详细的路径信息、负载均衡效果、设备间传输延时、队列占用情况等详细统计数据,从而辅助进行网络性能优化、扩容决策及未来网络架构设计。

IOAM 适用流量集的功能赋予了网络运维人员更高的粒度控制能力,使其能够在复杂的网络环境中精确、高效地管理不同类型的流量,同时为提高网络可用性、保障服务质量、优化资源利用等方面提供了有力支持。通过结合不同的流量特征和业务需求,灵活部署 IOAM 技术,可极大地提升网络运维管理水平和响应速度。

4) 回环与主动标志

回环与主动标志是 IOAM 技术中的关键特性,它们在实现网络运维和性能监控时发挥着重要作用。

回环功能:IOAM 的回环机制允许源节点触发沿数据包路径上的每个设备将数据包的一个副本发送回源节点。这一功能主要用于获取往返路径上的单跳信息,以便进行详细的路径分析、故障排查以及验证数据包从源到目标的实际传输路径是否符合预期。具体实施时,封装节点会设置回环标志,并在接收到带有此标志的数据包时执行回传操作,同时确保清除该标志以防止无限循环。通过接收并分析这些回环数据包,源节点可以收集完整的前向和后向路径延迟、丢包率等重要网络指标。

主动标志:主动标志用于标识那些专门用于 OAM 测量目的的数据包。当一个数据包被标记为主动模式时,它通常携带了额外的 IOAM 选项类型,用以记录沿途节点的相关 OAM 信息。主动测量实例包括但不限于:使用合成探测数据包(如类似 ping 或 traceroute 工具)来检测链路性能;复制选定的真实流量数据包,并附加 IOAM 跟踪选项,以实时观察网络状况并对服务质量进行评估。

- 主动详细测量:这种情况下,源节点(同时也是封装节点的 IOAM)会选择性地设置主动标志，然后发送含有 IOAM 跟踪选项的数据包。这些数据包在到达目的地后再返回源节点，从而提供完整路径上的详细 OAM 信息。

- 利用真实流量进行主动测量：另一种应用场景是直接对实际运行的用户流量进行主动监测。例如，通过对某些符合条件的流量数据包添加 IOAM 选项并在转发过程中更新相关信息，可以基于真实的业务流量获得更准确的网络状态视图，这对于优化网络配置、保证 SLA 要求以及及时发现潜在问题至关重要。

IOAM 的回环与主动标志功能分别提供了灵活有效的途径，可帮助网络管理员深入了解网络中数据包的传播过程和网络行为特征。回环功能有助于进行往返路径性能分析，而主动标志则支持在网络维护和优化过程中针对特定流量集进行精细化的 OAM 测量。两者结合，极大地增强了网络管理与运维的效率和准确性。

3. IOAM 的封装与类型定义

下面详细说明 IPv6 扩展头部中的逐跳选项头和目标选项头如何承载 IOAM 数据字段，包括 Option-Type、Opt Data Len、Reserved 以及 IOAM Opt-Type 等字段的具体含义和使用规则；同时阐述预分配跟踪选项、证明传输选项、端到端选项以及直接导出选项这 4 种特定类型的 IOAM IPv6 选项及其标识符。

1）IOAM 数据字段

在 RFC9486 中，IOAM 数据字段被封装到 IPv6 包的扩展头部中，具体可以是逐跳选项头或目标选项头。如图 8-4 所示，每个 IOAM 选项由 Option-Type、Opt Data Len、Reserved 和 IOAM Opt-Type 组成。Option-Type 字段指示这是一个特定类型的 IPv6 选项，而 IOAM Opt-Type 则进一步指明了它是一个特定的 IOAM 数据类型。所有 IOAM 选项都需要遵循 4 字节对齐的要求，并且 IPv6 扩展头部中包含的全部 IOAM Opt-Type 及其数据字段总长度不能超过 255 字节。

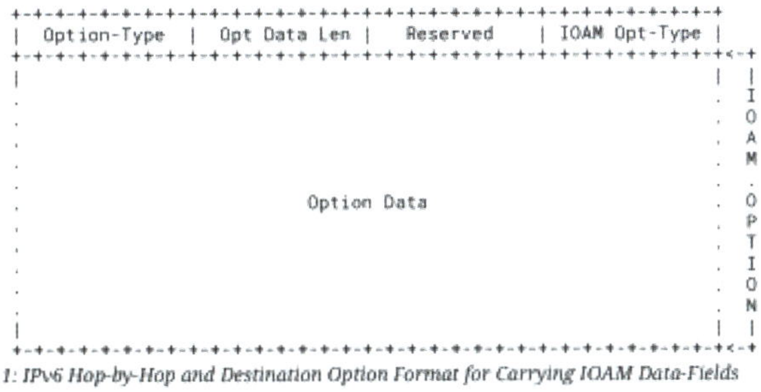
Option-Type
Opt Data Len
Reserved
IOAM Opt-Type
Option Data
IOAM OPTION
Figure 1: IPv6 Hop-by-Hop and Destination Option Format for Carrying IOAM Data-Fields

图 8-4 IOAM IPv6

2）IOAM 选项类型

协议规范定义了预分配跟踪、POT、E2E 和 DEX 共 4 种特定类型的 IOAM 选项。

- 预分配跟踪选项以 0x31 作为标识符，用于记录数据包在网络路径上的逐跳信息，为网络运维提供详细的路径分析数据。
- 证明传输选项（POT）以 0x31 作为标识符，用来验证数据包是否按照预定路径传递，实现路径完整性验证和安全审计。
- 端到端（E2E）选项以 0x11 作为标识符，主要关注的是从源主机到目标主机之间的完整链路性能指标收集。
- 直接出口（DEX）选项以 0x11 作为标识符，允许在中间节点直接将 IOAM 元数据导出至外部系统进行实时监控和分析。

在实际部署过程中,网络设备需要根据相关标准正确识别和处理这些IOAM选项。无论是添加还是移除IOAM数据字段,都必须确保不改变原始IP包的转发行为,即使在网络存在多路径选择如ECMP时,也应确保带和不带IOAM的数据包遵循相同的路由策略。此外,所有接口启用IOAM功能时必须显式配置,以便于网络设备能准确地执行IOAM操作。同时,为了保证数据包的完整性,所有节点还需考虑最大传输单元(MTU)的限制,避免因插入IOAM数据导致分片或丢包问题。

4. IOAM 部署策略与实施要求

1)定义和规划 IOAM 域

在IPv6网络中部署IOAM时,需要明确定义并规划一个独立的IOAM域。IOAM域是指一组由同一管理实体控制、使用IOAM功能的节点集合。这些节点可以是以方式物理连接在同一基础设施中的设备,也可以通过VPN或Overlay技术远程互联。在IOAM域内部署IOAM时,需确保所有参与节点都遵循相同的管理和运维策略,并能够相互协作记录和传输必要的OAM元数据。

2)保持 IP 包转发行为的一致性

在引入IOAM数据字段后,必须确保数据包在网络内的转发决策不受影响。这意味着增加了IOAM信息的数据包也应当遵循与没有IOAM信息的数据包相同的转发路径,特别是在存在Equal-Cost Multipath(ECMP)等多路径选择机制的情况下。为了达到这一目标,在实施IOAM时,网络设备必须保证处理带有和不带有IOAM的数据包时采用相同的原则和算法。

3)MTU 调整及分片规避

为避免因插入IOAM数据导致的数据包长度超过链路的最大传输单元,从而引起分片或者丢包问题,部署过程中需要对沿途的路由器和交换机进行适当的MTU配置。这包括发现路径MTU(PMTUD)容忍范围,并确保IOAM数据封装操作不会超出此范围,以维持数据包的完整性,防止不必要的网络故障。

4)接口级别的 IOAM 启用与边界过滤策略

在IPv6网络中启用IOAM功能时,需要在每个IOAM域内节点的接口级别上显式启用该功能。只有当接口被明确配置支持IOAM时,节点才会处理和传递含有IOAM扩展头的数据包。同时,为了防止IOAM信息跨越其定义边界的非法传播,IOAM域边界路由器必须执行严格的进出流量过滤规则,禁止含有IOAM信息的IPv6扩展头部穿越IOAM域边界。

8.2 网络遥测

8.2.1 背景

高效的网络运行越来越依赖于高质量的数据平面遥测来提供对流量和网络资源的操作。当网络变得更加自治时,现有的操作、管理和维护(OAM)方法(包括主动和被动技术,运行主动和被动模式)不再能够充分满足监控和测量以及应用感知要求。当今网络的复杂性和服务质量要求新的高精度和实时OAM技术。

加快网络故障检测、故障定位和恢复机制的能力,特别是在软故障或路径降级的情况下,必须不会导致服务中断。新兴的路径遥测技术可以提供高精度流量洞察和实时网络问题通知(如抖动、延迟、数据包丢失、显著的误码变化和不均衡的负载平衡)。在路遥测(On-Path Telemetry,OPT)是指数据平面随流遥测技术,该技术通过将指令或元数据嵌入用户数据包来直接窃听和测量网络流量。OPT提供的数据对于验证服务级别协议(SLA)合规性、用户体验增强、服务路径实施、故障诊断和网络资源优化尤其有用。必须认识到,关于这一主题的现有工作包括各种优化技术,包括 In-situ OAM (IOAM)[RFC9197]、IOAM Direct Export (DEX)[RFC9326]、Marking-based Postcard-based Telemetry (PBT-M)[I-D. song-ippm-postcard-based-telemetry]、Enhanced Alternate Marking (EAM)[I-D. zhou-ippm-enhanced-alternate-marking]以及 Hybrid Two-Step (HTS)[I-D. mirsky-ippm-hybrid-two-step]。这些技术可以在每个数据包的基础上实时提供整个转发路径上的流信息。上述 OPT 技术与主动和被动 OAM 方案的不同之处在于,它们直接修改和监控网络中的用户分组,从而实现高测量精度。形式上,这些 OPT 技术可归类为混合 OAM Ⅰ型,因为它们涉及"增加或修改感兴趣的流,或采用修改流处理的方法"。

路径遥测对于应用感知网络操作非常有用,不仅适用于数据中心和企业网络,还适用于可能跨越多个域的运营商网络。这些技术可以在各种情况下为运营商网络带来好处。例如,对于以下操作人员来说至关重要,如提供高带宽、延迟和对丢失敏感的服务,如视频流和在线游戏,以实时密切监控相关流,作为任何进一步优化的基础。

本节概述了一个名为随路流量信息遥测(In-situ Flow Information Telemetry,IFIT)的参考框架,该框架概述了应用 OPT 技术从网络收集和关联性能测量信息的系统架构。

1. OPT 的要求与挑战

尽管 OPT 是有益的,但在运营商网络中成功应用此类技术必须考虑性能、可部署性和灵活性。具体来说,需要解决以下的实际部署挑战:

- C1:OPT 会导致额外的数据包处理,这可能会对网络数据平面造成压力。对转发性能的潜在影响会产生不利的"观察者效应"(执行 OPT 的操作可能会改变被测量流量的行为)。这不仅会破坏测量的保真度,还会违背测量的目的。

- C2:OPT 可能会生成大量数据,这可能会占用过多的传输带宽,并淹没用于数据收集、存储和分析的服务器。例如,如果将该技术应用于所有流量,一个节点可能会为每个数据包收集几十字节的遥测数据。整个转发路径可能会累积遥测数据,其大小类似于甚至超过原始数据包的大小。

- C3:目前定义的可收集数据是必要的,但有限。这反过来限制了可以应用的管理和操作技术。必须考虑数据定义、聚合、采集和过滤的灵活性和可扩展性。

- C4:仅应用单一底层 OPT 技术可能会错过一些重要事件或导致不正确的结果。例如,如果仅使用原位 OAM 跟踪选项,丢包会导致流量遥测数据丢失,并且丢包位置和原因仍然未知。全面的解决方案需要在不同的底层技术之间灵活切换,并在运行时调整配置和参数。因此,需要系统级编排。

- C5:必须提供支持增量部署策略的解决方案。也就是说,需要支持为各种主流协议(如以太网、IPv6 和 MPLS)建立的具有向后兼容性的封装方案,并正确处理各种传输隧道。

- C6:对配置和查询开发简化的 OPT 原语和模型至关重要。遥测模型可通过基于 API 的遥测服务用于外部应用,实现端到端性能测量和应用性能监控。网络配置和编程以及遥测数据预处理和导出需要基于标准的协议和方法,以提供互操作性。

2. OPT 技术分类

OPT 的操作不同于主动 OAM 和被动 OAM。它不会生成任何主动探测数据包或被动观察未修改的用户数据包。相反,它修改选定的用户数据包,以收集有关它们的有用信息。

这种混合 OAM 类型Ⅰ方法可以进一步划分为两种模式：passport 模式和 postcard 模式。在 passport 模式下，路径上的每个节点都可以将遥测数据添加到用户数据包中（即在 passport 上盖章）。累积的数据跟踪在配置的端节点导出。在 postcard 模式下，每个节点使用独立的数据包直接导出遥测数据（即发送明信片），而用户数据包未被修改。可以在一个解决方案中将两种模式结合在一起，称之为混合模式。

passport 模式的优点包括：

- 它自动保留整个路径上的遥测数据相关性。自描述特性简化了数据消耗。
- 数据包的路径上数据仅导出一次，因此数据导出开销较低。
- 只需要配置路径的头节点和尾节点来插入和删除标头，因此配置开销很低。

passport 模式的缺点包括：

- 用户数据包携带的遥测数据会增大数据包的大小，这可能是不可取的或被禁止的。
- 在传输协议中封装指令头和数据的方法需要标准化。
- 在传输过程中携带敏感数据容易导致安全和隐私泄露。
- 如果数据包在路径上被丢弃，收集的数据也会丢失。

postcard 模式是 passport 模式的补充。postcard 模式的优点包括：

- 要么没有包头开销（如 PBT-M），要么开销小且固定（如 IOAM DEX）。
- 可以避免封装要求（如 PBT-M）。
- 遥测数据可以在导出前进行保护。
- 即使数据包在路径上被丢弃，收集的部分数据仍然可用。

postcard 模式的缺点包括：

- 遥测数据分散在多个 postcard 中，因此需要额外的工作来关联数据。
- 每个节点为数据包导出一个 postcard，这会增加数据导出开销。
- 在 PBT-M 的情况下，路径上的每个节点都需要配置，因此配置开销很高。
- 对于 IOAM DEX，传输封装要求保持不变。

混合模式要么适合某些特定的应用场景（如多播遥测），要么提供一些替代方法（如 HTS）。可以在每段路径上发送一个 postcard，也可以在每个监控使用数据包之后的配套数据包中携带遥测数据。混合模式结合了 postcard 模式和 postcard 模式的优点，但可能会导致额外的处理复杂性。

3. IFIT 与网络遥测框架（NTF）的关系

NTF 用来划分网络遥测技术和系统的一个维度是基于网络中的 3 个平面（即控制平面、管理平面和转发平面）和外部数据源。IFIT 属于转发平面遥测范畴，处理转发平面遥测的特定路径技术分支。

根据 NTF 的说法，OPT 应用程序主要订阅事件触发或流数据。IFIT 的主要功能组件将 NTF 的通用部件与更具体功能的细节搭配起来。"按需技术选择和集成"是应用层功能，与 NTF 系统中的"数据查询、分析和存储"组件相匹配；"灵活的流、包和数据选择"与"数据配置和订阅"组件相匹配；"灵活的数据导出"与"数据编码和导出"组件匹配；"动态网络探针"与"数据生成和处理"组件相匹配。

8.2.2 随流检测技术架构与关键组件

IFIT 致力于选择用户和应用程序流量，它涵盖了作为底层技术并在系统级工作的 OPT。该框架包括一些关键功能组件，通过组装这些组件，IFIT 支持反射遥测技术，以此有望实现自主网络操作。

1. 参考部署

OPT 应用程序通过应用一种或多种底层技术可以在有限的域内执行网络数据平面监控和测量任务。该应用程序包含多个元素,包括配置网络节点和处理遥测数据。该应用通常使用逻辑集中式控制器来配置域中的网络节点,并收集和分析遥测数据。该配置决定了使用哪种底层技术、感兴趣的遥测数据是什么、关注哪些流和数据包、如何收集遥测数据等。该过程可以是动态的和交互式的:在遥测数据处理和分析之后,应用程序可以指示控制器修改节点的配置,这将影响未来的遥测数据收集。

OPT 域包括头节点和末端节点,并且可以跨多个网络域,如图 8-5 所示。头节点负责启用 OPT 功能,末端节点负责终止这些功能。该域中所有有能力的节点都将能够执行所指示的 OPT 功能。值得注意的是,任何应用程序都必须通过配置和策略来保证任何带有 OPT 报头和元数据的数据包不会泄露到域外。

```
                        OPT Application
                +--------------------------------+
                |          Controller            |
                | +----------+   +----------+ |
                | | Configure |   | Collector | |
                | |    &     |<----|    &     | |
                | | Control  |   | Analyzer  | |
                | +-----:----+   +----------+ |
                |       :               ^     |
                +-------:---------------|------+
                        :configuration  |telemetry data
                        :& action       |
                .......................|...........
                :     :        :       |       :
                :  +--:---+  +--:---+---:---+---:--+
                :  |  :   |  :  :   |   :   |   :  |
                V  |  V   |  V  :   |   V   |   V  |
        +------+-+ +-----+-+ +------+-+ +------+-+ +--------+
packets | Head  | | Path  | | Path  | | Tail  | |Node out|
     => | Node  | ==> | Node  | =//=> | Node  | ==> | Node  | => |of OPT | =>
        |       | |  A    | |  Z    | |       | |domain  |
        +-------+ +-------+ +-------+ +-------+ +--------+

        |<---        OPT Domain        --->|
```

图 8-5　OPT 的参考部署场景

2. 关键组件

IFIT 应对中所列挑战的关键要素如下所示。接下来将对这些组件进行更详细的描述。

- 灵活的流量、报文和数据选择策略,应对 C1 挑战;
- 灵活的数据导出,应对 C2 挑战;
- 动态网络探针,应对 C3 挑战;
- 按需技术选择和集成,应对 C4 挑战。

注意,C5 和 C6 挑战大多与标准相关,并且对 IFIT 至关重要。

1)灵活的流、报文和数据选择

在大多数情况下,由于潜在的性能和带宽影响,为所有流和流中的所有数据包启用数据收集是不切实际的。因此,可行的解决方案通常是只选择流和流分组的子集来实现数据收集,即使这意味着损失一些信息和准确性。

在数据平面中,像访问控制列表(ACL)那样的流过滤器提供了确定流子集的理想方法。应用程序可以设置流的采样率或概率,以仅允许监控流包的子集,为不同的包收集不同的数据集,以及禁用或启用任何特定网络节点上的数据收集。应用程序还允许任何节点全部或部分接受或拒绝数据收集过程。

基于这些灵活的机制,IFIT 允许应用程序应用灵活的流和数据选择策略来满足其需求。应用程序可以根据网络负载、处理能力、关注点和任何其他标准随时动态更改策略。

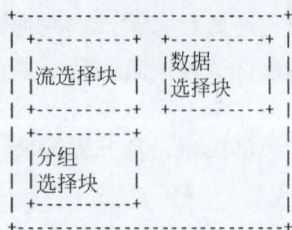

```
+------------------------------+
| +----------+  +----------+   |
| |流选择块  |  |数据      |   |
| |          |  |选择块    |   |
| +----------+  +----------+   |
|                              |
| +----------+                 |
| |分组      |                 |
| |选择块    |                 |
| +----------+                 |
+------------------------------+
```

图 8-6　灵活的流、报文和数据选择

图 8-6 显示了该组件的框图。流选择块定义了选择监控目标流的策略。流具有不同的粒度。基本流由 IP 报头的五元组字段定义。流也可以在接口级、隧道级、协议级等进行聚合。分组选择块定义了从目标流中选择分组的策略。该策略可以是采样间隔、采样概率或某些特定的数据包签名。数据选择块定义了要收集的数据集,但可以在每个数据包或每个流的基础上进行更改。

下面给出两个例子。

(1) 基于 Sketch 大象流选择。

网络运营商通常对大象流更感兴趣,大象流会消耗更多资源,对网络条件的变化很敏感。CountMin Sketch 可用于头节点的数据路径上,它定期识别和报告大象流。控制器维护当前的一组大象流,并仅针对这些流动态启用 OPT。

(2) 自适应报文采样。

对所选流的所有数据包应用 OPT 可能不可行。因为这些流量和遥测设置采样率,应该只在采样数据包上启用。然而,头节点不知道合适的采样率。过高的采样率会耗尽网络资源,甚至导致丢包;相反,过低的采样率会导致信息丢失和测量不准确。

可以基于网络条件使用自适应方法来动态调整采样率。每个节点给予用户流量转发比遥测数据导出更高的优先级。在网络拥塞的情况下,遥测技术可以从收集的数据中感应到一些信号(例如,深度缓冲区大小、长延迟、数据包丢失和数据丢失)。控制器可以使用这些信号来调整分组采样率。在每个调整周期中(即反馈回路的 RTT),采样率相对于信号以减小或增大。还可以使用类似用于速率调整的 TCP 流控制机制的加性增/乘性减(AIMD)策略。

2) 灵活的数据导出

流量遥测数据可以捕捉网络的动态以及用户流量和网络之间的交互。然而,数据可能包含冗余。建议从数据中删除冗余,以减少数据传输带宽和服务器处理负载。

除了有效的输出数据编码(如 IPFIX 或者 protobuf),通过利用网络设备的能力和可编程性,节点有几种其他方法来减少导出数据。如果数据对时间不敏感,那么节点可以缓存数据并批量发送积累的数据。可以对批量数据应用各种重复数据删除和压缩技术。

从应用的角度来看,应用可能只对从遥测数据中获得的一些特殊事件感兴趣。例如,在分组的转发延迟超过阈值的情况下,或者流改变其感兴趣的转发路径的情况下,没有必要将原始数据发送到数据收集和处理服务器。相反,IFIT 利用网络设备的网内计算能力来处理原始数据,并仅将事件通知推送到订阅应用程序。

此类事件可以表示为策略。策略只能在发生更改、出现异常、超时或达到阈值时请求数据导出。

图 8-7 显示了该组件的框图。数据编码块定义了遥测数据的编码方法。数据批处理块定义导出前在设备端缓冲的批处理数据的大小。导出协议块定义用于遥测数据导出的协议。数据压缩块定义了压

```
+-------------------------------------+
| +--------+  +----------+  +--------+ |
| |数据    |  |数据      |  |导出    | |
| |编码块  |  |批处理块  |  |协议块  | |
| +--------+  +----------+  +--------+ |
|                                     |
| +--------+  +----------+  +--------+ |
| |数据    |  |重复      |  |数据    | |
| |压缩块  |  |数据删除块|  |过滤块  | |
| +--------+  +----------+  +--------+ |
|                                     |
| +--------+  +----------+            |
| |数据    |  |数据      |            |
| |计算块  |  |聚合块    |            |
| +--------+  +----------+            |
+-------------------------------------+
```

图 8-7　灵活的数据导出

缩原始数据的算法。重复数据删除块定义了删除原始数据中冗余的算法。数据过滤块定义了过滤所需数据的策略。数据计算块定义预处理原始数据和生成一些新数据的策略。数据聚合块定义了组合和合成数据的过程。

网络运营商对路径变化、网络拥塞和丢包等异常现象感兴趣。这种异常隐藏在原始遥测数据中(例如,路径轨迹、时间戳)。这种异常可以描述为事件并编程到设备数据层中。

IFIT 可仅导出触发的事件。例如,如果新的流出现在任何节点,则触发路径更改事件;如果分组延迟超过节点中的预定义阈值,则触发拥塞事件;如果数据包因缓冲区溢出而被丢弃,则会触发数据包丢弃事件。

由于这种优化导致的导出数据减少是显著的。例如,给定一条 5 跳 10Gbps 路径,假设每秒监控 100 万个数据包,遥测数据加上导出数据包开销每跳消耗不到 30 字节。如果没有这种优化,遥测数据消耗的带宽很容易超过 1Gbps(超过路径带宽的 10%),当使用优化时,遥测数据所消耗的带宽可以忽略不计。此外,预处理的遥测数据大幅简化了数据分析人员的工作。

3) 动态网络探针

由于数据平面资源和网络带宽有限,因此不可能一直监控所有数据。另外,应用程序所需的数据可能是任意的,但却是短暂的。用有限的资源满足动态数据需求至关重要。

数据平面可编程性允许动态加载新的数据问题。按需探测称为动态网络探测(DNP),DNP 是一种在不同的网络平面中启用定制数据收集探针的技术。使用 OPT 技术时,DNP 通过增量编程或配置加载到数据平面中。DNP 可以有效地进行数据生成、处理和聚合。

DNP 为 IFIT 带来了灵活性和可扩展性。它可以实现针对导出数据减少的优化。它还可以根据当前和未来应用的需要生成自定义数据。

图 8-8 显示了该组件的框图。主动包过滤模块在大多数硬件中都可用,它通过动态更新包过滤策略(包括流选择和动作)来定义 DNP。YANG 模型可以动态部署以实现不同的数据处理和过滤功能。一些硬件允许在运行时通过预留管道和函数存根等机制将基于硬件的函数动态加载到转发路径中。

图 8-8　动态网络探针

以下是可以动态部署以支持应用程序的一些可能的 DNP。

- 按需流程草图:流程草图是一种紧凑的在线数据结构,用于近似估计多个流属性(通常是多哈希表的变体)。它可用于促进流量选择。CountMinSketch(CMSketch)就是这样一个例子。由于草图会消耗数据平面资源,因此应仅在实际需要时部署。
- 智能流过滤器:选择流和数据包采样率的策略,可在应用程序的生命周期中发生变化。
- 智能统计:应用程序可能需要根据不同的流粒度或维护所选流表条目的命中计数器等因素来计算流量。
- 智能数据简化:DNP 可用于有条件地触发数据导出的事件进行编程。

4) 按需技术选择与集成

凭借多种底层数据收集和导出技术,IFIT 可以灵活地适应不同的网络条件和不同的应用要求。

例如,根据感兴趣的数据类型,IFIT 可以选择 passport 或 postcard 模式来收集数据;如果应用程序需要跟踪数据包在哪里丢失,则应该支持从 passport 模式切换到 postcard 模式。

IFIT 可以进一步将多种数据平面监控和测量技术集成在一起,提供全面的数据平面遥测解决方案。

根据应用要求和实时遥测数据分析结果，可以部署新的配置和操作。

图 8-9 显示了该组件的框图，其中列出了候选的 OPT 技术。

```
+-------------------------------------------------+
| +------------+ +-------------+ +---------+ |
| |Application | |Configuration| |Telemetry| |
| |Requirements|->|& Action    |<-|Data     | |
| |            | |             | |Analysis | |
| +------------+ +-------------+ +---------+ |
+-------------------------------------------------+
| Passport模式:                                   |
| +----------+ +----------+                       |
| |IOAM E2E  | |IOAM Trace|                       |
| +----------+ +----------+                       |
| Postcard模式:                                   |
| +----------+ +----------+ +----------+          |
| |PBT-M     | |IOAM DEX  | |EAM       |          |
| +----------+ +----------+ +----------+          |
| 混合模式:                                       |
| +----------+ +----------+                       |
| |HTS       | |Multicast |                       |
| |          | |Telemetry |                       |
| +----------+ +----------+                       |
+-------------------------------------------------+
```

图 8-9　按需技术选择与集成

该组件位于逻辑上集中的控制器中，对域中有能力的节点进行动态控制和配置，这将影响未来的遥测数据。配置和行动决策基于应用要求的输入和实时遥测数据分析结果。请注意，这里的遥测数据源不限于数据平面。

3. 基于 IFIT 的反射遥测

前面描述的组件可以协同工作以支持反射遥测，如图 8-10 所示。

```
                  +-------------------+
                  |        OPT        |
          +------+|   Applications    |<------+
          |      |                   |       |
          |      +-------------------+       |
          |      | Technique Selection       |
          |      |   and Integration         |
          |      |                           |
          |Flexible         Flexible |
          |Flow,    reflection-loop  Data  |
          |Packet,                   Export|
          |and Data                        |
          |Selection          +----+----+  |
          V                    +---------+|
     +----------+ Encapsulation +---------+||
     | Head     | and Tunneling | Path    |||
     | Node     |-------------->| Nodes   ||+
     |          |               |         |+
     +----------+               +---------+
        DNP                        DNP
```

图 8-10　基于 IFIT 的反射遥测

应用程序可以根据其要求选择一套遥测技术，并将初始技术应用于数据平面。然后，它配置头节点来决定初始目标流/数据包和遥测数据集、基于底层网络架构的封装和隧道方案，以及决定初始遥测数据导出策略支持的 IFIT 节点。

根据网络条件和遥测数据的分析结果,应用程序可以实时更改遥测技术、流/数据包选择策略和数据导出方法,而不会中断正常的网络运行。许多这样的动态变化可以通过加载和卸载 DNP 来完成。

IFIT 实现的反射遥测技术使能许多新的应用,下面提供两个例子。

1) 智能多点性能监测

基于网络状态的智能多点性能监测是将监控网络分成多个集群,可以应用于每种类型的网络图的聚类以及在不同级别的组合聚类间实现了所谓的网络缩放。它允许控制器校准网络遥测技术,因此它可以在不深入检查的情况下启动并从整体上监控网络。必要时(数据包丢失或延迟过高),可以立即重新配置更详细的测量点。具体而言,了解网络拓扑的控制器可以通过更改流量过滤器或激活新的测量点来设置最合适的集群分区,并且可以通过逐步过程来定位问题。

控制器之上的应用程序可以管理这种机制,其动态和反射操作由 IFIT 框架支持。

2) 基于意图的网络监测

在这个例子中,如图 8-11 所示,用户可以表达网络监控的高级意图。控制器翻译意图并在有能力收集必要网络信息的节点中配置相应的 DNP。基于实时信息反馈,控制器运行本地算法来确定可疑流。然后,它将特定的数据包过滤器部署到头节点,为这些流启动高精度的每个数据包的在路遥测 OPT。

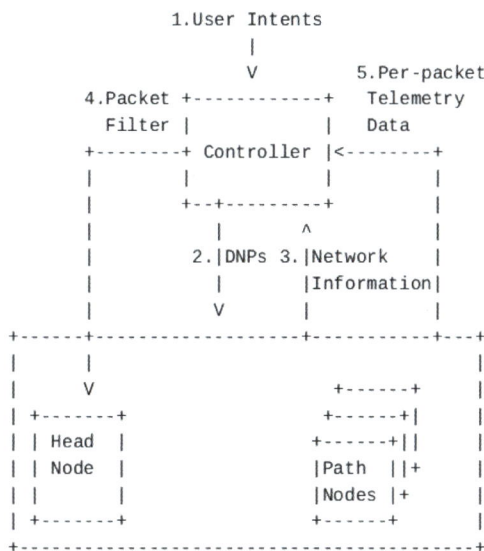

```
                1.User Intents
                      |
                      V           5.Per-packet
4.Packet  +-----------+             Telemetry
 Filter  |           |  Data
+--------+ Controller |<--------+
|        |           |         |
|        +--+--------+         |
|        |  |     ^            |
|        |  |     |Network     |
|        |2.DNPs 3.|Information|
|        |  |     |            |
|        V  |     |            |
+------+---------------+----------+---+
|   |  |               |            |
|   V  |               |            |
| +-----+        +------+          |
| | Head |        +------+|         |
| | Node |        +------+||        |
| |     |         |Path ||+        |
| |     |         |Nodes |+        |
| +-----+        +------+          |
+-----------------------------------+
```

图 8-11　基于意图的网络监测

8.2.3　基于 IPv6 选项封装的随路检测报文格式

1. IPv6 中的随路 IOAM 元数据传输

IPv6 中的 IOAM 用于增强 IPv6 网络的诊断,它补充了旨在增强 IPv6 网络诊断的其他机制。

目前存在用于 IPv6 的 IOAM 的几种实现,例如,在 Linux 内核中用于 IPv6 的 IOAM(从内核版本 5.15 开始支持)和 FD.IO 社区的 VPP(矢量数据包处理)项目中的 IPv6 IOAM。

IOAM 数据字段可以用两种类型的扩展报头封装在 IPv6 分组中,即逐跳选项报头或目的地选项报头,如图 8-12 所示。具有相同选项类型的多个选项可能出现在具有不同内容的相同逐跳选项或目标选项标题中。

```
+-+-+-+-+-+-+-+-+-+-+-+-+-+-+-+-+-+-+-+-+-+-+-+-+-+-+-+-+-+-+-+-+
| Option-Type  |  Opt Data Len |   Reserved    |  IOAM Opt-Type |
+-+-+-+-+-+-+-+-+-+-+-+-+-+-+-+-+-+-+-+-+-+-+-+-+-+-+-+-+-+-+-+-+<-+
|                                                            | |
.                                                            . I
.                                                            . O
.                                                            . A
.                                                            . M
.                                                            . .
.                         Option Data                        . O
.                                                            . P
.                                                            . T
.                                                            . I
.                                                            . O
.                                                            . N
|                                                            | |
+-+-+-+-+-+-+-+-+-+-+-+-+-+-+-+-+-+-+-+-+-+-+-+-+-+-+-+-+-+-+-+-+<-+
```

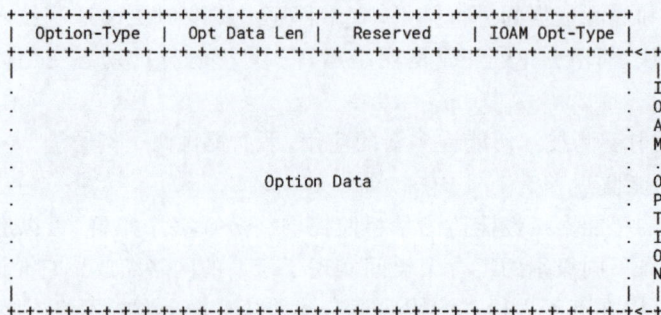

图 8-12 IPv6 逐跳选项和目的地选项格式

在扩展报头中携带 IOAM 数据的 IPv6 分组可以具有符合 IPv6 协议规范要求的其他扩展头。

- 选项类型（Option-Type）：8 位选项类型标识符。
- Opt 数据长度（Opt Data Len）：8 位无符号整数。该选项的长度，以 8 位字节为单位，不包括前 2 位 0。
- 保留（Reserved）：源必须将 8 位字段设置为零。
- IOAM 选项类型（IOAM Opt-Type）：在上图中缩写为"IOAM Opt-Type"：定义的 8 位字段；
- 选项数据（Option Data）：可变长度字段。该数据特定于选项类型。

此处定义的所有 IOAM IPv6 选项都有对齐要求，具体来说，它们都要求在 4 字节的倍数上对齐。

IPv6 选项的最大长度可以是 255 个 8 位字节。因此，当封装到 IPv6 中时，包括所有数据字段的 IOAM 选项类型的总长度也被限制为 255 个 8 位字节。

2. IPv6 网络的 IOAM 部署

1）IPv6 网络中 IOAM 部署和实现考虑

IPv6 网络中的 IOAM 部署必须考虑以下事项和要求。

C1：IOAM 必须部署在 IOAM 域。IOAM 域是一组使用 IOAM 的节点。IOAM 域由它的周长或边界定。形成 IOAM 域的节点集可以连接到相同的物理基础设施（如服务提供商的网络）。它们也可以彼此远程连接（如企业 VPN 或网络覆盖）。IOAM 域中的所有节点应由同一个管理实体管理。

C2：IOAM 的实现必须确保 IOAM 数据字段的添加不会改变路由器转发数据包的方式或它们做出的转发决策。即使存在等价多路径（ECMP），添加了 IOAM 的数据包在域内也必须遵循与没有 IOAM 的数据包相同的路径。这种行为对于仅"按需"添加 IOAM 数据字段的部署非常重要。IOAM 的实现必须确保有和没有 IOAM 的数据包的 ECMP 行为是相同的。为了让 IOAM 在 IPv6 网络中工作，必须在 IOAM 域内的每个节点上为每个接口显式启用 IOAM。除非明确启用（即明确配置）特定接口的 IOAM，否则路由器必须忽略 IOAM 选项。

C3：为了维护 IOAM 域中数据包的完整性，必须将转接路由器和交换机的最大传输单元（MTU）配置为不会导致"ICMP 数据包太大"错误消息发送到发起者和数据包被丢弃的值。必须确定 PMTU 容差范围，IOAM 封装操作或数据字段的插入不得超出该范围。对 MTU 的控制对 IOAM 的正常运作至关重要。PMTU 容差必须通过配置来确定，IOAM 操作不得超过 PMTU 之外的数据包大小。

C4：IPv6 协议规范禁止将 IOAM 数据直接插入传输中数据包的原始 IPv6 报头中。虽然不会在主机上封装/解封装 IOAM，但希望在传输节点上封装/解封装 IOAM 的 IOAM 部署必须在原始数据包中添加额外的 IPv6 报头。IOAM 数据会被添加到这个附加的 IPv6 报头中。

2）受限于主机的 IOAM 域

对于 IOAM 域受主机限制的部署，主机将执行 IOAM 数据字段封装和解封装的操作，即主机将 IOAM 数据字段直接放置在 IPv6 报头中，或者直接从 IPv6 报头中移除 IOAM 数据字段。IOAM 数据在 IPv6 数据包中作为逐跳或目的地选项传送。

3）受限于网络设备的 IOAM 域

对于 IOAM 域受网络设备限制的部署，路由器等网络设备构成了 IOAM 域的边缘。网络设备将执行 IOAM 数据字段封装和解封装的操作。网络设备会将 IOAM 数据字段封装在附加的外部 IPv6 报头中，该报头携带 IOAM 数据字段。

8.2.4　基于分段路由头封装的随流检测报文格式

1. 数据包携带 OAM 元数据

来自 SR 端点的 OAM 和 PM 信息可以搭载在数据分组中。数据包中搭载的 OAM 和 PM 信息也被称为 OAM 元数据。

IOAM 信息承载在 SRH 的 TLV 中。以 SRv6 的网络编程能力为基础实现 IOAM 机制。具体而言，SRv6 端点能够基于 SID 功能确定是否处理或忽略某些特定的 SRH TLV。这实现了基于中间节点的硬件友好的 IOAM 数据收集。不支持 IOAM 功能的节点不必查看或处理 SRH TLV（即这样的节点可以简单地忽略 SRH IOAM TLV）。这也使得能够仅从片段端点收集 IOAM 数据。

SRv6 封装报头（SRH）在 I-D. IETF-6man-segment-routing-header 中定义。IOAM 数据字段在 SRH 承载，使用单个预分配的 SRH TLV。I-D. IETF-ippm-ioam-data 定义的不同 IOAM 数据字段以子 TLV 形式添加。

SRH 中的 IOAM 数据字段封装如图 8-13 所示，相关的字段定义如下：

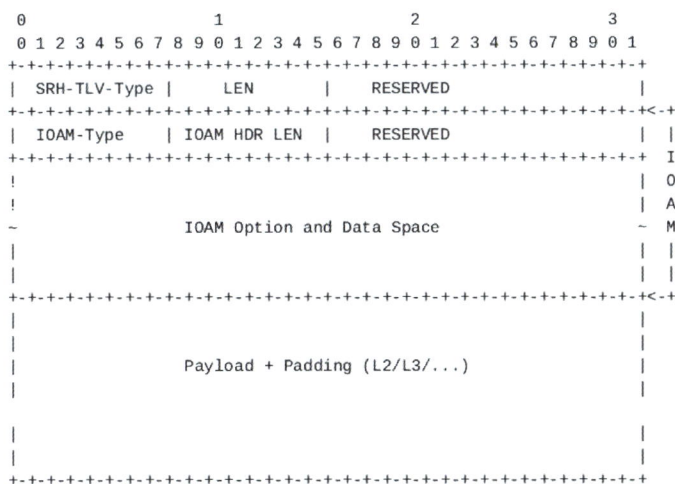

```
 0                   1                   2                   3
 0 1 2 3 4 5 6 7 8 9 0 1 2 3 4 5 6 7 8 9 0 1 2 3 4 5 6 7 8 9 0 1
+-+-+-+-+-+-+-+-+-+-+-+-+-+-+-+-+-+-+-+-+-+-+-+-+-+-+-+-+-+-+-+-+
| SRH-TLV-Type |      LEN      |          RESERVED             |
+-+-+-+-+-+-+-+-+-+-+-+-+-+-+-+-+-+-+-+-+-+-+-+-+-+-+-+-+-+-+-+-+<-+
| IOAM-Type   | IOAM HDR LEN |          RESERVED             | |
+-+-+-+-+-+-+-+-+-+-+-+-+-+-+-+-+-+-+-+-+-+-+-+-+-+-+-+-+-+-+-+-+ I
!                                                             | O
!                                                             | A
~               IOAM Option and Data Space                    ~ M
|                                                             | |
|                                                             | |
+-+-+-+-+-+-+-+-+-+-+-+-+-+-+-+-+-+-+-+-+-+-+-+-+-+-+-+-+-+-+-+-+<-+
|                                                             |
|                                                             |
|               Payload + Padding (L2/L3/...)                 |
|                                                             |
|                                                             |
|                                                             |
+-+-+-+-+-+-+-+-+-+-+-+-+-+-+-+-+-+-+-+-+-+-+-+-+-+-+-+-+-+-+-+-+
```

图 8-13　SRH TLV 的 IOAM 数据字段封装

- IOAM 类型：定义 IOAM 选项类型的 8 位字段；
- IOAM HDR LEN：8 位无符号整数。以 4 个 8 位字节为单位的 IOAM HDR 的长度；

- 保留：8 位保留字段必须在发送时设置为零，并在接收时忽略；
- IOAM 选项和数据空间：IOAM 选项报头和数据按照 IOAM 类型字段的定义出现。

2. SRv6 SRH 中 IOAM 数据封装过程

下面总结 SRv6 SRH 中 IOAM 数据封装的过程。实施 IOAM 功能的 SR 节点遵循 SRv6 协议中的约定的 MTU 和其他注意事项。

1）入口节点

作为 SRH 封装的一部分，SR 域的入口节点或 SR 策略可以在数据包的 SRH 中添加 IOAM TLV。如果入口节点支持 IOAM 功能，并且基于本地配置想要收集 IOAM 数据，则它会在 SRH 添加 IOAM TLV。基于段列表（SL）的大小，入口节点在 IOAM TLV 中预分配空间。

如果需要来自段列表中最后一个节点（出口节点）的 IOAM 数据，那么入口节点会使用出口节点通告的最终段弹出（USP）SID。

入口节点还可以在预分配的 IOAM TLV 的索引 0 处插入 SRH 的 IOAM TLV 中关于本地信息的 IOAM 数据。

2）中间服务请求段节点

SR 段节点是接收 IPv6 分组的任何节点，其中该分组的目的地址是本地 SID。SR 段节点执行以下 IOAM 操作。

如果中间 SR 段节点不能够处理 IOAM TLV，则简单地忽略它。即不必查看或处理 SRH TLV。

如果中间 SR 段点节点能够处理 IOAM TLV，并且本地 SID 支持 IOAM 数据记录，那么它将使用程序检查数据包中是否存在 SRH TLV。如果节点在 SRH 找到了 IOAM TLV，那么它就找到了预期记录 IOAM 数据的本地索引。

3）出口节点

出口节点是 SRH 的段列表中的最后一个节点。当需要来自出口节点的 IOAM 数据时，入口节点使用出口节点通告的 USP SID。

在出口节点对 IOAM TLV 的处理类似于在 SR 段端点节点对 IOAM TLV 的处理。唯一的区别是出口节点可以将 IOAM 数据遥测到外部实体。

8.3 网络智能管理

8.3.1 概述

1. 传统网络管理的挑战与限制

随着信息技术的快速发展，网络已成为现代生活和商业活动的核心。网络管理作为确保网络运行顺畅和安全的重要组成部分，面临着许多挑战和限制。接下来首先探讨传统网络管理所面临的挑战与限制，并提出应对策略。

网络规模的增加和复杂性的提高是传统网络管理面临的首要挑战之一。随着互联网的普及和物联网的兴起，网络设备和数据流量的急剧增加使得网络管理变得越发困难。传统的集中式网络管理方式已经不能满足大规模网络的需求，无法实时监控和管理海量数据流。这导致网络管理人员面临着巨大的压力和挑战。网络安全问题日益突出，对传统网络管理提出了更高的要求。传统的网络管理工具往往无法应对日益复杂和更加高级的网络攻击，传统的网络管理协议（如 SNMP）在安全性方面存在漏洞，易受到黑客的攻击和篡改。此外，传统网络管理也缺乏对隐私保护和数据安全的考虑,这对于现代企业和个人用户来说是一个严重的问题。同时,传统网络管理的另一个限制是缺乏统一的管理标准,不同厂商和不同设备之间的兼容性问题常常成为网络管理的瓶颈,传统网络管理标准(如 CMIP 和 SNMP)无法满足现代网络环境中的新需求,如服务质量和带宽控制等。这导致网络管理变得低效且复杂,限制了网络管理的发展和创新。为了应对这些挑战和限制,需要寻找新的解决方案和技术。例如,引入人工智能和机器学习技术可以改变传统的网络管理方式,实现智能化和自动化管理。另外,采用云计算和大数据技术可以提高网络管理的实时性和准确性,更好地应对日益庞大的数据流量和设备数量。此外,建立统一的网络管理标准也是重要的发展方向,以促进不同设备和厂商之间的互操作性和协同工作。因此,传统网络管理面临着日益复杂的网络规模和安全威胁,以及缺乏统一管理标准的限制。通过引入新的技术和解决方案,可以克服这些挑战,提高网络管理的效率和可靠性,为现代社会的互联网发展奠定坚实的基础。

2. 网络智能管理的意义和优势

智能网络管理技术的引入为企业网络运维注入了新的活力,凭借其卓越的优势和深远的意义,为应对现代网络挑战提供了创新性的解决方案。智能网络管理技术具备主动检测和预防故障的独特能力。通过先进的机器学习技术,系统能够主动发现潜在的网络问题,并以预测的方式减少故障发生的概率。这一特性大幅度减少了停机时间,显著提高了网络的可靠性。企业不再被动地等待问题发生,而是能够提前采取措施,保障业务的持续顺畅运行。智能网络管理技术的意义体现在其能够提前计算网络故障的概率。通过深度分析系统数据,该技术能够帮助企业及时制定应对措施,解决潜在问题,最大限度地减少对网络运维的影响。这不仅有助于维护业务的连续性和稳定性,也使企业更具灵活性和应变能力,可迅速应对变化的市场需求。此外,智能网络管理技术能够利用高级分析技术为网络性能分析提供有效建议。通过对大量数据的智能分析,企业能够深入了解网络的运行状况,优化网络资源的配置。这有助于提高网络的效率,降低运维成本,进一步增强企业的竞争力。通过网络性能的精准监测和调整,企业可以更灵活地满足不同客户的需求,实现精细化运维。面对世界朝着提供实时解决方案的自动化发展的潮流,传统的网络运维方式显然已经跟不上技术发展。人工分析报告和依赖人工操作的方式已经不再适应现代复杂多变的网络管理环境。智能网络管理技术的引入弥补了这一不足,为网络管理赋予了更高的智能化和自动化水平。机器学习和人工智能的运用,使得从多平台、多数据源中训练模型、自动诊断问题成为可能,大幅提高了网络管理的效率和准确性。智能网络管理技术不仅在提高网络可靠性和稳定性方面具有显著的优势,更在降低运维成本、提高运维效率、灵活应变市场变化等方面带来深远的影响,是当前企业网络运维中不可或缺的重要一环。

3. 网络智能管理面临的挑战

智能网络管理在迎接现代化的网络环境中带来了前所未有的便利和效益,然而,也伴随着一系列需要克服的挑战。首先,人工分析网络管理报告耗时和容易出错的特点成为了实施智能网络管理的驱动因素。人工处理大量的网络数据和报告不仅费时,还容易产生错误,这直接影响到系统性能的稳定性。智能网络管理系统的引入意味着要摆脱这一烦琐的手动过程,转而依赖自动化的机器学习和人工智能技术,以提高处理效率和降低错误率。其次,网络管理的复杂性和多样性也带来了巨大的挑战。由于不同客户有不同的需求,网络管理的任务愈发繁重而复杂。传统的手动方式无法满足对网络的实时性和个性化需求,IT 人员在面对网络管理的多样性时难以迅速而准确地做出决策。实施机器学习和人工智能技术的挑战在于需要针对不同的客户需求和网络环境,构建灵活、智能的模型,以适应复杂多变的网络管理场景。最重要的挑战之一是在网络管理中应用机器学习和人工智能技术所涉及的复杂性。尽管这些先进技术在自动化、预测和优化方面极具潜力,但在实际实施过程中面临着不小的阻碍。首先,数据质量和数据隐私是关键问题,机器学习算法需要大量高质量的数据来进行训练,而同时要确保这些数据的隐私和安全。其次,算法的可解释性也是一个挑战,特别是在需要对决策负责任的领域,如网络管理。解释算法的决策过程对于 IT 人员和决策者是至关重要的,但目前许多机器学习模型仍然是"黑盒"式的。此外,人工智能技术的快速演进也带来了不断变化的技术标准和要求。IT 人员需要不断更新他们的知识和技能,以跟上技术的最新发展,这对于组织来说也是一项挑战。网络管理从传统的手动方式向智能化迈进,需要全方位的准备和适应,以确保人才队伍具备应对未来挑战的实力。尽管智能网络管理为网络运维带来了显著的优势,但要解决人工分析的耗时和出错问题、应对不同客户需求的多样性、解决数据质量和隐私问题以及应对技术演进带来的挑战,仍然需要持续的研究和努力。在这一进程中,人工智能技术的合理应用和不断完善的机制将成为解决这些挑战的关键因素。

8.3.2　基于意图的网络管理架构

本节描述了一种架构,可在一定程度上确保服务实例按预期运行。由于服务依赖于由各种要素(包括底层网络设备和功能)提供的多个子服务,因此只有全面了解所有相关要素,才能确保服务的健康状况。这种架构不仅有助于将服务降级与特定网络组件的症状联系起来,还能列出受特定网络组件故障或降级影响的服务。

1. 架构模型

SAIN 的目标是确保服务实例按预期运行(即观察到的服务与预期服务相符),如果不符,则找出问题所在。更确切地说,SAIN 会为每个服务实例计算一个分数,并解释该分数的症状。只有当分数达到最大值时才会返回症状,这表明该服务实例没有检测到任何问题。表示症状的分数称为服务健康状况。但应遵循以下限制:分数越高,服务健康状况越好,两个极值分别为 0 和 100,其中 0 表示服务完全损坏,100 表示服务完全正常。

SAIN 架构是一种通用架构,可根据服务实例生成保障图。该架构不仅适用于多种环境(如有线和无线),也适用于不同领域[如带有虚拟基础设施管理器(VIM)的 5G 网络功能虚拟化(NFV)领域等],还适用于物理或虚拟设备以及虚拟功能。得益于分布式图设计原理,来自不同环境和协调器的图可以组合在一起,以获得跨越多个域的服务实例图。

以点对点 L2VPN 服务为例。症状的例子可能是特定子服务报告的症状,包括"接口错误率高""接口闪烁""设备内存几乎耗尽",以及与服务更相关的症状(如"站点与 VPN 断开连接")。

为了计算此类服务实例的健康状况,服务定义被分解成一个保障图,该图由通过依赖关系连接的子服务组成。然后将每个子服务转化为表达式图,详细说明如何从设备中获取指标并计算子服务的健康状况。子服务表达式根据子服务之间的依赖关系进行组合,以获得计算服务实例健康状况的表达式图。

SAIN 架构如图 8-14 所示。根据服务协调器提供的服务配置,SAIN 协调器会分解保障图。然后,它将保障图和其他一些配置选项一起发送给 SAIN 代理。SAIN 代理负责构建表达图,并以分布式方式计算健康状况。收集器负责收集和显示服务实例和子服务的当前推断健康状况。收集器还能检测保障图结构的变化(例如,从主路径切换到备用路径),并将信息转发给协调器,由协调器重新配置代理。最后,通过 SAIN 收集器向网络/服务协调器提供反馈,完成自动化循环。

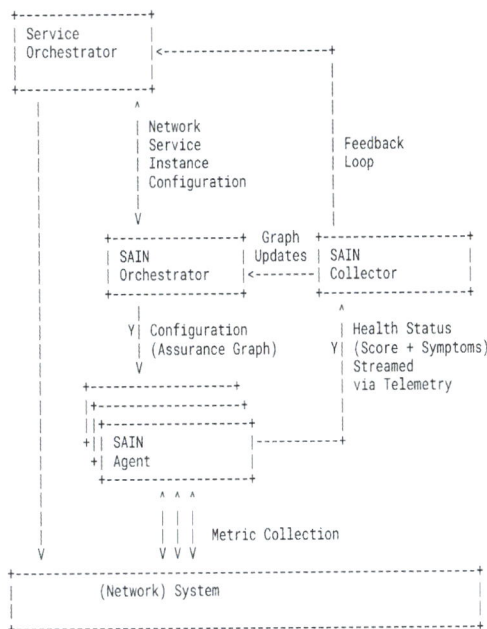

```
                    +------------------+
                    | Service          |<--------------------+
                    | Orchestrator     |                     |
                    +------------------+                     |
                         |                                   |
                         |    | Network                      |
                         |    | Service          | Feedback  |
                         |    | Instance         | Loop      |
                         |    | Configuration    |           |
                         |    V                  |           |
                         |  +------------+ Graph  +------------------+
                         |  | SAIN       | Updates | SAIN           |
                         |  | Orchestrator|<-------| Collector      |
                         |  +------------+        +------------------+
                         | | Configuration        ^ | Health Status
                         | | (Assurance Graph)     | | (Score + Symptoms)
                         | V                        | | Streamed
                         | +---------------------+  | | via Telemetry
                         ||+--------------------+ | |
                         |||                    | | |
                         +|| SAIN               | +----------+
                          +| Agent              |            |
                           +--------------------+            |
                           ^  ^ ^                             |
                           |  | | |                           |
                           |  | | | Metric Collection         |
                           |  V V V                           |
                           V +--------------------------------+
                           +------------------------------------+
                           | (Network) System                   |
                           |                                    |
                           +------------------------------------+
```

图 8-14　SAIN 架构

为了使来自不同供应商的代理、协调器和收集器能够互操作,它们的接口被定义为对应的 YANG 模块。在图 8-14 中,由该 YANG 模块规范化的通信被标记为 Y。

为了得出分配给服务实例的分数,各相关组件要执行以下任务:

- 分析为配置服务实例而推送到网络设备的配置。然后,确定必须从设备收集哪些信息 (称为度量),以及对度量应用哪些操作来计算健康状况。
- 在可能的情况下,流运行和配置指标值,否则持续轮询。
- 根据度量值持续计算服务实例的健康状况。

SAIN 架构要求所有元素(受监控实体、SAIN 代理、服务协调器、SAIN 收集器以及 SAIN 协调器)之间使用网络时间协议(NTP)进行时间同步。这就保证了系统中所有症状的相关性,并与正确的保障图版本相关联。

1) 将服务实例配置转化为保障图

为了构建服务实例的保证结构,SAIN 协调器将服务实例分解为所谓的子服务实例,如图 8-14 所示。每个子服务实例侧重于服务的特定功能或子部分。

分解为子服务是架构的一项重要功能,原因如下:

- 分解的结果提供了服务实例的关系图,网络管理员可将其表示为一个图(称为保障图)。
- 子服务为特定的专业知识提供了一个范围,从而使外部专家能够作出贡献。例如,处理光学健康状况的子服务应由光学接口专家进行审查和扩展。
- 多个服务实例共用的子服务可重复使用,以减少所需的计算量。例如,任何依赖于特定接口的服务实例都可以重复使用保证该接口的子服务。

服务实例的保障图是表示服务实例保证案例结构的有向无环图 DAG。DAG 节点是服务实例或子服务实例,每条边都表示其两端节点之间的依赖关系,即边的源节点上的服务或子服务依赖边的目的节点上的服务或子服务。

图 8-15 描述了一个隧道服务保障图的简单示例。顶部的节点是服务实例;下面的节点

是其依赖关系。在该示例中,隧道服务实例依赖 Peer1 和 Peer2 隧道接口(分别在 Peer1 和 Peer2 设备上创建的隧道接口),这些接口依赖各自的物理接口,最后又依赖各自的 Peer1 和 Peer2 设备。隧道服务实例还依赖 IS-IS 路由协议的 IP 连接。

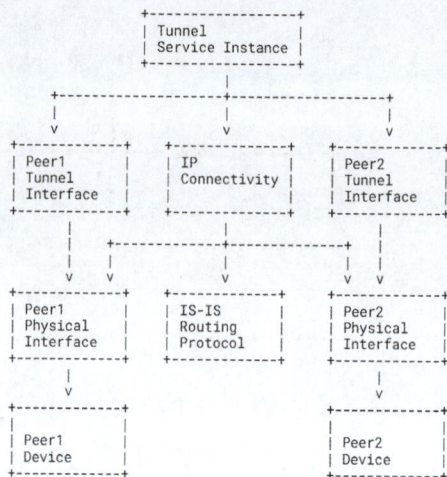

图 8-15　保障图示例(DAG)

描绘保障图有助于操作员理解(和断言)分解。在正常运行期间,应通过添加、修改和删除服务实例来维护保障图。网络配置或拓扑结构的变化应自动反映在保障图中。

第一个例子是,路由协议从 IS-IS 变为 OSPF 将相应地改变保障图。第二个例子是,假设 ECMP 已在该特定隧道的源路由器上安装;在这种情况下,除了监控 ECMP 本身的健康状况外,还必须监控多个接口。

2) 循环依赖关系

保障图的边代表依赖关系。只有当子服务之间不存在循环依赖关系时,保障图才是 DAG,每个保障图都应避免循环依赖关系。但在某些情况下,保障图中可能会出现循环依赖关系。

一种情况是整个系统的保障图是由该系统上运行的每个服务的保障图组合而成的。这里的组合是指具有相同类型和相同参数的两个子服务实际上是同一个子服务,因此是图中的一个节点。例如,"设备"类型的子服务,其唯一参数(设备 ID)设置为 PE1,在整个保障图中只会出现一次,即使有多个服务实例依赖该设备。现在,如果两个工程师为两个不同的服务设计了保障图,那么工程师 A 认为接口依赖它所连接的链路,而工程师 B 认为链路依赖它所连接的接口,那么在组合这两个保障图时,就会出现接口→链路→接口的循环依赖关系。

另一种情况是子服务未被正确识别。假设要确保一个运行容器的云计算集群。可以用一个子服务来表示集群,用另一个子服务来表示连接集群中容器的网络服务。可能会将其建模为依赖集群的网络服务,因为网络服务在集群支持的容器中运行。反之,集群依赖网络服务实现容器之间的连接,这就形成了循环依赖关系。更精细的分解可能会区分用于执行容器的资源(集群子服务的一部分)和容器之间的通信(可以与路由器之间的通信相同的方式建模)。

无论如何,保障图中很可能会出现循环依赖关系。这时首先要做的是在 SAIN 架构中尽快检测出循环依赖关系。这种检测可由 SAIN 协调器进行。只要检测到循环依赖关系,就不会对新添加的服务进行监控,直到不同团队成员(工程师 A 和 B)进行更仔细的建模或调整,消除循环依赖关系。

作为一种更复杂的解决方案,可以考虑图形转换:

(1) 将图分解成强连接的部分。

（2）对于每个强连接组件：

① 删除强连接组件节点之间的所有边；

② 为强连接组件添加一个新的"合成"节点；

③ 对于指向强连接组件中节点的每一条边，都将终点改为"合成"节点；

④ 从"合成"节点向强连接组件中的每个节点添加依赖关系。

这种算法将包括强连接组件中任何子服务检测到的所有症状，并将其提供给依赖该组件的任何子服务。图 8-16 显示了这种转换的一个示例。在左侧，节点 c、d、e 和 f 构成了一个强连接组件。节点 a 的状态应取决于节点 c、d、e、f、g 和 h 的状态，但由于存在循环依赖关系，因此很难计算。在右侧，节点 a 也依赖所有这些节点，但循环依赖关系已被消除。

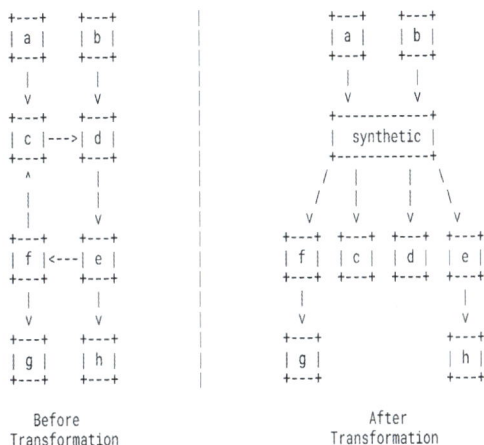

```
+---+   +---+                        +---+   +---+
|a |   |b |                        |a |   |b |
+---+   +---+                        +---+   +---+
  |       |                            |       |
  v       v                            v       v
+---+   +---+                        +-----------+
|c |--->|d |                        | synthetic |
+---+   +---+                        +-----------+
  ^       |                         /   |   |   \
  |       |                        /   /    |    \
  |       v                       v   v     v     v
+---+   +---+                  +---+ +---+ +---+ +---+
|f |<---|e |                  |f | |c | |d | |e |
+---+   +---+                  +---+ +---+ +---+ +---+
  |       |                      |               |
  v       v                      v               |
+---+   +---+                  +---+            +---+
|g |   |h |                    |g |            |h |
+---+   +---+                  +---+            +---+

   Before                          After
Transformation                 Transformation
```

图 8-16　图形转换

举一个具体的例子来说明这种转换。假设工程师 A 正在构建一个处理 IS-IS 的保障图，工程师 B 正在构建一个处理 OSPF 的保障图。工程师 A 的图可能包含如图 8-17 所示的内容。

工程师 B 的图表可能包含如图 8-18 所示的内容。

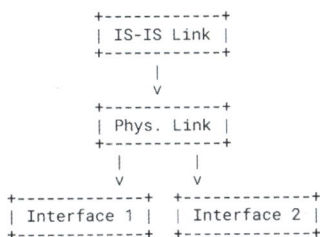

```
+------------+                        +------------+
| IS-IS Link |                        | OSPF Link  |
+------------+                        +------------+
      |                                |    |    |
      v                                v    |    v
+------------+              +------------+ | +------------+
| Phys. Link |              | Interface 1| | | Interface 2|
+------------+              +------------+ | +------------+
   |      |                        |    |  |
   v      v                        v    v  v
+------------+ +------------+       +------------+
| Interface 1| | Interface 2|       | Phys. Link |
+------------+ +------------+       +------------+
```

图 8-17　工程师 A 的保障图片段　　　　　图 8-18　工程师 B 的保障图片段

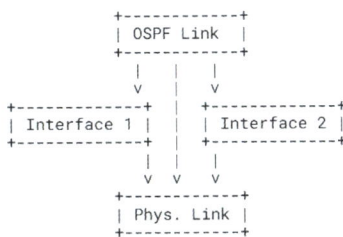

接口子服务和物理链路子服务是上述两个片段共有的。在合并两个片段的图中，每个子服务只出现一次。两个片段的依赖关系都包含在合并图中，从而形成循环依赖关系，如图 8-19 所示。

上述解决方案将生成如下图形，其中包含一个新的"合成"节点。通过这种转换，循环依赖关系之外的节点的所有依赖关系都得到了间接满足，即 IS-IS 和 OSPF 链路都与两个接口和链路有间接依赖关系，如图 8-20 所示。但是，链路和接口之间的依赖关系会丢失，因为它们会导致循环依赖关系。

```
+-----------+        +-----------+
| IS-IS Link|        | OSPF Link |---+
+-----------+        +-----------+   |
     |                    |          |
     |   +----+           |          |
     v   v                v          v
+-----------+                          
| Phys. Link| <-------+                
+-----------+         |                
   |  ^     |          |                
   v  |     v          v          v    
+-----------+        +-----------+      
| Interface 1|       | Interface 2|     
+-----------+        +-----------+      
     ^                                  
     |                                  
```

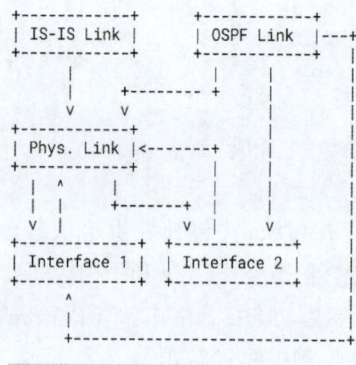

图 8-19　合并工程师 A 和 B 的图表

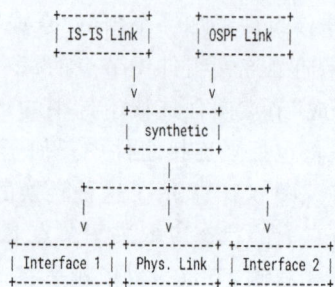

```
                +-----------+    +-----------+
                | IS-IS Link|    | OSPF Link |
                +-----------+    +-----------+
                     |                |
                     v                v
                +-----------+              
                | synthetic |              
                +-----------+              
                     |                     
           +---------+---------+           
           v         v         v           
     +-----------+ +-----------+ +-----------+
     | Interface 1| | Phys. Link| | Interface 2|
     +-----------+ +-----------+ +-----------+
```

图 8-20　合并工程师 A 和 B 的图表后删除循环依赖关系

3）意图和保障图

SAIN 协调器会分析服务实例的配置,以完成以下工作:

- 尝试捕捉服务实例的意图,即服务实例试图实现什么？这至少需要 SAIN 协调器知道为启用服务而在设备上配置的 YANG 模块。注意,如果 SAIN 协调器知道服务模型或网络模型,后者就可以利用它。在这种情况下,可以直接提取意图并包含更多细节,如 VPN 的站点概念,但这超出了设备配置的范围。
- 将服务实例分解为代表服务实例所依赖的网络功能的子服务。

SAIN 协调器必须能够分析推送到服务实例各种设备上的配置,并生成该服务实例的保障图。

为了说明 SAIN 协调器的作用,假设一个服务实例涉及了两台设备,并在每台设备上配置了一个虚拟隧道接口。

- 捕捉意图的第一步是检测服务实例连接的两个设备之间的隧道,并说明该隧道必须正常运行。这种解决方案的侵入性很小,因为它不需要修改或了解服务模型。如果 SAIN 协调器知道服务模型或网络模型,那么它就可以进一步捕捉意图并包含更多信息,如服务级目标(如隧道的延迟和带宽要求)(如果服务模型中存在)。
- 将服务实例分解为子服务就会产生保障图。

保障图,或者更确切地说,SAIN 协调器可实例化的子服务和依赖关系应进行配置。

SAIN 的应用需要通过一种机制将服务实例映射到该服务实例运行所需的设备配置上。图 8-14 区分了 SAIN 协调器和提供服务实例配置的不同组件,但实际上这两个组件很可能是结合在一起的。

4）子服务

子服务对应网络系统的一个子部分或一个功能,它是服务实例正常运行所必需的。在 SAIN 中,子服务与其功能保障相关联,功能保障是确保子服务正确运行的方法。

子服务与服务一样,都由高级参数来指定需要保证的实例。所需参数取决于子服务类型。例如,保证一个设备需要一个特定的设备 ID 作为参数,保证一个接口需要设备 ID 和接口 ID 的特定组合。

在设计新的子服务类型时,应仔细定义需要保证的对象或功能。然后,必须选择能完全识别对象的最小参数集。在子服务的生命周期内,参数不能改变。例如,IP 地址在确保与该地址的连接性时是一个很好的参数(即特定设备可以到达特定 IP 地址);但在标识接口时,它并不是一个很好的参数,因为分配给该接口的 IP 地址是可以更改的。

子服务的特征还包括要获取的指标列表和应用这些指标以推断健康状况的操作列表。

5）从保障图构建表达图

从保障图中可以导出所谓的全局计算图。首先，每个子服务实例被转换成一组子服务表达式，这些表达式将指标和常量作为输入（即 DAG 的来源），并根据一些启发式方法生成子服务的状态。例如，如果接口在配置中被禁用，则该接口的健康状况为 0（最小分值），症状为"接口关闭"。然后，对于每个服务实例，通过组合其依赖关系的子服务表达式来构建服务表达式。服务表达式的组合方式取决于依赖关系类型（影响型或信息型）。最后，通过组合服务表达式来构建全局计算图，从而获得所有子服务的全局视图。换句话说，全局计算图对从收集的指标中生成健康状态所需的所有操作进行了编码。

子服务不应依赖于用于检索指标的协议。为了证明这一点，来看看接口运行状态。根据设备功能，该状态可由行业认可的 YANG 模块［如 IETF 或 Openconfig（OpenConfig）］、供应商特定的 YANG 模块或 MIB 模块收集。如果子服务依赖于收集运行状态的机制，那么就需要多个子服务定义，以支持所有不同的机制。在等待通过标准 YANG 模块提供所有度量值的同时，SAIN 代理可能还需要通过非标准 YANG 数据模型、MIB 模块、命令行接口（CLI）等来检索度量值，从而在数据模型和信息模型之间有效地实现一个规范化层。

为了使子服务独立于度量收集方法（或者换一种说法，支持平台、操作系统甚至供应商的多种组合），该架构引入了"度量引擎"的概念。度量引擎将子服务中使用的每个独立于设备的度量映射到特定于设备的度量实现列表，该列表精确定义了如何获取该度量的值。该映射由获取度量值的设备的特性（如型号、操作系统版本等）参数化。该指标引擎包含在 SAIN 代理中。

2. 控制机制

1）使用 YANG 模块的开放接口

架构组件之间的接口是开放的，YANG 模块根据 SAIN 架构将网络服务分解为所谓的子服务，并在此基础上指定用于确保网络服务的对象。

这些模块适用于以下使用情况：

- 保障图配置。

子服务：通过指定子服务的类型和参数，配置一组子服务以确保其安全性。

依赖关系：配置子服务之间的依赖关系及其类型。

- 保障遥测：输出子服务的健康状况以及观察到的症状。

2）维护窗口的处理

每当对网络组件进行维护时，运维商都希望抑制这些组件出现的症状。一个典型的使用案例是设备维护，在此期间设备不应该运行。因此，与设备健康状况相关的症状应被忽略。与特定于设备的子服务（如接口）相关的症状也可能被忽略，因为它们的状态变化很可能是维护的结果。

ietf-service-assurance 模型允许将子服务标记为正在维护，在这种情况下，需要一个字符串来标识请求维护的人员或进程。当服务或子服务被标记为正在维护时，它必须报告一个通用的"正在维护"症状，以便向依赖于该特定子服务的子服务传播。不得报告来自该服务或影响其依赖服务的任何其他症状。

以图 8-15 所示的保障图为基础，用 3 个独立示例来说明这一机制：

- 设备维护，例如升级设备操作系统。操作员将子服务 Peer1 设备标记为正在维护。这样，除了"Peer1 物理接口""Peer1 隧道接口""隧道服务实例"处于正在维护外，其他症状都不会出现。所有其他子服务均不受影响。

- 接口维护,例如更换损坏的光纤。操作员将子服务"Peer1 物理接口"标记为正在维护。这样,除了"Peer1 隧道接口"和"隧道服务实例"处于正在维护外,其他症状都不会出现。所有其他子服务均不受影响。

- 路由协议维护,例如修改参数或重新分配。操作员将子服务"IS-IS 路由协议"标记为正在维护。这样,除了"IP 连接"和"隧道服务实例"处于正在维护外,其他症状都不会出现。所有其他子服务均不受影响。

在上述每个示例中,正在维护的子服务都会完全影响服务实例,使其也处于维护状态。在某些案例中,受维护的子服务只会对服务实例产生部分影响。例如,考虑一个由主路径和备份路径支持的服务实例。如果影响主路径的子服务正在维护中,那么服务实例可能仍能正常运行,但性能会下降。在这种情况下,服务实例的状态可能包括"主路径正在维护""无冗余"以及来自备份路径的其他症状,以解释健康状况分数较低的原因。一般来说,通过子服务计算服务实例状态的工作由 SAIN 协调器完成。

子服务的维护可能会修改或隐藏对保障图结构的修改。因此,取消正在维护的子服务的标记应触发保障图的更新。

8.3.3　基于知识定义的网络管理架构

在过去一段时间内,学术界一直在考虑应用人工智能技术来控制和操作网络。D. Clark 等提出了 A Knowledge Plane for Internet,这是一种依靠机器学习和认知技术来操作网络的新结构。知识平面可能为网络带来许多优势,如自动化(识别-行动)和推荐(识别-解释-建议),它有可能代表操作、优化和排除数据网络故障的方式的范式转变。然而,将机器学习应用于网络操作和控制所面临的最大挑战之一是网络本质上是分布式系统,其中每个节点(即交换机、路由器)对整个系统只有部分视图和控制,从只能在系统的一小部分上查看和操作的节点学习是非常复杂的,特别是当对最终目标在本地域之外行使控制时。

正在出现的集中控制趋势将缓解这种复杂性。特别是,软件定义网络(SDN)范式将控制平面与数据平面解耦,并提供逻辑上集中的控制平面,即网络中具有整体知识的逻辑单点。除了网络的"软件化",目前的网络数据平面元素,如路由器和交换机,都配备了改进的计算和存储能力。这使得一种新的网络监测技术成为可能,通常被称为网络遥测。这些技术向集中式网络分析(NA)平台提供实时数据包和流粒度信息,以及配置和网络状态监控数据。在这种情况下,与传统的网络管理方法相比,遥测和分析技术提供了更丰富的网络视图。因此业界将 SDN 提供的集中控制与网络分析提供的丰富的网络集中视图结合起来,使知识平面 KP (Knowledge Plane)概念得以部署。在这种情况下,KP 可以使用机器学习和深度学习技术来收集有关网络的知识,并利用该知识使用 SDN 提供的逻辑集中控制功能来控制网络。将结合 SDN、遥测、网络分析和知识平面的网络模型被称为知识定义网络(KDN)。

1. 架构模型

将结合 SDN、遥测、网络分析和知识平面的范例称为知识定义网络(KDN)。其结构是在 SDN 范式的传统 3 个平面上增加一个 KP。

在 KDN 范例中,KP 利用控制平面和管理平面来获得对网络的丰富视图和控制。它负责学习网络的行为,并且在某些情况下,相应地自动操作网络。从根本上说,KP 处理管理平面收集的网络分析,通过机器学习将其转换为知识,并使用该知识做出决策(自动或通过人工干预)。虽然解析信息并从中学习通常是一个缓慢的过程,但自动使用这些知识可以在接近控制平面和管理平面的时间尺度上完成。数据平面负责数据报文的存储、转发和处理。在 SDN 网络中,数据平面元素通常是由线速率可编程转发硬件组成的网络设备。它们的运行不需要网络的其余部分,但依赖于其他平面来填充它们的转发表,更新它们的配置控制平面交换操作状态以及更新数据平面匹配和处理规则。在 SDN 网络中,这个角色被分配给逻辑集中的 SDN 控制器,该控制器通过南向接口对 SDN 数据平面转发元素编程,通常使用命令式语言。当数据平面运行在包时间尺度上时,控制平面运行速度较慢,通常在流时间尺度上运行。管理平面为网络的长期正常运行和性能提供保障。它定义网络拓扑结构,处理网络设备的分发和配置。在 SDN 中,这通常也由 SDN 控制器处理。管理平面还负责监控网络,提供关键的网络分析。为此,它从数据平面收集遥测信息,同时保留网络状态和事件的历史记录。管理平面与控制平面和数据平面正交,通常在更大的时间尺度上运行。

2. 控制机制

知识定义的网络范例通过控制回路来提供自动化、推荐、优化、验证和估计。

(1)转发控制→分析平台:分析平台旨在收集足够的信息,以提供网络的完整视图。为此,它在数据平面元素转发数据包时实时监视它们,以便访问细粒度的流量信息。此外,它还查询 SDN 控制器以获取控制和管理状态。分析平台通过 NETCONF(RFC 6241)、NetFlow(RFC 3954)、IPFIX(RFC 7011)等协议获取网络的配置信息、运行状态和流量数据。

(2)分析平台→机器学习:KP 的核心是机器学习和深度学习算法,能够从网络行为中学习。分析平台提供的当前和历史数据用于提供学习算法,该算法从网络中学习并生成知识(例如,网络模型)。

(3)机器学习→意图语言:KP 简化了分析平台收集的遥测数据与控制特定操作之间的转换。传统上,网络运维商必须检查从网络测量中收集的指标,并决定如何在网络上采取行动。在 KDN 中,这个过程部分地转移到 KP,KP 能够利用 ML 技术做出或推荐控制决策。

(4)意图语言→SDN 控制器:网络操作者和代表他们做出决策的自动系统都以声明性语言的形式表达他们对网络的意图。这为人工和自动决策提供了一个公共接口,并精确定义了如何将抽象意图转换为特定的控制指令。相反,SDN 控制器和数据平面设备之间的通信是使用命令式语言完成的。

(5)SDN 控制器→转发单元:解析后的控制动作通过控制器南向协议推送到转发设备,以便根据 KP 做出的决定对数据平面进行编程。控制器也可以依赖于管理协议(例如,NETCONF)重新配置数据平面设备。数据平面上的转发元素现在基于 SDN 控制器推送的更新的操作状态和配置进行操作。

3. 应用部署

1)覆盖网络路由

覆盖网络已经成为部署的通用解决方案,然而在许多覆盖部署中,底层网络属于不同的管理域,因此其详细信息(如拓扑、配置)对覆盖网络管理员是隐藏的。其中一个常见的问题是如何找到最佳/最优的每链接策略,从而优化全局性能。

覆盖运维商可以依靠建立底层网络的模型来优化性能。然而,构建这样一个模型面临两个主要挑战。首先,底层网络的拓扑结构和配置(如路由策略)都是未知的,因此很难确定每个流将遵循的路径。其次,数学或理论模型可能无法模拟如此复杂的情况。

机器学习技术允许通过分析系统中输入和输出的相关性来对隐藏系统建模。换句话说,机器学习技术可以通过观察输出流量对给定输入流量的行为(即 f(路由策略,流量)=性能)来对隐藏的底层网络建模。

人工神经网络有一个隐藏层,具有 sigmoid 激活函数,它使用以下输入特征进行训练:覆盖节点对之间的流量和发送到每个链路的流量比率。将仿真得到的路径间平均延时作为输出特征。在这个用例中,机器学习将覆盖网络的流量和路由配置与每条路径的平均延迟联系起来。结果表明,该模型的精度相当高,在使用 3000 个训练样本时,相对误差约为 1%。

2) NFV 资源管理

NFV(网络功能虚拟化)是一种网络范例,其中网络功能(如防火墙、负载平衡器等)不再需要特定的硬件设备,而是以运行在其上的虚拟网络功能(VNF)的形式实现。NFV 场景中的资源管理是一个复杂的问题。在 NFV 场景中,VNF(虚拟网络功能)的放置会修改虚拟化网络的性能,这增加了在 NFV 部署中优化 VNF 位置的复杂性。与覆盖情况相反,在 VNF 放置问题中,所有信息都是可用的,如虚拟网络拓扑、CPU/内存使用、能耗、VNF 实现、流量特征、当前配置等。然而,在这种情况下,挑战不在于缺乏信息,而在于信息的复杂性。VNF 的行为取决于许多不同的因素,因此开发准确的模型是具有挑战性的。KDN 模型可以解决 NFV 资源分配问题带来的许多挑战。例如,KP 可以通过机器学习技术将 VNF 的行为描述为收集到的分析的函数,如 VNF 处理的流量或控制器推送的配置。有了这个模型,VNF 的资源需求可以由 KP 来建模,而不必修改网络。这有助于优化 VNF 的位置,从而优化整个网络的性能。

3) 网络日志提取知识

日志分析是一个众所周知的研究领域,在 KDN 模型的背景下,它也可以用于网络。通过无监督学习技术,KDN 架构可以关联日志事件并发现新知识,这些知识可以由网络管理员使用开环方法进行网络操作,也可以通过 SDN 控制器提供的 Intent 接口在闭环解决方案中自动处理。

4) 长短期网络规划

随着时间的推移,网络部署通常不得不面对流量负载(如更高的吞吐量)和服务需求(如更少的延迟、更少的抖动等)的增加。网络运维商必须应对这种增量,并提前做好准备,这一过程通常被称为网络规划。

网络规划技术通常依赖于由专家管理的计算机模型来估计网络容量并预测未来的需求。由于此过程容易出错,因此网络规划通常会导致供应过剩。

KDN 架构可以根据分析平台中存储的历史数据开发出准确的网络模型。例如,KDN 可以了解客户机数量(或服务数量)与负载之间的关系,从而准确地估计何时需要进行网络升级。

4. 特点分析

在全球信息化背景下,人们对网络管理的重视程度越来越高。然而,传统的网络管理架构在面对日益复杂的网络环境时,暴露出了诸多问题。为了更好地应对挑战,基于知识定义的网络架构(KDN)应运而生。KDN 具有以下几个特点。

- 知识驱动:KDN 的核心是知识库,其中包含了网络设备、业务流程、配置参数等方面的信息。知识库的更新和维护是 KDN 的基础,它使得网络管理变得更加智能化和自动化。
- 架构灵活:KDN 采用模块化设计,各个模块之间具有较强的独立性。这使得 KDN0 在面对需求变化时,能够快速调整和扩展,满足不同场景下的网络管理需求。
- 自动化程度高:KDN 利用先进的算法和模型,实现对网络设备的自动发现、配置管理和故障诊断等功能。这大大降低了网络管理的工作量,提高了管理效率。
- 智能化:KDN 借助大数据分析和人工智能技术,对网络运行状态进行实时监控,并能根据预测结果提前采取措施,确保网络稳定运行。

- 安全性:KDN关注网络安全问题,将安全策略融入网络管理过程中。通过实时监测和预警,有效防范网络攻击和数据泄露等安全风险。
- 可定制化:KDN提供丰富的API接口,使得用户可以根据自身需求开发定制化的管理模块,满足特定场景下的网络管理需求。

总而言之,基于知识定义的网络管理架构(KDN)具有知识驱动、架构灵活、自动化程度高、智能化、安全性强和可定制化等特点。在当前信息化时代,KDN提供了高效、智能、安全的网络管理解决方案,具有广泛的应用前景。

在当前网络智能管理领域,各种标准制定组织正在积极开发框架架构,然而,存在协议、机制和技术方面的详细规范不足的问题。未来的研究和标准化工作将成为推动该领域发展的核心动力。首要任务是制定详细规范和标准,确保不同厂商和组织间的互操作性和一致性。这将有助于全球范围内网络智能管理系统的统一发展,为各市场和应用场景提供一致的技术基础。此外,异构多域互通、管理层抽象、可扩展遥测、数据模型以及人工智能与移动通信流水线等问题也将成为未来研究的关键方向。在异构多域互通方面,未来网络智能管理系统需支持不同类型网络设备和技术的协同工作,以提高整体网络效率。管理层抽象的发展将简化网络管理员对复杂系统的理解和操作,提高管理的效率。可扩展遥测技术的强化将实现大规模网络中的实时监测和数据收集,为网络优化、故障排除和安全性管理提供更强大的能力。通用数据模型的制定将促进不同设备之间的信息共享和理解,加强协同和集成。进一步地,结合人工智能与移动通信形成流水线概念,将推动网络管理向更智能、高效的方向发展。

在网络智能管理系统的发展中,明确的设计、实施和运行周期被认为是确保系统适应迅速变化的网络环境的关键因素。这意味着网络智能管理系统需要具备灵活性和可调整性,能够及时响应新的技术趋势和业务需求。设计阶段应考虑到未来可能的变化,并在实施和运行中保持系统的敏捷性,以确保系统能够持续有效地运行和适应不断演变的网络环境。网络已经深刻地融入了各行各业的运作过程,网络智能管理的成功发展需要国际合作和全球标准化的共同努力。跨国界的合作有助于共享最佳实践,促进技术创新,并加速全球网络智能管理系统的发展。通过建立广泛认可的标准,国际社群可以共同推动网络智能管理系统在全球范围内的推广和应用,为不同行业的数字化转型提供坚实的基础。这一系列的努力将使网络智能管理系统更好地适应未来的网络挑战,为全球社会创造更为可靠和高效的网络服务。

第四部分

网络安全防护

第 9 章

网络空间探测

9.1 网络测绘

网络测绘(Network Mapping)是指通过各种技术手段,对目标网络中的设备、拓扑结构、链路状态和流量路径等信息进行全面的收集、分析和可视化展示的过程。其目的是为网络管理、优化、安全等提供必要的数据支持和决策依据。网络测绘不仅仅是对网络设备的简单识别,还包括对网络拓扑结构、链路性能、流量路径等多方面信息的全面掌握。这些信息对于理解网络的运行状态、发现潜在问题、优化网络性能和提高网络安全性具有重要意义。

9.1.1 网络空间测绘挑战

1. 大规模网络环境下的数据处理

在现代网络中,设备数量庞大,拓扑结构复杂,生成的数据量巨大,处理这些海量数据是一个重要的挑战。网络测绘需要收集和分析来自不同设备的多种类型的数据,这些数据量急剧增加对计算和存储资源提出了极高要求。为了高效地处理、存储和分析这些数据,需要采用分布式计算和大数据处理技术,如 Hadoop 和 Spark。这些技术能够将数据处理任务分散到多个计算节点上,提供高效的并行处理能力,从而应对大规模数据处理的需求,确保网络测绘系统能够快速响应。

2. 多样化的数据类型

网络测绘涉及多种类型的数据,包括设备信息(如 IP 地址、MAC 地址、操作系统)、拓扑结构(设备之间的连接关系)、链路性能(如延迟、带宽、丢包率)、流量路径(数据包的传输路径)等。这些数据类型各异、来源不同,如何采编融合和分析归纳这些异构数据是一个难题。这就需要开发数据融合和多源数据分析技术,实现对不同类型数据的综合分析和利用。例如,通过将设备信息与流量数据结合,可以更全面地了解网络状态和性能,从而提供更精确的网络测绘结果。

3. 实时性要求

网络测绘需要实时更新,以反映最新的网络状态。这对数据采集、传输、处理和分析的实时性提出了高要求。例如,当网络中出现异常行为或安全威胁时,需要立即检测和响应,以减少潜在的损失。因此,网络测绘系统需要采用高性能数据流处理技术,如 Apache Kafka 和 Apache Flink。这些技术能够处理实时数据流,提供低延迟、高吞吐量的数据处理能力,实现数据的实时采集、传输和分析,确保网络测绘系统能够实时更新和反映当前网络状态。

4. 网络的动态性

网络环境是动态变化的,设备加入或退出、链路状态变化等都对网络测绘提出了动态适应的要求。为了应对这种变化,需要开发动态网络测绘技术。这些技术能够实时感知网络的变化,快速调整和更新网络画像,确保画像始终准确反映当前的网络状态。例如,通过自动化监控和更新机制,可以及时捕捉网络中设备和流量的变化,并自动调整测绘模型,实现对网络变化的快速响应和自动调整。

5. 隐私和安全

在进行网络测绘时,保护用户隐私和数据安全至关重要。网络数据中可能包含大量敏感信息,如用户个人信息、访问记录等,若处理不当,可能导致数据泄露和滥用。因此,需要制定严格的数据访问控制策略,确保只有授权人员才能访问敏感数据。此外,还需要采用数据加密和匿名化技术,对采集的数据进行保护。数据加密可以防止未经授权的访问,而匿名化技术可以在不影响数据分析的前提下,保护用户的隐私,从而确保数据的安全性和合规性。

6. 测绘精度和可靠性

网络测绘的精度和可靠性直接影响其应用效果。为了确保测绘结果的有效性和应用价值,需要高精度地收集和分析数据。数据的完整性和准确性对于测绘质量至关重要。如果数据不完整或不准确,可能导致测绘结果失真,影响决策的准确性。因此,需要采用先进的数据采集和分析技术,如深度学习和机器学习。这些技术可以从大量数据中自动提取有价值的信息,发现数据中的潜在模式和关系,从而提高数据处理的准确性和有效性,确保网络测绘的高质量。

9.1.2 网络空间测绘技术

1. 设备识别

设备识别是网络测绘的基础,通过各种网络扫描技术,识别和记录网络中的设备。这一过程包括收集每个设备的基本属性,如 IP 地址、MAC 地址、操作系统类型、开放端口和运行的服务等详细信息。通过设备识别,管理员可以全面了解网络中的设备分布情况,确保所有设备都被识别和记录,从而为进一步的网络运维和安全分析提供可靠的数据基础。例如,网络扫描工具如 Nmap 可以有效地识别网络中的设备,并生成详细的设备清单,这对于后续的网络管理和优化至关重要。

2. 拓扑结构分析

网络拓扑结构分析通过描述网络中各设备之间的连接关系,形成一个直观的网络设备连接拓扑图。这一过程不仅展示了设备之间的物理和逻辑连接,还反映了数据传输路径和网络层级结构。通过拓扑结构分析,管理员可以清晰地看到网络整体架构,了解各设备位置和连接状态,从而支持网络管理配置和运维优化。例如,通过拓扑图,管理员可以识别出网络中的关键节点和瓶颈,进行合理的网络规划和调整,确保网络的高效运行和可扩展性。

3. 链路性能测量

网络链路性能测量是通过测量网络链路的关键性能参数(如延迟、带宽、丢包率等)来评估链路的运行状态。通过这些测量,管理员可以了解网络链路的性能情况,发现潜在的网络瓶颈和故障点。例如,通过测量链路的延迟,可以确定数据传输的响应时间;通过测量带宽,可以评估链路的最大数据传输能力;通过测量丢包率,可以判断链路的稳定性和可靠性。这些信息有助于管理员优化网络配置,提高网络的运行效率和可靠性,确保网络稳定和高效运行。

4. 流量路径跟踪

流量路径跟踪是指通过分析数据包在网络中的传输路径,了解流量的来源和去向。通过这一过程,管理员可以识别出网络中的关键数据流,了解数据在网络中的传输路径,从而优化流量路由,提高网络性能。流量路径跟踪可以帮助识别网络中的重要链路和节点,确保关键数据流的高效传输。例如,通过工具(如 Traceroute),管理员可以追踪数据包的每一跳路径,识别出潜在的传输瓶颈和延迟点,从而进行相应的优化和调整,提高网络的整体性能和可靠性。

通过设备识别、拓扑结构分析、链路性能测量和流量路径跟踪,网络测绘提供了对网络的全面了解和深入分析。这些组成部分共同作用,可帮助网络管理员有效地管理和优化网络,提高网络的运行效率和安全性,确保网络的稳定和可扩展性。

9.1.3 网络空间测绘应用

1. 网络管理

网络测绘在网络管理中起着至关重要的作用。通过网络测绘,管理员可以全面了解网络资源的分布和使用情况。这种全景视图使管理员能够科学地管理和优化网络资源,从而提高网络的整体效率。例如,当网络中某个区域出现高负载时,管理员可以通过测绘数据快速定位故障点,采取相应的优化措施,重新分配流量,减轻负载压力。此外,网络测绘还能帮助管理员快速定位和消除网络故障,提高故障处理效率,减少因网络故障导致的业务中断,确保网络的平稳运行。

2. 网络安全

在网络安全方面,网络测绘提供了强有力的支持。通过对网络中设备和连接的全面监控,测绘可以发现未知设备和异常连接,及时识别潜在的安全威胁。例如,当有未授权的设备接入网络时,网络测绘系统可以迅速检测并报警,防止安全漏洞的产生。通过流量路径跟踪,管理员可以监控数据流动情况,检测异常流量行为,识别和防范网络攻击和数据泄露。这样的监控和预警机制,大大提高了网络的安全性和可靠性。

3. 网络规划和扩展

网络测绘为新网络的规划和扩展提供了重要的数据支持。通过对现有网络的全面了解,管理员可以识别当前网络架构的优点和不足,结合业务需求和未来发展趋势,制定科学的网络规划方案。例如,在规划新网络时,决策者可以参考现有网络的流量分布、设备性能数据和用户行为模式,选择合适的设备和技术,设计高效、可扩展的网络架构。这样不仅能确保新网络的高效运行,还能避免资源浪费和过度配置,进行科学合理的网络投资和资源配置。

9.2 IPv6 地址探测

为了理解 IPv6 地址智能探测技术,本节分析 IPv6 地址空间探测过程,IPv6 地址生成两条技术路线的典型方法和相关数据集,并将给出 IPv6 地址空间探测技术的理论基础,相关指标定义和问题的形式化定义等。

9.2.1 IPv6 地址空间探测流程

对 IPv6 地址空间探测的研究早在 2012 年就已经展开。研究者认为已知存活的 IPv6 地址可以提供 IPv6 寻址模式的信息,并提出假设:已知 IPv6 地址(种子)可以帮助发现新的未知的 IPv6 地址。于是,这一猜想成为后续研究的基本预设条件。

当前,IPv6 地址空间探测技术主要流程包括:收集已知存活的 IPv6 地址作为种子集,对种子集进行建模和表征学习,生成候选 IPv6 目标,(暴力或有选择地)扫描 IPv6 目标,如图 9-1 所示。

将收集已知的 IPv6 地址作为 IPv6 地址空间探测技术的首要步骤,是十分重要的。研究

数据来源　　　　　　　　　　研究关键　　　　　　　　　　探测工具

DNS记录
公开数据　→　收集IPv6地址　⇒　建模和表征学习　⇒　目标生成　　→　存活探测（扫描）
众包
骨干网抓取

ping6
traceroute6
zmapv6
Masscan

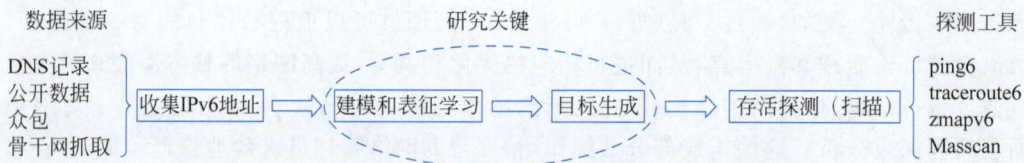

图 9-1　IPv6 地址空间探测流程

表明,初始种子集对一些方法的效果会产生很大的影响。因此,良好的初始种子集应满足多来源和非连续要求。多来源要求收集种子的渠道多样,不应该只通过一种方法或在一个位置收集初始已知的 IPv6 地址。非连续性要求收集的种子应在地址空间分布较为稀疏,即不应连续分布于狭窄的地址区域中。当前,初始种子集收集主要通过 DNS 记录、公开数据、众包和骨干网流量收集等方式完成。目前,现已有一些公认良好的公开数据集支持后续研究使用。

对种子集进行建模和表征学习,其目的是学习存活地址的寻址模式。由于互联网 IPv6 地址对应的设备必定是人或者计算机管理的,因此位于相同管理域下的存活地址必定存在相似的寻址模式。近年来,自动化的种子集表征学习已经得到了长足的发展,基于深度神经网络或机器学习的方法层出不穷,是 IPv6 地址空间探测的关键步骤。

利用种子集的特征进行 IPv6 地址生成。经过种子集的表征学习,提取出的种子特征可以包含多种类型:地址区域模型、固定内容模型或神经网络模型等。地址区域模型是最为常用和高效的种子特征。通常是将整个 IPv6 地址空间作为一个高维度离散空间,地址区域模型指定了探测目标位于特定的空间区域。具体而言,就是规定了在特定维度具有固定的值,而对其他自由维度不作限制。固定内容模型是指固定生成的 IPv6 目标必须包含特定字段或位于特定位置,通常作为补充种子特征。神经网络模型是指通过深度神经网络进行种子集表征学习后,直接利用神经网络生成 IPv6 目标。

存活探测即扫描。存活探测可以对所有的候选 IPv6 进行暴力探测。只有生成的 IPv6 目标的质量好、存活率高,才能得到较高的命中率。也可以策略性地选择 IPv6 目标以进行探测,在给定预算条件下得到较好的效果。当前,探测工具较为丰富,ping6、traceroute6、zmapv6 和 Masscan 等工具在给定的 IPv6 目标的情况下可以满足大规模 IPv6 地址空间探测需求。

9.2.2　IPv6 目标地址生成

IPv6 的快速广泛部署带来了 IPv6 地址空间探测的强劲需求,也催生了大量的 IPv6 地址生成技术的研究。当前,相关的 IPv6 地址生成技术利用了种子集中的语义信息和结构信息。因此,可分为基于语义信息的 IPv6 地址生成技术和基于结构信息的 IPv6 地址生成技术。本节重点分析基于语义信息的 6GCVAE、6VecLM 和 6Gan 以及基于结构信息的 EntropyIP、6Gen、6Tree、6Hit。

1. 基于语义信息的 IPv6 目标地址生成

1) 6GCVAE

在 6GCVAE 中,深度神经网络首次被引入了 IPv6 目标地址生成领域。该技术通过门控卷积网络(Gated CNN)构建变分自编码器(VAE)来学习种子集的地址特征。

如图 9-2 所示,6GCVAE 将 IPv6 地址的 128b 的信息转化为 32 维度的高维坐标。然后通过门控卷积网络学习种子的特征,并将其作为变分自编码器的输入以重建 32 维的地址矢量,最后转化为目标 IPv6 地址。该方法引入神经网络以自动学习种子集的语义信息,但是由于深度学习的代价相对较大,生成目标的耗时较长,因此不能满足大规模的 IPv6 地址空间探测需求。

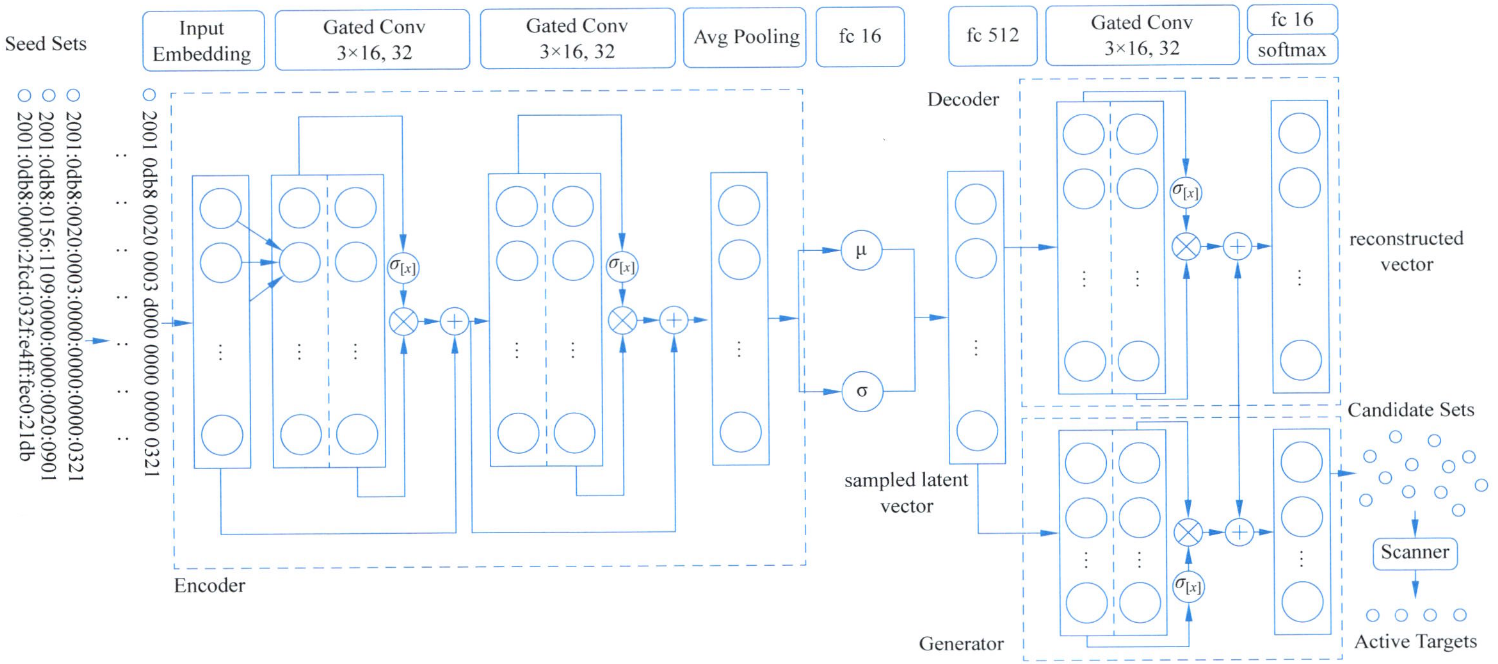

图 9-2　6GCVAE 的整体架构

2）6VecLM

在 6VecLM 中,词集成和语言模型被引入 IPv6 目标地址生成领域。同样,将 IPv6 地址的 128b 的信息转化为 32 维的高维坐标,该坐标并不直接用于神经网络训练,而是采用了一种 IPv62Vec 的地址转换技术(IPv6 to Vector),如图 9-3 所示。也就是,一个 IPv6 地址的 128b 信息被转换为 32 个半字节值,然后所有位置的索引和对应的半字节值被组合成一个"词",整个 IPv6 地址的索引和半字节被转化为一个句子。

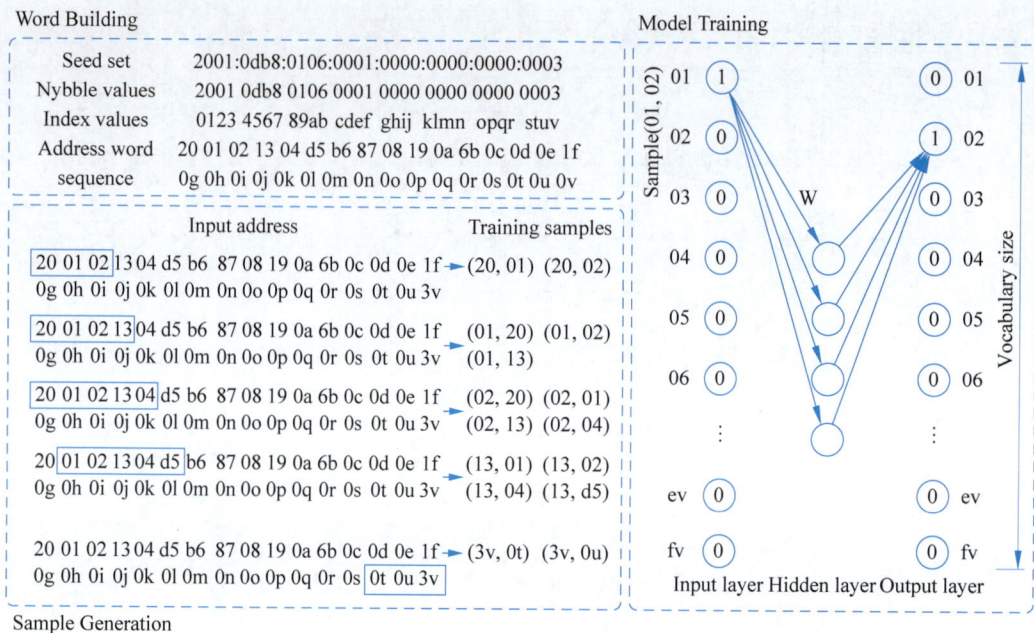

图 9-3 IPv62Vec 的整体架构

这些"句子"将会作为 Skip-gram 算法输入以训练神经网络。具体而言,在给定中心合成词的条件下,其对应的标签(目标)被设置为周围窗口长度内的其他合成词,在 IPv62Vec 中,窗口长度被设置为 4。但是,该方法存在一定的冗余信息引入的问题。Skip-gram 算法作为一种自然语言矢量化技术,其目的是解决自然语言被拆解为单词后,句子的语序信息丢失的问题。原因是,自然语言的单词中不含有单词所在语句的位置信息,因此需要通过滑动窗口选择相邻的单词。然而,该方法首先已经将 IPv6 地址的半字节值和位置索引结合,合成词中已经包含了位置信息,因此 IPv62Vec 可能引入了冗余信息。

Transformer 网络可以通过学习过去的语句以生成新的语句。6VecLM 将 Transformer 移植到 IPv6 目标地址生成中,如图 9-4 所示,将 IPv6 目标地址生成问题转化为文本生成问题,是一种基于种子语义信息的方法。同样,该技术的 IPv62Vec 可能引入新的冗余信息,而 Transformer 网络训练耗时长、代价大,不适用于大规模 IPv6 地址空间探测。

3）6Gcan

生成对抗网络(Generative Adversarial Network)作为近些年深度学习研究的热点问题,在图像生成、时间序列生成和文本生成领域具有广泛的应用。6Gcan 将生成对抗网络引入 IPv6 目标地址生成领域。其整体架构如图 9-5 所示,首先利用手动或自动分类器,对种子进行分类;其次使用长短期记忆网络(LSTM)作为生成器,利用卷积神经网络(CNN)作为判别器,不断强化生成遵循固定寻址模式的 IPv6 目标。同样,由于生成对抗网络本身就是较为复杂的深度神经网络模型,同时生成器的生成效率较低,因此该技术并不适用于大规模 IPv6 地址空间探测。

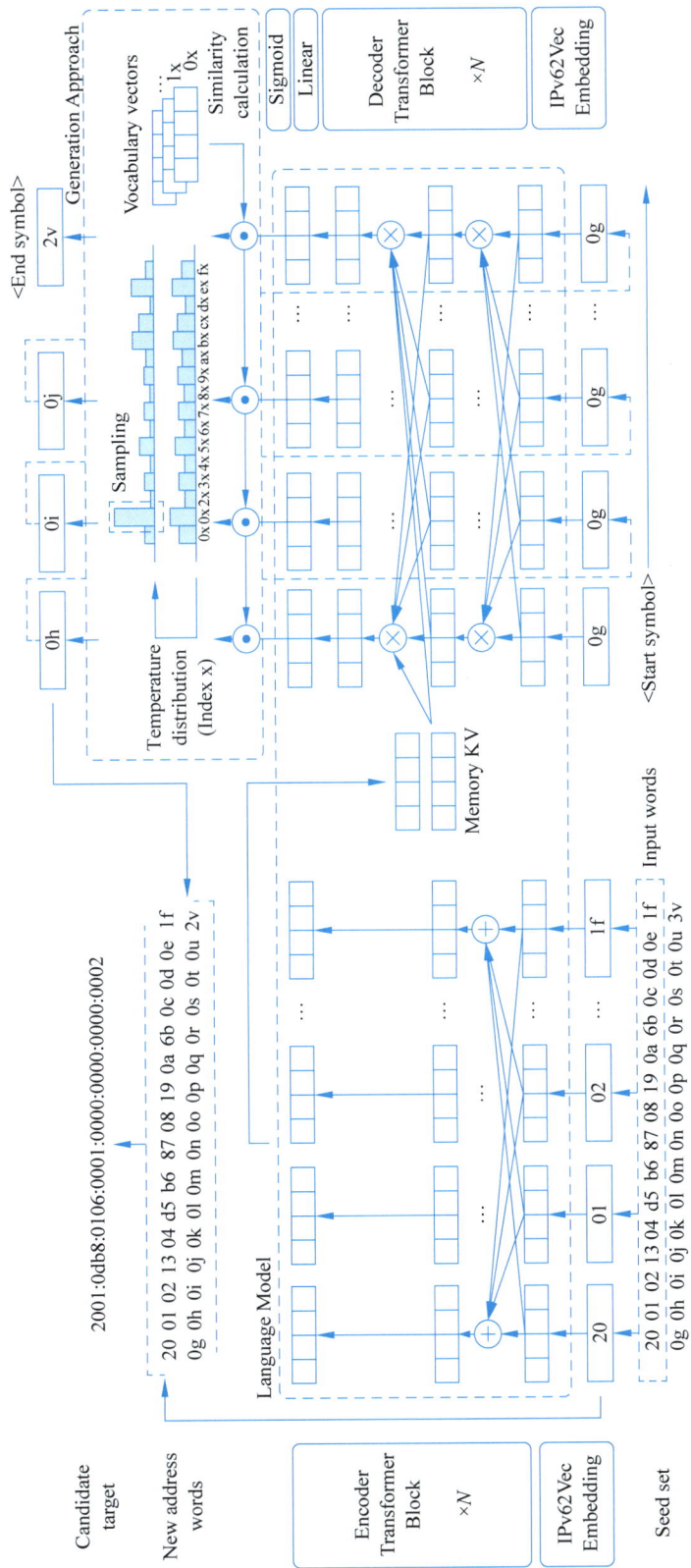

图 9-4 6VecLM 的整体架构

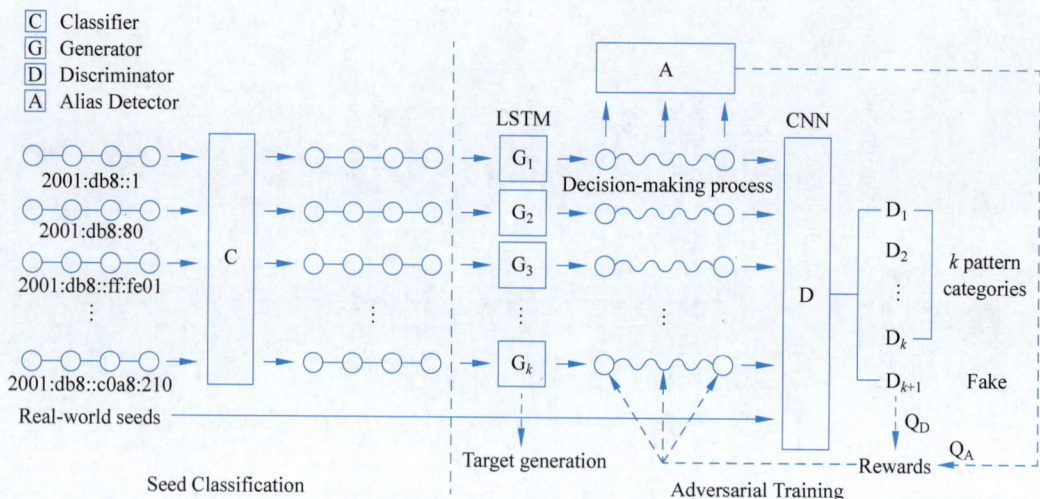

图 9-5　6Gcan 的整体架构

值得注意的是,6Gcan 采用了 3 种方法分类种子集:基于 RFC 定义的、基于自定义信息熵的和基于 IPv62Vec 技术的。实验结果表明,基于 RFC 定义的分类器对种子集的划分效果最好,生成的候选地址最多。

2. 基于结构信息的 IPv6 目标地址生成

1) EntropyIP

EntropyIP 作为较早提出的 IPv6 目标地址生成技术,采用较为复杂的机器学习算法,在效率上并不占优势,但是为后续的研究做了铺垫。该技术将马尔可夫概率图引入地址生成领域,假设 IPv6 地址特定半字节值依赖于其他位置上的值。

该技术原理如下:将 IPv6 种子转化为 32 维的矢量,对整个种子集的矢量进行统计,计算每个维度上的信息熵,如图 9-6 所示。对于那些具有较大信息熵的维度,该维度的值分布较为多样,应被视为可以赋予动态半字节值的变化维度,否则该维度应确定为固定的值。特别地,对于信息熵相同的相邻维度,其对应的半字节值应组合为一个特定字符串,整体作为马尔可夫模型的输入。然后,EntropyIP 为种子构建概率树(Probability Tree)和马尔可夫模型(Markov Model),输入低信息熵维度上的半字节值,以输出最可能对应的半字节值,作为变化维度的赋值,完成目标生成。

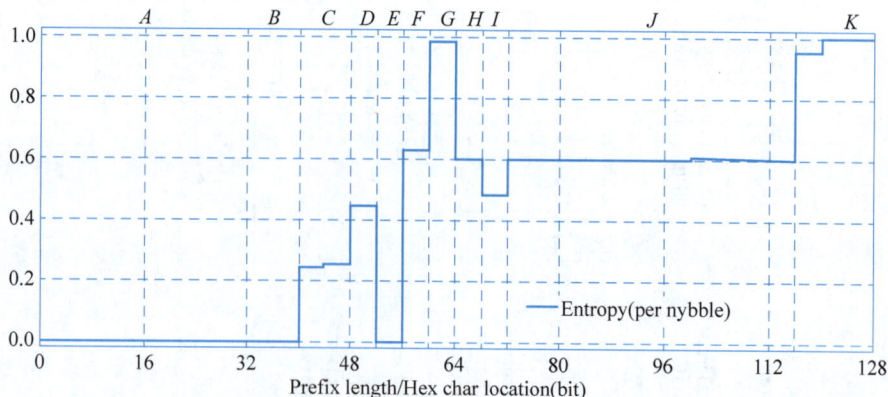

图 9-6　EntropyIP 对给定前缀 2001:0db8:00/40 的种子集的信息熵统计

EntropyIP 对于小规模的种子集处理效果较好，能够取得一定的效果。但是对于大规模数据集，即使能够在可控时间内建立马尔可夫模型，在 IPv6 地址扫描阶段性能也不够出众。由于多数半字节段的信息熵值随着种子数目增加而变大，并最终趋于 1，各半字节段之间的联系减弱，因此 EntropyIP 对大规模种子集的处理效果并不好，命中率低，不适合用于大规模 IPv6 地址空间探测。

2）6Gen

6Gen 首先将聚类引入了 IPv6 目的地址生成中。其主要思想为：位于同一管理域下的 IPv6 地址具有相似性，因此 6Gen 采用了一种由下至上的层次聚类方法。在初始状态下，每个种子集被当作一个点，然后所有的点两两匹配，以判断是否可以组合成一个新的点，迭代聚类步骤，直到没有新的聚类点产生。其中，两点能否聚类为新的点的判断条件是新聚类点的种子密度应大于原有的数据点，如图 9-7 所示。其目的是在尽可能小的 IPv6 地址范围内包含尽可能多的种子。最后，将聚类得到的点对应的地址区域用于地址生成。

$$
\begin{array}{ccc|c|c|ccc}
2 & : & : & 1 & : & 1 & 0 & 0 \\
2 & : & : & 1 & : & 1 & 0 & 1 \\
2 & : & : & 1 & : & 2 & 0 & 0 \\
2 & : & : & 1 & : & 2 & 0 & 5 \\
2 & : & : & 3 & : & 1 & 0 & a \\
2 & : & : & 3 & : & 1 & 0 & c \\
2 & : & : & 3 & : & 2 & 0 & f \\
\end{array}
$$

图 9-7　6Gen 的 2∷*∶*0* 聚类点中的种子组成

6Gen 是一种通过聚类挖掘 IPv6 寻址的模式，避免了原有基于概率模型容易受到种子集规模影响的弊端。因此，在理论上，6Gen 能够用于大规模 IPv6 地址空间探测。然而，由于每一轮聚类都需要复杂的匹配检查，6Gen 的层次聚类时间复杂度非常高，以至于对于相对规模较大的种子集，数据处理的耗时呈指数增长趋势，这限制了 6Gen 应用前景。

3）6Tree

鉴于 6Gen 中的自下而上聚类的时间复杂性太高，6Tree 采用了自上而下的分裂层次聚类的思路以解决这个问题。6Tree 同样将 IPv6 地址空间当作高维空间。对于给定的种子集，6Tree 将其当作分裂树的根节点，然后顺序选取第一个信息熵不为 0（存在不同的值）的维度对种子进行分类。迭代种子分类步骤，完成分裂的树的构建，如图 9-8 所示。在树状结构构建完成后，6Tree 从树的叶子节点开始扫描，如果命中率超过阈值就不断上溯其父节点，直到扫描的命中率低于预期值，选取下一个根节点继续上述过程。这种基于反馈的扫描方法总体耗时相对稍高，扫描的平均带宽相对较低，但是可以为根据反馈动态扫描提供思路。

简单的顺序分裂维度不能适应多样的 IPv6 种子，一旦存在不合适的空间划分区域，就会造成扫描空间暴增，降低命中率，甚至超出探测扫描能力。

4）6Hit

6Hit 改进了 6Tree 的探测过程，首次将强化学习引入 IPv6 目标生成。在类似于 6Tree 的空间划分之后，如图 9-9 所示，6Hit 并不是直接将预算用于整个地址区域，动态地根据扫描探测的返回结果分配下一轮扫描的预算。通过反馈调节，6Hit 成功地将后续扫描方向优化到高密度地址区域中。

对于一个给定地址区域 X_i，6Hit 初始化其期望奖励为

$$
R(i)^1 = \frac{X_i \cdot \text{assignedSeeds}}{X_i \cdot \text{unassignedDimensions}}
$$

其中，$X_i \cdot \text{assignedSeeds}$ 代表区域 X_i 内的种子数，$X_i \cdot \text{unassignedDimensions}$ 代表区域 X_i 的还没有固定半字节值的维度数。在第 t 轮探测中，区域 X_i 的奖励被定义为 $r(i)^t = \dfrac{I_{X_i}(A) - I_{X_i}(D)}{X_i \cdot \text{unassignedDimensions}}$。因此，其期望奖励可以迭代为 $R(i)^{t+1} = (1-\alpha) \cdot R(i)^t + \alpha \cdot r(i)^t$。

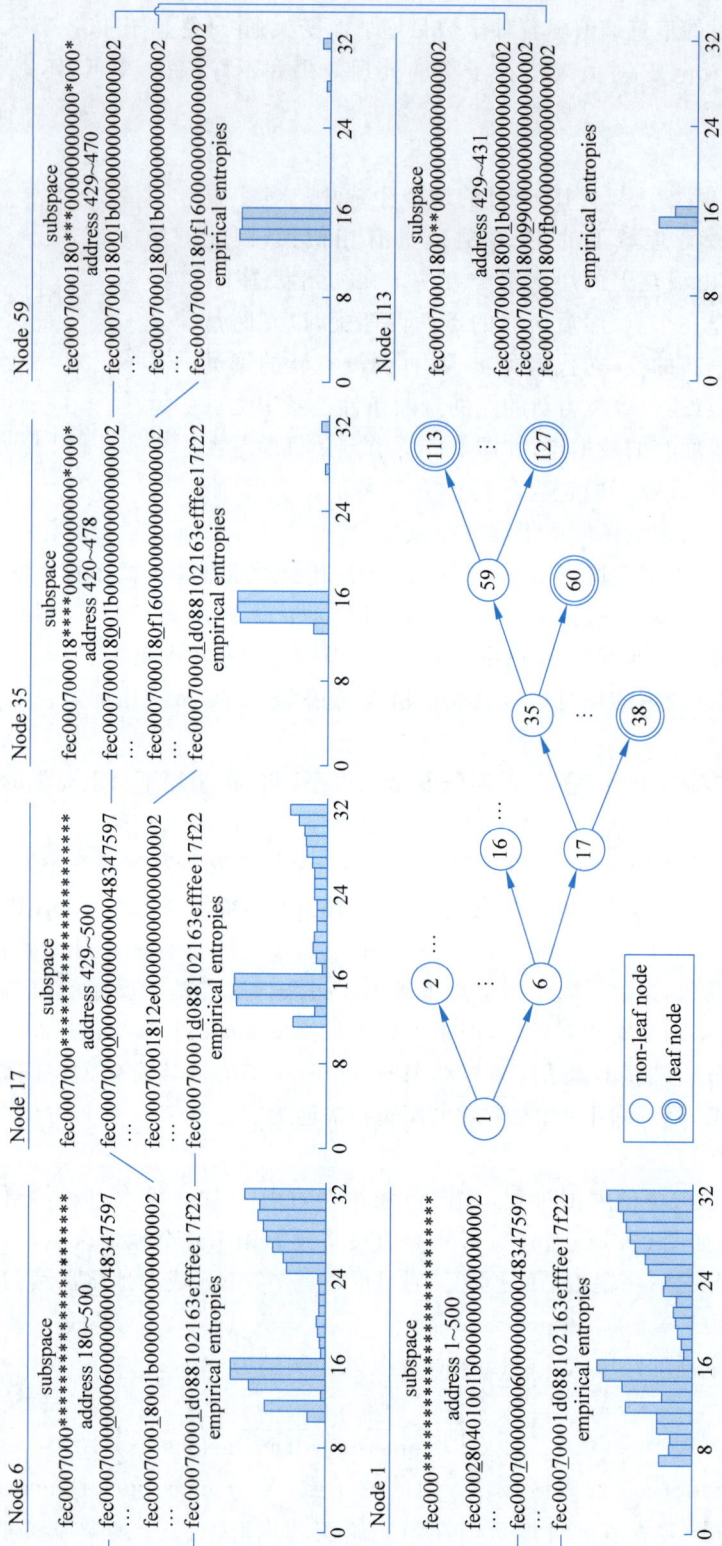

图 9-8　6Tree 分裂层次聚类过程

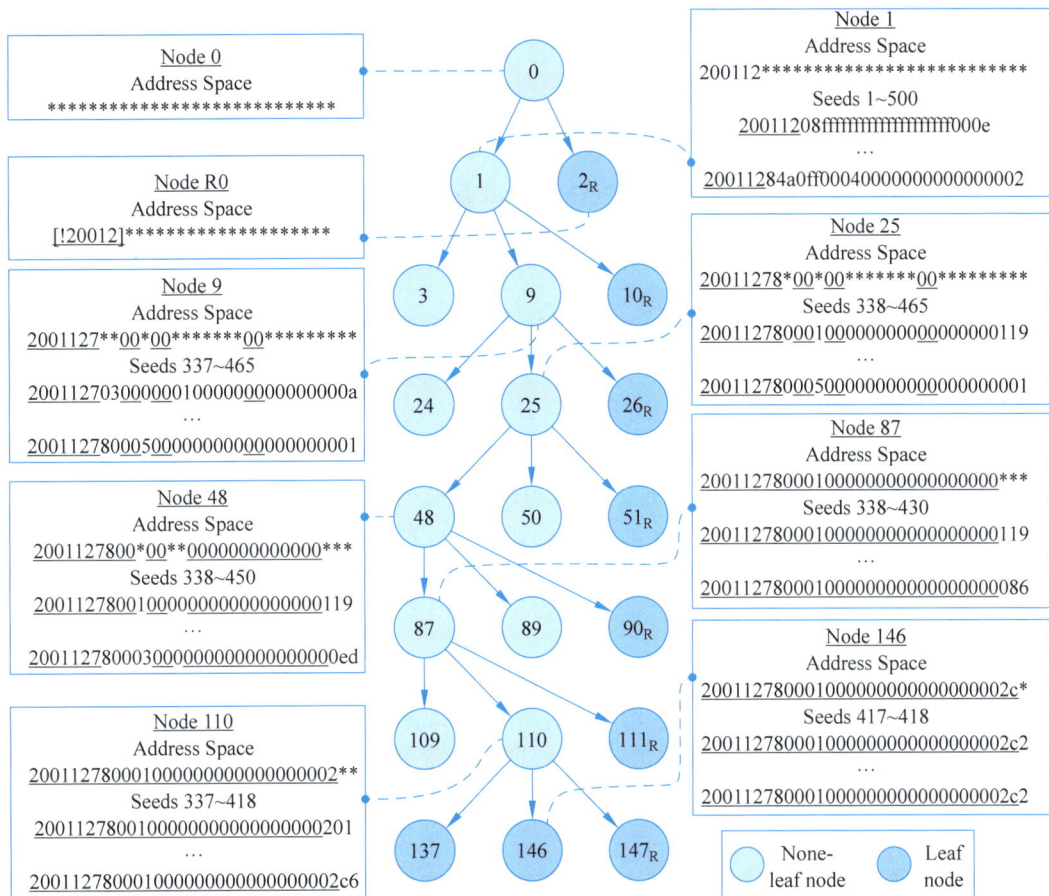

图 9-9　6Hit 的 IPv6 空间划分过程

　　此外,基于强化学习的目标生成方法可能会遇到局部最优导致提前收敛的问题,因此,6Hit 也采用了遗传算法对种子进行变异,如图 9-10 所示。具体过程是,将两个种子的相同位置断开,后半部分相互交换位置,组成新的种子。遗传算法的复杂度较高,这种遗传算法的种子变异策略在连续多次探测奖励都低于阈值时才会被触发。

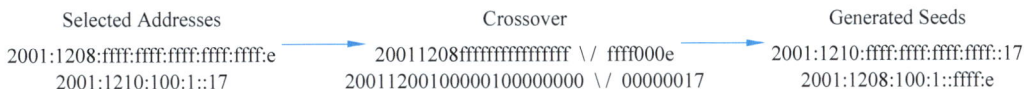

图 9-10　6Hit 的种子变异过程

　　这种基于反馈调节的扫描方式在给定种子集与实际存活地址分布差异较大时尤为有效,具有较高的鲁棒性。然而,由于每一轮探测的运算分配都需要等待上一轮扫描的返回结果,6Hit 的整体扫描效率并不高,存在一定的局限性。同时,由于 6Hit 也采用了和 6Tree 一样的顺序维度空间划分方式,也会存在不合适的空间划分导致扫描范围暴增的问题,因此 6Hit 的性能提升有限。

9.3　网络拓扑发现

　　本节首先介绍网络拓扑层级划分,随后分析拓扑发现的基础工具 Traceroute 的工作原理。在此基础上,比较 Traceroute 工具面临的缺陷和不足,以及研究人员针对此进行的一系列改进。

9.3.1　网络拓扑层级划分

互联网是由许多 AS 通过边界网关协议(BGP)建立起的互联网络,连接各种不同规模和范围的局域网、城域网和广域网,使得全球范围内的计算机和设备能够相互通信和交互。互联网拓扑反映了互联网中各个网络实体(如 AS、路由器、交换机等)之间的连接关系和布局,它将每个网络实体抽象为一个点,将连接实体的链路抽象为一条线,并通过绘制一个由点和线组成的几何图形来描述互联网的结构。这种图形化的表示方法有助于研究人员分析和理解互联网的整体结构。

从最底层的 IP 接口到最高层的 AS,互联网拓扑根据节点和连接的对象不同,可以分为4 个层次,分别是 IP 接口级拓扑、路由器级拓扑、PoP(Point of Presence)级拓扑和 AS 级拓扑。上述 4 个层次的网络拓扑都可以描述互联网中不同节点之间的连接关系,但各层次拓扑中节点和边所代表的含义不同。各层次拓扑具体含义如下:

- IP 接口级拓扑是网络拓扑的最低层次,描述了互联网上每个具体的网络设备(如计算机、服务器、路由器)的 IP 地址和接口,在这个层次上,节点通过直接相连的接口进行通信。

- 路由器级拓扑可理解为别名解析后的 IP 接口级拓扑,其实现了物理拓扑和逻辑拓扑的统一。在路由器级拓扑中,网络节点被抽象为路由器,它们负责按照一定的路由规则转发数据包。在这个层次上,节点之间的连接关系是基于路由器之间的直接相连性,每个节点可以同时与多个其他节点相连,形成复杂的拓扑结构。

- PoP 级拓扑是指网络接入点的聚合层次。一个 PoP 通常由多个路由器组成,提供网络服务的接入点,并连接到多个用户或者其他网络。在这个层次上,拓扑描述了不同接入点之间的连接关系,每个 PoP 都可能有多个路由器,这些路由器之间进行路由决策来实现数据包的传输。PoP 通过使服务和内容的存储和处理位置更接近用户,来减少延迟和带宽使用,并提供更快速和稳定的服务。

- AS 级(即自治域级)拓扑是最高层次的互联网拓扑,表示 AS 之间的连接关系。一个 AS 是由一个或多个网络和路由器组成的逻辑集合,受同一组织或管理机构控制。在 AS 级拓扑中,节点表示 AS,节点之间的连接表示不同 AS 之间的网络互连关系。AS 级拓扑主要用于描述全球互联网的整体结构。

不同层次的网络拓扑关系如图 9-11 所示,一个路由器节点通常包含多个接口;一个 PoP 通常聚合了多个路由器;而多个 PoP 相互连接,构成了 AS 的骨干网络;最后,AS 之间建立互相连接和交换路由信息的点对点链接,形成互联网的骨干网络,为数据在互联网上的传输提供基础架构和服务。这样的层次结构可以理解为从底层到顶层逐步聚合和抽象的过程。在底层,IP 接口级拓扑和路由器级拓扑描述了网络中单个路由器的物理连接关系;在中间层,PoP 级拓扑将多个路由器聚合在一起,形成一个更高级别的拓扑结构;在更高层次,AS 级拓扑描述了不同 AS 之间的连接和关系;最后,互联网骨干网络通过点对点链接将各个 AS 连接在一起,形成了互联网的基础架构。

这种分层的网络拓扑结构有助于管理和优化网络,同时也提供了更好的可扩展性和灵活性,使得网络能够满足不断增长的需求,并提供可靠和高效的数据传输服务。

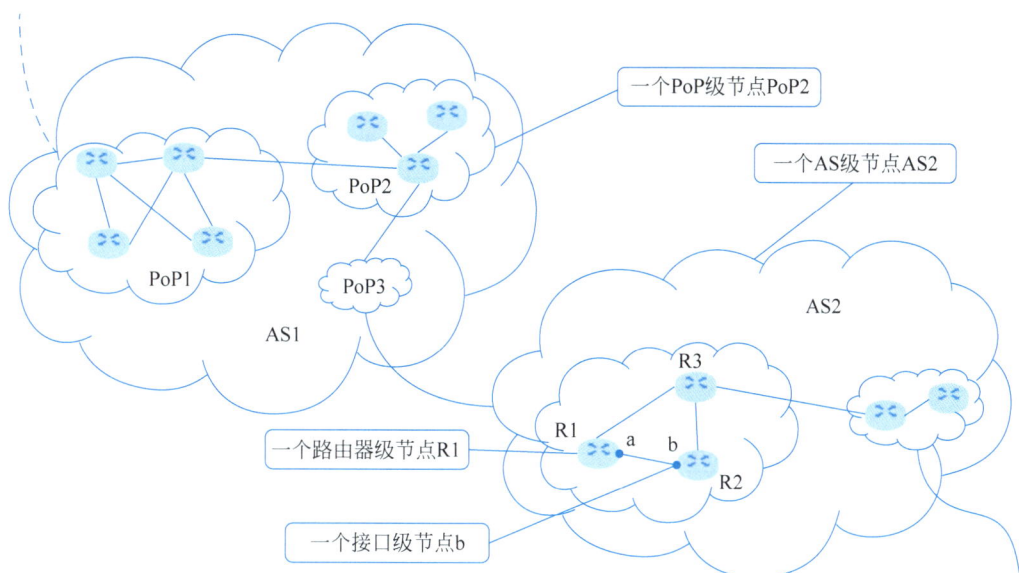

图 9-11　不同层次的网络拓扑关系示意图

9.3.2　Traceroute 技术原理

　　Traceroute 曾被广泛用于 IPv4 网络中的路由追踪和拓扑发现,是获取互联网拓扑最常用的主动测量工具。其主要有两种实现方法,分别是基于 ICMP 报文和 UDP 报文。Microsoft Windows 默认设置的 Traceroute 基于 ICMP 报文;Linux 和 UNIX 操作系统默认设置的 Traceroute 基于 UDP 报文。基于 ICMP 报文的 Traceroute 实现原理如下:首先,源主机向目标主机发送一个 TTL(Time To Live)值为 1 的 ICMP 报文,其中 TTL 指定报文被路由器丢弃之前允许通过的最大网段数量(报文每经过一个路由器,TTL 字段就减 1,直至减到 0),因此该报文无法直接到达目标主机,在经过第一个路由器时,该路由器会将 TTL 值减 1,随后丢弃该报文并发送一个 ICMP 超时报文返回源主机,从这个 ICMP 超时报文中,源主机获取第一个路由器的地址;随后,源主机发送一个 TTL 值为 2 的 ICMP 报文,重复同样的流程:数据包通过第一个路由器,然后在第二个路由器处 TTL 减为 0,引发该路由器发送 ICMP 超时报文并返回源主机;通过这种方式,源主机逐步增加 TTL 值,使 ICMP 报文通过更多的路由器,直至到达目标主机;当 ICMP 报文到达目的主机时,目的主机将向源主机发送一份回显应答的 ICMP 报文(ICMP echo),源主机收到回显应答的报文后即停止探测。因此判断报文到达目的主机的方式是源主机查看是否收到回显应答的 ICMP 报文。

　　基于 UDP 的 Traceroute 技术与基于 ICMP 的 Traceroute 技术原理相似,都是以 TTL 递增的方式追踪从源主机至目标主机的路径,中间路由器根据 TTL 值来判断是否进行转发,TTL 值为 0 不再转发并回复 ICMP 超时报文,非 0 则进行转发,继续寻找目标主机。基于 UDP 和基于 ICMP 的方式的主要区别在于:基于 UDP 的 Traceroute 技术发送的是端口号大于 30000(一般都是未使用的端口)的 UDP 报文,旨在降低该报文被在目标主机工作中的端口接收的可能性。

　　此外,还有一些基于 Traceroute 的主动拓扑发现工具采用了基于 TCP 报文的探测方式(如 Yarrp),其技术原理与基于 ICMP 和 UDP 的 Traceroute 技术相似。由于基于 UDP 的探测方式要求发送的报文携带较大的端口号,这导致在实际网络中该 UDP 报文容易被防火墙过滤。为此,基于 TCP 的 Traceroute 使用已知端口(如端口 80)发送 TCP-SYN 探测报文,其主要目的是增大穿透防火墙的概率,因为 TCP-SYN 报文被当作试图建立一个正常的 TCP 连接,所以不会被防火墙过滤。然而基于 TCP 的 Traceroute 也有缺陷:有些防火墙被配置为在其域内没有主机在已知端口接受 TCP 连接时就过滤 TCP 数据包,在网络边缘这种现象更为常见;基于 TCP 的探测报文有在目的主机上被正在工作中的端口接收的风险。对基于 UDP、ICMP 和 TCP 的 Traceroute 进行拓扑发现实验,结果表明,基于 ICMP 的 Traceroute 到达目标地址的成功率最高;基于 UDP 的 Traceroute 到达目标地址的成功率最低,这是由于基于 UDP 的"大端口号"报文尚未到达目标时容易被防火墙过滤,但是此类型的 Traceroute 可以找到更多的 IP 链路。上述 3 种 Traceroute 技术的特点如表 9-1 所示。

表 9-1   基于不同协议的 Traceroute 技术特点

协 议 类 型	目标节点响应方式	优 缺 点
ICMP	ICMP echo	数据量小,目标响应成功率高
UDP	ICMP 端口不可达	数据量小,易被防火墙拦截
TCP	SYN｜ACK 或 RST	数据量大,不易被防火墙拦截

基于 UDP 的 Traceroute 实例如图 9-12 所示。Host A 首先发送一个 TTL 为 1 的 UDP 报文,如图 9-12(a)所示,该报文被 Router1 丢弃,并返回一个 ICMP 超时错误报文;随后 Host A 发送一个 TTL 为 2 的 UDP 报文,如图 9-12(b)所示,该报文被 Router2 丢弃,并返回 ICMP 超时错误报文;随后 Host A 发送 TTL 为 3 的 UDP 报文,如图 9-12(c)所示,该报文将到达目标主机 Host B,Host B 向 Host A 返回一个 ICMP 端口不可达报文;Host A 在收到 ICMP 端口不可达报文后即结束对 HostB 的探测进程。

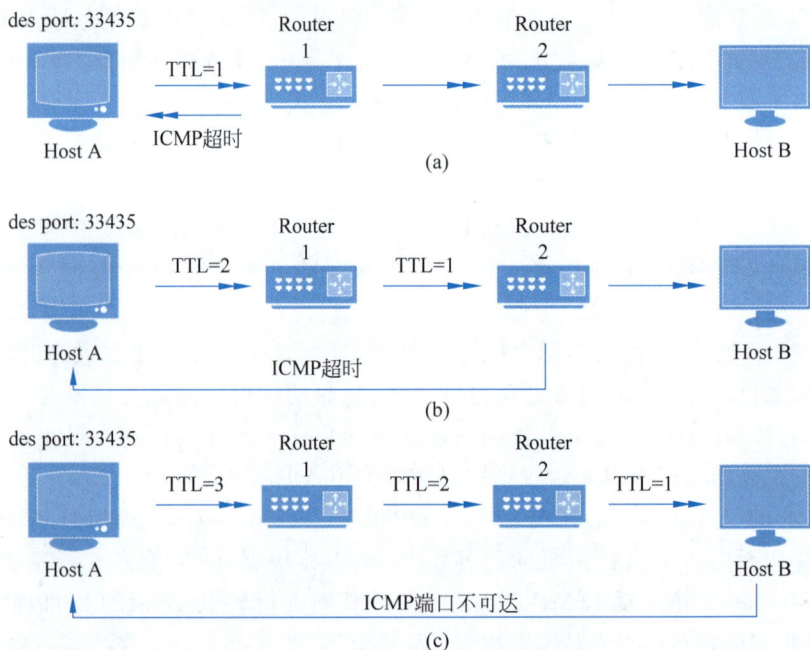

图 9-12   Traceroute 探测原理实例

此外,还有一些基于主动测量的网络拓扑发现技术,如基于简单网络管理协议(Simple Network Management Protocol,SNMP)、基于网络层析成像(Network Tomography)等。基于 SNMP 的拓扑发现主要是向 SNMP 代理发送报文以获取 ipRouteNextHop 和 ipRouteIfindex,并据此得到下一跳 IP 地址以及直连的端口;此后不断迭代上述过程,直至到达目的端口。基于网络层析成像的拓扑发现是通过端对端的测量技术来推测节点的连接关系,其主要步骤如下:首先通过端对端的测量技术获取源节点到目的节点间的网络性能参数;此后根据网络性能参数计算各节点的相关性;最后根据相关性来推测各节点的连接关系。

Traceroute 在 IPv4 互联网绘制网络拓扑发挥了重要作用,然而在真实网络中其也面临着多种挑战,如因负载均衡策略导致的假链路和环路、冗余探测等,研究人员针对这些缺陷提出了一系列改进措施。

9.3.3 假链路和环路识别

目前多数路由器都采用负载均衡策略,即路由器在转发的过程中考虑各端口的负载情况,针对具有相同特征的数据报文(如流相同、目的地址相同等)均衡到不同的端口进行转发。负载均衡策略可以提升路由器的数据传输能力,增加网络的吞吐率并提升鲁棒性。然而,负载均衡策略会导致测得的拓扑路径存在假链路以及环路,从而产生错误的互联网拓扑。为解决上述问题,研究人员提出了多种方法,这些方法都旨在绕过负载均衡机制,获取更准确的拓扑信息。其中比较常见的包括 Paris-Traceroute 技术和多路径探测算法(Multipath Detection Algorithm,MDA)。这两种方法都可以在网络中检测负载均衡导致的错误拓扑问题,提供有关路径和节点之间的网络拓扑信息。通过使用这些技术,可以更好地理解负载均衡系统对网络的影响,并采取相应的策略来优化网络性能和解决错误拓扑问题。

1. Paris-Traceroute 技术

负载均衡策略主要有基于流的路由转发和基于报文的路由转发两种方法。在基于流的负载均衡策略中,路由器会将具有相同流标志(即相同的源地址、目的地址、源端口、目的端口以及协议)的 IP 报文划为同一个流(flow),然后从同一个路由端口将这些报文转发出去,这样可以确保同一流的所有报文都经过同一条路径进行转发,避免报文在转发过程中的乱序和延迟问题。基于报文的负载均衡路由器不按照报文的流标志对其进行划分,只根据每个端口的负载情况,使每个报文单独转发,以保持路由器均匀的负载。

Augustin 等发现基于流的负载均衡路由器在真实网络中的比例较大且主要位于核心网络中,而基于报文的负载均衡路由器的比例较小,其在不同测量点测得的各类型负载均衡所占比例如表 9-2 所示。此外,传统的 Traceroute 方式在每次发送探测报文时都会改变报文的源端口号,这导致每个报文被负载均衡设备视为独立的流,并可能选择不同的路径进行转发。对此,Augustin 等提出 Paris-Traceroute,即发往同一个目的地址的探测报文保持流标志不变,使得这些报文被负载均衡设备视为同一个流。因此基于 Paris-Traceroute 的探测报文避免了被负载均衡路由器随机地分发到不同的路径,从而有效地避免了基于流的负载均衡策略导致的假链路和环路。

表 9-2 各类型负载均衡在网络中所占比例

测 量 点	流 类 型	报 文 类 型
aml-gblx	23%	2.1%
bucuresti	25%	2.6%
chil-gblx	27%	2.3%
coloco	27%	2%
cornell	80%	2%
cybermesa	25%	1.7%
digitalwest	54%	2%

测 量 点	流 类 型	报 文 类 型
intel	31%	1.9%
lonl-gblx	26%	2.1%
msanders	39%	2.2%
nyu	64%	1.9%
paris	30%	1.9%
roncluster1	51%	2.8%
speakeasy	51%	2.8%
vineyard	40%	2%
all	39.5%	2.1%

使用不同技术测得的网络拓扑如图 9-13 所示,其中,图 9-13(a)是真实网络拓扑,L 为基于流的负载均衡路由器。使用 Traceroute 测得的网络拓扑如图 9-13(b)所示,探测报文在 TTL=2 时到达 A 节点,且由于负载均衡策略,部分报文在 TTL=3 时经 C 到达 D 节点,因此测得的路径信息存在 A 和 D 直连的假链路;同时,在 TTL=3 和 TTL=4 时 D 节点均会响应,因此测得的路径信息存在从 D 到 D 的环路。使用 Paris-Traceroute 技术测得的网络拓扑如图 9-13(c)所示,其发往目的地址 Dst 的一系列探测报文保持流标识不变,因而能够测得和真实环境相同的网络拓扑。

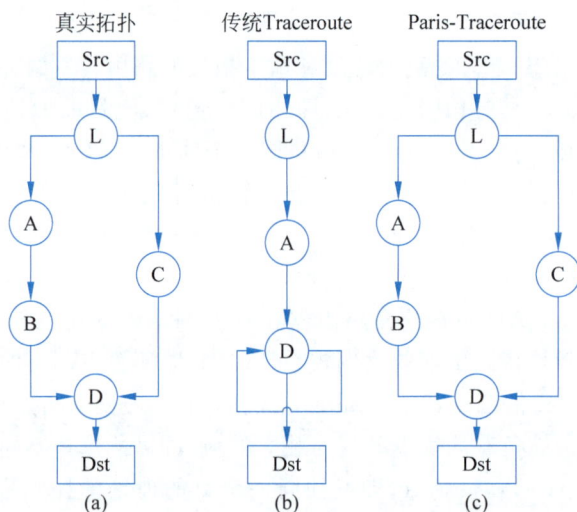

图 9-13　Paris-Traceroute 对比 Traceroute 实例

Paris-Traceroute 不能完全克服负载均衡策略带来的干扰,这是因为基于报文类型的负载均衡路由器没有分流的功能,只是将探测报文随机地转发,此时 Paris-Traceroute 技术无法准确地追踪到不同的路径。因此可以采用 MDA 算法解决该问题。

2. MDA 算法

Veitch 等提出 MDA 算法来发现负载均衡后隐藏起来的所有可用路径,包括每个路由节点的全部端口,从而克服负载均衡对网络探测结果的影响,提供更准确和全面的路径信息。MDA 算法的核心思想是通过增加探测报文的数量,扩展探测范围,以获得更准确和全面的路径信息。算法的流程有 3 个步骤:

(1) 使用 Traceroute 从 TTL=1 开始向目的节点进行探测。其遍历每个中间节点的端口来获取与其直连的端口集,同时判断该中间节点是否使用负载均衡策略。

（2）发送不同流标志的探测报文以获取与中间端口 r 直连的所有节点。探测源点在该步骤中发送不同源端口号的报文，若 r 为负载均衡端口，则其将收到多个后续端口的响应。

（3）向中间端口 r 发送多个相同流标志的探测报文以判断其负载均衡类型。相同流标志的报文经过基于流的负载均衡路由器时沿相同的路径转发，而经过基于报文的负载均衡路由器时则被随机地转发。

MDA 算法可以发现从探测源点到目标节点的所有链路，包括被负载均衡机制隐藏起来的链路，从而帮助研究人员获得更全面和准确的拓扑结构。但是 MDA 算法需要发送大量的探测报文来穷举出中间路由节点的所有端口，这会对网络资源造成较大的负载。当网络规模较大时，发送大量的探测报文可能会导致网络资源的浪费和拓扑发现效率的降低。

9.3.4 降低冗余探测

传统的拓扑发现方法通常是从 TTL＝1 开始，并逐步增加 TTL 值，向外扩散探测报文，直至覆盖整个网络。这种方式在网络分支众多、拓扑结构较为复杂或者拥有负载均衡设备等情况下，容易导致位于探测源点附近的节点被反复多次探测，这些冗余探测将造成网络资源的浪费，甚至影响网络的正常运行。冗余探测的实例如图 9-14 所示，源节点完成对 R3 及其后续节点的探测后，再对 R4 及其子网进行探测时，探测源点—R1—R2 段链路将被反复探测；同理，对 R4 的后续子网 R5 和 R6 的探测时，R2—R4 段链路也将被反复探测。当 R5 和 R6 所在子网包含大量待探测目标时，将会导致严重的冗余探测，造成网络资源的浪费。此外，针对多探测源点的拓扑发现进程，在不同探测点对同一目标进行拓扑探测时，目标节点附近的相同链路将被不同的探测点探测，这也会导致冗余探测和网络资源浪费。

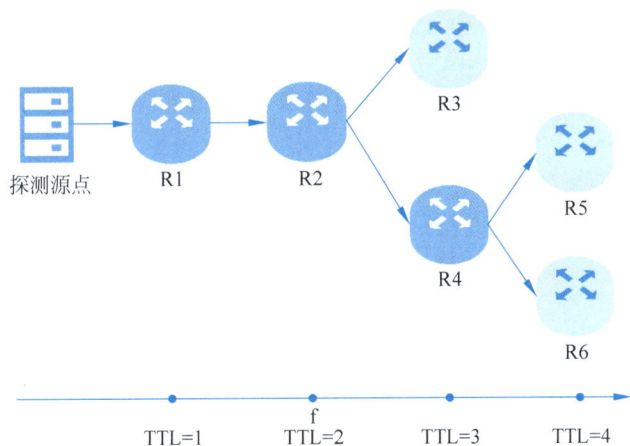

图 9-14 冗余探测实例

为此，Donnet 等提出了 Doubletree 算法，该算法利用树状结构来组织和管理探测包的传输路径，从而降低冗余探测并提高效率。Doubletree 算法可应用于单测量点拓扑发现，也可用于多测量点拓扑发现，并且二者的工作原理相似：都是先构建一棵以中间节点为根的树，然后通过向前和向后探测到目标和源节点来扩展树的分支，在扩展过程中，算法会利用之前记录的历史信息来避免冗余探测。

Doubletree 算法应用于单点拓扑发现的流程如下：初始化阶段维持一个中间数组来存储已发现的中间节点；随后从选定的中间节点 m 开始以 TTL 递减的方式先向源点探测（向后探测），如果遇到已发现的节点或到达源点（TTL＝1），则结束向后探测，否则将发现的节点加入中间数组并继续向后探测；完成向后探测进程后，算法从中间节点 m＋1 开始以 TTL 递增的方式向目标节点探测(向前探测),直至到达目标节点。该算法可以显著降低位于源点附近的冗余探测,同时形成较为完整的网络拓扑。

Doubletree算法应用于多点拓扑发现的流程如下:初始化阶段算法使所有探测点维持并共享一个全局停止集存储向前探测时发现的中间节点,并且每个探测点单独维持一个本地停止集来存储向后探测时发现的中间节点;随后算法将目标地址集划分为多个大小相等的子集并分配给各探测点,各探测点选定一个中间节点 m,并从 m 开始以逐跳递增的方式向前探测,并将<目标地址,中间接口>二元组加入全局停止集,直到探测报文到达目标节点或者二元组出现在全局停止集时结束向前探测进程;此后各探测点从 $m-1$ 开始以 TTL 递减的方式向后探测,算法流程与单探测点向后探测相同。各探测点完成拓扑探测后,相互交换目标并对下一个目标子集进行探测。相对于单点探测,多点探测同时从不同方向以并行的方式发现网络中的中间节点和连接关系,可以提高网络拓扑发现的速度和效率,并且能够更完整地发现网络拓扑结构。

9.3.5　无状态扫描

传统的 Traceroute 技术探测时需要保持每个发送的探测状态,即只有在收到上一轮的反馈后,才能进行新一轮的探测。这降低了探测的并行性,限制了探测的速率。受 Zmap 启发,Beverly 等提出了出基于无状态扫描的 Yarrp 技术,Huang 等提出了出基于无状态扫描的 Flashroute 技术。在 Yarrp 技术和 Flashroute 技术中,研究者采用无状态扫描的策略,解耦发送报文和接收报文两个线程,将所有必要的探测信息编辑到探测数据包内,不需要维持连接状态,同时从 ICMP 应答中恢复与重构状态(原始的目的地址、端口号、TTL 等)。这种无状态扫描的策略显著提升了扫描的并行性,加快了扫描进程。

Yarrp 技术采用无状态扫描构造数据包的实例如图 9-15 所示,Yarrp 将经过的时间编码为 TCP 序列号,将发送数据包的 TTL 编码为 IPID,将目的 TCP 端口固定为端口 80 以方便穿越防火墙,同时用目标 IP 地址的校验和填充源 TCP 端口。通过将解释测量所需的信息编辑到探测报文中,在发送数据包的过程中不再需要维持连接状态,只需从接收的数据包中获取目的主机的相关信息。依靠无状态扫描策略,Yarrp 可以在一小时内跟踪 IPv4 地址空间中的所有/24 前缀,Flashroute 技术甚至可以在 20 分钟内完成对 IPv4 地址空间中的所有/24 前缀扫描。

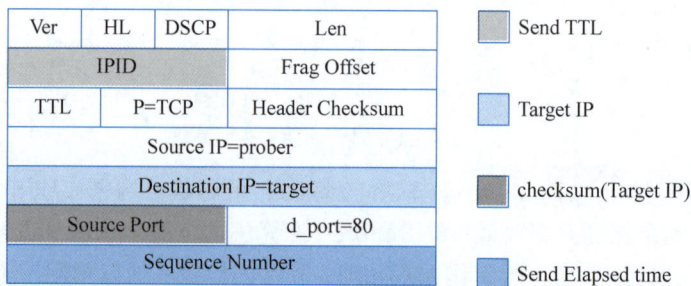

Ver	HL	DSCP	Len		Send TTL
IPID			Frag Offset		
TTL	P=TCP		Header Checksum		Target IP
Source IP=prober					
Destination IP=target					checksum(Target IP)
Source Port			d_port=80		
Sequence Number					Send Elapsed time

图 9-15　构建数据包实例

9.3.6　别名地址解析

路由器为了连接到不同的网络同时实现高效的报文转发功能,其一般拥有多个接口,因此也拥有多个 IP 地址,这些映射到同一台终端设备的 IP 地址为别名地址。在拓扑发现测得的链路信息中,每个 IP 地址在逻辑上对应一个中间节点(路由器或交换机等转发设备),但是中间节点在物理上拥有多个接口，每个接口对应一个 IP 地址。由于别名地址的影响，进行拓扑发现时测得的逻辑拓扑与真实的物理拓扑将出现误差。路由器别名地址现象对网络拓扑发现的影响如图 9-16 所示，其中，图 9-16(a)表示实际网络连接情况，拥有 4 个接口的路由器 R，通过 I_4 连接互联网，通过 I_1、I_2、I_3 分别连接到路由器 A、B、C；图 9-16(b)表示对拓扑发现的结果进行分析后的网络拓扑，R 的每个接口都对应一个路由器，这些路由器相互独立同时连接不同的网络，结果显示其与实际网络拓扑差别较大。因此在真实网络中，一台拥有多个端口的路由器往往会被多次发现并显示为多个不同的 IP 节点，如果对这些 IP 节点直接进行网络拓扑绘制，那么其网络节点数量和连接数量将大大增加，得到的拓扑比真实网络更加复杂，不利于网络管理者对网络进行维护和拓展。因此需要使用别名解析技术将属于同一路由器的多个 IP 地址映射在一起，实现物理和逻辑上的统一。

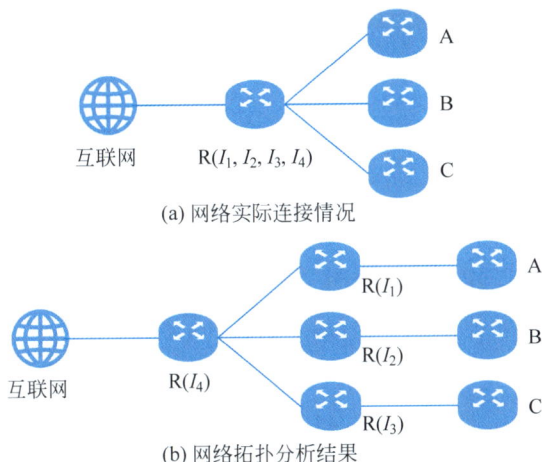

(a) 网络实际连接情况

(b) 网络拓扑分析结果

图 9-16 网络实际拓扑与探测拓扑对比

别名解析方法主要有 3 种，分别是基于测量的别名解析算法、基于推断的别名解析算法和综合法。基于测量的别名解析算法通过向目标地址发送探测报文，根据目标地址响应的内容或特征，提取具有相关性的目标地址集并据此判定目标地址集中的多个 IP 是否属于同一路由器；基于推断的别名解析算法通过构建 IP 拓扑、IP 地址前缀或 IP 接口名称来推断不同的 IP 地址是否属于同一台路由器。基于测量的别名解析算法更准确，但是无法解析不响应或响应不完整的网络设备，此时基于推断的别名解析算法可以作为对其的补充，而综合法就是将多种别名解析方法结合起来进行更加全面和准确的别名解析的一种方法。别名解析技术分类如表 9-3 所示。

表 9-3 别名解析技术分类

别名解析算法	原 理	代 表 算 法
基于测量的别名解析算法	同源地址	Mecator、iffinder
	IPID	Speedtrap、TBT
	时间截字段	Timestamp
	路由记录	Passenger、DisCarte
	IGMP	Mrinfo+
基于推断的别名解析算法	DNS 解析	DASAR
	拓扑、图论	AAR、APAR
	机器学习	AliasCluster
综合法	综合法	Palmtree、TreeNet

　　不同的别名解析算法的主要流程基本相同,依次是先进行别名集合筛选,再进行数据探测与分析,最后进行别名判定。别名集合筛选通过分析潜在的别名关系或 RFC 文档中关于路由器接口的分配规范,将可能互为别名的 IP 地址集从目标集中提取出来,以实现缩小搜索范围、降低测量开销、提高解析效率的目的;数据探测与分析根据别名判定的原理进行网络探测、数据收集与分析,如基于测量的别名解析算法通过收集目标响应报文的同源地址、IPID、时间戳等信息,基于推断的别名解析算法分析 DNS 域名、网络拓扑等信息来为别名判定步骤做准备;别名判定过程是根据 RFC 文档或者路由器的配置规范,或者基于机器学习的算法(如 TreeNet、DisCarte)来判定可能互为别名的 IP 地址集中的 IP 地址是否为别名地址。

　　目前 IPv4 别名解析技术较为成熟,而 IPv6 别名解析技术仍处于起步阶段。由于 IPv6 在近年来才开始大规模部署,其测量数据较少,使用拓扑推断的算法进行别名解析缺乏大量的测量数据作为支撑,因此针对 IPv6 网络的别名解析技术主要集中在同源地址(如 Atlas)和 IPID(如 Speedtrap)的方法。

第 10 章

网络空间防御

网络空间安全通常是指保护网络空间中的信息和系统不受未授权访问、滥用、泄露、破坏或其他形式威胁的一系列措施和活动。它包括各种技术和策略,如防火墙、加密、入侵检测系统、安全协议等,以防止恶意活动,保护数据的完整性、可用性和保密性。网络空间安全的目的是确保网络环境的稳定、可靠和安全,保护用户、组织和国家的网络安全利益,促进网络空间的和平、开放和有序发展。随着技术的发展和网络空间的日益扩展,网络空间安全已经成为国家安全和社会发展的重要组成部分。网络空间安全面临着诸多挑战,包括但不限于:

- 数据泄露和隐私侵犯。
- 网络钓鱼和社交工程攻击。
- 分布式拒绝服务(DDoS)攻击。
- 高级持续性威胁(APT)。
- 物联网(IoT)设备的安全性问题。
- 供应链攻击。
- 云服务的安全性问题。

10.1 网络安全及机器学习方法

10.1.1 网络安全挑战

网络空间已经成为继陆、海、空、天之后的"第五疆域"。根据中国互联网络信息中心(CNNIC)发布的第 54 次《中国互联网络发展状况统计报告》,截至 2024 年 6 月,我国网民规模已接近 11 亿人,互联网普及率达到 78.0%。随着我国网络环境的不断优化,数字助农、数字助老、数字惠民等政策措施持续推进,越来越多的人群接入互联网,共享数字化带来的便利和红利。可见,网络空间已经成为人们日常生活和社会经济活动的重要基础设施。

与此同时,网络空间安全作为保护网络疆域、保障网络秩序、维护国家和人民利益的关键领域,其重要性日益凸显。随着互联网和信息技术的飞速发展,网络安全问题变得更加突出。近年来,网络入侵、数据泄露、服务中断等安全事件频繁发生,特别是在金融、能源、医疗等关键信息基础设施中,这些事件对国家安全和社会稳定构成了巨大威胁。例如,2022 年 6 月,西北工业大学电子邮件系统遭到境外黑客攻击,调查显示,攻击源自美国国家安全局(NSA)"特定入侵行动办公室"(TAO),黑客先后利用了 41 种 NSA 的专用网络攻击武器装备,采取半自动化攻击流程,通过单点突破、逐步渗透、长期窃密等方式,窃取了超过 140GB 的高价值数据。同样,2023 年 7 月,武汉市地震监测中心遭受境外组织的网络攻击,调查证实,在武汉市地震监测中心发现了源于境外的木马程序,该木马程序能非法控制并窃取地震速报前端台站采集的地震烈度数据,该行为对国家安全构成了严重威胁。此外,2023 年 11 月,中国工商银行(ICBC)旗下全资子公司工银金融服务公司(ICBCFS)遭受 LockBit 勒索软件攻击,导致部分系统中断。这些安全事件表明,网络安全问题已从技术层面上升为国家战略性问题,关系到国家利益和社会稳定。因此,如何有效地检测、预防并应对网络入侵行为,保障网络空间安全,是当前网络安全领域急需解决的关键问题。

网络入侵检测是保障网络空间安全的核心技术之一。网络入侵检测系统(NIDS)主要分为两类:基于误用的网络入侵检测和基于异常的网络入侵检测。基于误用的网络入侵检测系统通过将监测到的网络流量与已知攻击签名进行匹配来识别攻击,这种方法对已知威胁具有较高的检测准确性,但对未知攻击的应对能力有限,无法识别新型攻击手段。相比之下,基于异常的网络入侵检测系统通过学习正常的网络行为模式,当检测到行为显著偏离正常范围时发出告警,能够有效发现未知攻击。随着人工智能技术的快速发展,基于机器学习的网络入侵检测系统展现出强大的检测能力。通过分析网络数据的动态特征,机器学习算法可以捕捉到更为细微的异常行为。但面对复杂多变的网络环境和不断演化的攻击手段,现有的网络入侵检测系统仍然面临着误报率高、检测效率低下以及对新型攻击手段响应不足等挑战。

网络环境的高度动态性、攻击手段的多样化以及防御策略的不断升级,使得网络入侵检测系统必须应对不断变化的环境。在现代网络中,每天都会产生大量的流数据,机器学习模型需要具备适应这种变化的能力,以保持对新威胁的检测效果。数据分布随时间变化的现象称为概念漂移(Concept Drift)。概念漂移在网络安全领域尤为显著,随着攻击模式、网络配置和用户行为的变化,网络数据的分布不断发生变化,进而影响入侵检测系统的性能。入侵检测系统不仅要能够识别现有的网络攻击,还要能够及时检测并适应概念漂移。例如,在恶意软件检测中,原本在训练集上表现良好的分类器,当遇到一个新的恶意软件家族或变种时,可能会错误地将其归类到已有类别中。类似的现象在网络入侵检测、WebShell检测和网站指纹识别等领域同样存在,其原因在于训练数据与测试数据的分布不一致,而传统的机器学习模型假设数据是独立同分布的,这种分布不一致性成为限制模型有效性的关键。因此,如何有效应对概念漂移,保持模型对新型威胁的灵敏度,成为网络入侵检测领域的重要挑战。

为了应对动态变化的网络环境和由此而产生的概念漂移问题,数据流机器学习算法在网络入侵检测中的应用引起了广泛关注。数据流学习模型能够持续接收新数据并动态更新参数,从而适应不断变化的网络环境。特别是在大规模的网络流数据异常检测中,自适应学习方法通过实时更新模型参数,能够有效应对概念漂移问题,显著提升入侵检测系统的适应性和检测性能。与传统的批处理学习方法相比,数据流学习能够实现实时学习和预测,因而在网络入侵检测领域具备更强的实用性。因此,开展基于流数据处理技术和自适应机器学习模型的网络入侵检测研究,具有重要的理论价值和实际意义。

在当前复杂多变的网络环境中,基于机器学习的网络入侵检测系统虽然在许多方面取得了显著进展,但仍面临一系列严峻的挑战。这些挑战不仅涉及算法层面的改进,还包括如何适应不断变化的攻击手段、动态数据流以及复杂多样的概念漂移类型。在网络安全方面,重点面对的挑战可概括为以下4方面。

挑战1:模型退化问题。在网络环境中,数据流的分布和攻击行为随时间不断变化。基于传统机器学习模型的网络入侵检测系统往往随着时间推移逐渐退化,甚至失效。这种退化主要源于攻击手段和正常网络行为的不断演变,导致模型无法及时适应新的数据分布。举例来说,全球知名的Gmail系统每天拦截的钓鱼邮件中约68%属于新变种。此外,Windows系统每天新增的恶意软件中约30%属于此前未发现的家族,这要求检测模型能够迅速适应这些新型攻击。因此,网络入侵检测系统必须具备自动更新与自我适应的能力,以确保在面对新型攻击和变化的数据分布时仍能保持高效的检测能力。

挑战 2：概念漂移类型多样化。在网络环境中，数据分布的变化往往呈现出多种形式的概念漂移，如渐进性漂移、突发性漂移、增量式漂移以及循环性漂移等。这些概念漂移反映了网络中正常和异常行为的不断变化，使得检测模型难以适应不同类型的概念漂移变化特征。现有的概念漂移检测方法通常仅针对某一特定类型的漂移具有较高的检测精度，难以同时应对多种类型的漂移。例如，突发性漂移需要模型具备快速反应能力，而渐进性漂移则要求模型能够逐步调整自身结构。因此，如何有效地检测并适应多样化的概念漂移，成为网络入侵检测系统在现实应用中的重要难题。

挑战 3：特征重要性的动态变化。网络流量数据中的特征重要性并非一成不变。随着时间的推移和攻击手段的演变，某些特征在一段时间内可能是判断正常与异常行为的关键，但在其他情境中，这些特征的重要性可能逐渐下降，甚至失去作用。例如，在针对特定攻击类型的防御中，某些特征可能占据主导地位，但随着攻击模式的变化，新出现的特征可能变得更为关键。传统的静态特征选择方法难以应对这种动态变化，导致模型在发生概念漂移时检测能力大幅降低。此外，特征间的相互关系和环境上下文也可能影响其重要性。某些特征在特定的网络状态下可能表现出良好的区分能力，而在网络负载增加或流量模式变化时，其效果可能显著减弱。因此，如何在模型运行过程中动态调整特征选择策略，确保模型能够持续利用最具区分力的特征，成为入侵检测系统在复杂网络环境下亟待解决的关键问题。

挑战 4：概念漂移下的集成策略。不同的机器学习模型在应对复杂多变的网络入侵检测任务时，各具优势。例如，支持向量机在处理高维特征时表现良好，而深度神经网络则在处理复杂数据结构方面具备更大的优势。然而，单一模型在应对多样化攻击场景和动态数据流时往往表现不足，无法同时具备高效检测各种类型攻击的能力。因此，集成学习方法被广泛应用于网络入侵检测领域，通过结合多个基模型的优点，能够提升整体的检测性能。集成学习不仅能够增强系统的泛化能力，还能有效减少单一模型带来的局限性。然而，在概念漂移场景下，如何设计高效的集成策略，使得每个基模型的优势得到最大化利用，仍然是集成学习在网络入侵检测中面临的重要挑战。

10.1.2 数据流机器学习

数据流机器学习是一类适用于动态、连续、高速数据环境的机器学习方法。其核心特征在于模型必须能够逐步适应新的数据，同时在不保存全部历史数据的前提下进行增量学习。传统的批处理机器学习方法需要一次性获取完整的数据集进行训练，而数据流机器学习则要求模型对数据流中的每一条数据进行实时处理和更新，以适应数据分布中的潜在变化。有监督数据流机器学习问题的定义如下：

设一个潜在无限长的、以时间为序到达的样本对序列 $S = \{(x_1, y_1), (x_2, y_2), \cdots, (x_i, y_i), \cdots\}$，其中每个样本对 (x_i, y_i) 由一个特征矢量 $x_i \in \mathcal{X}$ 和一个对应的标签 $y_i \in \mathcal{Y}$ 组成。$\mathcal{X}$ 称为特征空间，$\mathcal{Y}$ 是类别标签的集合，对于分类问题，$\mathcal{Y}$ 通常是一个有限集合。

假设存在一个目标函数 $f: \mathcal{X} \to \mathcal{Y}$，使得 $y_i = f(x_i)$，数据流机器学习的任务是在接收样本对 (x_i, y_i) 的过程中，逐步学习并更新模型 $\hat{f}$，使其尽可能接近目标函数 f，以最大化未来样本的预测准确率。

在数据流机器学习场景中，流数据具有特殊的约束条件，即"数据流公理"，算法必须满足以下要求：

（1）只能对流数据进行一次遍历，每个数据项只能观察一次；

（2）每个数据项的处理时间均非常短；

（3）内存使用量也必须保持较低，通常为流数据长度的子线性级别，这意味着只能存储极少的流数据项；

（4）算法应能够随时提供结果；

（5）数据流是非平稳的，数据分布会随时间演变，因此模型需要适应源数据的动态变化。

在这些约束下，数据流机器学习模型必须在接收到每个新样本后立即更新，而无须访问之前的数据。通常假设样本对(x_i, y_i)来自某一联合概率分布$P(\mathcal{X}, \mathcal{Y})$，然而，在数据流场景中，该分布可能随时间发生变化，因此，数据流机器学习模型不仅需要在处理新的数据时以增量方式更新，还要能够通过检测概念漂移来识别数据分布的变化，进而动态调整模型结构或权重，确保在面对概念漂移时，模型能够及时调整，以保持预测性能。

图 10-1 展示了用于网络安全领域开发和评估数据流机器学习的通用解决方案。该流程针对网络安全数据流相关问题，旨在提供更贴近实际应用的解决方案，适用于有监督场景。整个流程分为两个主要阶段：训练阶段和测试阶段。

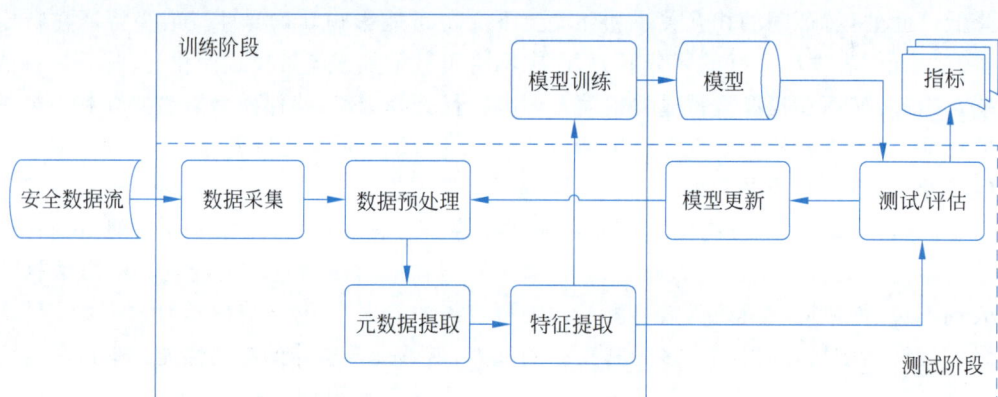

图 10-1　基于安全数据流的机器学习流程

在训练阶段，模型利用当前可用的数据进行训练。通过特征和标签来构建决策边界；在测试阶段，使用新收集的数据对模型进行评估，利用标签来验证预测的准确性，同时使用特征来更新决策边界。此外，在数据收集和预处理后，执行了两个重要步骤：元数据提取和特征提取。在许多网络安全任务中，收集到的原始数据通常需要先提取元数据，以便后续的特征提取器能够进行有效处理，使数据适用于机器学习模型。

10.1.3　数据流集成学习

在数据流环境中，集成学习通过结合多个基学习模型的预测结果，能够有效提升模型的整体预测性能。相较于单一模型，集成学习通常能够在批处理和数据流环境中显著提高预测精度，尽管其代价是额外的计算时间和内存开销。集成预测的输出通常通过多种策略（如平均、加权或投票机制）进行聚合，生成最终的预测结果。

在数据流环境下，集成学习尤其适合解决数据的非平稳性和概念漂移问题，当数据特征或分布发生变化时，集成模型可以通过引入新的基模型或调整现有模型的权重，迅速适应这些变化，从而保持较高的检测性能。接下来，将着重介绍数据流集成学习中的 3 种经典的方法：Bagging、Boosting 和 Stacking，它们分别采用不同的策略来增强模型的适应性和预测性能。

1. Bagging

Bagging(Bootstrap Aggregating)是一种经典的集成学习技术，由 Breiman 提出。Bagging 的

核心思想是通过从原始训练集中有放回地随机抽取样本,训练多个基学习器,并通过多数投票的方式整合各基学习器的预测结果,从而降低单一模型在样本选择上的方差。该方法在基分类器间方差较大时,能显著提高模型的稳定性和预测精度。

在数据流场景中,无法像批处理模式那样反复抽取样本,Oza 和 Russell 提出了一种在线 Bagging 方法(Oza Bagging),通过泊松分布 Poisson(1)为每个新到达的样本动态分配权重,以模拟引导采样。此方法有效地适应了数据流环境中的连续样本输入。

进一步改进的 ADWIN Bagging 算法在 Oza Bagging 的基础上引入了漂移检测机制,使用多个 ADWIN 检测器监控基分类器的误差率,并在检测到漂移时,替换表现最差的基分类器。ADWIN Bagging 通过"替换最差者"的策略,确保模型在应对概念漂移时保持高效。

Leveraging Bagging 算法进一步增强了 Bagging 的多样性和鲁棒性。该算法通过使用泊松分布 Poisson(λ)进行样本采样,其中,$\lambda \geq 1$ 作为引导样本方差的调节参数。此外,Leveraging Bagging 采用输出编码技术,为每个基分类器分配不同的输出函数,进一步增加了集成的多样性。实验结果表明,该算法在多数测试场景下优于标准 Oza Bagging 和 ADWIN Bagging。

2. Boosting

Boosting 是一种通过逐步构建多个基学习器来降低分类错误率的集成学习方法。与 Bagging 并行构建基分类器不同,Boosting 采用的是串行化的方式,其中,每个新的基学习器都旨在纠正前一轮分类器的错误。Boosting 的基本原理是对错误分类的样本赋予更高的权重,从而使后续分类器能够更加关注这些难以分类的样本。

Oza Boost 将 Boosting 引入了数据流环境,其采用泊松分布为每个样本动态赋权。基于 OzaBoost 的思想,后续研究提出了一些改进版本。自适应多样性在线 Boosting(Adaptable Diversity-based Online Boosting,ADOB)算法通过在每个实例到达时根据准确率对基学习器进行排序,并根据前序学习器的预测结果动态选择后续分类器,从而提高模型的预测性能。基于启发式修改的类 Boosting 在线学习集成(Boosting-like Online Learning Ensemble,BOLE)进一步对 ADOB 进行了优化。BOLE 减弱了分类器的错误率阈值,使更多的分类器能够参与投票,并修改了概念漂移检测方法。实验证明,在大多数测试场景中,BOLE 在准确性上优于 ADOB 和 OzaBoost。

最近,Honnikoll 等提出了一种新的在线提升算法,称为平均错误率加权在线 Boosting(Mean Error Rate Weighted Online Boosting,MWOB)。与 OzaBoost 不同,MWOB 通过利用个体基分类器的平均错误率来分配实例权重,而不是基于累积权重进行分配。该方法在多个实验数据集上表现出优越的预测性能,证明了其在不同场景中的适应性。

在线 Boosting 算法的核心挑战之一在于如何为训练实例分配权重,以确保分类器的整体性能。传统方法依赖于前一轮基分类器的预测结果进行权重调整,但这种方式易受噪声样本的影响,可能导致模型的性能下降。因此,如何改进实例权重分配一直是 Boosting 集成学习研究中的热点问题,也是提升集成模型性能的关键。

3. Stacking

Stacking 是一种应用广泛的集成学习方法,它的核心优势在于集成模型的异构性,这与 Bagging 和 Boosting 等方法的同构集成形成了鲜明对比。Bagging 和 Boosting 通常通过同质的基学习器来构建集成模型,所有基学习器都由相同的基础算法生成,而 Stacking 则采用不同的学习算法,形成异构集成,提高了模型的多样性和预测能力。Stacking 模型通常由两个层级构成：第一层是多个基分类器，第二层是一个元分类器（Meta-Classifier），元分类器通常为线性模型（如逻辑回归），用于结合基分类器的预测结果生成最终的预测。

Stacking 的概念最早由 Wolpert 提出。其基本思想是在不改变基分类器结构的前提下，训练一个元分类器来对基分类器的预测结果进行进一步组合与优化。在具体操作中，基分类器通过 k 折交叉验证法对数据集进行训练，输出各自的预测值。这些预测值被作为新的特征矢量输入元分类器进行训练，最终由元分类器输出最终的预测结果。

尽管 Stacking 在批量数据处理中取得了显著成果，但其在在线环境中的应用相对有限。随着数据流学习的不断发展，一些研究者开始探索如何将 Stacking 方法应用于在线学习场景。在基于数据流的 Stacking 模型中，假设有 N 个基分类器 $C_1, C_2, \cdots, C_N$，每个分类器对输入样本 x 产生一个预测值。随后，将这些预测值作为新的特征矢量输入元学习器进行训练，从而生成最终的预测结果。在某些变体中，输入样本的原始特征 x 也会被作为元学习器的输入，进一步丰富特征空间。图 10-2 展示了基于数据流的 Stacking 集成模型的基本结构。

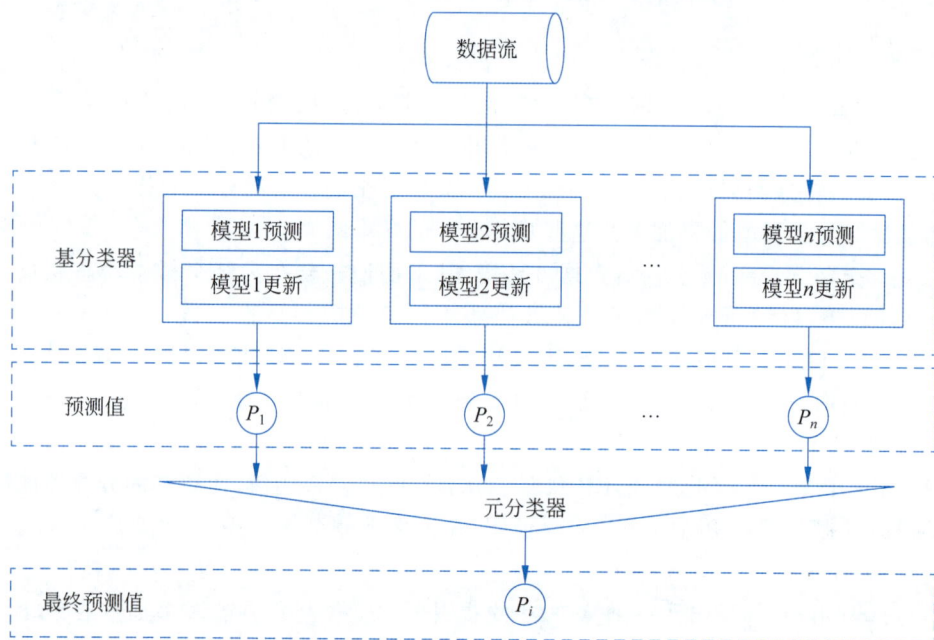

图 10-2　数据流的 Stacking 集成模型的基本结构

为了解决在线学习环境中的变化和概念漂移问题，研究者提出了一系列改进的在线 Stacking 算法。Frias-Blanco 等提出了快速自适应堆叠集成（Fast Adaptive Stacking of Ensembles，FASE）方法，该方法在模型中引入了一个主分类器用于处理稳定概念，同时在检测到漂移警告时训练一个备选分类器，并在漂移确认后将其替换主分类器。FASE 的改进版本进一步增强了性能，能够处理标注稀疏的数据流环境，这在现实世界中尤其具有应用价值。

此外，自适应堆叠集成模型（Self-Adaptive Stacking Ensemble Model，SSEM）通过选择性集成不同的低复杂度、高多样性的基分类器（如朴素贝叶斯、随机森林等），进一步提高模型的多样性。SSEM 利用遗传算法自动选择最优基分类器组合及其超参数，使其在数据流环境下能够自适应变化。GOOWE-ML 是一种面向多标签分类的在线动态加权堆叠集成算法。它通过构建分类器相关性得分的空间模型，动态为每个基分类器分配最优权重，实现与现有的增量多标签分类算法的无缝集成。该算法适用于多标签数据流分类任务。

总体来说,Stacking 集成模型在批量学习和在线学习环境中的广泛应用体现了其在提升分类器性能和处理异构数据方面的优势。随着数据流学习领域的发展,越来越多的研究聚焦于如何在在线环境下高效地应用和改进 Stacking 方法。

10.1.4　网络入侵检测数据集

数据集是网络入侵检测系统研究和评价的关键基础。本节主要介绍两个存在概念漂移现象的网络入侵检测数据集,分别是 NSL-KDD 数据集和 CIC-IDS-2017 数据集。

1. NSL-KDD 数据集

在网络入侵检测领域,NSL-KDD 数据集已经成为一个标准的测试平台,用于评估和比较不同入侵检测方法的有效性。该数据集是对广为人知的 KDD Cup 1999 数据集的改进,旨在解决 KDD Cup 1999 数据集的一些固有问题,从而提供一个有效的基准,帮助研究人员更准确地比较不同的入侵检测方法。

与原始 KDD Cup 1999 数据集相比,NSL-KDD 数据集具有以下优势:

(1) 训练集中不含冗余记录,避免了训练偏向特定的记录。

(2) 测试集中不含重复记录,确保模型性能不受频繁记录的影响。

(3) 从每个难度级别选择记录的数量与原始 KDD 数据集中记录的数量成反比,从而更有效地评估不同学习技术的性能。

(4) 训练集和测试集的记录数量合理,便于在整个数据集上进行实验分析,提高不同研究工作评价结果的一致性和可比性。

NSL-KDD 数据集包括 4 个文件:KDDTrain＋、KDDTest＋、KDDTest-21 和 KDDTrain＋_20Percent。KDDTrain＋用作模型学习的训练集,KDDTest＋则用于模型评估,KDDTrain＋_20Percent 和 KDDTest-21 分别是 KDDTrain＋和 KDDTest＋的子集。实验主要基于 KDDTrain＋和 KDDTest＋进行模型学习和性能评估。

NSL-KDD 数据集共包含 43 个字段,其中,41 个字段为特征属性,1 个字段为类别标签,1 个字段为难度级别。

在 41 个特征字段中,1～9 号字段为网络连接基础特征,包括连接持续时间、协议类型、网络服务类型等信息;10～22 号字段为连接的内容特征,基于网络连接的数据负载进行分析,包括登录失败次数、被访问的文件类型等;22～31 号字段为基于时间的网络流量统计特征,用于捕获两秒时间窗口内的连接记录,以观察平均流量等信息;32～41 号字段为基于主机的网络流量统计特征,旨在监测访问跨度超过两秒时间窗口的攻击行为。

每个连接都被标记为"正常"或指定类型的攻击,KDDTrain＋的类别标签字段有 23 种,而KDDTest＋的类别标签字段共有 38 种。KDDTrain＋中有 spy 和 warezclient 两种类别未在KDDTest＋出现过,而 KDDTest＋中有 apache2、httptunnel、mailbomb 等 17 种类别未在KDDTrain＋中出现。这些类别标签可以归类为 5 种类型,分别为正常行为(Normal)和 4 种攻击行为:拒绝服务(DoS)、探测(Probe)、用户到根(U2R)和远程到本地(R2L)。各类型的数量和占比如表 10-1 所示,频率分布如图 10-3 所示,Normal、DoS、Probe、U2R 和 R2L 的描述如表 10-2 所示。注意,部分文献将 worm 攻击归类为 Probe,这里将其归类为 DoS。

表 10-1　NSL-KDD 数据集攻击类型的数量及占比

攻 击 类 型	KDDTtrain+ 数量	KDDTrain+ 占比	KDDTest+ 数量	KDDTest+ 占比
Normal	67 343	53.46%	9711	43.08%
DoS	45 927	36.46%	7460	33.09%
Probe	11 656	9.25%	2421	10.74%
R2L	995	0.79%	2885	12.80%
U2R	52	0.04%	67	0.30%

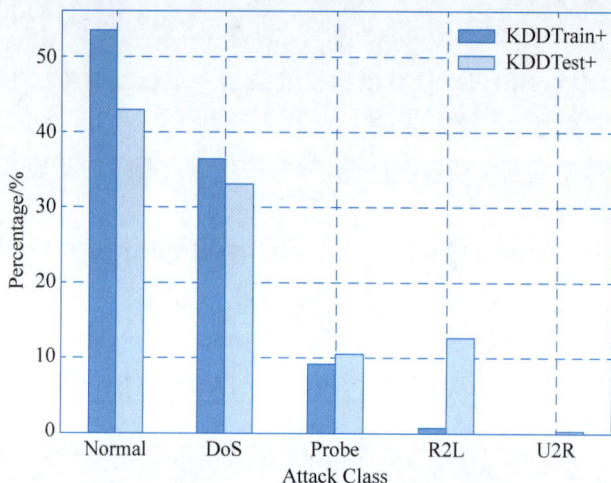

图 10-3　NSL-KDD 数据集攻击类型频率分布

表 10-2　NSL-KDD 数据集攻击类型描述

攻击类型	描　　述	子　类　别
Normal	正常流量	normal
DoS	拒绝服务攻击,通过耗尽资源使服务不可用	apache2、back、land、mailbomb、neptune、pod、processtable、smurf、teardrop、udpstorm、worm
Probe	探测攻击,如端口扫描	ipsweep、mscan、nmap、portsweep、saint、satan
R2L	远程到本地攻击,从远程尝试利用漏洞获得本地用户权限	ftp_write、guess_passwd、httptunnel、imap、multihop、named、phf、sendmail、snmpgetattack、snmpguess、spy、warezclient、warezmaster、xlock、xsnoop
U2R	用户到根攻击,拥有普通用户权限,尝试获得 root 权限	buffer_overflow、loadmodule、perl、ps、rootkit、sqlat-tack、xterm

从表 10-1 和图 10-3 可以看出,NSL-KDD 数据集存在非常明显的类别不平衡问题,正常流量占据了数据集的一大部分,而 DoS 和 Probe 类型的攻击也有较高的比例。相比之下,U2R 和 R2L 类型的攻击则相对较少。这种分布反映了网络环境中攻击和正常行为的实际比率。

2. CIC-IDS-2017 数据集

CIC-IDS-2017 数据集由加拿大网络安全研究所(CIC)于 2017 年发布,专为网络入侵检测研究设计。该数据集符合现代网络特性,因其广泛的覆盖面和代表性,已成为网络安全领域的标准数据集之一。数据集的生成基于一个精心构建的实验平台,该平台将网络分为两个独立的部分:攻击者网络和被攻击者网络。攻击者网络由 1 台路由器、1 台交换机和 4 台主机构成,主机运行 Kali 和 Windows 8.1 操作系统,以模拟真实的攻击场景。被攻击者网络则模拟了企业或组织的核心网络,包含 3 台服务器、1 个防火墙、2 台交换机和 10 台主机,主机操作系统涵盖了 Windows、Linux 和 Macintosh,以尽可能接近实际的网络环境。

CIC-IDS-2017 数据集不仅记录了正常网络流量,还包含七大类网络攻击行为的数据。这些攻击包括暴力破解攻击(Brute force)、拒绝服务攻击(DoS)、分布式拒绝服务攻击(DDoS)、心脏滴血漏洞攻击(Heartbleed)、Web 攻击(Web Attack)、渗透攻击(Infiltration)、僵尸网络攻击(Botnet)等,详见表 10-3。

表 10-3　CIC-IDS-2017 数据集攻击类型统计信息

攻击类型	描述	数量	占比/%
BENIGN	正常流量	2 273 097	80.300 4
DoS	拒绝服务攻击	252 661	8.925 6
Port Scan	端口扫描	158 930	5.614 4
DDoS	分布式拒绝服务攻击	128 027	4.522 7
Brute Force	暴力破解攻击	13 835	0.488 7
Web Attack	Web 攻击	2 180	0.077 0
Botnet	僵尸网络攻击	1 966	0.069 5
Infiltration	渗透攻击	36	0.001 3
Heartbleed	心脏滴血漏洞攻击	11	0.000 4

数据采集时间从 2017 年 7 月 3 日(星期一)上午 9 点开始,至 7 月 7 日(星期五)下午 5 点结束,共持续 5 天。在数据采集中,星期一的数据仅包含正常流量,后续 4 天则混合了正常流量和不同类型的攻击流量,因此,存在概念漂移的特性。原始的 CIC-IDS-2017 数据集存在一些错误,Engelen 等指出了这些错误并进行了相应的修正。

为了从原始网络流量数据中提取有效的特征,CIC-IDS-2017 数据集的开发团队采用了 CICFlowMeter 工具。CICFlowMeter 是一个基于 Java 的网络流量特征生成器,能够从原始 Pcap 文件中提取 80 多个网络流量特征,这些特征是由经验丰富的入侵检测专家手工设计的,涵盖了多种网络行为和协议的关键指标。这些特征包括流量的时序信息、数据包大小、协议类型等,能够全面反映网络活动的特征。此外,CICFlowMeter 将提取的特征保存为 CSV 格式的文件,这种格式不仅易于存储,还便于后续的数据处理和分析。这一特征提取过程为研究人员和开发者提供了宝贵的数据基础,使得后续的研究和模型构建更加高效和精准。

10.1.5　网络入侵检测模型评价指标

在网络入侵检测模型的评估中,混淆矩阵(Confusion Matrix)扮演了重要角色,它详细揭示了分类模型在实例分类过程中的表现。混淆矩阵以表格形式展示了模型在测试数据集上的预测结果与真实标签之间的关系。在网络入侵检测领域,以二分类问题为例,一般用正例表示攻击,负例表示正常行为,混淆矩阵的主要组成部分包括如下 4 个值。

(1) 真阳性(True Positives,TP):正确地将攻击实例分类为攻击的数量。

(2) 假阴性(False Negatives,FN):错误地将攻击实例分类为正常的数量。

(3) 真阴性(True Negatives,TN):正确地将正常实例分类为正常的数量。

(4) 假阳性(False Positives,FP):错误地将正常实例分类为攻击的数量。

二分类问题的混淆矩阵实例如表 10-4 所示。

表 10-4　二分类问题的混淆矩阵

类　　别		预　测　值	
		阳　性	阴　性
真实值	阳性	真阳性(TP)	假阴性(FN)
	阴性	假阳性(FP)	真阴性(TN)

通过混淆矩阵,可以进一步推导出更高级的分类性能指标,包括准确率(Accuracy)、精确率(Precision)、召回率(Recall)和 $F1$ 分数($F1$-Score)。

准确率是最直观的性能评价指标,反映了模型在总体样本中正确分类的比例。其计算公式为

$$\text{Accuracy} = \frac{\text{TP} + \text{TN}}{\text{TP} + \text{TN} + \text{FP} + \text{FN}} \tag{10-1}$$

精确率(查准率)衡量的是模型在被标记为攻击的实例中,实际为攻击的比例,其计算公式为

$$\text{Precision} = \frac{\text{TP}}{\text{TP} + \text{FP}} \tag{10-2}$$

召回率(查全率、检测率)表明模型识别真实攻击的能力,定义为正确检测到的攻击事件与所有真实攻击事件的比率,其计算公式为

$$\text{Recall} = \frac{\text{TP}}{\text{TP} + \text{FN}} \tag{10-3}$$

$F1$ 分数是精确率和召回率的调和平均,综合反映了模型的精确性和健壮性。其计算公式为

$$F1\text{-Score} = 2 \times \frac{\text{Precision} \times \text{Recall}}{\text{Precision} + \text{Recall}} \tag{10-4}$$

在网络入侵检测中,还需要特别关注的两个指标是误报率和漏报率。

误报率(假阳率,False Positive Rate,FPR)定义为所有实际为正常但被错误预测为攻击的实例数量与所有真实正常实例数量的比例。控制误报率至关重要,因为高误报率会导致大量无害的网络活动被错误标记为攻击,从而引发不必要的警报,增加管理负担并可能干扰正常用户的活动。其计算公式为

$$\text{FPR} = \frac{\text{FP}}{\text{FP} + \text{TN}} \tag{10-5}$$

漏报率(假阴率,False Negative Rate,FNR)定义为所有实际为攻击的样本中被错误分类为正常的比例。较高的漏报率意味着系统错过了许多真实攻击,从而可能带来安全风险。其计算公式为

$$\text{FNR} = 1 - \text{Recall} = \frac{\text{FN}}{\text{TP} + \text{FN}} \tag{10-6}$$

受试者工作特征曲线(Receiver Operating Characteristic Curve,ROC Curve)是用于评估二分类系统性能的可视化工具。ROC 曲线通过绘制不同阈值下模型的真阳率(True Positive Rate,TPR)与假阳率的关系,展示分类模型的诊断能力。TPR 和 FPR 可以通过调整分类模型所使用的判定阈值获得不同的值。ROC 曲线在理想状态下应处于左上角,表示在保持低 FPR 的同时具有高 TPR。

ROC 曲线下的面积(Area Under Curve,AUC)为 ROC 曲线下方的二维面积,提供了一个量化模型性能的指标。AUC 值为 0~1,接近 1 的值表示模型性能优秀,0.5 则表明模型无

分类能力,等同于随机猜测。

10.2 基于概念漂移的网络入侵检测

网络入侵检测是保障信息系统安全的关键技术,其有效性直接关系到系统的整体安全水平。传统的网络入侵检测系统主要依赖基于签名的检测方法,这种方法通过匹配已知攻击的特征来识别潜在威胁。然而,基于签名的检测方法需要大量专家手工构建和维护签名库。随着网络攻击手段的不断升级与复杂化,基于签名的检测方法难以有效识别新型攻击模式,在应对未知攻击时显得力不从心,所以基于深度学习的网络入侵检测研究成为方向。因此,网络安全形势的不断演变对入侵检测提出了更高的要求。

近年来,随着人工智能技术的快速发展,基于机器学习的网络入侵检测系统逐渐展现出强大的优势。与传统方法不同,基于机器学习的检测方法无须依赖预先定义的攻击签名,而是能够通过对数据的自主学习来识别未知攻击。因此,越来越多的研究者开始关注基于机器学习的检测方法。然而,这些检测方法往往未能充分考虑现实网络环境的高度动态性,导致在实际应用中面临模型退化与适应性不足的问题。

在现代网络环境中,攻击者不断更新攻击手段,系统随时升级与变更,防御者也在持续改进安全策略,网络拓扑结构也可能随之变化。这些动态变化导致网络流量的分布特征难以保持稳定。正常与异常行为的分布会随着时间的推移发生显著变化,从而使得静态的检测模型无法持续保持高效的检测性能。这种数据分布随时间变化的现象被称为概念漂移。

为了解决网络入侵检测中的概念漂移问题,研究者提出了多种应对方法。例如,Yuan 等提出了一种基于概念漂移的集成增量入侵检测方法,通过霍夫丁界检测概念漂移,并结合加权投票的方式进行分类决策。此外,Seth 等将自适应随机森林分类器与霍夫丁界和移动平均检测相结合,以实现更快速的概念漂移检测,并在 CIC-IDS-2018 数据集上取得了良好的效果。Jain 等提出了一种基于 K-Means 和支持矢量机的混合概念漂移检测方法,然而,其在 CIC-IDS-2017 数据集上的表现未达预期,精确率和召回率仅分别为 91.33% 和 91.7%,且计算复杂度较高,限制了其实际应用的可能性。为了解决攻击者不断修改恶意软件所带来概念漂移问题,Jordaney 等提出在模型性能下降前就识别退化的模型,从而及时进行更新。Lu 等建立了一个概念漂移下的学习框架,包括概念漂移检测、概念漂移理解和概念漂移适应 3 个主要组成部分。Gomes 等在已有算法的基础上提出了自适应随机森林算法(Adaptive Random Forest,ARF),通过在线 Bagging 和随机特征选择进行自适应学习,增强了模型的泛化性。然而,该算法仅采用单一的漂移检测器进行检测,无法充分应对复杂的概念漂移情况。

尽管上述研究在概念漂移检测和适应方面取得了一定的成果,但它们在应对模型退化和概念漂移类型多样性时仍存在诸多局限性。现有的许多方法隐含假设概念漂移是单一的、突发的或不重复的,但在实际网络环境中,概念漂移往往表现出多样性与复杂性,可能为突然的、渐进的、周期性的甚至是混合类型的漂移。此外,单一类型的漂移检测器难以有效处理复杂的漂移类型,容易引发误报、漏报或检测延迟,从而进一步导致模型退化,并降低系统的整体检测效果。

10.2.1 概念漂移类型

概念漂移是指随着时间的推移,输入数据与目标变量之间的关系发生了变化。可以根据影响、间隔、分布或变化速度的不同对概念漂移进行分类。

按照对决策边界的影响,可以将概念漂移分为真实概念漂移和虚拟概念漂移。真实概念

漂移是指在给定输入 X 的条件下,输出 Y 的分布 $p(Y|X)$ 发生变化。这种变化可能伴随着输入数据分布 $p(X)$ 的变化,也可能不伴随。虚拟概念漂移是指输入数据的分布 $p(X)$ 发生变化,但这种变化并未影响到给定输入 X 的条件下输出 Y 的分布 $p(Y|X)$。前者将影响决策边界,从而影响模型的性能,可能需要模型重新学习或调整参数以保持性能。而后者不会影响决策边界,换句话说,模型的预测能力没有变化,只是输入数据的分布发生了变化。它给人一种模型性能下降的假象,而实际上模型的预测逻辑仍然是有效的。图 10-4 说明了这两种概念漂移的不同,图中圆圈表示样本,不同颜色表示不同类别,红色虚线表示决策边界。

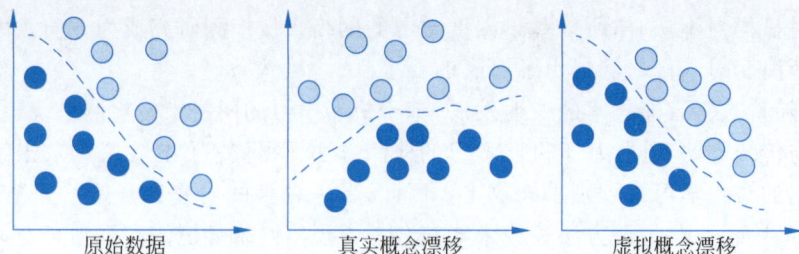

图 10-4　真实概念漂移与虚拟概念漂移的区别

按照特征与目标之间关系的演变以及漂移的变化速度,可将概念漂移分为突变漂移、渐进漂移和增量漂移 3 种类型。突变漂移是指数据分布在短时间内发生了变化,例如攻击者创建了全新的攻击;在渐进漂移中,数据的演变是渐进变化的,在演变过程中,一个实例可以属于两个不同的数据分布,如新的攻击类型逐步出现并取代了旧攻击;对于增量漂移而言,其转换时间非常长,因此,相邻的实例之间几乎没有统计上的差异,例如,在网络入侵检测场景中,攻击者对其攻击做少量修改,导致概念在较长时间内发生变化。图 10-5 展示了这 3 种漂移类型随时间的演变情况。

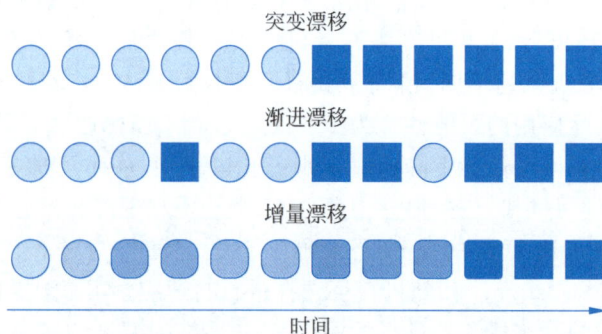

图 10-5　突发、渐进、增量 3 种漂移类型随时间的演变

按照漂移对特征的影响范围,可将概念漂移分类为全局漂移和局部漂移,影响所有特征的漂移被认为是全局漂移,影响部分特征的漂移则被认为是局部漂移。

如果一个特定的数据分布在一个给定的周期后再次出现在流中,那么它就被认为是一个循环的概念漂移,在网络入侵检测场景中,可以是旧攻击类型在一段时间后重新出现。在很短的时间内,若流中出现了不属于当前数据分布的点,则视为随机噪声或异常值,不认为是概念漂移。

10.2.2　概念漂移检测器

概念漂移检测器是用于显式检测数据流中概念漂移的技术和机制。它们通过识别数据分布或模型性能的变化,来量化和表征漂移发生的时间点或时间间隔。检测概念漂移的优势在于能够提供数据生成过程的动态信息,从而帮助更好地理解数据随时间的变化方式。

1. 概念漂移检测器分类

根据检测原理的不同,概念漂移检测器通常可分为 3 类:基于数据分布差异的方法、基于序列分析的方法和基于统计过程控制(Statistical Process Control,SPC)的方法。

1)基于数据分布差异的方法

这类方法通过监控两个数据窗口之间的分布来检测概念漂移。通常,设定一个参考窗口(包含旧数据)和一个检测窗口(包含最新数据),然后使用统计检验对这两个窗口的数据进行比较。原假设为这两个窗口的数据来自相同的分布,当统计检验拒绝原假设时,即认为发生了概念漂移。

成功应用这些方法的关键因素在于如何度量变化以及如何确定窗口大小。不同类型的统计检验可以用于度量变化,包括单变量或多变量的参数检验与非参数检验。常用的检验方法有 Kullback-Leibler 散度、Hotelling t^2 检验、半参数似然比(SPLL)以及 Kolmogorov-Smirnov 检验。其中,KSWIN 是一种基于 Kolmogorov-Smirnov 统计检验的概念漂移检测方法。

基于固定大小窗口的漂移检测器通常在检测上存在延迟。为了解决这一问题,部分研究探索了动态大小的窗口。例如,ADWIN 通过对连续子窗口的多次测试,找到两个大小不同的窗口来检测漂移,并使用霍夫丁界限来比较这些子窗口。类似地,SEED 也采用动态大小的两个子窗口,同时进行块压缩,以减少窗口比较的次数,并计算波动漂移来描述流中连续漂移点之间的关系。

2)基于序列分析的方法

这类方法通过监控数据流中的变化趋势来检测概念漂移。顺序概率比检验(Sequential Probability Ratio Test,SPRT)是这类方法的基础。SPRT 通过比较不同时间点的数据分布,实时评估是否发生漂移。在 SPRT 的基础上,CUSUM 和 Page-Hinkley 等检测方法相继被提出。这些方法通过逐点检验数据流中的变化趋势,能够快速检测出漂移信号,其优势在于能够针对每个样本进行实时检测。

3)基于统计过程控制的方法

统计过程控制是一种用于监控产品在连续生产过程中的质量的标准统计技术。这类方法将分类问题视为一个统计过程,通过监测分类器错误率等性能指标的演变来检测漂移。例如,DDM 对分类错误的演变定义了 3 种不同的状态:当错误处于控制级别时为控制状态,当错误与过去相比显著增加时为失控状态,以及当错误增加但尚未达到失控级别时为警告状态。DDM 仅考虑误差的大小,而 EDDM 还考虑了连续误差之间的时间距离,RDDM 则抛弃了非常长的概念旧实例,从而提高了最终的预测准确率。为了尽早检测到概念漂移,FHDDM 则利用滑动窗口和霍夫丁不等式来检测漂移点。

此外,漂移可以根据影响程度、可预测性和发生频率等进行进一步的划分。

2. 概念漂移检测方法的技术原理

接下来,将介绍使用的几种显式概念漂移检测方法的技术原理。

1)DDM

漂移检测方法(Drift Detection Method,DDM)的核心思想是控制学习模型的在线错误率。context 定义为具有相同分布的一组实例,假设数据流由多个 context 组成,则漂移检测的目标是识别 context 变化的时刻,如果能够识别 context,就能确定哪些信息是过时的,从而只使用与当前 context 相关的信息来更新学习模型。

假设样本对序列为(x_i, y_i)，其中，第i个样本的预测结果为$\hat{y}_i$。漂移检测器的输入通过损失函数$L(\hat{y}_i, y_i)$来确定：若$\hat{y}_i = y_i$，则预测正确，$L(\hat{y}_i, y_i) = 0$；若$\hat{y}_i \neq y_i$，则预测错误，$L(\hat{y}_i, y_i) = 1$。因此，错误可以看作一个服从伯努利分布的随机变量。对于长度为n的样本对序列，总体错误数量服从二项分布。

在可能近似正确（Probably Approximately Correct，PAC）学习模型中，若假设样本分布是平稳的，则学习算法的错误率会随着样本量的增加而减小或保持稳定。因此，错误率的显著增高可视为数据分布已发生变化，需调整决策模型。当样本数量足够大时，依据中心极限定理，二项分布可近似为具有相同均值和方差的正态分布。记p_i为第i个样本的错误率，s_i为其标准差，其中，$s_i = \sqrt{p_i(1 - p_i)/i}$。DDM 维护两个参数$p_{\min}$和$s_{\min}$，当$p_i + s_i < p_{\min} + s_{\min}$时，更新这两个值$p_{\min} = p_i, s_{\min} = s_i$。

当样本量大于 30 时，概率p_i的$1 - \delta/2$置信区间可近似为$p_i \pm \alpha \cdot s_i$，其中，参数α取决于所需的置信水平。在 DDM 中定义了两种状态：警告状态和失控状态。警告状态的置信度水平为 95%，当$p_i + s_i \geq p_{\min} + 2 \cdot s_{\min}$时触发警告状态，这表明 context 可能已发生变化。失控状态的置信度水平为 99%，当$p_i + s_i \geq p_{\min} + 3 \cdot s_{\min}$时触发失控状态，认为漂移已确认。假设在样本点$k_w$和$k_d$分别触发了警告状态和失控状态，模型会使用$k_w \sim k_d$的样本训练新模型，并在到达$k_d$时替换旧模型。如果警告状态后错误率回到正常水平，则视为误警，而非 context 变化。

DDM 在实际应用中通过选择更符合当前类分布的训练集来保持模型的适应性，其缺点在于需要较长时间消除旧样本的影响。

2）EDDM

尽管 DDM 在突变漂移和渐变漂移检测上表现优异，但当渐变漂移非常缓慢时，DDM 面临检测难度增加的问题。在这种情况下，可能在触发漂移之前积累了大量样本，导致内存消耗过多甚至溢出。为了解决这一问题，提出了早期漂移检测方法（Early Drift Detection Method，EDDM），以提升对渐进漂移的灵敏度，同时在突变漂移下也表现出良好的性能。EDDM 的核心思想是在检测中考虑相邻错误点之间的距离，而不仅仅关注错误率。

具体而言，在遇到第i个错误点时，定义p'_i为相邻错误点之间距离的平均值，s'_i为该距离的标准差。EDDM 维护两个参考值$p'_{\max}$和$s'_{\max}$，并在检测中不断更新。当满足$p'_i + 2 \cdot s'_i > p'_{\max} + 2 \cdot s'_{\max}$时，将$p'_{\max}$和$s'_{\max}$更新为当前值。在此基础上，EDDM 定义了警告级别和漂移级别：

警告级别：当$(p'_i + 2 \cdot s'_i)/(p'_{\max} + 2 \cdot s'_{\max}) < \alpha$时，触发警告状态，系统开始保存用于新模型训练的样本，以应对潜在的概念漂移。当$(p'_i + 2 \cdot s'_i)/(p'_{\max} + 2 \cdot s'_{\max}) < \beta$时，确定发生漂移，从警告级别以来积累的样本将用于训练新模型，并替换掉旧模型。

EDDM 在至少发生 30 个错误点后才启动概念漂移检测，这使其能够在累积足够的统计信息后再进行判断。若在警告级别后未触发漂移级别且恢复到正常水平，则视为假警报，清空已保存的样本。

3）FHDDM

快速霍夫丁漂移检测方法（Fast Hoeffding Drift Detection Method，FHDDM）通过滑动窗口和霍夫丁不等式来检测数据流中的漂移点，重点关注假阳率、假阴率和检测延迟等指标。FHDDM 维护一个大小为n的滑动窗口，当预测结果为 True 时，在窗口中插入 1；当预测结果为 False 时，在窗口中插入 0。定义p_t^1表示在t时刻时，滑动窗口中观测到的 1 的比例，并维护一个最大概率值 $p_{\max}^1$，当 $p_{\max}^1 < p_t^1$ 时更新 $p_{\max}^1$。基于 PAC 学习模型，模型的准确率应随样本量增加而提高或保持稳定，否则说明可能存在概念漂移。若检测到 $\Delta p = p_{\max}^1 - p_t^1 \geqslant \varepsilon_d$，则视为发生了漂移。其中，$\varepsilon_d$ 的值基于霍夫丁不等式计算，霍夫丁不等式的一个重要属性是不等式成立的条件与生成数据的概率分布无关。

定理 10.1 霍夫丁不等式：设 $X_1, X_2, \cdots, X_n$ 为一组两两独立的随机变量，假设对于所有的 $1 \leqslant i \leqslant n$，$X_i$ 变量几乎必然满足 $a_i \leqslant X_i \leqslant b_i$，即 $P(X_i \in [a_i, b_i]) \approx 1$。考虑这些随机变量的经验期望 $\overline{X} = \dfrac{1}{n} \sum\limits_{i=1}^{n} X_i$，则对于任意 $\varepsilon > 0$，以下不等式成立：

$$P(\overline{X} - E[\overline{X}] \geqslant \varepsilon) \leqslant \exp\left(-\frac{2n^2 \varepsilon^2}{\sum\limits_{i=1}^{n}(b_i - a_i)^2}\right) \tag{10-7}$$

其中，$E[\overline{X}]$ 是 $\overline{X}$ 的期望。

特别地，假设对于所有的 i，都有 $a_i = 0, b_i = 1$ 成立，则式 (10-7) 可简化为

$$P(\overline{X} - E[\overline{X}] \geqslant \varepsilon) \leqslant \exp(-2n\varepsilon^2) \tag{10-8}$$

假设至多有 δ 的概率，使得经验期望 $\overline{X}$ 与真实期望 $E[\overline{X}]$ 的差距大于 ε，即 $P(\overline{X} - E[\overline{X}] \geqslant \varepsilon) \leqslant \delta$，结合式 (10-8)，容易得出下式：

$$\varepsilon_\delta = \sqrt{\frac{1}{2n} \ln \frac{1}{\delta}} \tag{10-9}$$

其中，δ 也称为显著性水平。

$\overline{X}$ 和 ε_δ 的计算都具有 $O(1)$ 的时间和空间复杂度，这意味着它们可以在常数时间内完成更新和存储操作，因此非常适合数据流场景。

对于数据流中的 FHDDM 检验，定义 p_t^1 为 t 时刻窗口内观测到 1 的比例，其中，窗口内每个随机样本取值于 $\{0, 1\}$ 且相互独立，保持 $p_{\max}^1$ 是目前为止最大观测比例，给定允许的误差概率为 δ，若 $\Delta p = p_t^1 - p_{\max}^1 \geqslant \varepsilon_d$，其中，$\varepsilon_d = \sqrt{\dfrac{1}{2n} \ln \dfrac{1}{\delta}}$，则认为发生了概念漂移，霍夫丁不等式确保了检测结果的鲁棒性。

自适应窗口漂移检测方法（ADaptive WINdowing，ADWIN）是一种基于滑动窗口的漂移检测技术。与具有固定大小滑动窗口的检测方法不同，ADWIN 的滑动窗口能够根据数据的变化自适应调整，并且以给出误报率和漏报率界限的形式提供了严格的性能保证。该方法通过计算窗口内的统计量（如错误率）来检测数据分布是否发生变化。当数据分布保持稳定时，算法会自动增大窗口；而当数据分布发生变化时，窗口则会缩小，ADWIN 能够在反应时间和方差之间找到最佳平衡点。

设 n 为 ADWIN 中滑动窗口 W 的大小，切点 ε_{cut} 将 W 划分为两个子窗口 W_0 和 W_1，其中，W_0 的大小为 n_0，W_1 的大小为 n_1，有 $n_0 + n_1 = n$。给定置信度水平 δ，定义 m 为 n_0 和 n_1 的调和平均，即 $m = 1/(1/n_0 + 1/n_1)$。定义 $\delta' = \delta/n$，δ' 的作用是确保在进行多重检验时，整体的错误率保持在可接受的水平，以避免由于多次比较而增大犯错误的概率。根据霍夫丁不等式理论可得 ε_{cut} 如下：

$$\varepsilon_{\text{cut}} = \sqrt{\frac{1}{2m} \ln \frac{4}{\delta'}} \tag{10-10}$$

设 $\hat{\mu}_{W_0}$ 和 $\hat{\mu}_{W_1}$ 分别为窗口 W_0 和窗口 W_1 中统计量的均值，则 ADWIN 算法的具体过程

如算法 10-1 所示。

算法 10-1：自适应窗口漂移检测算法

输入：x_t-时刻 t 的统计量

输出：drift_detected-是否发生了漂移

1 $W = W \bigcup x_t$；

2 drift_detected = False；

3 **for** each cut_point of W into $W = W_0 \cdot W_1$ **do**

4   **if** $|\hat{\mu}_{W_D} - \hat{\mu}_{W_1}| \geqslant \varepsilon_{cut}$ **then**

5   DropElement(W)；   //缩小窗口 W

6   drift_detected = True；

7   **end**

8 **end**

为了避免霍夫丁不等式对小方差分布的大偏差概率的高估所导致的过于保守的问题，提出了一种基于正态分布的方法来改进 ε_{cut} 的定义，如下所示：

$$\varepsilon_{cut} = \sqrt{\frac{2}{m} \cdot \sigma_W^2 \cdot \ln\frac{2}{\delta'}} + \frac{2}{3m}\ln\frac{2}{\delta'} \tag{10-11}$$

其中，σ_W^2 表示窗口内元素的方差。在这种情况下，将 δ' 设置为 $\delta/(\ln n)$ 足以解决多重假设检验的问题。

ADWIN2 是 ADWIN 的改进版本，提供了更低的时间和空间开销。ADWIN2 采用指数直方图的思想，通过多个桶的形式表示滑动窗口 W，每个桶的容量表示为 2 的幂次方。每个桶的数据结构维护两个变量：桶内元素的和以及桶内元素的方差。定义超参数 M，表示每种容量的桶最多有 M 个，较小的 M 能够降低检测延迟，但可能会导致更多的误报。

当容量为 2^i 的桶的个数超过 M 时，将合并两个最旧的桶为一个容量为 $2^{(i+1)}$ 的桶，如果此时容量为 2^{i+1} 的桶的个数仍然超过 M，则继续合并，以此类推。假设在时刻 t 的统计量为 x_t，则新增一个容量为 1 的桶。

当检测漂移时，每个桶都充当一个切点；当检测到概念漂移时，移除最老的桶。假设窗口大小为 n，则最多会有 $\log n$ 个桶，因此漂移检测的时间和空间复杂度为 $O(\log n)$。方差的更新方法基于单遍扫描流数据过程中的方差维护策略。

4）KSWIN

KSWIN(Kolmogorov-Smirnov Windowing)是一种基于 Kolmogorov-Smirnov(KS)统计检验的概念漂移检测方法。KS 检验是一种不依赖数据分布假设的统计检验方法，能够有效监控数据分布的变化。该方法接收一维输入数据并将其作为数组进行处理。

KSWIN 维护一个固定大小为 n 的滑动窗口 Ψ，其中，最后 r 个样本被认为代表了当前的概念 R。从窗口 Ψ 的前 $n-r$ 个样本中均匀抽取 r 个样本，构成一个近似的上一个概念 W。KS 检验在相同大小的窗口 R 和 W 上执行，比较这两个窗口的经验累积分布之间的距离 dist(R,W)。当以下条件成立时，KSWIN 将检测到概念漂移：

$$\text{dist}(R,W) = \sqrt{-\frac{\ln\alpha}{r}} \tag{10-12}$$

这意味着窗口 R 和 W 之间的经验数据分布差异过大，表明它们来自同一分布的假设已被拒绝。KSWIN 以其高效性和适应性,成为实时数据流处理中检测概念漂移的重要工具。

10.2.3 基于概念漂移的入侵检测方法

针对上述挑战,提出了一种基于自适应随机概念漂移检测的网络入侵检测(Random Concept Drift Detection Based Adaptive Random Forest for Network Intrusion Detection)方法,简称 RDD-ARF。该方法旨在应对入侵检测动态网络环境中模型退化及概念漂移类型多样化的问题,以提升模型的适应性与检测精度。

具体而言,RDD-ARF 方法在传统的自适应随机森林算法的基础上,创新性地引入了基于随机选择的漂移检测与适应机制,每个基模型在初始化时从概念漂移检测器池中随机选择一对检测器,分别作为该基模型的告警检测器和漂移检测器。在检测到概念漂移时,对应的基模型重新选择一对新的检测器,从而增强系统对不同概念漂移类型的敏感性与适应能力。这种随机化策略有效解决了由于单一漂移检测器带来的检测滞后或失效问题,使得检测模型在动态网络环境下能够保持高效的检测精度。此外,当触发告警检测器时,开始训练背景树,并在确认漂移时用背景树替换旧模型,这一适应机制有效缓解了模型退化问题。最后,RDD-ARF 通过引入在线自助采样和随机特征选择进一步提升了模型的性能与泛化能力。

1. 方法框架

首先介绍 RDD-ARF 方法的总体框架,主要分为训练框架和预测框架两个部分。由于每棵决策树是相互独立进行训练的,因此,以单棵决策树为例,阐述 RDD-ARF 方法的训练流程,如图 10-6 所示。

网络安全数据流中的每个实例(如图 10-6 中的 D_i, D_{i+1} 等)依次输入训练流程,决策树模型在接收到每个实例后,首先基于当前模型对其进行预测,并同时更新模型的性能评估器,以持续跟踪模型在当前数据流环境中的表现。接着,模型使用泊松分布进行随机重采样,为每个实例生成权重。这一随机采样过程不仅增加了数据的多样性,还可防止模型过拟合到特定样本。随后,决策树基于采样后的数据进行训练。

训练完成后,更新当前的告警检测器和漂移检测器。如果告警检测器触发,模型将启动一棵背景树来学习潜在的新概念;如果漂移检测器触发,系统将从概念漂移检测器池中随机选择一对新的概念漂移检测器,并替换掉当前基模型中的告警检测器和漂移检测器,以提升模型对不同类型概念漂移的适应能力。

此外,触发漂移检测器的情况还表明当前决策树不再适用于新出现的概念,此时,背景树将替换现有的决策树来适应新的概念。如果未触发漂移检测器,则系统会检查是否存在背景树,若存在,则模型继续使用当前实例对背景树进行训练。最后,模型继续处理下一个数据实例。

通过这种动态调整基模型中的概念漂移检测器的方式,RDD-ARF 方法能够有效应对动态变化的网络安全数据流环境,实现对不同类型概念漂移的自适应检测与处理。

RDD-ARF 方法的预测流程如图 10-7 所示。在网络安全数据流实例到达时,RDD-ARF 中的每棵决策树独立对实例进行预测,并输出该决策树的预测概率。随后,系统通过加权聚合的方式将所有决策树的预测结果合并,得到最终的预测结果。

2. 基本模型模块

RDD-ARF 方法采用霍夫丁树(Hoeffding Tree,HT)作为其基模型。霍夫丁树也称为非常快速决策树(Very Fast Decision Tree,VFDT),是一种专为大规模数据流处理而设计的增

网络安全数据流

$\cdots$ D_{i+3} D_{i+2} D_{i+1} D_i $\cdots$ D_3 D_2 D_1

决策树预测

更新性能评估器

模拟随机重采样

概念漂移检测器池

| ADWIN | DDM | EDDM |
| HDDM_A | HDDM_W | NoDrift |

决策树训练

是否触发告警? —是

否

随机替换漂移检测器对 ←是— 是否触发漂移? —→ 背景树初始化

否

用背景树替换决策树

存在背景树? —是→ 背景树训练

否

遍历下一个实例

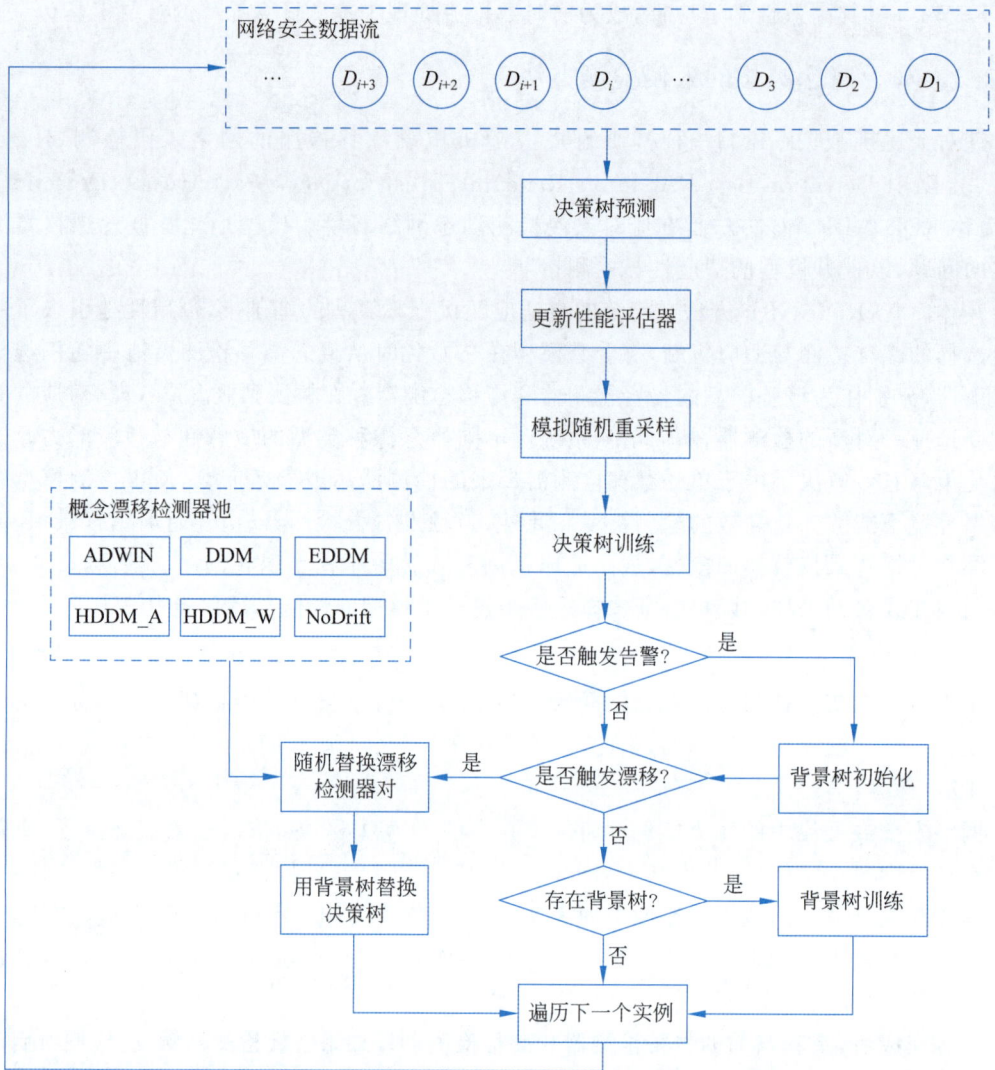

图 10-6　基于 RDD-ARF 的入侵检测方法训练流程：以一棵决策树为例

量式决策树算法。霍夫丁树利用霍夫丁界的统计原理,能够在仅使用有限样本的情况下,以高置信度进行近似最优分裂决策,从而实现快速学习,并在资源受限的环境中保持高效。

1) 霍夫丁界

霍夫丁树的核心原理基于霍夫丁界,用来估计需要多少样本才能在一定置信度下选择最佳的分裂特征。通过霍夫丁界,霍夫丁树能够保证其分裂决策的可靠性,即使只使用有限的样本。霍夫丁界的定义如下：

$$\epsilon = \sqrt{\frac{R^2 \ln(1/\delta)}{2n}} \tag{10-13}$$

其中,R 表示分裂准则的取值范围,在信息增益中通常为 $\log c$,c 是类别数；δ 是显著性水平,反映模型错误选择分裂特征的概率；n 是当前节点处理的样本数量。

在数据流环境中,霍夫丁树通过逐步积累样本,并根据霍夫丁界判断当前样本量是否足以做出可靠的分裂决策。与传统批处理方法不同,这种增量学习方式使得霍夫丁树能够在数据流环境中无须等待所有数据加载完毕即可动态生成分裂,非常适合实时数据处理。

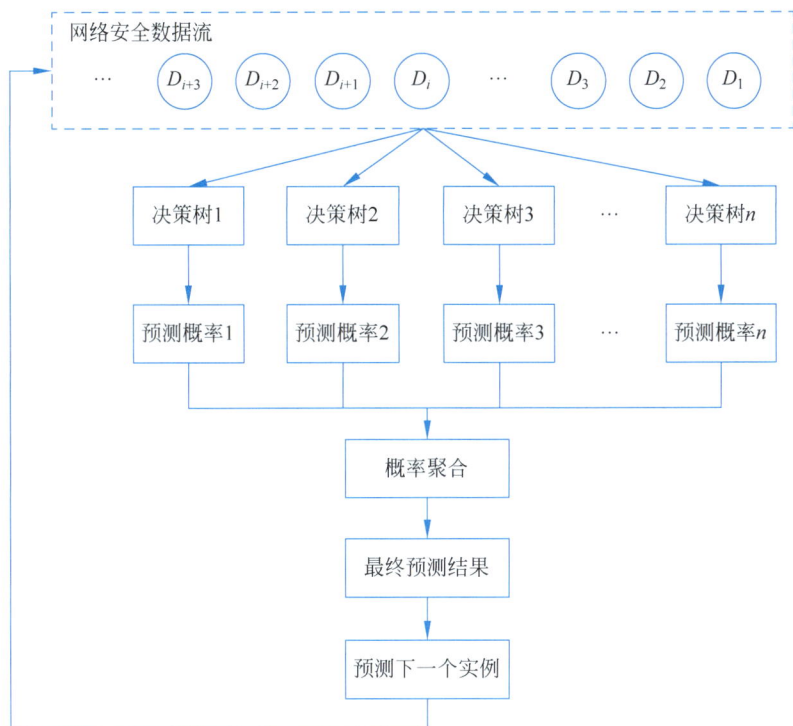

图 10-7 基于 RDD-ARF 的入侵检测方法预测流程

2）霍夫丁树的工作原理

霍夫丁树从一个根节点开始,随着数据流的不断输入,树结构逐渐生长。其工作过程可以归纳为以下 4 个步骤:

（1）**样本处理与统计更新**。每个到达的样本会被路由到当前树结构中的某个叶子节点,模型会更新该叶子节点的统计信息,例如类别分布。

（2）**分裂检测**。当某个叶子节点积累了足够多的样本时(达到预设的宽限期),算法会基于当前的分裂准则(如信息增益或基尼指数)计算出最优和次优的候选分裂特征。

（3）**应用霍夫丁界**。通过计算最优与次优特征的信息增益差异,并结合霍夫丁界,评估样本量是否足够支撑做出可靠的分裂决策。如果信息增益差异超过霍夫丁界,则算法认为当前最优特征显著优于其他特征,节点将进行分裂。

（4）**分裂与树的生长**。一旦决定分裂,算法将选择最优特征,创建新的子节点,并为子节点创建新的叶子节点,之后,继续处理后续的数据样本。

霍夫丁树支持多种分裂准则,包括信息增益、基尼指数和海林格距离等。信息增益用来衡量特征对分类结果的影响,通过特征分裂后不确定性的减少来确定特征的重要性。基尼指数通过量化数据集的纯度来表示分裂,值越低表示纯度越高。而海林格距离通过计算类别之间概率分布的差异来优化分裂,提高分类准确性。

3）内存管理与自适应预测

（1）**禁用低效节点**。为了适应内存有限的环境,霍夫丁树采用内存管理策略。动态管理叶子节点,当树的内存占用超过预设限制时,通过禁用或删除内存占用较大、分类效果较差的叶子节点,释放内存资源。这一改进使得霍夫丁树能够在处理海量数据时保持模型的稳定性和高效性。

（2）**自适应预测**。霍夫丁树提供了多种叶子节点的预测策略,包括多数类预测、朴素贝叶斯预测和自适应朴素贝叶斯预测。算法能够根据节点的样本量和分类效果,自适应地选择最优的预测方法,从而提高预测准确性。

霍夫丁树因其高效计算能力和对内存的优化设计,尤其适合应用于网络入侵检测,通过实时分析网络流量,霍夫丁树能够快速响应并检测潜在的安全威胁,提高网络的安全性和稳定性。

3. 基于随机选择的漂移检测与适应机制

RDD-ARF方法的核心思想包括三大关键机制:基于随机选择的漂移检测与适应机制、在线自助采样以及特征子集的随机选择。这些机制赋予了RDD-ARF方法更强的适应性和灵活性,使其能够有效应对动态变化的网络安全数据流中不同类型的概念漂移。

1) 随机选择漂移检测

在数据流环境中,概念漂移是指数据的分布随时间发生变化的现象,这可能导致基于旧数据训练的模型逐渐失效。为了有效应对网络安全数据流中可能出现多种概念漂移类型的情况,RDD-ARF方法引入了一种基于随机选择的漂移检测与适应机制。在许多现有的方法中,通常只依赖于单一的漂移检测器,难以同时检测到多种不同类型的概念漂移。而在RDD-ARF中,每棵决策树在初始化时会随机选择一对同类型的概念漂移检测器,其中一个作为告警检测器,另一个作为漂移检测器。当检测到概念漂移时,系统将重新随机选择一对新的检测器。这种机制增强了模型处理不同漂移类型的灵活性,通过多种检测器的组合,允许模型根据漂移的特性进行更有效的检测和响应。

2) 告警

每棵决策树都配备了一对概念漂移检测器,用于监控模型在数据流中的表现。当某棵树的错误率显著上升并触发告警检测器时,系统进入告警阶段。在这一阶段,RDD-ARF不会立即替换当前的决策树,而是开始训练一棵新的背景树。背景树的训练不会影响现有模型的预测输出,它的作用是在漂移发生前作为备用模型,以便在漂移确认后迅速替代性能下降的主树。这种设计有效避免了漂移误报(假阳性)的问题,即当警告解除但漂移未实际发生时,背景树仍会继续学习新的样本,但不会替换现有树。如果再次触发警告,模型将重新训练一棵新的背景树,从而有效减少由于误替换导致的性能损失。

3) 漂移

一旦漂移检测器确认检测到概念漂移,RDD-ARF就使用对应的背景树替换当前的主树,并重新随机选择一对新的概念漂移检测器。这种机制不同于简单的模型重置策略,因为背景树在替换前已经积累了一定的训练经验,因此能够更快地适应新的数据分布,并提供更稳定的性能输出。

这种树替换策略有效增强了模型应对概念漂移的能力,尤其是在数据分布频繁变化的环境中。通过确保每棵树的异构性和检测器的多样性,RDD-ARF不仅提高了模型的鲁棒性和泛化性,还为处理大规模网络安全数据流提供了更高的效率和连续性。

(1) 在线自助采样。

传统的随机森林依赖于对静态数据集进行批处理装袋(Batch Bagging),通过自助采样(Bootstrap Sampling)训练多个基学习器。给定一个大小为 N 的训练数据集,批处理装袋会创建 M 个基模型,每个模型在通过有放回随机采样生成的大小为 N 的自助样本集合上进行训练。由于是有放回采样,某些样本可能被重复选中,而另一些则可能完全不被选中。然而,在数据流环境中,数据是不断到来的,无法一次性获取完整的数据集,因此需要采用在线自助采样来应对这种情况。

在批处理自助采样中,每个基模型的训练集中的每个样本被选中的次数 K 服从二项分布。对于每个样本,其被选择的概率为 $1/N$,总共进行 N 次采样,因此有

$$P(K=k)=\binom{N}{k}\left(\frac{1}{N}\right)^{k}\left(1-\frac{1}{N}\right)^{N-k} \tag{10-14}$$

当 $N\rightarrow\infty$ 时,二项分布趋向于泊松分布 Poisson(1),即

$$K\sim\frac{\exp(-1)}{k!} \tag{10-15}$$

在数据流场景中,数据源源不断地到来,实际上可视为 $N\rightarrow\infty$,因此可以用 Poission(1)近似模拟自助采样。

在线自助采样中,每个样本 x_i 被选中的次数由泊松分布 Poisson(1)决定。具体而言,当样本到达时,对于每个基学习器,采样次数 K 是由泊松分布生成的,即 $K\sim$Poisson(1),这种方式模拟了传统批处理装袋中的随机采样过程。由于泊松分布的期望值为 1,这意味着平均而言,每个样本在每个基学习器中的选择次数约为 1,类似于批处理自助采样的效果。

泊松分布用于模拟在给定时间段内某事件发生的次数。在 $\lambda=1$ 时,泊松分布的概率分布为:37%的样本不被选择,37%的样本被选择 1 次,26%的样本被选择多于 1 次。因此,使用 Poisson(1)作为权重,会随机忽略部分样本,并对部分样本进行重复选择。为了引入更多的权重多样性,采用 $\lambda=6$,此时约 0.25%的样本不被选择,45%的样本被选择少于 6 次,16%的样本被选择 6 次,39%的样本被选择多于 6 次。通过这种方式,增加了样本权重的多样性,进而修改基学习器的输入空间,有助于提升模型的性能。

通过这种在线自助采样,RDD-ARF 保证了数据流环境下每棵树所使用的样本组合具有随机性和多样性,从而增强了模型的泛化能力和对噪声的鲁棒性。

(2)特征子集的随机选择。

在传统的决策树算法中,节点的分裂是基于整个特征集来寻找最优特征进行的。虽然这种方法能够确保在每次分裂时选择当前最优的特征,但它可能导致模型对某些特征的过度依赖。特别是在高维特征空间中,这种依赖性可能使模型过于复杂,从而学习到训练数据中的噪声和细节,而未能有效泛化到数据的真实分布。这种过拟合现象在训练数据上可能表现良好,但在测试数据上则会导致性能下降。

为了在一定程度上解决这一过拟合问题,RDD-ARF 采用了随机选择特征子集的策略。在构建每棵决策树时,仅在随机选出的特征子集上寻找最优分裂特征,而非在整个特征集上进行选择。

具体而言,考虑一个包含 D 个特征的数据集,在每棵决策树的训练过程中,对于每个决策节点,算法会从 D 个特征中随机选择一个大小为 d 的特征子集(通常 d 的大小为 $\sqrt{D}$),然后仅在该子集中搜索最佳的分裂特征。这种方法引入了特征选择的随机性,确保了每次分裂都基于不同的特征组合。

每棵树都是基于不同的随机特征子集进行训练的,这增加了模型之间的多样性,而模型的多样性是提高集成模型鲁棒性和泛化能力的关键因素,从而有效避免过拟合到特定的特征组合。此外,与在全局特征中寻找最佳分裂特征相比,随机选择特征子集显著减少了每次分裂时的计算复杂度。这种减少计算量的方法不仅提高了决策树的训练效率,而且使模型能够更快地适应新数据,这对于处理大规模和实时数据流至关重要。最后,每棵决策树都是基于独有的特征组合进行决策,这种多样化的特征视角进一步增强了模型对概念漂移的适应能力,确保在动态环境中维持稳定的性能表现。

RDD-ARF 的详细工作流程如下：首先，对于每个到达的数据样本，使用泊松分布生成的权重来模拟在线重采样过程。接着，在随机选择的特征子集上，利用霍夫丁树进行训练和更新。当告警检测器检测到错误率显著上升时，模型进入警告阶段，并启动背景树训练机制。当漂移被正式确认时，背景树将替换当前的主树，并随机选择一对新的检测器。

10.2.4　入侵检测方法优化

1. 基于实时性能加权概率平均的预测聚合

在 RDD-ARF 集成模型中，如何有效地融合多个基模型的预测概率是决定模型最终表现的重要因素。在传统的随机森林算法中，通常采用简单的平均概率法进行预测聚合，这是因为它们假设数据是独立同分布的，且没有考虑概念漂移的检测。这意味着每棵决策树对数据的理解大致相同，因此不需要复杂的加权策略。

然而，在 RDD-ARF 模型的应用场景中，由于网络安全数据流中存在概念漂移现象，数据分布随时间而变化，且不同基模型的概念漂移检测器可能表现出显著差异。因此，为了应对这一挑战，同时考虑到计算资源的限制，确保模型既能保持高预测精度又具有高效性，在 RDD-ARF 模型中引入了 4 种不同的加权概率方法，分别为基于平均概率的加权预测、基于实时准确率的加权预测、基于实时错误率的加权预测和基于逆误差平方的加权预测，并对这些方法进行评估。这些方法旨在根据每个基模型在漂移检测和适应数据变化方面的表现，动态调整其在最终预测中的权重。

1）基于平均概率的加权预测

这种加权策略较为简单，每个基模型的预测概率被赋予相同的权重，公式如下：

$$P_{\text{final}} = \frac{1}{n} \sum_{i=1}^{n} P_i \tag{10-16}$$

其中，P_i 为第 i 个基模型的预测概率，n 是基模型的数量。这种方法假设每个模型的性能相等，未考虑它们在概念漂移条件下可能表现出的差异。优点在于计算简单，适用于基模型性能差异不大的情况。然而，当某些模型受概念漂移影响而性能下降时，这种策略可能导致整体预测准确率下降。

2）基于实时准确率的加权预测

为了更准确地反映基模型的性能，第二种方法根据每个基模型的实时准确率对其预测进行加权。权重 w_i 被设置为模型的准确率 A_i，即

$$P_{\text{final}} = \frac{\sum_{i=1}^{n} A_i P_i}{\sum_{i=1}^{n} A_i} \tag{10-17}$$

这种加权方式使得准确率高的模型对最终决策的影响更大，而表现较差的模型影响较小，适合概念漂移不剧烈或模型表现相对稳定的场景。

3）基于实时错误率的加权预测

为了进一步减少表现较差模型对最终预测结果的影响，引入了基于实时错误率的加权策略。具体来说，权重 w_i 设置为错误率 e_i 的倒数，即 $w_i = 1/(1 - A_i)$。加权后的最终预测为

$$P_{\text{final}} = \frac{\sum_{i=1}^{n} \dfrac{P_i}{e_i}}{\sum_{i=1}^{n} \dfrac{1}{e_i}} \tag{10-18}$$

这种方法通过减少低准确率模型的权重,提高了整体模型的鲁棒性。在概念漂移条件下,低准确率模型的影响显著减弱,保证了集成模型对漂移的自适应能力。

4)基于逆误差平方的加权预测

为了更严格地削弱低性能模型的影响,第四种策略采用了逆误差平方 $1/e_i^2 = 1/(1-A_i)^2$ 作为权重。这一策略显著降低了低准确率模型的权重,尤其是在准确率接近 0.5 时,其影响几乎被忽略。其公式为

$$P_{\text{final}} = \frac{\sum\limits_{i=1}^{n} \dfrac{P_i}{e_i^2}}{\sum\limits_{i=1}^{n} \dfrac{1}{e_i^2}} \tag{10-19}$$

这种方法严格放大了高性能模型在集成中的权重,使得它们在处理概念漂移时发挥关键作用。

2. 概念漂移检测器池的构建机制

在 RDD-ARF 模型中,构建一个包含多种概念漂移检测器的检测器池是应对概念漂移多样化的关键策略。在网络入侵检测的实际应用中,会出现多种不同类型的概念漂移,而各种检测器在应对这些漂移时各有优势和局限。通过组合多种检测器,模型能够在广泛的情境下快速、准确地检测并响应漂移,从而提升整体性能和鲁棒性。

为了提高检测的多样性和适应性,选择了以下几种性能良好的概念漂移检测器。这些检测器涵盖了从无检测能力到对突变性和渐进性漂移高度敏感的算法。随机选择机制的引入,增强了 RDD-ARF 的泛化性,有助于提高其在不同数据分布变化下的检测性能。

NoDrift:模拟不进行概念漂移检测的情况,假设数据分布恒定不变,适用于数据流无显著漂移的情境。虽然其缺乏实际检测能力,但在构建基线模型时仍具参考价值。

DDM:适合处理突变漂移,不足之处在于对渐进漂移不敏感,容易出现误报或延迟,且在误差波动较大的数据流中可能过度响应。

EDDM:这种方法是对 DDM 的改进,对逐渐发生的漂移更加敏感。与 DDM 相比,EDDM 能在渐进变化时更早地发出警告,然而在突变漂移的检测中反应速度较慢。

FHDDM:适合处理突变漂移。然而,对于渐进性漂移,可能会产生误报或未能及时响应。

HDDM-A 和 HDDM-W:HDDM-A 使用加法模型,适合检测快速、显著的漂移;而 HDDM-W 则通过加权历史数据,能够更好地应对渐进性漂移。HDDM-A 对渐进漂移误报率较高,而 HDDM-W 在处理突变漂移时,可能会延迟检测。

ADWIN:适用于同时存在渐进性漂移和突变性漂移的场景。ADWIN 能够在数据分布发生变化时迅速响应,并保证检测的灵活性。但是在数据噪声较大的情况下,窗口调整可能不稳定,此外,参数的配置对方法的性能有很大的影响。

KSWIN:能够捕捉长时间数据流中的渐进变化,适合处理渐进漂移。然而,在处理突变漂移时,其检测速度较慢,可能导致漂移响应滞后。

选择多样化的检测器来构建概念漂移检测器池是 RDD-ARF 的一大优势,能够提高模型应对不同类型漂移的能力。每个检测器在应对特定类型的漂移时均有其优势,例如,DDM 和 FHDDM 在处理突变漂移时表现优异,而 EDDM 和 KSWIN 则更适合应对渐进漂移。ADWIN 的自适应滑动窗口功能则能够同时应对渐进和突变两种漂移。因此,通过随机组合不同检测器,RDD-ARF 能够灵活应对广泛的数据漂移场景。

3. 入侵检测对比分析

下面选择多个表现优异的现有方法进行对比,包括 LightGBM、EFDT、HAT、LevBag、AdaBoost、SRP、PAC、GaussianNB 和 KNN。

LightGBM(Light Gradient Boosting Machine)是一款由 Microsoft 开发的基于决策树算法的分布式梯度提升框架,因其快速的训练速度、低内存占用、高准确度和对大规模数据处理的支持而闻名。

EFDT(Extremely Fast Decision Tree)是一种增量式决策树算法,通过快速选择和应用分裂来构建树结构。EFDT 在有足够信心的情况下立即进行分裂,并在后续过程中不断重新评估分裂的有效性,使其能够快速学习稳定分布的数据,并最终生成接近批量学习结果的树结构。

HAT(Hoeffding Adaptive Tree)利用漂移检测器监控树中各分支的性能,当某个分支的准确率下降时,HAT 通过检测到的概念漂移来替换旧分支,生成新的分支。

LevBag(Leveraging Bagging)是对 OzaBagging 算法的改进,通过增加重采样次数提升了 Bagging 的性能,采用泊松分布来模拟重采样过程,并通过较高的泊松分布参数 λ(默认值为6)来增加输入数据的多样性。

AdaBoost 通过迭代训练多个弱分类器,并对其预测结果进行加权组合来提升整体分类器的性能。

SRP(Streaming Random Patches)结合随机子空间与在线 Bagging 方法进行预测。与 ARF 类似,SRP 采用随机化策略,但不同之处在于 SRP 使用的是全局子空间随机化策略,而 ARF 使用的是局部子空间随机化技术。

PAC(Passive-Aggressive Classification)的核心思想是在预测正确时保持模型不变(被动),而在错误时则进行激进的更新(激进)。PAC 通过控制参数 C 来平衡模型的更新力度。

GaussianNB(Gaussian Naive Bayes)是一种基于贝叶斯定理的分类算法,假设特征之间相互独立,并且每个特征的值服从高斯分布。对于每个类别,该算法计算每个特征的均值和方差,并利用这些参数生成概率模型。

KNN(K-Nearest Neighbors)是一种基于实例的学习算法,它通过在训练数据中查找与新实例最接近的 K 个邻居来进行分类。

这些对比方法的参数设置见表 10-5。此外,为确保实验的可重复性,所有随机数生成器的种子值均设定为 42。

表 10-5　现有方法的参数设置

方　　法	实验参数设定
LightGBM	默认值
EFDT	默认值
HAT	默认值
LevBag	model＝tree. HoeffdingTreeClassifier( ); n_models＝10; w＝6; adwin_delta＝0.002; bagging_method＝'bag'
AdaBoost	model＝tree. HoeffdingTreeClassifier( ); n_models＝10
SRP	model＝tree. HoeffdingTreeClassifier(grace_period＝50,delta＝0.01); n_models＝10
PAC	C＝0.01; mode＝1
GaussianNB	默认值
KNN	n_neighbors＝5

在 NSL-KDD 和 CIC-IDS-2017 数据集上将提出的 RDD-ARF 入侵检测方法与现有方法进行了性能对比,实验结果如表 10-6 和表 10-7 所示。

表 10-6　RDD-ARF 在 NSL-KDD 数据集上与现有方法的实验对比结果

方　　法	准确率/%	精确率/%	召回率/%	F1 分数/%	FPR/%/	时间/s
LightGBM	84.19	97.78	72.36	83.17	**1.92**	24.79
EFDT	84.62	91.42	78.92	84.71	8.69	123.23
HAT	87.15	92.06	83.39	87.52	8.45	52.10
LevBag	96.50	96.61	96.92	96.76	3.98	650.13
AdaBoost	94.10	94.84	94.19	94.51	6.02	346.37
SRP	97.18	97.33	97.46	97.39	3.13	835.84
PAC	81.66	83.21	82.73	82.97	19.59	5.33
GaussianNB	79.51	78.99	84.53	81.67	26.38	19.85
KNN	93.25	92.81	94.81	93.80	8.62	315.92
RDD-ARF	**97.70**	**98.21**	**97.51**	**97.86**	2.08	126.31

表 10-7　RDD-ARF 在 CIC-IDS-2017 数据集上与现有方法的实验对比结果

方　　法	准确率/%	精确率/%	召回率/%	F1 分数/%	FPR/%	时间/s
EFDT	83.22	78.64	91.13	84.42	24.66	298.92
HAT	84.13	78.81	93.27	85.42	24.97	34.52
LevBag	94.82	92.04	98.10	94.97	8.45	818.35
AdaBoost	87.76	88.22	87.11	87.66	11.59	258.47
SRP	96.13	95.10	97.26	96.17	4.99	733.09
PAC	69.57	69.93	68.46	69.19	29.32	2.89
GaussianNB	69.32	91.75	42.33	57.93	3.79	11.07
KNN	88.05	87.06	89.33	88.18	13.23	584.03
RDD-ARF	**97.99**	**97.72**	**98.27**	**97.99**	2.28	99.32

表 10-6 显示,RDD-ARF 在 NSL-KDD 数据集上表现优异,多个性能指标均超越了对比方法。在准确率方面,RDD-ARF 达到了 97.70%,在所有对比方法中排名第一,这表明 RDD-ARF 方法在整体分类性能上具有明显优势。此外,在精确率、召回率和 F1 分数等关键指标上,RDD-ARF 的表现同样优于其他对比方法,其精确率和 F1 分数分别为 98.21% 和 97.86%,均高于 SRP 和 LevBag,进一步证明了该模型在识别入侵(攻击行为)方面的卓越能力。同时,97.51% 的召回率表明 RDD-ARF 在降低漏报方面表现优秀。值得注意的是,虽然 LightGBM 在误报率方面表现最佳,仅为 1.92%,但其整体性能(如准确率和 F1 分数)明显低于 RDD-ARF,这进一步证明了 RDD-ARF 方法在综合权衡误报率和分类能力方面的优势。此外,运行时间为 126.31s,显示了良好的实时性。

表 10-7 显示,RDD-ARF 在 CIC-IDS-2017 数据集上同样有着优异的表现。该模型的准确率达到 97.99%,再次高于 SRP(96.13%)和其他方法,进一步验证了 RDD-ARF 方法在整体分类性能上的优势。此外,RDD-ARF 在精确率(97.72%)、召回率(98.27%)以及 F1 分数(97.99%)方面,均超过了所有对比方法。在误报率方面,RDD-ARF 的 2.28% 也优于其他方法,进一步体现了其在降低误报方面的优势。运行时间为 99.32s,相较于其他方法,表现出较好的实时性能。

为了更直观地比较 RDD-ARF 与现有方法在 NSL-KDD 和 CIC-IDS-2017 数据集上的性能,通过柱状图的形式展示准确率和 F1 分数的对比,如图 10-8 和图 10-9 所示。

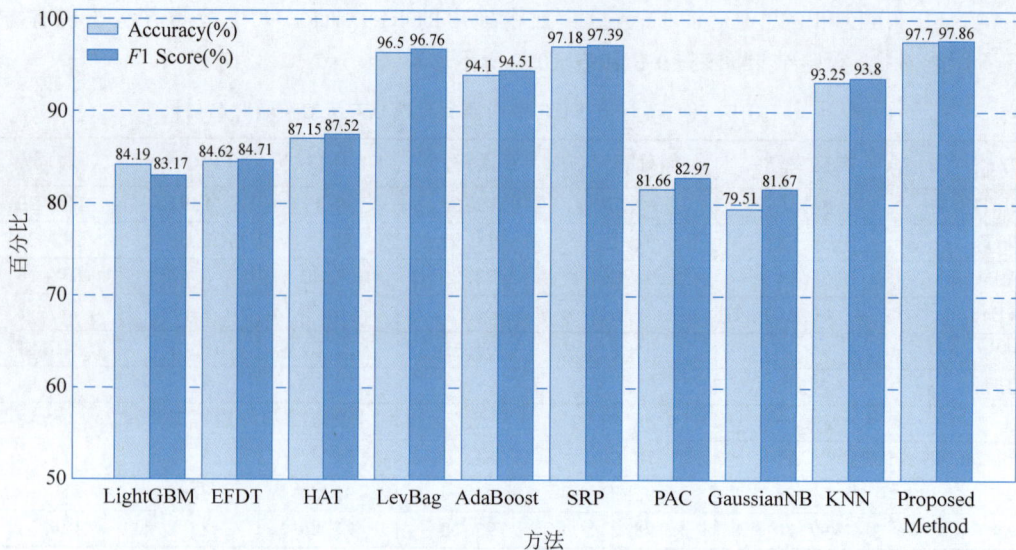

图 10-8　RDD-ARF 在 NSL-KDD 数据集上与现有方法的准确率和 *F*1 分数对比

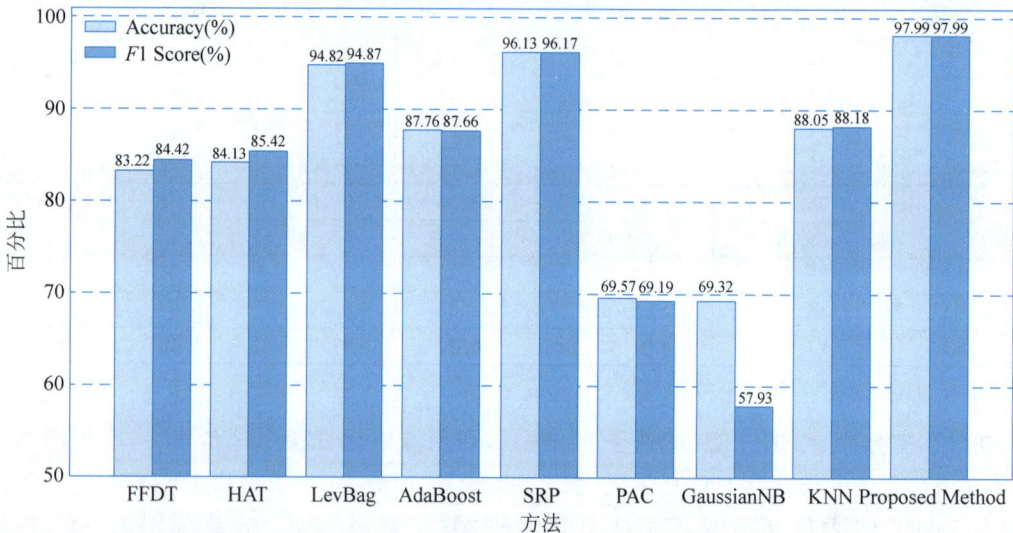

图 10-9　RDD-ARF 在 CIC-IDS-2017 数据集上与现有方法的准确率和 *F*1 分数对比

　　为进一步验证 RDD-ARF 模型在处理流数据时的动态性能,比较各方法在 NSL-KDD 和 CIC-IDS-2017 数据集上的实时准确率变化情况,结果如图 10-10 和图 10-11 所示。

　　综上所述,RDD-ARF 入侵检测方法在 NSL-KDD 和 CIC-IDS-2017 数据集上均展示了优异的性能。RDD-ARF 不仅在识别攻击行为方面能力突出,而且具备较强的实时处理能力,适用于实际网络入侵检测的需求。通过进一步的动态性能比较,验证了该模型在处理流数据时的稳定性和有效性,彰显了其在网络安全领域的应用潜力。

　　基于自适应随机概念漂移检测的入侵检测方法。该方法通过引入基于随机选择的漂移检测与适应机制,增强了模型对不同类型概念漂移的敏感性和适应性,有效缓解了模型退化问题。具体而言,检测器选择的随机性使得基模型在面对复杂的网络环境时能够更有效地处理多样化的漂移现象,而自适应机制确保在发生模型替换时,使用已积累一定经验的模型替换旧模型,从而提升网络入侵检测的性能。此外,通过在线自助采样和随机特征选择,进一步增强了模型的泛化能力。

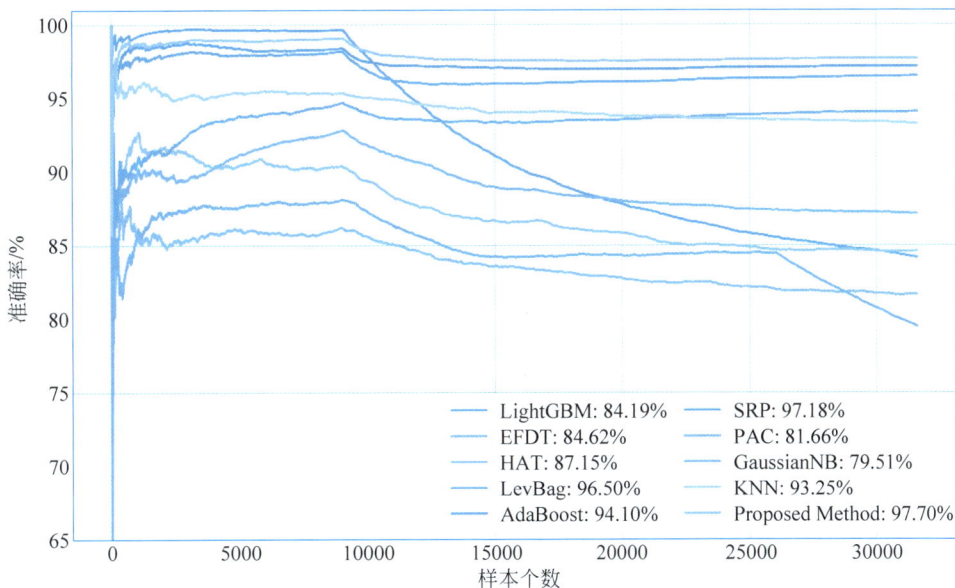

图 10-10　RDD-ARF 在 NSL-KDD 数据集上与现有方法的实时准确率比较

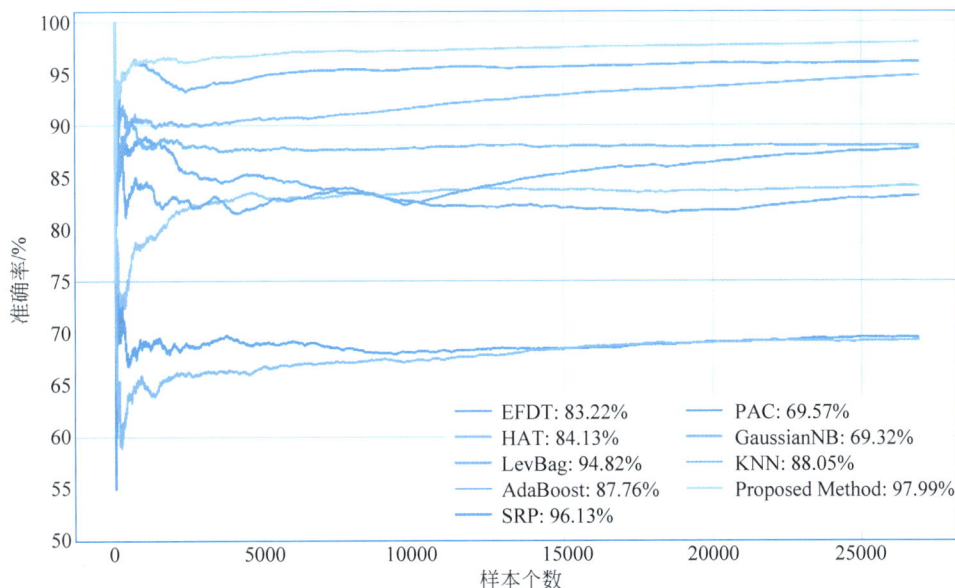

图 10-11　RDD-ARF 在 CIC-IDS-2017 数据集上与现有方法的实时准确率比较

10.3　微边界入侵检测系统

　　数字时代,万物互联,网络安全面临着前所未有的挑战。网络攻击的复杂性和频发性使得保护关键信息系统免受攻击成为国家安全和企业运营的核心任务。网络攻击不再局限于传统的恶意软件或病毒,攻击者通过入侵互联网、交通、能源、金融等关键基础设施,窃取军事、科技和商业情报,甚至可能导致关键基础设施瘫痪。现代社会的大部分核心数据都存储在服务器上,整个网络的安全性在很大程度上取决于服务器的安全。因此,服务器往往成为攻击者的首要目标。为明确讨论范围,首先给出"关键服务器"的定义:关键服务器是指存储高价值核心资产的服务器,如数据库服务器、文件服务器、邮件服务器等。这类服务器通常是攻击者的主要目标,一旦遭受攻击,可能导致重大损失。

当前,大多数企业的网络安全架构主要集中在外围防御上,通过在网络边缘部署防火墙、入侵防御系统和恶意软件检测工具等安全产品,试图将威胁阻挡在外部。然而,攻击者一旦突破网络边界进入内网,就能够轻松实施数据窃取、勒索等攻击活动。洛克希德·马丁提出的网络杀伤链模型很好地展示了攻击者突破网络防线的过程,如图 10-12 所示。虽然大量的防御措施被投入用于保护网络边缘(对应于图 10-12 中的前 3 个阶段),但完全避免入侵几乎是不可能的。一旦攻击者突破外围网络防线,他们就可以利用内网漏洞,进行横向移动,实施更深层次的攻击。根据 VMware 的研究报告《现实世界中的横向移动(2022)》,44.7%的入侵事件涉及横向移动,这表明企业需要在服务器层面加强防护,才能有效遏制攻击者的进一步渗透。

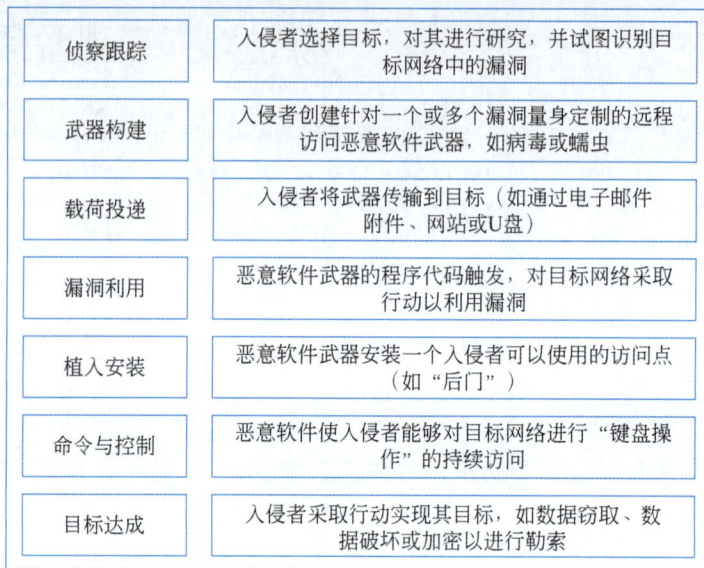

侦察跟踪	入侵者选择目标,对其进行研究,并试图识别目标网络中的漏洞
武器构建	入侵者创建针对一个或多个漏洞量身定制的远程访问恶意软件武器,如病毒或蠕虫
载荷投递	入侵者将武器传输到目标(如通过电子邮件附件、网站或U盘)
漏洞利用	恶意软件武器的程序代码触发,对目标网络采取行动以利用漏洞
植入安装	恶意软件武器安装一个入侵者可以使用的访问点(如"后门")
命令与控制	恶意软件使入侵者能够对目标网络进行"键盘操作"的持续访问
目标达成	入侵者采取行动实现其目标,如数据窃取、数据破坏或加密以进行勒索

图 10-12　洛克希德·马丁网络杀伤链模型

在这种背景下,为了降低关键服务器面临的网络攻击风险,应设计并实现一个面向关键服务器的微边界入侵检测系统。该系统整合了网络入侵检测方法,能够有效应对动态网络环境中的变化,并处理概念漂移问题,从而提升系统的入侵检测能力。系统采用 Agent-Server 架构,由多个核心模块组成,包括微边界入侵检测模块、微边界流量日志采集模块、微边界动态访问控制模块及安全融合中心模块。这些模块协同工作,实现了对关键服务器多角度的安全防护,提升了关键服务器的威胁感知能力。

10.3.1　入侵检测系统

微边界入侵检测系统的设计从多个角度对关键服务器进行安全防护,并结合了入侵检测方法,旨在降低关键服务器受到网络攻击的风险。首先,给出"安全微边界"的定义:"安全微边界"是一种面向关键服务器的细粒度安全防护机制。其核心思想是将传统的网络边界安全策略细化到关键服务器的微观层面。通过在关键服务器周围建立虚拟边界,系统能够实时监控关键服务器的网络流量及访问行为,从而有效防御来自内部或外部的安全威胁。

图 10-13 展示了微边界入侵检测系统的整体架构。系统基于 Agent-Server 模式,其中 Agent 模块部署在每台关键服务器上,负责采集服务器的流量日志和安全事件数据。Server 模块部署在专用的安全融合中心,负责处理和分析来自不同 Agent 模块的数据。通过这种架构,系统能够支持多台服务器的联合防护,实现跨服务器的攻击检测与快速响应。

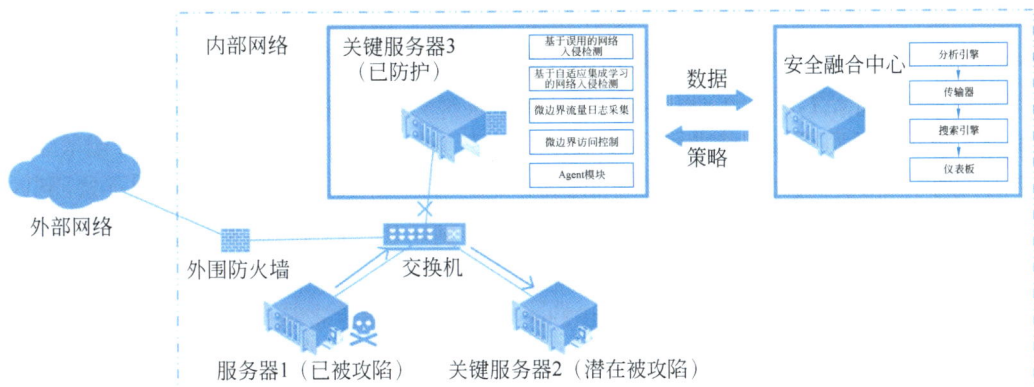

图 10-13　面向关键服务器的微边界入侵检测系统整体架构

在需要保护的关键服务器上部署了一道"安全微边界",其核心组件包括微边界入侵检测、微边界流量日志采集、微边界访问控制、Agent 共 4 个模块。微边界入侵检测模块包括基于误用的网络入侵检测和基于异常的网络入侵检测。基于误用的网络入侵检测负责对进出的网络流量进行实时检测,捕获已知的网络攻击行为;基于异常的网络入侵检测采用基于自适应集成学习的网络入侵检测方法实现,为网络入侵检测提供补充。微边界流量日志采集模块记录服务器的所有进出流量,生成详尽的日志数据,这些数据将用于后续访问控制策略的制定。微边界访问控制模块基于对流量日志数据的分析结果,梳理访问关系,形成关键服务器的访问控制策略,确保服务器的访问边界能够根据实时安全态势进行自适应调整。Agent 模块负责将服务器的流量和安全事件数据传送至安全融合中心,确保数据的及时汇总与分析。

为了帮助安全分析人员直观理解分析结果,安全融合中心承担了可视化任务。将分析后的数据进行存储和索引,并展示在 Web 界面上。通过仪表板,安全管理员可以实时监控关键服务器的安全状态以及入侵检测结果,支持数据的自定义查询和深入分析,从而提高威胁响应效率。

在图 10-13 中,外部流量经过传统的外围安全设备后,进入内部网络。假设内网中存在 3 台服务器:服务器 1、关键服务器 2 和关键服务器 3。关键服务器 2 和关键服务器 3 表示需要重点保护的对象,服务器 1 已被攻击者利用漏洞成功攻陷,成为其发起横向攻击的跳板。在控制了服务器 1 后,攻击者可以在内网中内执行信息搜集,实施横向攻击。一方面,由于缺乏必要的安全防护措施,关键服务器 2 无法有效感知到来自服务器 1 的威胁,面临被攻击的高风险。另一方面,在关键服务器 3 上,部署了微边界入侵检测系统,构筑了一道"安全微边界"(用图中的防火墙图标表示),有效感知网络威胁,阻断了攻击者的进一步渗透。这一过程展示了微边界入侵检测系统在防御横向攻击中的重要作用。

微边界入侵检测系统涵盖入侵检测、流量日志采集、访问控制以及安全融合中心四大模块。这些模块协同工作,共同保障关键服务器的网络安全。

10.3.2　微边界入侵检测模块

网络入侵检测是现代网络安全的重要技术。微边界入侵检测模块包括基于误用的网络入侵检测和基于异常的网络入侵检测。使用 Suricata 作为实现基于误用的网络入侵检测的核心工具,而基于异常的网络入侵检测则采用基于自适应集成学习的网络入侵检测方法实现。基于误用的检测能够快速、准确地识别已知威胁,而基于异常的检测则弥补了规则检测的不足,能够识别未知攻击。通过结合这两种检测方法,能够提高系统整体的检测能力。

1. 基于误用的网络入侵检测

Suricata 是一款高性能、开源的网络威胁检测引擎,由开放信息安全基金会(Open Information Security Foundation,OISF)开发与维护。与传统网络入侵检测工具相比,Suricata 具备以下优势:

1)多协议支持与深度协议分析

Suricata 支持对 TCP、UDP、HTTP、SSL 等多种网络协议的深度分析,不仅可以在数据包层次上进行解析,还能在应用层进行深入解码,识别诸如 SQL 注入和跨站脚本攻击(XSS)等高级攻击行为。此外,Suricata 还具备对 TLS/SSL 协议加密流量的解析能力,能够识别加密通信中的潜在威胁,例如,证书问题或加密算法的弱点。

2)基于误用的威胁检测

Suricata 采用灵活且强大的规则引擎,允许用户编写自定义规则来检测网络中的威胁。其规则格式与 Snort 兼容,使得用户可以复用大量现有的开源安全规则集(如 ET Open Rules)。Suricata 的规则不仅能基于数据包内容进行模式匹配,还可以利用数据包的元信息(如 IP 地址、端口号、协议类型等)进行检测。此外,Suricata 支持状态检测,能够维护网络连接的状态表,帮助识别与会话相关的复杂攻击行为。

3)多线程架构与高性能

Suricata 通过多线程架构,在多核处理器上实现高效的并发流量处理,适应高速网络环境下的实时检测需求。同时,通过硬件加速技术如 PF_RING、AF_PACKET 或 Netmap 等,进一步提升了数据包捕获和处理效率。

4)文件提取与文件检测

Suricata 能够在流量中自动提取文件(如从 HTTP、FTP、SMTP 流量中提取文件),并生成文件的哈希值(如 MD5、SHA256),以供后续分析或与恶意文件库进行比对。这一功能支持检测基于文件的攻击(如恶意软件传播),有助于全面分析网络威胁并提供丰富的上下文信息。

Suricata 的工作原理如图 10-14 所示。

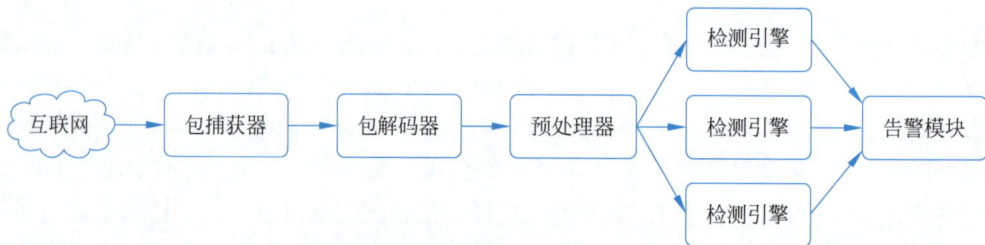

图 10-14　Suricata 的工作原理

2. 基于自适应集成学习的网络入侵检测

为补充基于误用的检测能力,引入了基于自适应集成学习的入侵检测方法,以实现基于异常的网络入侵检测。该方法通过构建自适应集成学习模型,能够有效适应网络环境的变化,处理概念漂移问题,从而提升系统的入侵检测能力。该模块主要分为如下 3 个部分。

1)数据预处理与特征提取

系统首先从流量日志中提取多维特征,包括流量包大小、传输速率、协议类型、端口号等信息,形成特征矢量。这些特征矢量经过标准化处理后,进行基于概念漂移的特征选择,结合 Boruta 算法,确保在处理概念漂移时始终关注对检测性能最具影响力的特征。这种动态特征选择能够自适应地应对网络环境中可能发生的特征相关性变化,最后将经过选择的数据输入自适应集成学习模型进行预测和学习。

2）数据标记与训练集生成

在现实网络场景中，流量数据通常未被标记，因此系统需要先对数据进行标记以生成训练集。为此，系统设计了一个结合无监督学习、基于规则检测和主动学习的数据标记流程。

（1）初步聚类：通过无监督学习算法（如 K-Means 或 DBSCAN）对流量数据进行初步聚类，划分出潜在的正常行为与异常行为的群体，形成初步标签。

（2）基于误用的标记：借助 Suricata 的规则引擎，对部分已知攻击模式的流量进行标记，并将标记为异常的流量加入训练集。

（3）主动学习机制：系统选择模型预测不确定的流量样本，提交给人工标注或专家系统进行审核，减少标注工作量，确保关键数据得到高效标注。

通过这一流程，系统能够在无监督学习、基于误用的标记和专家干预之间形成有机结合，生成可靠的训练集，供后续模型训练使用。

3. 异常检测与告警生成

使用标记好的训练集对自适应集成学习模型进行训练，通过基于置信度和错误率的加权聚合方法动态调整基模型权重，提高检测精度。在实际部署中，系统进入实时监测状态，持续将新到达的网络流量数据输入训练好的自适应集成学习模型。当系统识别到异常流量时，将生成告警信息，并通过系统的可视化界面展示给网络安全管理员，以便于快速处理。

通过结合基于误用的 Suricata 与基于自适应集成学习的网络入侵检测方法，形成了全面的威胁检测框架。Suricata 基于已知攻击签名快速检测常见威胁，而自适应集成学习模型则通过自适应学习，捕捉未知攻击和复杂的、逐步演变的攻击模式。两种检测方法优势互补，实现了更全面的网络入侵检测能力。

10.3.3　微边界流量日志采集模块

微边界流量日志采集模块的主要功能是捕获并记录关键服务器的网络流量，为后续的安全分析和威胁检测提供数据支持。

传统的流量采集方法使用 PCAP 文件保存网络流量的完整副本，但这种方法占用大量存储空间，不仅如此，由于 PCAP 数据包含原始的二进制数据，它们需要复杂的解析过程才能提取有用信息，这增加了分析的难度。Wireshark 是一款广泛使用的网络协议分析工具，主要用于离线分析，实时性不足，为了减少存储需求并提高实时性，使用了 Zeek 作为流量日志采集工具。此外，基于采集到的流量日志，实现一种告警上下文关联机制。

1. Zeek 流量日志采集框架

Zeek（原名 Bro）是一个被动的开源网络流量分析器，由劳伦斯伯克利国家实验室的首席科学家 Vern Paxson 于 1999 年设计并开发。它作为一款面向安全领域的网络监控工具，能够实时解析网络流量中的协议、生成高层次的事件记录，并通过日志形式记录网络活动的详细信息。

Zeek 的核心优势在于其对网络活动的深层次理解和语义分析。通过解析从链路层到应用层的多种协议（如 HTTP、DNS、SSL 等），Zeek 能够生成详细的日志数据。这些日志为后续的安全分析提供了紧凑和高保真的数据源。Zeek 提供了一种专门的图灵完备脚本语言，用户可以自己编写代码实现特定功能。Zeek 所有的默认分析，都是通过 Zeek 脚本实现的，没有特定的分析被硬编码到 Zeek 的系统核心中。

Zeek 的架构主要由事件引擎和策略脚本解释器两大模块组成。当外部网络的数据包进入 Zeek 系统时,首先由事件引擎(以 C++语言编写)进行处理。事件引擎通过 libpcap 等网络包捕获工具对数据包进行捕获,随后通过包解码器对其进行协议解析,提炼出高层次且与特定安全策略无关的事件。这些事件包括各种元数据,如传输字节数、文件哈希值、HTTP 响应码等,反映了网络底层的活动情况。随后,事件流被传递到策略脚本解释器,这是 Zeek 使用其特有的脚本语言编写的模块。Zeek 脚本允许用户根据安全需求自定义规则,主要应用于基于误用的入侵检测。在此过程中,不仅会分析单一数据包,还会进行更深层次的应用层语义分析。当检测到违反预设安全策略(如检测到过期的 SSL 证书)的行为时,Zeek 将生成告警,并根据脚本内容采取相应行动(如封禁恶意 IP 地址)。所有的告警信息和网络事件都会以日志形式记录。图 10-15 展示了 Zeek 的工作原理。

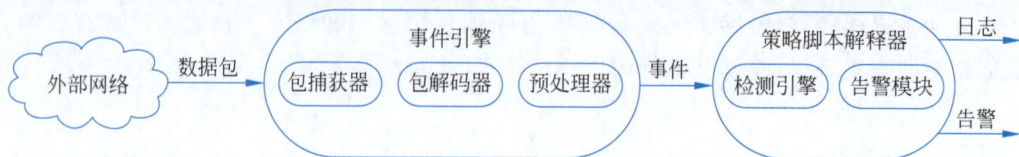

图 10-15　Zeek 的工作原理

2. 基于流量日志的告警上下文关联

下面阐述基于流量日志的告警上下文关联方法。采用 Community ID 流哈希技术 Kreibich2021 生成标识流量的唯一标识符。随后,将 Suricata 生成的告警信息与 Zeek 的流量日志(如 conn.log、smtp.log 等)基于 Community ID 进行关联,从而提取更加详尽的上下文信息,提升告警处理的精准性。此外,可通过 Zeek 流量日志中的 uid 字段进一步增强数据关联。

Zeek 与 Suricata 可以相辅相成,结合使用,以增强整体的网络安全功能。一方面,Suricata 专注于基于签名的威胁检测,利用规则引擎对网络流量进行实时监控,快速识别已知攻击模式。另一方面,Zeek 则通过深入的语义分析,对网络活动提供更广泛的可见性和事件记录。

图 10-16 展示了告警上下文关联方法。在图 10-16 中,Suricata 生成的告警记录(alert.log)显示了一条名为"ET HUNTING SUSPICIOUS SMTP Attachment Inbound PPT attachment with Embedded OLE Object M6"的告警,描述了一封传入的 SMTP 电子邮件,其中包含一个 PPT 附件,附件中嵌入了 OLE 对象。由于 OLE 对象常被用于传播恶意软件,因此需要对该告警进行深入调查以确保网络安全。

通过 Community ID 将 Suricata 的告警与 Zeek 的 conn.log、file.log 和 smtp.log 等日志关联,并结合 Zeek 中的 uid 字段,可以提取出源地址、源端口、目的地址、目的端口、发件人和收件人的邮箱地址、抄送地址以及邮件附件的文件哈希值等关键信息。这些上下文信息将帮助安全分析人员更准确地评估告警的危害性。

10.3.4　微边界访问控制模块

微边界访问控制模块的基本流程如下:安全融合中心通过分析来自 Agent 的网络流量日志,梳理访问关系,从而调整网络访问控制策略,确保关键服务器免受未授权访问。该模块利用统计学方法对网络流量日志进行跨时间尺度分析,生成访问控制策略,并通过自动化机制将这些策略下发至关键服务器。一旦关键服务器接收到新的策略,就及时修改其原有的访问控制设置,以适应不断变化的网络环境。

alert.log
```
"timestamp": "2023-06-01T11:20:51.836244+0800",
"flow_id": 1905574154573330,
"in_iface": "████",
"event_type": "alert",
"src_ip": "████",
"src_port": 48670,
"dest_ip": "████",
"dest_port": 25,
"proto": "TCP",
"community_id": "1:IUGx6jzyUpV5EDlHMQfXGxKKiXw=",
"alert": {
    "signature": "ET HUNTING SUSPICIOUS SMTP Attachment Inbound PPT attachment with Embedded OLE Object M6",
```

conn.log
```
"ts": 1685589651.628242,
"uid": "CYU9iS2CfkC3MTrpjb",
"community_id": "1:IUGx6jzyUpV5EDlHMQfXGxKKiXw=",
"id.orig_h": "████",
"id.orig_p": 48670,
"id.resp_h": "████",
"id.resp_p": 25,
"proto": "tcp",
"service": "smtp",
"duration": 0.27634596824645996,
"orig_bytes": 1793858,
"resp_bytes": 367,
```

file.log
```
"ts": 1685589651.805144,
"fuid": "F67qxN2otC3S60SAc6",
"tx_hosts": [
    "████"
],
"rx_hosts": [
    "████"
],
"conn_uids": [
    "CYU9iS2CfkC3MTrpjb"
],
"source": "SMTP",
"depth": 4,
"analyzers": [
    "MD5",
    "SHA1"
],
"mime_type": "text/plain",
"md5": "2e2f5393f0█████39c95c4d3b",
"shal": "307ac374cb█████84ce79fba11404b0"
```

smtp.log
```
"ts": 1685589651.628965,
"uid": "CYU9iS2CfkC3MTrpjb",
"id.orig_h": "████",
"id.orig_p": 48670,
"id.resp_h": "████",
"id.resp_p": 25,
"trans_depth": 1,
"helo": "████",
"mailfrom": "312████edu.cn",
"rcptto": [
    "jia████edu.cn"
],
"date": "Thu, 1 Jun 2023 11:20:42 +0800 (",
"from": "=?UTF-8?B?████",
"to": [
    "jia████edu.cn"
],
"cc": [
    "y████edu.cn"
```

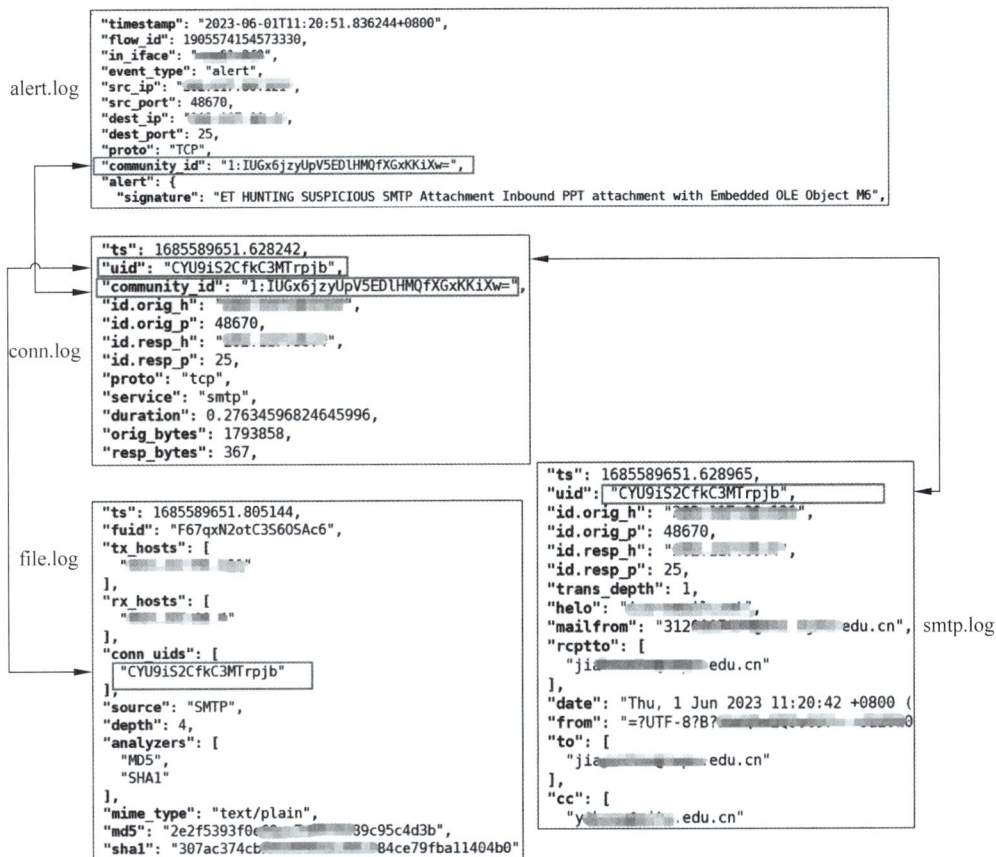

图 10-16   告警上下文关联方法

1. 基于统计分析的访问关系梳理

待分析的流量日志主要来源于 Zeek 生成的网络会话日志（conn.log）。采用跨时间尺度的统计分析方法来梳理访问关系。图 10-17 展示了 Zeek 的 conn.log 日志中的数据字段。各字段的说明如下：ts 表示连接的开始时间；uid 为连接的唯一标识符；id 包含连接两端的 IP 地址、端口号等四元组；proto 为连接所使用的传输层协议；duration 表示连接持续的时间；orig_bytes 表示发起方发送的有效负载字节数（对于 TCP，通过序列号提取）；resp_bytes 表示接收方发送的有效负载字节数；conn_state 为记录连接状态的字段；missed_bytes 为丢失的字节数，通常用于指示内容缺失（如由于丢包导致的协议分析失败）；history 以一串字母记录连接状态的历史信息。

```
"ts": 1698062522.217638,
"uid": "COGI2q3e1PffpDvRC7",
"id.orig_h": "████",
"id.orig_p": 58934,
"id.resp_h": "████",
"id.resp_p": 1900,
"proto": "udp",
"duration": 3.0279009342193604,
"orig_bytes": 700,
"resp_bytes": 0,
"conn_state": "S0",
"local_orig": false,
"local_resp": false,
"missed_bytes": 0,
"history": "D",
"orig_pkts": 4,
"orig_ip_bytes": 812,
"resp_pkts": 0,
"resp_ip_bytes": 0,
"process": "37405/sshd:"
```

图 10-17   Zeek 的 conn.log 数据字段描述

通过观察原始的 conn.log 日志，发现其中包含许多噪声。为了平衡系统资源开销，Zeek 引入了 TCP 会话超时机制。如果某个 TCP 会话在超过预设的时间阈值（默认为 5 分钟）后没有数据包传输，那么 Zeek 将中断该会话并记录为已完成。这种机制可能导致正常 TCP 会话在时间间隔超过阈值时被错误地分割成多个独立会话，并在日志中生成多条记录。此时，超时后的第一个数据包被视为新会话的起始包，可能导致该数据包的发送方被错误识别为新会话的发起者，而这可能与实际情况不符。为了解决这一问题，设计了会话合并算法。

会话合并基于 TCP 三次握手中的第一个 SYN 包。具体流程为:首先提取日志中 history 字段包含 S 标志位(表示 SYN 包)的会话,并保存这些会话的五元组摘要([源地址、源端口、协议、目的地址、目的端口])。接着,遍历未包含 SYN 标志位的会话,为每个会话构造两个五元组摘要:hash1=[源地址,源端口,协议,目的地址,目的端口]和 hash2=[目的地址,目的端口,协议,源地址,源端口]。然后,将这两个五元组摘要与先前保存的所有五元组摘要进行匹配,当找到匹配项时,将两个会话合并为一个(如将数据量进行相加)。

在完成会话合并预处理后,定义[外部 IP 地址,传输层协议,目的端口]为一个会话通道,随后,通过跨时间尺度的统计方法计算每个会话通道的日均访问次数、日均持续时间、日均请求数据量、日均响应数据量、关键连接状态和访问频率等指标,以此对关键服务器的访问关系进行梳理,并根据这些指标识别潜在的异常行为。

2. 基于连接状态的访问控制策略生成

在对 Zeek 的网络会话日志进行统计分析后,下一步是生成访问控制策略——分别对入站和出站连接进行分析,并结合连接状态生成相应的访问控制策略。

对于入站连接,通过 Zeek 日志中的 history 字段和 conn_state 字段判断连接是否成功建立。特别地,当 history 字段包含 ShA 或 conn_state 字段为 SF 时,表示连接已成功建立,进而确认端口处于开放状态。conn_state 字段的主要状态及其含义见表 10-8。

表 10-8　Zeek 的 conn_state 字段描述

名　　称	描　　述
S0	仅看到连接尝试,没有回应
S1	连接已建立,但未终止
SF	正常建立并终止的连接。S1 和 SF 的区别在于,SF 状态下会有字节数的统计
REJ	连接尝试被拒绝
S2	连接已建立,发起方尝试关闭连接,但未收到响应方的回复
S3	连接已建立,响应方尝试关闭连接,但未收到发起方的回复
RSTO	连接已建立,但发起方中断了连接(发送了 RST)
RSTR	连接已建立,但响应方中断了连接(发送了 RST)
RSTOS0	发起方发送了 SYN 并随后发送了 RST,未看到响应方的 SYN-ACK
RSTRH	响应方发送了 SYN ACK 并随后发送了 RST,但未看到发起方的 SYN
SH	发起方发送了 SYN 并随后发送了 FIN,未看到响应方的 SYN ACK
SHR	响应方发送了 SYN ACK 并随后发送了 FIN,未看到发起方的 SYN
OTH	未看到 SYN,仅看到中途流量(例如"部分连接"未正常关闭)

进一步分析后,可将访问控制规则归纳如下:除了对外提供服务的端口外,其余关闭端口应保持为过滤状态,以防止未授权访问;对于入站访问行为,当检测到外部 IP 地址访问关闭端口时,视为端口扫描行为,并将对应的 IP 地址标记为可疑 IP,进一步监控其对开放端口的访问行为。如果连接状态为 REJ,则应将该端口设置为过滤状态。如果该 IP 地址来自外部网络,则需调整上层的端口转发策略,以确保该关闭端口不可被访问。对于出站连接,定义[外部IP 地址,传输层协议,目的端口]为一个出站会话通道。对关键服务器而言,其出站连接通常表现为相对固定的流量模式。通过持续监控,将合法的出站会话通道纳入白名单,当出现新的会话时,通过人工方法评估其合法性。如果发现异常出站会话,立即阻断该会话。

根据上述规则生成相应的访问控制策略,并下发至关键服务器。关键服务器利用 iptables 工具动态调整访问控制策略,以便根据最新规则更新相应的 iptables 规则,从而有效配置为允许或拒绝特定的网络流量。

10.3.5 安全融合中心模块

在微边界入侵检测系统中,安全融合中心的构建基于 Wazuh 框架。Wazuh 具备强大的安全监控能力,包括文件完整性监控、rootkit 检测、日志分析、安全配置评估、漏洞检测等功能。它能够在大规模分布式环境下管理多个服务器的安全数据,提供高效的性能和稳定的扩展性,因此是实现集中化安全管理的理想工具。

1. Agent-Server 架构

安全融合中心采用 Wazuh 的 Agent-Server 架构,以确保对各个关键服务器进行集中化的安全监控。Wazuh Agent 被部署在每台关键服务器上,负责监控系统日志、文件变更和网络活动等安全信息,同时收集 Suricata 与 Zeek 生成的安全数据,并将这些数据传输至位于安全融合中心的 Wazuh Server。作为系统的核心管理平台,Wazuh Server 集中处理来自不同服务器的安全数据,进行汇总、分析和存储。通过这一集中式架构,安全事件的检测、响应和报告流程得以简化,减少了分散式管理的复杂性,提高了整体安全管理的效率。

2. 数据存储与可视化

为了实现数据的高效存储、检索和可视化,系统采用了 Elastic Stack(包括 Elasticsearch、Filebeat 和 Kibana)作为技术基础。Elasticsearch 是一个高效的分布式搜索和分析引擎,用于存储和检索来自 Wazuh Server 的安全数据。其倒排索引机制优化了查询速度,支持毫秒级响应,能够轻松应对安全日志数据的快速增长,并支持集群部署以实现负载均衡和高可用性。

作为轻量级日志传输工具,Filebeat 负责将数据传输至 Elasticsearch。它的资源占用极低,具备高度可靠的日志传输能力,确保安全数据能够实时传输。Kibana 则提供了 Elasticsearch 中数据的可视化展示工具,支持交互式图表和仪表板,能够直观展示安全事件和系统状态。通过 Kibana,安全分析人员可以快速定位潜在威胁,监控安全事件的变化趋势,并在可视化报告的支持下做出高效的安全决策。

第五部分

网络融合发展

第 11 章

云 网 融 合

11.1 云数据中心网络

11.1.1 数据中心网络架构

数据中心是云服务的核心基础设施,而绿色数据中心网络(Data Center Networking, DCN)的性能和可靠性等将对云服务的伸缩性产生重大影响。特别是,绿色数据中心网络需要具有可扩展性和可重构性,以快速响应不断变化的应用需求和用户服务要求。绿色数据中心网络架构是指在数据中心内部,用于连接计算服务器、存储服务器和其他服务组件的网络设备互连结构和配置部署。这种架构对于数据中心云计算服务的高效运行至关重要,因为它直接影响应用数据传输的性能、业务可靠性和服务可扩展性等。

1. 背景及动机

在云计算和移动互联网应用快速发展的背景下,包括搜索引擎、视频直播、内容托管和分发、社交网络以及大规模机器学习训练和推理任务等,对绿色数据中心的算力需求迅速增加。这些应用对数据中心的数据存储容量和业务处理性能提出了更高的要求,推动了对绿色数据中心网络架构的重新设计和迅速扩张。传统的基于以太网和 IP 的校园、区域和广域网技术在数据中心应用环境中存在明显不足,尤其在可扩展性、运维性和能效等方面面临严峻挑战。

新一代绿色数据中心网络的设计必须应对多方面的挑战,其中网络性能和可靠性成为重要核心,同时保持较高的能效比,以支持不断增长的计算和存储等需求。同时,网络拓扑设计在确保绿色数据中心的可扩展性和可运维性方面发挥着重要作用。在设计网络架构时,投资收益也是一个不可忽视的关键因素,需要在满足性能需求的同时尽可能降低数据中心网络运维成本。

另外,绿色数据中心网络必须具备高度的可扩展性,以迅速响应应用快速部署需求和服务快速升级要求等。数据中心网络故障容忍和快速恢复也是设计的关键考量,网络必须能够发现、恢复多种类型的偶发故障,包括设备硬件故障、节点链路故障和系统节点故障等,以确保云计算服务的可用性和业务数据的完整性。

在规模迅速扩大的绿色数据中心中,能源效率成为一个重点的考虑因素,特别是随着大模型训练和推理等应用落地,数据中心成为能耗大户。Google 和亚马逊等计划投资核电,以满足数据中心能耗需求。绿色数据中心网络架构应尽可能节能,以减少运营成本并降低环境影响,支撑绿色经济发展。同时,绿色数据中心网络还需要支持虚拟化和服务器迁移,以满足不断变化的峰谷期业务需求,保持对虚拟机的移动进行无缝处理,同时保持网络连接和性能。综合考虑这些因素,绿色数据中心网络架构的发展需要在满足网络高性能和可靠性需求的同时,实现成本效益、可重配置性、故障自愈和高能效比。

2. 绿色数据中心网络拓扑

1）基于树的拓扑（Tree-based Topologies）

典型的树状架构及其变体在进行传统数据中心网络拓扑设计时得到了普遍的采用。

- **基本树**（Basic Tree）：由两级或三级网络交换机/路由器构成，通常，服务器作为树叶子节点。典型的三级拓扑如图 11-1 所示，包括核心层（为树根）、汇聚层（为中间层），以及连接到服务器的接入层交换机等。

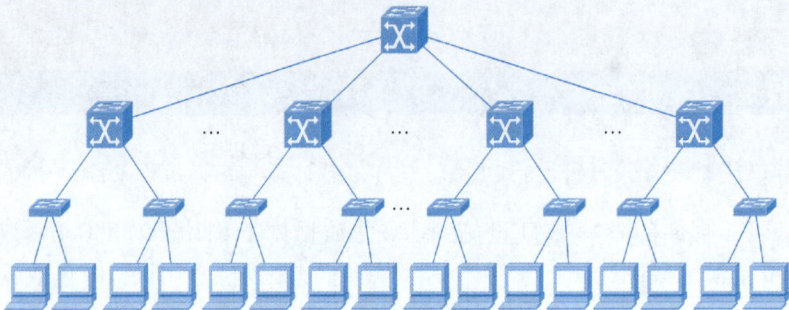

图 11-1　三级树状拓扑

- **胖树**（Fat Tree）：基于完全二叉树的网络，每个边缘层的 K^2 端口交换机连接到 $K^2/2$ 服务器，剩余的 $K^2/2$ 端口连接到聚合层的交换机。如图 11-2 所示，胖树通过引入冗余交换机备份链路来提供更多的接入层不相交路径。

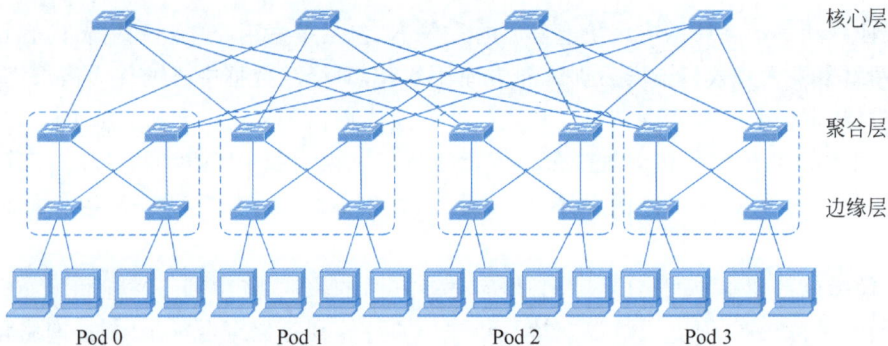

图 11-2　三级胖树拓扑

- **Clos 网络**：Clos 网络是一个多根树结构，如图 11-3 所示，通常由三级交换机组成：直接连接到服务器的 ToR（Top of Rack）接入交换机、连接 ToR 交换机的聚合交换机，以及连接聚合交换机的中间交换机。这些交换机分别称为"输入"交换机、"中间"交换机和"输出"交换机。

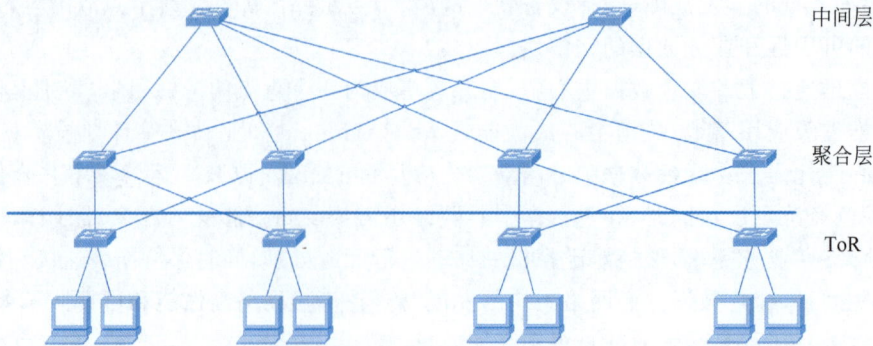

图 11-3　Clos 网络拓扑

2）递归拓扑（Recursive Topologies）

基于树的网络拓扑结构可以通过级联更多级交换机来实现网络规模的扩展,而每台服务器只与接入层交换机中的一台相连。递归拓扑与树状拓扑一样,仍然有级别/层。但是,递归拓扑结构使用低层结构作为基本单元来构建高级拓扑结构,递归拓扑结构中的服务器可能连接到不同层次的交换机甚至其他服务器。递归拓扑的服务器上有多个网络端口,这使它们与基于树的拓扑明显不同。

- **DCell**：如图 11-4 所示,DCell 是 Microsoft 提出的一种递归数据中心网络,它使用低层别的结构作为基本单元来构建更高级别的互联结构。DCell 可以仅使用少量端口的交换机和服务器即扩展到支持大量服务器互联。

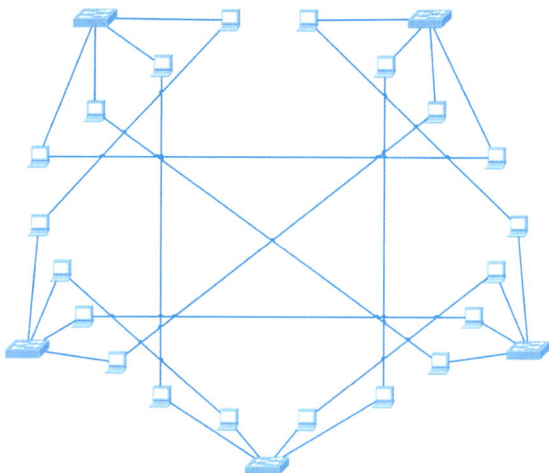

图 11-4　交换机端口数 $n=4$ 时,从 $DCell_0$ 构建 $DCell_1$

- **BCube**：如图 11-5 所示,BCube 也是 Microsoft 提出的一种特别为集装箱式模块化数据中心设计的递归拓扑。它使用更多的交换机来构建更高级别的结构,与 DCell 相比,BCube 在构建更高级别结构时使用更多的交换机和服务器网络端口。

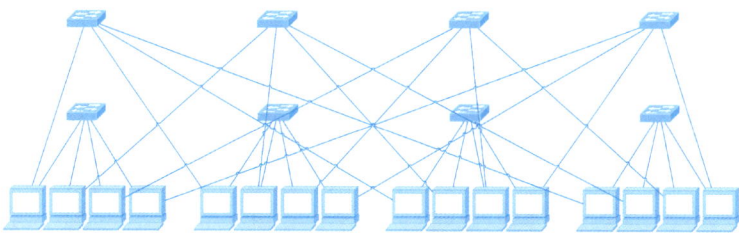

图 11-5　交换机端口数 $n=4$ 时,从 $BCube_0$ 构建 $BCube_1$

3）更为灵活的架构

在高性能大规模数据中心网络构建中,光交换技术逐渐引起人们的关注。光网络除了能够以极低的功耗提供高带宽(使用波分复用技术可达到 Tbps 级光纤)外,还支持在运行过程中灵活地重新配置拓扑结构。考虑到数据中心网络中不均衡且不断变化的业务流量,因此,能够支持灵活配置的绿色数据中心光网络架构不断被测试和尝试部署。

- **c-Through**：如图 11-6 所示,c-Through 是一种混合网络架构,在 2010 年由美国 Rice 大学的研究人员提出,结合了电分组交换网络和光网络。它通过观察套接字缓冲区的占用情况来估计机架之间的流量需求,并根据流量需求配置光网络。

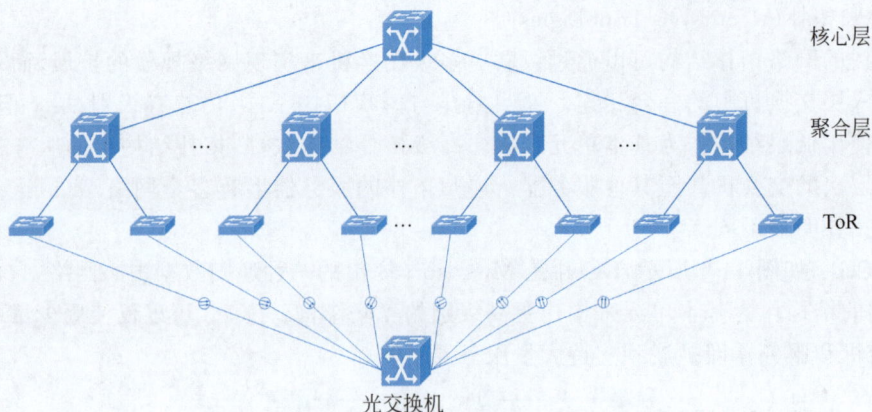

图 11-6   c-Through 网络

- **Helios**：如图 11-7 所示，Helios 是一种结合了电和光交换机的二级多根树结构，也是在 2010 年由 Google 提出。它使用电分组网来转发突发流量，而光网络交换部分提供给变化比较慢的流量的基础带宽。

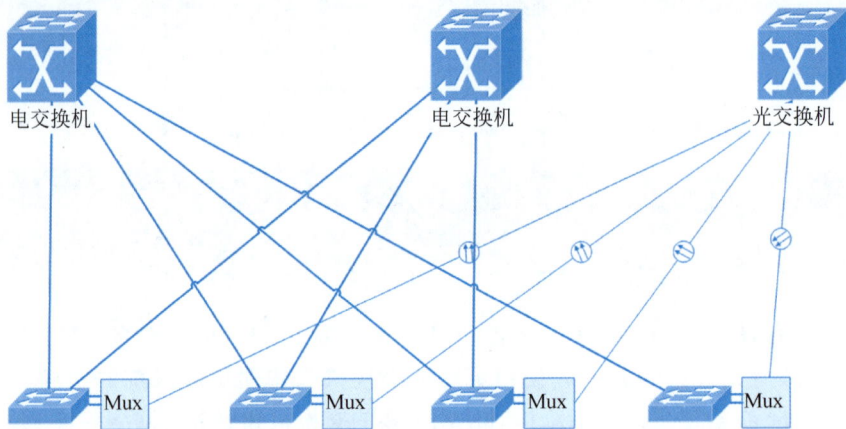

图 11-7   Helios 网络

- **OSA**：OSA 是一种"纯"光学交换网络，在 2012 年由美国西北大学的研究人员提出，它使用光学换机构建交换核心，而 ToR 交换机仍然是电气的，用于在服务器和交换核心之间转换电信号和光信号。

3．性能优化技术

1）多路径路由

多路径路由在绿色数据中心网络架构中扮演着关键的角色，其实现得益于硬件冗余的存在。数据中心网络通常设计有多条路径，使得服务器之间的数据传输可以选择不同的路径，从而在避免网络拥塞的同时提高整体吞吐量。这种硬件冗余为多路径路由提供了坚实的基础。

多路径路由的一个重要优势是在实现负载均衡方面发挥作用。通过将流量分散到多个路径上，可以有效避免某些链路或交换机过载，从而提高网络的整体效率和响应时间。此外，多路径路由还为网络提供了故障恢复的机制。当网络中的某些链路或节点发生故障时，数据包可以智能地绕过故障点，通过其他可用路径继续传输，从而确保绿色数据中心网络的高可用性和连续性。

在多路径路由中，路径选择是一个关键的决策因素。这涉及在发送数据包时选择最佳路径的策略,可能考虑链路的当前状态、带宽、延迟以及历史性能数据等多种因素。流量工程作为多路径路由的一部分,管理和优化网络流量,通过合理地分配流量提高网络资源的利用率,减少拥塞,并确保服务质量(QoS)。

多路径路由可以通过不同的技术实现,其中包括等价多路径(ECMP)和源路由。ECMP通过在数据包的 IP 头部进行哈希操作来选择路径,而源路由则允许数据包的发送者决定完整的传输路径。然而,尽管多路径路由具有诸多优势,但也伴随着一些挑战,如路径选择的复杂性、可能的数据包重新排序问题,以及在网络中维护多个路径所需的额外开销。在应对这些挑战的同时,多路径路由仍然为绿色数据中心网络提高性能、可靠性和灵活性提供了重要策略。

2) 流量工程

流量工程在绿色数据中心网络架构中发挥着至关重要的作用,其主要目标之一是确保网络流量在整个网络中均匀分布,以避免网络热点和拥塞的发生。为实现这一目标,流量工程使用了多种技术,包括多路径路由、负载均衡和流量整形等。负载均衡技术在绿色数据中心网络中发挥着关键作用,通过将流量分散到多个服务器或网络路径上,提高整体吞吐量和响应时间。这可以通过软件定义网络(SDN)控制器或特定的流量工程协议来实现,为网络性能的优化提供有效手段。

动态流量调整是流量工程的另一个重要方面。由于绿色数据中心的流量模式可能随时间和应用需求的变化而变化,流量工程需要能够动态地调整网络配置,以适应这些变化,确保网络资源的有效利用。故障恢复和容错也是流量工程考虑的重点。在发生网络故障时,流量工程策略应能够快速地将流量重定向到其他可用路径,以最小化服务中断,确保高可用性和连续性。

性能监控和优化是流量工程的基石,依赖于对网络性能的持续监控。这包括对链路利用率、延迟和丢包率等指标的监测,以便调整流量分布策略,保持网络性能的最佳状态。流量工程还涉及对网络资源的高效管理,包括带宽、存储和处理能力。虚拟化技术[如虚拟局域网(VLAN)和虚拟网络功能(VNF)]被引入以提高资源的灵活性和可扩展性。

最后,能源效率在流量工程中占有重要地位。绿色数据中心网络的能源消耗是一个不容忽视的考虑因素,因此流量工程策略旨在减少能源消耗,例如,通过优化数据包的传输路径来减少不必要的数据传输。通过综合考虑这些因素,流量工程在绿色数据中心网络中不仅提高了网络性能,还有效地管理了网络资源,促进了能源效率的提升。

11.1.2 虚拟扩展局域网

虚拟扩展局域网(Virtual Extensible Local Area Network,VXLAN),是由 IETF 定义的NVO3(Network Virtualization over Layer 3)标准技术之一,是对传统 VLAN 协议的一种扩展。VXLAN 的特点是将 L2 的以太帧封装到 UDP 报文(即 L2 over L4)中,并在 L3 网络中传输。如图 11-8 所示,VXLAN 本质上是一种隧道技术,在源网络设备与目的网络设备之间的 IP 网络上建立一条逻辑隧道,将用户侧报文经过特定的封装后通过这条隧道转发。从用户的角度来看,接入网络的服务器就像连接到了一个虚拟的二层交换机的不同端口上(可把虚线框表示的数据中心 VXLAN 网络看成一个二层虚拟交换机),可以方便地通信。VXLAN 已经成为当前构建数据中心的主流技术,因为它能很好地满足数据中心里虚拟机动态迁移和多租户等需求。

1. VXLAN 网络架构

VXLAN 通过将原主机(Overlay 网络)发出的数据包封装在 UDP 中,并使用物理网络

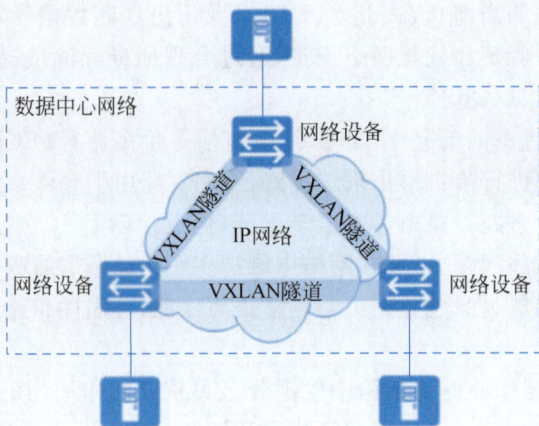

图 11-8　数据中心网络

（Underlay 网络）的 IP、MAC 作为外层地址进行封装，然后在 IP 网络（Underlay 网络）上传输，到达目的地后由隧道端点解封装并将数据发送给目标主机。类似于传统的 VLAN 网络，VXLAN 网络也涉及 VXLAN 网络内部通信和 VXLAN 网络之间通信。

1）VXLAN 网络内互访

通过 VXLAN 技术可以实现在已有三层网络上构建虚拟二层网络，实现主机之间的二层网络互通。VXLAN 网络内互访如图 11-9 所示。

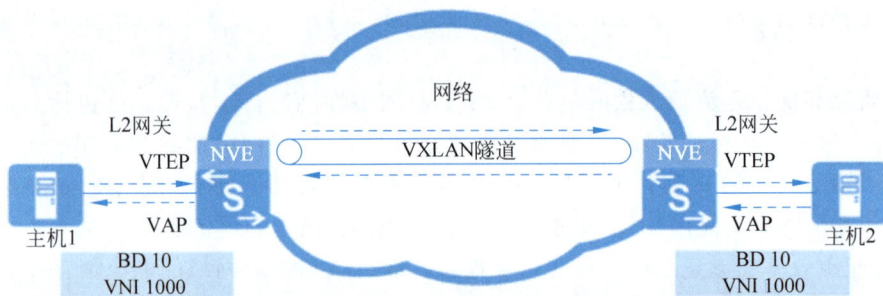

图 11-9　VXLAN 网络内互访

VXLAN 网络内互访中涉及的概念如下。

• 网络标识（VXLAN Network Identifier，VNI）。

类似于传统网络中的 VLAN ID，用于区分 VXLAN 段，不同 VXLAN 段的租户不能直接进行二层通信。VNI 由 24 比特组成，支持多达 16M 的租户。

• 桥域（Bridge Domain，BD）。

类似传统网络中采用 VLAN 划分广播域方法，在 VXLAN 网络中通过 BD 划分广播域。在 VXLAN 网络中，将 VNI 以 1∶1 方式映射到广播域，一个 BD 就代表着一个广播域，同一个 BD 内的主机就可以进行二层网络互通。

• VXLAN 隧道端点（VXLAN Tunnel EndPoints，VTEP）。

VXLAN 报文中源 IP 地址为源端 VTEP 的 IP 地址，目的 IP 地址为目的端 VTEP 的 IP 地址。一对 VTEP 地址对应一条 VXLAN 隧道。在源端封装报文后通过隧道向目的端 VTEP 发送封装报文，目的端 VTEP 对接收到的封装报文进行解封装。

• 虚拟接入点（Virtual Access Point，VAP）。

VXLAN 业务接入点，可以基于 VLAN 或报文流封装类型接入业务。

（1）基于 VLAN 接入业务：在 VTEP 上建立 VLAN 与 BD 的一对一或多对一的映射。这样，当 VTEP 收到业务侧报文后，根据 VLAN 与 BD 的映射关系，实现报文在 BD 内进行转发。

（2）基于报文流封装类型接入业务：在 VTEP 连接下行业务的物理接口上创建二层子接口，并配置不同的流封装类型，使得不同的接口接入不同的数据报文。同时，将二层子接口与 BD 进行一一映射。这样业务侧报文到达 VTEP 后，即会进入指定的二层子接口。即根据二层子接口与 BD 的映射关系，实现报文在 BD 内的转发。

- 网络虚拟边缘（Network Virtualization Edge, NVE）。

NVE 是实现网络虚拟化功能的网络实体。报文经过 NVE 封装转换后，NVE 之间就可基于三层基础网络建立二层虚拟化网络。

- 二层网关。

与传统网络的二层接入设备类似，在 VXLAN 网络中通过二层网关实现租户接入 VXLAN 虚拟网络，也可用于同一 VXLAN 虚拟网络的子网通信。

2）VXLAN 网络间互访（集中式网关）

不同 BD 之间的主机不能直接进行二层通信，需要通过 VXLAN 三层网关实现主机间的三层通信。集中式网关是指将三层网关集中部署在一台设备上，如图 11-10 所示，所有跨子网的流量都经过三层网关进行转发，实现流量的集中管理。

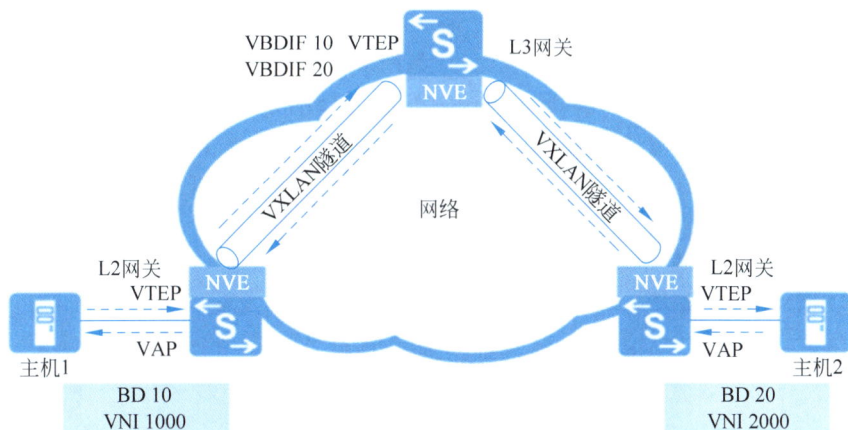

图 11-10　VXLAN 集中式网关部署-网络间互访

VXLAN 网络间互访中涉及的概念如下所述。

- 三层网关。

与传统网络中不同 VLAN 的用户间不能直接进行二层互访类似，不同 VNI 之间的 VXLAN 及 VXLAN 和非 VXLAN 之间也不能直接相互通信。为了使 VXLAN 之间，以及 VXLAN 和非 VXLAN 之间能够进行通信，引入了 VXLAN 三层网关的概念。

三层网关用于 VXLAN 虚拟网络的跨子网通信以及外部网络的访问。

- VBDIF 接口。

类似于传统网络中采用 VLANIF 解决不同广播域互通的方法，在 VXLAN 中引入了 VBDIF 的概念。

VBDIF 接口在 VXLAN 三层网关上配置，是基于 BD 创建的三层逻辑接口。通过 VBDIF 接口配置 IP 地址可实现不同网段的 VXLAN 间，及 VXLAN 和非 VXLAN 的通信，也可实现二层网络接入三层网络。

3）VXLAN 网络间互访(分布式网关)

分布式网关是指将 VXLAN 二层网关和三层网关部署在同一台设备上,如图 11-11 所示, VTEP 设备既作为 VXLAN 网络中的二层网关设备,与主机对接,用于解决终端租户接入 VXLAN 虚拟网络的问题。同时也作为 VXLAN 网络中的三层网关设备,实现跨子网的终端 租户通信,以及外部网络的访问。仅 BGP EVPN 方式部署 VXLAN 网络时支持分布式网关。

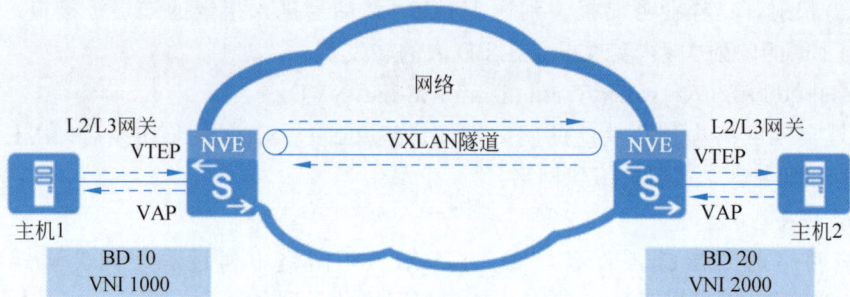

图 11-11　VXLAN 分布式网关部署网络间互访

同一个 VTEP 节点既可以作 VXLAN 二层网关,也可以作 VXLAN 三层网关,部署灵活。 VTEP 节点只需要学习自身连接服务器的 ARP 表项,而不必像集中式三层网关一样,需要学 习所有服务器的 ARP 表项,解决了集中式三层网关带来的 ARP 表项瓶颈问题,网络规模扩 展能力更强。

2. VXLAN 报文封装格式

报文封装格式如图 11-12 所示,原始报文在封装过程中先被添加一个 VXLAN 帧头,再被 封装在 UDP 报头中,并使用承载网络的 IP、MAC 地址作为外层头进行封装。具体封装格式 内容如表 11-1 所示。

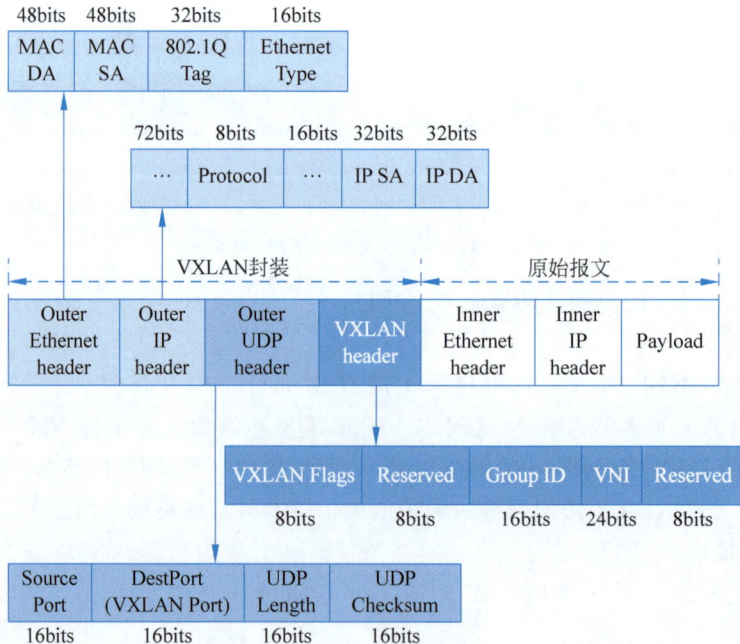

图 11-12　VXLAN 报文封装格式

表 11-1 　VXLAN 详细封装格式

字　　段	描　　述
VXLAN header（VXLAN 头封装）	1. VXLAN Flags：标记位,8 比特,取值为 00001000 2. Group ID：用户组 ID,16 比特。当 VXLAN Flags 字段第一位取 1 时,该字段的值为 Group ID。取 0 时,该字段的值为全 0。 3. VNI：VXLAN 网络标识,用于区分 VXLAN 段,由 24 比特组成,支持多达 16M 的租户,不同 VNI 的租户之间不能直接进行二层相互通信。 4. Reserved：保留未用,分别由 8 比特和 8 比特组成,设置为 0
Outer UDP header（外层 UDP 头封装）	1. DestPort：目的 UDP 端口号,设置为 4789。 2. Source Port：源 UDP 端口号。对于含有 IP 头的以太报文,源 UDP 端口号根据 ecmp load-balance 配置的因子进行 HASH 计算。对于不含 IP 头的以太报文,源 UDP 端口号根据报文的源 MAC 和目的 MAC 进行 HASH 计算得出
Outer IP header（外层 IP 头封装）	1. IP SA：源 IP 地址,VXLAN 隧道源端 VTEP 的 IP 地址。 2. IP DA：目的 IP 地址,VXLAN 隧道目的端 VTEP 的 IP 地址
Outer Ethernet header（外层 Ethernet 头封装）	1. MAC DA：目的 MAC 地址,为到达目的 VTEP 的路径上,下一跳设备的 MAC 地址。 2. MAC SA：源 MAC 地址,发送报文的源端 VTEP 的 MAC 地址。 3. 802.1Q Tag：可选字段,该字段为报文中携带的 VLAN Tag。 4. Ethernet Type：以太报文类型,IP 协议报文中该字段取值为 0x0800

3. VXLAN 隧道建立方式

VXLAN 隧道由一对 VTEP IP 地址确定,报文在 VTEP 设备进行封装之后在 VXLAN 隧道中依靠路由进行传输。在进行 VXLAN 隧道的配置之后,只要 VXLAN 隧道的两端 VTEP IP 是三层路由可达的,VXLAN 隧道就可以建立成功,如图 11-13 所示。

图 11-13 　VXLAN 组网示意

根据 VXLAN 隧道的创建方式将 VXLAN 隧道分为以下两种。

- 静态隧道：通过用户手工配置本端和远端的 VNI、VTEP IP 地址和头端复制列表来完成。静态配置隧道的方式仅支持 VXLAN 集中式网关场景。
- 动态隧道：通过 BGP EVPN 方式动态建立 VXLAN 隧道。在两端 VTEP 之间建立 BGP EVPN 对等体,然后对等体之间利用 BGP EVPN 路由来互相传递 VNI 和 VTEP IP 地址信息,从而实现动态建立的 VXLAN 隧道。通过 BGP EVPN 动态建立隧道的方式既支持 VXLAN 集中式网关场景,又支持 VXLAN 分布式网关场景。

11.2 网络功能虚拟化

云计算正获得极大的关注,虚拟化数据中心作为一种具有成本效益的基础设施正在变得越来越流行。网络服务正从以主机为中心的模式转变为以数据为中心的模式,使数据和计算资源更靠近最终用户。为了满足动态用户需求,网络运营商选择使用弹性虚拟资源来实现网络服务,而不是采用静态僵化的物理模型。随着网络功能虚拟化(Network Function Virtualisation, NFV)的出现,为了提高性能和负载平衡,网络服务实例被部署在多个云上。将这些实例互联以形成完整的端到端网络服务是一个复杂、耗时且昂贵的任务。

服务功能链(Service Function Chaining,SFC)是一种机制,允许连接各种服务功能以形成服务,使运营商能够从虚拟化的软件定义基础设施中受益。SFC是NFV的一种实现方式,为云服务提供商(CSP)、应用服务提供商(ASP)和互联网服务提供商(ISP)提供了灵活且经济的替代方案。本节将对当前SFC架构进行详细介绍,调研SFC的最新发展情况,讨论与SFC架构相关的开放性研究课题,并对SFC架构进行分析建模以提高性能的需求。

11.2.1 网络功能虚拟化技术

NFV是一种将网络功能从专用硬件设备中分离出来并通过虚拟化技术整合到通用服务器上的技术。NFV通过利用标准的IT虚拟化技术将网络设备类型整合到"行业标准"服务器上,从而改变了构建和运行网络的方式。NFV通过虚拟化层将网络功能的软件实现与计算、存储和网络资源解耦。这种解耦需要一组新的管理和编排功能,并在它们之间创建新的依赖关系,因此需要可互操作的标准化接口、公共信息模型和此类信息模型映射到数据模型。NFV可以改变网络的构建和运营方式,提高网络设备的灵活性和可扩展性。通过NFV,可以更容易地部署、配置和管理虚拟化网络功能,从而降低运营成本和提高服务质量。

1. 需求分析与问题挑战

1) 需求分析

NFV的出现,主要是为了解决传统网络设备的一些固有问题。传统的网络设备,如路由器和防火墙,通常是专用的硬件设备,这意味着它们的功能是固定的,无法进行灵活的调整。因此,当网络需求发生快速变化时,这些设备往往无法及时适应。此外,由于这些设备的特殊性,它们的维护和管理通常需要专门的技术和人员,这使得不仅操作复杂,而且成本相对较高。为了解决这些问题,NFV应运而生。通过将网络功能从硬件设备中抽象出来,实现在虚拟环境中运行,从而提高了网络服务的灵活性和扩展性,同时降低了维护和管理的复杂性和成本。具体来说,NFV的目标包括以下几方面。

- 降低成本:通过在通用服务器上整合网络设备类型,NFV可以减少专用硬件的使用,从而降低网络设备的成本。
- 灵活性和可扩展性:NFV使网络功能的部署和调整更加灵活和高效,以满足不断变化的业务需求。
- 加速创新:NFV通过将网络功能与硬件分离,使开发和部署新的网络功能更加快速和容易,从而促进创新。
- 提高管理效率:NFV通过对虚拟化网络功能的集中管理和协调,简化了网络管理,提高了管理效率。

总之,NFV的出现旨在解决传统网络设备的一些固有问题,如高成本、低灵活性和难以创新等,从而推动网络技术的发展和进步。

2) 问题挑战

NFV面临的挑战涉及多个方面,包括互操作性、管理和编排、可靠性和可用性、性能和可移植性、与SDN的关系以及对OSS的影响。这些需求对于实现高效、灵活和可靠的网络服务至关重要。

- 互操作性：NFV 需要实现不同厂商的设备和软件之间的互操作，以便在开放的生态系统中实现多样化的解决方案。这需要制定统一的接口和标准，以确保不同实现之间的兼容性。
- 管理和编排：NFV 引入了新的管理和编排功能，以便在虚拟化环境中有效地部署、配置、性能测试和维护虚拟网络功能。这需要新的管理接口、通用信息模型和自动化流程。
- 可靠性和可用性：NFV 需要确保服务的高可用性和稳定性，这需要在虚拟化网络中实现故障管理、容错和恢复等功能。这对于维持网络服务的质量和用户体验至关重要。
- 性能和可移植性：NFV 需要实现高性能的虚拟网络功能，同时保持其在不同服务器和超级管理器之间的可移植性。这需要优化虚拟化环境中的资源分配和调度策略，以实现预期性能。
- 与软件定义网络（Software Defined Network，SDN）的关系：NFV 与 SDN 在实现网络虚拟化和自动化方面具有高度协同性。两者可以相互补充，共同推动网络技术的发展和创新。
- 对运营支持系统（Operation Support System，OSS）的影响：NFV 对现有的 OSS/BSS 系统和流程产生了重大影响，需要对现有的 OSS 功能进行改进，以实现更高的自动化和灵活性。这包括引入新的操作场景、自主管理和自适应能力，以及与 SDN 的集成。

2. 原理架构

NFV 的标准架构包括 NFV 基础设施（NFVI）、MANO（Management and Network Orchestration，管理和网络编排）和 VNF，如图 11-14 所示，三者是标准架构中顶级的概念实体。在 NFV 架构中，底层为具体的物理设备，如服务器、存储设备、网络设备。计算虚拟化即虚拟机，在服务器上创建多个虚拟系统。存储虚拟化，即多个存储设备虚拟化为一台逻辑上的存储设备。网络虚拟化，即网络设备的控制平面与底层硬件分离，将设备的控制平面安装在服务器虚拟机上。在虚拟化的设备层面上可以安装各种服务软件。

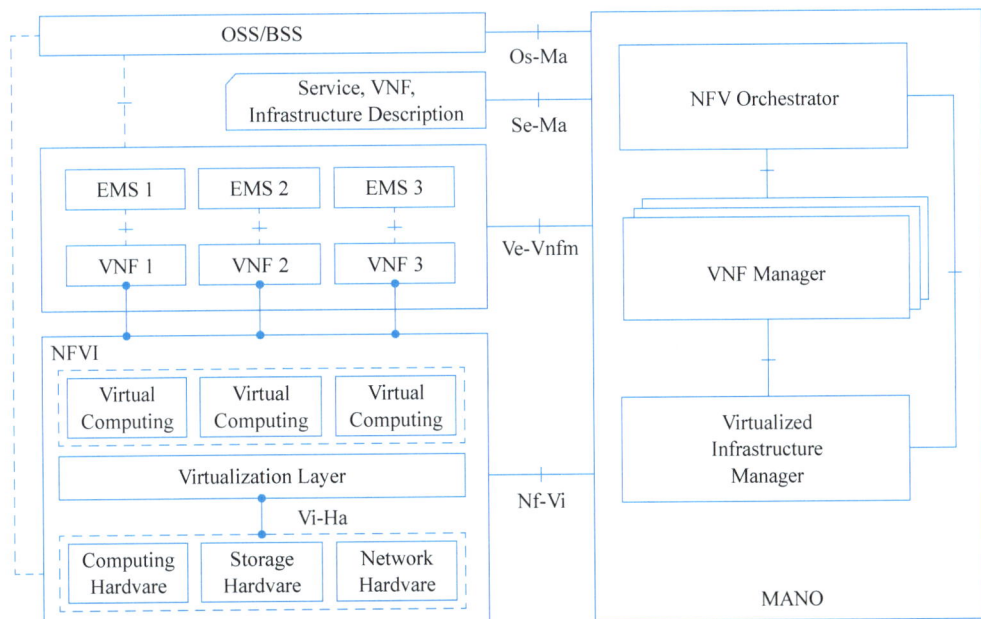

图 11-14　NFV 标准架构

NFVI 包含了虚拟化层以及物理资源，如 COTS 服务器、交换机、存储设备等。NFVI 是一种通用的虚拟化层，所有虚拟资源应该是在统一的共享资源池中，不应该受制于或者特殊对待某些运行其上的 VNF。

NFV、VNF 的字母顺序不同，含义也截然不同。NFV 是一种虚拟化技术或概念，解决了将网络功能部署在通用硬件上的问题；而 VNF（Virtual Network Function）是指具体的虚拟网络功能，提供某种网络服务，利用 NFVI 提供的基础设施部署在虚拟机、容器或者物理机中。相对于 VNF，传统的基于硬件的网元可以称为 PNF（Physical Network Function）。VNF 和 PNF 能够单独或者混合组网，形成所谓的服务链，提供特定场景下所需的 E2E 网络服务。

1）NFVI

NFV 基础设施是 NFV 架构的基础，它包括物理硬件资源（如服务器、存储设备和网络设备）和虚拟化层。这些硬件资源通过虚拟化技术（如虚拟机或容器）被抽象化，从而为上层的 VNF 提供运行环境。NFVI 主要包含计算子系统、存储子系统和网络子系统 3 个部分，为上层 VNF 和服务提供统一可控制的虚拟资源环境。

- 计算子系统是 NFVI 资源池的主要组成部分。计算子系统采用计算虚拟化技术在标准服务器硬件上创建虚拟机，实现了对物理主机计算资源的抽象和统一管理。这些虚拟机即为 NFVI 提供的计算单元。它们能够独立运行操作系统和应用软件，也为 VNF 提供执行环境。计算单元资源通过虚拟化进行动态分配调配，如虚拟 CPU 和内存。虚拟化功能主要包括虚拟机生命周期管理和活动资源监控。
- 存储子系统通过存储虚拟化技术，将底层分布式存储资源聚合成统一的存储池。它支持通过存储卷或文件系统的形式为计算单元提供持久化存储能力。存储子系统通过标准接口与计算和网络子系统互连，实现存储资源的抽象管理及动态配置。
- 网络子系统架构软硬联接层虚拟网络基础设施，为虚拟机和物理网络间提供流量传输管道。它主要基于 SDN 和 NVF 技术实现软件定义的逻辑网络。网络子系统负责创建和配置网络连接点、创建和管理虚拟网络以及实现流量管理等功能。

2）VNF

VNF 在 NFVI 上运行的网络功能，它可以是一个路由器、防火墙、负载均衡器等。VNF 通过软件实现，可以在 NFVI 上灵活地部署和移动，从而提高了网络服务的灵活性和可扩展性。此外，由于 VNF 是通过软件实现的，因此它的维护和升级也更为简单和方便。

VNF 子系统主要描述虚拟网络功能的组成与属性。NFV 定义虚拟网络功能为一个或多个软件组件集合，它能作为完整的网络功能模块独立部署运行。VNF 可以是一个单一的组件，实现一个简单的网络功能，也可以是一个复杂的服务链，其中包含多个相关组件。例如，单一 VNF 可以是防火墙或路由器等基础功能；而某些 VNF 较为复杂，如视频编码/解码功能则可能由多个组件构成。

VNF 的基本构成单元是 VNF 组件（VNFC）。VNFC 充当 VNF 的基本构建单元，往往以独立可执行程序的形式存在，被安排到一个或多个计算资源单元上运行。多个 VNFC 可以构成一个完整 VNF 实体。VNF 的详细描述则由 VNFD 定义。VNFD 主要描述 VNF 的工作要求与特征，包含 VNF 名称和功能类型、各 VNFC 的资源和环境需求规格、VNFC 部署拓扑关系、配置与参数信息、VNF 之间的依赖关系、管理和监测接口定义等信息。

VNFD 由标准描述语言编写，为 VNF 的实例化部署提供重要参考。同时它也为 MANO 系统提供了 VNF 自动化管理所需的各种元数据信息。

3）MANO

MANO 是 NFV 架构中的关键组件，它负责整个 NFV 环境的资源管理和服务编排。具体来说，MANO 可以实现资源的分配、配置、监控和优化，以及服务的创建、修改、扩展和终止等功能。通过 MANO，网络运营商可以灵活地管理和控制其网络服务，以满足不断变化的业务需求。

NFV 的控制机制主要由 MANO 部分实现。MANO 扮演着桥梁的角色，连接了 VNF 和 NFVI。MANO 主要负责 VNF 的生命周期管理，这包括 VNF 的部署、配置、监控和优化等。在部署阶段，MANO 负责在 NFVI 上选择合适的资源，如计算、存储和网络资源，然后在这些资源上部署 VNF。在配置阶段，MANO 负责对 VNF 进行必要的配置，以满足特定的网络服务需求。在监控阶段，MANO 负责收集和分析 VNF 的运行状态和性能数据，以确保 VNF 的正常运行。在优化阶段，MANO 可以根据监控数据对 VNF 进行优化，如调整资源分配，以提高网络服务的性能和效率。此外，MANO 还负责 NFVI 的资源管理和编排，这包括计算资源、存储资源和网络资源的管理和编排。通过有效的资源管理和编排，MANO 可以确保 NFVI 的资源被充分利用，同时也可以满足不同 VNF 的资源需求。例如，对于需要大量计算资源的 VNF，MANO 可以在有足够计算资源的 NFVI 上进行部署；对于需要大量存储资源的 VNF，MANO 可以在有足够存储资源的 NFVI 上进行部署；对于需要特定网络性能的 VNF，MANO 可以在满足这些网络性能需求的 NFVI 上进行部署。MANO 包括 3 个关键功能块：NFV Orchestrator（NFVO）、Virtual Network Function Manager（VNFM）和 Virtualised Infrastructure Manager（VIM）。它们分别负责协调和管理 NFVI 资源跨多个 VIM 的编排功能、VNF 的编排和管理功能以及 NFVI 资源的编排和管理功能。它们协同工作，以实现对 NFV 资源和服务的管理和协调，包括对网络服务的生命周期管理、资源使用的管理、VNF 之间的依赖关系管理以及 VNF 之间的转发图管理等。同时，MANO 与 OSS/BSS 进行交互，用于资源的配置、容量管理和基于策略的管理。此外，MANO 还涉及描述符的使用，如 VNF 描述符（VNFD）、网络服务描述符（NSD）、VNF 转发图描述符（VNFFGD）和虚拟链路描述符（VLD），用于定义 VNF 和网络服务的资源和操作需求，并进行生命周期管理操作。

NFVO 为整个 NFV 基础设施提供管理和控制能力。主要功能包括：

- 实现 NS 的生命周期管理，包含建立、配置、部署、扩容缩容等；
- 管理 VNF 备件表和软件图片，为部署提供依据；
- 统筹安排 NFVI 资源，进行 NS 到 NFVI 的映射定位和资源生命周期管理；
- 保存系统概览信息，跟踪 NS 与 VNF 的状态运行信息；
- 提供智能决策能力，优化资源使用与流量调度等。

VNFM 是 VNF 管理的主要模块。它主要负责：

- 管理和跟踪单个 VNF 的生命周期作业；
- 与 VIM 交互，为 VNF 分配起停 NFVI 资源；
- 跟踪和汇报 VNF 执行状态，执行 VNF 配置变更等任务；
- 实现 VNF 故障与性能管理和报警功能。

VIM 模块管理 NFVI 的计算、存储和网络资源，将其抽象为标准化资源池提供给 VNFM 和 NFVO 调用。

总的来说，NFV 通过上述 3 个部分的协同工作，实现了网络功能的虚拟化，从而提高了网络服务的灵活性和可扩展性，同时也降低了维护和管理的复杂性和成本。与传统网络设备相比，NFV 的主要优点包括：

- 灵活性高,可以快速部署和调整网络服务;
- 成本低,可以使用通用硬件代替专用设备;
- 管理简单,可以通过自动化工具进行网络管理和配置。

3. 数据结构

NFV涉及的报文格式与数据结构主要包括VNFD、NSD、VNFFGD和VLD等。在NFV中,描述符是用于描述和定义虚拟网络功能(VNF)、网络服务(NS)、VNF转发图(VNFFG)和虚拟链接(VL)的关键元素。这些描述符是部署模板,描述了每个组件的资源和操作要求。

- VNFD:VNFD是描述一个VNF的部署和操作要求的模板。它包括了VNF的资源需求(如CPU、内存和存储)、网络接口、性能指标、故障和事件管理等信息。VNFD还可以包括VNF的生命周期管理脚本,如启动、停止和扩展等。
- NSD:NSD是描述网络服务的部署和操作要求的模板。它包括了构成网络服务的VNF和VL的列表,以及这些VNF和VL之间的依赖关系和连接顺序。NSD还可以包括网络服务的生命周期管理脚本,如启动、停止和扩展等。
- VNFFGD:VNFFGD是描述一个VNFFG的部署和操作要求的模板。VNFFG是一组VNF和VL的有序列表,用于定义网络流量的处理和转发路径。VNFFGD包括了构成VNFFG的VNF和VL的列表,以及这些VNF和VL之间的连接顺序。
- VLD:VLD描述一个VL的部署和操作要求的模板。VL是一种虚拟网络连接,用于连接两个或多个VNF。VLD包括了VL的网络参数(如带宽、延迟和丢包率等)、连接的VNF和网络接口等信息。

这些描述符描述了VNF和网络服务的资源和操作要求,都是用于定义和描述VNF、NS、VNFFG和VL的关键元素,它们为NFV的MANO系统提供了必要的信息,以便正确地部署和操作VNF、NS、VNFFG和VL,以及利用MANO功能实现资源分配和生命周期管理。

4. NFV应用和前景

1)典型应用案例

- 核心网基础功能虚拟化。

典型应用如移动授权认证功能(AAA)、用户数据功能(UDM)等的软件化代替。通过标准化VNFD,实现自动部署。

- 运营支持系统功能虚拟化。

如OSS流程管理、BSS订单和账单等后台系统采用微服务形式重构。利用容器增强敏捷研发。

- 云原生通信服务。

5G短消息RCS服务采用容器部署,利用NFV易扩容性处理消费级峰值。

- 音/视频应用及转发。

视频点播通过NFVI跨区域快速分发,CDN利用边缘缓存结合终端感知进行智能调度。

2)未来发展方向

NFV技术作为网络实现重要形式,其标准化与应用面临重大机遇与挑战。从技术发展路径上看,NFV未来面临的重点突破可能包括以下几方面。

- 在标准体系方面,需要加快关键接口的规范进度,特别是跨域管理编排与业务描述语言标准的制定。同时针对不同行业需求,协调各类标准文件产出,促进标准在工业应用中的蓬勃发展。

- NFV 性能和可移植性。未来应研发面向 5G 网络的微核心技术,提高 VNF 粒度化水平以提升单机吞吐能力。同时探索跨机架构,充分挖掘软硬资源集群潜力。此外,需要完善 VNF 移植方法,实现业务延续性。

- 安全管理与防护体系。需要制定 SDN/NFV 环境下的安全框架,重点解决隔离可靠性、漏洞防护与故障自治等领域。同时研发网络安全服务模型,在推进 NFV 部署的同时兼顾安全保障。

- 管理与运维。重点在于 OSS/BSS 与 MANO 子系统融合,实现自适应网络基础设施与业务的动态协同发展。运用人工智能技术实现运维优化,深入研究 VNF 的全生命周期管理问题。

- NFV 架构设计。"云之上的云"思想将助力 NFV 在不同域名间的跨域管理与资源互通。此外,将探索新的 NFV 应用模式,如 NFVIaaS、VNFaaS 等服务模式,助力行业变革。

11.2.2 SFC 原理及架构简介

服务功能链(Service Function Chaining,SFC)是一种网络功能编排和定制化的技术,旨在实现灵活且可组合的服务交付机制。在传统网络架构中,网络服务功能(Service Function,SF)通常由专用硬件设备提供,而 SFC 通过定义一系列服务功能的顺序和连接关系,使数据流能够依次经过这些功能节点,实现特定的网络服务和功能。

SFC 的核心思想是通过定义服务功能链,将不同的服务功能有序地连接起来,从而形成一个按需定制的服务路径。每个服务功能节点负责对数据流进行特定的操作或服务,例如,流量分类、安全策略应用、数据加密等。这种链式连接使得数据流能够依次经过不同的服务功能,并在每个节点上得到相应的处理。

SFC 的实现依赖于 NFV 和 SDN 等技术。NFV 将传统的硬件设备转换为虚拟化的软件实体,而 SDN 则提供了灵活的网络编程和控制能力。结合 NFV 和 SDN,SFC 可以在虚拟化的网络环境中动态地创建、删除和重定向服务功能链,以满足不同的服务需求和流量优化要求。

1. 需求分析与问题挑战

1)需求分析

在当今的网络环境中,人们对网络服务的需求越来越多样化和个性化。传统网络架构中的网络服务功能通常由专用硬件设备提供,这限制了服务的灵活性和可定制性。因此,SFC 被引入以满足不断变化的网络服务需求。如今 SFC 作为一种灵活和可定制的服务交付机制,在不同的网络环境和应用需求中发挥着重要作用。SFC 的提出是为了满足以下需求。

- 定制化服务交付。不同用户和应用对网络服务有不同的需求。SFC 允许根据特定的服务策略和需求,灵活地定义服务功能链,以实现定制化的服务交付。通过按需组合和连接不同的服务功能,用户可以获得符合其需求的个性化服务。

- 灵活性和可扩展性。传统网络架构的部署模型较为静态,与网络拓扑和物理资源耦合性较高,添加、删除或更改网络服务功能通常需要修改硬件设备配置,这是一项复杂且耗时的过程。SFC 利用网络功能虚拟化和软件定义网络等技术,将网络服务功能虚拟化并动态编排,从而实现了灵活性和可扩展性。管理员可以根据需求动态创建、删除或重新配置服务功能链,以适应不断变化的服务需求和网络流量模式。同时,SFC 体系设计需要使得新增、修改或删除特定服务链不影响其他服务链。

- 流量优化和服务保障。通过定义服务功能链,网络管理员可以实施各种网络服务和策略,如流量监测、负载均衡、安全防护等。SFC 可以将数据流引导到适当的服务功能节点,并在每个节点上执行相应的操作,以优化流量传输和提供有效的服务保障。这有助于提高网络性能、增强安全性,并满足不同应用的服务质量需求。

总的来说,SFC 体系的设计需要解决现有部署模型的问题,实现拓扑分离、低复杂度以及不同参与方之间的协作,以支持灵活的服务创建和流量优化、个性化服务等功能。

2) 问题挑战

引入服务功能链作为网络服务交付的机制,面临着一些问题和挑战,需要解决这些问题以实现 SFC 的有效部署和可持续发展。以下是 SFC 面临的一些重要问题和挑战。

- 服务功能链规划与映射。在 SFC 中,如何有效地规划和映射服务功能链是一个关键问题。由于网络中可能存在大量的服务功能节点,选择合适的节点并定义正确的连接关系对于实现预期的服务功能至关重要。因此,需要研究有效的算法和策略,以支持服务功能链的规划和映射。

- 动态性和弹性。网络环境中的需求和流量模式经常发生变化,因此 SFC 需要具备动态性和弹性。这意味着 SFC 必须能够根据需求实时调整服务功能链的组合和连接,以适应不断变化的服务需求和流量模式。实现动态性和弹性的挑战在于如何实现快速、可靠的服务功能链重配置和流量重定向。

- 性能和延迟。引入 SFC 会对网络性能和延迟产生影响。由于数据流需要经过多个服务功能节点,可能会增加数据传输的延迟和处理时间。此外,服务功能节点的处理能力和资源分配也会影响 SFC 的性能。因此,需要研究和优化服务功能链的设计和部署,以提高性能并降低延迟。

- 安全性和隐私保护。SFC 涉及对数据流进行特定操作和服务,因此安全性和隐私保护是非常重要的问题。在 SFC 中,需要确保数据的机密性、完整性和可用性,并保护用户的隐私信息。这可能涉及加密、认证、访问控制等安全机制的设计和实施。

- 管理和控制。SFC 的管理和控制是一个复杂的任务。需要实现对服务功能链的配置、监控和故障管理等功能,并提供灵活的控制机制以适应网络环境的变化。管理和控制的挑战在于如何实现集中化或分布式的管理体系结构,以支持大规模、异构的网络环境。

- 兼容性。SFC 需要在现有网络基础设施上搭建服务平面,现有的很多 SF 没有实现 SFC 协议栈,因此可能需要对一些设备进行升级以支持 SFC 相关协议和功能,这增加了系统的复杂度。

- 负载均衡和冗余。SFC 系统需要考虑服务功能和服务功能转发器的负载均衡和故障恢复需求,实现服务的高可用。

- MTU 和分片考虑。SFC 系统定义了数据平面与控制平面的分离实现,需要在数据包中添加额外信息以标识服务功能路径,数据包尺寸的增加可能导致操作分片问题。要求服务功能转发器(Service Function Forwarder,SFF)实现分片和重组是一项困难但非常关键的任务。

- 管理和计费。SFC 需要考虑跨域服务的安全承载能力和终端透明度,为运营商带来新的管理和计费挑战。

总之,服务功能链作为一种新兴的网络服务交付机制,面临着诸多问题和挑战。解决这些问题将有助于推动 SFC 的发展和广泛应用。其中包括服务功能链规划与映射、动态性和弹性、性能和延迟、安全性和隐私保护,以及管理和控制等方面的挑战。通过深入研究和创新,可以解决这些问题,为 SFC 的部署和应用提供有效的解决方案。

2. 原理架构

图 11-15 展示了 SFC 的架构和组成。在大多数网络中,服务通过抽象序列的服务功能表示为服务功能链。使用图结构定义服务功能链,每个图节点代表至少一个服务功能。如图 11-16 所示,服务功能链起始于服务功能图的某一点(如点 1),并在某一点终止(如点 5)。服务功能链可以是双向的,也可以包含循环,实现方案需要确保适应多种情况。

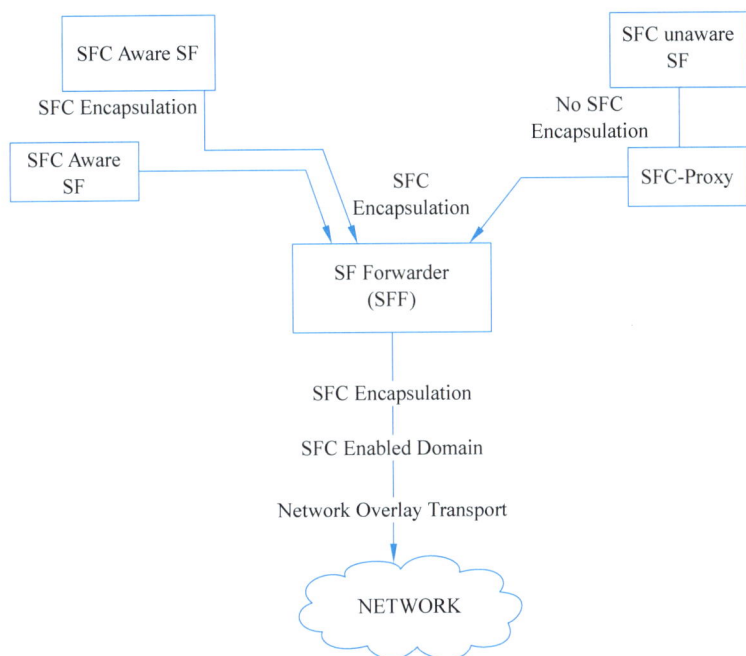

图 11-15 SFC 架构和组成

图 11-16 图结构定义的 SFC

1) SFC 架构

SFC 的架构包括 3 个关键组成要素:服务功能链编排、流量分类和服务功能节点。

- 服务功能链编排。服务功能链编排负责定义和管理服务功能链。它包括服务功能链的创建、修改和删除等操作。管理员可以通过服务功能链编排来规划和配置特定的服务功能链,以满足用户和应用的需求。

- 流量分类。流量分类模块负责将网络流量分配到相应的服务功能链。它根据流量的特征和策略,将数据流引导到适当的服务功能链中。流量分类可以基于源 IP 地址、目标 IP 地址、协议类型、端口号等进行。

- 服务功能节点。服务功能节点是执行特定服务功能的实体。它可以是物理设备或虚拟实例。每个服务功能节点负责接收数据流、执行相应的服务功能操作,并将处理后的数据流传递给下一个服务功能节点。

2) SFC 相关技术

SFC 的实现涉及多种关键技术,包括网络功能虚拟化、软件定义网络和流量工程等。

- 网络功能虚拟化。NFV 技术将传统的专用硬件设备虚拟化为可在通用服务器上运行的软件实例。通过 NFV，服务功能可以以虚拟化的形式部署在云平台中，实现灵活性和可扩展性。

- 软件定义网络。SDN 将网络控制平面和数据转发平面分离，通过集中化的控制器对网络进行编程和管理。SDN 可以与 SFC 结合，实现灵活的服务功能链编排和动态流量管理。
- 流量工程。流量工程技术用于优化和控制流量的路径选择和传输。通过流量工程，可以根据服务功能链的需求和网络状态，调整流量的路径和优先级，以实现性能优化和服务质量保障。

3）SFC 部署方法

借助如图 11-17 所示的 DAG-SFC 在一个链式网络中不同部署方式的示例说明基本处理流程。假设请求的 DAG-SFC 只有一层，该层包含 4 个并行的 VNF（即{f1,f2,f3,f4}，如图 11-17 中的菱形所示）和一个合并器（如图 11-17 中小圆形所示）。相应地，网络流请求的源节点 va 和目标节点 vh 分别由 s 和 d 标记。示例网络包含有 8 个边缘节点，其拓扑为链状结构，是一种较常见的拓扑结构（如高速公路和铁路沿线的边缘网络）。

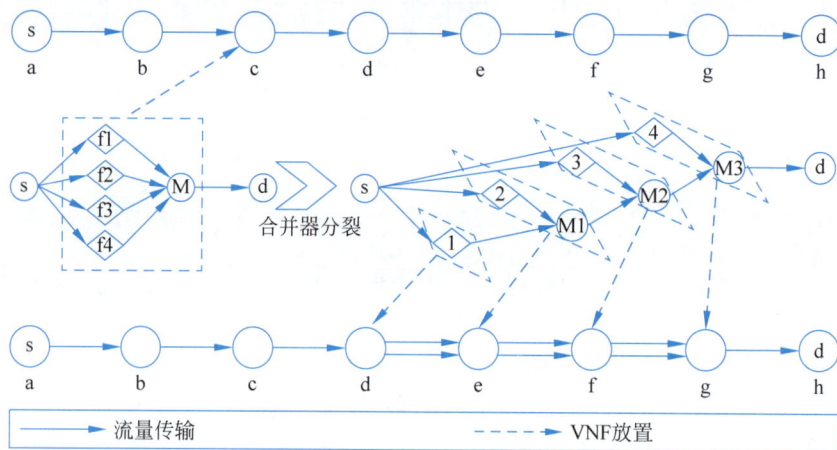

图 11-17　DAG-SFC 部署方法

通常网络功能由多个逻辑块组成且是逻辑可分的，因此引入了合并器可分的概念，即 DAG-SFC 中的合并器可被拆分为功能更小的合并器。如图 11-17 下半部分所示，当{f1,f2,f3,f4}被放置在不同节点时，原 DAG-SFC 中的合并器 M 可被拆分为 3 个包含更简单逻辑的子合并器{M1,M2,M3}。其中，子合并器 M1 旨在合并 f1 和 f2 的输出结果，M2 旨在合并 M1 和 f3 的输出结果，M3 旨在合并 M2 和 f4 的输出结果。因此，原 DAG-SFC 和拆分合并器后的 DAG-SFC 的结果是相同的。与一般的 VNF 相比，合并器的计算资源开销很小，因此忽略拆分合并器的开销，并假设特定子合并器 Mi 的计算资源消耗为原合并器 M 的$(mi-1)/(m-1)$倍。其中，mi 表示子合并器 Mi 的输入的数量，而 m 表示连接在原合并器 M 之前的并行 VNF 的个数。需要注意的是，当多个 VNF 以及合并器被部署在同一节点时，可通过删除 VNF 之间对数据包的重复操作并将这些 VNF 的处理逻辑进行组合和封装形成一个合并的 VNF 部署，这不仅简化了处理流程并且使这些 VNF 共享存储资源，而且加快了 SFC 的处理速度，增强了 SFC 的稳定性。

此外，当并行 SFC 中的多个相互并行的 VNF 被部署在同一服务器上时，则可启用 NFP 方案中的"包头复制""共享缓存"等优化处理方式，从而降低复制数据包和缓存数据包的处理延时和缓存消耗，并有效加速 SFC 的处理过程。因此，引入合并器的分解，从而使同一流量的不同版本尽早在本地合并,能够有效地避免原合并器因与大部分并行 VNF 不在同一节点部署而导致的缓存资源不足而导致的并行 SFC 传输性能降级,同时有效地降低部署并行 SFC 的带宽资源消耗。

如图 11-17 所示,若网络流请求的源节点为节点 va,目的节点是节点 vh,无论请求的 SFC 如何放置,部署该流请求的 SFC 的总链路使用量必然不小于流量传输速率的 7(即源节点和目的节点之间最短路径的跳数)倍。因此,源节点和目标节点之间跳数较少的网络流请求在降低部署 SFC 时的链路占用方面具有更大的潜力,应被优先部署。

如图 11-17 的上半部分所示,同一层的所有 VNF{f1,f2,f3,f4}都放在同一个边缘节点(即 vc)上,与未部署 SFC 的直接传输网络流相比,无额外的链接资源消耗。相反,如图 11-17 底部的箭头所示,同一层的多($n=4$)个并行 VNF 分别放置在多($m=4\geqslant n$)个不同的边缘节点上会导致至少($m-1$)=3 倍网络流传输速率的额外链接资源占用。此外,并行 VNF 的放置越分散会导致链路资源消耗越严重。由此可推断,将属于同一层的并行 VNF 放置在同一节点或相邻的多个节点上,可有效减轻甚至避免这种额外带宽消耗。

除此之外,站在计算资源利用效率的角度,优先部署计算资源消耗量较低的流请求能够有效地提高计算资源的利用效率,即提高每单位计算资源服务于网络流的数量。当多个 SFC 的计算资源消耗量相同时,算法应优先部署包含更多 VNF 的 SFC。这样设计是基于背包问题的分析(相同总容量的物品,单个物品的体积较小有利于减少打包所产生的空间碎片),从而有利于提高计算资源的利用率。

基于以上观察和分析,基于最大生成树和 NextFit 生成树部署算法(NExt fit Spanning Tree deployment algorithm,NEST)来求解 OEDP 问题。

NEST 首先将边缘链路带宽设置为权重,并基于克鲁斯克尔(Krushal)算法生成目标边缘网络的最大生成树。此后,NEST 以深度优先的顺序遍历该生成树的各个节点。对于每个节点,NEST 将根据尚未部署流请求的源节点、目的节点相对于当前节点的跳数来筛选完全部署或部分部署在本节点上的候选流请求。在这些候选的流请求中,NEST 将优先将计算资源消耗最低的并行 SFC 并将之放置在当前节点,直到当前节点无法容纳或无法完全容纳某个候选流请求。受 NextFit 算法的启发,如果当前 DAG-SFC(或上一个网络节点未完成部署的 DAG-SFC 剩余部分)无法被完全放置在当前节点,则 NEST 将在这些已选取的 DAG-SFC 中遴选出一个并将其分裂成两个部分,其中一部分放置在当前节点,另一部分放置在后续遍历的节点上。在上述遴选和分裂过程中,NEST 将最大化当前节点的资源占用率。此后,对于每个 DAG-SFC 已完全放置的流请求,NEST 将为其进行路由选择以产生完整的端到端传输路径。

4)数控分离

在 RFC7665 协议中,服务功能链架构定义了数据平面和控制平面的分离实现,阐述了两平面合作实现 SFC 时的流程及两者之间的交互。

- SFC 控制平面构建服务功能路径,把服务功能链转换为转发路径,并向参与节点传播路径信息,实现数据平面转发路径的构建。此外,控制平面向数据平面组件 SFF(服务功能前馈器)提供 SFP 转发需要的数据平面信息与组件需要的元数据信息。
- 数据平面组件依据控制平面提供的 SFP、转发信息,按 SFP 将包转发到相应的服务功能。
- 如果需要,服务功能还可以利用控制平面提供的元数据和策略信息来解释数据平面中的元数据和完成本地的策略解析等操作。

在 SFC 架构中,SFC 控制平面负责构建服务功能链、提供服务功能链和元数据给数据平面组件;SFC 数据平面组件则按照控制平面提供的信息在数据平面完成包的服务功能链识别和按服务功能链转发的功能。两平面通过这种方式交互完成了 SFC 的实现。

3. 应用特点

服务功能链的应用特点包括以下几方面。

- 定制化服务交付：SFC 允许根据特定需求和策略定制化地交付网络服务。通过灵活编排和连接不同的服务功能节点，可以根据应用和用户需求提供定制化的服务链。这使得服务提供商能够根据不同场景和应用提供个性化的网络服务。
- 灵活性与可扩展性：SFC 的架构支持灵活性和可扩展性。通过使用虚拟化和软件定义的技术，服务功能节点可以动态地部署和调整，以适应不同的服务需求和流量负载。这使得网络运营商和服务提供商能够更好地应对快速变化的网络环境和服务需求。
- 流量处理与优化：SFC 通过将多个服务功能节点连接成链式结构，对流量进行有序的处理和优化。每个服务功能节点负责执行特定的服务操作，如防火墙检查、负载均衡、流量监测等。这样可以提高网络的性能和安全性，并优化流量的传输和处理效率。
- 服务链可编程性：SFC 的架构支持对服务链的编程和管理。管理员可以通过服务功能链编排来定义和配置特定的服务链，以满足不同的服务需求和流量处理要求。这种可编程性使得服务链的创建、修改和删除更加灵活和高效。
- 网络功能虚拟化的支持：SFC 与 NFV 相结合，可以实现网络功能的虚拟化和软件化。通过将传统的专用硬件设备虚拟化为可在通用服务器上运行的软件实例，可以提供更高的灵活性、可扩展性和资源利用率。
- 支持多种应用场景：SFC 适用于多种应用场景，包括企业网络、云数据中心、移动网络等。通过合理设计和配置服务链，可以满足不同场景下的不同需求，如安全策略实施、负载均衡、流量监测等。
- 可操作的流量监测与故障定位机制：SFCOAM（SFC Operations，Administration，and Maintenance，运营、管理和维护）功能可以监测和管理服务功能路径的运行状态，实现性能管理和故障定位。

总之，SFC 具有定制化服务交付、灵活性与可扩展性、流量处理与优化、服务链可编程性、网络功能虚拟化的支持、适用于多种应用场景和可操作的流量监测与故障定位机制等特点。这些特点使得 SFC 成为满足不同网络需求的一种有效解决方案。

4. SFC 应用案例和场景

1）云行业应用案例

在云计算环境中，SFC 的应用使得网络服务的部署变得灵活和动态，主要应用案例包括以下几种。

- 动态服务链路部署。

在虚拟机（VM）或容器之间动态插入服务功能，如防火墙、负载均衡器等，形成服务链路。根据应用需求，动态调整服务功能的顺序和组合，优化网络资源的使用。

- 服务微服务架构。

支持跨物理服务器的容器或 VM 连接，利用 SFC 创建微服务架构，实现服务之间的高效通信。

2）运营商网络应用场景

SFC 在运营商网络中的应用可以增强服务的灵活性和可编排性，常见应用场景包括以下几种。

- 企业专线和 VPN 服务。

利用 SFC 构建企业的专线服务，提供定制化的网络功能和安全性。通过 SFC 实现 VPN

服务的快速部署和灵活管理。

- VoLTE 和策略控制。

在 VoLTE 业务中使用 SFC 进行策略控制和计费服务的灵活配置。

- 5G 网络切片。

在 5G 网络切片中应用 SFC,提供切片内部的定制化网络服务链路。

11.3 算力网络

随着云计算、边缘计算和智能设备的快速发展,计算能力资源表明部署无处不在的趋势。由于计算能力孤岛效应,传统的网络架构不能有效地利用这些分布式计算能力资源。为了克服这些问题并提高网络效率,提出了一种新的网络计算范式,即算力网络(Computing Power Network,CPN)。计算能力网络可以通过网络连接无处不在的异构计算能力资源,灵活实现计算能力调度。

11.3.1 需求分析与问题挑战

在当前的数字化和智能化时代,数据的产生和流通量呈现出前所未有的速度和规模。这一现象不仅体现在互联网行业,也渗透到了制造业、医疗健康、城市管理等众多领域。随着大数据、人工智能等技术的迅猛发展,对计算资源的需求也随之急剧增加。传统的中心化计算资源配置方式已逐渐无法满足这种爆炸式增长的需求,尤其是在数据量大、计算密集的应用场景中,这种不足更为明显。

算力网络的概念因此应运而生,它旨在通过网络化、分布式的方式,优化计算资源的分配和利用。这种新型的网络结构不仅是简单地连接计算资源,更重要的是实现资源的高效配置和动态调度。在算力网络中,计算资源不再局限于单一的数据中心,而是分布在整个网络中,可以根据需求进行灵活调度。

具体来说,算力网络面临的核心挑战包括以下几方面。

- 资源分布不均。算力网络面临的首要挑战之一是计算资源在地理位置上的不均衡分布。这种不均衡导致某些地区的资源过剩而其他地区资源紧张,从而引起资源的浪费和效率低下。解决这一问题的关键在于通过高效的资源分配机制和算法,实现资源在不同地区之间的平衡分配和动态调度。
- 动态需求适应性。随着业务需求的快速变化,算力网络需要能够迅速适应这些变化。这要求网络不仅要具备高度的灵活性和扩展性,还需要能够实时监测和预测需求的变化,以便及时调整资源分配。
- 实时性与效率。对于需要实时处理的任务,算力网络必须保证计算资源的快速响应和高效利用。这涉及如何减少任务分配和执行的延迟,优化任务处理流程,以及提高资源的使用效率。
- 网络延迟与可靠性。在分布式计算环境中,网络延迟和稳定性是影响算力可用性的关键因素。因此,优化网络架构以减少延迟,提高数据传输的稳定性和可靠性,是算力网络设计和实施的重要方面。

综上所述,算力网络的发展需要解决资源分布的不均衡、动态需求的适应性、实时性与效率,以及网络延迟与可靠性等核心问题。通过技术创新和系统优化,算力网络有望更好地满足现代社会对于高效、可靠计算资源的需求,推动数字化转型和智能化发展。

近期的研究认为,为了解决这些挑战,算力网络需要实现以下 4 项关键技术。

- 资源虚拟化和抽象。这一技术将物理计算资源转换为虚拟资源,通过虚拟化技术实现资源的灵活调度和优化分配。这种转换提高了资源的可用性和灵活性,使得计算资源可以根据需求动态地分配和重组。
- 智能调度算法。开发高效的资源调度算法对于实现资源的快速匹配和调度至关重要。这些算法应能够根据任务需求和资源状态,智能地确定最合适的资源分配方案,以确保计算任务在最佳位置和时间得到执行。
- 网络优化。为了减少数据传输的延迟并提高数据处理的效率,优化网络架构和协议是必不可少的。这包括改进数据传输机制、优化路由策略,以及提升网络的整体性能。
- 安全性和隐私保护。在分布式计算环境中,保障数据安全和用户隐私至关重要。算力网络需要实施强有力的安全机制和隐私保护策略,以确保在数据共享和处理过程中,用户数据的安全和隐私不受侵犯。

通过综合实施这些关键技术,算力网络将能够有效应对现代计算需求的挑战,提供更高效、安全和灵活的计算资源服务。这将为各行各业的数字化转型提供有力支持,推动社会和经济的进一步发展。

11.3.2 架构模型

架构模型分为网络层次结构、资源管理和调度、网络连接和协议、安全机制以及云边协同5部分。下面对算力网络的架构模型进行解析。

1. 网络层次结构

算力网络的网络层次可以分为以下3层:

- 数据层。数据层是算力网络的基础,负责数据的存储和初步处理。这一层包括分布式数据库、文件系统以及各种类型的存储设备,确保数据的安全、稳定存储,并提供必要的数据处理能力。
- 控制层。控制层是算力网络的核心,负责整个网络的资源调度和管理。它通过高效的调度算法和管理策略,优化资源分配,实现对计算任务的智能分配和调度。此外,控制层还负责网络状态的监控和维护,确保网络的稳定运行。
- 应用层。应用层是算力网络的最上层,向用户提供各种服务和接口。这一层通过封装底层复杂的计算和网络操作,为用户提供简洁易用的应用程序和服务。用户可以通过应用层接口,轻松访问算力网络的资源和服务,实现各种计算和数据处理任务。这种分层的架构设计使得算力网络能够在保持高效运作的同时,灵活应对各种计算任务和需求变化。每一层都发挥着不可或缺的作用,共同支撑算力网络的稳定和高效运行。

从功能架构的角度出发,算力网络的功能架构主要包括以下几个层次。

- CPN基础设施层。这是CPN的基础,依赖于底层硬件设施,支撑整个系统的运行。
- CPN资源池层。在这一层,多级计算资源和存储资源以及广泛的网络资源被建模、抽象化、汇集,并且根据需要动态部署服务。CPN资源池层需要从CPN基础设施层感知物理计算、存储和网络资源,同时将异构且无处不在的资源建模和汇集成计算资源池、网络资源池和服务资源池。此外,CPN资源池层还需要汇集提供的微服务,以实现灵活和动态的部署。由于底层硬件基础设施的异构性和来自分散计算提供商的计算能力,异构计算能力建模将是关键。同时,资源池的隐私和交易规则对于算力网络也是非常重要的。
- CPN资源信息公告层。这一层负责收集和公布关于计算、存储和网络资源的信息。

这一层的接口可以通过感知 CPN 资源池层的资源,获取可用的计算、存储、网络和服务资源信息,这对多样化的路由和转发策略具有指导意义。同时,计算和网络资源的信息需要通过 3 种主要方式同步,即集中式信息同步、分布式信息同步或混合信息同步。

- CPN 计算调度优化层。在这一层,根据用户的需求和资源信息,通过计算调度优化算法(如强化学习、深度学习、机器学习等)进行智能调度决策和资源分配策略。优化目标是实现任务处理的最短延迟、最高效的计算和网络资源利用、网络管理的灵活性和智能性,以及为计算能力提供者带来最大收益。

- CPN 服务层。提供各种服务,包括计算能力监控和网络监控。由于未来的应用主要是计算密集型和延迟不敏感的 AI 应用,CPN 服务层需要实现可选的各种 AI 算法,并提供用户任务所需的 AI 平台,CPN 服务层将部署各种 AI 服务以满足新兴的应用需求。

- CPN 编排和管理层。负责计算能力的编排和管理,以及 CPN 的安全性和服务的编排。计算能力建模模块用于衡量异构和无处不在的资源和用户在一般标准下的资源需求。计算能力 OAM 实现了操作、管理和维护。计算能力编排模块负责 CPN 资源的编排和管理。CPN 服务编排模块负责 CPN 微服务的编排和管理。CPN 安全模块负责计算电力交易安全和其他威胁。

整个架构的目标是提供集成的计算服务,实现智能网络管理,并达到无处不在的计算能力和服务感知、连通性以及协作调度。

2. 资源管理和调度

资源管理和调度是算力网络的核心组成部分,它涉及计算资源、存储资源和网络资源的综合管理。这一过程需要考虑资源的分配效率、使用率以及对动态变化的适应能力。

1)计算资源管理

在算力网络中,计算资源包括服务器、云平台和边缘计算设备等。管理这些资源需要考虑它们的性能参数、可用性和地理位置。计算资源的管理旨在根据任务特性和紧急程度,合理分配处理能力,以实现高效的计算处理。

2)存储资源管理

存储资源的管理关注数据的存储位置、安全性和访问效率,具体包括对大数据存储的优化、数据备份和恢复策略的制定以及对分布式存储系统的维护和优化。

3)网络资源管理

网络资源管理主要涉及带宽分配、数据传输路由和网络延迟的优化。有效的网络资源管理可以减少数据传输时间,提高整体网络的运行效率。

调度系统的智能化是资源管理的关键。智能调度系统能够根据实时数据分析任务需求,预测资源消耗,从而做出快速而准确的资源分配决策。这不仅提高了资源的使用效率,还优化了任务执行的时效性。此外,智能调度还需要考虑到各种因素,如资源的能耗、成本以及环境影响,以实现更加可持续和经济高效的资源利用。

资源管理和调度在算力网络中扮演着至关重要的角色。通过精确和智能化的资源管理与调度策略,算力网络能够更有效地应对各种计算任务,提高资源利用率,降低成本,同时确保网络的稳定性和可靠性。未来的发展方向将包括更加先进的资源调度算法、更高效的资源管理机制,以及更加智能化、自动化的系统设计,以满足日益增长的计算需求和复杂的应用场景。

3. 网络连接和协议

网络连接和协议在算力网络中扮演着关键角色,它们确保数据可快速、安全和高效地传输。网络连接的设计需要考虑多种因素,包括带宽、延迟、稳定性和可扩展性。算力网络通常依赖于高带宽和低延迟的网络连接,以支持大数据量的传输和实时计算任务。

网络协议的设计重点关注数据传输的安全性和高效性。这涉及加密技术、认证机制以及数据完整性和隐私保护措施。有效的协议设计可以减少数据泄露和被攻击的风险,同时提高数据传输的效率。

此外,网络连接和协议还需要考虑兼容性和互操作性,以支持不同类型的设备和系统之间的通信。这对于构建一个灵活、可扩展且可靠的算力网络至关重要。

综合来看,网络连接和协议的优化对于提高算力网络的性能和安全性具有决定性意义。随着技术的发展,未来的网络连接和协议设计将更加重视智能化和自适应性,以满足不断增长和变化的计算需求。

4. 安全机制

安全机制可以分为以下 4 点。

1) 数据加密

数据加密是保护数据安全的基础,尤其是在数据传输过程中。算力网络需要采用强大的加密技术来保护数据不被未授权访问或篡改。

2) 访问控制

有效的访问控制机制能够确保只有授权用户才能访问特定的数据和资源。这包括用户身份验证、权限管理以及访问日志的记录。

3) 入侵检测和防御

算力网络需要具备入侵检测系统,以识别和阻止恶意攻击。此外,定期的安全审计和漏洞扫描也是确保网络安全的关键措施。

4) 数据隐私保护

随着数据保护法规的加强,算力网络还需重视个人数据的隐私保护,确保用户数据的处理和存储符合相关法律法规。

通过这些安全机制的综合应用,算力网络能够有效地保障数据的安全性和隐私,为用户提供一个安全可靠的计算环境。随着技术的发展,未来的安全机制将更加强大和智能,能够更好地应对各种安全威胁和挑战。

5. 云边协同

云边协同是指将云计算的大规模计算能力与边缘计算的实时数据处理能力相结合,以实现更加高效和灵活的资源使用。云计算提供了集中式的大规模计算能力,适合处理复杂的计算任务和大数据分析。边缘计算侧重于在数据产生地点附近进行数据处理,从而减少数据传输的延迟,提高实时处理的能力。智能云边协同在多种场景中具有重要应用,如物联网、智慧城市、自动驾驶等,这些场景需要快速响应和高效计算。智能算法可优化资源配置,根据任务的具体需求和特点,决定在云端或边缘进行处理。

云边协同的实施不仅提高了计算资源的利用效率,还为用户提供了更加灵活和高效的服务。随着技术的不断进步,未来的云边协同将更加智能化和自动化,能够更好地适应不同场景的应用需求。

综上所述,通过这种层次化的架构模型,算力网络能够高效地处理大规模数据,满足不断增长的计算需求,为各种应用提供强大的支持。这种架构的实现,将极大地推动计算资源的优化利用和整个网络的智能化发展。

11.3.3 控制机制/协议流程

算力网络的控制机制是其核心组成部分,直接影响网络的性能和效率。下面从控制机制的设计原则、协议流程的详细描述以及故障恢复和管理机制 3 个方面,对算力网络的控制机制和协议流程进行解析。

1. 控制机制的设计原则

1)分布式控制

分布式控制是算力网络设计中的核心原则之一。这种控制方式强调在整个网络中分散管理和控制权,以提高系统的可靠性和灵活性。每个节点都能根据局部信息做出决策,从而提高整个网络的响应速度和效率。

2)自动化管理

自动化管理是实现高效运营的关键。它包括对计算资源、存储资源和网络资源的动态监控和自动调整。通过先进的算法和人工智能技术,算力网络能够自动识别资源需求的变化,快速做出响应。

3)容错与恢复机制

考虑到网络的稳定性和可靠性,算力网络的控制机制应包括有效的容错和恢复策略。这意味着在发生故障时,系统能够迅速检测问题并自动切换到备用资源,以保证服务的连续性。

4)安全与合规性控制

安全性是算力网络控制机制的重要组成部分。这包括了数据加密、访问控制、防止数据泄露和非法访问的措施。同时,网络必须符合相关的法律法规,保证操作的合法性和合规性。

5)资源优化与节能

在设计控制机制时,还需考虑资源的优化使用和节能。通过精确的资源调度,算力网络可以减少无效和冗余的资源消耗,提高能源效率。

6)可扩展性与灵活性

算力网络的控制机制应具备良好的可扩展性,能够适应不断增长和变化的计算需求。此外,灵活性也是必不可少的,以便能够快速适应新技术和新应用的集成。

7)用户界面和交互

为了方便用户有效地使用和管理资源,算力网络的控制机制还应包括友好的用户界面和交互设计。

随着技术的不断发展,算力网络的控制机制将面临更多新的挑战和机遇。例如,人工智能和机器学习的引入将进一步提高控制策略的智能化水平,而新兴的网络技术,如 5G 和量子通信,也将为算力网络带来新的发展方向。

综上,算力网络的控制机制设计原则旨在实现网络的高效、安全、可靠和易用。通过采用这些设计原则,算力网络能够更好地满足现代社会对于高效计算资源的需求,推动技术的发展和应用。

2. 协议流程的详细描述

1)数据传输协议

算力网络的数据传输协议负责规定数据如何在网络中高效、安全地传输。这包括数据包的格式定义、传输方式、错误检测和纠正机制,以及数据加密和解密的过程。

2) 资源调度协议

资源调度协议定义了如何在网络中分配和管理计算资源、存储资源和网络带宽。它涉及资源需求的收集、资源的匹配与分配算法,以及资源使用的监控和调整。

3) 安全协议

安全协议确保数据传输和处理的安全性,包括认证、授权、数据完整性校验和隐私保护等方面。

4) 故障恢复协议

在出现故障时,故障恢复协议指导网络如何快速有效地恢复正常运行,包括故障检测、自动切换到备用资源和数据恢复等过程。

通过对这些协议流程的详细描述,可以清楚地了解算力网络如何高效、安全地运作,以及如何应对各种挑战和需求。这些协议的设计和实现对于算力网络的成功运营至关重要。

3. 故障恢复和管理机制

故障恢复和管理是算力网络控制机制中的关键部分,它决定了网络在面临各种故障时的稳定性和可靠性。

1) 故障检测策略

- 监控系统设计。

实施方式:部署先进的监控系统,实时检测硬件、软件和网络状态。

功能描述:监控系统能够快速识别各类故障,如硬件故障、软件故障和网络连接问题。

- 故障识别。

实施技术:利用机器学习和数据分析技术,提高故障检测的准确性和效率。

效果分析:减少误报率,快速定位故障源,加快故障响应时间。

2) 故障恢复策略

- 自动故障隔离。

实施策略:一旦检测到故障,立即自动隔离故障区域,防止故障扩散。

重要性分析:保护网络中的其他部分不受影响,维持网络的整体运行。

- 故障转移机制。

实施策略:在发现故障时,自动将任务转移到备用系统或节点,确保服务的连续性。

效果分析:减少服务中断时间,确保用户体验和业务连续性。

- 备份系统启动。

实施策略:在关键系统发生故障时,启动预配置的备份系统。

效果分析:快速恢复服务,减少数据丢失和运营中断的风险。

3) 备份机制

- 数据和系统备份。

实施细节:定期对关键数据和系统进行备份,包括配置文件、用户数据和应用程序。

备份频率:根据数据重要性和变更频率,制定合理的备份计划。

- 备份存储位置。

存储方案:在多个地理位置分布备份数据,以减少单点故障的风险。

安全性考虑:确保备份数据的存储位置安全,采用加密和访问控制措施保护备份数据。

- 恢复流程。

实施步骤:制定详细的数据和系统恢复流程,包括急救措施和恢复操作。

可用性测试:定期进行恢复测试,确保备份数据的有效性和恢复流程的可靠性。

通过实施上述故障检测、故障恢复策略和备份机制,算力网络能够有效应对各种故障和异常情况,保障网络的稳定运行和服务的可靠性。这些机制的设计和实施对于提高算力网络的整体鲁棒性至关重要。它们不仅保证了服务的连续性和数据的完整性,还提高了用户对网络服务的信任度。

算力网络的故障恢复和管理机制是确保网络稳定运行和数据安全的关键。通过高效的故障检测、智能的故障恢复策略和可靠的备份机制,算力网络能够在面临各种挑战时保持高效运行。未来,随着技术的不断发展,这些机制将继续优化和升级,以适应更加复杂和动态的网络环境。

11.3.4 计算优先网络

计算优先网络(Compute First Networking,CFN)利用计算和网络状况来确定多个地理位置不同的边缘站点中最佳的边缘,以满足特定边缘计算请求。基于服务要求、网络和计算资源条件以及其他因素,相同服务的请求可以被分配到不同的边缘上,以实现更好的负载均衡和系统效率。请求需要实时分配给选定的边缘,并且同一流的后续数据包应由同一边缘提供,以实现流亲和性。

1. CFN 框架

CFN 是一种新型的网络架构,其核心思想是将计算能力作为网络资源的重要组成部分,实现计算和网络的深度融合。在这个架构中,计算能力被视为与带宽、延迟等传统网络资源同等重要的资源,并通过特定的协议和机制在网络中进行调度和分配。

图 11-18 展示了 CFN 的网络拓扑。CFN 节点是 CFN 网络中的基本功能实体,提供交换业务节点所附的计算资源消耗信息和(或)向客户端提供 CFN 业务访问的能力。边缘节点(简称边缘)通常是承载边缘计算的节点。CFN 节点可以是 VNF,与服务器中的业务节点共同部署。CFN 节点的功能也可以通过接入环网或城域网中的接入路由器等物理设备来实现。

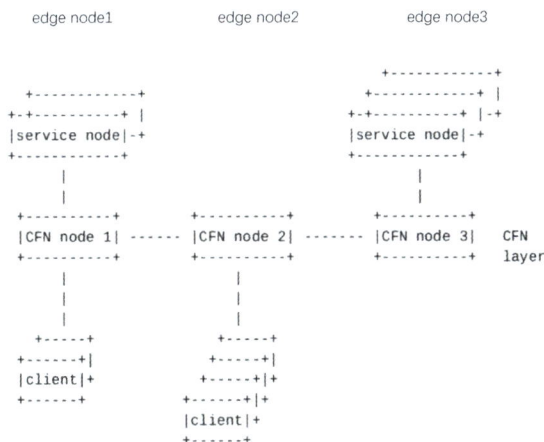

图 11-18 CFN 的网络拓扑

2. CFN 处理步骤

以下描述了 CFN 的处理步骤。

(1) CFN 适配器识别来自终端设备的新服务请求,可能是通过 SID 的特殊选播地址范围。

（2）CFN 适配器将请求发送给其附加的 CFN 节点（CFN 入口）。

（3）CFN 入口根据业务节点的计算资源消耗情况、出口节点的网络状态等信息,确定最合适的 CFN 出口。CFN 入口（ingress）将请求转发给选定的 CFN 出口。CFN 入口可以选择自己来服务请求。在这种情况下,它在概念上既是入口也是出口。

（4）CFN 出口接收来自 CFN 入口的请求,显式使用绑定 IP BIP 作为目的地址访问所需的服务。

（5）入口 CFN 适配器将流的绑定信息保持在（SID,CFN 出口）上。

（6）CFN 入口将同一业务的后续报文从同一流发送到被绑定的 CFN 出口,以保证流量亲和性。

（7）CFN 节点将业务节点的状态（如可用于特定业务的可用计算资源）定期分配给其他节点。

以天基遥感业务为例,典型的算力数据处理流程如图 11-19 所示,首先客户应用（地面数据模拟系统）发布算力部署请求,请求经过承载网虚拟化子系统发送到应用网关（CFN 入口）进行应用识别,应用网关识别出为应用部署请求,发送到天基边缘云算力分配服务进行算力应用部署,天基边缘云子系统收到请求后,将算力应用部署到多颗卫星的算力节点或地面 UPF,并将部署结果通告天基承载网,天基承载网根据本地的网算信息进行算力节点的优选和排序,将结果发送给天基应用网关,后续应用业务报文来后,应用网关根据算力节点的优先级进行目的地址修改（SID,CFN 出口）转发处理。

其中,遥感业务数据报文从星载基站 S-gNB 到地面 UPF 的封装格式变化如图 11-20 所示。

（1）在头节点卫星上,S-gNB 区分接入的用户所属的运营商,并根据预先部署的对应关系,从该运营商对应的逻辑接口将用户流量封装在 GTP 隧道之后发送给 S-Router。

（2）S-Router 根据流量的入接口绑定的 VPN 标识,在该 VPN 对应的业务路由表中查找 UPF 的路由,根据路由在报文外新增 IPv6 封装,目的地址为 UPF 路由中携带的 G-BRouter1 的 VPN1 的段标识（VPN SID1）,并按照 VPN SID1 指导流量在卫星之间查找星间路由然后逐跳转发。

（3）当流量到达落地卫星 S3 之后,以 VPN SID1 查找路由表,按照出接口为馈电链路转发给 G-BRouter1。

（4）G-BRouter1 收到流量后,根据报文中携带的 VPN1 的段标识,确定该流量属于 VPN1,将该段标识终结,同时将外层 IPv6 封装剥掉,露出内层 IP 封装,目的地址是 UPF 地址,并在 VPN1 对应的私网路由表中查找路由,从路由指定的出接口转发给地面承载网边界路由器 G-GW1。

（5）G-GW1 根据流量的入接口绑定的 VPN 标识,在该 VPN 对应的路由表中查找到目的 UPF 的路由。与头节点卫星类似,在报文外新增外层 IPv6 封装,在其中携带 G-GW5 的 VPN2 段标识（VPN SID2）,并按照 VPN SID2 指导流量最终转发给 G-GW5。这部分属于地面承载网的 VPN 实现,可以独立于卫星承载网而独立演进。

（6）与 G-BRouter1 接收流量的行为类似,G-GW5 收到流量后,根据报文中携带的 VPN 的段标识确定流量属于 G-GW5 的 VPN2,同时将外层 IPv6 封装剥掉,露出内层 IP 封装,目的地址是 UPF 地址,并在 G-GW5 的 VPN2 对应的私网路由表中查找路由,从路由指定的出接口转发给该 VPN 对应的核心网,并最终送达其中的目的 UPF。

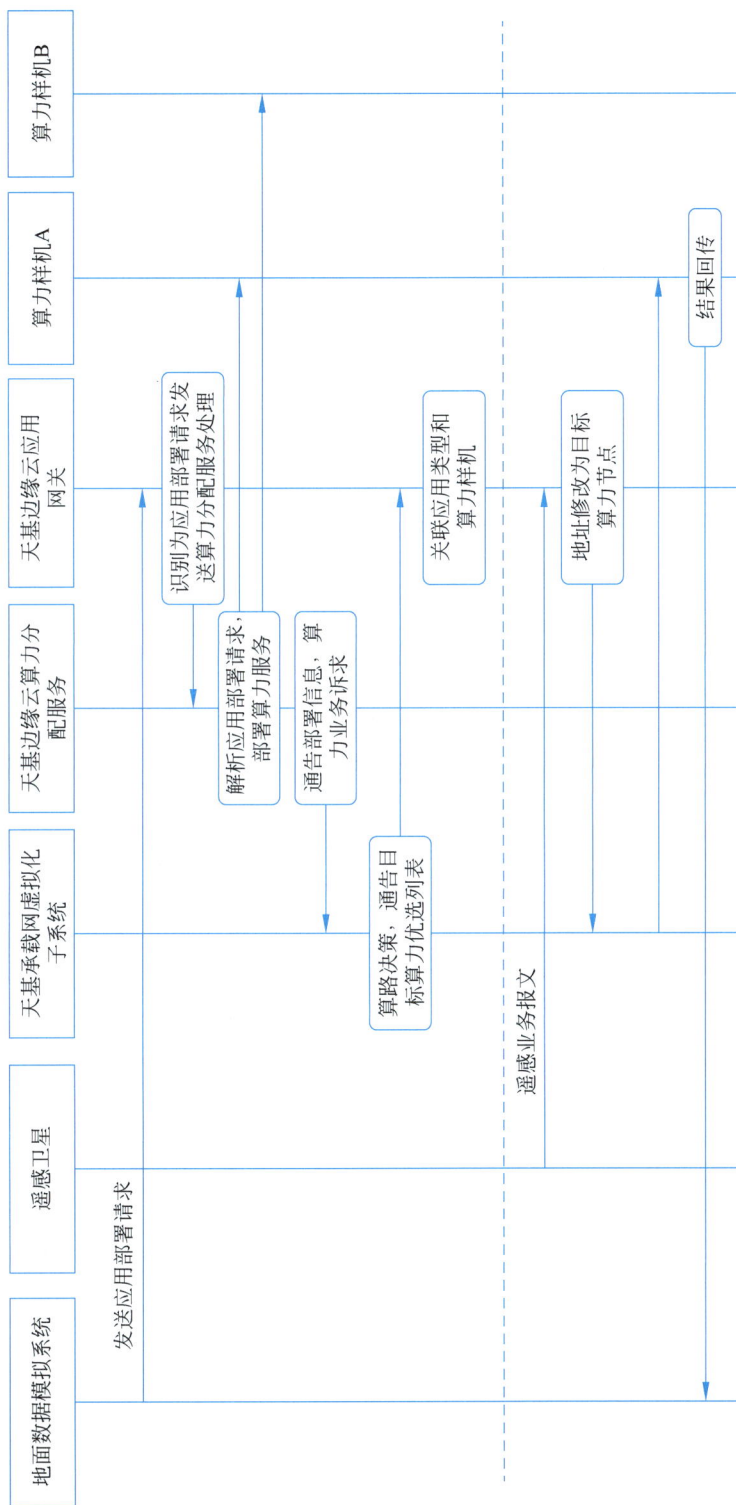

图 11-19 算力应用数据处理流程

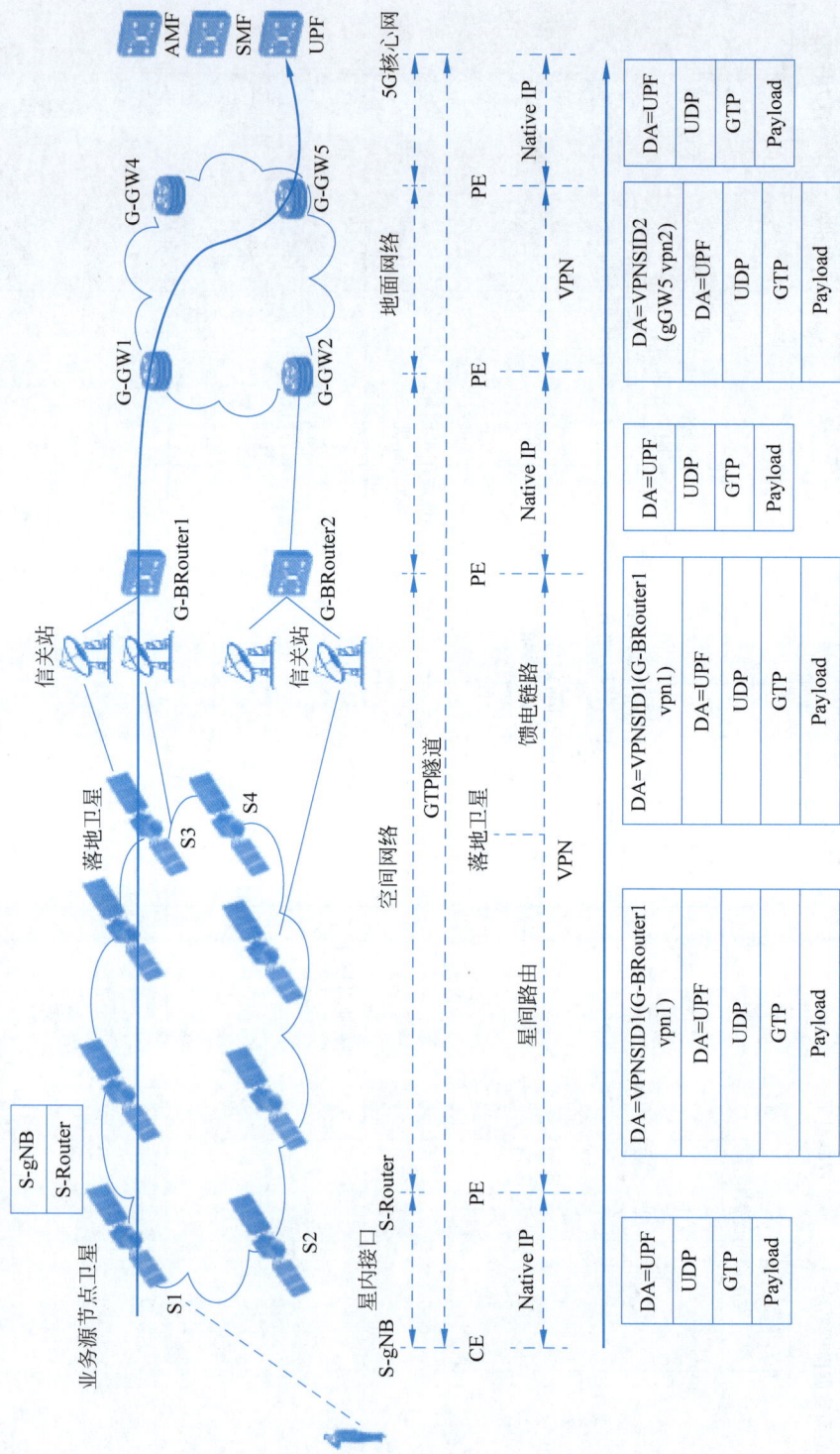

图 11-20　算力网络转发报文封装格式

3. CNF 控制与数据平面

1）控制平面

CFN 节点需要相互通知附加在其上的服务 ID(Service ID)，以及每个服务 ID 对应的可用计算负载信息。当接收到访问服务 ID 的请求时，这用于服务发现和分发。对于 CFN 节点的网络开销，也可以采用相同的分发方式。

计算负载可以从不同的加权维度计算，如 CPU 使用情况、服务的会话数、每秒查询数、计算延迟等。这些信息需要定期更新。为了避免波动，它只在度量变化超过阈值或更新计时器过期时才被分发。同时，CFN 入口选择的最合适的出口节点并不一定是负载最低的节点。请求可以发送到计算负载相对较低的出口中，以避免波动。

由于服务 ID 是一个任播地址，CFN 入口根据计算负载和网络开销的组合，决定将请求转发给哪个 CFN 出口。

图 11-21 显示了 CFN 控制平面的一般工作原理。它描述了 CFN 节点 3 为服务 SID2 分发计算信息。CFN 节点 2 应该以如图 11-21 所示的类似方式分发服务 SID2 信息。扩展控制平面路由协议以支持 CFN 信息分发的定义和操作，以及从这些信息中选择带任播地址的 CFN 出口的方案/标准。

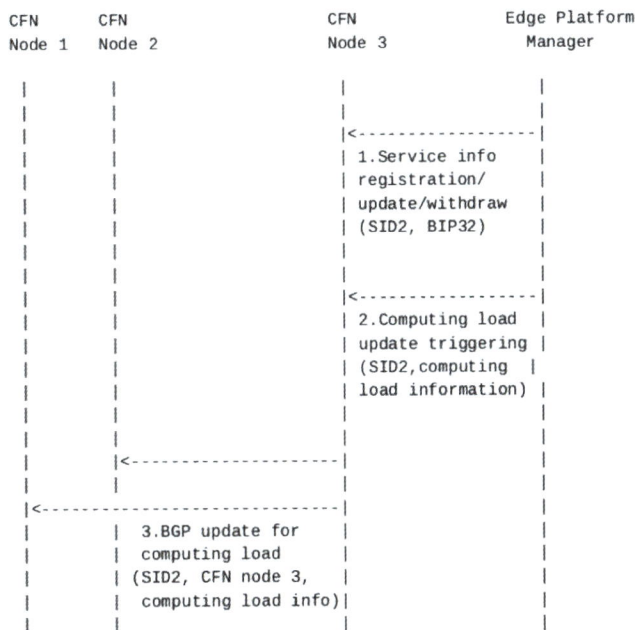

```
CFN          CFN                        CFN                  Edge Platform
Node 1       Node 2                     Node 3                  Manager

  |           |                          |                        |
  |           |                          |                        |
  |           |                          |<-------------------|
  |           |                          | 1.Service info     |
  |           |                          | registration/      |
  |           |                          | update/withdraw    |
  |           |                          | (SID2, BIP32)      |
  |           |                          |                        |
  |           |                          |<-------------------|
  |           |                          | 2.Computing load   |
  |           |                          | update triggering  |
  |           |                          | (SID2,computing    |
  |           |                          | load information)  |
  |           |                          |                        |
  |           |<-------------------------|                        |
  |           |                          |                        |
  |<--------------------------------------|                        |
  |           | 3.BGP update for         |                        |
  |           | computing load           |                        |
  |           | (SID2, CFN node 3,       |                        |
  |           | computing load info)|                        |
  |           |                          |                        |
```

图 11-21　CFN 的控制平面

2）数据平面

传统的选播通常用于单个请求单个响应方式的通信，因为当网络状态发生变化时，不同的请求可能被发送到不同的位置。边缘计算中使用的 CFN 可能需要终端设备与业务节点之间进行多种请求和多种响应方式的通信。因此，数据平面必须保持流亲和性，以确保来自同一流的请求总是由同一条边处理，且该边在 CFN 入接口收到第一个任播请求时确定。来自附属于同一个 CFN 入口的不同端主机对同一个 SID 的业务访问可能被分配到不同的 CFN 出口。该特性被称为动态任播或 Dyncast。

Dyncast 在数据平面上提出了一些要求。流关联表需要由 CFN 入口维护。另外，一个 CFN 节点可能会挂载大量的终端主机。因此，为了维护这么大的表(flow, service ID, egress

CFN),可能需要很大的内存空间,如数万条表项。这样的绑定表最好放在一个外部 CFN 适配器上,因为 CFN 适配器只需要维护一个小得多的表,表项数量通常小于 100。

数据平面支持如下功能:

- CFN 入口通过封装、源路由或分段路由等方式,将流量的第一个业务访问请求报文转发到指定的 CFN 出口。
- CFN 入口可以将(flow、service ID、egress CFN)的绑定信息告知外部 CFN 适配器(若存在)。
- CFN 适配器(在 CFN 入接口内部或外部)维护与其绑定的所有终端主机的绑定信息表,如果有绑定信息,则根据绑定信息转发后续报文。

在未来,随着技术的持续进步和创新,算力网络将在更多领域得到广泛应用。例如,在物联网、人工智能、自动驾驶和智慧城市等领域,算力网络的部署将极大地推动这些技术的发展和应用。特别是在处理大量数据和复杂计算任务时,算力网络的优势将更加明显。

此外,算力网络在提高能源效率和降低运营成本方面也显示出巨大潜力。通过优化资源分配和调度,算力网络能够减少能源消耗,同时提高整体系统的运行效率。这对于环保和可持续发展具有重要意义。

最后,随着算力网络技术的不断成熟,将会促进新的商业模式和服务模式的出现。例如,算力即服务(Computing as a Service,CaaS)将成为可能,为企业和个人提供更加灵活、高效的计算服务。这不仅降低了用户对高性能计算资源的投资和维护成本,也为小型企业和创新项目提供了强大的技术支持。

第 12 章

空天地一体化网络

12.1 非地面网络

非地面网络(Non-Terrestrial Networks,NTN)涵盖无人机(UAV)、高空平台(HAP)以及卫星网络,主要用于灾难管理、导航、电视广播和遥感等领域。然而,随着近年来空天技术的迅猛发展以及制造与发射成本的大幅下降,NTN 的应用场景得到了显著扩展,特别是在与地面通信网络(Terrestrial Network,TN)融合后,为 5G/6G 及未来网络开创了大量新应用和服务案例。这些新应用主要聚焦于提供全球范围内不间断、广泛而高容量的连通性,尤其适用于解决地面基础设施因地理位置限制或经济原因无法覆盖的偏远地区、沙漠、海洋等区域的通信难题。

在 5G/6G 生态系统中,NTN 的整合成为提升网络性能、扩大覆盖范围和减少延迟的重要手段。例如,3GPP 已在标准制定中纳入卫星接入与 5G 网络的集成,确保无人机能够在 5G 技术支持下实现超越视线(BVLoS)的可靠通信,这对自动驾驶汽车、精准农业等众多新兴应用领域至关重要。随着 6G 及未来网络的全球覆盖和对大容量低延迟通信的持续追求,大型低地球轨道(LEO)卫星星座的规划部署将进一步强化 NTN 在未来网络体系中的地位。NTN 可以作为接入节点,与现有地面网络互补,共同实现任何地点、任何对象、任何时间的无缝连接,从而产生深远的社会经济影响。

随着科技的进步,NTN 正从 5G 向 6G 阶段不断发展,它们的角色已经从传统的有限应用转变为通信网络不可或缺的组成部分,不断拓展应用场景并有效填补地面网络的覆盖空白,助力构建一个更加全面、可靠且高效的全球通信网络。

12.1.1 NTN 概念

1. NTN 定义

非地面网络是一种包含多种非地面通信组件的网络系统,主要包括卫星、无人机(Unmanned Aerial Vehicles,UAV)和高空平台(High Altitude Platforms,HAP)三大类构成要素。这些非地面元素在传统上主要用于特定应用,如灾害管理、导航、电视广播和远程感应等,但随着现代技术的发展,尤其是制造成本的降低和空天技术的进步,它们在未来无线通信网络中的应用日益多元化和广泛化。卫星网络以其全球覆盖能力和长期稳定的通信特性,为偏远地区和海洋等无法通过地面基础设施覆盖的地方提供了通信服务的可能性。无人机和高空平台则凭借快速响应能力和灵活部署的优势,能够在紧急情况下迅速建立临时通信网络,或者用于增强特定区域的通信容量和覆盖范围。

NTN 与地面通信网络的整合已成为一种重要趋势,通过这种整合,可以有效提升网络整体的性能、覆盖范围和延迟表现,从而实现连续、普遍和高容量的全球无线连接。此外,NTN

在物联网(Internet of Things,IoT)、移动边缘计算(Mobile Edge Computing,MEC)等场景中的应用也在不断深化,借助新技术如毫米波(millimeterWave,mmWave)通信、机器学习(Machine Learning,ML)等,NTN 在 5G 和未来 6G 网络中的作用将不可或缺。

2. NTN 地面覆盖

NTN 包括卫星、UAV 和 HAP 等组件,它们具有一定的消除地面网络覆盖盲区的能力。由于地面网络基础设施受限于地形地貌、经济可行性和部署难度等因素,在某些地区(如偏远农村、沙漠和海洋)往往难以实现连续且全面的有线或无线通信网络覆盖。在这种背景下,NTN 的出现为解决这些问题提供了新的途径。

一方面,NTN 能够跨越地理障碍,通过卫星提供的全球覆盖能力,确保为那些远离地面基站或地面网络难以覆盖的地区提供通信服务;另一方面,无人机和高空平台作为移动接入点,可以快速响应并临时部署,为特定区域提供临时或应急通信服务,有效弥补地面网络在突发状况下的覆盖不足。

然而,NTN 在消除地面网络覆盖盲区的过程中也面临着一系列技术和运营挑战。例如,卫星通信存在信号传播延迟、功率损耗大等问题,需要先进的编码调制技术、频率复用和多跳路由等解决方案。无人机和高空平台则面临续航能力、飞行安全、通信稳定性等方面的挑战,需要优化能源管理、增强飞行控制算法和设计鲁棒的无线通信协议。

此外,NTN 与地面网络的互操作性和融合也是一大挑战,包括如何实现无缝切换、资源共享、负载均衡以及数据传输的安全性和服务质量保证等。在 5G 乃至 6G 时代,标准化组织如 3GPP 已经开始研究如何将卫星接入整合到 5G 生态系统中,通过标准化接口和协议,确保非地面网络与现有和未来地面网络的高效融合,从而提供更稳定、更广泛的无线通信覆盖。随着技术的不断创新和应用场景的不断丰富,NTN 将继续在消除地面网络覆盖盲区方面发挥关键作用。

12.1.2 NTN 与 5G/6G 网络

NTN 由于包含了无人机、高空平台和卫星网络等技术,因此主要用于特定领域,但近期的技术突破和生产成本的降低促使它在与地面通信网络(TN)结合时能服务于更为广泛的用途。NTN 与 TN 的整合对于克服地面基础设施固有的地域限制,特别是在对偏远、难达区域(如乡村、沙漠和海洋等地)方面提供连续且无所不在的无线覆盖至关重要,从而提升了网络的可扩展性和覆盖能力。

5G 技术规范的制定和发展,尤其是增强型移动宽带(eMBB)和超可靠低延迟通信(uRLLC)能力的引入,为无人机无缝融入地面网络创造了条件。5G 技术能满足无人机对于控制和通信的严格要求,从而实现超视距无人机(Beyond Visual Line of Sight,BVLoS)的可靠连接,这为许多未来关键应用(如自动驾驶、精准农业等)奠定了基础。

随着 6G 时代的来临及发展,全球覆盖的需求和即将实施的大规模低地球轨道卫星星座计划将进一步凸显 NTN 对未来网络的战略价值。全面整合的 NTN 能够在全球范围内实现任意地点、任意对象、任意时间的无缝连接,这种无处不在的连接能力将对社会经济发展产生重大影响。

1. 3GPP 在 5G 标准中引入卫星接入

在 5G 生态系统中,3GPP(第三代合作伙伴计划)积极开展了卫星接入整合的研究工作,并将其纳入了 5G 标准制定的范畴。3GPP 认识到 NTN 如卫星网络在提供广域覆盖、满足偏远地区和特殊应用场景(如海上航行、航空交通、应急通信等)的通信需求方面的重要性。为了充分发挥卫星通信的优势,3GPP 研究了如何将卫星网络无缝集成到 5G 网络中,确保卫星与其他 5G 接入节点(如地面基站)之间可以协同工作,提供一致的服务质量和用户体验。

具体而言,3GPP 研究的内容包括但不限于卫星终端设备的兼容性、卫星信道的特性分析与建模、卫星通信资源的调度与管理、混合地面-卫星网络的切换和重配置机制,以及在 5G 核心网络架构中对卫星接入的支持等。3GPP 已经完成了关于服务无人机作为新型用户设备类型的研究项目,探索了如何有效地利用现有地面基础设施来服务非地面平台,例如,卫星被视为太空中的用户,可以直接由其他卫星或地面站提供服务,减少了对地面网络的依赖。

通过上述研究,3GPP 旨在制定一套完整的技术规范,使卫星网络能够与 5G 系统中的其他组件协同运作,如图 12-1 所示,共同支持增强型移动宽带(eMBB)、超可靠低延迟通信(uRLLC)和其他 5G 关键业务场景。这一系列的工作不仅促进了卫星通信技术在 5G 时代的革新升级,也为 6G 时代非地面网络与地面网络深度融合、提供全域覆盖和无缝连接打下了坚实的基础。

NTN 在 5G 应用场景中发挥了独特且重要的作用,具体表现在以下几方面:

- 全球无缝覆盖。NTN,包括卫星、无人机和高空平台,能够克服 TN 在地理覆盖上的局限性,尤其是在偏远地区、山区、海洋等场景中提供连续不断的通信服务。这对于满足 5G 提出的全球覆盖目标至关重要,特别是在 eMBB 和 uRLLC 服务中,NTN 可以作为地面网络的有效补充,确保用户无论身处何处都能获得高质量的网络连接。

- 应急通信与灾难恢复。NTN 因其快速部署和灵活调整的特点,在自然灾害或其他突发事件后的通信恢复中扮演着关键角色。例如,无人机可以实时回传灾区影像,卫星可以快速搭建临时通信网络,确保救援指挥与受灾人员之间的通信畅通。

- 特殊场景与垂直行业应用。在农业、物流、交通管理和智慧城市等领域,NTN 能够提供精准的位置服务、实时监控和数据分析支持。例如,无人机可以用于农田监测、货物运输跟踪,卫星通信则在车联网、无人船队管理和偏远地区的物联网节点连接中起到关键作用。

- 大规模物联网连接与移动边缘计算。随着物联网设备数量的增长,NTN 能够协助 5G 网络覆盖到更广阔的地域,实现大量传感器和终端的接入。同时,通过将 MEC 与 NTN 结合,可以在靠近用户的边缘位置处理和存储数据,减轻回传网络的压力,提供更低延迟和更高效的计算资源。

- 超视距通信与无人系统应用。5G 技术使得无人机能够在超出直接视线范围的情况下保持稳定可靠的通信,这对于无人机配送、远程驾驶、监视侦查等应用场景至关重要。NTN 在此类应用中提供必要的长距离、高可靠的通信链接。

综上所述,NTN 在 5G 生态系统中既是一个扩展和加强现有通信能力的工具,也是一个推动全新应用场景和服务诞生的核心组成部分。随着 5G 技术的成熟和 6G 发展,NTN 与地面网络的深度融合将成为构建未来通信网络的重要趋势,从而进一步适应多样化的通信需求和全新的业务场景。

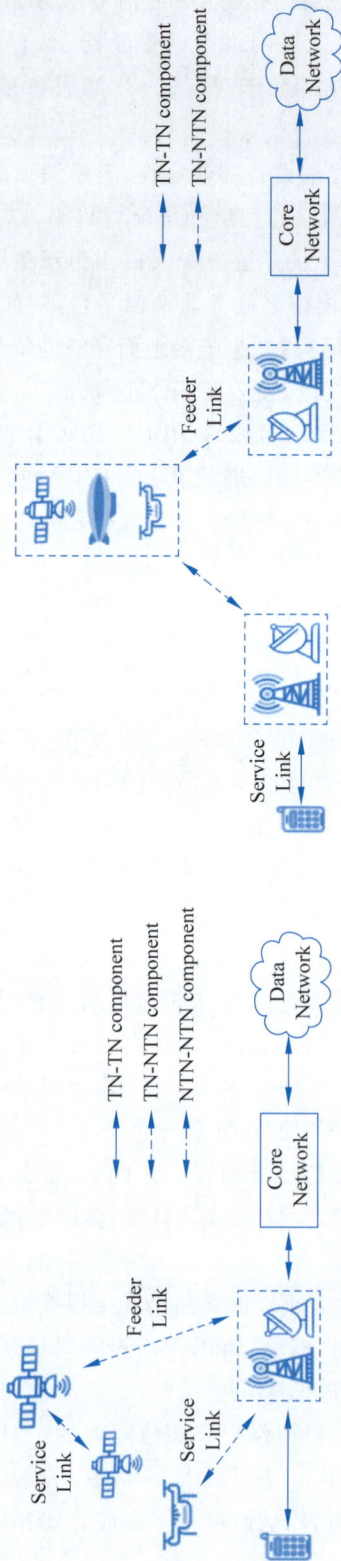

(a) NT platform as a user.

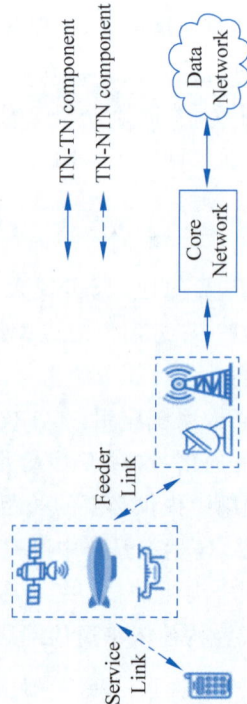

(b) NT platform as a relay for backhauling.

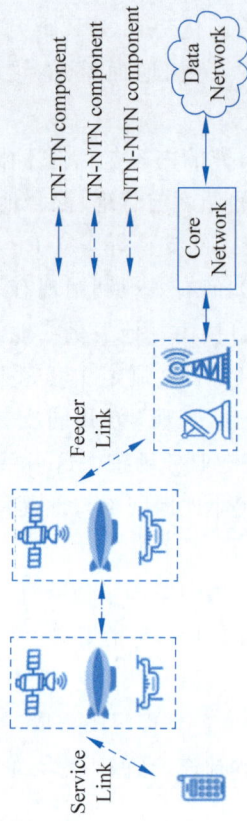

(c) NT platform as a relay for end-users.

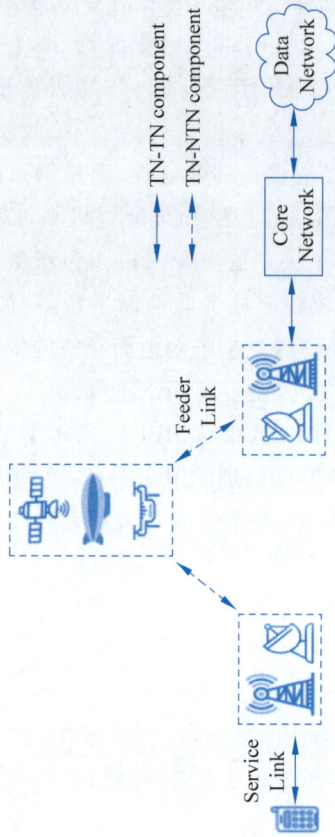

(d) NT platform as a BS.

图 12-1 地面网络角色

2. 移动边缘计算网络

随着 NTN 技术的发展,卫星、无人机及高空平台等组件被更深入地整合进现有地面通信基础设施,它们可以作为增强型接入节点来提升现有地面网络的容量、覆盖范围和延迟性能。MEC 旨在将计算资源下沉至网络边缘,以减少数据传输延时并提高服务响应速度,NTN 在此扮演的角色是扩展 MEC 服务的地理覆盖范围,特别是在偏远地区、海洋或灾难场景下提供连续且高效的无线连接支持。通过与 MEC 的融合,NTN 能够使得用户设备即使在无法直接连入地面网络的情况下也能享受到接近实时的数据处理和内容分发能力,如图 12-2 所示。

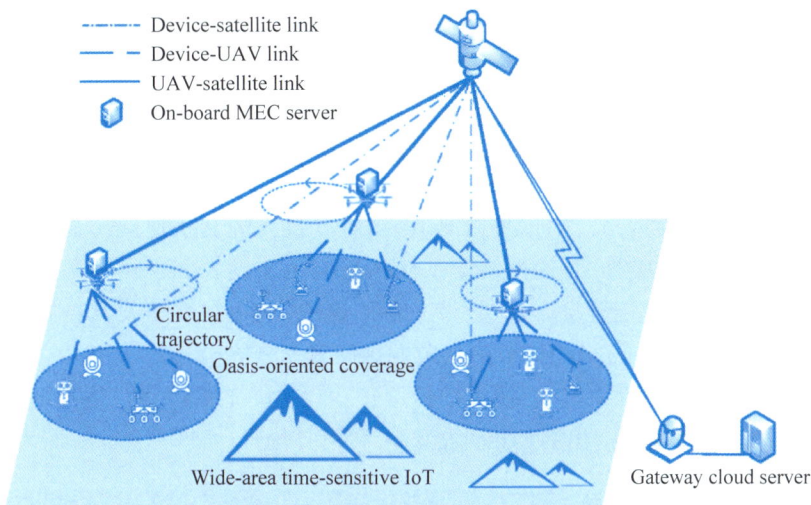

图 12-2　MEC 使能的层次化 NTN

此外,NTN 与 MEC 的集成还可以通过智能路由、动态资源分配以及协同缓存策略等方式优化 MEC 网络性能。例如,在多段式 NTN 中,无论是卫星链路还是无人机基站,都可以作为 MEC 服务器的位置,可根据用户终端(UE)需求和网络状况灵活调整服务部署点。同时,借助机器学习和人工智能等先进技术,可以在 NTN-MEC 联合网络中实现路径自适应优化和资源智能化管理,从而更好地满足未来 6G 网络对于 uRLLC 以及大规模物联网应用的需求。

总的来说,NTN 与 MEC 的结合是一种互补性强、潜力巨大的解决方案,它不仅克服了传统地面网络在地域覆盖和性能扩展方面的局限性,而且为未来的高性能、广域覆盖、低延时的无线通信应用场景提供了强有力的支持。

3. 高层协议的进步与发展

下面介绍高层协议在 5G 和 6G 网络中的重要进展,尤其是在网络虚拟化、C-RAN 架构、云计算与边缘计算以及传输控制协议(TCP)改进等方面的应用和发展。

1) 网络虚拟化与 C-RAN 架构及云计算与边缘计算

在网络虚拟化与 C-RAN 架构方面,通过实施 SDN 和 NFV 技术,C-RAN 架构能够成功地从地面网络扩展至非地面网络,如卫星和无人机通信系统。C-RAN 通过将传统基站的基带处理部分集中到云端或边缘云中,实现了网络功能与硬件设备的解耦,从而显著降低了部署和运维成本,提高了资源利用率。此外,中心化的云架构引入了云计算概念,使得大规模、按需共享的计算能力成为可能。为了减少与云端之间的通信延迟并减轻 C-RAN 资源压力,边缘计算作为补充策略被广泛采用,它利用靠近用户的分布式计算资源来满足低延时服务需求,使得非地面网络得以遵循 3GPP 5G 蜂窝接入网络标准,这对于最终融入 5G 生态系统至关重要。

2) 传输控制协议改进

对于传输控制协议改进而言,传统的 TCP 设计并未充分考虑长距离链路(如卫星通信)的特点,容易导致误判拥塞情况并影响性能。因此,研究人员提出了多路径 TCP(MP-TCP)等改进方案,旨在同时利用多个无线接口或多个数据路径提高资源使用效率和用户体验。另外,针对卫星链接存在的问题,采用了性能增强代理(PEP)来解决 TCP 在长往返延时环境下的性能瓶颈,但同时也指出了 PEP 在实现过程中可能出现的问题,例如,欺骗和分片操作可能导致 TCP 语义受损,引发互操作性问题。

3) 智能网关和空天地链接优化

在智能网关多样性和空天地链接优化上,地球同步轨道(GEO)卫星、非地球静止轨道(NGSO)卫星和无人机场景下对网关管理提出了更高要求。随着高数据速率服务的发展,多网关配置成为常态,特别是对于 GEO 卫星系统而言,甚至需要多个地面站以保持正常运行。在 NGSO 和无人机网络中,通常设想的是完全网络化的空中网络结构,这往往伴随着复杂且包含大量地面网关的地面网络。在这种情况下,如何有效管理和快速应对潜在的网关故障成为关键。为简化地面段复杂性、提高网络安全性和适应无法设置固定网关的偏远地区或海洋区域,可使用空天地间的直接链接,但这会带来新的挑战,包括需要研发具备运动适应能力和能处理不同服务质量(QoS)流量的机载路由及网络管理机制。

在 5G 向 6G 演进的过程中,高层协议的持续进步促进非地面网络与地面网络更高效地无缝整合,并支持未来 6G 网络提出的严格性能要求和服务场景。

12.2 卫星通信网络

卫星通信的设想最早由英国皇家空军上尉 Arthur C. Clarke 于 1945 年提出,他在无线电杂志 *Wireless World* 上发表的"Extra-Terrestrial Relays"一文中设想,在一个特定的轨道内,由 3 颗近似等间隔的人造卫星组成一个静止卫星星座,通过保持这些卫星与地球的同步旋转,可实现全球覆盖和通信。随着航空航天技术的不断发展,Clarke 的设想逐渐变成了现实。1957 年,苏联将世界第一颗人造低地球轨道卫星"伴侣"号(Sputnik)发射升空,实现了人造地球卫星从无到有的突破。1965 年,世界第一颗对地静止轨道卫星"晨鸟"(Early Bird)开始提供跨大西洋的电话业务,真正实现了 Clarke 在 20 年前的设想。从此以后,卫星通信技术飞速发展,越来越多的卫星被发射升空。

为了增加卫星通信系统的容量,单颗卫星的星上无线转发器的数目不断增多,最多超过 50 个,无线电频率也逐渐从 L 波段(1~2GHz)和 S 波段(2~4GHz)向 Ka 波段(26.5~40GHz)、Q 波段(33~50GHz)以及 V 波段(40~75GHz)发展。同时,卫星的功能也逐渐从以往简单的语音通信,转变为多媒体宽带通信,并产生了多种类型的应用型卫星,如导航卫星、遥感卫星、侦察卫星、灾难检测卫星和科学实验卫星等。此外,卫星系统也从单颗大卫星向小卫星星群和星座的方向发展,这是因为研制单颗功能复杂的大卫星的风险、成本较高,系统容量提升也相对困难,采用分离结构的小卫星星群则可以有效解决上述问题,而卫星星座可以更容易地提供全球覆盖的功能,由星座卫星互连而构成的卫星网络也将具有更高系统容量和更复杂功能。因此,卫星星座网络也成为卫星通信系统发展的趋势之一。

从通信原理上讲,卫星网络的通信系统和星间链路与地面的通信系统和链路并无太大的差异,然而,中低轨道卫星绕地球转动的特性使得卫星网络拓扑始终处于不断的变化之中,从而影响了卫星网络数据传输的稳定性。

12.2.1 卫星星座

通常情况下,为了实现对地覆盖的均匀性,卫星星座网络由多个相同类型、均匀分布的卫星轨道构成,每个轨道内相邻卫星通过轨道内星间链路互连,相邻轨道的卫星再通过轨道间星间链路互连,从而构建覆盖全球的数据传输网络。大多数星座中卫星的分布也是均匀的,但同时也存在非均匀分布的混合星座设计。以下将分别从赤道轨道星座网络、极轨道星座网络、倾斜轨道星座网络、椭圆轨道星座网络和混合星座网络几方面对卫星星座网络构型进行介绍。

1. 赤道轨道星座网络

早在 1945 年,英国的 Arthur C. Clarke 便提出采用 3 颗近似等间隔的对地静止轨道卫星(GEO)覆盖除两极以外的全球区域,卫星之间通过星间链路相连,以此来连通整个卫星网络。该类型的星座具有构型简单、覆盖范围广的优点,虽然传播延时较中低轨卫星更长,但避免了中低轨道卫星快速移动的不利因素。这一直是全球覆盖卫星星座构建的重要方法。例如,20 世纪 80 年代构建的海事卫星移动系统(Inmarsat)即在大西洋、印度洋和太平洋上空各布置了一颗对地静止轨道卫星,如图 12-3 所示,实现了除两极以外地区的全球覆盖。

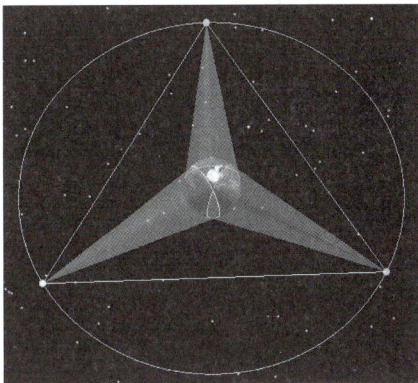

图 12-3　赤道轨道星座示意图

另外,当轨道高度低于对地静止轨道高度时,卫星同样可以在该轨道上构建星座。虽然此时该轨道上的卫星存在与地面的相对运动,但卫星的星下点轨迹均在赤道线上,而星座的覆盖范围也均匀地分布在赤道两侧,具有较好的覆盖特性和较稳定的地面观测视角。

2. 极轨道星座网络

极轨道星座是一种特殊的均匀对称星座,它的特点是轨道倾角通常为 90°左右,如图 12-4 所示,因而轨道通常穿越南北两极,所以称为极轨道星座。同时,因为所有的轨道会汇聚在南北两极,因而又称为星状星座。

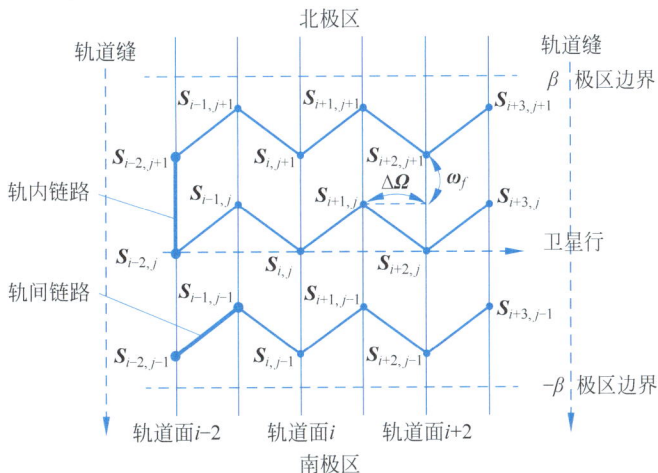

图 12-4　极轨道星座网络模型

对于更一般的情况,即轨道倾角不为 90°时,街区覆盖方法仍然适用,但其公式推导和数据较为复杂,此处不做讨论。目前,典型的极轨道星座有铱星系统和 Teledesic 系统,其中铱星系统有 6 个轨道面,每个轨道面上有 11 颗卫星,同向轨道面间的偏移角为 31.6°,反向轨道面间的偏移角为 22°。Teledesic 系统有 12 个轨道面,每个轨道面上均匀分布着 24 颗卫星,并且同向和反向轨道面间的偏移均为 15°。铱星系统和 Teledesic 系统的星座网络拓扑如图 12-5 所示。

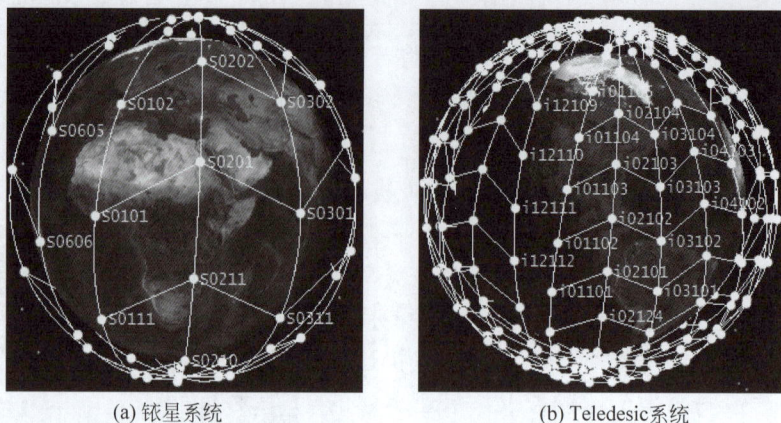

(a) 铱星系统   (b) Teledesic系统

图 12-5   典型的极轨道星座网络拓扑示意图

3. 倾斜轨道星座网络

通常意义上,倾斜轨道星座指的是 20 世纪 60 年代由英国的 J. G. Walker 提出的均匀对称星座,即 Walker 星座,又称为 δ 星座。该类星座的特点是采用高度相同、倾角相同的圆轨道,轨道平面的上升交点沿赤道均匀分布,卫星在轨道上均匀分布,相邻轨道上的卫星之间存在一定的相位变化。Walker 星座通常用来实现全球覆盖或纬度带覆盖,由于其卫星分布的均匀性,所以只需要很少的卫星即可实现全球单重或多重持续覆盖,J. G. Walker 还证明最少只需要 5 颗卫星即可实现全球单重覆盖,最少只需要 7 颗卫星即可实现全球双重覆盖。

在现有的卫星系统中,全球星(Globalstar)系统是典型的低轨道 Walker 星座,其轨道参数可表示为 52°:1414km:48/6/1。美国早期设计的全球定位系统(GPS)、欧洲的伽利略系统(Galileo)则是典型的中轨道 Walker 星座,它们的轨道参数可分别表示为 55°:20200km:24/3/2、56°:23616km:27/3/1。图 12-6 给出了全球星系统的网络拓扑,它是以全球星系统星座为基础然后添加星间链路构建而成的。

4. 椭圆轨道星座网络

与前述的圆轨道星座一样,椭圆轨道也可以用来构建星座。苏联建造的 Molniya 系统即采用大偏心率的高椭圆轨道(HEO)星座,如图 12-7 所示,轨道倾角为 63.4°,轨道周期为半个恒星日,近地点幅角为 −90°,远地点高度为 40 000km,在远地点可对地处北半球高纬度地区的俄罗斯、北欧、格陵兰岛和加拿大具有较好的覆盖效果。但是,高椭圆轨道星座的稳定性较差,需要利用星载推进力保持轨道近地点角度。而且,该轨道的远地点穿越了范·艾伦辐射带,对卫星抗辐射能力的要求大大增加,这不仅会增加卫星设计和生产的成本,还会缩短卫星的使用寿命。虽然到目前为止,工业界还没有实际运行的基于椭圆轨道的卫星网络,但学术界已有针对基于椭圆轨道的星间链路模型和椭圆轨道编队小卫星星间链路集合特性的研究,而航空电子设备抗辐射技术也愈发成熟,相信在合理需求的牵引下,椭圆轨道同样是可以用来构建卫星网络的。

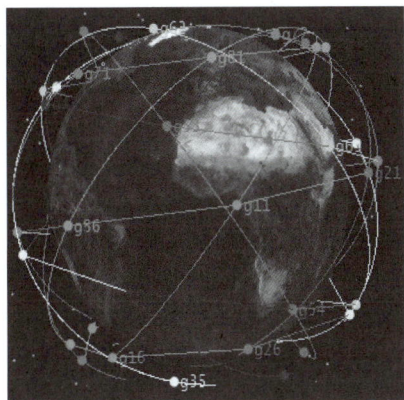

图 12-6　全球星系统网络拓扑示意图　　　　图 12-7　Molniya 轨道和每个小时对应位置

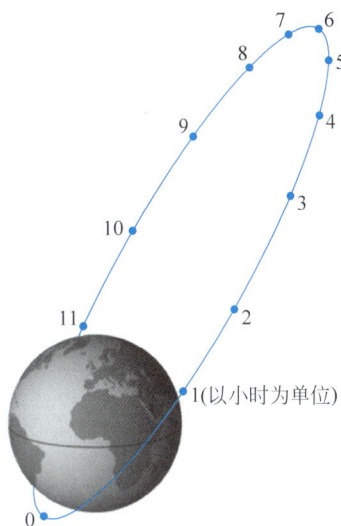

5. 混合星座网络

混合星座网络是指上述几类星座或同一类型不同轨道参数的星座组合构建的卫星网络，例如，在学术界研究较为广泛的赤道轨道星座网络和极轨道/倾斜轨道星座结合的二层星座网络（GEO/LEO），或者中轨道倾斜轨道星座与低轨道倾斜轨道星座结合的二层星座网络（MEO/LEO）。混合星座网络可以结合多种星座的优点，如中、高轨星座覆盖面积大，而低轨星座传播延时短，二者结合可有效提升混合星座网络的覆盖特性和通信性能。

典型的混合星座系统有 Orbcomm 系统和 Ellipso 系统，如图 12-8 所示。其中，Orbcomm 系统首先包含 3 个倾角为 45°的轨道平面，每个轨道面包含 8 颗卫星，轨道高度均为 820km；其次包含倾角为 70°和 103°的轨道平面各 1 个，每个轨道面 2 颗卫星，轨道高度均为 775km，轨道面升交点经度差为 180°；最后还包含 1 个赤道轨道平面，其中有 8 颗卫星，轨道高度为 1000km。

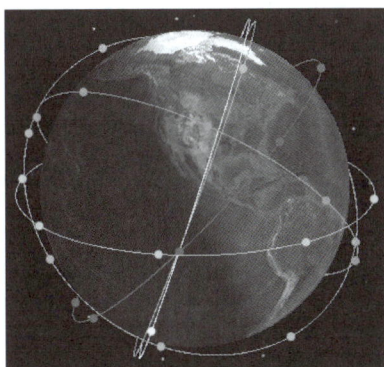

(a) Orbcomm 系统　　　　　　　(b) Ellipso 系统

图 12-8　混合星座网络示意图

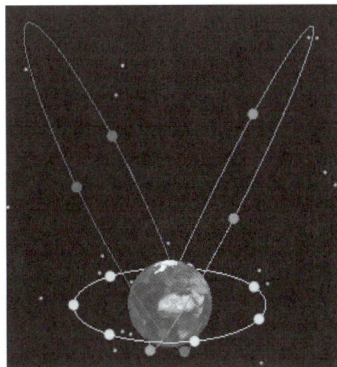

Ellipso 系统包含 BOREALISTM 和 CONCORDIATM 两个子系统。其中，BOREALISTM 子系统包含 10 颗卫星，分布在 2 个倾角为 116.6°的椭圆轨道上，轨道的远地点和近地点高度分别为 7514km 和 673km。而 CONCORDIATM 子系统由一个赤道轨道平面构成，轨道高度为 8050km，其上均匀分布着 7 颗卫星。

目前,典型卫星系统的星座参数总结如表 12-1 所示。

表 12-1　典型卫星系统的星座参数(2015 年)

卫星系统	星座类型	运营时间	轨道数目	卫星总数	轨道倾角/(°)	轨道高度/km	星间链路	星上交换
Celestri	倾斜轨道星座	终止	7	63	48	1400	无	无
Skybridge	倾斜轨道星座	终止	不详	64	不详	1457	无	无
Globalstar	倾斜轨道星座	1999 年	8	48	52	1414	无	无
Iridium	极轨道星座	1998 年	6	66	86.7	780	3/4(条/颗)	是
Teledesic	极轨道星座	终止	12	288	84.6	1375	6/8(条/颗)	是
GPS	倾斜轨道星座	1994 年	6	24	55	20 200	有	无
Galileo	倾斜轨道星座	2008 年	3	27	56	23 616	无	无
Glonass	倾斜轨道星座	2007 年	3	24	64.8	19 100	无	无
北斗	混合星座	2012 年	3+1+1[1]	27+3+5	55+55+0	21 528+35 786+35 786	有	无
O3B	赤道轨道星座	2014 年	1	12	0	8062	无	无
Orbcomm	混合星座	1999 年	3+2+1[2]	24+4+8	45+70/103+0	820+775+1000	无	无
Ellipso	混合星座	终止	2+1[3]	5+5+7	116.6+0	7605/633[4]+8050	无	无
Inmarsat	赤道轨道星座	1979 年	1	11	0	35 786	无	无

注:(1) 依次为中地球倾斜轨道、倾斜地球同步轨道和对地静止轨道。

(2) 依次为中地球倾斜轨道、中地球倾斜轨道和赤道轨道。

(3) 依次为椭圆轨道和赤道轨道。

(4) 7605km 为远地点高度,633km 为近地点高度。

12.2.2　卫星通信处理技术

由于市场的多样化,卫星通信需要在更高的链路速率下满足日益增长的可靠、灵活的连接需求。新的架构,如多波束天线系统、高频天线,以及新的技术,如预编码、预失真、干扰和资源管理,都已被考虑在内。为了在新兴环境中充分利用这些技术,并使设计具有灵活性,需要考虑额外的资源。在这种情况下,需要考虑天基节点能力,星载处理(OBP)是广为接受的可行方法。

在卫星上提供数字处理并不是一个新概念,几十年来一直在讨论这个问题。目前主要采用两种 OBP 模式来解决这个问题。

- 数字透明处理器(DTP):由处理器对波形进行采样,并对结果数字采样进行处理操作;既不解调,也不解码。基于 DTP 的处理可使有效载荷设计不受空中接口演变的影响。DTP 已被用于包括 INMARSAT-4 和 SES12 在内的许多卫星中。典型应用包括基于单信道副本的数字波束成形和广播/多播。

- 再生处理:这种方法对经波形数字化、解调和解码后获得的数字基带数据进行处理。铱星、Spaceway3 和 HISPASAT-AG1 等任务中都采用了再生处理技术,主要用于不同数据流的复用、切换和路由选择。虽然再生处理比 DTP 更通用,并使用户链路和馈电链路分离,但额外的处理成本较高。此外,再生处理限制了使用较新传输模式的灵活性,而且可能会受到技术过时的影响,除非考虑可重新编程的有效载荷。

一种混合处理模式是将整个波形数字化,但只使用再生部分波形。在这种情况下,对报头数据包进行再生,以便进行星载路由选择。这种能力将从根本上改变卫星网络及其所能提供的服务。

图 12-9 展示了采用 DTP 的有效载荷转发器。在数字处理之前设置标准的模拟信号前端接收器处理,包括天线系统、模拟波束成形网络、低噪声放大器、下变频(混频器、滤波器)和自动增益控制等。以下列出了 OBP 的关键组件:

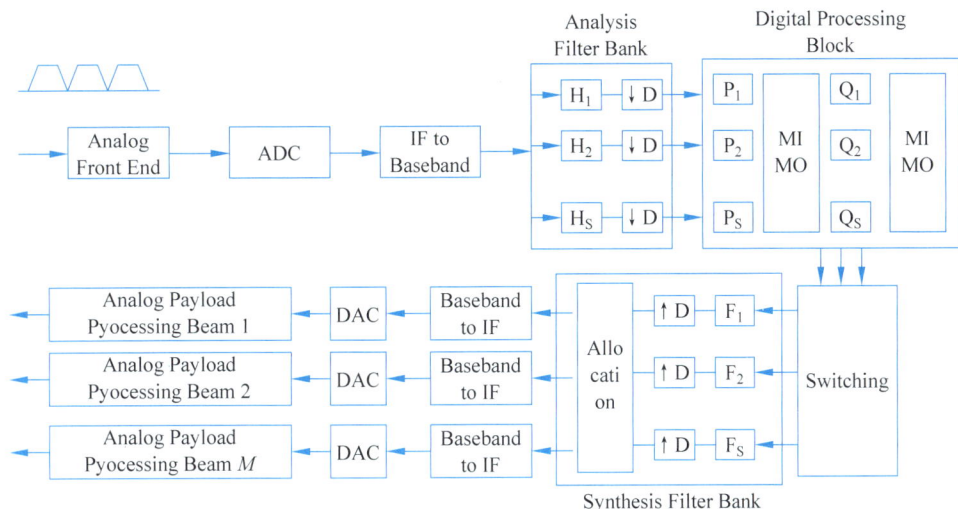

图 12-9   星上处理结构

- 高速模数转换器(ADC)和基带/中频转换。
- 信道模块,包括用于上行链路信号去复用的解析滤波器组和用于重新生成适当频带的合成滤波器组。
- 处理模块,包括对单个数据流的处理,如(解)调制、解码/编码以及使用多输入多输出(MIMO)进行联合处理。它还包括用于预失真、波束成形、预编码和频谱计算的查找表(LUT)。
- 影响空间域(如从一个波束到另一个波束)、时间域(如存储和转发)和频谱域(如跳频)切换的路由。

如前所述,卫星制造商和运营商正在考虑使用数字付费的负载进行星载处理。随着新型信号处理和数字通信技术的出现,数字化有效载荷为克服传统地面处理的许多不足提供了一个理想的平台。这包括减少延迟和资源的低效利用,以及提高灵活性等。一些应用实例涉及机载预失真和能量检测。

12.2.3   卫星网络路由算法

卫星网络路由技术是主要研究卫星与卫星之间、卫星与地面之间通过激光、微波等链路所构建的卫星网络的路由技术,主要包括空间段路由、星地边界路由和上下行链路接入路由 3 部分。其中,空间段路由主要负责卫星与卫星之间的路由和数据转发,星地边界路由主要负责地面网络的各个自治域和卫星网络之间的路由转发,而上下行链路接入路由则可以根据单颗卫星的覆盖时长适时进行星间切换以选择更优的路由。空间段路由是决定卫星网络性能的最关键因素,因此下面主要针对该部分路由展开研究。

由于卫星网络路由算法会受到中/低轨卫星网络拓扑动态性、周期性和可预测性以及空间特定传输环境等的影响,因此该类算法的研究面临着重要的挑战。目前,RIP 和 OSPF 算法是地面网络中比较常用的路由算法,但它们主要针对拓扑较为固定的地面有线网络,不能很好地适应拓扑不断变化的卫星网络。对于地面自组织网络路由算法而言,其中的移动模型通常也未考虑节点移动的可预测性,所以其路由算法也未能提供对可预测节点移动的支持。因此,卫星网络路由算法是构建卫星网络,实现高速、可靠通信所需要解决的关键问题。

根据路由算法对拓扑动态性是否进行屏蔽,主要将卫星网络空间段路由算法分为3类:静态路由算法、动态路由算法以及动静结合路由算法。静态路由算法主要通过时间和空间划分的方法屏蔽卫星网络的拓扑动态性,即将动态的网络拓扑转化为静态的网络拓扑以简化路由计算;而动态路由算法则不屏蔽卫星网络的拓扑变化,它采用节点自身的信息获取和处理能力,不断了解卫星网络全局的节点、链路状态信息或者按需获取必要的节点、链路状态信息,从而计算路由。动静结合路由算法(如快照路由算法)则结合了网络拓扑动态性和可预测性的特点,在动态路由计算的过程中加入静态可预测的信息,以降低动态路由计算的开销,从而提升网络的路由性能。

1. 静态路由算法

根据路由算法屏蔽卫星网络拓扑动态性的方式,静态路由算法可分为虚拟拓扑路由、虚拟节点路由和地理路由算法3类。

1)虚拟拓扑路由算法

在该算法中,卫星网络的系统周期被分为多个时间片,每个时间片内卫星网络的拓扑结构被认为是固定的,从而将动态变化的中、低卫星网络拓扑结构表示为一系列周期性重复出现的静态拓扑结构,即转化为多个静态虚拟拓扑下的路由计算问题,此时可采用Dijkstra算法等最短路径算法计算路由。离线计算的路由可全部存放于卫星上,或以一定的时间间隔上传到卫星上,在拓扑变换的时刻切换为对应拓扑的路由表,从而降低卫星网络拓扑动态性对路由造成的影响。典型的虚拟拓扑路由算法包括DT-DVTR算法、快照路由算法和有限状态机(FSA)路由算法等。

2)虚拟节点路由算法

该算法根据卫星对地面的覆盖情况将地球表面划分为多个固定的地面区域,卫星采用异步切换方式,在各个特定的时间段内覆盖特定的地面区域,使得每个区域由一系列的卫星接力覆盖,各个接力卫星之间的数据和路由信息也将被完全传递,因此可视为由一个虚拟的卫星节点进行持续覆盖。该方法的星地网络拓扑保持不变,适合采用地面传统的路由协议,但是在实现上,如虚拟节点如何与物理覆盖区域进行一一对应,以及虚拟节点之间的状态和数据信息传递如何保证通信的连续性等都是需要解决的问题。典型的虚拟节点路由算法包括LZDR算法、DRA算法和MLSR算法等。

3)地理路由算法

地理路由算法通常将地球表面划分成相同大小的区域,并为每个区域分配固定的逻辑地址,每个分组也携带该逻辑地址作为源/目标地址。卫星节点根据分组携带的逻辑地址判断用户所在的区域,从而使用基于地理位置的路由将分组转发到覆盖用户所在区域的卫星,最终转发给用户。实际的区域划分可根据应用场景的不同而不同,并且还可以采取分层结构进行区域划分。典型的卫星网络地理路由算法有DGRA算法、SIPR算法等。

2. 动态路由算法

除了地面网络常用的分布式动态路由算法,如距离矢量类路由算法RIP和链路状态类路由算法OSPF以外,现有的动态路由算法按照其优化网络性能的方式可分为按需路由、多路径自适应路由、链路信息动态交互路由、基于历史信息和基于预测的路由、基于代理的路由和多播路由等。

1）按需路由

该类算法主要以降低卫星拓扑频繁更新引起的通信开销为设计目标，在必须传输数据前尽量推迟路由更新，没有数据传输时则不进行路由更新。不同的按需路由算法具有不同的路由更新机制，例如，Darting 路由算法使用后继更新机制和前继更新机制，分别负责更新数据分组将到达的下一跳卫星节点的拓扑视图和当前卫星节点的前继卫星节点的拓扑视图。而在LAOR(Location-Assisted On-demand Routing)算法中，每对独立的源、目的节点都独立地调用路径发现进程。但在路径发现进程启动之前，该算法会形成一个最小路由请求区域，以便将路由选择开销保持在最低限度。

2）多路径自适应路由

对于全球覆盖的卫星网络，其网络拓扑通常呈现出网格网络或曼哈顿网络的结构，因此源、目的节点对之间通常存在多条路由路径，有许多动态路由算法都采用了自适应多路径路由的方法。例如，为了解决由于高纬度地区轨间链路传播延时更短，流量趋向于集中在高纬度区域卫星的问题，ALR (Alternate Link Routing)算法提出了最优与次优路径结合路由的方法。该方法采用了 ALR-S 与 ALR-A 两种调度策略，其中，ALR-S 规定每个分组在源卫星节点使用次优路径作为下一跳，而在中间卫星节点使用最优路径作为下一跳；ALR-A 规定对任意分组在任意卫星节点交替使用最优和次优路径的下一跳。结果显示，与单路径最短延时路由相比，ALR 减少了近 50% 的流量高峰。类似的自适应多路径路由算法还有将流量等分到两条路径的 CEMR(Compact Explicit Multi-path Routing)路由算法、分布式多路径多 Agent 路由算法 MASMR(distributed Multipath Routing strategy combined with Multi-Agent System)以及基于遗传算法与线性规划相结合的网络流量负载均衡方法等。

3）链路信息动态交互路由

相对于仅使用本地信息的路由算法而言，采用全局或相邻链路信息交互的方式可以更好地实现全网的性能最优化。ELB(Explicit Load Balancing)路由算法采取了链路信息动态交互的方式。在该算法中，邻近的卫星显式地交换队列使用状况以表示其目前的传输拥塞状况，即将发生拥塞的卫星主动要求其邻近卫星减少数据转发速率，而邻近卫星也寻找拥塞程度较低的路径作为备份路径进行传输。虽然 ELB 路由算法能够在低负载的情况下有效降低丢包率，但当网络较为拥塞时，该算法会产生大量的反馈信号，反而导致了网络性能的进一步恶化。

4）基于历史信息和基于预测的路由

在卫星网络中，链路的利用率也可以作为历史信息作为当前路由选择的依据。例如，PAR(Priority based Adaptive Routing)算法根据链路利用率的历史信息和当前缓冲队列的大小，选择最小跳数路径，并计算二维网格网络中横(dirx)、纵(diry)两个方向不同路由的优先级度量(u)，并选择具有较小 u 值的方向作为初始方向。

此外，网络中的拥塞信息也可以作为预测信息来更新网络的路由决定。例如，CPQA(Congestion-Prediction-based QoS-Aware routing)算法标定所覆盖的地面网络中可能产生拥塞的区域作为拥塞区域，当卫星即将经过该区域时，该卫星通知相邻的卫星根据流量等级修改流量的转发路径，将低 QoS 需求的流量绕过该卫星，从而降低了流量拥塞情况发生的概率。类似的基于预测的路由算法还包括具有流量预测的分布式路由算法 TPDRA 算法(Distributed Routir Algorithm with Traffic Prediction)等。

5）基于代理的路由

近些年,基于代理(Agent)的思想也被引入到卫星网络路由协议中,该类协议主要通过代理来收集网络的延时和拥塞信息,从而计算最优的路由路径。例如,基于代理的负载平衡路由算法 ALBR 使用两种类型的代理(静态代理和移动代理)来收集信息。其中,静态代理负责周期性地评估链路代价和计算路由表,而移动代理随机选择最远目的节点执行路径发现过程。实验结果显示,ALBR 比 ELB 能够实现更好的流量平衡性能,并保证网络在高负载情形下具有更高的吞吐量和更低的丢包率。基于 Agent 的路由算法还有基于 Agent 的分布式流量预测路由算法 TPARA(Agent-based distributed Routing Algorithm with Traffic Prediction)算法,分布式多路径多 Agent 路由算法 MASMR(distributed Multipath Routing strategy combined with Multi-Agent System)等。

6）多播路由

当前的多播路由算法主要分为两类:基于核心树(Core-Based Trees,CBT)的多播路由算法和基于源树(Source-Based Trees,SBT)或共享树(Shared Tree,ST)的多播路由算法。其中基于核心树的多播路由算法主要针对多播成员较多的情况,它选择一个或多个节点作为核心节点,所有需要发送数据的节点首先将数据发送给该核心节点,然后由核心节点以多播的方式发送给其他多播成员。而基于源树的多播路由算法主要针对多播成员较少的情况,它为每个需要发送数据的节点都构建一棵以该节点为根的多播树,该树中流量只从根节点流向所有叶节点和中间节点。在现有的卫星网络多播路由算法中,基于核心簇组合的共享树(Core-cluster Combination-based Shared Tree,CCST)算法、加权 CCST(w-CCST)算法以及基于直线 Steiner 树的多播路由算法均为基于核心树的多播路由算法,而多播路由算法(Multicast Routing Algorithm,MRA)则属于基于源树的多播路由算法。

3. 快照路由算法

在卫星网络领域,快照和快照切换的概念首次由 Werner 提出,然后由 Fischer 进行了严格的定义。在快照路由算法中,基础的网络拓扑采用有向图 $G_i=(V_i,E_i)$ 表示,其中,节点集合 V_i 表示网络节点(包括卫星节点和地面站节点),边集合 E_i 包含所有的上下行链路和星间链路。二元组 (t_i,G_i) 表示卫星网络在时间间隔 $[t_i,t_{i+1}]$ 的拓扑,即为一个快照。当时间为 t_{i+1} 时,网络拓扑变化为 G_{i+1},因此所有卫星的路由表在 t_{i+1} 时刻同时切换为快照 (t_{i+1},G_{i+1}) 对应的路由表。相对于动态路由算法而言,该算法具有简单性和稳定性的优势,降低了网络的收敛时间和开销。

通常,快照路由算法将预先计算好的各个快照的路由表统一上传到卫星节点中,但由于不同卫星节点上存储的路由表都应该是以该节点为根节点的最短路径树,如果上传计算完成的路由表,则需要上传给不同的卫星节点,这增加了快照更新和计算的复杂性。并且,将所有路由表同时上传到各个卫星,也会导致大量星地链路带宽和星上存储空间的浪费。因此,研究人员提出上传各个快照中卫星网络拓扑的邻接矩阵来解决该问题。同样,可采用上传邻接矩阵的方法来更新快照路由,并进一步描述一个更加详细的、具有很高更新效能的快照路由实现模型。

如图 12-10 所示,星上快照路由表分为两部分:卫星与地面站路由表和地面终端路由表。卫星与地面站路由表是基于地面网络操作与控制中心(Network Operation & Control Center,NOCC)预先上传的邻接矩阵,在卫星中提前计算生成的;而地面终端路由表则是在地面终端接入卫星时或所覆盖终端需要与远程终端建立连接时,在卫星中临时创建的。

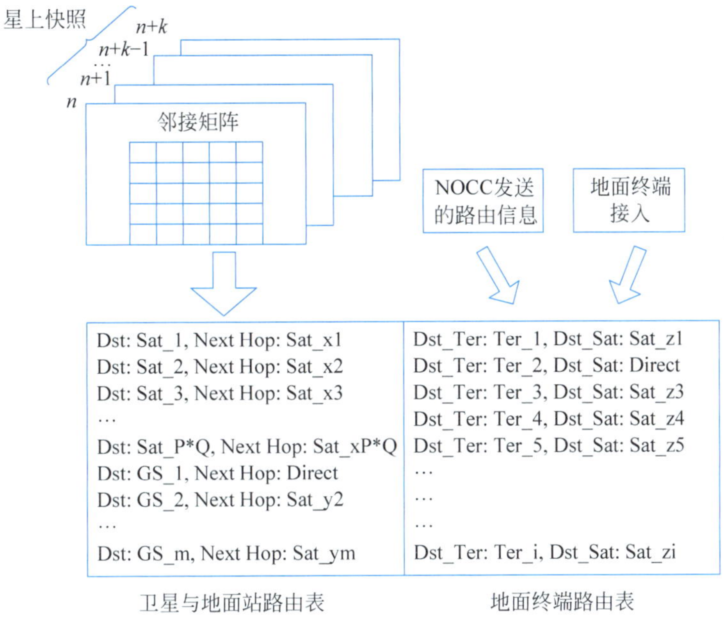
星上快照
n+k
n+k−1
…
n+1
n
邻接矩阵
NOCC发送的路由信息
地面终端接入
Dst: Sat_1, Next Hop: Sat_x1
Dst: Sat_2, Next Hop: Sat_x2
Dst: Sat_3, Next Hop: Sat_x3
…
Dst: Sat_P*Q, Next Hop: Sat_xP*Q
Dst: GS_1, Next Hop: Direct
Dst: GS_2, Next Hop: Sat_y2
…
Dst: GS_m, Next Hop: Sat_ym
Dst_Ter: Ter_1, Dst_Sat: Sat_z1
Dst_Ter: Ter_2, Dst_Sat: Direct
Dst_Ter: Ter_3, Dst_Sat: Sat_z3
Dst_Ter: Ter_4, Dst_Sat: Sat_z4
Dst_Ter: Ter_5, Dst_Sat: Sat_z5
…
…
…
Dst_Ter: Ter_i, Dst_Sat: Sat_zi
卫星与地面站路由表
地面终端路由表

图 12-10 卫星节点中的快照路由表模型

1）卫星与地面站路由表

由于卫星网络拓扑变化的可预测性，各个卫星可根据星上预存的邻接矩阵（Adjacent Matrixes，AM）来计算路由表中的可预测部分。通过星上统一存储邻接矩阵，各个卫星之间本该不同的路由更新操作变得一致，同时还可以采用并行处理来缩短更新延时。当感知到不可预测拓扑变化后，NOCC 仅仅将对邻接矩阵的统一修改（即邻接矩阵中发生变化的特定单元，类似于链路状态通知）上传到所有受影响的卫星，以降低路由更新操作的传输开销。通告邻接矩阵变化的消息格式如图 12-11 所示。

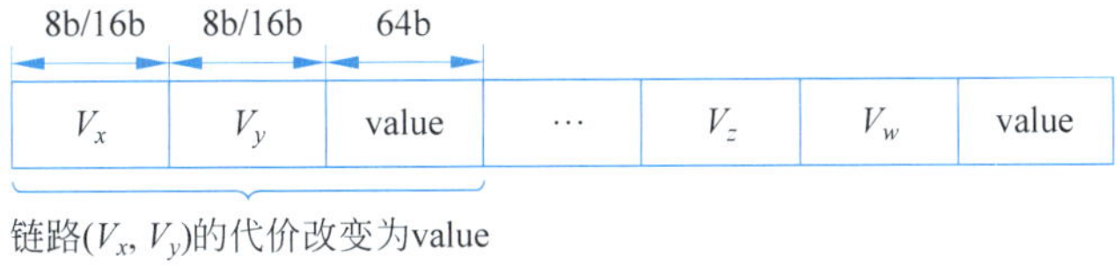
8b/16b
8b/16b
64b
V_x
V_y
value
…
V_z
V_w
value
链路(V_x, V_y)的代价改变为value

图 12-11 邻接矩阵变化的消息格式

邻接矩阵中每个单元的值表示节点间链路的连通关系和/或链路代价，这取决于采用何种路由算法，如最小延时路由（LDR）算法、最小跳数路由（LHR）算法。有研究人员在 3 种典型的卫星星座（铱星系统、全球星系统和 LEO48 系统）中比较了这两种路由算法。虽然与最小延时路由相比，最小跳数路由不仅可以避免前者较多的路径切换，还可以获得与前者类似的延时性能。但随着网络拓扑的不断变化，星间链路延时也在不断变化，由此导致较多的最短路径其实是不断变化的，所以最小延时路由能比最小跳数路由更细粒度地反映网络拓扑的变化。因此，采用 LDR 方法来实现所描述的快照路由算法。

例如，在铱星系统中，AM[Sat1][Sat2]=0.013 455 表示卫星 Sat1 和 Sat2 之间存在星间链路互连，并且星间链路的延时代价为 13.455ms；而 AM[Sat1][Sat2]=0 则表示卫星 Sat1 和 Sat2 之间不存在星间链路。

2）地面终端路由表

由于地面终端的数目非常大，地面终端的路由表项采用按需构建的方法，并于切换发生之前或会话结束之前临时性地存储于卫星上。当卫星-终端切换发生时或会话结束后,该路由表项即被更新或删除。每个表项包含目的终端ID和当前覆盖该目的终端的目的卫星ID。在通过卫星互连的地面网络中,卫星即是地面网络的入口和出口路由器,终端-终端间的数据分组将根据覆盖目的终端的卫星ID进行路由,而这部分路由信息则是存储在卫星与地面站路由表中的。

12.2.4 软件定义卫星网络

在软件定义无线网络出现以来,学术界提出了很多基于软件定义思想的应用框架,有研究人员提出了软件定义蜂窝网络体系结构,并对可编程的蜂窝核心网络控制平面进行了里程碑式的前瞻性设计,并分析了该软件定义网络思想对于解决现有蜂窝网络面临问题的优越性。同样,有研究人员也提出了采用软件定义思想来重构蜂窝网络的基础网络结构——SoftRAN。采用软件定义网络的集中控制思想不仅可解决无线访问网络的频谱规划未能达到最优化的问题,还可以实现负载均衡、干扰管理、最大化网络吞吐量、链路利用率等目标。在卫星网络领域,类似的基于软件定义网络的集中控制方案同样具有很强的性能优化能力。

软件定义卫星网络的体系结构如图12-12所示。将网络操作与控制中心(NOCC)作为软件定义网络的应用层,运行路由计算和策略制定的应用;地面站作为控制器,解析应用层的命令并向卫星发送简单的配置指令,如Openflow协议中的Flow Table;而卫星作为简单的网络节点,主要负责报文转发、与地面终端和其他卫星系统通过点波束直接交互等。软件定义卫星网络通过星间链路发布快照路由和配置指令,实现快速、灵活、全局、细粒度和可扩展的卫星网络路由与资源配置优化。

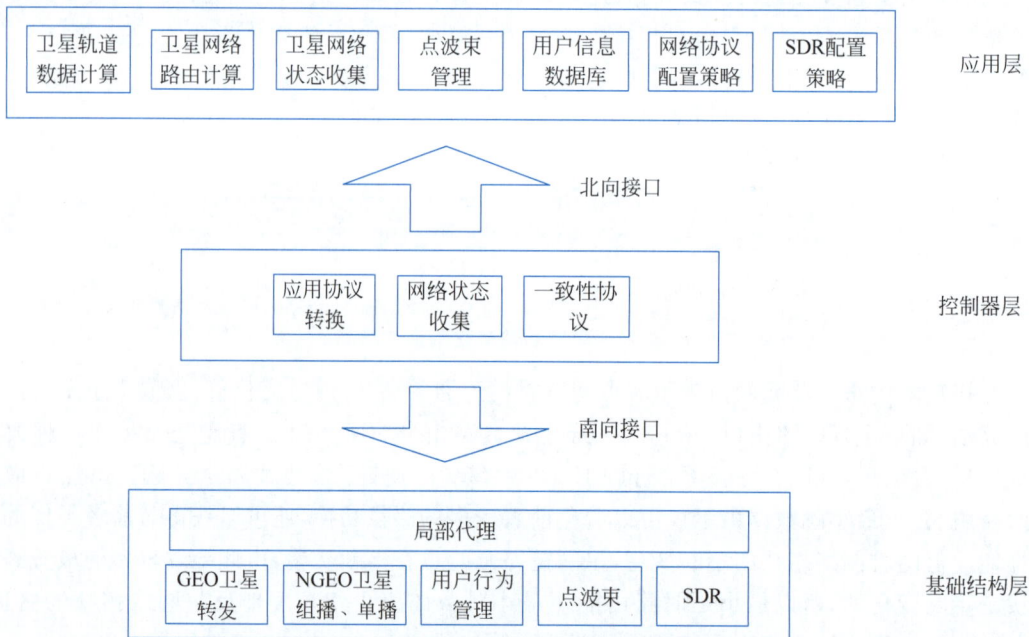

图 12-12　SDSN 体系结构示意图

1. 软件定义卫星网络体系结构

如图12-13所示,提出了GEO卫星层间链路广播、单层星间链路转发以及二者混合的体系结构。

当卫星系统不存在GEO卫星时,SDSN体系结构则采用单层星间链路转发的方式实现对

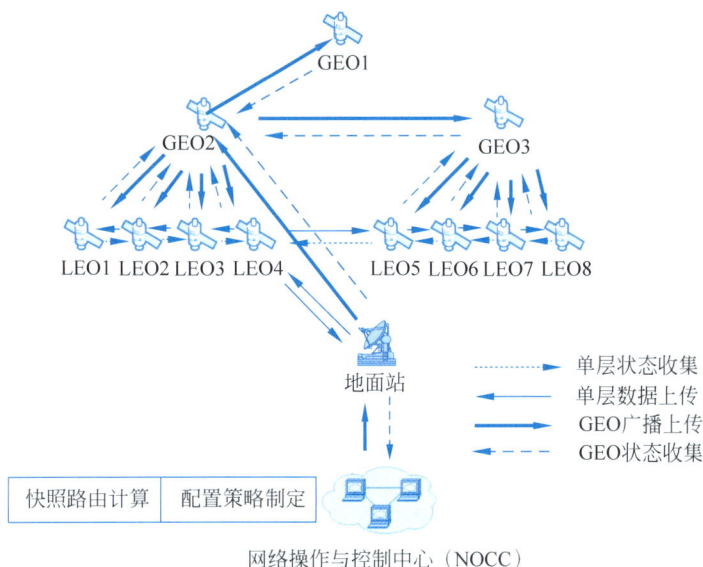

图 12-13　GEO 卫星层间链路广播和单层星间链路转发的混合结构

卫星网络的高效控制。然而,由于中/低轨道卫星不断地绕轨道运动,星间链路的长度和连通性也不断变化,导致配置更新的延时很不稳定,这让 NOCC 很难精确地决定何时进行全网新路由表和配置的切换。为了尽可能地减少更新延时和网络更新开销,可以采用多播的方法进行高效路由和配置策略更新。该多播信息可包含在当前所使用路由表的快照中,也可以采用源路由的方式在更新分组中指定,具体方式可根据应用需求来选择。

当卫星系统中包含 GEO 卫星和层间链路,并提供离地面一定高度(如 300km)以上的全球覆盖时,可采用 GEO 卫星层间链路广播的结构提高卫星网络控制的实时性和灵活性。在该结构中,首先将快照路由表和软硬件资源配置策略上传到 GEO 卫星,再由 GEO 卫星中转到相邻的 GEO 卫星或直接下传到各个中/低轨道的卫星。同时,每颗中/低轨道卫星中的局部代理继续收集卫星和链路状态信息,如链路通断信息、剩余缓冲容量、剩余链路带宽、能量状态和载荷运转状态,发送给头顶上的 GEO 卫星,而 GEO 卫星通过相邻的 GEO 卫星中转后将该状态信息发送到地面站,所有信息最终都将由地面站汇集于 NOCC 以进行下一步的计算。虽然 GEO 卫星层间链路广播结构会受到 GEO 卫星星地链路延时长、误码率高的影响,但这可以通过大容量缓冲、先进的星地链路调制编码技术、消息确认和异常处理机制来予以消除。然而,该类结构仍然存在一些弊端,例如,当只针对单颗或少数卫星进行路由和配置更新时,GEO 卫星的广播属性将对其余卫星造成不必要的干扰,并浪费大量的链路带宽资源。

因此,当 GEO 卫星和单层卫星网络同时存在时,GEO 卫星层间链路广播结构和单层星间链路转发的混合结构将是最优选择,其中,GEO 卫星广播主要用于大范围的更新,而单层星间链路转发用于小范围的更新。该新型的混合体系结构大大提升了传统卫星系统的更新速度,同时也可减少地面站数目。

与地面的软件定义网络类似,软件定义卫星网络体系结构同样分为 3 部分:应用层、控制器层和基础结构层,以下分别对各层的设计进行介绍。

1) 网络操作与控制中心:应用层

NOCC 作为软件定义网络的应用层,主要负责根据可预测的卫星轨道数据和收集的网络状态信息计算卫星网络路由,以及制定新的软硬件配置策略,如协议选择、无线设备配置和点波束配置等。为了降低拓扑动态性对路由收敛时间和稳定性造成的影响,SDSN 体系结构以快照路由算法为基础进行构建。因此,网络操作与控制中心需要结合卫星轨道离线计算单元,以及当前的网络状态信息,如链路流量、网络拥塞状况等,计算整个卫星网络的快照路由,并根据需要上传到卫星网络进行更新。

为了向用户提供更为灵活、细粒度的网络服务,如用户访问控制、流量计费以及移动切换等,网络操作与控制中心需要对用户信息建立数据库,并根据用户的请求以及网络监测的结果实时更新数据库,才能对其行为进行细粒度的管理。各个卫星的点波束方向、能量分配同样需要网络操作与控制中心进行集中控制,才能做到资源的全局最优化分配,这对于提高全球覆盖的卫星通信网络的网络容量和服务质量具有重要的意义。并且,为了兼容不同的卫星系统和不断变化发展的地面网络通信技术,网络操作与控制中心还需要维护现有卫星的软件定义无线电配置策略和网络协议配置策略,并根据需要进行重配置和更新。

2)地面站:控制器层

地面站作为软件定义网络中的控制器,负责接收 NOCC 发来的应用层配置策略,并转换为下层基础结构(即卫星)可以识别的数据结构。由此可见,下层的基础结构的设计与实现变得非常简单;而对于控制器而言,为了解析各类协议和配置策略,支持外部应用的可编程性以及与下层基础结构的开放式接口,控制器的内部实现可能会非常复杂。另外,地面站还监测各个卫星的轨道信息以及接收卫星发回的网络状态信息,传送给 NOCC 进行处理。通常,为了降低控制器的单点失效故障带来的影响,会设置多个地面站作为控制器,因此多个控制器之间还需要运行一致性协议以保证网络状态视图和数据的一致性。

3)卫星:基础结构层

在传统卫星系统中,卫星是最复杂和昂贵的部件,而在 SDSN 体系结构中,卫星却是最简单的网络设备,它接收地面站发送的路由表信息、用户管理策略、点波束和软件定义无线电配置策略,对星上的快照路由表、用户管理信息进行更新以及重配置软硬件资源,实现 NOCC 对卫星网络的部署。与此同时,卫星需要将自身的状态信息与网络的状态信息通过地面站回传给 NOCC,为 NOCC 提供全局的网络视图。简单的功能设计有效降低了卫星的设计、生产成本和管理复杂度,同时也提高了卫星网络的灵活性与可控性。

2. SDSN 存在的优势

SDSN 技术可以解决当前的蜂窝数据网络面临的很多问题,并提供多用户支持、频繁移动、细粒度测量控制和实时适应支持等能力。同样,软件定义卫星网络技术也具有下述几方面的优势。

1)自适应路由算法的灵活性与可控性的折中

当前的卫星网络通常采用上述的快照路由等静态路由方式,以保证卫星网络的可靠性和可控性,但传统体系结构中的静态路由过于呆板,流量均衡、节点失效处理、网络可扩展性等需求均不能得到实时有效的满足。而大量研究中提出的动态路由算法则采用分布式的链路状态收集方法和路由计算方法,虽然能够对网络流量变化和链路失效等状态进行自适应快速调整,但此类方法降低了地面控制中心对卫星网络的控制能力,难以获取全局的网络视图,也无法根据不断变化和更新的需求给出最优的路由选择和配置策略。

采用 SDSN 的体系结构可以有效地解决这个问题,该体系结构采用数据平面与控制平面分离的思想,集中式的控制结构和实时全局网络状态获取可以对卫星网络进行细粒度的管控,同时也可以根据网络流量状态、用户需求等实时调整卫星网络的路由选择和配置策略,大大加强了卫星网络快照路由算法的灵活性。

2）快速部署和更新卫星网络配置策略

随着空间应用的多样化发展，星载设备的数量和复杂度也逐步增加，与地面网络类似，修改卫星网络的路由配置和其他设备的配置策略是一件较为复杂的事情。而软件定义网络的集中控制属性简化和标准化了卫星节点的处理功能，将复杂的网络控制功能集中于控制器层和应用层，有效简化了配置策略更新的复杂度。上层应用根据收集的网络状态进行路由计算及策略规划，然后将结果交由控制器进行策略信息的转换并上传给卫星节点。新的路由和配置策略同样通过该星间链路在卫星网络中有针对性地多播或广播，实时响应网络状态变化，达到网络效能和利用率的最大化。

3）提供灵活、细粒度、可扩展的网络控制

在 SDSN 体系结构中，由于上层应用掌握了全局的实时网络视图，此时的路由计算及其他策略规划可更加实时地反映网络状态的变化，如多播路由规划、节点失效处理以及通过流量工程均衡卫星网络的流量分布等。

在以往的卫星网络中，低效的控制结构和较为固定的路由策略无法支持更加细粒度的管理策略和不断变化的用户需求，但 SDSN 可以在集中式的路由规划中对特定的用户管理策略进行设计，这对于卫星网络的访问控制策略、用户通信计费以及用户漫游等均有帮助。

此外，一旦网络需要扩展，除添加必要的卫星节点外，集中控制的网络管理方式可以方便地修改网络整体的配置策略，从而快速接纳新的卫星节点。

4）协作覆盖与干扰避免

与具体的用户控制策略一样，卫星之间的协作以及资源共享同样值得关注。如图 12-14 所示，当卫星接近人口密集的地区时，卫星可以调整波束形状，将有限的能量集中于更小的范围以满足该波束内的用户需求，这时卫星的总覆盖面积会减小。为了继续保持卫星网络的全球覆盖特性，则需要联合周围的卫星进行协助覆盖。此时，如果采用传统的控制结构会导致较大的时间开销，采用分布式的自适应协作方法会导致该区域卫星过多的信息交换；而采用 SDSN 体系结构，卫星之间只需要同 NOCC 进行交互即可实现整个网络的覆盖调整和干扰避免。

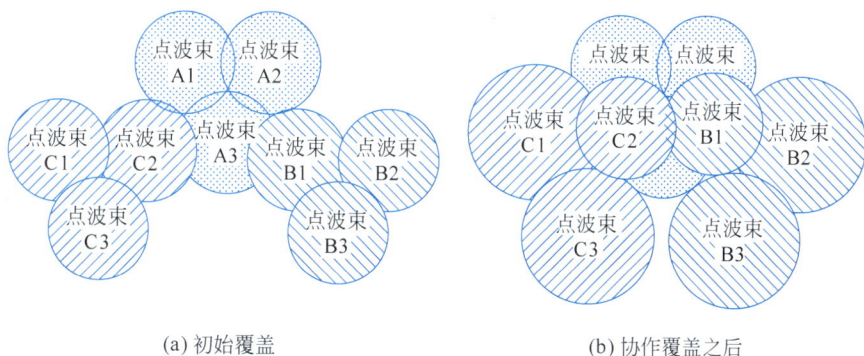

(a) 初始覆盖　　　　　　　　　　(b) 协作覆盖之后

图 12-14　卫星协作覆盖域与干扰避免

5）卫星系统具有更好的兼容性

目前，软件定义无线电技术已经在卫星载荷上使用。其硬件可编程性为多模操作、无线配置、远程升级和新服务应用提供了更加灵活的解决方案，并且无须进行硬件更新。软件定义无线电技术主要提供物理层的可编程性，与软件定义网络技术相结合，整个卫星系统便能够提供从物理层到网络层的可编程性和灵活性。这样，未来的卫星网络系统就能够与更多的异构卫星网络系统和终端互连，同时也保持了很好的向后兼容性。

6）卫星系统成本更低

新的体系结构还可以降低系统成本。在 SDSN 中,卫星可设计为仅包含简单的转发和配置更新组件,而所有的控制逻辑都在地面实现。在现有的卫星通信节点模型化设计基础上,通过使用地面成熟的软件定义网络技术,卫星设计将更加简单,而生产成本则可以大大降低。同时,新型的具有星间链路转发和 GEO 卫星广播的体系结构需要地面站的数目更少,同样也减少了总体系统成本。

12.3 UAV 网络

无人机(UAV)是一项新兴技术,可用于军事、公共和民用领域。无人机的军事用途已有25 年以上的历史,主要包括边境监视、侦察和打击。公共用途则由警察、公共安全和交通管理部门等机构使用。无人机可以及时发出灾难警报,并在公共通信网络瘫痪时协助加快救援和恢复速度。它们可以向人员或车辆无法进入的地区运送医疗用品。在毒气泄漏、野火和野生动物追踪等情况下,无人机可用于快速包围大片区域,而不会危及相关人员的安全。

无人机有各种尺寸。大型无人机可单独用于执行任务,而小型无人机可编队或成群使用。事实证明,后者在民用领域非常有用。在不久的将来,它们很可能成为公安消防和其他国土安全机构行动中的重要工具。此外,电子和传感器技术的进步拓宽了无人机网络的应用范围,包括交通监控、风力估测和遥感等多种应用。

尽管前景广阔,但这一领域相对较新,探索较少。在有效利用无人机提供稳定可靠的特定环境网络之前,还有许多问题需要解决。虽然它有望提高能力和容量,但在无人机之间建立和保持可靠通信面临着巨大挑战。

12.3.1 无人机网络

无人机网络的各组成部分都面临亟待解决的挑战性问题。特别是,与许多其他无线网络不同,无人机网络的拓扑结构是不固定的,邻接节点和链路的数量会发生变化,节点的相对位置也会改变。无人机可能会根据任务以不同的速度移动,这将导致链路时断时续。无人机网络的这种行为特性会带来哪些挑战?首先,架构设计的某些方面并不直观。多变的拓扑结构、移动的节点和难以预估的链路等对设计者提出了挑战,要求超越普通的特设网状网络。其次,路由协议不能简单地执行主动或被动方案。当无人机出现故障时,无人机之间的主干网必须能够重组优化。甚至,在某些情况下,网络可能会被物理分割。因此,挑战在于如何在优化所选指标的同时,将数据包从源头路由转发到目的地。最后一个挑战是如何将用户会话从停止服务的无人机无缝转移到激活的无人机,从而维持原用户会话。最后,还需要为电力不足的无人机节约能源,以延长网络的使用寿命。

1. 无人机网络特点

开发完全自主和协作的多无人机系统需要强大的无人机间通信。目前,还没有足够深入的研究可以确定哪种设计方案最有效。无人机网络有许多方面没有准确定义,澄清这些方面将有助于确定无人机网络的特征。

1）基于基础设施还是特设网络

根据不同的应用场景,无人机网络可能包括静止、缓慢移动或高度移动的节点。许多应用要求无人机节点充当空中基站,为某个区域提供通信覆盖。因此,与 MANET 和 VANET 特设网络不同,无人机网络在这些应用中的表现更像是基于基础设施的网络。无人机可以相互通信,也可以与控制中心通信。这种网络类似于以无人机为基站的固定无线网络,只是无人机是空中的。不过,还有一类应用是节点高度移动,以临时方式进行通信、合作和动态建立网络。在这种情况下,应动态地确定拓扑结构,并决定参与传输数据的节点。影响基于基础设施的无人机网络和无人机临时网络的因素很多。例如,节点出现故障或电力耗尽,或需要用新节点替换等。

2)服务器还是客户端

在车载网络中,它们通常是客户端,而在移动临时网络中,它们大多数时候是客户端,也有可能为其他客户端的数据提供转发服务。在无人机网络中,无人机节点通常是服务器,要么为客户端转发数据包,要么向控制中心传送传感器数据。

3)星状还是网状

用于通信应用的无人机网络结构仍是一个有待研究的领域。最简单的配置是单架无人机连接到地面通信和控制中心。在多无人机环境下,常见拓扑结构有星状、网状和分层网状。在星状拓扑结构中,所有无人机都将直接连接到一个或多个地面节点,无人机之间的所有通信都将通过地面节点进行。这可能会导致链路阻塞、延迟增加并需要更昂贵的高带宽下行链路。此外,由于节点是移动的,因此可能需要可转向天线来保持对地面节点的定向。多星型拓扑结构与此十分相似,只是无人机将分成多组星状结构,每组中的一个节点连接到地面站。

星状拓扑的延迟较高,因为下行链路长度大于无人机之间的距离,而且所有通信都必须通过地面控制中心。此外,如果地面控制中心发生故障,那么无人机之间也无法通信。不过,在大多数民用应用中,正常操作并不要求无人机之间的通信通过地面节点。这种结构可减少下行链路带宽需求,并缩短无人机之间的链路而改善延迟。在网状网络中,无人机相互连接,少量无人机可连接到控制中心。

传统网络技术无法满足无人机网络的需求。网状网络适用于民用领域。通常情况下,无线电设备上存在多个链接,信道之间存在干扰,传输功率因功率限制而发生变化,节点数量发生变化,拓扑结构、地形和天气影响发生变化,也会影响无线链路的信号质量。在特设网络中,节点可能会移动,编队可能会中断,因此链路可能会时断时续。经过适当地调整无线网状网络可以解决其中一些问题。为了解决这些问题,网络必须具有自愈能力,能够围绕断开的路径进行持续连接和重新配置。

与星状网络相比,网状网络更加灵活可靠,性能更优。在网状网络中,节点是相互连接的,通常可通过多条链路通信。数据包可以通过中间节点,以多跳的方式从任何来源到达任何目的地。全连接的无线网络具有安全可靠的优势。这种网络可以使用路由或泛洪技术转发信息。路由协议应确保通过中间节点将数据包从源正确转发到目的地。路由策略有多种,路由协议应选择符合可到达目标的路由。路由设备可自行组织起来,创建一个特设骨干网状结构,通过多跳方式在覆盖范围内传输用户信息。

此外,它们还可以路由来自通信和控制中心的数据包,并将其发送给应急操作员或人员,反之亦然。控制中心可以处理数据以提取信息,为应急决策提供支持。由于上述无人机节点的特殊性,现有的网络路由算法,如 BABEL 或优化链路状态路由(OLSR)协议,可能无法提供可靠的通信。

4)易发生延迟和中断的网络

所有无线移动网络都容易出现链路中断。无人机网络也不例外。链路中断的频率取决于无人机的移动性、传输功率、无人机之间的距离和外部信号干扰等。在无人机为某一区域提供通信覆盖的应用场景中,无人机是缓慢盘旋的,因此发生中断的概率较低。在环境探测等需要无人机快速移动的应用场景中,出现中断的可能性较高。数据传输延迟的原因可能是链路质量差,也可能是一个或多个无人机节点因邻接链路不可用而临时缓存了数据。

2. FANET 网络拓扑

无人机自组网根据无人机节点的类型分为二维同构(如图 12-15 所示)与三维异构(如图 12-16 所示)两种分簇网络。当无人机节点在性能上没有明显差异时,可以分为簇首、簇成员、网关 3 类节点进行组网。网关负责簇之间的路由转发,簇首负责对簇内各节点进行控制。簇首与网关可分别由不同节点担任。这种组网方式形式简单、操作迅速、频带利用率高。但是,该种网络易存在资源受限问题,当网络规模扩大、节点数量增加时会出现信道间的串扰,当簇半径相似时影响更加明显。

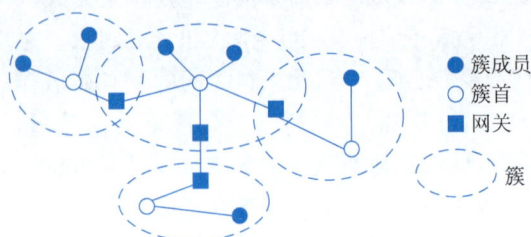

图 12-15　二维同构无人机自组网　　　　图 12-16　三维异构无人机自组网

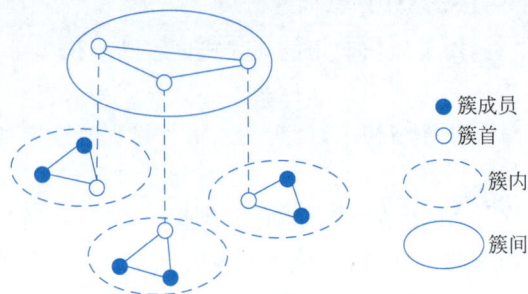

当无人机节点的性能与作用不同时,无人机自组网可以分为多层。簇内多成员的任务简单,能量消耗较小。簇首负责簇内的管理,维护路由,进行报文转发,消耗能量大,同时通信覆盖范围也更广。该种网络适用于大规模无人机自组网,相比于二维同构网络,可扩展性更强,可以承担更复杂的任务,处理更多的数据。由于簇首节点的能量消耗较快,因此网络寿命可能较短。簇首的选择也会随着节点状态与网络结构变化,任何节点都可以成为簇首。

FANET 具有无人机节点移动速度范围大、网络拓扑变化频繁、通信链路不稳定等特点。同时,节点高速移动和拓扑频繁变化对网络分簇的效率与速度也提出了挑战。基于强化学习的分簇算法,可以综合考虑节点的移动性、剩余能量和通信链路的可用性等特点,使节点能够快速选择较为合适的分簇形式。通过不断试错和学习的过程,使 FANET 中的无人机节点能够自主适应网络环境的变化,从而提升整个网络的性能。因此,深度强化学习方法是未来研究的一大热点。强化学习的过程涉及 Agent(智能体、机器人、代理)、Environment(环境)、State(状态)、Action(行动)、Reward(奖励)等方面。代理通过采取行动从环境中获取奖励,并记录下状态。根据不同状态下采取的行动获得的奖励进行学习,使得代理能够根据状态自动选择奖励最高的行动,从而达到自适应的效果。但强化学习也面临着挑战。无人机节点能量有限,这对强化学习算法的能量消耗提出了要求,同时,无线传输特性可能导致信号碰撞和噪声干扰等问题,这也对强化学习算法的执行产生了影响。

12.3.2　软件定义无人机集群分簇控制

SDN 的特征是解耦的数据平面和控制平面,以及逻辑集中的控制平面。控制平面的一个关键设计选择是控制器的放置,这将从延迟、弹性、能源效率、负载平衡等方面影响网络性能。在大规模无人机集群中,确定控制器的数量和位置,以及控制器与交换机之间的映射关系,对于优化网络性能和保障网络可靠性至关重要。

1. 启发式算法

多控制器 SDN 的控制器放置问题是一个组合优化问题,具有较高的复杂度。传统的求解方法如穷举法、回溯法等难以在合理的时间内找到最优解,因此需要借助启发式算法来加速求解过程。本节以启发式算法为目标讨论 SDN 中 CPP 的工作,如表 12-2 所示。

表 12-2 启发式算法

方　法	问　题	算法参数	衡量指标	算　法
无线网络控制器放置	寻找控制器位置、控制器-交换机映射	传播延迟、链路故障概率、透明度、吞吐量	参数加权和	模拟退火算法
SDN 中增强型多控制器最优配置	寻找控制器数量、位置	流安装时间、平均延迟、吞吐量	流安装时间、平均延迟、吞吐量	帕累托集成禁忌搜索
面向鲁棒软件定义网络的控制器放置	单链路失效下控制器放置	单节点故障、链路故障下网络拓扑	控制器位置、网络状态延迟、最差情况延迟分布、运行时间、成本效益比率	贪心放置算法
一种用于安全的稳健 SDN 控制器放置的有效方法	多链路失效下控制器放置	多链路故障网络拓扑	生存概率、成本效益比、运行时间、最坏情况延迟分布、网络状态、有限容量控制器的位置、无限容量控制器的位置	贪心算法与蒙特卡罗仿真
基于网络成本优化的 SDN 容量控制器部署	基于容量的控制器放置	网络响应时间和控制器成本的加权和	网络成本	贪心算法
SDN 中基于流量引力的控制器放置算法	寻找控制器位置	节点的度、节点转发的总流量	交换机与控制器之间的平均延迟和最差延迟	标签传播算法

1) 模拟退火算法

在多控制器的 SDN 中,根据控制平面和数据平面之间的无线介质的复杂性,考虑了一种 SDN 架构,其中控制器通过基于 CSMA 协议的 Wi-Fi 通道与数据平面的 AP(Access Points)通信,研究无线控制平面的效率,并以延迟、链路失效概率和数据平面延迟 3 项指标的加权和作为评价指标,提出了一种目标函数。通过使用退火模拟算法,计算控制器的位置与相应分配的无人机节点。根据结果,可以发现数据平面 AP 的聚类及其对控制器的分配与地理距离没有显著关系,因为到最近控制器的链路可能具有较低的信噪比,AP 可能被分配到较远的控制器。同时,增加控制器的数量也并不一定能提高性能。在有线网络中,靠近控制器可降低延迟并提高性能。而在无线网络中,这会在数据平面上增加更多干扰,并可能增加数据平面延迟。

2) 帕累托集成禁忌搜索

多控制器 SDN 的控制器放置问题还受到一些约束条件的限制,如控制器的管理范围、无人机的连接关系等。启发式算法可以通过约束条件的引入,保证求解的结果满足实际需求。在确定控制器数量的条件下,使用帕累托集成禁忌搜索(Pareto Integrated Tabu Search,PITS),以控制器的初始位置作为初始条件,通过不断在邻域内搜索位置使得交换机与控制器的距离缩短,从而减少控制器与无人机节点之间的延迟。在 Mininet 仿真环境下,该方法在流安装时间、平均延迟、吞吐量 3 项指标上,均优于模拟退火算法,并且该方法通过设计迁移算法可以适用于故障后的网络恢复,在降低流安装时间与平均延迟上也有出色表现。

3) 贪心放置算法

在链路故障方面,控制器可以根据实时收集的网络状态信息,动态调整路由策略或控制器位置,避免故障区域的流量绕行,提高网络的可用性和恢复速度。考虑了在单链路失效的情况下控制器的位置,使用贪心放置算法(Greedy Placement Algorithm,GPA)来减少计算开销,通过迭代,每一轮都在特定节点上放置一个控制器,以最小化最坏情况下的延迟。经过数次迭代,每次基于贪心方法放置一个控制器,形成最终的放置方案。结果表明,由最优放置算法(Optimal Placement Algorithm,OPA)计算的控制器放置方案具有最小的网络状态延迟,但花费的时间更多。GPA 的运行时间比 OPA 有很大程度的减少,但没有太多的性能下降。随着控制器数量的增加,OPA 与 GPA 之间的网络状态延迟偏差逐渐减小。但是 GPA 算法并不适用于多链路故障。在 GPA 的基础上将蒙特卡罗仿真与 GPA 相结合,根据链路故障率模拟多链路故障场景,并基于贪心方法迭代地放置控制器,结果表明,GPA 和蒙特卡罗仿真是解决单链路和多链路故障下控制器放置问题的有效和可靠的方法。

考虑无人机的信号传输和处理性能,以及最坏情况下的性能,将网络响应时间(Network Response Time,NRT)定义为交换机的最大控制平面响应时间。然后,为了实现 NRT 和控制器成本之间的权衡,引入了网络成本的概念,将其定义为 NRT 和控制器成本的加权和,并提出了一种两阶段启发式算法来最小化定义的网络成本。具体而言,在第一阶段和第二阶段分别提出了基于最小偏心的控制器部署策略和基于贪心方法的控制器类型匹配算法。从仿真结果可以看出,随着部署控制器数量的增加,网络成本先降低后增加。因此,可以获得提供最小网络成本的部署控制器的最优数量。仿真结果验证了该算法的性能优于先前的算法。

4)标签传播算法

大多数研究将 CPP 视为一个分簇问题,将无人机节点视为具有社区属性的节点。然而,CPP 和传统的社区检测并不完全相同。后者中的节点与邻居具有强连接而与远端节点具有弱连接,这与网络中的转发设备不同。虽然两个网络节点相距很远(不能共享一个控制器),但它们之间可以交换大量的数据流量。因此,除了要考虑网络拓扑本身的性质,还需要增加对流量需求的考虑。标签传播算法重点研究了控制平面的响应性,包括无人机节点和控制器之间的平均延迟和最差延迟,并分两步求解 CPP。第一步通过将网络拓扑划分为多个完全连通的子域,通过一种改进的标签传播算法(Label Propagation Algorithm,LPA)解决控制器数量和映射问题,该算法以节点之间的抽象引力为值函数。在第二步中,利用节点对控制器的抽象引力和基于开放搜索的启发式算法,在每个子域中找到最优的控制器配置位置。通过对比实验证明了该算法的有效性,可以在较少的控制器数量下实现较低的平均延迟和最差延迟,并具有一定的时间复杂度保证。

2. 仿生算法

由于网络规模的不断增大,寻找最优解的工作愈发困难。仿生算法如表 12-3 所示,通过模拟自然界中的生物行为或进化机制,能够在复杂的解空间中有效地搜索,找到接近最优的解,可以较好地解决 CPP 问题。

表 12-3 仿生算法

方　　法	问　　题	算法参数	衡量指标	算　　法
一种新的基于 GSO 的 SDN 控制器布局方法	有限的预算下购买具有更多功率和容量的控制器	控制器数量、控制器容量、无人机节点-控制器传播延迟、控制器间延迟	内存消耗、控制器位置	Garter Snake 优化容量控制器配置问题

方　　法	问　　题	算法参数	衡量指标	算　　法
软件定义的 FANET 中的控制器布局	寻找无人机自组织网络中控制器位置	节点位置	控制节点的最大覆盖率、所需的最小迭代次数	粒子群优化算法
基于改进天鹰优化器的层次化 SDN 多控制器布局策略	寻找控制器位置、无人机节点-控制器映射	设备间延迟、负载	最差传输延迟、最差控制延迟和负载差	天鹰优化器
基于种群的自适应多目标优化在 SDN 控制器中的成本优化	寻找控制器位置	控制器同步成本、控制器处理时间、控制器安装成本	控制器成本、收敛速度、适应率、同步	基于自适应种群的布谷鸟优化算法

1) Garter Snake 优化容量控制器配置问题

虽然大多数关于控制器放置问题(CPP)的研究只考虑了无人机节点-控制器的传播延迟和控制器间的延迟,但是为了降低端到端的延迟,需要考虑控制器的容量。虽然市场上有各种处理速率、端口数量和成本的控制器,但互联网服务提供商需要考虑通过最大限度地利用其网络资源来补偿其需求的负担能力和能力。为了对这一重要问题提出解决方案,考虑了背包 0-1 问题,提出了一种元启发式算法——Garter Snake 优化容量控制器配置问题(Garter Snake Optimization Capacitated Controller Placement Problem,GSOCCPP),通过模拟 Garter Snake,将控制器随机分为 3 种类别并进行配对寻找最佳方案以实现基于容量的控制器放置模型体系结构中的最小端到端延迟。仿真结果表明,该算法除了性能优于 Firefly 算法、粒子群算法和 K-Means++ 等类似的元启发式算法和聚类算法外,还具有最短的执行时间。此外,在不同的网络拓扑结构中,与其他控制器放置算法相比,该方案具有更高的内存效率。

2) 粒子群优化算法

控制器在 SDN 中的位置会影响其与中继节点之间命令的传递,从而决定了通信的质量。该问题可以描述为经典的网络中心定位模型。基于图论的粒子群算法(Particle Swarm Optimization,PSO)根据控制节点的覆盖范围设计了适应度函数,并将其引入粒子群优化算法,得到了一种能够找到控制节点部署位置最优解的方法。同时,为了解决粒子群算法的局部收敛问题,考虑粒子群初始位置的优化问题。PSO 作主语设计了一种极连通子图算法来优化粒子的初始位置。将其与粒子群算法相结合,得到最终的初始位置优化几何中心粒子群优化算法(Geometric Centre PSO advance,GCPSO-ADV)算法。通过大量的随机仿真实验,验证了 GCPSO-ADV 算法明显优于直接粒子群算法(GCPSO)、节点中心算法和直接均值算法,在收敛速度上也明显优于直接 PSO 算法。

3) 天鹰优化器

使用群仿生算法求解 CPP 的总体思路是根据 SDN 的实际需求设计优化目标,构成求解的目标函数,利用搜索算法找到可行的解。基于改进天鹰优化器(Aquila Optimizer,AO)的 CPP 策略。将无人机节点和本地控制器之间的传输延迟和负载利用率限制在一个预设的范围内,并通过 AO 的连续迭代将传输链路从交换机映射到本地控制器。然后,选择与其他本地控制器同步延迟最小的本地控制器作为全局控制器。该策略针对 AO 全局搜索能力弱、寻优精度低、收敛速度慢的缺点,将基于对抗学习(Opposition-Based Learning,OBL)的策略应用于 AO 初始化阶段,提高了 SDN 多控制器初始布置方案的多样性。在全局探索阶段,增加了动态对抗学习,以提高定位方案的多样性,避免丢失更好的定位方案。最后,在局部发展阶段采用高斯游走策略,从各种较好的方案中确定最佳放置方案。仿真实验数据表明,相对于随机、K-Means 和 PSO 算法,给定策略的仿真效果更好。

4)布谷鸟优化算法

因为 SDN 的基本理念是在逻辑上集中网络管理,所以尽管控制器在物理上是分布的,但为所有控制器提供一致的网络状态视图至关重要的。由于网络性能和控制器间同步成本的目标是不同的,部署多个控制器会带来更高的同步和部署成本。解决 CPP 问题时需要考虑许多限制因素,包括成本、时间和可靠性。基于自适应种群的布谷鸟优化算法(Adaptive Population-Based Cuckoo Optimization,APB-CO)实现了一种新的控制器优化配置模型,通过设计适应度函数将多目标优化结合,为每种放置方案设置剩余寿命(Remaining Life Time,RLF),如果当前种群的最优适应增加,即优于先前种群的最优适应,则考虑增加的种群大小。增强主要通过在种群中引入新的个体来增加种群的大小。此外,如果最优适应度没有随着迭代次数的增加而提高,则种群会增长。如果上述标准都不满足,则一定比例的 RLT 值较小的方案将从种群池中分离出来,不断迭代得到最终结果。

仿生算法通常具有较好的鲁棒性,能够处理不确定性和复杂性的问题。在 SDN 网络中,网络拓扑和流量分布可能会发生变化,仿生算法可以通过动态调整控制器的位置和数量,以适应网络的变化,保持网络的稳定性和性能。同时,仿生算法还具有较强的计算能力,可以在较短的时间内处理大规模的问题。在 SDN 控制器放置问题中,需要考虑控制器的数量、位置以及与交换机的映射关系等因素,仿生算法可以通过并行计算等技术,加快求解速度,提高优化效率。

3. 聚类算法

通过聚类算法,可以将复杂的 SDN 控制器放置问题分解为多个较小的子问题,降低问题的复杂度,提高求解效率。同时,聚类算法通过分析网络节点之间的关系,将相似度较高的节点分组,使得控制器可以更加高效地管理和控制网络,进而提高网络的性能。下面以聚类算法为目标讨论 SDN 中 CPP 的工作,如表 12-4 所示。

表 12-4　聚类算法

方　法	问　题	算法参数	衡量指标	算　法
SDN 中控制器放置问题的网络划分和簇融合算法	网络划分问题	初始簇个数、控制器个数	交换机-控制器最差延迟、交换机-控制器平均延迟、全局平均延迟	贪心优化 K-Means 算法
基于 SDN 的多控制器动态配置和基于启发式蚁群算法的计算资源分配	基于延迟和负载优化的控制器放置	控制器间延迟、交换机-控制器延迟、负载均衡	平均传输延迟、负载均衡度	谱聚类算法
一种代价均衡的软件定义网络边缘控制器布局的分簇方法	无线边缘网络中的边缘控制器放置	延迟、同步成本	运行时间、准确性	基于最大熵的分簇算法
利用不相交路径的 SDN 控制器的弹性布局	寻找控制器位置	节点不相交路径、控制器数量	交换机-控制器延迟、网络弹性	分簇算法

1） *K*-Means 算法

由于网络划分问题计算复杂度较高,因此较难寻找全局最优解。GOKA 是一种将 *K*-Means 与贪心算法相结合的新算法。为了最小化广域网(WAN)中的传播延迟,提出了贪心优化 *K*-Means 算法(Greedy Optimized *K*-Means Algorithm,GOKA),将 *K*-Means 算法与贪心算法相结合,主要思想是将网络划分为多个簇,以贪心方式迭代地合并它们,直到控制器数量满足要求,并通过 *K*-Means 算法在每个簇中放置一个控制器。与帕累托模拟退火(Pareto Simulated Annealing,PSA)、自适应细菌觅食优化(Adaptive Bacterial Foraging Optimization,ABFO)、*K*-Means 和 *K*-Means＋＋相比,GOKA 算法具有更好、更稳定的解,可将传播延迟分别降低 83.3％、70.7％、88.6％和 64.5％。此外,GOKA 与最佳解之间的错误率始终小于 10％,保证了算法的精度。

2） 谱聚类算法

在考虑控制器之间的延迟、控制器与交换机之间的延迟以及可靠性之后,根据控制器间延迟、控制器到交换机延迟和负载均衡的优化目标,建立了相应的模型,提出了一种基于改进谱聚类的控制器放置算法。通过考虑网络链路的连通性,解决了基于延迟和负载优化的控制器放置问题。实验结果表明,与现有工作相比,该算法可以有效地平衡网络负载,减少中小型网络中的网络延迟。同时,在大规模网络中,该算法在传播延迟、排队延迟和负载均衡程度上略优于 *K*-Means、SA 和 ECMP 算法,在保证较低的传播延迟和排队延迟的情况下,负载均衡平均提高 18.36％。

3） 分簇算法

有两种新的基于最大熵的分簇算法可用于解决无线边缘网络中的边缘控制器放置(Edge Controller Placement,ECP)问题。这两种算法〔ECP-LL(ECP-Leader-Less)和 ECP-LB(ECP-Leader-Based)〕解决了主要的无引导者和基于引导者的控制器放置拓扑结构问题,并且在网络大小、最大簇数和数据维度方面具有线性计算复杂性。每种算法都试图将控制器放置在靠近边缘节点簇的位置,而不远离其他控制器,以保持同步和延迟代价之间的合理平衡。虽然 ECP 问题可以方便地表示为一个多目标混合整数非线性规划(Mixed Integer Non-Linear Program,MINLP)问题,但该算法在精度和速度方面都优于最先进的 MINLP 求解器 Baron,通过在聚类目标函数中加入香农熵项来避免局部极小值,而大多数 ECP 算法都很容易陷入局部极小值,并且很大程度上依赖于初始化。

解决控制器放置问题的目的是确定控制器的数量和位置,以满足网络业务需求。早期使用 *k*-median 和 *k*-center 算法,选择 *k* 个控制器来最小化传播延迟,而不考虑网络弹性。引入了一个新的节点度量——节点不相交路径(Nodal Disjoint Path,NDP),NDP 度量从给定节点到所有其他节点的路径不连接性。基于 NDP,进而提出了 NDP-global 和 NDP-cluster 两种算法来确定 *k* 个控制器的位置,以提高网络对目标攻击的鲁棒性。评估结果表明,与 NDP-cluster、*k*-median 和 *k*-center 算法相比,采用 NDP-global 算法选择控制器可以在面对基于中心性的攻击和随机故障时提供更好的网络弹性。结果还表明,NDP-cluster 算法具有与 *k*-median 算法相当的延迟性能,并提供更高的网络弹性。

4. 其他算法

下面以其他算法为目标讨论 SDN 中 CPP 的工作,如表 12-5 所示。

表 12-5　其他算法

方　法	问　题	算法参数	衡量指标	算　法
软件定义网络中基于交叉熵的控制器布局最小传播延迟方法	寻找最优控制器位置	节点位置	交换机-控制器平均延迟、交换机-控制器最差延迟、全局延迟	基于交叉熵的控制器放置
基于交叉熵的 SDN 链路故障控制器配置问题研究	故障后场景的最优控制器放置方案	节点到控制器的最坏延迟、链路故障率	最差延迟、计算平均时间、节点到控制器的最坏延迟	基于交叉熵的控制器放置
SDN 中用于控制器放置的节能网络分区	物联网中 SDN 控制器放置	控制器容量	能量节约、控制路径长度、违反服务质量的流量	基于能量感知的控制器放置
软件定义广域网中控制器配置问题的密度算法的负载感知动态控制器放置	寻找最优控制器位置、数量	节点密度、簇内聚集度、簇间分离度	平均传播延迟、最坏情况传播延迟、控制器数量、单个控制器管理的最大交换机数量	基于密度的控制器放置
支持 SDN 的移动云端计算网络中基于深度强化学习	两层架构的支持 SDN 的移动云端计算网络控制平面部署	节点间的传播延迟、无线网络中的传输延迟、有线网络中的传输延迟、服务时间	负载的差异、从移动设备到区域控制器的平均延迟、平均服务时间、平均跳数、平均控制可靠性、从根控制器到区域控制器的平均延迟、从根控制器到区域控制器的控制可靠性	基于深度强化学习的控制器放置

1）基于交叉熵

将 CPP 表述为考虑通信成本和同步成本的整数规划问题。由于交叉熵具有较高的计算复杂度，因此提出了属于随机优化领域的交叉熵概念，它可以对问题空间进行采样，逼近解的分布来求解 CPP。仿真结果表明，该方法可以在不同控制器数量的不同网络规模下实现最小的传播延迟，与最优解的差值小于 5.30%。此外，交叉熵可以保证计算结果的稳定性，误差小于 2%，并且适用于包括大型网络拓扑在内的所有网络规模。

交叉熵概念同样适用于链路故障后 CPP 求解问题。基于交叉熵的链路故障后 CPP 求解方法采用 Halton 序列在保证精度的同时减少链路故障模拟的计算开销。比较基于交叉熵的控制器放置、优化的控制器放置和基于贪心算法的控制器放置 3 种方法的最坏情况延迟，结果表明，与基于贪心算法的控制器放置方法相比，基于交叉熵的控制器放置方法可将最坏情况延迟降低 27%。此外，无论网络规模或控制器数量如何变化，所提方法都能找到最优的控制器布置方案，与最优解相比误差小于 0.6%。

2）基于能量感知

CPP 涉及将网络划分为多个交换机子集，并为每个子集分配一个控制器。另外，节能的 CPP 降低了链路停用时的能耗，并确保可以通过最少的活动链路集从关联的交换机访问每个控制器。对于物联网设备，由于物联网设备的激活模式不同，SDN 会遇到数据流量不均衡的情况。因此，节能的 CPP 应该考虑动态数据流量的影响，因为不正确的控制器放置和非计划的链路停用会导致链路拥塞和控制器过载。考虑带内控制平面和物联网流量的能量感知控制器放置方案 EnPlace，根据控制器的位置确定合适的网络分区，并优化控制路径长度、控制器负载和能耗，有选择地关闭未充分利用的链路，以降低总体能耗。

3）基于密度

讨论了考虑收益成本和网络结构的延迟和所需控制器数的联合优化问题。提出了一种基于密度的控制器放置算法（Density-based Controller Placement Algorithm，DCPA），该算法可以获得控制器的最优数量，然后自适应地将整个网络划分为多个子网。在每个子网中，控制器的部署都是为了同时使控制器与交换机之间的平均传播延迟和最坏情况传播延迟最小。首先，以成本效益最大化为目标，根据聚类原理确定控制器的最优数量；其次，计算每个节点的权重，该权重由 3 个指标组成：节点密度、簇内聚集度和簇间分离度。在所有节点中，选择权值最大的节点作为第一个初始聚类中心。在移除第一个中心最优半径内的节点后，选择值最大的节点（权值与传播距离的乘积）作为下一个初始控制器位置。重复上述过程，直到分区数量达到最佳控制器数量。最后，通过 K-Means 算法确定每个控制器在每个子网络中的最终位置。在 OS3E 和 Internet Topology Zoo 的 8 个真实网络拓扑上的仿真实验表明，DCPA 总能以较低的时间消耗找到降低网络延迟的最优解，可以同时降低控制器成本、传播延迟和控制器负载。

4）基于深度强化学习

SDN 通过统一灵活的网络管理，可以提高网络资源利用率，优化移动云端计算网络（Mobile Cloud-Edge Computing Networks，MCECN）的性能。然而，MCECN 中的网络流量可能会随时间和空间而变化，这会影响 SDN 中控制平面的性能。此外，MCECN 可能需要临时添加网络接入点，从而进一步降低控制平面的网络管理能力。针对支持 SDN 的 MCECN 中的动态控制器放置问题，建立了相应的延迟、负载均衡和控制可靠性模型，构造了一个考虑延迟、负载均衡和控制可靠性的联合优化问题，并使用基于深度确定性策略梯度算法的算法来求解该问题，以确保控制平面能够处理网络流量的不断变化，适应网络接入点的动态变化，并提供连续高效的网络管理功能。

12.3.3 大规模无人机自组网路由

为各种应用构建的无人机网络可能从动态速度较慢的网络到飞行速度相当快的网络不等。由于故障或电力限制，节点可能会暂时停止服务，甚至被新节点取代。在绿色节能网络中，当负载较低时，节点中的无线电设备可能会自动关闭，以节省电力。由于无人机和地面站的位置不同，链路中断可能会经常发生。此外，由于干扰或自然条件的影响，链路可能会出现较高的误码率。无人机网络对可靠性的要求也多种多样。例如，发送地震数据可能需要100% 可靠的传输协议，而发送地震图片和视频可能需要较低的可靠性，但对延迟和抖动的要求更为严格。语音、常规数据和视频的带宽要求也不同。因此，无人机网络具有移动无线网络的所有要求，甚至更多。节点移动性、网络分区、间歇性链路、有限的资源和不同的 QoS 要求使得无人机路由选择成为一项具有挑战性的研究任务。研究人员一直在考虑现有的几种路由协议，并提出了不少变体。虽然较新的协议试图消除传统协议的一些缺陷，但这一领域仍然是开放的。

除了一般无线网状网络中存在的要求（如找到最有效的路由、允许网络扩展、控制延迟、确保可靠性、兼顾移动性和确保所需的 QoS）外，机载网络中的路由还需要位置感知、能量感知以及对间歇链路和不断变化的拓扑结构的更强鲁棒性。为无人机网络设计网络层仍然是最具挑战性的任务之一。在机载网络中可以使用传统的路由协议。虽然传统的特设路由协议是为移动节点设计的，但由于对动态性和链路中断的特性各不相同，它们并不一定适合机载节点。因此，仍然需要一种适应高移动性、动态拓扑和不同路由能力的路由协议，以满足空中网络的特殊需求。路由协议试图提高数据传输速率,减少延迟和资源消耗。此外,还必须考虑与可扩展性、环路自由度、节能和有效利用资源有关的问题。

为城域网提出的许多路由协议都试图将有线固网时代的主动式、基于表的协议应用于具有移动节点的特设无线网络。其中许多协议,如按需协议或反应式协议都存在路由探测和计算开销问题,因此存在可扩展性和带宽方面的挑战。基于条件更新的协议可减少计算开销,但在无人机网络等动态网络中,位置管理仍是一个问题。一些引入簇头概念的协议会带来性能问题和单点故障。一项关于 WMN 中固定或移动节点的研究指出,现有的 MAC 和路由协议不具备足够的可扩展性和可伸缩性。随着无人机节点或跳数的增加,网络吞吐量会明显下降。另外,单纯网络协议的改进并不能解决所有问题,因此需要针对无人机网络对系统所有现有协议进行改进或用新协议取代。

由于无人机网络与城域网(MAN)和广域网(VAN)具有一定的相似性,因此研究这些环境中使用的协议,有助于向航空网络的移植适配。即使是在这些环境中,人们也在不断寻找更完善的协议。然而,无人机网络有许多不同的要求,如移动模式和节点定位、频繁的节点移除和加入、中间链路管理、功率限制、应用领域及其 QoS 要求等。由于无人机网络所特有的这些问题,虽然对 MAN 协议提出了修改,但仍有必要开发新的路由算法,以便在无人机之间以及从无人机到控制中心之间进行可靠的通信。将采用以下典型的分类方法讨论一些网络协议,以了解它们对无人机网络的支撑。

1. 静态路由协议

静态协议的静态路由表在任务开始时计算并加载。这些表在运行过程中无法更新。由于这种限制,这些系统不能容错,也不适合网络动态变化的环境。它们在无人机网络中的适用性非常有限,在此仅作原理性介绍。

- 负载携带和交付路由协议(LCAD):在该协议中,地面节点将数据传递给无人机,无人机再将数据携带到目的地。其目的是在提高安全性的同时最大限度地提高吞吐量。由于使用单架无人机,LCAD 的数据传输延迟较大,但吞吐量较高。LCAD 可以通过使用多架无人机向多个目的地转发信息来扩大吞吐量。它可以用于延迟容限和对延迟不敏感的批量数据传输。

- 多级分层路由(MLHR):解决了大规模车载网络中面临的可扩展性问题。这些网络通常采用扁平结构,因此当规模增大时,性能就会下降。将网络节点组织成分层结构可以增加网络规模和运行区域,如图 12-17 所示。同样,无人飞行器网络可分为若干个簇,其中只有簇头与簇外有联系,并通过广播向簇内其他节点来传播数据。在无人机网络中,频繁更换簇头会给网络带来巨大的负荷。

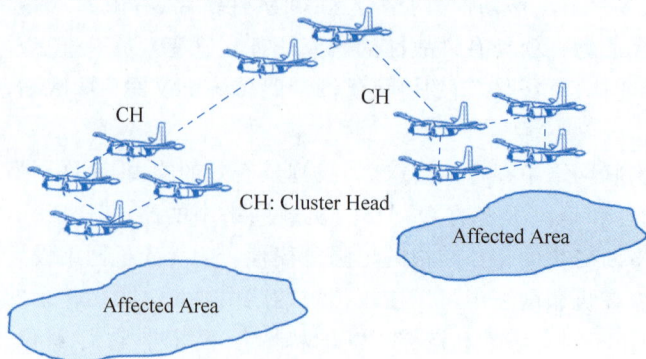

图 12-17　UAV 网络层次化路由

- 以数据为中心的路由选择：根据数据内容进行路由选择。在无人机网络中，当多个节点请求数据时，这种路由方式可用于一对多的传输任务，它与簇拓扑结构良好配合，簇头负责向簇中的其他节点传播信息。

2. 主动路由协议

主动路由协议(PRP)在节点中使用表来存储网络中其他节点或特定区域节点的所有路由信息。当拓扑结构发生变化时，需要更新这些表。主动路由的主要优势在于它包含最新的路由信息。为了保持表项是最新的，节点之间需要交换大量节点和链路状态信息。由于无线链路带宽限制，使得它们不适合无人机网络。另一个不适合无人机网络的问题是，它们对拓扑变化的反应缓慢，导致延迟。在 MANETS/VANETS 中使用的两个主要 PRP 是优化链路状态路由(OLSR)和目的地序列距离矢量(DSDV)协议。

- 优化链路状态路由(OLSR)是目前在特设网络中应用最多的路由算法之一。通往所有目的地的路由在系统启动时就会确定，然后通过更新过程进行维护。节点通过使用泛洪策略向其他节点广播其邻近节点的链路状态及成本，定期与网络中的其他节点交换拓扑信息，从而获取全网拓扑。其他节点通过对所有目的节点应用最短路径算法来选择下一跳，从而更新自己的网络转发视图。因此，OLSR 需要探测网络拓扑。在无人机中，节点位置和相互连接的链路变化很快，这将导致频繁交换的控制信息，数据量暴增。拓扑探测控制信息开销的增加不仅会导致链路争用和数据包拥塞丢弃，还会对无人机网络本已紧张的带宽造成压力。优化措施包括选择一些节点作为多点中继(MPR)，仅由它们单独转发控制信息，从而减少所需传输的数据量。MPR 向所有选择其作为多点中继的节点公布链路状态信息。MPR 还定期向网络通告它与所有选择它作为多点中继的节点之间的可达性。虽然增加 MPR 后可以避免控制信号泛洪，但由于无人机节点的计算能力有限，重新计算路由仍是一个问题。

- 全局状态路由(GSR)是链路状态路由的另一种变体，它限制只在中间节点之间更新信息，从而实现优化。然而，更新信息的量还是很大，而且在无人机网络中中间节点不断变化。这也会增加计算开销和所需带宽。鱼眼状态路由(FSR)试图更频繁地向距离较近的"鱼眼范围内"节点发送少量更新信息来减少开销。在节点移动的网络中，这可能会带来不准确性。一种被称为 STAR(源树自适应路由)的变体通过使更新通告条件化而非周期化来减少开销。不过，它在大型移动网络中会增加内存和处理开销。

- DREAM(移动距离路由效应算法)采用了一种不同的方法，每个节点都通过 GPS 确定自己的地理坐标。这些位置信息在每个节点之间定期交换，并存储在路由表(称为位置表)中。这比链路状态消耗的带宽更少，可扩展性更强。更新频率可与节点的速度成正比，以减少超时。基于最大速度计算目的地可能移动的距离，如果移动的楔形区域内没有一跳邻居，则在每一跳重复这一过程，并采用未定义的恢复机制。然而，DREAM 的复杂性似乎并没有给简单的洪泛带来好处。

- 目的地序列距离矢量(DSDV)是一种表驱动的主动路由协议，主要使用贝尔曼-福特算法，并针对特设网络做了小幅调整。它使用两种类型的更新数据包：全量数据包和增量数据包。每当网络拓扑发生变化时，就会发送增量数据包。这减少了开销，但由于需要定期更新，开销仍然很大。DSDV 使用序列号来确定路由的新鲜度，避免循环。与主动协议一样，该协议的更新程序也需要很大的网络带宽。此外，主动协议的计算和存储负担也使 DSDV 在空中网络中处于劣势。

- BABEL 基于距离矢量路由协议。它适用于不稳定的网络，因为在重新收敛过程中，它限制了路由环路和黑洞等事件发生的频率和持续时间。即使检测到移动性,它也能迅速收敛到无环路(不一定是最佳)配置。RFC6126 中解释的 BABEL 具有链路质量估计功能,它可以实现最短路径路由或使用度量。它的缺点之一是依赖于定期更新路由表,与网络拓扑变化时发送更新的协议相比,会产生更多的流量。根据数据包丢失率和平均中断时间,BABEL 无法在无人机环境中提供服务。

- B. A. T. M. A. N. (Better Approach to Mobile Ad Hoc Network)是一种相对较新的无线 Ad hoc 网状网络主动路由协议,可用于类似移动 Ad hoc 网络(MANET)环境中。该协议主动维护通过单跳或多跳通信链路可达的网状网络中所有节点的信息。去往每个目的地的下一跳邻居都会被识别出来,用于与该目的地通信。B. A. T. M. A. N. 算法只计算去往每个目的地的最佳下一跳。它不计算完整的路由,因此可以非常快速高效地执行。因此,所选通信链路在丢包、数据传输速率和干扰方面的质量可能各不相同。然而,节点间新的链接可能会经常出现,已有的链接也可能会经常消失。B. A. T. M. A. N.通过对协议数据包丢失和传播速度进行统计分析来应对这些动态变化挑战,而不依赖于其他节点的状态或拓扑信息,即路由决策基于对信息存在或丢失的了解。由于节点不断广播原点信息(OGM),如果没有数据包丢失,这些信息将使网络不堪重负。B. A. T. M. A. N. 的可扩展性取决于对这些数据包丢失的分析,因此无法在可靠的有线网络中运行。B. A. T. M. A. N. 协议数据包只包含非常有限的信息量,因此非常小。如果某些协议数据包丢失,那么有关这些数据包的信息有助于做出更好的路由决策。B. A. T. M. A. N. 协议的关键点在于将网络中最佳路由的知识分散化。这样就形成了一个集体智慧网络。实践证明,这种方法是可靠和无环路的。数据流量引起的自干扰会导致网络振荡。一些研究表明,B. A. T. M. A. N. 的性能与 OLSR 相同。在最大节点数和最大数据包长度的情况下,OLSR 的性能优于 B. A. T. M. A. N. 。在带宽受限的网络中,所有协议的吞吐量相似,但在没有带宽限制的情况下,当用户数量较多(15 个或以上)时,BABEL 和 B. A. T. M. A. N. 的表现优于 OLSR。对于小规模网络(5 个网状节点),3 种路由协议的表现类似。在一项关于 7×7 网格节点的静态无线网络的研究中,B. A. T. M. A. N. 在绝大多数性能指标上都优于 OLSR。在另一项研究中,B. A. T. M. A. N. 的性能比 OLSR 高 15%。

3. 反应式路由协议

反应式路由协议(RRP)是一种按需路由协议,当一对节点之间需要通信时,才会计算它们之间的路由。RRP 的设计旨在克服主动路由协议的开销问题。由于是按需路由协议,没有周期性的信息传递,因此 RRP 具有带宽效率高的特点。另外,寻找路由的过程可能需要很长时间,因此在路由建立过程中应用可能会出现高延迟。反应式路由协议可分为两类:源路由和逐跳路由。在源路由协议中,每个数据包都携带从源到目的地址的完整信息,因此中间节点可以根据这些信息转发数据包,并且无须使用定期信标来维持连接。由于路由失效,因此这种方式不能很好地扩展,随着网络规模的增大,路由失败的概率也会增大,同时报头的大小也会增大,从而增加了开销。在逐跳路由协议中,每个数据包只携带目的地址和下一跳地址。中间节点维护路由表,以保护数据。这种策略的优点是路由能适应动态变化的环境;这种策略的缺点是每个中间节点必须为每个活动路由存储和维护路由信息,而且每个节点可能需要通过使用信标信息来了解周围的邻居。两种常用的 RRP 是动态源路由(DSR)和 AODV。

- 动态源路由(DSR)主要是为移动节点的多跳无线网状特设网络而设计的。它允许网络自组织和自配置,而无需任何现有的网络基础设施。DSR 完全按需工作,可根据需要自动扩展,以应对当前使用路由的变化。它的路由发现和路由维护机制允许节点发现并维护通往任意目的地的路由。它允许从通往任意目的地的多条路由中进行选择,这一功能可用于负载平衡等应用。它保证了无环路路由。当应用于无人机网络时,使用 DSR 寻找新路由的过程可能会比较烦琐。每个数据包都必须携带从源节点到目的地的所有节点的地址,因此不适合大型网络,也不适合拓扑结构不稳定的网络。

- AODV(Ad hoc On Demand Distance Vector)是一种用于移动 Ad hoc 网络的逐跳反应式路由协议。它能很好地适应动态链路条件,具有较低的传输和内存开销、较低的网络利用率,并能在 Ad hoc 网络内确定到达目的地的单播路由。它与 DSR 相似,但与 DSR 不同的是,每个数据包只有目的地地址,因此开销较低。DSR 中的路由回复带有每个节点的地址,而 AODV 中只有目的地 IP 地址。在 AODV 中,源节点(以及其他中继节点)存储与每次数据传输相对应的下一跳信息。由于路由是按需建立的,因此网络中的路由流量极小。然而,在路由构建过程中会出现延迟,链路或节点故障可能会触发路由发现,从而带来额外的延迟,并随着网络规模的增加而消耗更多带宽。随着断断续续的链路越来越多,吞吐量也会急剧下降。路由请求信息的数量一开始会增加,因为路由发现会被更频繁地触发,但随着网络性能受到严重影响,甚至路由请求信息都无法在网络上传输,路由请求信息的数量就会开始减少。

研究人员比较了不同环境下的各种协议。对于 TCP 流量和移动节点,就路由开销而言,DSR 优于 AODV 和 OLSR,因为它向网络发送的路由流量最少。就吞吐量而言,OLSR 在考虑的所有场景中都优于其他协议。另一项调查研究了对 AODV 进行一些修改的效果。AODV 采用扁平结构,具有支持动态网络的潜力。为了应对频繁的拓扑变化和间歇性链路造成的巨大开销,研究人员利用了一些稳定的链路,并限制了路由构建过程中的重复泛洪。这种情况在无人机网络中是可行的,因为无人机可以在一个地点上空盘旋,并相互形成相对稳定的链接。然后,AODV 的扁平结构通过将网络划分为簇来转换为分层路由结构。这样做的好处是,重复的路由请求仅限于某些簇,而不会淹没整个网络。

4. 混合路由协议

通过使用混合路由协议(HRP),可以减少反应式路由协议中初始路由发现过程的大量延迟,并减少主动路由协议中控制信息的开销。混合路由协议尤其适用于大型网络,网络被划分为多个区域,区域内路由由主动路由协议完成,区域间路由由被动路由协议完成。混合路由可根据网络特性调整策略,适用于城域网。然而,在城域网和无人机网络中,动态节点和链路行为使得获取和维护信息变得十分困难,这使得调整路由策略难以实施。

- 区域路由协议(ZRP)基于区域的概念。区域由预先定义区域内的节点集组成。比如,在城域网中,整个流量的最大部分被导向附近的节点。区内路由使用主动方法来维护路由。区域间路由负责向区域外发送数据包。它采用被动方式维护路由。ZRP 可利用路由区域拓扑知识,提高全局反应路由查询/回复机制的效率。主动维护路由区域还有助于提高发现的路由的质量,使其对网络拓扑变化更加稳健。在区域路由协议中,属于不同子网的节点必须将通信数据发送到两个节点共有的子网。这可能会造成部分网络拥塞。影响 ZRP 效率的最主要参数是区域半径。然而,ZRP 付出的代价是复杂性增加。

- 临时有序路由算法(TORA)是多跳网络的混合路由协议,其中路由器只维护相邻路由器的信息,其目的是在高度动态的移动计算环境中,通过尽量减少对拓扑变化的反应来限制控制信息的传播。它构建并维护一个从源节点到目的地的有向无环图

（DAG）。TORA不使用最短路径解决方案，通常使用较长的路由来减少网络过载。在链路断开的情况下，TORA可快速找到新路由，并提高适应性。其基本算法既不是距离矢量算法，也不是链路状态算法，而是一种链路反转算法。该协议建立了一个无环路的多路径路由结构，用于将流量转发到给定的目的地。允许同时为不同目的地混合使用源路由和目的地发起的路由。TORA可能会产生临时无效路由。

参 考 文 献

[1] 邬贺铨.IPv6助力云网融合[J].重庆邮电大学学报（自然科学版）,2022,34(1)：1-5.

[2] 张译.基于地址模式的IPv6设备扫描研究与实现[D].北京：北京邮电大学,2024.

[3] 侯冰楠,刘宁,李雄略,等.基于目标生成的IPv6网络地址扫描综述[J].计算机研究与发展,2024,61(9)：2307-2320.

[4] 王圣贤.卫星互联网的IPv6邻居发现协议研究[D].西安：西安电子科技大学,2023.

[5] Gankotiya A,Kumar V,Vaisla K S. Building IPv6 addressing scheme using hybrid duplicate address detection to prevent denial of service attack[J]. Computers and Electrical Engineering,2024,117：109229.

[6] Kumar G. IPv6 addressing with hidden duplicate address detection to mitigate denial of service attacks in the internet of drone[J]. Concurrency and Computation：Practice and Experience,2024,36(17)：e8131.

[7] 莫松源.IPv6网的路由与DNS测量[D].南京：东南大学,2022.

[8] 刘发源.IPv6网的性能与流量测量[D].南京：东南大学,2022.

[9] Kumar G,Gankotiya A,Rawat S S,et al. IPv6 addressing strategy with improved secure duplicate address detection to overcome denial of service and reconnaissance attacks[J]. Scientific Reports,2024,14(1)：25148.

[10] 宋振铭.SRv6与IPv6混合网络主备路由规划子系统的设计与实现[D].北京：北京邮电大学,2024.

[11] 刘威,黄萍,孙凤杰.基于段路由的IPv6网络优化算法[J].计算机工程与设计,2022,43(4)：930-940.

[12] 蒋林钰.基于分裂聚类和熵结构的IPv6目标地址探测系统[D].长沙：湖南大学,2023.

[13] 胡明.面向IPv6网络资产发现的地址快速扫描技术研究[D].郑州：郑州大学,2023.

[14] 周永福,黄君羡.IPv6技术与应用.华3版[M].北京：电子工业出版社,2023.

[15] 李振宇,丁勇,袁方,等.基于IPv6网络的移动目标防御与访问控制融合防护方法[J].计算机研究与发展,2022,59(5)：1105-1119.

[16] He L,Ren G,Liu Y,et al. SAV6：A novel inter-AS source address validation protocol for IPv6 Internet[J]. IEEE Network,2022,(99)：1-8.

[17] Iurman J,Donnet B. IPv6 In-SITU operations,administration,and maintenance[J]. Software Impacts,2020,6：100036.

[18] 刘明皓.IPv6网络目标定位技术研究[D].郑州：战略支援部队信息工程大学,2021.

[19] 曾荣飞,张德永,王兴伟,等.一种面向IPv6的定制化路由备份机制[J].东北大学学报（自然科学版）,2020,41(10)：1369-1375,1401.

[20] 范琦军,钟兴宇,陈彧.基于IPv6 to IPv4隧道的IPv6过渡研究[J].网络安全和信息化,2023,(5)：68-70.

[21] Kumar G,Tomar P. IPv6 addressing scheme with a secured duplicate address detection[J]. IETE Journal of Research,2020,68(5)：1-8.

[22] Irwan P,Benfano S. Analysis of BGP4 peering establishment time on IPv6 connection over 6PE and 6VPE[J]. International Journal of Communication Networks and Information Security,2021,13(2)：173-183.

[23] Huston G,王文鑫.2023年IPv6地址分配和互联网前景展望[J].中国教育网络,2024,(4)：41-45.

[24] 邓斌.IPv6活跃地址指数华北地区最高[J].中国教育网络,2024,(2)：59.

[25] 刘俭,夏金栋,王嘉昊,等.5G网络IPv6协议技术分析[J].中国新通信,2024,26(2)：25-27,214.

[26] 李星,包丛笑.新一代IPv6过渡技术：IPv6单栈和IPv4即服务[M].北京：科学出版社,2024.

[27] 崔北亮,岳阳.IPv6中邻居发现协议剖析及攻防探索[J].南京工业大学学报（自然科学版）,2021,43(6)：746-754.

[28] 郭文静.支持IPv6的高性能IPSec VPN网关关键技术研究[D].哈尔滨：哈尔滨工程大学,2021.

[29] Shubair A. A neuro-fuzzy system to detect IPv6 router alert option DoS packets.[J]. International Arab

Journal of Information Technology,2020,17(1):16-25.

[30] 吕泓卓.IPv4&IPv6 数据分析系统的设计与实现[D].北京:北京交通大学,2020.

[31] 吴伊杰,李明洋,王家和,等.IPv6 地址配置策略与部署规律的探究[J].深圳大学学报(理工版),2020,37(201):13-19.

[32] 肖漫漫,刘骥琛,李艳丽,等.软件定义广域网中基于 IPv6 分段路由的双栈流量调度算法[J].重庆大学学报,2022,45(9):115-125.

[33] 邹凯,赵岩,李海伟,等.基于 IPv6 和云服务的异地远程测发控系统设计[J].计算机测量与控制,2024,32(7):1-6,22.

[34] 朱正一,陈鸣,王占丰.6Topo:一种测量 IPv6 网络拓扑的新方法[J].小型微型计算机系统,2020,41(6):1209-1215.

[35] 胡晓宇,顾岚岚.云网 IPv6 实现技术分析[J].电信科学,2020,(201):112-121.

[36] 陈星星.基于 IPv6 的高性能安全网关研究与实现[D].北京:北京邮电大学,2020.

[37] 左志昊,马严,张沛,等.活跃 IPv6 地址前缀的预测算法[J].通信学报,2018,39(201):1-8.

[38] 杨望,王雪晨,孙阳.IPv6 过渡选择:IPv6 部署状态报告(四)[J].中国教育网络,2021,(9):32-33.

[39] 韩立强,习颖洁,李赟,等.从 IPv4 和 IPv6 的差异化谈如何管理 IPv6 地址[J].工程技术研究,2021,6(15):49-50.

[40] Malekzadeh M. IPv6 transition measurements in LTE and VHT Wi-Fi mobile networks[J]. IEEE Access,2019,7:183024-183039.

[41] 白显一.基于地址结构的启发式 IPv6 地址扫描目标生成技术研究[D].北京:北京邮电大学,2021.

[42] 罗锦.基于 IPv6 分段路由的服务功能链设计及其部署算法研究[D].杭州:浙江工商大学,2021.

[43] 周文涛.基于 IPv6 的天地一体化网络身份认证方案设计与仿真实现[D].重庆:重庆邮电大学,2021.

[44] 赵春明.IPv6 技术在现代网络中的应用研究[J].无线互联科技,2023,20(8):141-143,153.

[45] 陈哲强.IPv4 向 IPv6 过渡阶段的计算机网络安全研究[J].科学与信息化,2023,(19):70-72.

[46] 唐宏,朱永庆,龚霞,等.SRv6 可编程网络技术原理与实践[M].北京:人民邮电出版社,2023.

[47] 王杨.面向可编程网络的流量测量及路由优化方法研究[D].成都:电子科技大学,2022.

[48] 顾静玲.面向可编程网络的网络性能指标测量研究[D].成都:电子科技大学,2021.

[49] 张昕怡,潘恒,谢高岗.可编程网络数据平面技术进展[J].电信科学,2022,38(6):42-50

[50] 唐寅,王蔚然.可编程网络计算模型与体系结构[J].计算机科学,2001,(9):20-23.

[51] 刘忠沛,吕高锋,王继昌,等.网络切片可编程数据平面模型[J].国防科技大学学报,2024,46(5):200-208.

[52] 王劲林,井丽南,陈晓,等.面向多模态网络的可编程数据处理方法及系统设计[J].通信学报,2022,43(4):14-25.

[53] 杨一晨,张国和,梁峰,等.一种基于可编程逻辑器件的卷积神经网络协处理器设计[J].西安交通大学学报,2018,52(7):153-159.

[54] 崔子熙,田乐,崔鹏帅,等.支持增量式编程的多模态网络环境[J].电子学报,2024,52(4):1230-1238.

[55] 兰天翼,郭云飞,范宏伟,等.基于可编程硬件的有状态网络功能硬件加速架构[J].电子学报,2018,46(7):1609-1616.

[56] 赵玉宇,程光,刘旭辉,等.下一代网络处理器及应用综述[J].软件学报,2021,32(2):445-474.

[57] 杨翔瑞,曾令斌,刘忠沛,等.FastRMT:一种面向微体系结构创新的高速数据平面可编程系统[J].计算机学报,2024,47(2):473-490.

[58] 林耘森箫,毕军,周禹,等.基于 P4 的可编程数据平面研究及其应用[J].计算机学报,2019,42(11):2539-2560.

[59] 周伟林,杨芫,徐明伟.网络功能虚拟化技术研究综述[J].计算机研究与发展,2018,55(4):675-688.

[60] 李波,侯鹏,牛力,等.基于软件定义网络的云边协同架构研究综述[J].计算机工程与科学,2021,43(2):242-257.

[61] 耿俊杰,颜金尧.基于可编程数据平面的网络体系架构综述[J].中国传媒大学学报(自然科学版),2019,26(5):38-43.

[62] 全巍,杨翔瑞,孙志刚,等.面向 TSN 的同步网络模型及应用[J].计算机工程与设计,2021,42(4):914-919.